D1943102

Gleich, Rauen, Russo, Wittenstein (Hrsg.)

Innovationsmanagement in der Investitionsgüterindustrie treffsicher voranbringen

Konzepte und Lösungen

VDMA Verlag GmbH
Lyoner Straße 18
60528 Frankfurt am Main
www.vdma-verlag.com

Bestell-Nr. vf 57400
ISBN 3-8163-0512-1
EAN 978-3-8163-0512-5

Gesamtproduktion
leithner media production, www.leithner.de

Vorwort der Herausgeber

Stillstand ist Rückschritt. Nur wer permanent Neues erschließt, wird voranschreiten. Die Rede ist von Innovationen. Dabei geht es darum, Bestehendes in Frage zu stellen, bessere oder andere Lösungen zu entwickeln und (mitunter auch gegen erhebliche Widerstände) durchzusetzen. Nicht ohne Grund sind Innovationen das Thema unserer Zeit. Als Quelle unternehmerischen Erfolgs bilden sie die Grundlage für Wachstum und Wohlstand einer Gesellschaft.

In Deutschland zeigt die Investitionsgüterindustrie auf beeindruckende Art und Weise, wie durch ein klares Bekenntnis zu Innovationen Spitzenpositionen im Wettbewerb erreicht, verteidigt und ausgebaut werden können. Es spricht für sich, dass die Investitionsgüterbranche zu den wichtigsten Industriezweigen Deutschlands zählt, technologisch führend ist und sich seit Jahren als Exportweltmeister behauptet.

Umso mehr verwundert es, dass die Literatur bislang noch keine Publikation bietet, die die Besonderheiten des Managements von Innovationen in der Investitionsgüterindustrie umfassend erörtert. Diese Lücke wird mit dem vorliegenden Werk geschlossen.

Um diesem Anspruch gerecht zu werden, haben wir das Thema aus drei verschiedenen Perspektiven beleuchtet. Der erste Teil ist dabei als Grundlage gedacht und führt in die wesentlichen Aspekte des Innovationsmanagements in der Investitionsgüterindustrie ein. Im zweiten Teil stellen führende Wissenschaftler ihre neuesten Forschungskonzepte vor. Dabei wird zum einen der Mensch als Innovationsmotor in den Mittelpunkt gestellt und zum anderen werden Möglichkeiten aufgezeigt, wie das Innovationsmanagement ergebnisorientierter gestaltet werden kann. Im dritten und letzten Teil stellen renommierte Unternehmen erfolgreiche Lösungen aus der Praxis vor und runden damit die vorangegangenen theoretischen Ausführungen ab.

Wir danken an dieser Stelle allen Autoren herzlich. Erst ihr Engagement und ihre Tatkraft haben dieses Buch möglich gemacht. Besonders danken wir Herrn Thomas Roggel vom VDMA Verlag sowie Frau Tatjana Zagel und Herrn Peter Stiller vom Strascheg Center for Entrepreneurship für die gute Zusammenarbeit und die redaktionelle Unterstützung.

Wir wünschen eine aufschlussreiche Lektüre.

München, im Januar 2006

Ronald Gleich

Hartmut Rauen

Peter Russo

Manfred Wittenstein

Autorenverzeichnis

Dr. Bernard Beier, stellvertretender Leiter Vorentwicklung bei der Heidelberger Druckmaschinen AG.

Dr. Dieter Brucklacher, Vorsitzender der Geschäftsführung der Leitz Holding GmbH & Co. KG und Präsident des VDMA.

Prof. Dr.-Ing. Hans-Jörg Bullinger, Präsident der Fraunhofer Gesellschaft.

Dr. rer. oec. Stefan Drews, Grundsatzreferat für Technologie- und Innovationspolitik im Bundesministerium für Wirtschaft und Technologie.

Prof. Dr.-Ing. Jürgen Gausemeier, Inhaber des Lehrstuhls für Rechnerintegrierte Produktion, Dekan der Maschinenbaufakultät der Universität Paderborn und Professor am Heinz-Nixdorf-Institut.

Univ.-Prof. Dr. Hans Georg Gemünden, Inhaber des Lehrstuhls für Technologie- und Innovationsmanagement an der Technischen Universität Berlin.

Univ.-Prof. Dr. Ronald Gleich, Inhaber des Lehrstuhls für ABWL und Industrielles Management an der EUROPEAN BUSINESS SCHOOL.

Dr. Paul Gromball, Geschäftsführer der Technologie Management Gruppe München.

Ulrike Handermann, Wissenschaftliche Mitarbeiterin am Lehrstuhl für ABWL und Industrielles Management an der EUROPEAN BUSINESS SCHOOL.

Hans-Georg Härter, Vorstandsvorsitzender der ZF Sachs AG.

Dietmar Harting, persönlich haftender Gesellschafter der HARTING KGaA.

Thomas Hasselbach, Geschäftsführender Gesellschafter der Marketing Manufaktur GmbH, Mitglied der Geschäftsleitung der MikroFORUM Hochtechnologiepark Wendelsheim GmbH.

Prof. Dr.-Ing. Manfred Hirt, Sprecher des Vorstandes der Renk AG.

Katharina Hölzle, Wissenschaftliche Mitarbeiterin am Lehrstuhl für Technologie- und Innovationsmanagement an der Technischen Universität Berlin.

Markus K. Huber, Senior Manager Strategic Controlling bei der T-Online AG.

Univ.-Prof. Dr. Theo Hülshoff, emeritierter Professor für Allgemeine Didaktik, Betriebspädagogik und Leadership an der Universität Koblenz-Landau und Vorstandsvorsitzender der Leadership-Kultur-Stiftung Landau.

Dr. Ralf Kleedörfer, Senior Manager Product Technologies des Unternehmensbereichs Material Handling der Linde AG.

Prof. Dr.-Ing. Eckart Kottkamp, Alleingeschäftsführer der Hako Holding GmbH & Co.

Herbert Kraibühler, Geschäftsführer Technik bei der ARBURG GmbH Co KG.

Andreas Kubosch, Wissenschaftlicher Mitarbeiter am Lehrstuhl für Produktionssystematik des WZL.

Michael Lenders, Wissenschaftlicher Mitarbeiter am Lehrstuhl für Produktionssystematik des WZL.

Prof. Dr. Jörn Littkemann, Inhaber des Lehrstuhls für Unternehmensrechnung und Controlling an der FernUniversität in Hagen.

Dr. Heike Mallad, Leiterin des FAW-Verlags und 1. Vorsitzende des Arbeitskreises Automobilwirtschaft e.V., Bamberg.

Univ.-Prof. Dr. Roland Mattmüller, Inhaber des Lehrstuhls für Strategisches Marketing an der EUROPEAN BUSINESS SCHOOL.

Prof. Dr. Wolfgang Meinig, Leiter der Forschungsstelle Automobilwirtschaft (FAW), Bamberg.

Dr.-Ing. Burkhard Pinnekamp, Vertrieb Schiffsgetriebe bei der Renk AG.

Hartmut Rauen, Mitglied der Hauptgeschäftsführung des VDMA Fachverbände Antriebstechnik und Fluidtechnik im VDMA.

Dr. Stefan Rinck, Sprecher der Geschäftsleitung Linde Material Handling und Mitglied des Operational Board Material Handling der Linde AG.

Prof. Dr. Peter Russo, Geschäftsführer des Strascheg Center for Entrepreneurship und Professor für Entrepreneurship an der Fachhochschule München.

Dr. Heinrich Schäperkötter, Leiter Zentrales Innovations-, Projekt- und Wissensmanagement der INA-Schaeffler KG.

Dr.-Ing. Jürgen Schilde, Geschäftsführender Gesellschafter der Technologie Management Gruppe.

Christian M. Schmahl, Senior Vice President Controlling & Planning bei der T-Online AG.

Sebastian Schöning, Leiter der Abteilung Innovationsmanagement am Lehrstuhl für Produktionssystematik des WZL.

Univ.-Prof. Dr.-Ing. Dipl.-Wirt. Ing. Günther Schuh, Direktoriumsmitglied des Werkzeugmaschinenlabors (WZL) an der RWTH Aachen und des Fraunhofer-Instituts für Produktionstechnologie (IPT), Direktor des Forschungsinstituts für Rationalisierung der RWTH Aachen, Hauptgesellschafter und Gründer der GPS Komplexitätsmanagement AG.

Robert Schullan, Vorsitzender des VDMA Bayern und Vorsitzender der Geschäftsleitung der Schaeffler Gruppe Industrie.

Dr.-Ing. Thomas J. Staiger, Partner der Technologie Management Gruppe.

Dr.-Ing. Eugen Stall, bis zum 30. 9. 2005 Leiter Produkttechnik des Unternehmensbereichs Material Handling der Linde AG.

Peter Stiller, Wissenschaftlicher Mitarbeiter im Strascheg Center for Entrepreneurship und am Lehrstuhl für ABWL und Industrielles Management an der EUROPEAN BUSINESS SCHOOL.

Dr. rer. nat. Uwe Sukowski, Referat für die industrielle Gemeinschaftsforschung im Bundesministerium für Wirtschaft und Technologie.

Dr. Erhard Tellbüscher, Vorstandsvorsitzender der Lenze AG.

Dr. Ralph Tunder, Juniorprofessor am Department für Marktorientierte Unternehmensführung an der EUROPEAN BUSINESS SCHOOL.

Dr.-Ing. Eberhard Veit, Vorstand Produkt- und Technologiemanagement und Sprecher des Vorstandes der Festo AG.

Prof. Dr.-Ing. Joachim Warschat, Direktor am Institut für Arbeitswirtschaft und Organisation mit dem Themengebiet Innovations- und FuE-Management und Professor am Stuttgart Institute of Management and Technology.

Univ.-Prof. Dr.-Ing. Prof. e. h. Dr.-Ing. e. h. Dr. h. c. mult. Engelbert Westkämper, Leiter des Fraunhofer-Institutes für Produktionstechnik und Automatisierung (IPA), Sprecher des Verbundes der Fraunhofer-Institute Produktion, Leiter des Institutes für Industrielle Fertigung und Fabrikbetrieb (IFF) und Dekan der Fakultät Maschinenbau an der Universität Stuttgart.

Manfred Wittenstein, Vorstandsvorsitzender der WITTENSTEIN AG.

Dr. Alexander J. Wurzer, Geschäftsführender Gesellschafter der Patev GmbH & Co. KG, Leiter des Instituts für Intellectual-Property-Management an der Steinbeis-Hochschule Berlin.

Inhaltsverzeichnis

A. Basics für das Innovationsmanagement in der Investitionsgüterindustrie

A. 1. Umfeldbedingungen und strategischer Kontext

Der Staat als Partner innovativer Unternehmen: Die mittelstandsorientierte Innovationsförderung des BMWi

von Stefan Drews[1] und Uwe Sukowski[2]

1 Einführung

„Innovationen bestimmen die Zukunft Deutschlands."[3] Mit dieser einfachen Formel hat die Initiative Partner für Innovation beim Bundeskanzler die zentrale Herausforderung für unser Wirtschafts-, Gesellschafts- und Sozialmodell treffend auf den Punkt gebracht. Spitzenleistungen in Wissenschaft und Technik sowie deren schnelle und effektive Umsetzung in marktfähige Produkte definieren in immer direkterer Weise die Wachstumsstärke der nationalen Volkswirtschaften und die Wettbewerbsfähigkeit der Unternehmen.[4] In den Wertschöpfungsketten der Zukunft kann sich nur behaupten, wer schnell auf Veränderungen reagieren und mit der höchsten technologischen und qualitativen Kompetenz aufwarten kann. In dem Maße, in dem sich die Produktlebenszyklen verkürzen, in dem Maße müssen auch die innovativen Prozesse in den Unternehmen verbessert und intensiviert werden. Das qualifikatorische Anforderungsprofil an die Beschäftigten wird verschärft. Und dass sich durch eine verbesserte innovative Leistungsfähigkeit langfristig auch die besten Beschäftigungserfolge erzielen lassen,[5] ist wissenschaftlich belegt.

Deutschlands innovatives Potenzial ist dabei noch immer herausragend. Im europäischen Vergleich sind viele Indikatoren der technologischen Leistungsfähigkeit überdurchschnittlich gut und haben sich in den letzten Jahren noch deutlich verbessert.[6] Das

---

1 Dr. rer. oec. Stefan Drews arbeitet im Grundsatzreferat für Technologie- und Innovationspolitik im Bundesministerium für Wirtschaft und Technologie.

2 Dr. rer. nat. Uwe Sukowski arbeitet im für die industrielle Gemeinschaftsforschung zuständigen Referat im Bundesministerium für Wirtschaft und Technologie.

3 Initiative Partner für Innovation 2005, S. 5.

4 Zahlreiche Studien und Analysen belegen den signifikanten Zusammenhang zwischen Wachstumsstärke einer Volkswirtschaft und deren innovativer Leistungsfähigkeit. Vgl. OECD 2001; World Economic Forum 2004.

5 Vgl. RWI 2005.

6 Eine ausführliche Darstellung der technologischen Leistungsfähigkeit gibt der Bericht der Bundesregierung zur technologischen Leistungsfähigkeit 2005 oder der Bundesbericht Forschung 2004. Vgl. BMBF 2005; BMBF 2004.

Bundesministerium für Wirtschaft und Technologie (BMWi), zuständig für die innovationspolitische Förderung des Mittelstandes, hat allein im letzten Jahr seine Mittel für die Förderung von Innovationen um 7,5% auf ca. 860 Mio. Euro in 2005 gesteigert. Diese Entwicklung ist umso beachtlicher, als der Haushalt des Ministeriums (damals Bundesministerium für Wirtschaft und Arbeit) im gleichen Zeitraum mit der Umsetzung der größten Sozialreform in der Geschichte der Bundesrepublik belastet wurde. Erfolge gab es auch im Bereich der universitären Bildung. Mit der 1,9 Mrd. Euro schweren Exzellenzinitiative wird nun endlich auch die Bildung von Spitzenuniversitäten gefördert, und durch die Reformmaßnahmen der Bundesregierung beim Bafög konnte bei den jungen Menschen der Wunsch, ein Studium aufzunehmen, deutlich gestärkt werden. Als einer der wichtigsten Erfolge ist sicherlich der starke Anstieg bei den Studenten in den ingenieurwissenschaftlichen Studiengängen zu werten. Seit 1998 ist deren Zahl um mehr als 50% gestiegen. Insbesondere die vielen technologieorientierten Mittelständler in Deutschland sind auf dieses nationale Humankapital angewiesen. Auch unsere exportierende Industrie behauptet sich seit Jahren mit innovativen Produkten an der Weltspitze. Deutschland ist mit 15,6% der weltweit zweitgrößte Netto-Technologieexporteur knapp hinter den USA und weit vor Japan. Seit zwei Jahren investieren die Industrieunternehmen wieder verstärkt in Produkt- und Prozessinnovationen, und entgegen der öffentlichen Wahrnehmung ist Deutschland auch das weltweit zweitbeliebteste Ziel von US-amerikanischen Forschungs- und Entwicklungs-(FuE)-Investitionen.[7] Das eigentliche Rückgrat des deutschen Innovationssystems sind jedoch die vielen tausend innovativen kleinen und mittleren Unternehmen (KMU). Insbesondere aufgrund deren überdurchschnittlichen Beteiligung am Innovationsgeschehen kann Deutschland seinen Anteil der FuE-Ausgaben am Bruttoinlandsprodukt (BIP) mit gut 2,5% auf einem stabilen, überdurchschnittlichen Niveau halten. Dabei finanziert die Wirtschaft mittlerweile rund zwei Drittel der FuE-Aufwendungen. Zu Beginn der 80er Jahre wurden dagegen nur etwa 55% der FuE-Ausgaben von der Wirtschaft geleistet.

Im Gegensatz zu den größeren Unternehmen hat sich jedoch bei den KMU in den letzten Jahren keine nennenswerte Innovationsdynamik entwickelt. Was die Innovationsaufwendungen, die Innovationsintensität oder die marktrelevanten Innovationserfolge betrifft, hinken die kleinen und mittleren Unternehmen den Großunternehmen hinterher.[8] Insbesondere der schwierige Zugang zu Fremdkapital, der verschärfte nationale und internationale Wettbewerb und die dünne Personaldecke hinterlassen hier ihre Spuren. Zudem relativiert sich das zuvor gezeichnete Bild unserer technologischen Leistungsfähigkeit weiter, wenn man die Anstrengungen unserer internationalen Partner und Konkurrenten auf den Weltmärkten in die Analyse einbezieht. Viele unserer schärfsten Konkurrenten holen nicht nur sukzessive ihre Rückstände im Bereich der Bildung und

---

7 Vgl. OECD 2004a.
8 Vgl. ZEW 2005, S. 10 f.

Ausbildung ihrer Bevölkerungen auf.[9] Sie haben vielmehr ihre FuE-Ausgaben bereits zu Beginn der 90er Jahre des letzten Jahrhunderts deutlich überproportional ausgeweitet und ernten dafür heute die ersten Erfolge. Der Vergleich der FuE-Ausgaben und der Einkommensentwicklung in Deutschland und den skandinavischen Ländern mag hier als Beispiel dienen: Finnland etwa erhöhte im Zuge der Wirtschaftskrise zu Beginn der 90er Jahre seine FuE-Aktivitäten drastisch und hat Deutschland in Bezug auf die FuE-Intensität seit 1994 überholt.[10] Nach nur sieben Jahren überstieg dann bereits im Jahr 2001 dass finnische Nationaleinkommen das deutsche Bruttoinlandsprodukt pro Kopf.[11] Die deutschen FuE-Akteure mussten im Zuge der finanziellen Anforderungen aus der Wiedervereinigung temporär mit einem Rückgang der Innovationsaufwendungen kämpfen.[12] Andere Länder – insbesondere die bevölkerungs- und wachstumsstarken Schwellenländer – konnten in dieser Zeit aufholen: China hat beispielsweise seine FuE-Anstrengungen seit Mitte der 90er Jahre vervierfacht und steht mit FuE-Ausgaben von mehr als 70 Mrd. US-Dollar heute nach den USA (knapp 300 Mrd. US-Dollar) und Japan (gut 100 Mrd. US-Dollar) bereits an dritter Stelle der forschungsstärksten Länder der Welt und hat Deutschland (knapp 60 Mrd. US-Dollar) überrundet.[13] Immer mehr Staaten setzen aktiv auf die positiven Effekte der Wirkungskette „Innovationen – Wettbewerbsfähigkeit – Wachstum – Beschäftigung“ und definieren die Stärkung der technologischen Leistungsfähigkeit als zentrales Element ihrer Wirtschaftspolitik (vgl. hierzu Abbildung 1).

---

9 Vgl. BMBF 2005.

10 Bereits seit Ende der 90er Jahre erfüllt Finnland auch das Barcelona-Ziel der EU, wonach die Mitgliedstaaten jeweils mindestens 3% ihres nationalen BIP für FuE aufwenden sollen. Zusammen mit Schweden ist Finnland damit Vorreiter bei der Erfüllung der so genannten Lissabon-Strategie, Europa bis 2010 zum wettbewerbsfähigsten Wirtschaftsraum der Welt zu machen.

11 Vgl. OECD 2005.

12 In der ersten Hälfte der 90er Jahre gingen die deutschen FuE-Aufwendungen deutlich zurück. Vgl. hierzu die umfassenden empirischen Analysen des Berichtes zur technologischen Leistungsfähigkeit 2005, BMBF 2005, S. 15–19.

13 Vgl. BMBF 2005, S. 17.

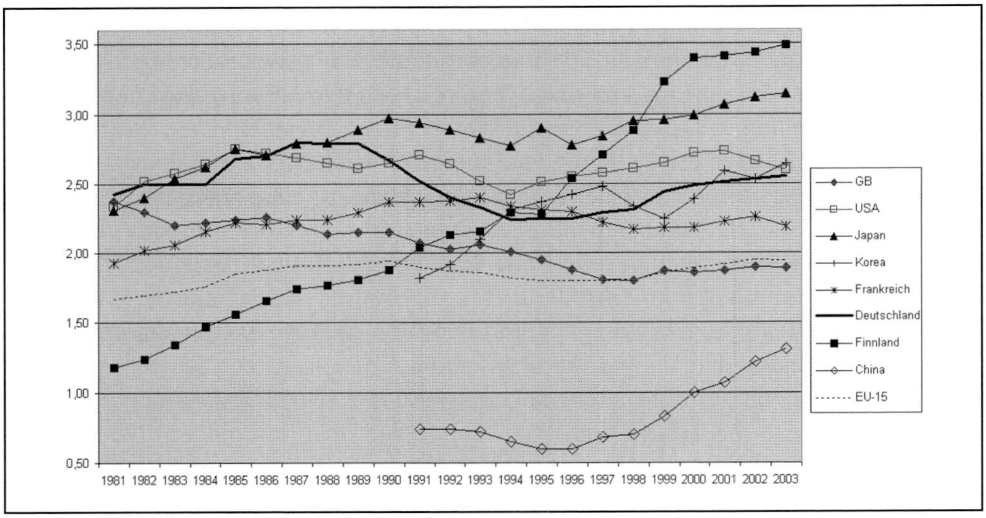

Abb. 1: FuE-Intensität in ausgewählten Regionen der Welt 1981 bis 2003.
Anteil der Bruttoinlandsaufwendungen für FuE in Prozent des Bruttoinlandsproduktes.
(Quelle: OECD, Main Science and Technology Indicators, 2005/1)

2 Innovationsförderung und die Rolle des Staates

Vor der Beantwortung der Frage, in welcher Weise der Staat auf die in Kapitel 1 beschriebenen Entwicklungen reagieren kann und in welchem Umfang er als Partner der innovativen Unternehmen in den Innovationsprozess eingreifen sollte, müssen zunächst die Begrifflichkeiten der Technologie- und Innovationspolitik geklärt werden. Aus dem Lateinischen abgeleitet, bedeutet der Begriff „Innovation“ zunächst einmal Neuerung, Erneuerung oder auch Neueinführung. Im deutschen Sprachgebrauch wird der Begriff jedoch spätestens seit den bahnbrechenden Arbeiten des Nationalökonomen Joseph A. Schumpeter mit der Erfindung neuer Produkte und Prozessabläufe und deren konkreter Markteinführung in Verbindung gebracht. Nach Schumpeter ist eine „Innovation die Durchsetzung einer technischen oder organisatorischen Neuerung, nicht allein ihre Erfindung“.[14] Forschung und Entwicklung (FuE), so wie sie im Frascati-Manual der OECD definiert ist, umfasst dagegen nur die kreative, systematisch durchgeführte Tätigkeit mit dem Ziel, den Wissensstand zu erhöhen, einschließlich des Wissens über Mensch, Kultur und Gesellschaft, und diesen Wissensstand zur Entwicklung neuer Anwendungen zu nutzen.

---

14 Vgl. Vahs, D., Burmester, R. 1999, S. 43.

Die Definition von FuE umfasst damit auch die marktnahe Entwicklung und Konstruktion von Prototypen. Eine derartige Erfindung oder Invention stellt jedoch letztlich nur die notwendige Vorstufe zur Innovation dar.

In Wissenschaft und Politik gehen die Ansichten durchaus auseinander, in welchem Umfang der Staat Innovationspolitik betreiben und ob er in diesem Zusammenhang überhaupt finanzielle Zuschüsse an die Privatwirtschaft gewähren sollte. Angesichts der in den letzten Jahren deutlich höheren Zuwächse der privaten gegenüber der öffentlichen finanzierten Innovationsförderung wird vielfach die Frage gestellt, ob es überhaupt hinreichende Indizien für eine suboptimale Bereitstellung privater FuE-Anstrengungen gäbe, welche eine staatliche Förderung rechtfertigten.

Diese ordnungspolitisch gerechtfertigte Fragestellung kann jedoch eindeutig zugunsten einer aktiven staatlichen Innovationspolitik beantwortet werden. Forschung, Entwicklung oder etwa die innovative Gestaltung von betrieblichen Arbeitsprozessen verursachen positive Externalitäten. Neues Wissen kommt in der Regel nicht nur den forschenden Unternehmen zugute, sondern stärkt vielfach auch die Innovationskompetenz anderer Unternehmen, ohne dass diese dafür zu einer Zahlung verpflichtet werden können.[15]

Ein solches Marktversagen führt dazu, dass die privatwirtschaftliche Steuerung des Innovationsprozesses nicht zu gesamtwirtschaftlich optimalen Ergebnissen führt und ein kompensatorischer Staatseingriff Wohlfahrtsgewinne produziert. In welchem Umfang diese Eingriffe durchgeführt werden sollten, kann a priori nicht abschließend beantwortet werden. Grundsätzlich sprechen einige Argumente dafür, als Richtschnur für die Intensität der staatlichen Förderung die Marktrelevanz der Innovationsaktivitäten anzusehen. Je marktnäher Forschung und Entwicklung durchgeführt werden, desto besser können Schutzrechte wie Patente eingesetzt werden, um die Innovationsgewinne abzuschöpfen. Je länger es umgekehrt dauert, Forschungsergebnisse in konkrete Produkte umzusetzen, desto größer wird die Gefahr, dass andere Wettbewerber die Forschungsergebnisse kommerzialisieren können.

Es sprechen jedoch auch gewichtige Gründe für eine anwendungsbezogene und mittelstandsorientierte Innovationsförderung. Da sich die KMU aufgrund ihrer organisations- und größenstrukturell bedingten Besonderheiten als Rückgrat der wirtschaftlichen und beschäftigungspolitischen Entwicklung in Deutschland erwiesen haben, erscheint eine verstärkte Innovationsförderung für KMU prinzipiell gut begründet. KMU betreiben aufgrund ihrer starken Kunden- und Absatzmarktbezogenheit jedoch in der Regel keine eigene Grundlagenforschung, sondern konzentrieren sich vorwiegend auf die produktbe-

---

15 Die Evidenz signifikanter „Nutzen-Spillovers“ privater Investitionen im Bereich Forschung, Entwicklung und Innovationen wird durch eine Fülle von Analysen belegt. Vgl. hierzu etwa OECD 2004b; Klette, Moen und Griliches 2000; Jones 1998.

zogene und anwendungsorientierte Forschung. Aufgrund ihrer mangelnden Finanzreserven müssen sich die KMU zudem schneller aus ihren Innovationsprojekten refinanzieren als große Konzerne. Nicht nur der Grad der freigesetzten externen Effekte aus Forschung und Innovation sollte daher in das Kalkül der staatlichen Innovationspolitik einbezogen werden. Auch der größenstrukturell unterschiedliche Internalisierungserfolg der Unternehmen muss berücksichtigt werden. Kleinere und mittlere Unternehmen haben oftmals eine schlechtere Marktinformation als große Konzerne und sind deshalb größenbedingt bei der Sicherung ihrer Eigentumsrechte benachteiligt. Folgerichtig können bei ihnen auch die Renditen aus marktnäheren Innovationsprojekten kleiner sein als bei Großunternehmen. Innerhalb großer Unternehmenseinheiten können des Weiteren vielfach unvorhergesehene Synergieeffekte der Forschung organisationsintern genutzt werden. Geht man vom Vorliegen unvollkommener Kapitalmärkte und unvollkommener Informationen bei den beteiligten Akteuren aus, dann ergeben sich für die KMU auch hier Nachteile. Die Intensität des Forschungs- und Technologietransfers kann damit bei kleineren Unternehmen – unabhängig von der Marktnähe der Forschungs- und Innovationsaktivitäten – kleiner sein als bei großen Unternehmen.

Mikroökonomische Wirkungsanalysen bestätigen die große Effizienz der KMU-spezifischen Innovationsförderung: Über alle Unternehmensgruppen hinweg hat das Zentrum für Europäische Wirtschaftsforschung (ZEW) im Rahmen einer ökonometrischen Grundlagenstudie ermittelt, dass jeder Euro öffentlicher Forschungsförderung zu einer Ausweitung der FuE-Budgets der geförderten Unternehmen von bis zu einem Euro führt.[16] Das Deutsche Institut für Wirtschaftsforschung (DIW) hat darüber hinaus jedoch auch noch eine Evaluation der KMU-spezifischen Forschungsförderung des BMWi vorgenommen.[17] Hier zeigte sich, dass 1 Euro Forschungsförderung für kleine und mittlere Unternehmen dazu führte, dass die beteiligten KMU ihre Forschungsbudgets um bis zu 1,4 Euro erhöhten. Auf Grundlage dieser Ergebnisse kann für die mittelstandsorientierte Innovationsförderung des BMWi von einer erheblichen Hebelwirkung ausgegangen werden. Damit kann nicht nur ganz generell ein Crowding-Out von privat finanzierten FuE-Aktivitäten durch den Einsatz staatlicher Innovationsfördergelder negiert werden. Es zeigt sich gerade auch die Notwendigkeit einer Internalisierung externer Effekte über die Förderung der marktnahen Innovationsaktivitäten des Mittelstandes.

Der Handlungsrahmen der Innovationspolitik erstreckt sich damit prinzipiell von der Schaffung innovationsfreundlicher Rahmenbedingungen über die Förderung konkreter Forschungsfelder bis hin zur Innovationspolitik im engeren Sinne, das heißt den Fördermaßnahmen, welche unmittelbar auf die marktrelevante Umsetzung von FuE-Ergebnissen in Innovationen abzielen. Abbildung 2 verdeutlicht den Handlungsrahmen

---

16 Das ZEW hat für diese Grundlagenstudie die neuesten ökonometrischen Verfahren wie etwa die Kontrollgruppenanalyse eingesetzt. Vgl. ZEW 2003.

17 Vgl. DIW 2003.

der Forschungs- und Innovationspolitik und die jeweiligen Förderschwerpunkte auf der Grundlage des von Bräunling und Maas entwickelten Schalenmodells der öffentlichen FuE-Förderung.[18]

Der Nukleus des Modells ist dabei die Grundlagenforschung. Die erste Schale des Modells symbolisiert die Großforschung. Oftmals sind industriepolitische, nationale oder internationale Schwerpunktsetzungen Ausgangspunkt dieser wissenschaftlichen Aktivitäten. Als zweite Schale folgen dann die Schlüsseltechnologien. Hier erfolgt bereits eine marktnähere und anwendungsorientiertere Forschung und Entwicklung.[19]

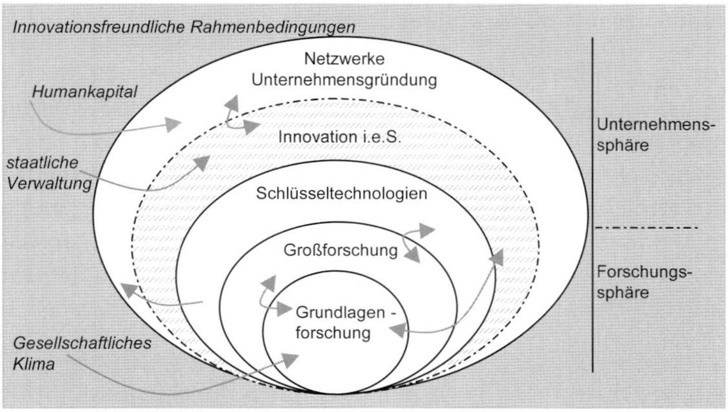

Abb. 2: Schalenmodell der Innovationspolitik. (Quelle: Erweiterte Darstellung in Anlehnung an Bräunling und Maas, 1989, S. 6)

Am Schnittpunkt von FuE und der marktlichen Umsetzung dieser Ergebnisse definiert sich dann die Innovationspolitik im engeren Sinne. Diese dritte Schale umfasst den Wirkungskreis, der unmittelbar auf die Stimulierung des Einsatzes neuer Technologien in den Unternehmen gerichtet ist. Es geht also um die Unterstützung eines schnellen und breitenwirksamen Technologietransfers von der Forschung über die Entwicklung bis hin zur Markteinführung konkreter Produkte, Dienstleistungen oder organisatorischer Verbesserungen. Die Innovationspolitik im engeren Sinne setzt dabei möglichst breitenwirksame

18 Vgl. Bräunling, Maas, 1989, S. 6.

19 In Anlehnung an die im Frascati-Manual der OECD getroffene Definition der Grundlagenforschung könnte man innerhalb dieser drei ersten Phasen der Innovationspolitik auch noch zwischen der so genannten reinen und der orientierten Grundlagenforschung differenzieren. In den forschenden Unternehmen wird schwerpunktmäßig orientierte Grundlagenforschung betrieben, die öffentlichen Forschungseinrichtungen konzentrieren sich dagegen auf die reine Grundlagenforschung.

Förderinstrumente ein. Im Rahmen der indirekten Projektförderung und der seit den 80er und 90er Jahren verstärkt aufgebauten Netzwerk- und Kooperationsförderung wird versucht, der Konzentration[20] der FuE-Aktivitäten in Deutschland entgegenzuwirken und insbesondere den Mittelstand in Innovationsprozesse mit den Forschungseinrichtungen und der Großindustrie einzubeziehen. Zusätzlich rückt die Förderung von technologieorientierten Unternehmensgründungen in der jüngsten Zeit immer stärker in den Fokus der Innovationspolitik. Eingebettet sind die verschiedenen Wirkungskreise natürlich letztlich in die Sphäre der Rahmenbedingungen. Von der grundlegenden gesellschaftlichen Bereitschaft, sich auf technische Neuerungen und Innovationen einzulassen, über die Bereitstellung eines geeigneten Humankapitalreservoirs mitsamt den entsprechenden Bildungseinrichtungen bis hin zur innovationsfreundlichen Ausgestaltung des gesetzlichen, sozialstaatlichen und bürokratischen Rahmens.

Vielfach wird das Schalenmodell nach Bräunling und Maas in der Literatur dazu benutzt, die förderpolitischen Schwerpunkte und Wirkungsschalen der Innovationspolitik zusammen mit deren entwicklungsgeschichtlichen Zeitphasen darzustellen.[21] Durch diese Verknüpfung könnte es beim Leser dazu kommen, auch den Verlauf des Innovationsprozesses und die staatlichen Eingriffs- und Fördermöglichkeiten in eine zeitliche Reihe zu setzen. Der Innovationsprozess mitsamt seinen unterschiedlichen Wirkungskreisen und Förderschwerpunkten stellt jedoch keine lineare Reihe von aufeinander folgenden Entwicklungsschritten dar, sondern ist vielmehr als komplexes, vielfach interaktives „Orbitalmodell" zu verstehen.[22]

Die Finanzierungsstruktur der deutschen Forschungs- und Innovationsförderung ist hochkomplex: Aufgrund der grundgesetzlich festgelegten, gemeinsamen Verantwortung von Bund und Ländern für die Forschungs- und Innovationspolitik werden nahezu alle Akteure der deutschen Forschungslandschaft von beiden staatlichen Ebenen unterstützt bzw. finanziert (vgl. Abbildung 3).

Neben der institutionellen Förderung von staatlichen Forschungseinrichtungen (Großforschungseinrichtungen und Grundlagenforschung) und der direkten Projektförderung für spezifische technologiepolitische Zielstellungen kommt der indirekten Projektförderung im Bereich der Innovationspolitik im engeren Sinne die größte Rolle zu. Die indirekte Projektförderung fördert Innovationsvorhaben ohne die konkrete Festlegung eines bestimmten Forschungsfeldes. Grundsätzlich kann jedes innovative Unternehmen, unab-

---

20 In Deutschland verlagert sich das FuE-Geschehen zunehmend auf einige Forschungs- und Wirtschaftsbereiche. Insbesondere die immer größere Abhängigkeit vom Automobilbau könnte sich in den nächsten Jahren zu einem Problem entwickeln. Vgl. BMBF 2005, S. 61–64.

21 Vgl. hierzu etwa die Darstellung des Schalenmodells bei Fier; Fier 2002.

22 Allein die Ausgestaltung der gesellschaftlichen Rahmenbedingungen kann mannigfaltige Rück- und rekursive Auswirkungen auf die Grundlagenforschung haben. Die Frage eines Einsatzes von grüner Gentechnologie oder der embryonalen Stammzellenforschung zur Bekämpfung von Krankheitsrisiken sei hier nur erwähnt.

hängig von seiner Branchen- oder Sektorzugehörigkeit, in den Genuss der indirekten Projektförderung gelangen. Ziel der indirekten Förderung ist letztlich immer die breitenwirksame unmittelbare Umsetzung von Forschungs- und Entwicklungsergebnissen in marktrelevante Umsätze. Als Partner der innovativen Unternehmen in Deutschland setzt das BMWi gerade hier den Schwerpunkt seiner mittelstands- und gründungsorientierten Förderprogramme und unterstützt jährlich mehrere tausend innovative KMU.

Eine indirekte Förderung der Innovationsaktivitäten der Unternehmen über steuerliche Vergünstigungen, wie sie in einigen anderen Staaten existiert,[23] wird in Deutschland dagegen nicht praktiziert. Bei einer solchen Förderung wären sehr große Finanzausfälle im Steuersystem zu verkraften.[24] Darüber hinaus müsste bei einem solchen Schritt immer auch die gesetzlich fixierte Einnahmenverteilung der jeweiligen Steuerart bei Bund und Ländern berücksichtigt werden. Angesichts des komplexen fiskalischen Föderalismus in Deutschland ist dieses Problem sicherlich schwieriger zu handhaben als in Zentralstaaten oder Nationen mit einem steuerlichen Trennsystem. Die Einführung einer neuen „Steuersubvention" würde unser deutsches Steuerrecht zudem nur noch weiter verkomplizieren. Auf der Ausgabenseite sind Hauptargumente gegen eine steuerliche Begünstigung von Innovationsaktivitäten die geringe Hebelwirkung der Förderung (große Mitnahmeeffekte bei den Unternehmen) und die Tatsache, dass gerade die innovativen kleinen und mittleren Unternehmen und natürlich auch die meisten Unternehmensgründer noch gar nicht mit Steuerzahlungen belastet sind. Deshalb müsste man ein Wahlrecht konstruieren, wonach sich KMU ohne Steuerbelastung einen Teil ihrer Innovationskosten direkt, in Form einer Gutschrift, von den Finanzbehörden auszahlen lassen. Damit wäre letztlich nur eine neue Form der indirekten Projektförderung geschaffen. Eine Förderung, die nicht nur technologieunspezifisch, sondern eben auch ohne jegliche Evaluierung des Innovationserfolges bzw. ohne jegliche inhaltliche Kontrolle erfolgen würde.

---

[23] In Großbritannien wurde etwa seit dem Jahr 2000 eine steuerliche Forschungsförderung für große und kleine Unternehmen eingeführt. KMU können mit diesen „R&D Tax Credits" bspw. 150% der zuwendungsfähigen FuE-Ausgaben steuerlich geltend machen. Da jedoch 90% der antragstellenden KMU noch gar nicht in der Gewinnzone operieren, bekommen sie eine Gutschrift in Höhe von 24% der zuwendungsfähigen FuE-Ausgaben. Ein Großteil der seit dem Jahr 2000 gewährten Förderung (ca. 1,8 Mrd. Euro über alle Unternehmensklassen) wurde daher nicht als Steuerförderung, sondern letztlich als indirekte Projektförderung gewährt.

[24] Staaten mit einem hohen FuE-Ausgangsniveau (z. B. Deutschland) müssten – aufgrund des niedrigeren Grenznutzens von zusätzlich gestarteten FuE-Aktivitäten – zudem mit einer kleineren Hebelwirkung der steuerlichen Förderung kalkulieren als Länder mit einer geringeren FuE-Ausgangsbasis.

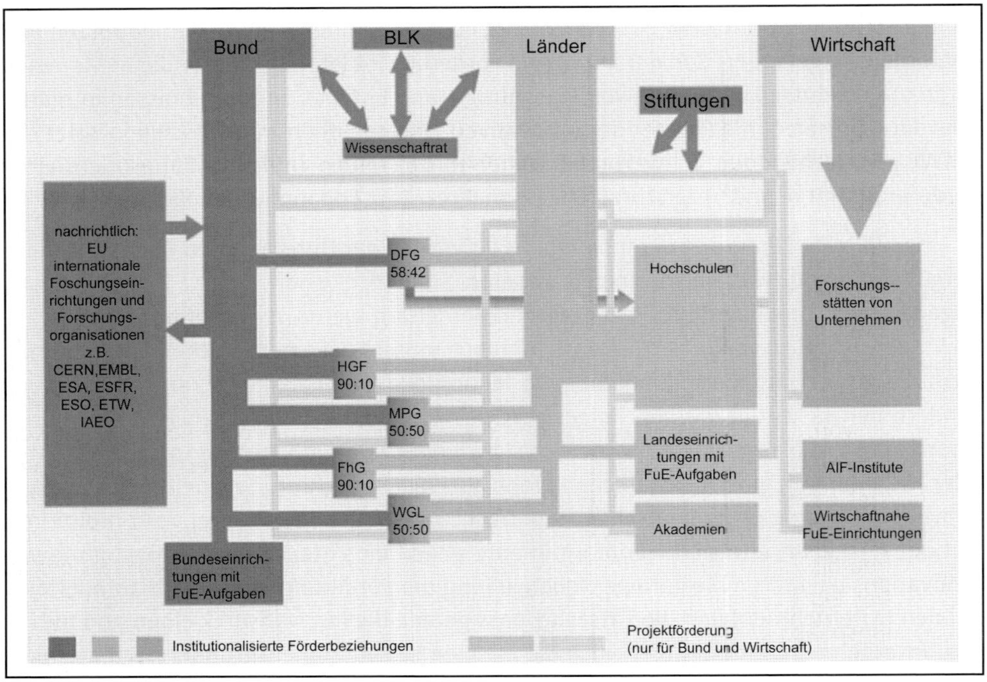

Abb. 3: Strukturen finanzieller deutscher Forschungsförderung (vereinfachtes System). (Quelle: Bundesbericht Forschung 2004, S. 8)

3 Die Förderarchitektur des BMWi für innovative Unternehmen

3.1 Grundlegende Struktur

Auf der Grundlage der oben skizzierten Erkenntnisse setzt das Bundesministerium für Wirtschaft und Arbeit für seine Innovationsförderprogramme drei große inhaltliche Schwerpunkte und bündelt die jeweiligen Programme in drei Förderlinien.[25]

[25] An dieser Stelle werden nur die Förderprogramme zur Stimulierung der Innovationstätigkeit der Unternehmen i. e. S. beschrieben. Aus Platzgründen können nicht alle Förderprogramme des BMWi für innovative Unternehmen und Unternehmensgründer dargestellt werden. Der interessierte Leser sei hier auf die Internetseite des BMWi www.bmwi.bund.de (Rubrik Bestellservice) verwiesen. Hier lässt sich die Broschüre „Wirtschaftliche Förderung" downloaden bzw. bestellen, welche alle Innovationsförderprogramme des BMWi und des BMBF stichwortartig beschreibt und nähere Angaben zu den einzelnen Projektträgern macht. Neben seiner innovationspolitischen Kernaufgabe arbeitet das BMWi natürlich auch an der Gestaltung möglichst innovationsfreundlicher Rahmenbedingungen, wie etwa der innovationsgerechten Ausgestaltung des öffentlichen Vergabewesens, oder der Sicherung der geistigen Eigentumsrechte mit. Auch die branchenbezogene Innovationsförderung des BMWi für die Bereiche Energie, Schiffbau und Luftfahrt sei hier nur erwähnt.

Die **erste Förderlinie** beschäftigt sich mit **der Gründungs- und Innovationsfinanzierung**. Das BMWi hat hier in den Jahren 2004 und 2005 eine neue dreistufige Förderarchitektur zur Finanzierung junger Technologieunternehmen und High-Tech-Gründungen geschaffen. Als wichtigstes Element ist der erst im September 2005 neu auf den Markt gebrachte High-Tech-Gründerfonds zu nennen. Ziel dieses zunächst mit 262 Mio. Euro ausgestatteten Fonds[26] ist die Stimulierung von technologieorientierten Unternehmensgründern. Der neue Beteiligungskapitalfonds ist revolvierend angelegt und nicht auf externe private Kapitalgeber angewiesen, da in Deutschland insbesondere der private Wagniskapitalmarkt für die ganz frühe Innovationsphase (so genannte „Seed-Phase") noch immer unter dem Einbruch im Jahr 2000 und der Zurückhaltung der privaten Kapitalgeber leidet. Hinzu kommen der Ende 2004 gestartete ERP-Startfonds und der Anfang 2004 auf den Markt gebrachte ERP/EIF-Dachfonds. Mit dem über fünf Jahre angelegten Dachfonds, der vom ERP-Sondervermögen und dem European Investment Fonds mit jeweils 250 Mio. Euro ausgestattet wurde, werden zusätzlich private High-Tech-Fonds kofinanziert, damit diese selbst mehr Venture Capital für die jungen Technologieunternehmen bereitstellen. Die Partner des Fonds rechnen damit, mit dem Dachfonds in den nächsten fünf Jahren bis zu 1,7 Mrd. Euro an Wagniskapital für innovative Investments zu mobilisieren. Der ERP-Startfonds (Volumen 250 Mio. Euro) finanziert ebenfalls in der frühen Innovationsphase und begleitet die Unternehmen bis zur Marktphase. Der Fonds finanziert allerdings nicht ausschließlich, sondern nur im Zusammenspiel und zu gleichen wirtschaftlichen Konditionen wie private Fonds. Durch diese öffentliche Kofinanzierung haben die Unternehmen bessere Chancen, privates Beteiligungskapital zu erhalten, und können ihre Eigenkapitalsituation verbessern.

Die **zweite Förderlinie** konzentriert sich auf die **Stimulierung des Technologietransfers** über eine verstärkte Kooperation der mittelständischen forschenden Betriebe untereinander, mit Forschungseinrichtungen und natürlich mit den größeren Unternehmen der jeweiligen Wertschöpfungsketten. Auch die Bildung von Netzwerken wird über diese zweite Förderlinie unterstützt. Zu nennen sind hier die breitenwirksamen Innovationsförderprogramme Pro Inno II (Programm Innovationskompetenz mittelständischer Unternehmen), InnoNet (Innovative Netzwerke), Nemo (Netzwerkmanagement Ost) oder die Förderung der industriellen Gemeinschaftsforschung (IGF). Mit dem anwendungsorientierten, aber relativ marktfernen Programm IGF werden branchenweit FuE-Projekte gefördert, die von Unternehmen initiiert wurden und von den industriellen Forschungsvereinigungen der jeweiligen Branchen, die Mitglied der Arbeitsgemeinschaft industrieller Forschungsvereinigungen „Otto von Guericke" (AiF) e.V. sind, durchgeführt werden.[27] Das Programm Pro Inno II fördert dagegen direkt die Kooperationsbeziehungen von mittel-

---

[26] Der Fonds wird zunächst mit 240 Mio. Euro aus dem Haushalt des BMWi, 11 Mio. Euro von der KfW und weiteren 11 Mio. Euro von privaten industriellen Investoren (BASF, Dt. Telekom, Siemens) ausgestattet.

[27] Vgl. die ausführlichen Erläuterungen zur IGF in Abschnitt 3.2.

ständischen Unternehmen, welche über ein technologiepolitisches Investment auf die Markteinführung eines bestimmten innovativen Produktes bzw. einer bestimmten innovativen Technologie abzielen. Im Rahmen von Pro Inno II und seinem Vorgängerprogramm Pro Inno wurde seit 1999 ein FuE-Aufwand von rd. 2 Mrd. Euro in gut 5.700 Unternehmen und 600 wirtschaftsnahen Forschungseinrichtungen angestoßen. Damit ist das Programm Pro Inno II das größte Innovationsprogramm in Deutschland. Mit dem im August 2004 gestarteten modifizierten Folgeprogramm Pro Inno II wurde die Flexibilität der Förderung weiter verbessert, und mittlerweile werden auch transnationale Technologieprojekte innovativer KMU über einen spezifischen Förderbonus besonders stimuliert. Über die Programme InnoNet und Nemo werden hingegen direkt Netzwerke bzw. die Organisation von Netzwerkstrukturen gefördert. Im Rahmen von InnoNet können sich mehrere KMU, seien es nun handwerkliche Betriebe oder universitäre Spin-Offs, mit größeren Technologie- oder Marktführern zusammenschließen und gemeinsame Technologieprojekte entwickeln. Der 2002 initiierte Förderwettbewerb „Netzwerkmanagement Ost (Nemo)" unterstützt die Bildung innovativer regionaler Netzwerke speziell von kleinen und mittleren Unternehmen in den ostdeutschen Ländern. Im Zeitraum von Anfang 1999 bis 2005 wurde durch die Förderprogramme der zweiten Förderlinie insgesamt ein FuE-Projektvolumen von mehr als 4,5 Mrd. Euro bei den geförderten Unternehmen mobilisiert.

Die **dritte Förderlinie „Technologische Beratung und Qualifizierung"** unterstützt die innovativen Betriebe dann beispielsweise noch ergänzend beim Aufbau innovativer Managementstrukturen (Programm Innovationsmanagement Ost, InnoMan) oder gibt über das Programm TOP (Technologieorientiertes Besuchs- und Informationsprogramm) Best-Practice-Anregungen für kleine Handwerksbetriebe und Mittelständler.[28]

3.2 Programm zur Förderung der industriellen Gemeinschaftsforschung und -entwicklung (IGF)

Der Stifterverband für die Deutsche Wissenschaft hat 1967 Gemeinschaftsforschung wie folgt definiert[29]: „Gemeinschaftsforschung der Wirtschaft ist FuE, die von Zusammenschlüssen aus der Wirtschaft in gemeinschaftlich getragenen Forschungs- und Entwicklungsstätten betrieben oder als Vertragsforschung durchgeführt wird." Damit sind die zwei wesentlichen Aspekte der Gemeinschaftsforschung beschrieben, ihr branchenweiter und ihr vorwettbewerblicher Charakter.

---

[28] Auch die „Kontaktstellen in Osteuropa und Asien" und das „Technologieberatungsnetzwerk für das Handwerk" sind in der dritten Förderlinie aufgestellt. Das finanzielle Fördervolumen dieser Programme ist jedoch deutlich geringer als das der beiden ersten Förderlinien.

[29] Stifterverband für die Deutsche Wissenschaft 1967.

Dies gilt prinzipiell auch für das Förderprogramm IGF. Hier sollen primär KMU unterstützt werden, gemeinsam branchenweite Grundlagen für Innovationen zu definieren und zusammen mit Forschungseinrichtungen zu erarbeiten. Die Ergebnisse aus Grundlagenforschung bzw. Schlüsseltechnologien sind für sehr viele KMU nicht zugänglich, bzw. deren Innovationspotenzial ist für KMU auch zumeist nicht absehbar. Daher werden durch die IGF die Ergebnisse der Grundlagenforschung bzw. Schlüsseltechnologien soweit aufbereitet und zu branchenweit nutzbaren Innovationsansätzen weiterentwickelt, die dann schnell in neue Produkte, Verfahren oder Dienstleistungen bei den KMU überführt werden können. Die IGF stellt damit die Brücke zwischen Grundlagenforschung bzw. Schlüsseltechnologien und Innovationen i.e.S. dar.

3.2.1 Struktur und Geschichte der IGF

Diese Brückenfunktion erfüllt die IGF seit ihrem Start im Jahr 1954. Schon damals hatten kleine und mittlere Unternehmen meist nicht die personellen und finanziellen Ressourcen, selbstständig Forschung und Entwicklung zu betreiben. Dabei ist die IGF heute wie in der Vergangenheit technologieoffen. Das heißt, seitens des BMWi werden keine Forschungsschwerpunkte definiert, da die KMU in Zusammenarbeit mit den Forschungsvereinigungen am besten ihren Forschungs- und Entwicklungsbedarf definieren und abschätzen können (Bottom-Up-Prinzip). Eine staatliche Vorfestlegung auf bestimmte Schwerpunkte wäre mithin eher hinderlich. Um eine fachlich fundierte Beurteilung der Vorhaben zu ermöglichen, wurde daher bereits 1954 die damals neu gegründete AiF, ein Selbstverwaltungsorgan der deutschen Wirtschaft, mit der Betreuung der Abwicklung der IGF betraut. Es erwies sich dabei als sehr vorteilhaft, dass das Selbstverständnis der AiF nahezu deckungsgleich mit den Zielen der IGF übereinstimmte. Es gilt das Motto: „Hilfe zur Selbsthilfe". So führte der damalige Präsident der AiF, Martin Westermann, anlässlich der 2. Mitgliederversammlung[30] aus: „Die nach 1945 von der mittelständischen Industrie gefundene Form der Gemeinschaftsforschung zeigt einen Weg auf, um gegebenenfalls später einmal die gemeinsamen Probleme durch Selbstfinanzierung zu meistern. Zurzeit kann jedoch auf eine Initialzündung durch öffentliche Mittel nicht verzichtet werden, um auch kleine und kleinste Betriebe an den Fortschritt heranzubringen."

In den letzten über 50 Jahren zeigte sich aber, dass eine „Initialzündung" nicht ausreicht. Der zunehmende Wettbewerb aufgrund der Unternehmenskonzentration und eines immer weiter gespannten Produktions- und Vermarktungsnetzes – Entwicklungen, die man heute mit dem Schlagwort Globalisierung beschreibt – haben dazu geführt, dass der Staat aus gesamtwirtschaftlichen Interessen permanent unterstützend eingreifen muss.

---

30 Vgl. Arbeitsgemeinschaft industrieller Forschungsvereinigungen 1955.

Die Symbiose von AiF und IGF ist mithin die älteste und wohl auch erfolgreichste Partnerschaft zwischen Wirtschaft und Politik zur Förderung von Forschung und Entwicklung für den Mittelstand in Deutschland. Insgesamt wurden durch die IGF rund 15.000 Vorhaben mit insgesamt ca. 2,1 Mrd. Euro gefördert.

Aus Abbildung 4 erkennt man, dass sich die Mittel für die IGF bis 1989 relativ symmetrisch zum Bruttonationaleinkommen entwickelt haben. 1990 und 1991 gab es einen deutlichen Zuwachs bei den IGF-Mitteln im Rahmen der deutschen Vereinigung. Ab 1992 stagnierte die Höhe der Mittel auf etwas niedrigerem Niveau bis 2004. Erst 2005 konnte trotz sehr angespannter Haushaltslage des Bundes eine signifikante Erhöhung realisiert werden, so dass nun wieder ca. 5/100.000 des Bruttonationaleinkommens für die IGF investiert werden. Auch unter dem Aspekt des Ziels der EU-Mitgliedstaaten, bis 2010 zu erreichen, dass 3% des Bruttonationaleinkommens durch Wirtschaft und Staat in FuE investiert werden, wird angestrebt, in den nächsten Jahren die Mittel für die Mittelstandsförderung und damit auch die für die IGF kontinuierlich zu erhöhen.

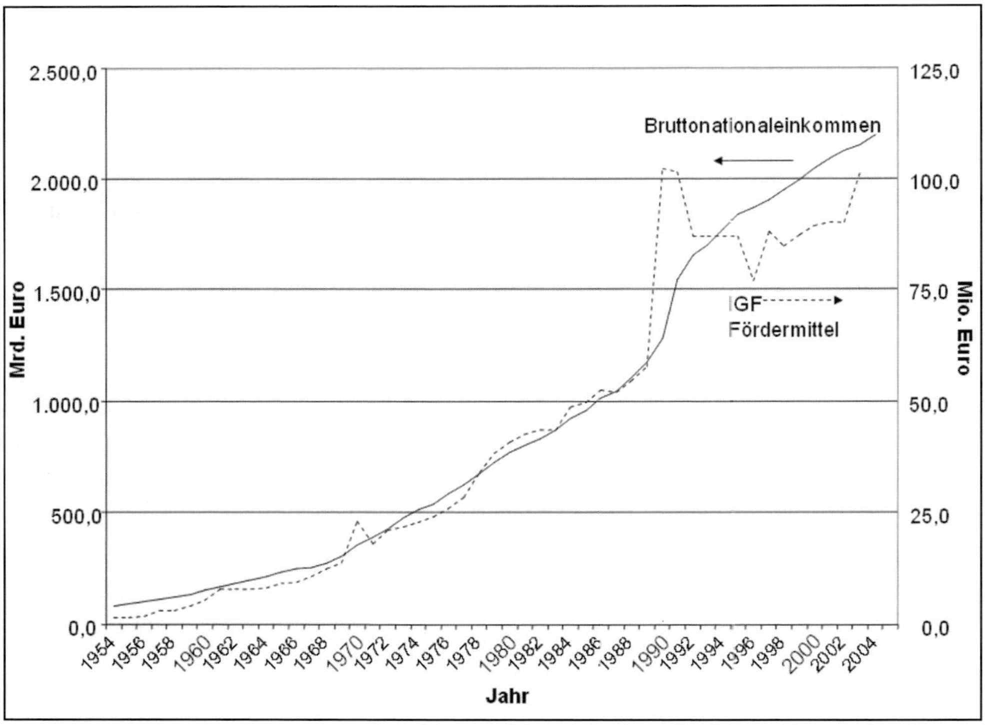

Abb. 4: Bruttonationaleinkommen (früher Bruttosozialprodukt) und Fördermittel für die IGF. (Quelle: Statistisches Bundesamt 2004)

3.2.2 Die IGF im Wandel

In den letzten Jahren und Jahrzehnten musste die IGF an immer wieder neue Herausforderungen wie auch an die sich ändernden rechtlichen Rahmenbedingungen angepasst werden. Bereits Ende des letzten Jahrhunderts wurde die Fördervariante ZUTECH eingeführt. Seit Beginn der 90er Jahre des letzten Jahrhunderts hat sich immer deutlicher gezeigt, dass Innovationen und gerade solche, die auf Hochtechnologien beruhen, nicht mehr nur eine Branche betreffen, sondern sehr schnell branchenübergreifend genutzt werden können. Zudem sind vor allem im Hochtechnologiebereich neue bahnbrechende Forschungsergebnisse nicht mehr das Resultat einer Fachrichtung, sondern vielmehr von interdisziplinären Forschungskooperationen. Daher wird auch bei ZUTECH als übergeordnetes Ziel die Erarbeitung von branchenübergreifenden oder System-Lösungen in disziplinübergreifender Zusammenarbeit für die strukturelle Erneuerung der KMU auf der Basis höherwertiger Technologien angestrebt.

Die letzte grundlegende Reform wurde zur Jahrtausendwende begonnen und befindet sich heute, im Jahr 2005, in der Umsetzungsphase. Zum 1. Januar 2005 trat eine neue Richtlinie zur IGF in Kraft, bei der eine noch stärkere Fokussierung der Projekte auf die Belange der kleinen und mittleren Unternehmen vorgenommen wurde. Die KMU-Beteiligung im projektbegleitenden Ausschuss wurde gestärkt, um so auch während der Durchführung der Projekte den Nutzen für KMU und ihre Umsetzbarkeit als wesentliche Zielgrößen im Auge zu behalten. Daneben wird der Eigenanteil der Wirtschaft an den geförderten Projekten nun projektbezogen geplant und nachgewiesen, um diese Eigenleistungen transparent und zuordenbar belegen zu können. Darüber hinaus soll der Wettbewerb um die Fördermittel durch eine differenzierte qualitative Bewertung der Projekte und nachfolgende Auswahl der besten Projekte intensiviert werden.

In Zukunft muss die europäische Dimension der Kooperation und Zusammenarbeit auch bei der IGF stärker berücksichtigt werden. Im 6. Rahmenprogramm der EU wurde das neue Instrument „European Research Area-Networks" (ERA-NET) zur Unterstützung der Zusammenarbeit und Vernetzung der Forschungsaktivitäten auf nationaler und regionaler Ebene eingeführt. Im Bereich der Industriellen Gemeinschaftsforschung hat die AiF die Federführung für das Projekt CORNET (Collective Research Network) übernommen, das eine Plattform bildet, um europäische Pilotprojekte zu initiieren. Diese Pilotprojekte sollen auch als Basis für die Entwicklung langfristiger Strategien für die grenzüberschreitende industrielle Gemeinschaftsforschung dienen. So sollten z. B. die Regelungen zu den einzelnen Förderprogrammen der Mitgliedstaaten sukzessive angeglichen werden, um die Beantragung und Bewilligung transnationaler Projekte zu erleichtern. Diese europäische Komponente bildet einen Schwerpunkt bei der weiteren Entwicklung des Förderprogramms IGF.

Daneben ist auf Anregung der Wirtschaft daran gedacht, den Übergang von der Grundlagenforschung zur Gemeinschaftsforschung zu beschleunigen. Dazu ist in Zusammenarbeit mit der DFG beabsichtigt, Projekte kontinuierlich zu fördern, die von der reinen Grundlagenforschung bis zur branchenübergreifenden Entwicklung reichen. Die Fördervariante ZUTECH soll daher auf die Finanzierung der branchenübergreifenden Entwicklung bei diesen Vorhaben ausgedehnt werden.

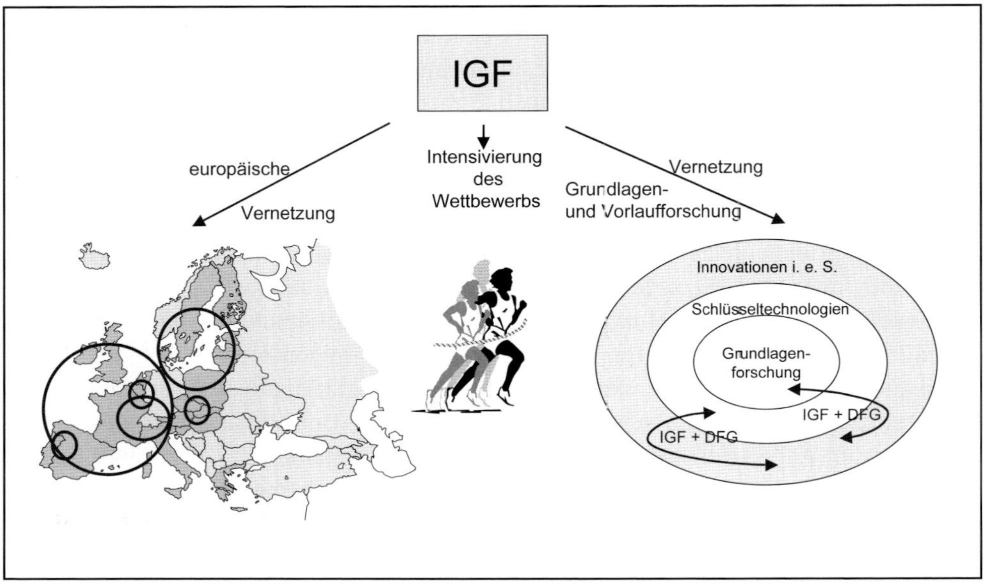

Abb. 5: Zukunftsperspektiven der IGF. (Quelle: Eigene Darstellung)

Literaturverzeichnis

Arbeitsgemeinschaft industrieller Forschungsvereinigungen 1955: Niederschrift über die 2. Mitgliederversammlung am 14. 10. 1955.

BMBF (Hrsg.) 2004: Bundesbericht Forschung, Bonn 2004.

BMBF (Hrsg.) 2005: Bericht zur technologischen Leistungsfähigkeit Deutschlands 2005, Bonn 2005.

Bräunling, G., Maas, M. 1989: Nutzung der Ergebnisse aus öffentlicher Forschung und Entwicklung in der Bundesrepublik Deutschland, Luxemburg 1989.

DIW (Hrsg.) 2003: Nachhaltiges Wachstum durch Innovationen: Die Rolle von kleinen und mittleren Unternehmen, in: Wochenbericht des DIW Berlin, Nr. 38/03.

Fier, A. 2002: Staatliche Förderung industrieller Forschung in Deutschland, Baden-Baden 2002.

Initiative Partner für Innovation (Hrsg.) 2005: Impulskreis Innovationskraft KMU in der Initiative „Partner für Innovation" – Zwischenbilanz eines Arbeitsjahres, Stuttgart 2005.

Jones, C.I. 1998: Introduction to Economic Growth, New York 1998.

Klette, T.J., J. Moen, Z. Grilliches 1999: Do Subsidies to Commercial R&D Reduce Market Failures? Microeconometric Evaluation Studies, in: NBER Working Paper Nr. w6947.

OECD (Hrsg.) 2001: The New Economy: Beyond the Hype. Final Report on the OECD Growth Project, Paris 2001.

OECD (Hrsg.) 2004a: Economic Survey Germany 2004, Paris 2004.

OECD (Hrsg.) 2004b: Understanding Economic Growth, Paris 2004.

OECD (Hrsg.) 2005: Main Science and Technology Indicators (2005/1), Paris 2005.

RWI (Hrsg.) 2005: Beschäftigungswirkungen von Forschung und Innovation – Forschungsvorhaben im Auftrag des Bundesministeriums für Wirtschaft und Arbeit, Essen 2005.

Stifterverband für die Deutsche Wissenschaft, (Hrsg.) 1967: Begriffe der Wissenschaftsorganisation, 1967.

Statistisches Bundesamt (Hrsg.) 2004: Statistisches Jahrbuch 2004, Wiesbaden 2004.

Vahs, D., Burmester, R. 1999: Innovationsmanagement, Stuttgart 1999.

World Economic Forum (Hrsg.) 2004: The Global Competitiveness Report, New York 2004.

ZEW (Hrsg.) 2003: Einsatzmöglichkeiten neuer quantitativer Ansätze zur Wirkungsanalyse öffentlicher Forschungsförderung. Eine Grundlagenstudie, Mannheim 2003.

ZEW (Hrsg.) 2005: Innovationsverhalten der deutschen Wirtschaft – Indikatorenbericht zur Innovationserhebung 2004, Mannheim 2005.

Vom Wissensbaustein zu Wissensplattformen – Der Nutzen von verbandsgetragenen Innovationsnetzwerken im Maschinenbau

von Hartmut Rauen[31]

1 Charakter des Maschinenbaus

Der Maschinen- und Anlagenbau zählt zu den wichtigsten Industriezweigen Deutschlands, gilt als technologisch führend in der Welt und hat im Jahre 2004 als beschäftigungsstärkste Industrie einen Branchenumsatz von 143 Mrd. Euro erreicht. Der Maschinenbau ist geprägt von der Internationalität seines Geschäftes. Mit einer Exportquote von über 70% ist er seit Jahren Exportweltmeister. Im Maschinenbau dominieren mittelständische Betriebsstrukturen. Über 86% der Unternehmen beschäftigen weniger als 250 Beschäftigte. Drei Viertel der Unternehmen haben sogar weniger als 100 Beschäftigte.

---

[31] Hartmut Rauen ist Mitglied der Hauptgeschäftsführung des VDMA und Geschäftsführer der Fachverbände Antriebstechnik und Fluidtechnik im VDMA.

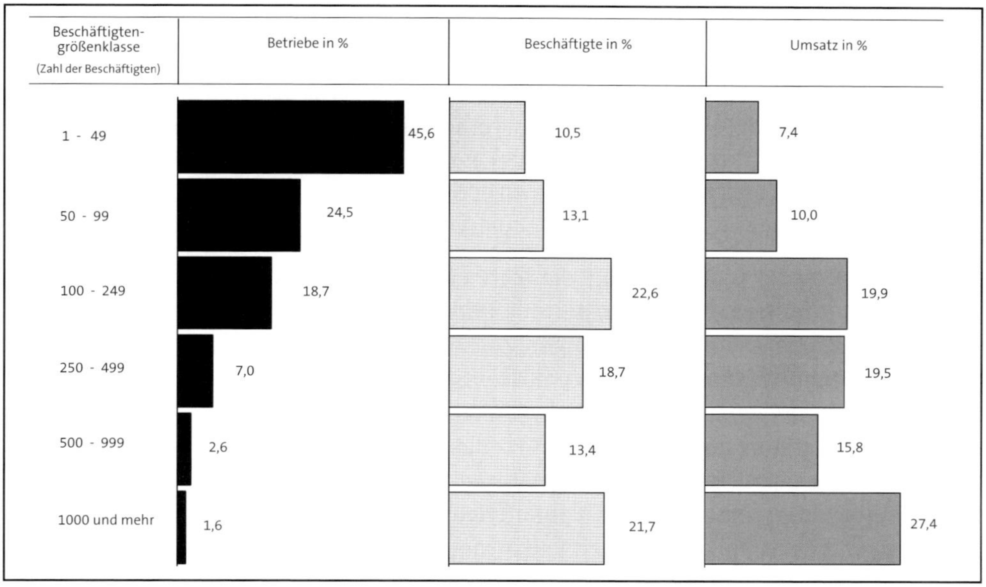

Abb. 1: Betriebsgrößenklassen im Maschinenbau. (Quelle: VDMA)

Der KMU-Charakter scheint der hohen Exportorientierung nicht entgegenzustehen; jedoch sind die Ressourcen dieser weitestgehend mittelständischen Unternehmen stark begrenzt. Die Anforderungen sind enorm: Kunden erwarten weltweit individuelle Produktanpassungen; günstige, schnelle und qualitativ hochwertige Servicedienstleistungen und Entwicklungspartner vor Ort, die es ihnen erlauben, in engen Wertschöpfungsstrukturen gemeinsam den Wettbewerb zu meistern. Der Erfolg des deutschen Maschinen- und Anlagenbaus zeigt jedoch, dass die Unternehmen bisher dieser Aufgabe gerecht werden.

Der Maschinen- und Anlagenbau, die Investitionsgüterindustrie, spielt für das Innovationsnetzwerk eine zentrale Rolle. Er zeichnet sich durch innovative und qualitativ hochwertige Produkte mit einer langen Lebensdauer aus. Gleichzeitig nimmt er eine Führungsrolle beim Einsatz neuer Technologien in den Produkten ein.

Er bringt neueste Technologien aus den Bereichen Sensorik, Mechatronik, Informationstechnik sowie Mikrotechnik zum Nutzen der Kunden aus Automobil-, Biotechnologie-, Chemie- oder Elektroindustrie zur Anwendung und trägt damit wesentlich zur Steigerung der Wettbewerbsfähigkeit dieser Abnehmerbranchen bei. Die Kompetenz der Branche zeigt sich am hohen technischen Niveau der Produkte, an der Anzahl der Patentanmeldungen sowie als Arbeitgeber von über 140.000 Ingenieuren. Der Maschinen- und Anlagenbau gehört damit zu den größten Arbeitgebern für Ingenieure.

Bedingt durch die Globalisierung, die technologischen Entwicklungen im Bereich der Informations- und Kommunikationstechnik und den Kostendruck stehen die Unternehmen des Maschinenbaus in der heutigen Zeit einer Vielzahl von neuen Anforderungen gegenüber. Technologie-Innovationen müssen immer schneller in konkrete Anwendungen und Produktion (Time-to-market) umgesetzt werden. Die Komplexität der Maschinen und Anlagen hat stark zugenommen. An Produktionsmaschinen werden ständig höhere Forderungen hinsichtlich ihrer Leistungsfähigkeit und Flexibilität gestellt. Die Produktlebenszyklen verkürzen sich und die Variantenvielfalt nimmt zu, da die Nachfrage nach Maschinen, die auf den individuellen Bedarf des Kunden ausgerichtet ist, steigt. Gleichzeitig sind auch die Anforderungen an das Wissen und die Fähigkeiten der Maschinenbauer hinsichtlich Kompetenzen in der Fertigung gestiegen, da die Gesamtkosten für Produktionsanlagen in ihrem Lebenszyklus (incl. Betrieb, Wartung, Service etc.) in den Mittelpunkt von Investitionsentscheidungen rücken. Erhöht sich die technische Verfügbarkeit, sinken die Betriebskosten und die Wettbewerbsfähigkeit der vorwiegend im Hochpreissegment liegenden Maschinen der deutschen Unternehmen steigt.

Ein wesentlicher Trend, der den Charakter des Maschinenbaus in den letzten Jahren und aktuell maßgeblich bestimmt hat, spiegelt sich in dem Zusammenwachsen verschiedener Technologien wider, hin zu mechatronischen Produkten, die aus ehemals mechanischen Funktionseinheiten, geeint mit Elektronik und Software, intelligente Komponenten, Aktuatoren werden lassen. Neue Innovationen wie „Intelligent Environment“ (Miniaturisierung der Elektronik und drahtlose Kommunikationstechnik), Polymerelektronik, intuitive Mensch-Maschine-Interaktion, „Integrative Produktion“ (Digitalisierung der Prozesse und die informationstechnische Vernetzung), adaptive Strukturen werden in der Breite der industriellen Anwendung eine Vielzahl von Produkt- und Prozessinnovationen auslösen und die softwarebasierte Wertschöpfung verstärken. Diese Innovationen entstehen zunehmend an den Grenzen von Disziplinen und im Zusammenwirken verschiedener Technologien, wodurch sich ihre Komplexität ständig erhöht.

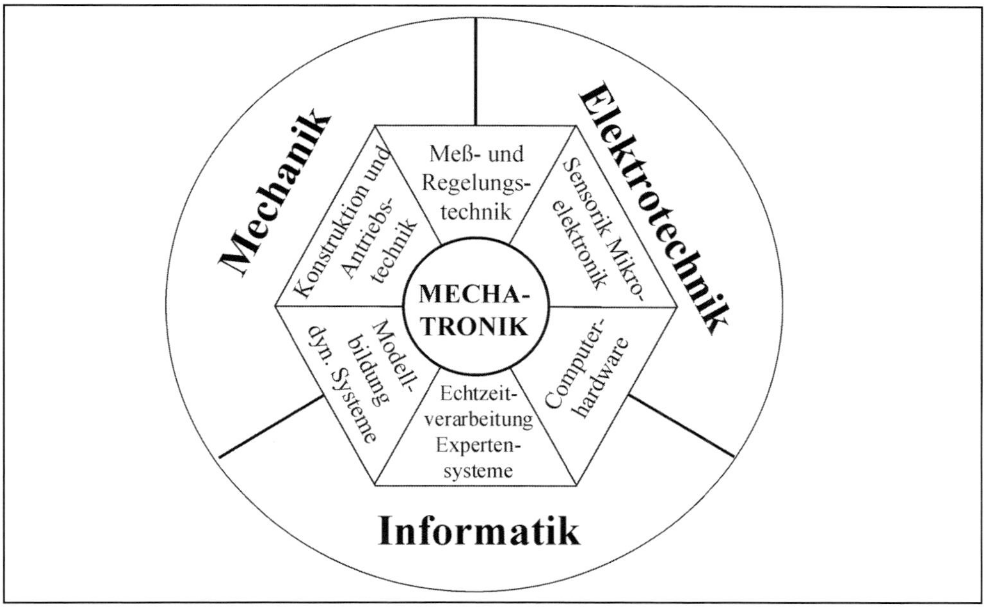

Abb. 2: Mechatronik – Innovationen spielen sich vielfach an den Schnittstellen einzelner Technologien ab.

Der Maschinenbau muss mit einer verstärkten Wissenschaftsbasierung neuer Technologien und kürzeren Diffusionszeiten des Wissens, ob von der Wissenschaft in die Industrie oder im Hinblick auf den Know-how-Abfluss zu Wettbewerbern im Ausland rechnen.

Die zunehmende Integration verschiedenster Technologien in den Produkten des Maschinen- und Anlagenbaus spiegelt sich in einer stärkeren netzwerkartigen Zusammenarbeit mit Partnern aus Wissenschaft und Industrie wider und hat den Charakter der Arbeitsteilung und Kooperationen in den letzten Jahren deutlich verändert. Nicht mehr die individuelle Beherrschung einzelner Wissensbausteine bestimmt den Erfolg, vielmehr die teamorientierte Gestaltung von Wissensplattformen, die zu neuen technologischen Problemlösungen und entsprechenden Produkten führen. Dies bietet den Unternehmen gute Profilierungsmöglichkeiten, indem sie sich auf eine Wissensplattform konzentrieren und darin ihre Technologiekompetenz definieren. Dies ist vor dem Hintergrund der mittelständisch geprägten Struktur im Maschinen- und Anlagenbau eine zentrale Herausforderung für das Technologiemanagement und an die Organisation der komplexen Kunden-Lieferanten-Beziehungen, insbesondere da die Bedeutung von Produktionsnetzwerken zunehmen wird.

2 Die Strategien des Maschinenbaus zur Steigerung der Wettbewerbsfähigkeit

Der VDMA führt unter seinen Mitgliedsfirmen regelmäßig Befragungen durch, welche Maßnahmen zur Steigerung der Wettbewerbsfähigkeit und Strategien verfolgt werden. Die in Abbildung 3 dargestellten Faktoren zeigen deutlich auf, dass Themen aus dem Bereich der Innovationsfähigkeit eine zentrale Rolle spielen. So werden prioritär genannt: mehr kundenspezifische Problemlösungen, die Mitarbeiterqualifikation, forcierte Produktinnovationen.

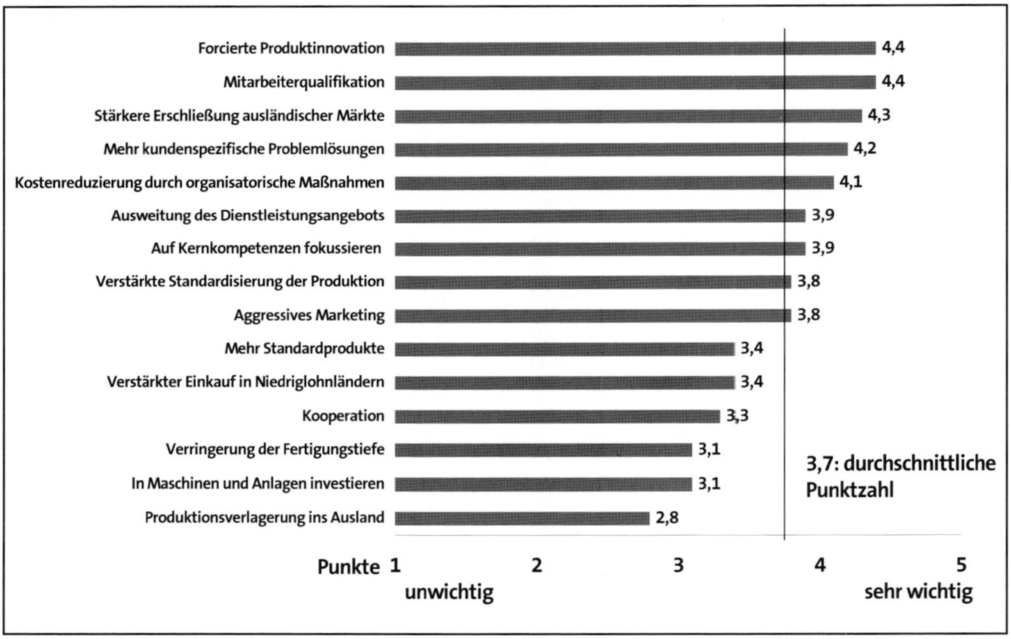

Abb. 3: Strategien zur Verbesserung der Wettbewerbsposition der deutschen Maschinenbauer. (Quelle: VDMA-Tendenzbefragung 2004)

Einen wesentlichen Kreativitätsfaktor und Treiber stellt vor allem die Gruppe der Facharbeiter und Ingenieure dar. Der oben dargestellte Trend spiegelt sich daher auch konsequenterweise in einem steten Anstieg der beschäftigten Ingenieure im Maschinen- und Anlagenbau wider. Abbildung 4 zeigt, dass mit heute ca. 140.000 beschäftigten Ingenieuren und 16% Anteil an den Gesamtbeschäftigten dieser Trend ungebrochen ist, und unterstreicht die Rolle des Maschinen- und Anlagenbaus als größter Ingenieurarbeitgeber in der Bundesrepublik und wesentlicher Innovationsmotor der deutschen Industrie.

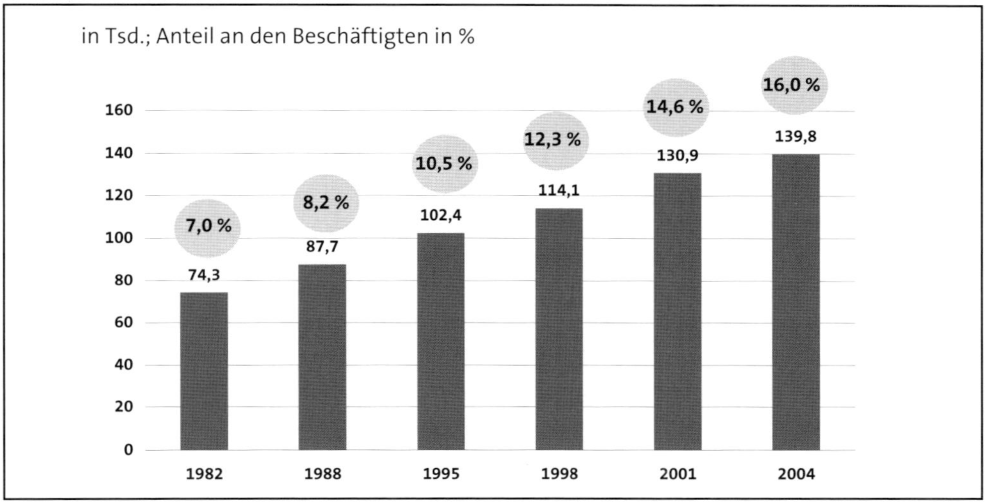

Abb. 4: Ingenieure im Maschinenbau 2004: Kontinuierlicher Zuwachs. (Quelle: VDMA-Ingenieurerhebung)

Die Weiterqualifikation der Mitarbeiter dient dazu, diese Potenziale zu erweitern und effizienter nutzen zu können. Die VDMA-Erhebungen zu den Prioritäten der Personalarbeit heute und in der Zukunft unterstreichen dies, weisen aber auch gleichzeitig die zunehmende Bedeutung von Wissensmanagement und zufriedenen Mitarbeitern auf.

Prioritäten der Personalarbeit heute und in der Zukunft			
Instrumente der Personalarbeit	**Heute (%)**	**Zukunft (%)**	**Keine Rolle (%)**
Flexible Arbeitszeitgestaltung	93,8	3,7	2,5
Weiterbildung	85,2	14,8	0
Zielvereinbarung	80,3	18,2	1,5
Variable Vergütungsgestaltung	66,1	29,9	5,2
Fach-/Führungskräftenachwuchsförderung	64,9	29,9	5,2
Organisationsentwicklung	56,7	31,1	12,2
Unternehmenserfolgsbeteiligung	43,0	33,1	23,3
Personalmarketing	39,1	31,9	29,0
Mitarbeiterzufriedenheitsanalyse	37,0	49,3	13,7
Wissensmanagement	34,2	43,8	21,9
Internationale Personalentwicklung	10,3	48,5	41,2

Abb. 5: Prioritäten der Personalarbeit. (Quelle: VDMA)

3 Forschungsvereinigungen, ihre Rolle als Wissensplattform

Unter dem Dach des VDMA bieten die industriellen Forschungsvereinigungen (siehe www.vdma.org, Rubrik Forschung/oder Beispiel www.fva-net.de) den Unternehmen des Maschinen- und Anlagenbaus eine ideale Plattform, um im engen Kontakt mit der Wissenschaft in Netzwerken gemeinsam zu forschen. Diese Netzwerke geben teilweise Antworten auf viele der im Folgenden ausgeführten Herausforderungen und Trends und sollen daher zunächst in ihrer Grundstruktur beschrieben werden.

Die branchenspezifischen Forschungsvereinigungen (beispielsweise Antriebstechnik oder Verbrennungskraftmaschinen) sind geprägt durch industriegetriebene, bottom-up-orientierte Forschungsprojekte. Die Finanzierung der Projekte erfolgt in der Regel sowohl aus Mitteln der Industrie wie auch aus Mitteln der öffentlichen Hand (v.a. industrielle Gemeinschaftsforschung AiF/BMWA). Am Beispiel der Antriebstechnik soll das Vorgehen erläutert werden. In Untergruppen, wie z. B. Fertigungstechnologie, Tribologie und geregelte elektrische Antriebe, finden sich 20 bis zu 60 Experten unterschiedlicher Unternehmen zusammen und sind für die Themengenerierung, die Vorselektion und die Begleitung späterer Forschungsvorhaben verantwortlich. Forschungspartner sind Hochschulen, die sich im Wettbewerb um die durch die Industrie definierten Projekte durchgesetzt haben. Somit ist die Basis für nachhaltige Innovationsnetzwerke zwischen Industrie und Wissenschaft gelegt. Innerhalb der Forschungsvereinigung Antriebstechnik, die heute ca. 160 Mitgliedsfirmen umfasst, sind ca. 1.000 Industrieexperten in etwa 100 Forschungsprojekten aktiv, die ca. 5.000 Arbeitstage in die Projektbegleitung einbringen. Dieses

Innovationsnetzwerk zwischen Industrie und Wissenschaft ist beispielhaft für die Erarbeitung von Wissensplattformen und für den engen Know-how-Austausch, den man zunehmend tätigen muss, um den Anforderungen der technologischen Entwicklung gerecht zu werden. Diese Verbandsnetzwerke sind daher eine ideale Basis, um firmenindividuelle Innovationsaktivitäten zu begleiten und sie effizienter zu gestalten.

Entscheidend ist die Art der Zusammenarbeit. Sie ist von Nachhaltigkeit geprägt. Die Experten kennen sich häufig seit vielen Jahren, haben Kenntnis über Kompetenzen der Industrie- und Hochschulpartner erlangt. Dies ermöglicht eine offene und vertrauensvolle Zusammenarbeit.

4 Herausforderungen, Trends und Antworten im Innovationssystem Maschinenbau

Trend 1: Expertenwissen – vertikale Komplexität

Die Komplexität des zu beherrschenden Expertenwissens in der Vertikalen (z. B. Tribologie) steigt. Die Anforderungen an heutige Ingenieure zur Beherrschung ihres Technologiefeldes sind immens hoch. Die Tätigkeit des Ingenieurs ist durch eine ständige Weiterbildung und Vertiefung des Wissens geprägt.

Durch die Mitarbeit in industriellen Forschungsvereinigungen wird diesen Experten die Möglichkeit geboten, sich mit Ingenieuren in gleichen oder verwandten Tätigkeitsfeldern auszutauschen, voneinander zu lernen oder auch Kompetenzpartner zu finden, die an den eigenen Grenzen des Wissens weiterhelfen können. Dies gilt sowohl für die Schnittstelle zu den Unternehmen wie auch zu den Hochschulinstituten, die in diesen Netzwerken eingebunden sind.

Gleichzeitig sind die Forschungsvereinigungen des VDMA nicht nur die Plattformen für den Austausch neuester Forschungsergebnisse und eine Kommunikationsplattform der Experten untereinander, sondern sie bieten ihren Mitgliedern Weiterbildungsmaßnahmen auf hohem ingenieurwissenschaftlichen Niveau an, um von der Erfassung einzelner Wissensbausteine hin zu einem ganzheitlichen Anwendungswissen, zu beherrschten Wissensplattformen, zu gelangen.

Die Unternehmen reagieren in zunehmendem Maße mit besonderen Anstrengungen im Bereich der Weiterbildung, der Mitarbeiterqualifikation und des Wissensmanagements auf diese Herausforderungen. Maßnahmen hierzu werden zum strategisch wichtigen Instrument der Unternehmensführung. Mitarbeitermotivation, -qualifikation sind auch außerhalb von Basel II die entscheidenden Assets der Zukunft.

Trend 2: Technologieübergreifende Innovation – horizontale Komplexität

Der klare Trend hin zu technologieübergreifenden Innovationen, Beherrschung von Schnittstellen verschiedenster Technologien – Trend zur Mechatronik – tritt zunehmend in den Vordergrund. Deutschlands Ausbildungsstruktur ist weitestgehend noch von einer eher vertikalen Struktur geprägt. Wir leben in einer Welt von getrennten Fakultäten der Informationstechnik, der Elektrotechnik, des Maschinenbaus. Ähnlich sieht noch die Strukturierung in der Facharbeiterausbildung aus. Der Mechatroniker bricht diese Strukturen auf und ist die erfolgreiche Antwort auf eine notwendige Entwicklung.

Die Unternehmen arbeiten schon längst in Teams, in denen die Disziplinen zusammengeführt werden. Sie benötigen zunehmend Personal, das die Technologien in der Breite beherrscht. Daneben muss ein Wandel von tayloristisch geprägten Ausbildungsprofilen (der Dreher, Fräser, ...) hin zu prozessorientierten stattfinden, z. B. zum Produktionstechnologen.

Der oben skizzierte Charakter des Maschinenbaus mit einer KMU-Ausprägung lässt erahnen, dass personelle Engpässe in der Beherrschung dieser horizontalen Komplexität bestehen. Zu der Beherrschung des vertikalen Expertenwissens kommen die Anforderungen einer breiteren horizontalen Ausrichtung der technologischen Lösungen bei gleichzeitig begrenzten Wissenskapazitäten sowohl individuell wie auch auf Firmenbasis hinzu.

Die Unternehmen antworten einerseits mit der Einschränkung ihrer Kompetenzfelder auf die so genannten Kernkompetenzen, müssen jedoch gleichzeitig dort, wo sie abschneiden, Kooperationsmöglichkeiten finden, die es ihnen erlauben, die Lücken zu schließen und gleichzeitig die notwendigen Kompetenzen zu halten. Das Technologiemanagement von Kernkompetenzen spielt daher eine wichtige Rolle für den Innovationserfolg eines Unternehmens. Überschreitet man mit neuen Produkten bzw. Entwicklungsprojekten das Feld seiner Kernkompetenz, steigen die Risiken deutlich.

Die Netzwerke eines Wirtschaftsverbandes sind eine hervorragende Basis, um kompetente Partner in Industrie und Wissenschaft im relevanten Technologiefeld zu finden. Vielfach sind daher diese Netzwerke auch Keimzelle von bilateralen Firmenkooperationen bzw. auch Gemeinschaftsprojekten zwischen Wissenschaft und Industrie.

Trend 3: Dynamik – Zeitkomplexität

Die oben beschriebenen Herausforderungen der vertikalen und horizontalen Innovationskomplexität erhalten eine Beschleunigung durch den Trend zur Verkürzung der Innovationszyklen. Die Auftragsbestände im deutschen Maschinen- und Anlagenbau haben sich langfristig über die Jahre ständig verringert, auch wenn konjunkturelle Spitzen zu höheren Beständen führen.

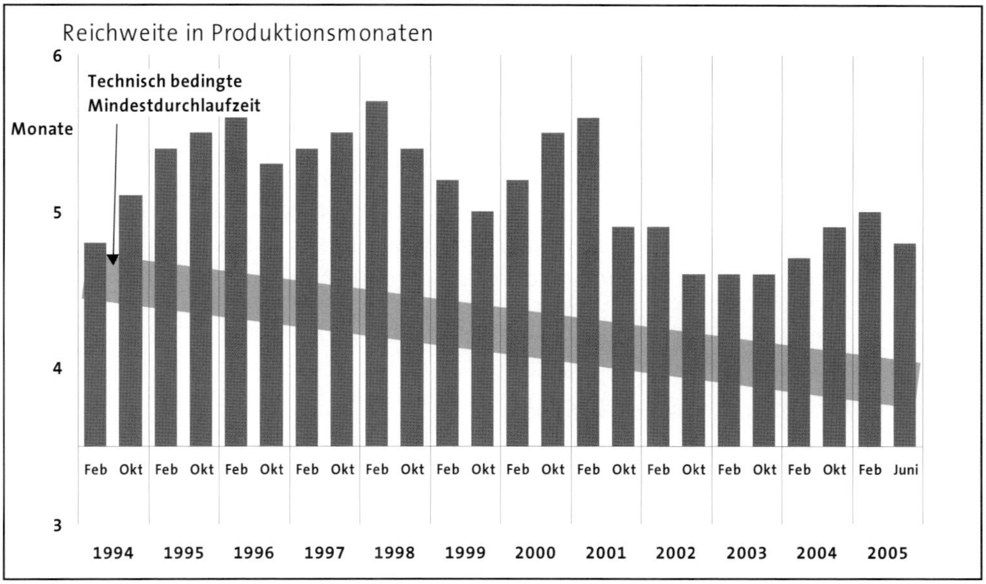

Abb. 6: Auftragsbestand im deutschen Maschinenbau. (Quelle: VDMA)

Sie sind nicht nur ein Signal tendenziell kürzerer Durchlaufzeiten und schlankerer, schnellerer Prozesse in den Unternehmen, sondern auch ein Signal kürzerer Innovationszyklen. Plakativ ist dies in der Automobilindustrie erkennbar, ebenso die Schwierigkeiten der Beherrschung dieser Prozesse. Die Erhöhung von Schnittstellen im Innovationsprozess zu externen Partnern und eine Beschleunigung des Innovationsprozesses stellen hohe Forderungen an das Kommunikationsmanagement dar. Das Management der Wertschöpfungsstrukturen im Entwicklungsprozess in der Zusammenarbeit zwischen Kunde und Lieferant ist ein zentraler Erfolgsfaktor. Im Übrigen scheint hierin eine Stärke des mitteleuropäischen Innovationsclusters der Engineering-Industrie zu liegen. Die weltweite Arbeitsteilung, die sich für einzelne Branchen abzeichnet, lässt die Zukunftsperspektiven eines deutschen Maschinenbaus im symbiosehaften Umfeld zu anderen engineeringnahen Branchen, wie z. B. der Automobilindustrie und der Elektrotechnik, positiv erscheinen.

Forschungsvereinigungen sind auch hier ein Abbild dieser Strukturen, da sie schon längst über die klassischen Grenzen des Maschinenbaus hinausgehen und die Kompetenzen einzelner Unternehmensgruppen der Elektrotechnik, des Maschinenbaus oder auch Abnehmerbranchen wie der Automobilindustrie z. B. in den Forschungsvereinigungen

Antriebstechnik und Verbrennungskraftmaschinen vereinen. Die Forschungsvereinigungen stellen eine Innovationsmatrix dar, die Zulieferer und Wettbewerber entlang ihrer Prozessketten horizontal und vertikal dicht vernetzen und universitäre Forschungspartner, Fraunhofer-Institute etc., in ihre Innovationstätigkeit integrieren.

Kurze Innovationszyklen stellen eine kaum zu nehmende Hürde für die öffentliche Forschungsfinanzierung dar. Forschungsprojekte im Bereich der industriellen Gemeinschaftsforschung oder überhaupt in öffentlich finanzierten Forschungsprojekten befinden sich daher eher im vorwettbewerblichen Bereich. Forschungsvereinigungen sind jedoch dennoch eine Hilfe, die Innovationsgeschwindigkeit eines Unternehmens grundlegend zu beschleunigen.

Trend 4: Finanzierung von Innovationen

Ein wesentliches Hemmnis erfolgreicher Innovationsprozesse stellt der Mangel an qualifiziertem Personal und dem zur Verfügung stehenden Kapital dar.

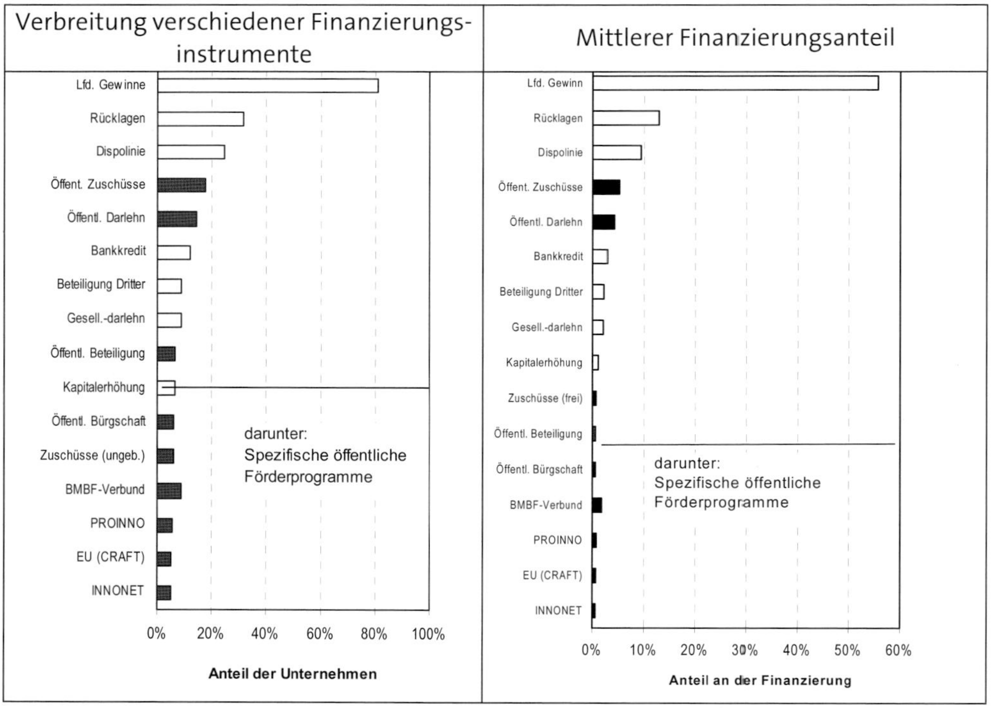

Abb. 7: Finanzierung von Innovationsprojekten. (Quelle: IMPULS-Studie „Innovationswege im Maschinenbau")

Schmale Unternehmensrenditen sind in der Regel die Innovationskiller Nummer eins. Laufende Gewinne spielen die größte Rolle. Auf der anderen Seite sind es vor allem die erfolgreichen Unternehmen des Maschinen- und Anlagenbaus, die auch durch eine hohe Innovationstätigkeit ihre Wettbewerbsfähigkeit heute und in der Zukunft unterstreichen. Die für den Maschinenbau typische FuE-Quote bei innovierenden Unternehmen von ca. 4% des Umsatzes liegt im Bereich der Bruttoumsatzrendite des Maschinenbaus. Konjunkturell schwere Zeiten schlagen in der zyklischen Branche des Maschinenbaus daher sehr schnell auf die FuE-Ausgaben durch. Die im Personalbereich ansonsten übliche Antwort hin zu höheren Flexibilitäten mit einer geringeren Bindung an Personal durch entsprechende Outsourcing-Maßnahmen findet im FuE-Bereich nicht ihren Niederschlag. Jedenfalls nicht dann, wenn es um die eigentlichen Kernkompetenzen im FuE-Prozess geht. Dennoch kann FuE-Outsourcing eine Hilfe sein, um diesen Prozess effizienter zu gestalten. Das Netzwerk der industriellen Gemeinschaftsforschung unterstützt die Suche nach adäquaten Forschungspartnern sowohl in der Industrie wie auch in der Wissenschaft. Das Vertrauen in die Personen und Organisationen ist auf Basis einer langjährigen Zusammenarbeit in den Netzwerken vorhanden und die unternehmensindividuelle Wissensbasis kann verbreitert werden. Die Mitarbeit in Forschungsvereinigungen bietet eine hohe Innovationsrendite. Mitglieder der FVA zahlten im Jahre 2004 durchschnittlich 17.000 Euro Beitrag und erhielten Zugang zu Projekten im Volumen von 13,7 Mio. Euro. Durch diesen hohen Hebel sowie die Risikoteilung ist es möglich, Innovationsprojekte anzugehen, die firmenindividuell gerade von KMU nicht getragen werden können. Der Erfolg der FVA und der Nutzwert von verbandsgetragenen Innovationsnetzwerken spiegeln sich in der Mitgliederentwicklung wider.

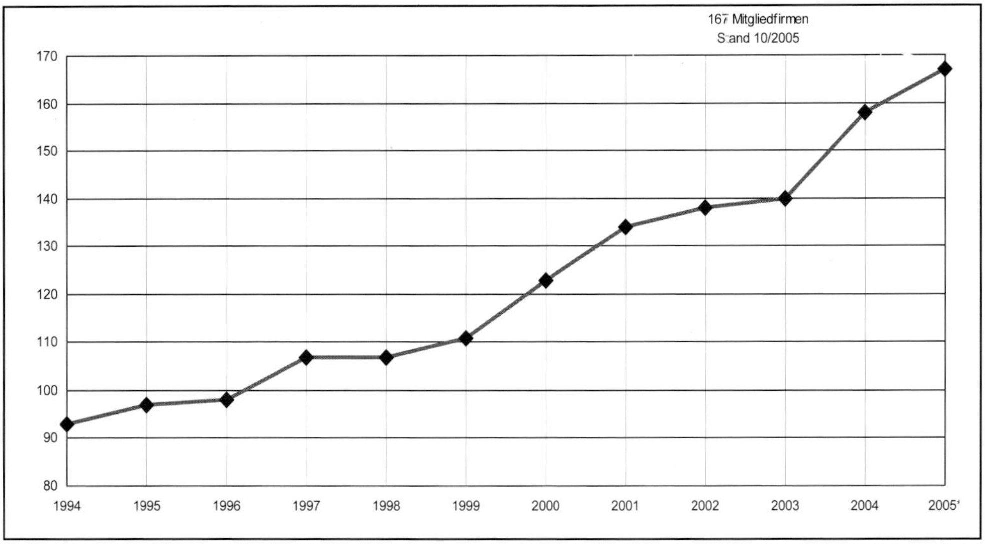

Abb. 8: Mitgliederentwicklung der Forschungsvereinigung Antriebstechnik. (Quelle: Forschungsvereinigung Antriebstechnik)

Trend 5: Wissensbaustein und Wissensplattform

Technologische Entwicklungen im ingenieurwissenschaftlichen Bereich sind häufig geprägt von evolutionären Verbesserungen. Break-through-Innovationen sind in der Regel selten. Wissensbausteine, z. B. als Ergebnis eines Forschungsprojektes im Bereich der Entwicklung eines neuen Werkstoffes, sind in den seltensten Fällen direkt in die industrielle Praxis adaptierbar. Ingenieure, die solch einen neuen Wissensbaustein verarbeiten wollen, stehen in der Regel vor der Herausforderung, weitere offene Fragen zu beantworten, die sich bei der Integration z. B. eines neuen Werkstoffes in einen bestehenden Fertigungsprozess stellen. Es gilt, Aussagen zu treffen zur Bauteillebensdauer, zur Verträglichkeit mit anderen Werkstoffen, z. B. den Schmierstoffen, etc. Die Beherrschung von Wissensplattformen, das Zusammenführen einzelner Wissensbausteine hin zu anwendbarem Ingenieurwissen sind eine alltägliche Herausforderung im Maschinen- und Anlagenbau. Hier unterstützen die Netzwerke der industriellen Forschungsvereinigungen, da sie die Experten entlang der Vertikalen wie auch der Horizontalen zusammenführen. Somit ist es möglich, einzelne neue Wissensbausteine im Dialog mit Experten unterschiedlichster Technologiefelder schneller zu synthetisieren und anwendbar zu machen.

Trend 6: Ressourceneffizienz – zielsichere Innovationsprojekte

Um die Wettbewerbsfähigkeit zu sichern, ist auch im Innovationsprozess ein effizienter Ressourceneinsatz notwendig. Basis hierzu sind Prozesse der Szenariotechnologien, der Technology Roadmaps, die zunehmende Verbreitung finden. Die notwendigen Basisdaten des technologischen Umfeldes, der Erkennung von Markttrends auf der Kunden- wie auch auf der Zuliefererseite können in den Netzwerken der Verbandstätigkeit erarbeitet werden. So stehen den Unternehmen im VDMA Benchmarkingdaten zu Inputfaktoren auf der Innovationsseite ebenso zur Verfügung wie Aussagen zur Marktbewegung einzelner Branchen bis hin zu der Umsatzentwicklung einzelner Produktgruppen. Daraus sind teilweise Technologietrends ableitbar. Des Weiteren steht den Unternehmen über die VDMA-Netzwerke an der Schnittstelle Kunde/Lieferant eine Vielzahl von Dialogplattformen zur Verfügung, die es erlauben, im engen Kontakt zukünftige Herausforderungen des Kunden zu antizipieren. Dieser Dialog kann neue technologische Lösungen fördern. Der VDMA möchte seinen Unternehmen auch in diesem Umfeld zur Seite stehen: im Management-Know-how, in Projekten zur Szenariotechnologie, zum Wissensmanagement und des Innovationsmanagements. Eine Weiterbildungskooperation mit der European Business School im Bereich des Innovationsmanagements für die Investitionsgüterindustrie ist eine beispielhafte Maßnahme, ebenso wie dieses Buch.

Gemeinsam forschen für die Zukunft

In einer sich immer stärker vernetzenden Welt sind industrielle Forschungsvereinigungen eine gute Grundlage, um die firmenindividuelle Innovationsfähigkeit zu verbessern, denn Forschung und Entwicklung bindet erhebliche personelle und finanzielle Ressourcen, und in Kooperationen mit anderen Unternehmen und Forschungsstellen lässt sich mit geteilten Kosten mehr Nutzen generieren. Eingebunden in ein Kooperationsnetzwerk, hilft das gebündelte Wissen, frühzeitiger als alleine, einen Überblick über das immer komplexer werdende Umfeld zu erhalten.

In diesen Netzwerken gelingt es besser, einzelne neue Wissensbausteine in das Mosaik einer Wissensplattform zu integrieren.

Integriertes Innovations- und Patentmanagement

von Alexander J. Wurzer[32]

1 Notwendigkeit der Integration von Innovations- und Patentmanagement?

In den internationalen Technologiemärkten vollzieht sich ein kontinuierlich beschleunigter Wandel. Noch bis in die 1980er Jahre dominierten in vielen Branchen die Kräfte der Verkäufermärkte des auslaufenden Industriezeitalters. Michael Porter hat in seinem Standardwerk zur Wettbewerbsstrategie diese Kräfte bestimmt und charakterisiert[33]. Seine drei Grundstrategietypen liegen in der Kostenführerschaft, der Differenzierung und in der Fokussierung. Aus diesem Dreiklang der Strategieentwicklung baute sich eine Sturmflut von Beratungsempfehlungen auf, deren Auswirkungen noch heute in den Unternehmen zu finden sind. Porter ist der Protagonist einer Denkschule, die Unternehmen in erster Linie als möglichst effiziente „Produkterzeugungsmaschinen" versteht und nur in der Differenzierung Innovation zulässt. Diese Strategieansätze bieten keine Antworten mehr für die aktuellen, sich schnell wandelnden Käufermärkte und die sinkenden Margen bei Technologieprodukten. Die Situation für Technologieunternehmen ist heute geprägt von globalisiertem Wettbewerb, einer zunehmenden Zahl von Wettbewerbern und einer dramatischen Beschleunigung der Produkt- und Technologielebenszyklen[34]. In Abbildung 1 sind die Produktentwicklungszeiten für einige Technologieprodukte dargestellt. Im Mittel ist eine Verkürzung der Entwicklungszeiten von über 50% in den letzten 20 Jahren festzustellen.

---

[32] Dr. Alexander J. Wurzer ist Geschäftsführender Gesellschafter bei der Patev GmbH & Co. KG, Leiter des Instituts für Intellectual-Property-Management an der Steinbeis-Hochschule Berlin

[33] Porter (1988).

[34] OECD (2004).

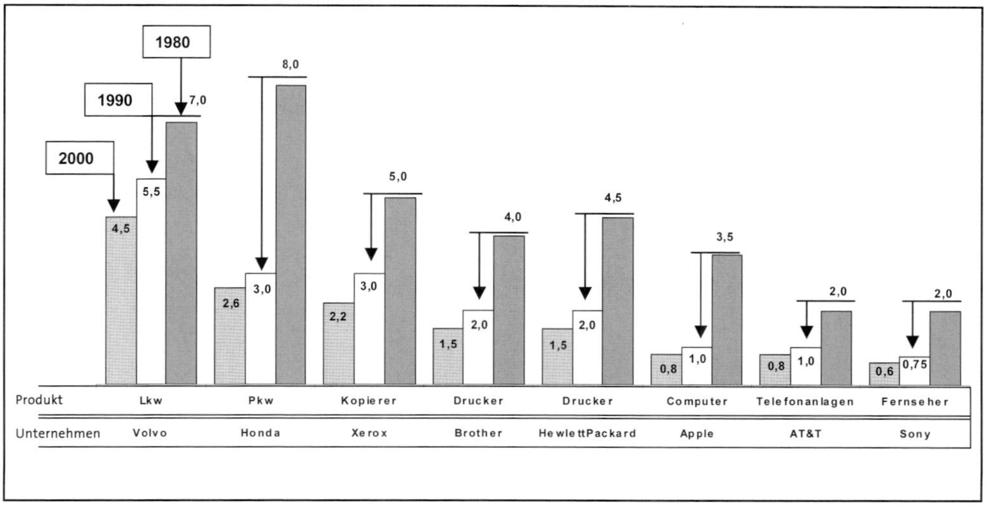

Abb. 1: Verkürzung der Produktentwicklungszeiten[35].

Die Konsequenzen dieser Beschleunigung lassen sich am Beispiel des Produktangebots von DaimlerChrysler illustrieren. Wurden im Zeitraum von 1985 bis 1994 drei neue Fahrzeugmodelle in den Markt eingeführt, so waren es von 1998 bis 2003 schon 18 neue Modelle. Für den Zeitraum von 2004 bis 2007 sind insgesamt 50 neue Modelle geplant. 80% der heutigen Fahrzeugpalette sind jünger als fünf Jahre. In der Elektroindustrie sind die Konsequenzen der Beschleunigung analog zu finden. Unter dem Stichpunkt „Teufelskreis der Innovation" haben sich die beiden Vorstandsvorsitzenden von Siemens 1990 und 2002 (Werte in Klammern) geäußert: „Wir machen heute 50% unseres Umsatzes mit Produkten, die es vor fünf (drei) Jahren noch nicht gab. Wenn uns also nicht rechtzeitig das Richtige einfällt, dann haben wir in fünf (drei) Jahren für die Hälfte unserer Mannschaft keine Arbeit mehr" [36]. Viele Unternehmen reagieren auf die dargestellten Veränderungen der Rahmenbedingungen mit dem Reflex der Innovationsoffensive. Dies führt zu ständig steigenden Ausgaben für Forschung und Entwicklung, um die Wettbewerbsposition zu verbessern[37]. Zwischen 1990 und 2001 sind die industriefinanzierten Forschungs- und Entwicklungs-(FuE-) Ausgaben in der OECD-Region um 51% gestiegen. [38] Die Ergebnisse der FuE werden abhängig von Branche und Technologie oft durch Patente geschützt.

---

[35] Schmidt-Bischoffshausen (2005).
[36] Schmidt-Bischoffshausen (2005).
[37] Albach et al. (1991).
[38] OECD (2004).

In der traditionellen Sichtweise bieten Patente dem Patentinhaber die Möglichkeit der Erzielung einer Monopolrente. Mit diesem vom Staat eingeräumten Monopol kann der Patentinhaber seine FuE-Aufwendungen am Markt als exklusiver Anbieter wieder zurückholen. Damit ist das Patentwesen eine Art staatlicher Forschungsförderung.[39] Den finanziellen Umfang dieser Forschungsförderung bezogen auf den jeweiligen FuE-Aufwand hat Schankerman untersucht. Er fasst die Ergebnisse mit 5 bis 10% Förderung bei Patenten aus pharmazeutischen und chemischen Technologien und mit 15 bis 35% Förderung bei Patenten aus mechanischen und elektronischen Technologien zusammen. Als durchschnittliche Förderung über alle Technologiebereiche hinweg erscheinen 15 bis 25% realistisch.[40]

Diese Aussagen legen eine Kopplung zwischen der Patentanmeldeaktivität von Technologieunternehmen und deren FuE-Aufwendungen zugrunde. In der Tat konnte dieser Zusammenhang über einen langen Zeitraum nach dem 2. Weltkrieg beobachtet werden. Noch Anfang der 1990er Jahre wurden abhängig von Branche und Unternehmensgröße im Durchschnitt ca. 35% aller Produktinnovationen und ca. 25% aller Prozessinnovationen zum Patent angemeldet.[41] Doch im Laufe der 1990er Jahre hat sich eine grundlegende Veränderung des Patentanmeldeverhaltens bei den Technologieunternehmen eingestellt. „Zunehmend gewinnen Patente Bedeutung über den bloßen Erfindungsschutz hinaus. Sie sind zum strategischen Werkzeug geworden, zum Joker in Verhandlungen, zu Schutzmauern und Tretminen, zur Abschreckungs- und Terrorwaffe", so das M.I.T. Magazin für Technologie im Jahre 2004 und weiter: „Patente könnten zur Basiseinheit der Wissensgesellschaft werden: zu einer stabilen Währung für technisches Wissen."[42] Die Verdopplung der internationalen Patentanmeldungen in den letzten acht Jahren kann durch das Forschungsförderungsargument allein nicht erklärt werden. Eine Studie des Fraunhofer-Instituts für Systemtechnik und Innovationsforschung erklärt die dynamische Entwicklung der Patentanmeldungen mit einer Abkopplung der Patentanmeldungen von den FuE-Ausgaben.[43] Der FuE-Aufwand wird in der Innovationsforschung als Inputgröße für die Innovationsaktivitäten eines Unternehmens gemessen, und die Zahl der Patente wird als Outputgröße verwendet.[44] Die Ergebnisse der Fraunhofer-Forscher weisen darauf hin, dass ein Strukturwandel in den Anmeldemotiven stattgefunden hat. Strategische und geschäftsorientierte Motive[45], wie die Entwicklung von gewinnorientierten Patentstrate-

39 Klodt (1995, S. 36f.).
40 Schankerman (1998, S. 79).
41 Arundel/Kabla (1998).
42 Hürter (2004, S. 23).
43 Blind et al. (2003, S. 39).
44 Gerpott (1999, S. 77 ff.).
45 Sullivan (1998, S. 173 ff.); Wurzer (2004).

gien[46] und die Nutzung von Schutzrechten als „Bargaining Chips“[47] in Lizenzverhandlungen, deuten auf eine grundlegende Änderung der industriellen Patentpolitik hin.[48]

Die veränderte Rolle von Patenten im wirtschaftlichen Planen und Handeln führender Technologieunternehmen wurde kürzlich von Ruud Peters, dem Chief Executive Officer der Philips Intellectual Property (IP)[49] and Standards, erläutert (vgl. Abbildung 2).[50] Nach dem klassischen Verständnis werden Patente parallel zum FuE-Prozess angemeldet. Nach dem Abschluss des Entwicklungsprojekts folgt der „Start of Production“ und parallel zu den Absatzinstrumenten des Marketings und Verkaufs werden Marken oder Geschmacksmuster angemeldet bzw. gepflegt. Der Return on Invest (ROI) wird durch den Verkauf des Produkts erwirtschaftet. Die vorhandenen Schutzrechte haben nur eine indirekte Wirkung auf die Erzielung wirtschaftlicher Ergebnisse.

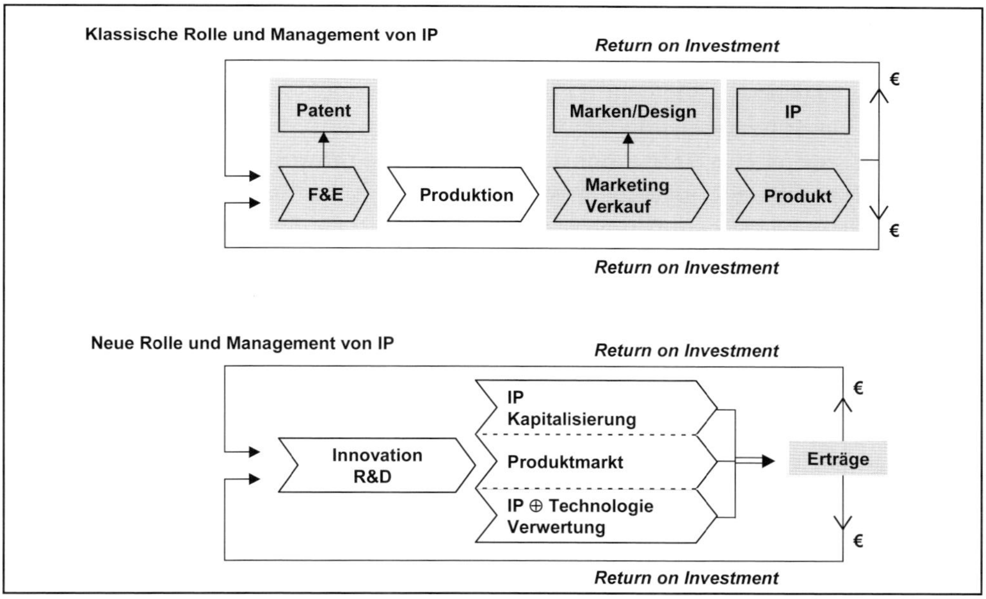

Abb. 2: Veränderte wirtschaftliche Rolle von Intellectual Property.[51]

46 Harhoff/Reitzig (2001).
47 Reitzig, M. (2003).
48 Blind et al. (2003, S. 120).
49 Unter Intellectual Property werden im Weiteren alle gewerblichen Schutzrechte wie zum Beispiel Patente, Gebrauchsmuster, Geschmacksmuster und Marken verstanden.
50 Peters (2005).
51 Eigene erweiterte Darstellung nach Peters (2005).

Das wesentliche Merkmal des neuen Managements von Intellectual Property ist die Integration des Innovations- und FuE-Prozesses. Hinzu kommt die parallele Verfolgung einer IP-Strategie, die den direkten ROI-Beitrag vorsieht. Dieser Beitrag liegt in der Kapitalisierung des geschützten Know-hows durch Lizenzverträge[52], Verkauf und Finanzierungskonstruktionen wie IP-Holdings[53] und Sale-and-License-Back-Lösungen[54]. Zusätzlich ermöglicht die spezifische Kombination von IP und Technologie den Zugang zu wirtschaftlich attraktiven technologischen Lösungen über Kreuzlizenzvereinbarungen, Patent-Pools und Standardisierungen. Hinzu kommt die traditionelle Funktion von IP im Produktmarkt zur Erzielung von Premiumpreisen, Markteintrittsbarrieren und exklusiven Marktzugängen (vgl. Abbildung 2).

Ein praktisches Beispiel dieser neuen Kombination von Absatzinstrumentarium, Marketingstrategie und der Ausnutzung von geistigen Eigentumsrechten hat jeder Benutzer der Produkte des „Wintel"-Monopols auf dem Schreibtisch stehen. Durch die „Intel-Inside"-Kampagne ist es dem amerikanischen Chiphersteller Intel gelungen, den Durchschnittsverbraucher von der Vorteilhaftigkeit der Computer mit Intel-Prozessoren zu überzeugen. Wer einen modernen Rechner mit dem Windows-Betriebssystem startet, erhält noch auf Systemebene die beruhigende Information „Intel-Inside", ohne dass der Durchschnittsnutzer eine Vorstellung davon hat, welche tatsächlichen Leistungskennziffern sich hinter diesem Logo verbergen. Dieser enorme Marketingerfolg war für die Unternehmen Intel und Microsoft nur durch die Kombination von technischen Charakteristika, Marketingstrategie und die umfassende Nutzung von Intellectual Property möglich. Die ökonomischen Wirkungen von IP können auch an anderen Stellen beobachtet werden. So werden in der Elektronik- und Chipindustrie Patentbestände aufgebaut, um über gegenseitige Lizenzabkommen den Zugang zu unternehmensfremden Technologien zu sichern.[55] Kreuzlizenzvereinbarungen offenbaren den ökonomischen Wert der involvierten Patente. Der Markterfolg des Computerkonfektionierers Dell beruht auf seinem innovativen, integrierten System von Verkauf, Vertrieb und Kundendienst. Dell hat seine Geschäftsmodellkomponenten wie das Internet-Bestellsystem, die fließende Fertigung, die Lagerhaltung und Distribution durch Patente geschützt. Im Jahr 1999 wurde der Wert dieser Patente beobachtbar. Es kam zu einer Kreuzlizenzvereinbarung mit IBM im Wert von 16 Mrd. US-Dollar.[56]

Eine Beobachtung der über ganz Deutschland akkumulierten Lizenzeinkünfte aus der grenzüberschreitenden wirtschaftlichen Umsetzung von Patenten ist über die Bundesbank möglich. Im Rahmen der Zahlungsbilanzstatistik werden unter anderem die Ein-

---

52 Wurzer (2002).
53 Wurzer (2005).
54 Wurzer/Fonrobert (2004, S. 50).
55 Reitzig (2002, S. 63).
56 Rivette/Kline (2000, S 31).

nahmen der Bundesrepublik Deutschland für technologische Dienstleistungen erfasst.[57] Auf Patente und Lizenzen entfallen im Jahr 1989 1,288 Mrd. Euro Einnahmen. Diese Lizenzerlöse sind bis zum Jahr 2000 auf über 3 Mrd. Euro gestiegen.[58] Insgesamt haben sich die Einnahmen für die gesamten technologischen Dienstleistungen (inkl. FuE, EDV-Leistungen und Ingenieurleistungen) in diesen elf Jahren gut verdreifacht (Zunahme: 334%). Für die globale Entwicklung des Lizenzvolumens rechnet das Europäische Patentamt mit einer dramatischen Steigerung. Im Jahr 1990 war der weltweite Lizenzmarkt 10 Mrd. US-Dollar groß. Im Jahr 2000 ist das Volumen auf das Zehnfache angewachsen.[59] In naher Zukunft soll sich das Gesamtvolumen noch einmal auf ca. 500 Mrd. US-Dollar vervielfachen und wird damit die steigende Bedeutung und den steigenden Wert von Intellectual Property dokumentieren.[60]

Intellectual Property gehört zum intellektuellen Vermögen (Intangible Assets) des Unternehmens. Die enorme Bedeutung intellektuellen Vermögens wird daran deutlich, dass bereits mehr als 70% des US-amerikanischen Wachstums aus der Verwertung von Intangible Assets resultieren.[61] Die Weltorganisation für geistiges Eigentum (World Intellectual Property Organisation, WIPO) bringt die ökonomische Bedeutung von Intellectual Property auf den Punkt: „The bricks-and-mortar economy is, thus, being replaced with the economy of ideas in which IP has become one of the major currencies."[62]

Bei Investitionen in intellektuelles Vermögen werden hohe Renditen und Marktwertsteigerungen beobachtet. Bryn-Jolfsson berichtet davon, dass bei einer Steigerung von einem US-Dollar Investment in intellektuelles Vermögen eine Steigerung von 10 US-Dollar bei der Bewertung des Unternehmens am Finanzmarkt beobachtet wird.[63] Aboody und Lev konnten 2001 bei US-amerikanischen Unternehmen der chemischen Industrie zeigen, dass die Nachsteuerrenditen auf Investitionen in Forschung und Entwicklung mit ca. 17% mehr als doppelt so hoch waren wie die in Sachanlagen getätigten mit einer Rendite von ca. 7%.[64]

Die neue wirtschaftliche Rolle von Intellectual Property und der zunehmende Wert von IP und insbesondere von Patenten für Technologieunternehmen führen zur Notwendigkeit eines ziel- und wertorientierten Managements von Intellectual Property ebenso wie zur Forderung nach einer Integration des Innovations- und Patentmanagements. Dabei sollte berücksichtigt werden, dass auch in der klassischen Schule zum Innovationsma-

---

57 Deutsche Bundesbank (2004, S. 7).
58 Deutsche Bundesbank (2004, S. 12).
59 Europäisches Patentamt (2001, Spalte 10).
60 Lenz (2002, S. 20).
61 Bryer/Simensky (2002, S. xxvii).
62 WIPO (2003).
63 Brynjolfsson (1999).
64 Aboody/Lev (2001).

nagement die „Entwicklung einer Schutzrechtspolitik“ gefordert wird.[65] Dies entspricht jedoch ganz dem klassischen Bild einer IP-Strategie, die sich am Schutz von FuE-Ergebnissen orientiert. Hinzu kommt, dass der Begriff und das Verständnis eines eigenständigen Managements von Intellectual Property noch sehr jung sind. Harhoff stellte in seiner Arbeit im Jahr 2000 zur Gewinnmaximierung bei der Anmeldung von Patenten fest, dass sich mit dem Intellectual Property Management (IPM) ein neues Handlungs- und Forschungsfeld formiert.[66] Um die aktuellen Herausforderungen zu meistern, ist ein neues Strategieverständnis für das Innovations- und Patentmanagement ebenso nötig wie neue Werkzeuge zur Umsetzung dieser Strategieansätze.

2 Integrationsanforderungen und Gestaltung von Innovations- und Patentmanagement

Die große Bedeutung eines leistungsfähigen Innovationsmanagements für die Wettbewerbsfähigkeit der Technologieunternehmen gehört spätestens seit den 1980er Jahren in der Ökonomie zum Erkenntniskanon. Töpfer formulierte 1984, dass es für den Erhalt und den Ausbau von Wettbewerbspositionen notwendig ist, technische Entwicklungen nachzuvollziehen oder besser in technologischer Hinsicht eine Pionierstellung einzunehmen. Denn ein rein defensives, reaktives Verhalten schränkt die Möglichkeiten einer zielgerichteten Steuerung des Unternehmens auf die Imitation technologisch fortschrittlicher Produkte ein. Dadurch lassen sich zwar die notwendigen Aufwendungen für Grundlagenforschung verringern, die mögliche Floprate lässt sich dadurch in der Regel aber nicht reduzieren.[67] Die mit einer defensiven und reaktiven Innovationsstrategie einhergehende Patentstrategie setzt auf die Vermeidung von Imitation durch den Wettbewerb. Gerade an diesem Ziel scheitert jedoch die passive Patentpolitik. Empirische Studien zeigen, dass nach ca. drei Jahren Imitationen im Markt auftauchen.[68] Hinzu kommt, dass unabhängig vom Innovationstyp die erfolgreichen Innovationen vom Wettbewerb besonders intensiv imitiert werden.[69] Innovatoren, die sich passiv auf den Schutz ihrer Leistungen durch Patente verlassen, können in den kurzen Zeiten, die heute für neue Produkte am Markt zur Verfügung stehen, um lukrative Margen zu erzielen, immer weniger Rendite erwirtschaften.

65 Pleschak/Sabisch (1996, S. 44); Hauschild (1997, S. 28).
66 Harhoff/Reitzig (2001, S. 527, Fn. 1).
67 Töpfer (1984, S. 392).
68 Faust (1999, S. 4).
69 Schewe (1992, S. 967).

Aus diesen Ergebnissen folgt die Forderung nach einem integrierten Innovations- und Patentmanagement, das aktiv die Geschäftsziele des Unternehmens einbezieht und umsetzt. Dies beinhaltet insbesondere die aktive Gestaltung der Patentsituation im unternehmenseigenen Sinne, um so den dringend notwendigen ROI aus den FuE-Aufwendungen zu ziehen. Analog zu Reitzig sind die sechs wichtigsten Fragen für das strategische Innovations- und Patentmanagement:[70]

- Wie können durch Innovation und Patente Wettbewerbsvorteile erreicht und erhalten werden?
- Wie wirken Patente in der Branche des Unternehmens?
- Welche Optionen werden durch Patente im Wettbewerb mit den anderen Mitspielern im Markt eröffnet?
- Welchen Beitrag leisten Innovation und Patente zur aktuellen Wettbewerbsposition und zu den existierenden Markteintrittsbarrieren?
- Welchen Beitrag können Patente entlang der Wertschöpfungskette des Unternehmens leisten?
- Welche Organisationsform ist notwendig, um die gewählten Strategien umzusetzen?

Diese Fragen werden von erfolgreichen Unternehmen in verschiedenen technologiegetriebenen Branchen unterschiedlich beantwortet. Dabei können vier verschiedene Strategietypen unterschieden werden: das Festungsmonopol, das Zusatznutzenmonopol, das Radnabenmonopol und das Nussschalenmonopol.[71]

Die Strategie des Festungsmonopols erfordert den Aufbau großer Patentbestände mit entsprechend hohen Kosten. Hinzu kommen durch hohe FuE-Aufwendungen und langfristige Marktgestaltungen hohe Marktzugangsbarrieren. Die Patente werden durch die Festungsmonopolisten konsequent gegen Patentverletzung verfolgt. Auch dabei werden keine Kosten durch die Patentinhaber gescheut. Typische Vertreter von Festungsmonopolen findet man in der pharmazeutischen und chemischen Industrie, so z. B. Pfizer, Merck, Astra Zeneca. Die wirtschaftliche Verwertung der Patente erfolgt in erster Linie über die Erzielung von Premiumpreisen.

---

[70] Reitzig (2004, S. 38).

[71] Pike (2001, S. 28 ff.).

Die Strategie des Zusatznutzenmonopols lässt sich z. B. bei Konsumprodukten und in der Automobilindustrie beobachten. Dabei werden vor allem solche Produkteigenschaften im Patentbestand abgebildet und konstruktiv im Innovationsgeschehen herausgearbeitet, die vom Nutzer und Kunden in besonderer Weise wahrgenommen werden. Durch Sperrpatente werden Wettbewerber daran gehindert, Analoglösungen anzubieten. Typische Beispiele sind die „Q-10"-Additive von Baiersdorf für die Hautpflege oder die Dieseldirekteinspritzung „Common Rail" und „Pumpe-Düse" als deutliche Verbesserung der Selbstzünderantriebe im PKW. Die wirtschaftliche Verwertung erfolgt über Kostenvorteile in der Produktion, Premiumpreise, Kundennutzen und Marketingvorteile.

Bei der Strategie des Radnabenmonopols werden innovative Vorteile und Patente dazu eingesetzt, einen technologischen Standard zu gestalten. Diese Rechte werden möglichst in einen Patent-Pool eingebracht und von dort aus über eine Patent-Holding durch Zugangslizenzen zum Standard verwertet. Unternehmen, die den Standard nutzen wollen, müssen als „Eintrittsgeld" die Zugangslizenzen erwerben. Solche Standards sind besonders in der Konsumelektronik, der Telekommunikation und in der Informationstechnologie verbreitet. Die Technologiestandards wie GSM oder ATM sind Beispiele für Radnabenmonopole. Praktisch alle Elektronikkonzerne bedienen sich einer Spielart dieser Innovations- und Patentstrategie, wie z. B. Sony, Philips, Matsushita, Siemens. Charakteristisch für Radnabenmonopole ist die wirtschaftliche Umsetzung über das „Drehen eines großen wirtschaftlichen Rades", wobei der Lizenzgeber in der Radnabe ohne weiteres Zutun seine „revolving profits" generiert. Häufig ist die Radnabentechnologie nicht im eigentlichen Produkt eingebaut, sondern Teil einer Infrastruktur, die zur Nutzung des Produkts notwendig ist.

Die Strategie des Nussschalenmonopols kann in sehr unterschiedlichen Branchen und Technologien beobachtet werden. Kennzeichnend ist ein relativ kleiner relevanter Patentbestand, mit hochspezifischer, innovativer Technologie. Dabei beinhaltet der Patentbestand die technologischen Eigenschaften der Nussschalentechnologie sehr gut und umfassend. Hinzu kommt, dass sich die Patente gut durchsetzen lassen und eine Verletzung gut nachweisbar ist. Typische Branchen für Nussschalenmonopole sind die Biotechnologie, der Maschinenbau und die Konsumelektronik. Die wirtschaftliche Umsetzung erfolgt durch Zugangslizenzen auf die Nutzung der Nussschalentechnologie. Diese Technologie stellt nicht das gesamte Produkt dar, sondern nur eine (wesentliche) funktionale Komponente. Shimano, Intel, Hoffmann-La Roche und Cambridge Antibody sind Vertreter der Nussschalenstrategie. Ihre Monopole ermöglichen die Funktionalität von Fahrrädern, Computern und Biotechnologielabors, ohne das gesamte vom Benutzer gekaufte Produkt darzustellen. In Abbildung 3 sind die Innovations- und Patentstrategien zusammenfassend dargestellt.

Innovations- und Patentstrategie	*Typ. Vertreter*	*Typ. Branchen*	*Wirtschaftliche Umsetzung*
• *Festungsmonopol* - große Portfolios - Wettbewerbsabschottung - konsequente Verletzungsverfolgung	• Pfizer • Merck • Astra Zeneca • Xerox	• Pharma • Chemie	• Premiumpreis
• *Zusatznutzenmonopol* - Schutz kundenrelevanter Merkmale - strategische Patentierung zur Behinderung - schnelle Dokumentation und Schutz	• Baiersdorf • Nestlé	• Konsumprodukte • Automotive	• Kostenvorteile • Nutzenvorteile
• *Radnabenmonopol* - standardrelevante Schutzrechte - Schutzrechts-Pooling - IP-Holding	• Sony • Philips • Matsushita • Siemens • Telekom	• Unterhaltungs-elektronik • Informations-Telekommunikations-industrie	• Zugangs-lizenz
• *Nußschalenmonopol* - gut separierbares Teilportfolio - gute Technologieabdeckung - sehr durchsetzungsfähige Rechte	• Cambridge Antibody • Powderject • Hoffmann La Roche • Shimano • Intel	• Biotechnologie • Medizintechnik • Konsumprodukte	• Zugangs-lizenz

Abb. 3: Integrierte Innovations- und Patentstrategien.[72]

Welche Konsequenzen ergeben sich aus diesen erfolgreichen Strategieansätzen für die praktische Arbeit im Innovations- und Patentmanagement? Die strategischen Ziele des Innovationsmanagements liegen unter anderem in der Verteidigung und Ausweitung des laufenden Geschäfts, der Erschließung neuer Geschäftschancen und der Erweiterung und Vertiefung der technologischen Fähigkeiten.[73] Diese Ziele können in technologiegetriebenen Märkten, wie gezeigt, nur durch eine Integration des Innovations- mit dem Patentmanagement erreicht werden. Wenn die Rentabilität des Unternehmens durch Innovation und deren Grundlage, die erfolgreiche FuE-Arbeit, bestimmt wird, so müssen die wirtschaftlichen Fragestellungen und Rahmenbedingungen in die FuE-Programmplanung und den FuE-Prozess einbezogen werden. Dies wurde schon 1999 von Pleissner gefordert und ist heute nicht nur in der Kfz-Zulieferindustrie Standard.[74] Hinzu kommen muss ein

---

72 Eigene Darstellung nach Pike (2001).

73 Saad et al. (1991, S. 31).

74 Pleissner (1999 S. 119 ff.).

formalisierter und zielgerichteter, das heißt renditeorientierter Prozess, um neben der Produktpflege auch eine strategiekonforme Patentpolitik zu gestalten. Das heißt, dass sich die Planungen der Innovations- und Patentstrategie an der zukünftigen Geschäftsrendite mit dem entsprechenden Geschäftsmodell orientieren. Dieses Vorgehen erfordert eine strenge Ausrichtung des Innovations- und Patentgeschehens an wirtschaftlichen Zielen. Dies ist in der Industrie noch nicht der Standard, da die Wahrnehmung von Risiken bei Investitionen in FuE systematisch negativ übertrieben ist; so die empirischen Ergebnisse von Lev aus dem Jahr 2004.[75] Dies hat zur Folge, dass Unternehmen für Forschung und Entwicklung zu wenig Geld ausgeben. Trotz der Tatsache, dass der Ertrag von FuE-Investitionen in den letzten Jahrzehnten zwischen 25 und 30% und damit deutlich über dem Ertrag aus Investitionen in physische Werte wie Anlagen und Produktionsmittel lag.[76] Für ein integriertes Innovations- und Patentmanagement sind also Werkzeuge notwendig, die dafür sorgen, dass die Risiken kalkulier- und beherrschbar werden. Die effiziente Recherche von Patentliteratur zur Herstellung optimaler Informationsstände stellt für die wirtschaftliche Nutzung von Intellectual Property eine Grundvoraussetzung dar. Informationsaktivitäten sind darauf ausgerichtet, Alternativen zu finden, Ergebnisse der Alternativen genauer abzuschätzen und das Wahrscheinlichkeitsurteil über die maßgeblichen Umweltzustände zu verbessern. Dabei ist die Frage, ob bzw. welche Informationen eingeholt werden sollen, ein Entscheidungsproblem unter Risiko. Entscheidungstheoretisches Ziel ist die Ermittlung eines optimalen Informationsstandes.[77] Die wirtschaftlichen Rahmenbedingungen ergeben sich aus dem Abwägen der Kosten der Information mit deren Wert.

3 Werkzeug zur Risikoreduktion: Systematische Nutzung von Patentinformation

Zentrales Werkzeug zur Reduktion der Innovationsrisiken ist die Nutzung von Patentinformationen. Dabei wirkt die Risikoreduktion in drei Richtungen (vgl. Abbildung 4). Zunächst verhindert die Information zum Stand der Technik Doppelforschung und Doppelentwicklung. Eine Abschätzung der wirtschaftlichen Größenordnung dieser Risikoreduktion gab Erich Häußer, der ehemalige Präsident des Deutschen Patent- und Markenamtes. Bei besserer Nutzung der Informationsquellen ließe sich mindestens ein Drittel des Forschungs- und Entwicklungsaufwandes in Deutschland einsparen.[78] Der deutschen Wirtschaft gehen jährlich über 12 Mrd. Euro für Doppelentwicklung und Doppelforschung verloren. Für weniger als die Hälfte aller Anmeldungen (ca. 45%) wird ein Patent erteilt.

---

[75] Lev (2004, S. 43).
[76] Lev (2004, S. 44).
[77] Laux (2003, S. 337).
[78] Claassen (1986, S. 7).

Häufigster Grund für die Nichterteilung ist die fehlende Neuheit.[79] Das heißt, die Nutzung der Patentliteratur als Informationsquelle zum Stand der Technik kann noch weiter verbessert werden.

Die zweite Wirkungsrichtung ist die Reduktion von Patentverletzungsrisiken im Innovationsprozess. Bei der Kommerzialisierung der FuE-Ergebnisse nimmt die Wahrscheinlichkeit der Verletzung von Schutzrechten Dritter mit der Tendenz zur strategischen Patentierung und der Anzahl der aktiven Patente zu.[80] Die direkte Schadenshöhe für Patentverletzungen steigt seit Jahren an. Aufgrund der großen Exportabhängigkeit der deutschen Industrie spielen Patentverletzungen in den Abnehmernationen eine große Rolle. Dabei wurden allein in den USA im Jahr 2002 über 540 Mill. US-Dollar an Schadensersatzzahlungen wegen Patentverletzungen geleistet (Kerr, 2003). Somit steigt das Risiko für Patentkonflikte, also das Produkt aus Schadenshöhe und Eintrittswahrscheinlichkeit, im produzierenden Gewerbe beständig an.

Die dritte Wirkungsrichtung zur Risikoreduktion von Patentinformation ist Nutzung der bekannten technischen Lehre zum eigenen Innovationserfolg. Techniker und Entwicklungsingenieure neigen dazu, technische Probleme von Grund auf lösen zu wollen. Die Verwendung von vorhandenem Wissen steht häufig dem Selbstverständnis als Problemlöser im Weg. Das Problemfeld ist eher geprägt vom „not-invented-here" als vom „proudly-found-elsewhere".[81] Die Informationen über bestehende technische Lösungen bieten jedoch einen sehr guten Ausgangspunkt und eine Referenz für die eigenen innovatorischen Leistungen. Die Patentliteratur gilt als die wichtigste Quelle für Innovationen.[82] Oftmals existieren bereits Problemlösungen, die im Augenblick nicht erkannt werden. Das Lernen von anderen Firmen und Personen bildet eine wichtige Prämisse für den späteren unternehmerischen Erfolg.[83] Informationen sind inzwischen zu einem entscheidenden Erfolgsfaktor für unternehmerisches Handeln geworden.[84]

79 BMBF (2000).
80 Blind et al. (2003, S. 18).
81 Wurzer (2003, S. 132 ff.).
82 Eisenrith (1981).
83 Spilker (1997, S. 15).
84 Welge/Al-Laham (2001, S. 277 ff.).

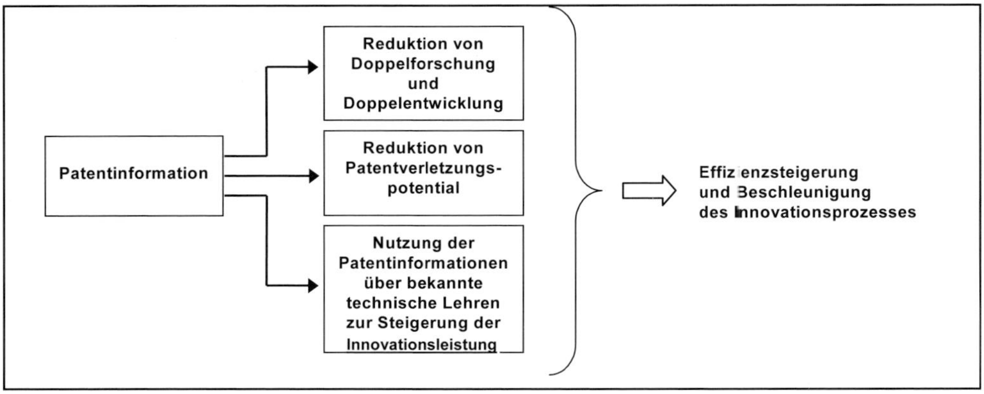

Abb. 4: Wirkungsrichtungen und Effekte der Patentinformation im Innovationsprozess.

Bei der Patentliteratur handelt es sich um eine besonders hochwertige Informationsquelle. Patente werden auch als „aktuellste und genaueste Quelle technischer Information"[85] betrachtet. In Patenten sind ca. 80% des dokumentierten technischen Wissens der Welt verfügbar. Gleichzeitig darf davon ausgegangen werden, dass, abhängig von der Branche, zwischen 70 und 80% der patentierbaren Erfindungen auch tatsächlich zum Patent angemeldet werden – und damit nach der Offenlegung in der Patentliteratur nachzulesen sind.[86]

Die Patentliteratur hat im Wesentlichen drei Informationsbereiche, welche sie besonders interessant für das integrierte Innovations- und Patentmanagement macht:[87] Juristischer Informationsanteil (Was ist geschützt? Wie groß ist der Schutzumfang?), technischer Informationsanteil (Was ist die neue technische Lehre? Welche Vorteile, Wirkungen und Alternativen ergeben sich daraus?), wirtschaftliche Information (Was entwickelt die Konkurrenz? Wie ändert sich der Markt?). Die Vorteile der Informationsquelle Patentliteratur beziehen sich auf folgende Punkte:[88]

- Umfassende Dokumentation nahezu aller Gebiete der Technik, auch von engen Spezialbereichen;
- nahezu vollständige geographische weltweite Abdeckung;
- in großem Umfang Erfassung exklusiver Technikinformation;
- gute Recherchierbarkeit und Wiederauffindbarkeit;

85 Skupch (1993, S. 117).
86 Levin et al. (1987, S. 784).
87 Wurzer (2004, S. 41).
88 Mit eigenen Ergänzungen nach Schmoch (1990, S. 13).

- starker Anwendungsbezug der technischen Inhalte;
- große Aktualität der Literaturbasis;
- geringe Kosten für die Recherche und die Beschaffung der Dokumente;
- technische und marktorientierte Informationen;
- Dokumentation auch kleinerer Innovationen;
- konkrete Problemlösungen;
- Zugang zu technischen Details.

Diese Vorteile spiegeln die große Bedeutung der Patentliteratur für das integrierte Innovations- und Patentmanagement wider. Der systematische und strukturierte Aufbau der Patentliteratur bietet für die Nutzung der Patentinformation im Innovations- und Patentmanagement einen guten Zugang zur Erschließung. Für die systematische Erschließung ist ein innovationsbegleitender Recherche- und Analyseprozess notwendig. Dabei ist es heute kein Problem mehr, an hochwertige Information zu kommen oder diese durch gezielte Recherche aufzuarbeiten. Aufgrund der vorhandenen Informationsflut ist ein systematischer Zugang zur Informationsrecherche notwendig. Einige Beispiele für die produzierten Informationsmengen:[89] Jedes Jahr werden etwa 230.000 Bücher in den Amtssprachen des Europäischen Patentamtes, also in Deutsch, Englisch und Französisch, publiziert.

Die Zahl der Zeitschriften, in denen Artikel publiziert werden, beträgt weltweit nach vorsichtigen Schätzungen 60.000 bis 100.000. In diesen Zeitschriften werden ca. 3.000.000 Artikel publiziert. Weltweit gibt es einen Bestand von über 37 Mio. Patentdokumenten. Jährlich werden weltweit etwa 8 Mio. Patentanmeldungen und davon ca. 800.000 Erstanmeldungen registriert; mit steigender Tendenz. Das entspricht ca. 2.200 neuen Dokumenten pro Tag oder ca. 90 pro Stunde. Durch Recherche und Analyse größerer Datenmengen mit Hilfe von elektronischen Datenbanken mit Patentliteratur werden komplexe Fragestellungen des Innovations- und Patentmanagements bearbeitbar.[90] Für einen systematischen Rechercheprozess sind folgende Prozesswerkzeuge notwendig:

- Merkmalsanalyse und Merkmalsübersicht;
- Thesaurierung und Rechercheprofil;
- Retrievalprozess;
- Ergebnisübersicht und Ergebnisanalyse.

---

89 Kolke (1996).
90 Wurzer (2004, S. 19).

Die Merkmalsanalyse dient dazu, den Recherchegegenstand, wie z. B. eine Produktgestaltung, in seine strukturellen und funktionalen Bestandteile zu zerlegen. Diese Charakteristika werden in der Merkmalsübersicht nach Elementen und Merkmalen systematisch erfasst. Diese Eigenschaften des Recherchegegenstandes müssen in Suchbegriffe für das Datenbankretrieval überführt werden; dies wird durch die Ausarbeitung des Rechercheprofils erreicht. Die einzelnen Eigenschaften des Recherchegegenstandes werden durch verschiedene Suchbegriffe und deren Alternativen umschrieben und erläutert. Dieser Vorgang wird als Thesaurierung bezeichnet. Der eigentliche Retrievalprozess umfasst die Erstellung von Suchabfragen in Datenbanken und die Auswertung der Datenbankantworten in iterativen Schrittfolgen bis zu einer befriedigenden Ergebnismenge von Dokumenten. Anschließend erfolgt die Erstellung einer Ergebnisübersicht, die im Wesentlichen darauf ausgelegt ist, zu jedem Dokument die Merkmalsstruktur bzgl. der ursprünglichen Merkmalsübersicht darzustellen. In Abbildung 5 sind die einzelnen Prozesswerkzeuge dargestellt.

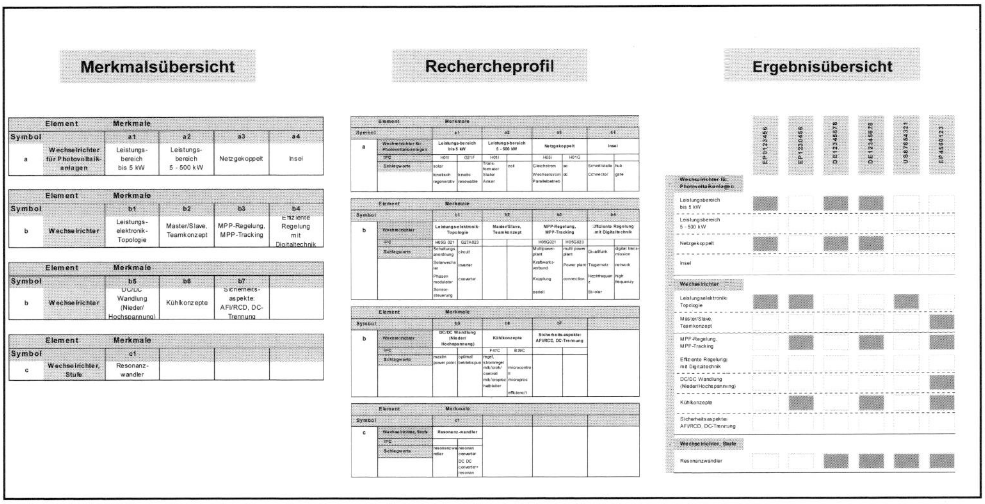

Abb. 5: Prozesswerkzeuge zur systematischen Nutzung von Patentinformationen.[91]

Die vorgestellten Prozesswerkzeuge müssen im Innovationsprozess implementiert werden. Eine solche Implementierung, wie sie durch uns entwickelt und in verschiedenen Formen bei führenden Technologieunternehmen wie FESTO, BERU oder dem Anwendungszentrum des Deutschen Zentrums für Luft- und Raumfahrt erfolgreich umgesetzt wurde, ist in Abbildung 6 dargestellt. Entlang der einzelnen Innovationsphasen, von der

91 Wurzer et al. (2003, KS2.1 – KS2.5).

Ideenphase beginnend, über die Konzept- und die Konstruktionsphase bis zur Umsetzung, Produktion und Markteinführung werden verschiedene Ausprägungsformen der geschilderten Prozesswerkzeuge eingesetzt. Damit werden die drei zentralen Ziele der Risikoreduktion durch Patentinformationen im Innovations- und Patentmanagement erreicht: Vermeidung von Doppelforschung und Doppelentwicklung, Vermeidung von Patentstreitigkeiten und Patentverletzungen und Stimulation der eigenen Entwicklungsarbeit durch Kenntnis des weltweiten Lösungspotenzials. Hinzu kommt eine Beschleunigung und Effizienzsteigerung der Innovationsaktivitäten.

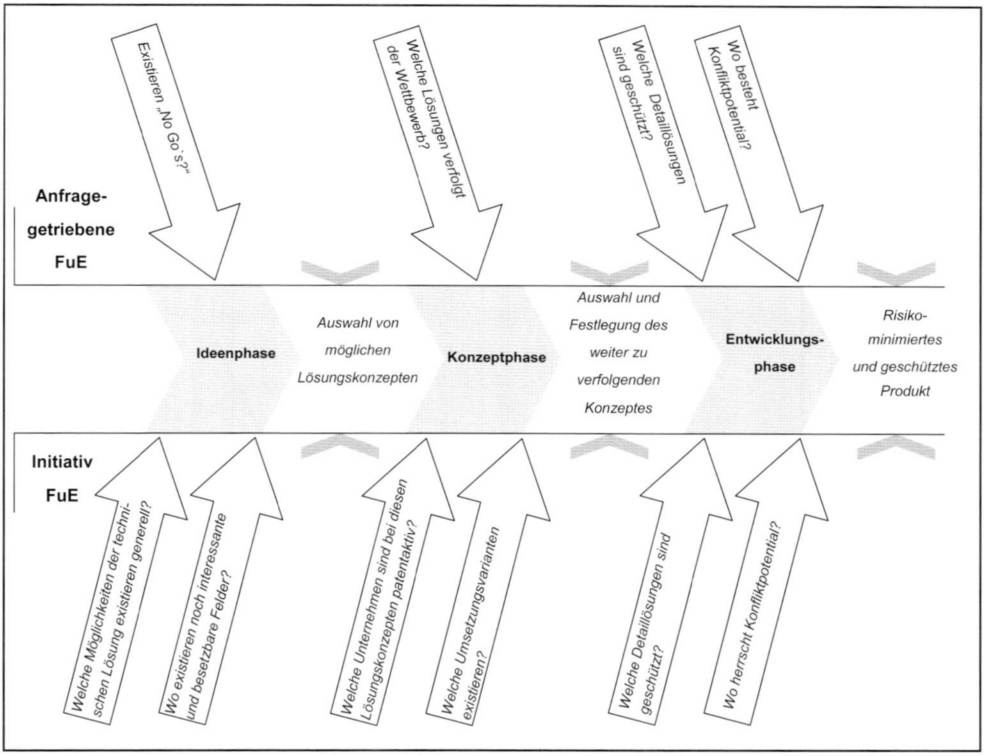

Abb. 6: Integrierter Innovations- und Patentinformationsprozess.

Die registrierten Aktivitäten von Patentanmeldungen sind Ausdruck der ökonomischen Bedeutung, die einer Technologie beigemessen wird, sowie der Vielfalt der beschrittenen Wege. Patentanmeldungen liegen in der Regel Entwicklungsanstrengungen mit einem entsprechenden Zeit- und Kostenaufwand zugrunde. Bei zunehmender Patentaktivität liegt der Rückschluss nahe, dass entsprechende finanzielle Anreize, also eine ausreichend hohe Chanceneinschätzung bzgl. der Technologie und dem Markt, gegenüberstehen. Hinzu kommt der zeitliche Vorsprung vor der Marktentwicklung durch Patentinformationsnutzung. Erfinder werden durch das Patentrecht dazu gezwungen, zu einem frühen Zeitpunkt in der Entwicklung die Patente anzumelden. Diese Anmeldungen werden 18 Monate später durch das Patent- und Markenamt veröffentlicht und stehen der Informationsrecherche zur Verfügung. Abbildung 7 zeigt einen solchen zeitlichen Vorsprung von fast vier Jahren anhand einer empirischen Arbeit zur Telefaxtechnologie.

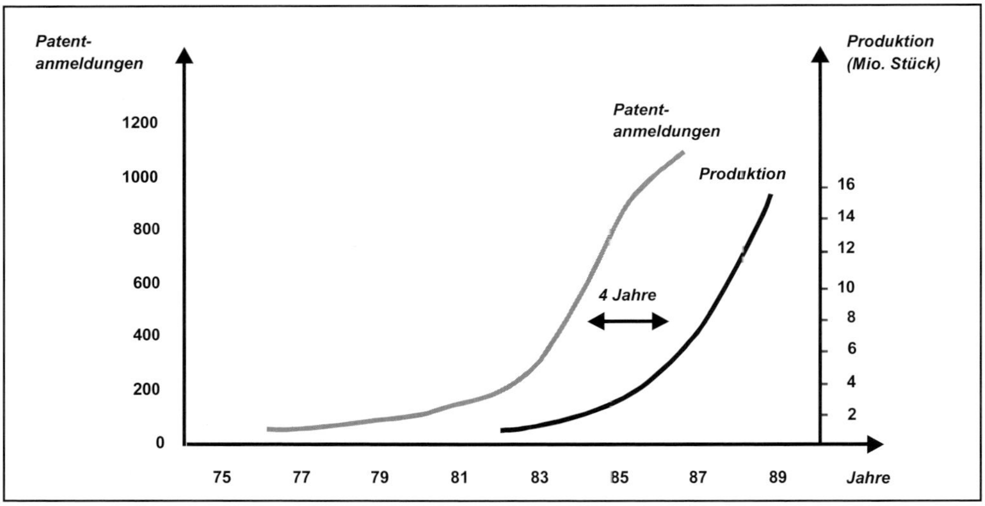

Abb. 7: Zeitlicher Vorsprung der Patentliteratur bei der Telefaxtechnik.[92]

[92] Eigene erweiterte Darstellung beruhend auf Daten von Nagel (1990).

4 Zusammenfassung

Die klassischen Wettbewerbsstrategien geben zunehmend weniger Antworten für Industrieunternehmen in technologiegetriebenen Käufermärkten. Die zentrale Beobachtung im internationalen Technologiewettbewerb ist die dramatische Verkürzung der Produkt- und Technologielebenszyklen. Den Unternehmen bleibt immer weniger Zeit, mit den Margen den notwendigen ROI für ihre steigenden FuE-Ausgaben zu erwirtschaften. Haben im traditionellen Verständnis die Patente die Rolle einer Forschungsförderung gespielt, so dienen sie heute dazu, einen eigenständigen ROI-Beitrag am Markt zu erzielen. Dazu werden Patente strategisch eingesetzt, um einen Geschäftsbeitrag zu generieren und IP-basierte Innovationsstrategien möglich zu machen. Solche Strategien erlauben die Abschöpfung neuer Geschäftspotenziale, erfordern jedoch eine Integration des Innovations- und Patentmanagements.

Es können vier Grundtypen von Innovations- und Patentstrategien unterschieden werden. Die wesentlichen Unterscheidungskriterien sind die wirtschaftlichen Mechanismen zur Erzielung des ROI-Beitrags und die Geschäftsstrategie. Die Grundtypen gleichen sich darin, dass das intellektuelle Vermögen, geschützt durch IP, die wirtschaftliche Umsetzung der Geschäftsstrategie erst möglich macht. Die Konsequenz der integrierten Innovations- und Patentstrategien ist die Abhängigkeit des Geschäftserfolgs von den FuE-Ergebnissen. Dabei werden in der Praxis die Risiken von FuE überbewertet. Als Werkzeug zur Risikominimierung wird in erfolgreichen Unternehmen die Optimierung der Informationslage im Innovationsprozess eingesetzt. Dazu wird ein innovationsbegleitender Patentinformationsprozess im Unternehmen implementiert.

Patentinformation hat im Innovationsprozess drei Wirkungsrichtungen: Reduktion von Doppelforschung und Doppelentwicklung, Reduktion von Patentverletzungswahrscheinlichkeit und Verbesserung der eigenen Innovationsleistung. Als Prozesswerkzeuge stehen verschiedene methodisch-systematische Ansätze zur Verfügung, die entlang des Innovationsprozesses jeweils adaptiert angewendet werden. Dadurch wird die Beschleunigung des Innovationsprozesses und eine Effizienzsteigerung erreicht. Im integrierten Innovations- und Patentmanagement wartet die Patentabteilung nicht mehr auf das Zufallsprodukt Erfindungsmeldung. Vielmehr wird durch einen systematischen Prozess des methodischen und gezielten Konstruierens auf der Basis des weltweiten Standes der Technik die Geschäftsstrategie umgesetzt. Der ROI wird durch die geschickte Kombination aus Produkt, Dienstleistung, Marktzugang, Marketing und IP realisiert.

Literaturverzeichnis

Aboody, D.; Lev, B. (2001): R&D Productivity in the Chemical Industry, Working Paper, 2001, http://pages.stern,nyu.edu/~blev/chemical-industry.doc.

Albach, H.; de Pay, D.; Rojas, R. (1991): Quellen, Zeiten und Kosten von Innovationen, Zeitschrift für Betriebswirtschaft 3 (1991) 309–324.

Arundel, A.; Kabla, I. (1998): What percentage of innovations are patented? Empirical estimates for European firms, Research Policy 27 (1998) 127–141.

Blind, K.; Edler, J.; Frietsch, R.; Schmoch, U. (2003): Erfindungen kontra Patente, Karlsruhe: 2003.

BMBF (2000): Mit dem Patent zum Erfolg – Erfahrungsberichte und Ergebnisse des BMBF-Projekts KMU-Patentaktion, Bonn: 2000.

Bryer, L.; Simensky, M. (2002) (Hrsg.): Intellectual Property Assets in Mergers and Acquisitions, New York et al.: 2002.

Claassen, W. (1986): Fachwissen Datenbanken: Die Information als Produktionsfaktor, 1. Aufl., Essen: 1986.

Deutsche Bundesbank (2004): Technologische Dienstleistungen, Statistische Sonderveröffentlichung, 12, Juni 2004.

Eisenrith, E. (1981): Das Patentwesen als Informationsquelle für Innovationen, Düsseldorf: 1981.

Europäisches Patentamt (2001): Zahlen und Fakten, München: 2001.

Faust, K. (1999): Das Patentsystem auf dem Prüfstand, IFO-Schnelldienst 27 (1999) 3–10.

Gerpott, T. (1999): Strategisches Technologie- und Innovationsmanagement, Stuttgart: 1999.

Harhoff, D.; Reitzig, M. (2001): Strategien zur Gewinnmaximierung bei der Anmeldung von Patenten, Zeitschrift f. Betriebswirtschaft 71/5 (2001) 509–529.

Hauschild, J. (1997): Innovationsmanagement, 2. Aufl., München: 1997.

Hürter, T. (2004): Schach mit Patenten, M.I.T. Magazin für Innovation, 6 (2004) 20–38.

Klodt, H. (1995): Grundlagen der Forschungs- und Technologiepolitik, München 1995.

Kolke, E.-G. (1996): Online-Datenbanken – Systematische Einführung in die Nutzung elektronischer Fachinformation, 2. Aufl., München; Wien: 1996.

Laux, H. (2003): Entscheidungstheorie, 5. Aufl., Berlin 2003.

Lenz, K.-F. (2002): Grenzen des Patentwesens, Norderstedt: 2002.

Lev, B. (2004): Das Unsichtbare managen, Harvard Business Manager 12 (2004) 41–54.

Levin, R.C.; Klevorick, A.K.; Nelson, R.R.; Winter, S.G. (1987): Appropriating the returns from industrial research and development. Brookings Papers on Economic Activity, 3 (1987) 783–820.

Nagel, K. (1990): Strategische Patentanalyse am Beispiel der Faksimiletechnik, Diplomarbeit, Universität der Bundeswehr, München: 1990.

OECD (2004): Patents and Innovation: Trends and Policy Challenges, Paris: 2004.

Peters, R. (2005): Vortrag, Konferenz: Intellectual Property as an economic asset: key issues in exploitation and valuation, Berlin: 30. 6. 2005.

Pike, C.G. (2001): Virtual Monopoly, London: 2001.

Pleschak, F.; Sabisch, H. (1996): Innovationsmanagement, Stuttgart: 1996.

Porter, M. (1988): Wettbewerbsstrategie: Methoden zur Analyse von Branchen u. Konkurrenten, 5. Aufl., Frankfurt/M.; New York: 1988.

Reitzig, M. (2002): Die Bewertung von Patentrechten, Wiesbaden: 2002.

Reitzig, M. (2003): What determines patent value? Insights from the semiconductor industry, Research Policy 23 (2003) 13–26.

Reitzig, M. (2004): Strategic Management of Intellectual Property, MITSloan Management Review, 3 (2004) 35–40.

Rivette, K.G.; Kline, D. (2000): Wie sich aus Patenten mehr herausholen lässt, Harvard Business Manager 4 (2000) 28–40.

Saad, K.N.; Roussel, P.A.; Tiby, C. (1991): Management der FuE-Strategie, Little A.D. (Hrsg.), Wiesbaden: 1991.

Schankerman, M. (1998): How Valuable Is Patent Protection? Estimates by Technology Field, RAND Journals of Economics 29 (1998) 77–107.

Schewe, G. (1992): Die Innovation im Wettbewerb, Zeitschrift für Betriebswirtschaft, 9 (1992) 967–988.

Schmidt-Bischoffshausen, H. (2005): Unverzichtbare Leitlinie oder ist der Weg das Ziel? Die Rolle der Technologiestrategie im Alltag, Management Conference: Technologieführerschaft als Wettbewerbsstrategie, Starnberg: 21. 4. 2005.

Schmoch, U. (1990): Wettbewerbsvorsprung durch Patentinformation – Handbuch für die Recherchepraxis. Karlsruhe; Köln: 1990.

Skupch, G. (1993): Die Patentinformation als Produktionsfaktor. DVS Berichte, 156 (1993) 117–118.

Spilker, M. (Hrsg.) (1997): Unternehmer und neue Märkte: Visionen für eine unternehmerische Zukunft; Dokumentation einer gemeinsamen Veranstaltung des Bundesverbandes Junger Unternehmer (JU) und der Bertelsmann Stiftung. Gütersloh: 1997.

Sullivan, P.H. (1998): Introduction to Intellectual Capital Management, in: Profiting from intellectual capital, New York et al.: 1998. S. 3–18.

Töpfer, A. (1984): Innovationsmanagement, in: Wieselhuber, N.; A. Töpfer (Hrsg.): Strategisches Marketing, Landsberg/Lech: 1984, S. 391–407.

Welge, M.K.; Al-Laham, A. (2001): Strategisches Management. 3. Aufl. Wiesbaden: 2001.

WIPO (2003): Intellectual Property: A Power Tool for Economic Growth, Pressemitteilung, 337, Genf: 2003.

Wurzer A.J. (2004): Patentmanagement, Eschborn: 2004.

Wurzer A.J.; de Waele, I.; Jäger, G.; Tödte, B.; Weckend, E.; Ohms, J.; Matschiner, B.; Homölle, K. (2003): Das Handbuch der Patentrecherche, Wurzer, A.J. (Hrsg.), 2. Aufl., Heidelberg: 2003.

Wurzer, A.J. (2002): Das Patent als strategische Option, Refa Zeitschrift für Unternehmensentwicklung und Industrial Engineering 51 (2002) 2–3.

Wurzer, A.J. (2003): Wettbewerbsvorteile durch Patentinformationen, 2. Aufl., Karlsruhe: 2003.

Wurzer, A.J.: Mit Patent-Holding Patentwerte aktivieren, Handelsblatt News am Abend 1062 (2005) 9.

Wurzer, A.J.; Fonrobert, B. (2004): Patente steigern den Unternehmenswert, Bankmagazin 12 (2004) 50.

Innovationsfähigkeit durch Normung

von Dietmar Harting[93]

1 Schöpferische Kraft der Unternehmer

1.1 Innovation ist Wagemut

Innovation, aus dem lateinischen Wort „innovatio“ abgeleitet, steht im Kirchenlatein für Erneuerung und Veränderung. Den Begriff der Innovation führte Joseph Schumpeter im Jahre 1939 erstmals in die Ökonomie ein. Nach seiner Definition ist Innovation die wirtschaftliche Umsetzung einer neuen Idee oder einer technischen Entwicklung.

Epochen werden durch Innovationen geprägt und von Unternehmern getragen. In Form von neuartigen Produkten, optimierten oder innovativen Produktionsverfahren ebenso wie durch die damit verbundene Erschließung neuer Absatz- und Wachstumsmärkte tragen Innovationen nicht nur zur technologischen und organisatorischen Weiterentwicklung bei, sondern zum gesellschaftlichen Fortschritt insgesamt.

Die rücksichtslose Infragestellung von Vorhandenem und die konsequente Überholung bekannter Strukturen und Verfahren durch neuartige Kombinationen machen dabei jenen Geist der Erneuerung aus, der erforderlich ist, um wirksame Entwicklungsschübe auszulösen. Dieser Prozess, den Schumpeter als „schöpferische Zerstörung“ bezeichnet, ist essenzieller Bestandteil unternehmerischer wie gesellschaftlicher Innovationskraft.

In Schumpeters Theorie der wirtschaftlichen Entwicklung ist ökonomischer Wandel durch eben diesen ständigen „Prozess schöpferischer Zerstörung“ bedingt, der wiederum von kreativen Unternehmern initiiert wird. Im Unterschied zum Erfinder, der Neues entdeckt und entwickelt, setzt der Unternehmer dieses Neue durch. Nur jene Innovationen, die sich erfolgreich am Markt durchsetzen, gelten als „echte“ Innovationen, die zugleich zu Treibern der wirtschaftlichen Entwicklung werden.

Als so genannte „Basisinnovationen“ in Anlehnung an die Theorie der langen Wellen von Nicolai Kondratieff können Innovationen darüber hinaus auch einen fundamentalen gesellschaftlichen Wandel und tiefgreifende Veränderungen für das Leben und Arbeiten von Menschen mit sich bringen.

---

[93] Dietmar Harting ist persönlich haftender Gesellschafter der HARTING KGaA.

Bezug nehmend auf Schumpeters Kondratieff-Rezeption sieht der Informationstheoretiker und Ökonom Leo Nefiodow beispielsweise in der Informations- und Kommunikationstechnologie den Auslöser für einen solchen, gegenwärtig noch wirksamen Langwellen- oder „Kondratieff-Zyklus" mit einer durchschnittlichen Dauer von 40 bis 60 Jahren[94].

Unternehmer sind von Hause aus innovativ. Sie können gar nicht anders, als ihr Unternehmen alle paar Jahre neu zu „erfinden", Gewohntes kritisch zu hinterfragen und Neuerungen auch gegen Widerstände und Bedenken(träger) durchzusetzen. Innovation ist nicht nur ihr Überlebens-, sondern vor allem ihr Lebenselixier, das heißt das, wofür ein Unternehmer lebt und was ihn beseelt.

Zu den grundlegenden Fähigkeiten des innovativen Unternehmers gehören für Schumpeter Initiative und Begeisterungsfähigkeit. Wilhelm Röpke zeichnet ein vergleichbares Bild: Als „kreativem Nonkonformisten" schreibt er dem Unternehmer die Rolle der permanenten Suche nach neuen und unkonventionellen Lösungen zu.

Beide Ökonomen sehen den Unternehmer als die zentrale Figur bei der Gestaltung von Innovationsprozessen, die zum Motor wirtschaftlicher Entwicklung werden. Denn der Unternehmer besitzt den erforderlichen Mut und Willen zur kontinuierlichen Erneuerung, auf deren Basis Wertschöpfung und echte Innovationen entstehen. Getrieben wird er dabei in erster Linie von der Freude am Gestalten und von der Lust am Erfolg um des Erfolges willen.

Röpke erweitert diese Deutung des Unternehmers als wagemutigen Innovator um das Bild vom „Navigator", der stets dem Markt zugewandt mit dessen „Unwägbarkeit und Unsicherheit" ebenso zu kämpfen habe wie der Kapitän eines Schiffes mit den Unwägbarkeiten des Meeres. Zu diesem Kampf gehört bereits für Röpke „ein ständiges Ringen um den Vorsprung im Wissen oder richtigen Abschätzen oder der Entdeckung neuer Produktions- und Absatzmöglichkeiten", das auf einem globalen Markt heute eine noch gewichtigere Rolle bekommen hat. Entscheidend dafür ist nach Röpke, dass der Markt nicht als gegeben hingenommen, sondern vom Unternehmer selbst beeinflusst, „ja, vielleicht erst geschaffen und erschlossen wird"[95].

1.2 Technikakzeptanz fördert Innovationsfähigkeit

Unter heutigen Umfeldbedingungen sind schöpferische Unternehmer allein jedoch noch nicht oder nicht mehr Garant dafür, dass Innovationen auch zum Erfolg führen. Eine zunehmend wichtige Rolle spielt dabei die gesellschaftliche Akzeptanz technischer Neue-

---

[94] Nefiodow 2001.

[95] Röpke 1979.

rungen. In unserer Gesellschaft werden Veränderungen eher als Risiken denn als Chancen begriffen und meist außer Acht gelassen, „dass die vertrauten Errungenschaften ursprünglich ebenfalls Innovationen gewesen sind."[96]

Gleichzeitig schwindet das Vertrauen in die eigene Gestaltungskraft. Laut einer VDE-Studie zum Thema Zukunftstechnologien sprechen nur 6% der Befragten Deutschland die höchste Innovationskraft zu. Als Spitzenreiter wird Japan (37%) genannt.[97] Dass sich die Einschätzung der Bevölkerung nur bedingt mit den realen Gegebenheiten deckt, verdeutlicht der aktuelle Bericht zur technologischen Leistungsfähigkeit Deutschlands. Demnach zählen deutsche Unternehmen zu den innovativsten in Europa. Bei forschungsintensiven Gütern wuchs der Weltmarktanteil deutscher Unternehmen seit 1999 von 14,5% auf 15,6% im Jahr 2002.

Innovationserfolg ist somit auch abhängig von der jeweiligen Kultur respektive der darin verwurzelten Fähigkeit, sich für Technik begeistern zu können. In Deutschland setzen sich die „Partner für Innovation" für die Entstehung einer neuen Kultur der Innovation ein. Die Initiative aus Politik, Wirtschaft, Wissenschaft und Gewerkschaften verfolgt das Ziel, Menschen in Deutschland für Innovation und Erfindungen zu begeistern. Zugleich soll darüber das Vertrauen des Einzelnen in seine eigene Leistungsfähigkeit gestärkt werden. Die Initiative „Partner für Innovation" wurde von Gerhard Schröder ins Leben gerufen und wird von Dr. Angela Merkel fortgesetzt.

Die primäre Herausforderung für den Standort Deutschland besteht heute darin, eine stetige und schnell nachwachsende Wertschöpfung zu etablieren, die im globalen Wettbewerb nur durch eine qualitative Differenzierung der Produkte, Prozesse und Dienstleistungen erfolgen kann.[98]

Eine wesentliche Voraussetzung dafür ist die Bereitschaft zu Veränderungen und der Mut zur Gestaltung, der ganz im Sinne des eingangs skizzierten Unternehmerbilds im inhabergeführten Mittelstand besonders stark ausgeprägt ist. Hier vor allem weht der Geist kontinuierlicher Erneuerung, der die Entstehung einer innovationsförderlichen Unternehmenskultur begünstigt.

Für die ausgeprägte Innovationskraft des Mittelstands ist noch ein weiterer Faktor verantwortlich: der lange Atem, der erforderlich ist, bis aus originellen Ideen marktfähige Innovationen, im Idealfall neue Trends, entstanden sind. Dafür ist langfristiges Denken die entscheidende Voraussetzung, von dem einmal mehr vor allem mittelständische Unternehmen bestimmt sind.

---

96 Rüttgers 2004.
97 VDE-Studie 2005.
98 Vgl. Belz und Warschat 2005.

Der Mittelstand insgesamt macht 99,7% aller Unternehmen in Deutschland aus. Er tätigt über 40% aller steuerpflichtigen Umsätze und generiert nahezu die Hälfte aller deutschen Inlandsinvestitionen. Mittelständische Unternehmen stellen fast 70% aller Arbeitsplätze und schaffen über 80% der Ausbildungsplätze.

Zu unterscheiden ist dabei wiederum zwischen den kleinen- und mittelständischen und den global tätigen mittelständischen Unternehmen. Die HARTING Technologiegruppe gehört zur letzteren Kategorie: Mit über 2.000 Mitarbeitern und Mitarbeiterinnen ist sie auf den Märkten der Welt nicht nur präsent, sondern steht auch unmittelbar im globalen Wettbewerb.

Es sind vor allem diese global ausgerichteten Mittelständler, die das viel zitierte Rückgrat unserer Gesellschaft bilden, da sie auch unter internationalen Marktbedingungen in ihr unternehmerisches Handeln stets ihre Herkunft und Standortverbundenheit einbeziehen.

Damit dieses „Rückgrat der deutschen Wirtschaft" auch weiterhin die beschriebene Rolle spielen kann, ist insbesondere die Politik gefordert, geeignete Rahmenbedingungen zu schaffen, die zugleich signalisieren, dass Risikobereitschaft und Leistungsfähigkeit anerkannt werden. Auch die innovativsten und mutigsten Unternehmer sind von Zeit zu Zeit auf Ermutigung von außen angewiesen, die sie darin bestärken, ihre Innovationen auch künftig in Deutschland zu beheimaten.

Dies gilt insbesondere für global tätige mittelständische Unternehmen, die in Generationen denken und die Folgen von Fehlentscheidungen unmittelbar am eigenen Leibe zu spüren bekommen.

Von elementarer Bedeutung ist in diesem Zusammenhang eine angemessene Erbschaftsteuerregelung. In einer Zeit, in der bei rund 80.000 kleinen und mittelständischen Unternehmen in Deutschland die Nachfolge ansteht, handelt es sich dabei um ein vorrangiges Thema. Investitionen in Gründerinitiativen allein reichen nicht aus, um die Innovationskraft unseres Standorts zu stärken. An erster Stelle muss es darum gehen, die Existenz und damit die Innovationsfähigkeit bereits bestehender Unternehmen zu sichern.

Innovationen sind die Grundlage zukünftigen Wohlstands, ihre erfolgreiche Generierung und Durchsetzung eine der größten Herausforderungen in einer globalisierten Welt. Mit der im Jahre 2000 veröffentlichten Lissabon-Agenda stellt sich die Europäische Union dieser Herausforderung. Sie formuliert darin das Ziel, die Grundlagen der Wettbewerbsfähigkeit zu stärken und die Voraussetzungen für mehr und zukunftsorientiertere Arbeitsplätze zu schaffen.

Dem bisher ausgebliebenen Erfolg kann nur die Bündelung aller Anstrengungen entgegengesetzt werden, um die Chancen der Globalisierung für ein Europa mit 450 Mio. Menschen zu realisieren. Dazu gehört, wie vom Präsidenten der Europäischen Kommission, José Manuel Barroso, gefordert, den Wandel zu akzeptieren und sich den Herausforderungen der neuen Zeit selbstbewusst zu stellen.

2 Diffusion von Wissen durch Normung

2.1 Historische Entwicklung von Normen

Normung ist ein fester Bestandteil der menschlichen Entwicklung und Zivilisation.[99] Zu den wohl bekanntesten Beispielen für Normen gehören die Sprache und die Schrift. Sie ermöglichten schon frühzeitig die Befriedigung des menschlichen Bedürfnisses nach Kommunikation und Wissenserweiterung in einer über die rein interpersonelle Verständigung hinausweisenden Dimension.

So trug die Standardisierung der Sprache entscheidend zum Austausch und zur Organisation von menschlichem Wissen bei. Um Wissen zu transportieren, entwickelte die Menschheit Bildzeichen, die später in Schriftzeichen übergingen. Traditionell wird Sumer als die Kultur genannt, in der die Schrift erstmals verwendet wurde. Die Schrift diente zunächst nur der Buchhaltung, um die wachsenden Städte, das dort ansässige Handwerk, den Handel und die Tempelwirtschaft effektiver organisieren zu können.

Mit der Erfindung des Buchdrucks durch Johannes Gutenberg waren Bücher, und somit Wissen, einem großen Teil der Menschen zugänglich und beförderten die öffentliche Willensbildung. Die Zugänglichkeit der Literatur veränderte auch das Leseverhalten, das sich vom Vorlesen zum selbstständigen Stilllesen wandelte. Im Zuge dieser Alphabetisierung setzte sich wissenschaftliche Methodik gegen das mittelalterliche Denken in Bildern und Metaphern durch und führte zur Überwindung der feudalen Gesellschaftsstruktur.

Historisch betrachtet hatte die überbetriebliche technische Normung bis zum Ersten Weltkrieg nur einen geringen Verbreitungsgrad. Erst die zunehmende Nachfrage des Heeres, und damit des Staats, nach Waffen und Munition führte zu einer wachsenden Bedeutung von technischen Normen.

In Deutschland engagierten sich Unternehmer schon frühzeitig zur Erarbeitung gemeinsamer Normen im Normenausschuss der deutschen Industrie – der Vorläuferorganisation des DIN Deutsches Institut für Normung e.V. Im Jahre 1917 veröffentlichte dieser Ausschuss mit der Norm für Kegelstifte die erste deutsche Norm.

---

[99] Vgl. zur historischen Entwicklung von Normen Muschalla 1992 und Geuther 1992.

Normen wurden zum Wegbereiter der Industrialisierung. Denn erst gemeinsame Normen ermöglichten die Massenproduktion und die daraus erwachsenden Vorteile. So verzichtete beispielsweise Robert Bosch auf die Berechnung von Werkzeugkosten, wenn bei Pressteilen genormte Ausführungen bestellt wurden.

2.2 Normung ist Wissenstransfer

Normung versteht sich als die planmäßige Gemeinschaftsarbeit der interessierten Kreise zur Vereinheitlichung von materiellen und immateriellen Gegenständen. Normen werden in einem offenen Prozess entwickelt, an dem sich jeder Interessierte – neudeutsch gesprochen: jeder „Stakeholder" – beteiligen kann. Auf diese Weise wird sichergestellt, dass die Ergebnisse der Normungsarbeit im Sinne des Selbstverständnisses der deutschen Normungsorganisation nicht zu einem individuellen Sondervorteil führen, sondern dem gesamtgesellschaftlichen Nutzen dienen.[100] Einer wissenschaftlichen Studie aus dem Jahre 2000 zufolge, lässt sich der volkswirtschaftliche Nutzen der Normung allein für Deutschland mit einer Summe von fast 16 Mrd. Euro beziffern.[101]

Als freiwillige Vereinbarungen zwischen den Marktteilnehmern erfüllen Normen wichtige Funktionen: in einer arbeitsteiligen Wirtschaft führen sie zu Skalenökonomien, zu Verbundvorteilen und ermöglichen die Nutzung von Netzwerkeffekten.

Normen unterstützen insbesondere die Freizügigkeit der Märkte und erlauben den freien Handel von Waren und Dienstleistungen ohne zusätzliche Anpassungskosten. Als Sprache des Handels fungieren Normen darüber hinaus als Türöffner für den schnellen Marktzugang neuer Technologien und erweisen sich damit als ein zunehmend wertvolles Instrument zur Sicherung der Wettbewerbs- und Zukunftsfähigkeit entwickelter Volkswirtschaften im Zeitalter der Globalisierung.[102]

Normen leisten somit einen wesentlichen Beitrag zum Aufbau und Transfer von Wissen, das nach Ansicht des Managementtheoretikers Peter F. Drucker den zentralen Produktionsfaktor des 21. Jahrhunderts ausmacht. Die Wertschöpfung im tertiären Sektor steigt aufgrund wissensintensiver Dienstleistungen, wohingegen die klassischen Produktionsfaktoren wie Boden, Arbeit und Kapitel abnehmen. Gleichzeitig führt die Globalisierung mit einer zunehmenden Arbeitsteilung zur Abwanderung der Produktion in Niedriglohnländer. Die westlichen Industriegesellschaften können sich im internationalen Wettbewerb nur dann erfolgreich behaupten, wenn es ihnen gelingt, ihr Wissen in marktfähige Innovationen umzusetzen.

---

[100] Vgl. DIN 820.
[101] Vgl. Blum et al 2000.
[102] Menes 2005.

Als Medium insbesondere technischen Wissens und Know-hows kommt der Normung in diesem Kontext eine Schlüsselrolle zu. Wo Wissen rasch und breit diffundiert wird, können aus neuen Ideen und Anwendungen echte Innovationen entstehen. Indem Normen zu dieser notwendigen Verbreitung von technischem Wissen entscheidend beitragen, entfalten sie eine Art Katalysatorwirkung für das Innovationssystem und erweisen sich als ein wesentlicher Faktor der technisch-ökonomischen Infrastruktur.[103]

2.3 Neue Herausforderungen für die Normung

Normung nur mit Blick auf die Durchsetzung neuer Technologien zu betrachten wird in Zukunft nicht mehr ausreichen, um den Anspruch eines globalen Markenzeichens aufrechtzuerhalten. Vielmehr gilt es, gesellschaftliche Entwicklungen und künftige Trends zu antizipieren. Die deutsche Normung begegnet diesen Anforderungen mit einer eigenen Strategie, um über eine aktive Auseinandersetzung mit sich abzeichnenden Makro-Trends einen „Mehr-Wert" für Unternehmen und Gesellschaft zu schaffen.[104]

Eingebettet in den internationalen Kontext, ist aus Europa heraus die Frage zu beantworten, welchen Beitrag die europäische Normung leisten kann, um den Binnenmarkt zu stärken und zugleich ihren global ausgerichteten Unternehmen gerecht zu werden.

Da ist zunächst der Aspekt des Wettbewerbsrahmens zu nennen: Normen und Konsortialstandards bilden Formen der Vereinheitlichung, die sowohl miteinander konkurrieren als sich auch gegenseitig ergänzen. Während Monopolgewinne für die Entscheidung zugunsten einer Standardisierung in einem Konsortium sprechen, entscheidet sich ein Unternehmen für Normung, um die technologische Basis zu verbreitern und die Marktdurchdringung zu beschleunigen. Im Extremfall erlernen Kunden durch Normung stabile Verhaltensroutinen, was wiederum die Stabilität des Markts verbessert.

Demnach ist der Wettbewerbsrahmen global und damit in der Europäischen Union so zu setzen, dass jede Vereinheitlichungsform ihre Vorteile ausspielen kann. Das bedeutet aber auch, dass Normung, die im Gegensatz zu anderen Formen der Vereinheitlichung öffentliche Güter bereitstellt, bei der Definition des Wettbewerbsrahmens im globalen Kontext der öffentlichen Unterstützung bedarf.

---

[103] Vgl. Blind 2002.
[104] Die Deutsche Normungsstrategie 2005.

Zu berücksichtigen ist dabei auch der Umgang mit intellektuellen Eigentumsrechten. Für den Mittelstand kann sich deren Verfügbarkeit als existenziell erweisen, beispielsweise dann, wenn eine Technologie aufgrund von Patenten nur gegen hohe Lizenzgebühren genutzt werden kann. Weiterhin spielt die durch Normung ermöglichte Diffusion von Wissen eine entscheidende Rolle für die Wettbewerbsfähigkeit mittelständischer Unternehmen, insbesondere der global tätigen.

Die spezifische Situation des Mittelstands zeigt sich u.a. darin, dass er nicht in all den Bereichen forschen kann, die er anwendet. Er ist aber darauf angewiesen, neues Wissen zu absorbieren. Normung führt aufgrund des damit referenzierten Status quo zur Risikominderung und zur beschleunigten Diffusion von Wissen. Auf diese Weise erhöht sich das verfügbare technologische Wissen in den Unternehmen.

Vor diesem Hintergrund muss Europa seine Wettbewerbsbedingungen mit Hilfe der Normung gestalten, wenn es seine Unternehmer bei der Positionierung neuer Technologien am Weltmarkt unterstützen und damit die Innovationsfähigkeit Europas insgesamt stärken will.

3 Unternehmerischer Erfolg durch Normung

3.1 Normung als strategischer Bestandteil der Unternehmensstrategie

Normung nimmt als intellektuelles Eigentumsrecht eine wichtige Rolle in der Unternehmensstrategie ein. Diese Rolle scheint jedoch gewöhnungsbedürftig, stellt sich doch die Wirkung von Normen durchaus als „janusköpfig“ dar.

Auf der einen Seite führt eine erfolgreiche Standardisierung am Markt zu einem temporären monopolistischen Spielraum; auf der anderen Seite kann Normung durch die Schaffung eines **level playing field** den Wettbewerb verstärken.

Auf den ersten Blick scheint der Anspruch, durch unternehmerisches Geschick einen Standard am Markt erfolgreich zu etablieren, verlockend, da er zur Generierung von Monopolgewinnen führen kann. Gerade Mittelständlern gelingt es häufig, mit ihren Produkten und Technologien weltmarktführend zu sein, indem sie Standards „Made in Germany“ erfolgreich am Markt durchsetzen.

Beim zweiten Hinsehen stellt sich jedoch rasch die Frage der Verbreitung eines Standards. Normung erweist sich für die Unternehmensstrategie vor allem dann als entscheidend, wenn es darum geht, eine breite Akzeptanz einer neuen Technologie zu erzielen. Sofern Unternehmen um die Etablierung unterschiedlicher Technologien konkurrieren, wird ein Kunde seine Kaufentscheidung oftmals so lange hinauszögern, bis er davon ausgehen kann, dass der Standard sich auch langfristig am Markt etabliert.

Die gemeinsame Standardisierung von Unternehmen schafft am Markt das notwendige Vertrauen, sich für eine zukunftsträchtige Technologie zu entscheiden. Hierbei kommt der Normung eine Schlüsselrolle zu: Auf Basis eines einheitlichen Standards können sich neue Technologien oder Produkte schneller verbreiten. Normen schaffen ein **level playing field** und erfüllen damit zugleich eine zentrale Aufgabe jeder Wirtschaftspolitik, nämlich faire Wettbewerbsbedingungen für Unternehmen zu gestalten.

3.2 Innovationsführer in der Elektrotechnik- und Elektronikindustrie

HARTING zählt weltweit zu den Innovationsführern in der Elektromechanik und Elektronik. Die Unternehmensgruppe beschäftigt in Tochtergesellschaften in 23 Ländern in Europa, Amerika, Asien und Australien mehr als 2.000 Mitarbeiter. Im Geschäftsjahr 2003/ 2004 betrug der Umsatz 280 Mio. Euro.

Die Kernkompetenzen von HARTING liegen in den Bereichen elektrische, elektronische und optische Verbindungs-, Übertragungs- und Netzwerktechnik. Steckverbinder und Systemkomponenten von HARTING werden in der Energie-, Steuerungs- und Datenübertragungstechnik eingesetzt. Eine präzise nach Märkten ausgesteuerte Bandbreite an innovativen Produkten findet vor allen in der Fabrikautomation, in der Bahntechnik, im Energiesektor und in der Telekommunikation Anwendung. Mit der Mikrosystemtechnik und der industriellen Kommunikationstechnik besetzt HARTING Zukunftsfelder. Darüber hinaus produziert HARTING Aktoren für die Automobilindustrie und entwickelt Tabakwaren-Verkaufssysteme.

Innovationskraft, Schnelligkeit und Beständigkeit – das sind die Eigenschaften des mittelständischen, familiengeführten Unternehmens, auf deren Grundlage sich HARTING auf internationaler Ebene mit eigenen Gesellschaften stetig weiterentwickelt und für gesundes Wachstum sorgt. Als Technologiepartner werden gemeinsam mit dem Kunden individuelle Lösungen erarbeitet, um die Herausforderungen der Zukunftsmärkte aktiv mit zu gestalten.

3.3 Unternehmerischer Erfolg durch Normen und Standards

Im Bereich der Industriesteckverbinder nimmt die Technologiegruppe HARTING in zahlreichen Märkten eine marktführende Stellung ein. Die Han®-Produktfamilie – HAN steht hierbei für HARTING Norm – stellt inzwischen in mehreren Industriesektoren einen Standard dar.

Die so genannten „schweren Steckverbinder“ sorgen in Maschinen und Anlagen, in der Energieerzeugung und -verteilung sowie in der Bahntechnik und in Windenergieanlagen für die Verbindung elektrischer Komponenten und die zuverlässige Anbindung an die Energieversorgung. Die Han-Steckverbinder können mittlerweile auch Daten übertragen. Bis heute ist das Unternehmen HARTING auf diesem Gebiet der größte Innovator.

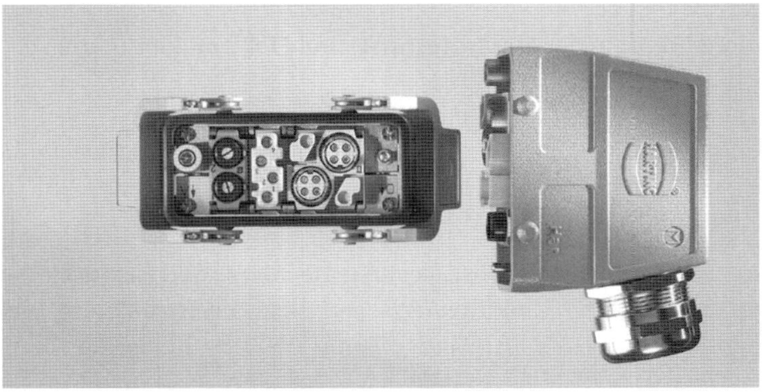

Abb. 1: „HAN Modular – CMYK“.

Der Erfolg einer strategisch ausgerichteten Normungspolitik kann für die HARTING-Technologiegruppe am Beispiel des Leiterplatten-Steckverbinders DIN 41612 veranschaulicht werden.[105] Die DIN 41612 trat seit ihrer Veröffentlichung im Jahre 1976 eine lang anhaltende Karriere an. Ursprünglich war sie für Telekommunikationsanwendungen in Deutschland konzipiert. Mit der Veröffentlichung der internationalen NORM IEC 60603-2 im Jahre 1980 gelang der Ausbau dieser Steckverbinder zu einer Produkt-Familie.

Im Markt der Industrie-Elektronik fanden insbesondere die Varianten mit höherer Stromtragfähigkeit breite Anwendung. Dieses Applikationsfeld war schon damals für HARTING von strategischer Bedeutung. Im Hause erkannte man schon frühzeitig die marktöffnende Wirkung einer internationalen Norm und engagierte sich aktiv in der Normungsarbeit, um der nationalen Norm zur internationalen Geltung zu verhelfen. Die weltweite Verbreitung von Deutschland aus bestätigen Marktforschungsunternehmen der Steckverbinderbranche wie Fleck oder Bishop. Die „DIN“-Familie, so lautet abgekürzt heute noch die international gebräuchliche Bezeichnung dieses Steckverbindertyps, erreichte schließlich ein Marktvolumen von weltweit mehr als einer Milliarde Euro.

---

[105] Basiert auf Nagel und Peuler 2004.

Für HARTING war die „DIN“-Familie eines seiner Schlüsselprodukte auf dem Weg zum weltweit agierenden Steckerverbinderhersteller. In diesem Marktsegment erreichte HARTING zeitweise einen Marktanteil von fast 10%. Noch heute, fast 30 Jahre nach der Einführung, bildet die DIN-Familie ein wichtiges Standbein im globalen Steckverbindergeschäft des Unternehmens. Vermehrt finden aber auch modernere Leiterplattensteckverbinder, natürlich unter aktiver Beteiligung von HARTING, ihren Weg in die Märkte.

Normung und Standardisierung sind ein zentraler Faktor in der strategischen Ausrichtung der HARTING Technologiegruppe. Sie werden als integraler Bestandteil des Technologiemanagements angesehen und stellen somit ein herausragendes Werkzeug für die Durchsetzung technologischer Lösungen zum Wohle des Unternehmens dar.

Das Engagement in der Normung und Standardisierung schafft einen Mehrwert für das Unternehmen und wird daher auch weiterhin aktiv fortgesetzt.

Literaturverzeichnis

Belz, J. und J. Warschat (2005): Das Rückgrat der deutschen Wirtschaft – motivieren, bewegen, stärken. Impulskreis Innovationskraft in KMU in der Initiative „Partner für Innovation".

Blind, K. (2002): Normung und Innovation: Ihre Interdependenzen und ihr Einfluss auf Wachstum und Außenhandel. In T. Bahke, U. Blum und G. Eickhoff: Normen und Wettbewerb. Berlin.

Blum, U. Töpfer, A., Eickhoff, G. und I. Jänchen (2000): Gesamtwirtschaftlicher Nutzen der Normung. Berlin.

Die deutsche Normungsstrategie. 2004, Berlin.

DIN 820, Normungsarbeit. Teil 1: Grundsätze. April 1994.

Drucker, P. F. (1969): The Age of Discontinuity. New York.

Geuther, A. (1992): 75 Jahre DIN – 1917 bis 1992. Berlin.

Menes, J. (2005): Standards sind das Öl im Getriebe des internationalen Handels. In D. Harting (Hrsg.); Standardization Future Conference. Berlin.

Muschalla, R. (1992): Zur Vorgeschichte der technischen Normung. Berlin.

Nagel, H. und H. Peuler (2004): Normung zur Erzielung von Wettbewerbsvorteilen – ein oftmals unterschätztes Instrument? Techreport 2003/2004, ZVEI.

Nefiodow, L. A. (2001): Der Sechste Kondratieff: Wege zur Produktivität und Vollbeschäftigung im Zeitalter der Information. Bonn.

Röpke, J. (1977): Die Strategie der Innovation. Tübingen.

Röpke, W. (1979): Jenseits von Angebot und Nachfrage. Bern.

Rüttgers, J. (2004): Wachstum durch technologische Innovation.

Schumpeter, J. A. (1939): Business Cycles: A Theoretical, Historical and Statistical Analysis of the Capitalist Process. New York, London.

VDE-Studie. Technikakzeptanz 2005.

Vorausdenken der Zukunft leicht gemacht

von Jürgen Gausemeier[106]

Zusammenfassung

Innovationskraft ist eine entscheidende Stärke von Unternehmen des Maschinen- und Anlagenbaus. Angesichts komplexer werdender Produkte und kürzer werdender Innovationszyklen kommt es zunehmend darauf an, die Erfolgspotenziale der Zukunft frühzeitig zu erkennen und zeitgerecht auszuschöpfen. Es besteht kein Mangel an Methoden zur strategischen Führung; die Defizite liegen im „Gewusst, wie". Das in diesem Beitrag vorgestellte Instrumentarium für die strategische Planung wurde speziell für mittelständische Unternehmen entwickelt und in entsprechenden Unternehmen erfolgreich eingeführt. Es hilft diesen Unternehmen, strategische Produkt- und Geschäftsplanung effizient und eigenständig durchzuführen. Die beschriebenen Vorgehensweisen, Methoden und Werkzeuge zeigen, dass eine systematisch angelegte strategische Führung einen großen Raum von Möglichkeiten sichtbar macht, was allein durch Intuition kaum möglich ist.

1 Strategische Planung in der mittelständischen Industrie

Die Unternehmen des deutschen Maschinen- und Anlagenbaus nehmen auf internationalen Märkten eine Spitzenstellung ein. Die in der Regel mittelständisch geprägten Unternehmen dieser Branche zeichnen sich durch ihre Agilität aus, d.h. durch die Fähigkeit, auf Marktanforderungen flexibel und schnell zu reagieren. Angesichts komplexer werdender Marktleistungen und steigender Innovationsdynamik wird diese Fähigkeit allein nicht ausreichen, zum richtigen Zeitpunkt mit der richtigen Marktleistung präsent zu sein. Die Unternehmen müssen mehr Strategiekompetenz entwickeln, d.h. die Erfolgspotenziale von morgen frühzeitig erkennen und rechtzeitig erschließen, ohne die für den Mittelstand typische Agilität aufzugeben. Eine effiziente strategische Produktplanung sowie eine damit verbundene Planung des Herstellungsprozesses (Prozessplanung) sind daher Voraussetzung für einen nachhaltigen Unternehmenserfolg.

---

[106] Prof. Dr.-Ing. Jürgen Gausemeier ist Professor für Rechnerintegrierte Produktion am Heinz Nixdorf Institut und Dekan der Fakultät für Maschinenbau der Universität Paderborn.

1.1 Strategische Produktplanung im Produktentstehungsprozess

Der Produktentstehungsprozess umfasst die Aufgabenbereiche strategische Produktplanung, Produktentwicklung und Prozessentwicklung. Er erstreckt sich von der Produkt- bzw. Geschäftsidee bis zum erfolgreichen Markteintritt. Unserer Erfahrung nach kann der Produktentstehungsprozess nicht als stringente Folge von Prozessschritten verstanden werden. Vielmehr handelt es sich um ein Wechselspiel von Aufgaben, die sich in drei Zyklen gliedern lassen (vgl. Abbildung 1).[107]

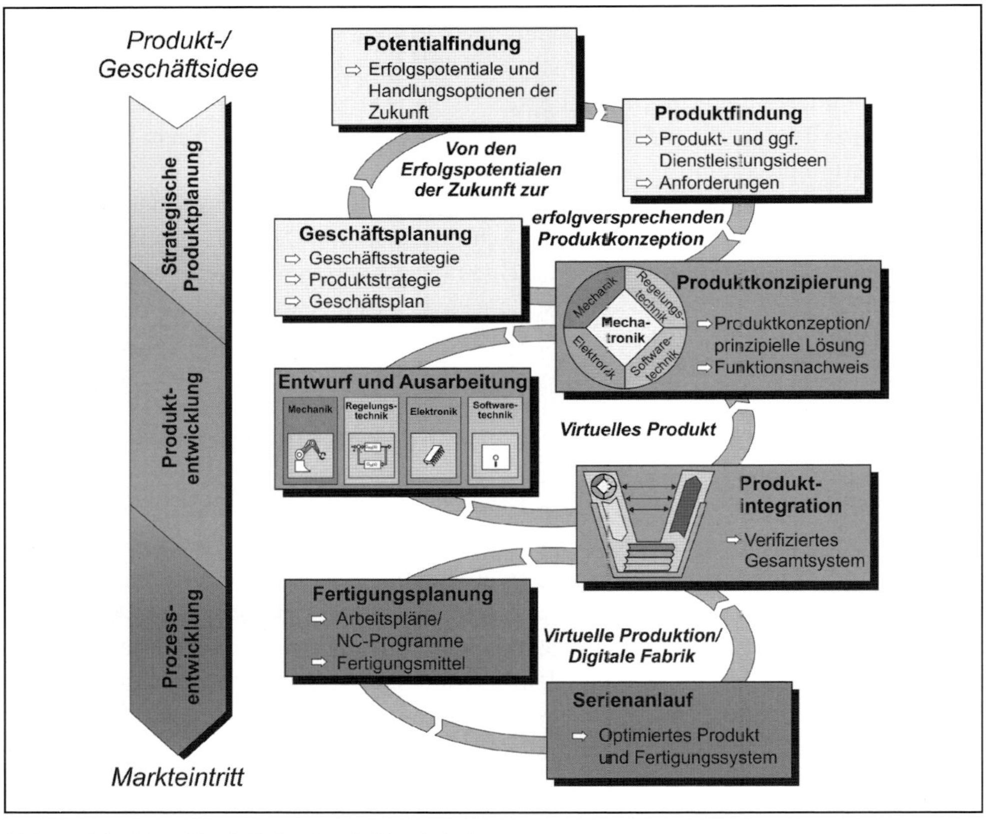

Abb. 1: 3-Zyklen-Modell der Produktentstehung.

[107] Vgl. Gausemeier, J.; Ebbesmeyer, P.; Kallmeyer, F.: Produktinnovation – Strategische Planung und Entwicklung der Produkte von morgen. Carl Hanser Verlag, München, Wien, 2001.

Erster Zyklus: Von den Erfolgspotenzialen der Zukunft zur erfolgversprechenden Produktkonzeption.

Dieser Zyklus charakterisiert das Vorgehen vom Finden der Erfolgspotenziale der Zukunft bis zur Produktkonzeption – der so genannten prinzipiellen Lösung. Er umfasst die Aufgabenbereiche Potenzialfindung, Produktfindung, Geschäftsplanung und Produktkonzipierung. Das Ziel der **Potenzialfindung** ist die Erkennung der Erfolgspotenziale der Zukunft sowie die Ermittlung entsprechender Handlungsoptionen. Es werden Methoden wie die Szenario-Technik, Delphi-Studien oder Trendanalysen eingesetzt.

Basierend auf den erkannten Erfolgspotenzialen befasst sich die **Produktfindung** mit der Suche und der Auswahl neuer Produkt- und Dienstleistungsideen zu deren Erschließung. Wesentliches Hilfsmittel zur Ideenfindung sind Kreativitätstechniken, wie das laterale Denken nach De Bono oder TRIZ. Ferner werden hier auch Verfahren der Technologieplanung (Technologiekalender, Technologie-Roadmaps) eingesetzt.[108]

In der **Geschäftsplanung** geht es zunächst um die Geschäftsstrategie, d.h. um die Beantwortung der Frage, welche Marktsegmente wann und wie bearbeitet werden sollen. Auf dieser Grundlage erfolgt die Erarbeitung der Produktstrategie. Diese enthält Aussagen zur Gestaltung des Produktprogramms, zur wirtschaftlichen Bewältigung der vom Markt geforderten Variantenvielfalt, zu eingesetzten Technologien, zur Programmpflege über den Produktlebenszyklus etc. Die Produktstrategie mündet in einen Geschäftsplan, der den Nachweis erbringt, ob mit dem neuen Produkt bzw. mit einer neuen Produktoption ein attraktiver Return on Investment zu erzielen ist.

Zweiter Zyklus: Produktentwicklung/Virtuelles Produkt.

Dieser Zyklus umfasst die Produktkonzipierung, den domänenspezifischen Entwurf und die entsprechende Ausarbeitung sowie die Integration der Ergebnisse der einzelnen Domänen zu einer Gesamtlösung. Da in diesem Zusammenhang die Bildung und Analyse von Computermodellen eine wichtige Rolle spielt, hat sich der Begriff Virtuelles Produkt bzw. Virtual Prototyping verbreitet.

Dritter Zyklus: Prozessentwicklung/Digitale Fabrik.

Hier geht es um die Planung des Produktionsprozesses mit dem Schwerpunkt Fertigungsplanung. Dies erfolgt im Wechselspiel mit der Produktentwicklung. Auch hier werden von den geplanten Produktionssystemen Computermodelle gebildet und analysiert. Dafür steht der Begriff „Virtuelle Produktion“ bzw. „Digitale Fabrik“.

Im Fokus des vorliegenden Beitrags steht der erste Zyklus – die Strategische Produktplanung.

---

[108] Vgl. Eversheim, W. (Hrsg.): Innovationsmanagement für technische Produkte. Springer-Verlag, Berlin, 2003.

1.2 Verbundprojekt „Strategische Produkt- und Prozessplanung"

Das Verbundprojekt Strategische Produkt- und Prozessplanung (SPP) (BMBF-Rahmenprogramm „Forschung für die Produktion von morgen") hatte das Ziel, kleine und mittlere Unternehmen (KMU) in die Lage zu versetzen, strategische Produkt- und Prozessplanung effizient zu betreiben und diesen Aufgabenbereich in den Führungsprozess zu integrieren. In diesem Rahmen wurde das Instrumentarium der strategischen Planung in sechs repräsentativen Unternehmen des Maschinen- und Anlagenbaus eingeführt[109]. Ein Ergebnis des Projektes ist das Fachportal für Innovations-, Technologie- und Strategiewissen „Innovations-Wissen.de". Es bietet den Zugriff auf Methoden und Werkzeuge sowie Informationen und Daten zur strategischen Planung.

Den Ausgangspunkt bildet der so genannte Innovationswürfel, in dem verschiedene Stoßrichtungen zur Strategieentwicklung einzuordnen sind (vgl. Abbildung 2). Die strategischen Stoßrichtungen werden anhand der Dimensionen Markt, Produkt und Technologie unterschieden. Charakteristisch für die Ausprägung einer oder mehrerer Dimensionen ist der jeweilige Innovationsgrad. Insgesamt ergeben sich acht Segmente in dem Innovationswürfel, von denen sich im Projekt SPP fünf als relevante strategische Stoßrichtungen erwiesen haben.

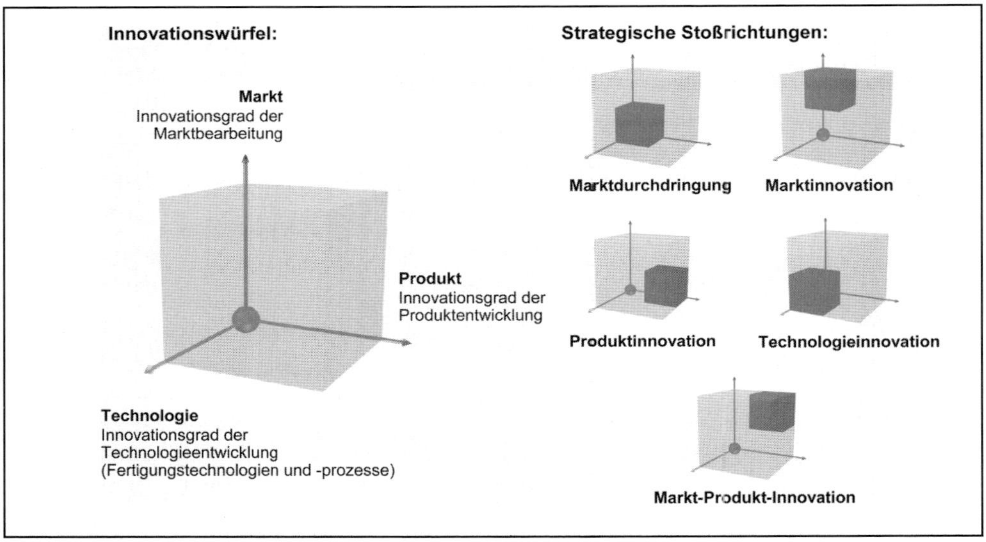

Abb. 2: Der Innovationswürfel und relevante strategische Stoßrichtungen.

[109] Vgl. Gausemeier, J.; Lindemann, U.; Schuh, G.: Planung der Produkte und Fertigungssysteme für die Märkte von morgen – Ein praktischer Leitfaden für mittelständische Unternehmen des Maschinen- und Anlagenbaus. VDMA Verlag, Frankfurt, 2004.

Aufbauend auf dem Innovationswürfel wurde ein Verfahren entwickelt, das den Unternehmen die geeigneten Methoden zur Verfügung stellt. Gemäß Abbildung 3 besteht dieses Verfahren aus drei Schritten.

1) Kurzanalyse der Unternehmenssituation

Ziel dieses Schrittes ist die Auswahl einer strategischen Stoßrichtung auf der Grundlage einer detaillierten Analyse der Unternehmenssituation. Es wird ein Überblick über die derzeitige Stellung des Unternehmens im Wettbewerb erstellt. Auf der Basis von Checklisten werden systematisch die Bereiche Markt, Produkt und Technologie analysiert. Nachfolgend wird anhand eines Entscheidungsbaumes die Einordnung in den Innovationswürfel vorgenommen und so eine strategische Stoßrichtung bestimmt.

2) Ermittlung eines generischen Leitfadens

Hier erfolgt die Zuordnung eines generischen Leitfadens zur Realisierung der ausgewählten Stoßrichtung. Dieser gibt die durchzuführenden Prozessschritte und die notwendigen Informationen zur systematischen Bearbeitung einer Stoßrichtung vor. Den einzelnen Prozessschritten sind Methodenalternativen zugeordnet, die die Ausführung eines Prozessschrittes unterstützen.

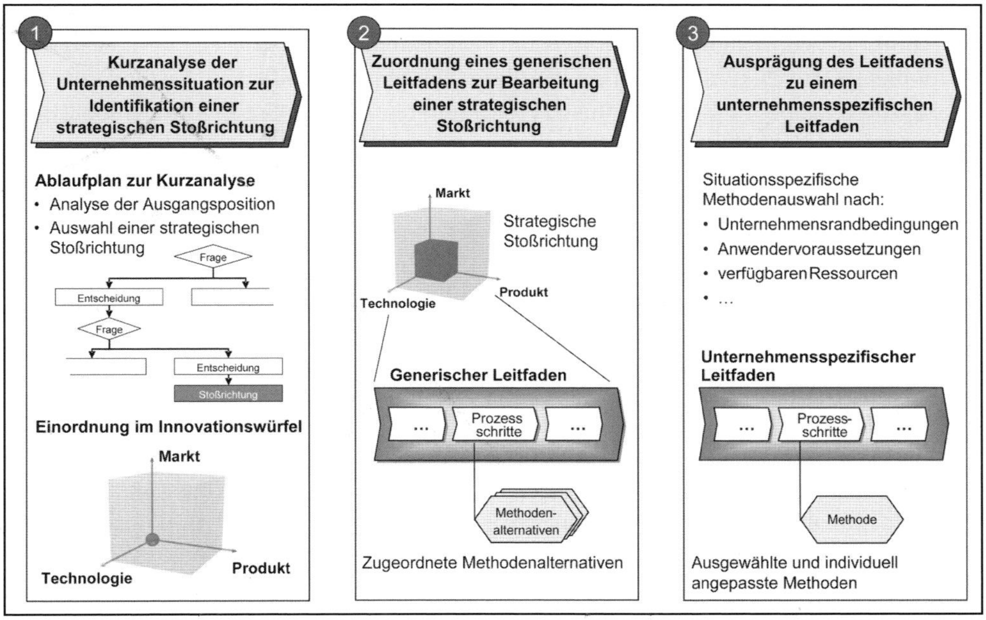

Abb. 3: Schritte zur Ermittlung eines unternehmensspezifischen Leitfadens zur strategischen Planung.

3) Ausprägung eines unternehmensspezifischen Leitfadens

Ziel des dritten Schrittes ist die Anpassung des generischen Leitfadens an die Gegebenheiten des einzelnen Unternehmens. Je Prozessschritt des Leitfadens werden aus den im generischen Leitfaden vorgeschlagenen Methoden die für das einzelne Unternehmen geeigneten Methoden ausgewählt und an die Einsatzbedingungen angepasst. Das Resultat ist ein unternehmensspezifischer Leitfaden für die strategische Stoßrichtung.

Eine wesentliche Rolle, insbesondere in der Potenzialfindung, spielt die Antizipation der Zukunft. Hier hat sich die Szenario-Technik als eine wesentliche Methode etabliert. Diese wird im Folgenden erläutert.

2 Entwicklung von Markt- und Umfeldszenarien

Der visionäre Blick nach vorn, das frühzeitige Erkennen und das rechtzeitige, konsequente Erschließen der Erfolgspotenziale der Zukunft sind für den nachhaltigen Unternehmenserfolg unumgänglich. Ein geeignetes Werkzeug, mit dem sich zukünftige Erfolgspotenziale aufspüren lassen, ist die Szenario-Technik.

Es geht – nach Kurt Sontheimer – bei der Szenario-Technik weniger um das Vorhersagen der Zukunft, sondern mehr um das Vorausdenken der Zukunft. Szenarien beschreiben künftige Situationen von Märkten und Umfeldern, in die das eigene Geschäft zu positionieren ist. Zukunftsszenarien beruhen auf einem vernetzten System von Einflussfaktoren, wobei für jeden Einflussfaktor mehrere denkbare Entwicklungsmöglichkeiten in die Zukunft ins Kalkül gezogen werden können. Dieser Denkansatz basiert auf den beiden Grundprinzipien „Vernetztes Denken“ und „Multiple Zukunft“:

Vernetztes Denken: Unternehmen sind als Teil eines Gesamtsystems in ein komplexes Netz von Einflussfaktoren eingebettet. Die Komplexität dieses Netzwerkes nimmt fortwährend zu. Wechselwirkungen zwischen den Einflussfaktoren spielen eine immer größere Rolle und zwingen die Unternehmen, in Systemen von vernetzten Einflussgrößen zu denken.

Multiple Zukunft: Aufgrund der zunehmenden Dynamik des Wandels lässt sich die Zukunft immer weniger exakt vorhersagen. Die Anzahl der Fehlprognosen steigt. Daher müssen Unternehmen heute auf der Basis alternativer Entwicklungsmöglichkeiten – d.h. mehrerer „Zukünfte“ planen. Dies bringt der Begriff „multiple Zukunft“ zum Ausdruck.

2.1 Szenario-Technik – Die Grenzen des gewohnten Denkens überwinden

Wesentliches Ziel der Szenario-Technik ist das Erkennen zukünftiger Chancen und Gefahren, um daraus strategische Entscheidungen abzuleiten. Die zu unterstützenden Entscheidungen beziehen sich immer auf einen konkreten Gegenstand – beispielsweise auf ein Unternehmen oder eine Geschäftseinheit (Gestaltungsfeld). Die Entwicklungsmöglichkeiten des Umfelds (Szenariofeld) dieses konkreten Betrachtungsgegenstandes sollen anhand der entwickelten Szenarien erklärt werden.

Die Entwicklung der Szenarien erfolgt in drei Phasen:

- **Szenariofeld-Analyse (Phase 1):** Zunächst wird das Szenariofeld in geeignete Einflussbereiche zerlegt (z. B. ökonomisches, gesellschaftliches und technologisches Umfeld). Anschließend werden für diese Bereiche konkrete Einflussfaktoren definiert. Mit Hilfe der Einfluss- sowie der Relevanzanalyse werden die so genannten Schlüsselfaktoren bestimmt.

  Die **Einflussanalyse** liefert eine Aussage über die Vernetzung der Faktoren im Gesamtsystem. Die Einflussfaktoren werden in die Zeilen und Spalten einer Einflussmatrix eingetragen und die Beeinflussungen zwischen den Faktoren bewertet. Die Auswertung der Matrix, die auch die indirekten Beeinflussungen berücksichtigt, liefert je Faktor eine Aktiv- und Passivsumme. Die Aktivsumme drückt aus, wie stark ein Faktor auf das Gefüge der Faktoren wirkt. Die Passivsumme zeigt, wie stark ein Faktor von den übrigen beeinflusst wird.

  Die **Relevanzanalyse** beruht auf einem paarweisen Vergleich der Einflussfaktoren. Hier steht die Frage im Vordergrund: Ist der Einflussfaktor A in der Zeile wichtiger für den Untersuchungsgegenstand als der Einflussfaktor B in der Spalte?[110] Die Summen sind ein Maß für die Bedeutung eines Einflussfaktors für den Untersuchungsgegenstand.

  Einfluss- und Relevanzanalyse unterstützen die Auswahl der Schlüsselfaktoren. Aus einer Menge von 50 bis 100 Einflussfaktoren werden ca. 20 Schlüsselfaktoren bestimmt, die die Zukunft des Untersuchungsgegenstands am stärksten prägen.

---

[110] Vgl. Grienitz, V.: Technologieszenarien – Eine Methodik zur Erstellung von Technologieszenarien für die strategische Technologieplanung. Universität Paderborn, Dissertation, Fakultät für Maschinenbau, HNI-Verlagsschriftenreihe, Band 151, 2004.

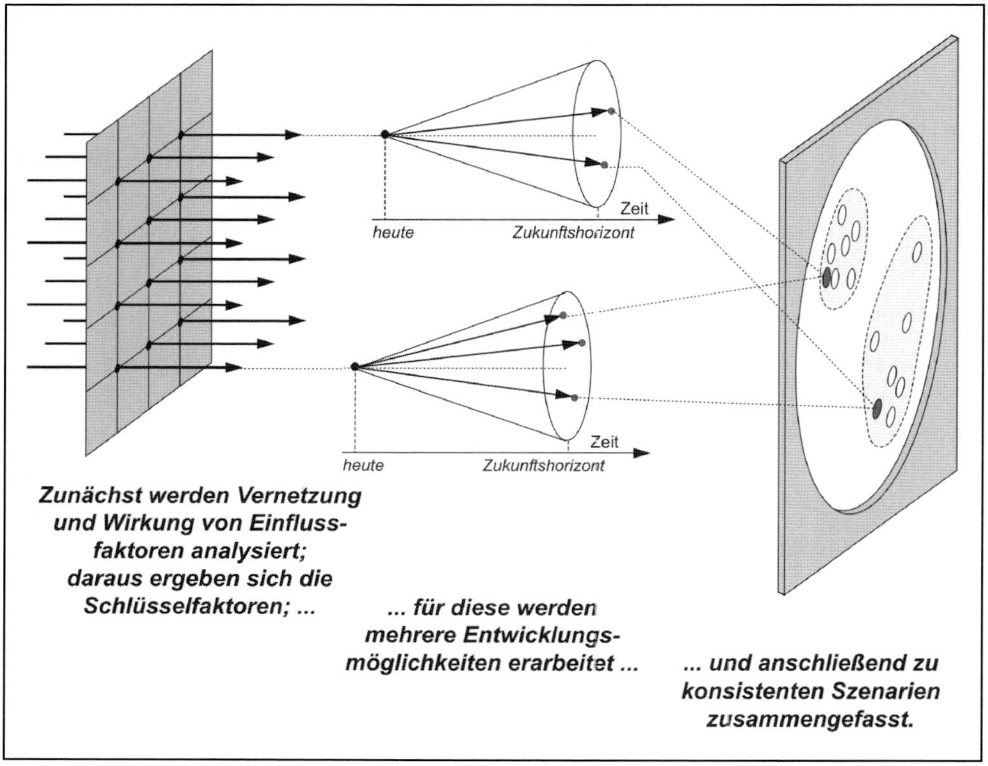

Abb. 4: Grundsätzliches Vorgehen bei der Szenario-Erstellung.

- **Szenario-Prognostik (Phase 2):** Mit der Szenario-Prognostik erfolgt der eigentliche „Blick in die Zukunft". Je Schlüsselfaktor sind charakteristische Entwicklungen mit einem festgelegten Zeithorizont aufzulisten. Diese Zukunftsprojektionen bilden die Grundlage für die zu bestimmenden Zukunftsszenarien.
- **Szenario-Bildung (Phase 3):** Ziel dieser Phase ist die Entwicklung von Szenarien auf Basis der erstellten Zukunftsprojektionen. Eine paarweise Bewertung der Konsistenz der Zukunftsprojektionen (**Konsistenzanalyse**) ergibt die Basis für die Berechnung der Szenarien. Im Prinzip ist dabei die Frage zu beantworten: Wie plausibel ist das Auftreten der zwei Zukunftsprojektionen in einem in sich schlüssigen Zukunftsbild? Auf Basis der paarweisen Konsistenzbewertung werden automatisch hochkonsistente Kombinationen von Zukunftsprojektionen ermittelt, die so genannten Projektionsbündel. In einem Bündel ist von jedem Schlüsselfaktor genau eine Projektion enthalten.

Bündel, die einander ähneln, werden mittels Clusteranalyse zusammengefasst[111]. Dementsprechend ist ein Szenario ein Cluster von Zukunftsprojektionen, die gut zusammenpassen.

Die erstellten Szenarien bilden eine geeignete Grundlage für die Erarbeitung von Strategien. Die Übertragung der Szenarien auf die Entscheidungsprozesse der strategischen Unternehmensführung wird als Szenario-Transfer bezeichnet. Der Szenario-Transfer beginnt mit einer Auswirkungsanalyse, um Hinweise auf die Erfolgspotenziale von morgen, aber auch für mögliche Bedrohungen des etablierten Geschäfts von heute zu erhalten.

Die Szenario-Technik lädt ein, auch das Undenkbare zu denken und die Grenzen gewohnten Denkens zu überwinden. Zurückblickend lässt sich feststellen, dass oft nicht das vermeintlich Wahrscheinliche, sondern das Undenkbare Realität geworden ist, weil die Menschen dazu neigen, das, was sie erlebt haben, auf die Zukunft zu projizieren. Eine besondere Stärke der Szenario-Technik ist darin zu sehen, dass eine Gruppe von Führungspersönlichkeiten eines Unternehmens sich gemeinsam systematisch mit möglichen Entwicklungen von Märkten und Technologien auseinander setzt und so zu einer gemeinsamen Einschätzung der Zukunft kommt.

2.2 Online-Wissensbasis zur Markt- und Umfeldprognose

Die Erfahrung zeigt, dass ein erheblicher Teil von Einflussfaktoren und Zukunftsprojektionen für eine Branche weitgehend gleich ist. Daher liegt es nahe, diese für eine Branche zu erfassen, aufzubereiten und regelmäßig zu aktualisieren. Abbildung 5 zeigt die Einbindung einer solchen Wissensbasis in den Prozess der strategischen Führung.

Die Online-Wissensbasis stellt einen Leitfaden zur systematischen Prognose der Entwicklung von Märkten und Geschäftsumfeldern zur Verfügung. Sie enthält im Wesentlichen Einflussfaktoren, deren Zukunftsprojektionen und entsprechende Indikatoren. Ferner enthält die Wissensbasis Technologietrends. Auch hier gibt es einen erheblichen Teil, der branchenweit von Interesse ist, und einen kleinen Teil, der unternehmensspezifisch zu behandeln ist.

---

111 Vgl. Backhaus, K.; Erichson, B.; Plinke, W.; Weiber, R.: Multivariate Analysemethoden – eine anwendungsorientierte Einführung. 10., neubearb. u. erw. Aufl., Springer-Verlag, Berlin, 2003.

Durch diese Wissensbasis entsteht den angeschlossenen Unternehmen ein erheblicher Nutzen, weil ein wesentlicher Teil der Informationen, die ein Unternehmen benötigt, um eine Geschäfts- oder Produktstrategie zu erarbeiten, leicht zugänglich ist. Wenn ein Unternehmen die Entwicklung von Märkten und Geschäftsumfeldern antizipieren will, dann können die branchenbezogenen Einflussfaktoren und Projektionen um unternehmensspezifische ergänzt werden.

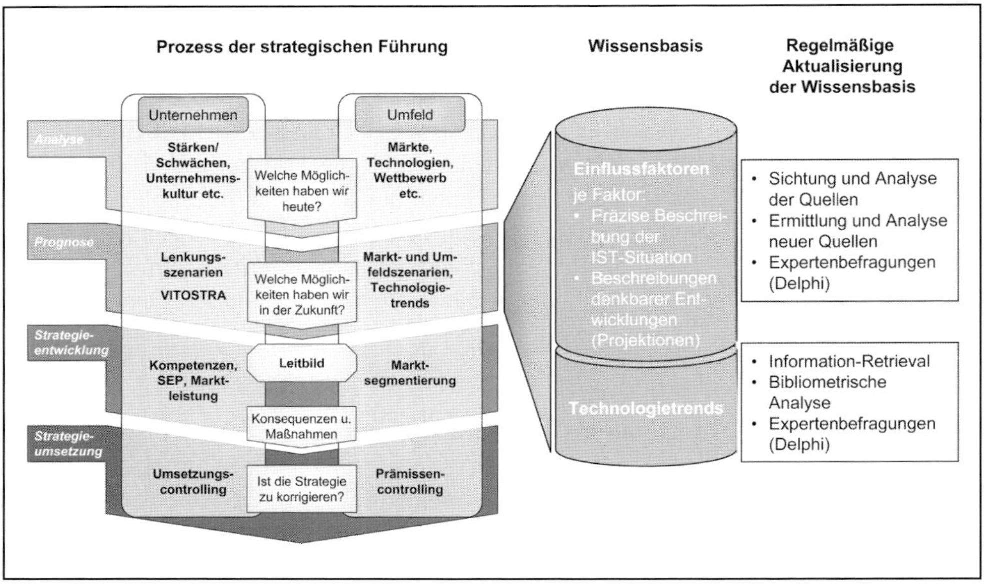

Abb. 5: Online-Wissensbasis zur Markt- und Umfeldprognose.

2.3 Nutzung der Wissensbasis in einem Szenario-Projekt

In einem ersten Schritt werden aus der Wissensbasis die Einflussfaktoren ausgewählt, die für ein konkretes Szenario-Projekt relevant sind. Für jeden Faktor, der in der Wissensbasis enthalten ist, wurde die Ist-Situation recherchiert und in einem Steckbrief präzise beschrieben. Die fundierte und präzise Darstellung der heutigen Situation basiert auf Indikatoren, die ebenfalls in der Wissensbasis bereitgestellt werden. Sie sind mit dem jeweiligen Faktor verknüpft. Die Indikatoren sind Größen, die direkt erhoben werden und eine Einschätzung der Entwicklung des zugehörigen Faktors erlauben. Die denkbaren Entwicklungen der Faktoren, die Projektionen, sind ebenfalls in den jeweiligen Steckbriefen enthalten.

Die Auswahl an Faktoren aus der Wissensbasis wird um Faktoren ergänzt, die für die spezifische Fragestellung des Projektes erforderlich sind. Für diese Zusammenstellung müssen dann die Einfluss- und die Relevanzanalyse durchgeführt werden. Hierfür kann ein Unternehmen die in der Wissensbasis hinterlegten Bewertungen nutzen. Eine Möglichkeit besteht darin, die vorhandenen Bewertungen über eine Schnittstelle in die Scenario-Software (UNITY AG) zu importieren. Die Software befüllt eine Einfluss- und eine Relevanzmatrix mit den übermittelten Daten. Die fehlenden Bewertungen können direkt über die Benutzeroberfläche eingegeben werden.

Einfluss- und Relevanzanalyse liefern Aussagen über die Vernetzung der Faktoren im Gesamtsystem und zur Bedeutung hinsichtlich des Untersuchungsgegenstands. Auf dieser Grundlage erfolgt die systematische Auswahl der Schlüsselfaktoren für das Projekt. In Abbildung 6 sind die Schritte dargestellt.

Für die ausgewählten Schlüsselfaktoren aus der Wissensbasis können die vorhandenen Beschreibungen sowie die hinterlegten Zukunftsprojektionen genutzt, aber auch modifiziert werden. Für die spezifischen Faktoren und Zukunftsprojektionen sind die Beschreibungen zu ergänzen. Die Ergebnisse dieser Arbeitsschritte können in Form eines so genannten Projektionskatalogs und als Datei zur weiteren Bearbeitung in der Scenario-Software ausgegeben werden (vgl. Abbildung 7).

Es folgt die Kombination der Zukunftsprojektionen zu in sich schlüssigen Szenarien. Hierzu wird die Konsistenzanalyse verwendet. Auch hier besteht die Möglichkeit, die Scenario-Software zu nutzen. Die Datei wird in die Software importiert. Hier wird eine Konsistenzmatrix mit den Faktoren und Zukunftsprojektionen befüllt. Vorhandene Bewertungen können überprüft, geändert oder einfach übernommen werden. Die fehlenden Bewertungen sind zu ergänzen. Die Software ermittelt hochkonsistente Projektionsbündel und fasst diese mittels Clusteranalyse zu so genannten Rohszenarien zusammen. Die Rohszenarien werden später auf der Basis der Beschreibungen der Zukunftsprojektionen in Prosa beschrieben. Die multidimensionale Skalierung visualisiert die Szenarien (vgl. Abbildung 8).

Mit Hilfe der Wissensbasis können sich Unternehmen in kurzer Zeit eine Auswahl fundiert recherchierter Faktoren zusammenstellen und unter Berücksichtigung eigener Anforderungen zu schlüssigen Zukunftsszenarien kombinieren. Die Szenarien beschreiben aus Sicht eines Unternehmens den Markt und das Geschäftsumfeld und geben Hinweise auf Chancen, aber auch auf Bedrohungen des etablierten Geschäfts. Sie bilden somit eine gute Basis für die strategische Planung.

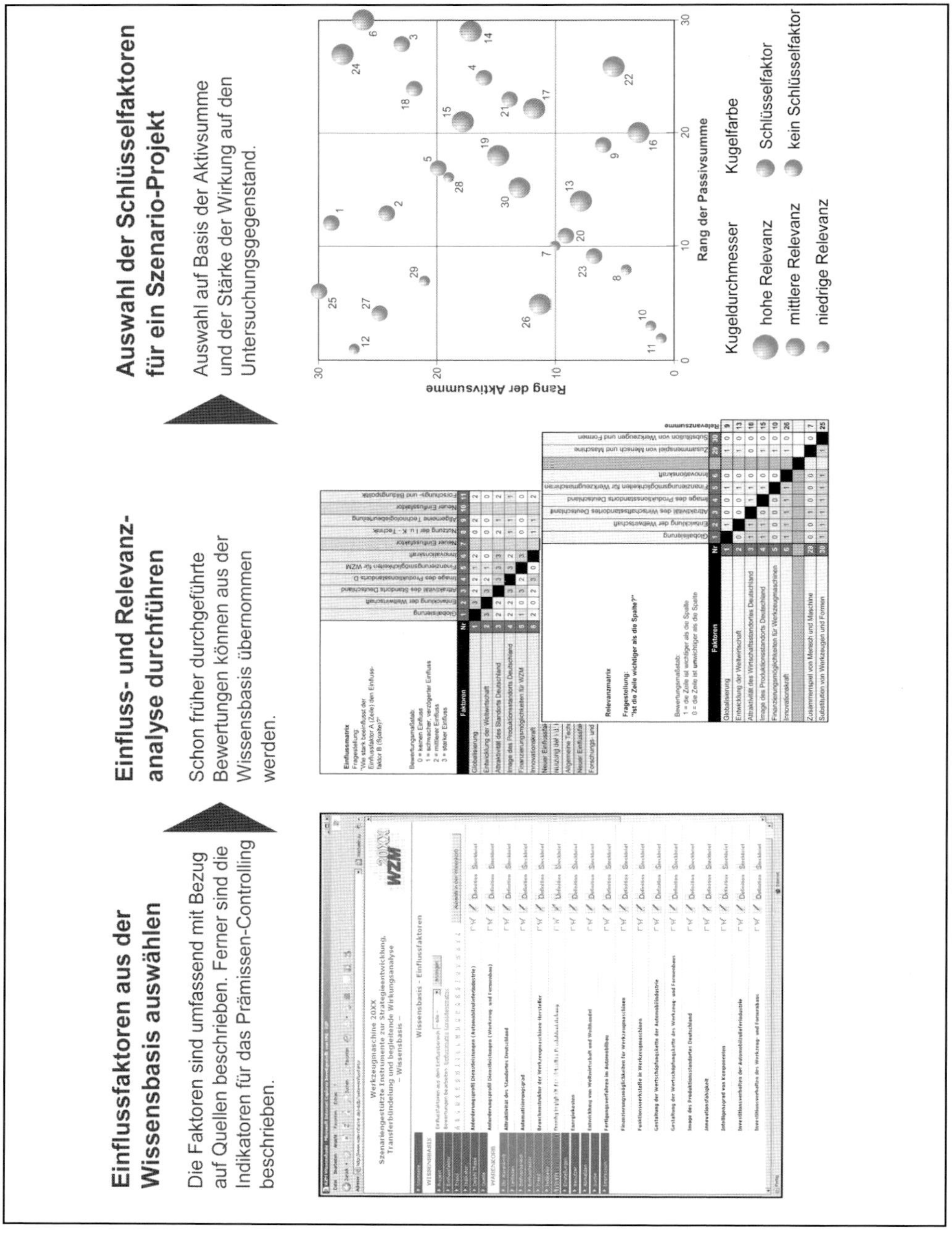

Abb. 6: Auswahl von Einflussfaktoren aus der Wissensbasis und Bestimmung der Schlüsselfaktoren für ein Szenario-Projekt.

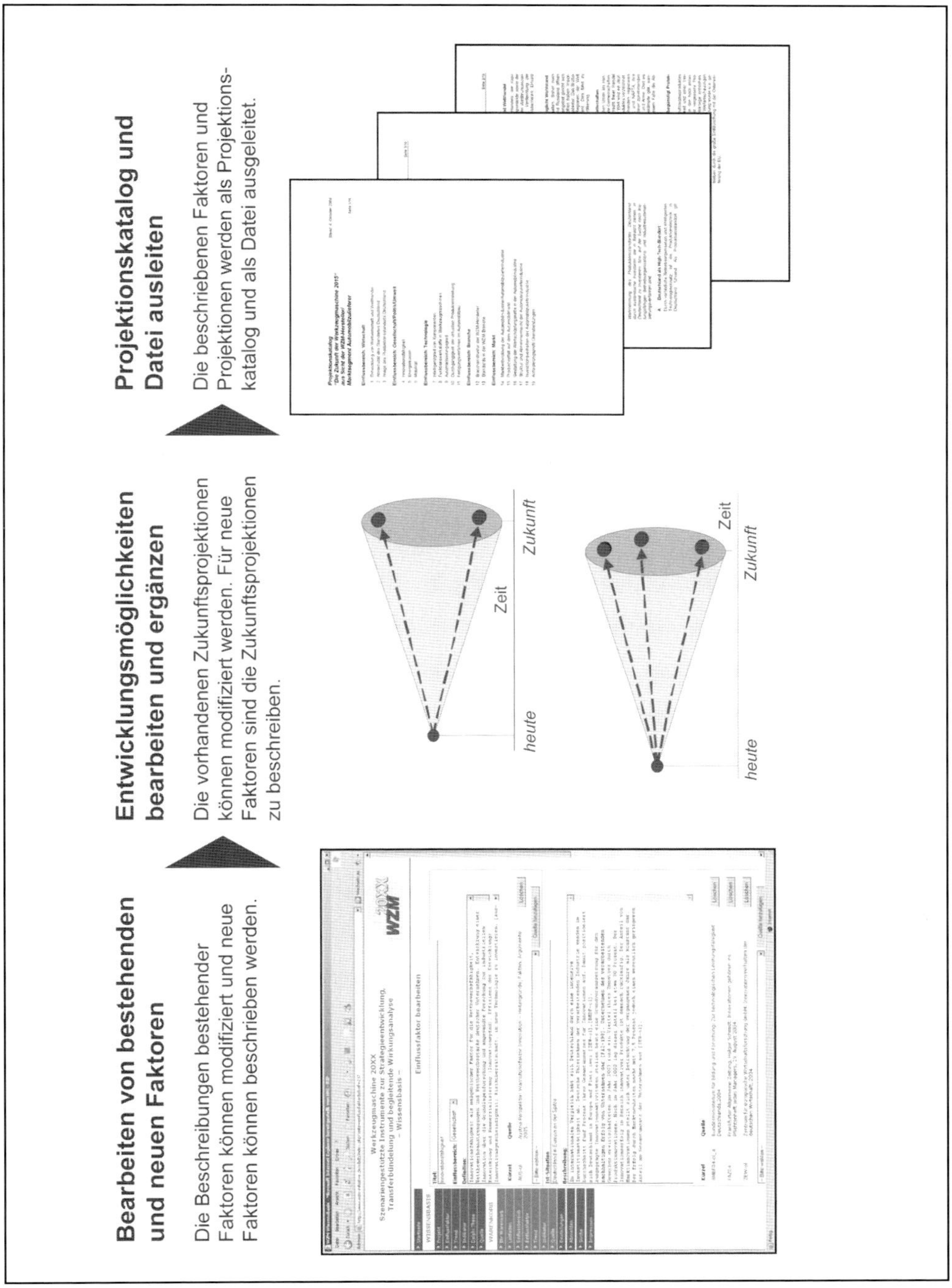

Abb. 7: Bearbeiten von Schlüsselfaktoren und Zukunftsprojektionen.

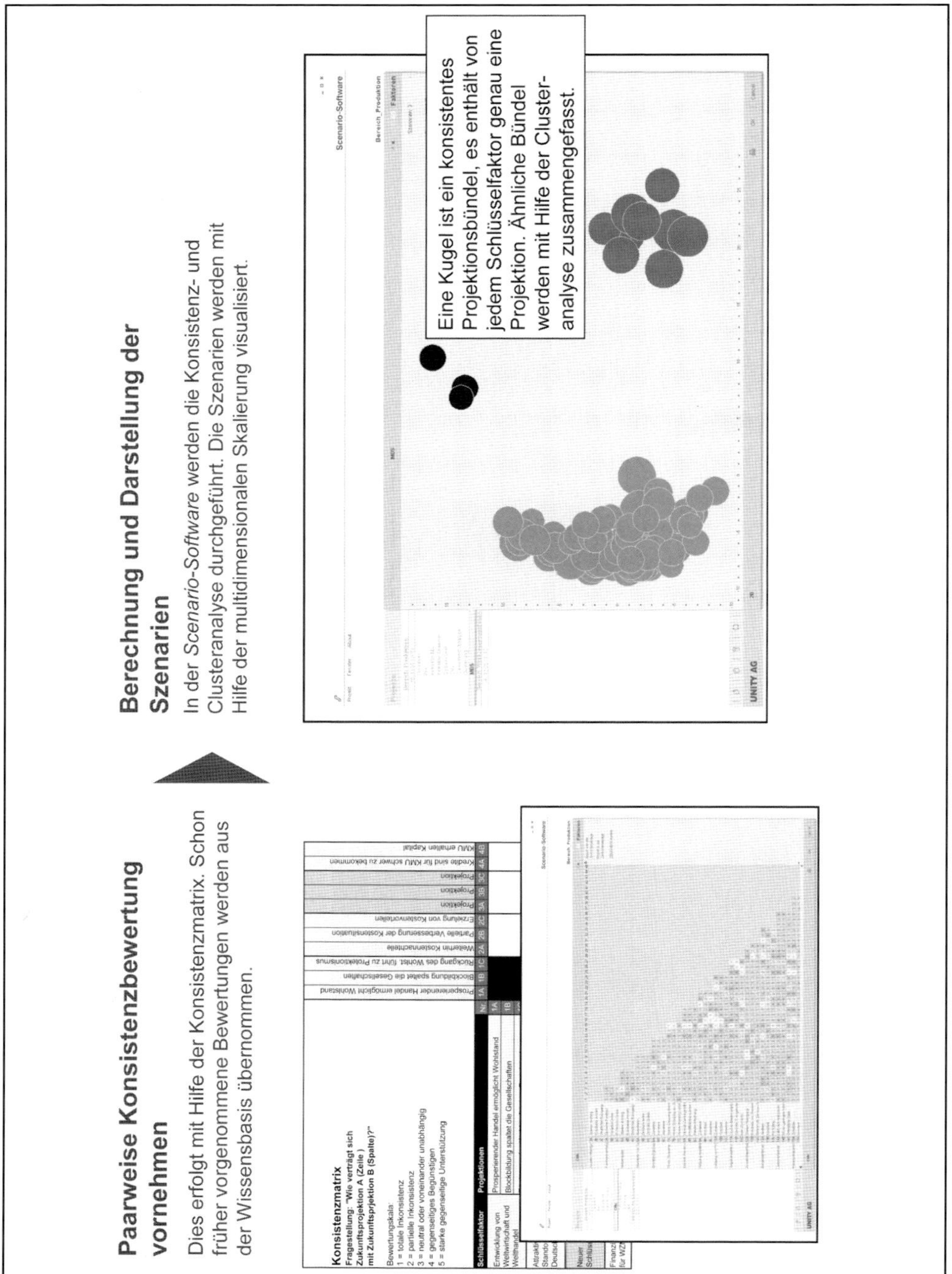

Abb. 8: Ermitteln konsistenter Zukunftsbilder.

3 Entwicklung von alternativen Geschäftsstrategien

Eine Strategie soll ein Unternehmen im Wettbewerb vorteilhaft positionieren. So hat Porter beobachtet, dass erfolgreiche Unternehmen Kombinationen von Tätigkeiten durchführen, die bei Konkurrenten nicht üblich sind, bzw. dort übliche Tätigkeiten auf eine ganz andere Weise ausführen und sich so einzigartige Positionierungen im Wettbewerb geschaffen haben[112]. Markides stellt fest, dass erfolgreiche Unternehmen nicht versuchen, die Strategien ihrer Konkurrenten zu kopieren oder zu übertrumpfen. Stattdessen haben sie einmalige Positionen eingenommen, die es ihnen ermöglichen, ein ganz anderes Spiel als die Konkurrenz zu spielen. Damit können sie einem direkten Effizienzwettbewerb ausweichen[113].

Offensichtlich kommt es darauf an, eine innovative Strategie zu finden, was jedoch einfacher gesagt als getan ist. In der Regel wird die Strategie eines Unternehmens von dem geprägt, was in der Branche gerade „en vogue" ist.

Eine Strategie ist eine spezifische Kombination von Einzelentscheidungen. Die Stellen, an denen ein Unternehmen solche strategischen Einzelentscheidungen treffen kann, sind die strategischen Variablen des Unternehmens. Eine strategische Variable ist beispielsweise die Fertigungstiefe oder die Breite des Produktprogramms. Für jede strategische Variable bieten sich in der Regel alternative Handlungsoptionen an. Bezüglich der Fertigungstiefe kann sich ein Unternehmen z. B. für eine hohe oder für eine geringe Fertigungstiefe entscheiden.

Selbstredend sind die Ausprägungen präzis zu spezifizieren, so dass es – wenn auch grob – möglich ist, den Zeitaufwand und die Kosten für den Wechsel von einer Ausprägung auf eine andere Ausprägung abzuschätzen.

Wie bei der Erarbeitung von Markt- und Umfeldszenarien werden auch hier die Kombinationen von Ausprägungen ermittelt, die in sich sehr konsistent sind. Der Unterschied ist lediglich der, dass wir bei Markt- und Umfeldszenarien mit Einflussfaktoren arbeiten, die von außen gegeben sind, und es sich bei den strategischen Variablen um Gestaltungsparameter handelt. Erstere lassen sich vom Unternehmen nicht beeinflussen; das Unternehmen muss versuchen, ihnen gerecht zu werden. Letztere sind die Stellgrößen des Managements.

---

112 Vgl. Porter, M. E.: Nur Strategie sichert auf Dauer hohe Erträge. In: Harvard Business Manager, 1997, Heft 3, S. 42–58.

113 Vgl. Markides, C.: So wird Ihr Unternehmen einzigartig. Ein Praxisleitfaden für professionelle Strategieentwicklung: Campus, Frankfurt, New York, 2002.

Um die konsistenten Kombinationen von Ausprägungen der strategischen Variablen zu ermitteln, erfolgt eine Konsistenzanalyse. Diese beruht auf einer paarweisen Beurteilung der Konsistenz in einer Konsistenzmatrix.

Das Ergebnis sind konsistente Kombinationen von Handlungsoptionen, die die grundsätzlich möglichen Strategiealternativen (Idealstrategien) darstellen. Diese sind hochkonsistente Kombinationen der einzelnen Handlungsoptionen. Zu beachten ist, dass bisher noch keine Aussage getroffen werden kann, ob die einzelnen Strategien für das betrachtete Unternehmen überhaupt sinnvoll sind, d.h. ob sie für das Unternehmen ein Erfolgspotenzial besitzen. Für die Bewertung der Strategiealternativen ist eine Wettbewerbsanalyse erforderlich.

In der Wettbewerbsanalyse wird ermittelt, wie das betrachtete Unternehmen und die relevanten Konkurrenten die strategische Variable ausprägen, d.h. welche Strategien sie momentan verfolgen. Für die Bewertung der einzelnen Strategiealternativen sind zwei Fragen zu beantworten: Wie schwierig ist es für das betrachtete Unternehmen, von der derzeitig verfolgten Strategie zu einer idealen Strategie zu wechseln? Und wie weit sind die Konkurrenten von den idealen Strategien entfernt?

Die Ergebnisse der Wettbewerbsanalyse lassen sich mit Hilfe einer multidimensionalen Skalierung visualisieren (vgl. Abbildung 9). Strategien, die in dieser Graphik sehr unterschiedlich sind, liegen weit auseinander. Sehr ähnliche Strategien liegen nah beieinander[114].

---

[114] Vgl. Bätzel, D.: Methode zur Ermittlung und Bewertung von Strategiealternativen im Kontext Fertigungstechnik. Universität Paderborn, Dissertation, Fakultät für Maschinenbau, HNI-Verlagsschriftenreihe, Band 141, 2004.

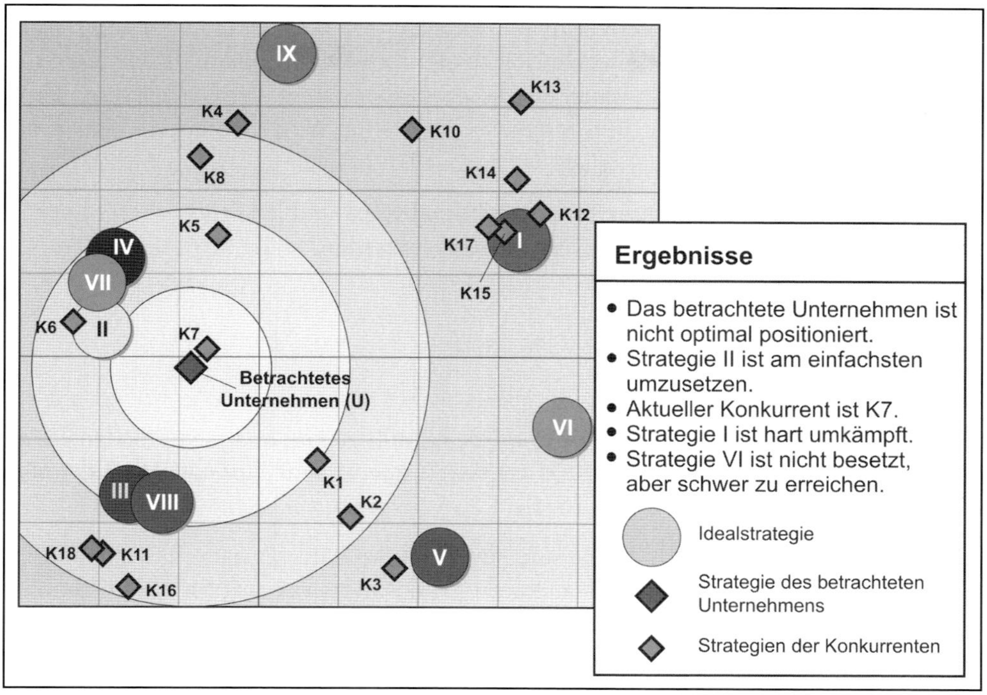

Abb. 9: Visualisierung von Idealstrategien und der Position der Mitbewerber sowie der Position des betrachteten Unternehmens mit Hilfe der multidimensionalen Skalierung (MDS).

In der Regel gruppieren sich die Mitbewerber um eine Idealstrategie, wie das ja auch für das Cluster um die Idealstrategie I der Fall ist. Das betrachtete Unternehmen und auch einige andere wie K1, K7 und K8 verfolgen offensichtlich Handlungen, die zumindest partiell inkonsistent sind. Hier drängt sich besonders auf, den Mix der Handlungen zu überprüfen.

Ziel ist nun, die Strategiealternative mit dem höchsten Erfolgspotenzial für das betrachtete Unternehmen zu identifizieren. Hierbei sind folgende zwei Kriterien zu berücksichtigen:

- **Erreichbarkeit der Strategiealternativen:** Die Erreichbarkeit berücksichtigt den finanziellen und zeitlichen Aufwand, der mit einem Strategiewechsel einhergeht, und beachtet zusätzlich mögliche Eintrittsbarrieren.

- **Attraktivität der Strategiealternativen:** Sie resultiert aus dem Marktpotenzial, zu welchem das Unternehmen in einer solchen Positionierung Zugang hat, der erwarteten Wettbewerbsintensität innerhalb dieser Positionierung, der Erschließung der in der strategischen Analyse und Prognose ermittelten Nutzenpotenziale sowie der Übereinstimmung mit unternehmensindividuellen Zielen.

Je größer die Attraktivität einer Strategiealternative ist und je leichter sie für ein Unternehmen erreichbar ist, desto höher ist ihr Erfolgspotenzial.

Literaturverzeichnis

Backhaus, K.; Erichson, B.; Plinke, W.; Weiber, R.: Multivariate Analysemethoden – eine anwendungsorientierte Einführung. 10., neubearb. u. erw. Aufl., Springer-Verlag, Berlin, 2003.

Bätzel, D.: Methode zur Ermittlung und Bewertung von Strategiealternativen im Kontext Fertigungstechnik. Universität Paderborn, Dissertation, Fakultät für Maschinenbau, HNI-Verlagsschriftenreihe, Band 141, 2004.

Eversheim, W. (Hrsg.): Innovationsmanagement für technische Produkte. Springer-Verlag, Berlin, 2003.

Gausemeier, J.; Ebbesmeyer, P.; Kallmeyer, F.: Produktinnovation – Strategische Planung und Entwicklung der Produkte von morgen. Carl Hanser Verlag, München, Wien, 2001.

Gausemeier, J.; Lindemann, U.; Schuh, G.: Planung der Produkte und Fertigungssysteme für die Märkte von morgen – Ein praktischer Leitfaden für mittelständische Unternehmen des Maschinen- und Anlagenbaus. VDMA Verlag, Frankfurt, 2004.

Grienitz, V.: Technologieszenarien – Eine Methodik zur Erstellung von Technologieszenarien für die strategische Technologieplanung. Universität Paderborn, Dissertation, Fakultät für Maschinenbau, HNI-Verlagsschriftenreihe, Band 151, 2004.

Markides, C.: So wird Ihr Unternehmen einzigartig. Ein Praxisleitfaden für professionelle Strategieentwicklung. Campus, Frankfurt, New York, 2002.

Porter, M. E.: Nur Strategie sichert auf Dauer hohe Erträge. In: Harvard Business Manager, 1997, Heft 3, S. 42–58.

A. 2. Ausgewählte Felder des Innovationsmanagements im Maschinen- und Anlagenbau

Service-Innovation im Maschinen- und Anlagenbau – vom Produzenten zum innovativen Dienstleistungsanbieter

von Ronald Gleich[115] und Ulrike Handermann[116]

1 Einleitung

Durch den weltweiten Konkurrenzdruck und die rückläufige Konjunktur im Inland wird es für deutsche Maschinen- und Anlagenbauer immer schwieriger, Wettbewerbsvorteile durch Kosten- und Qualitätsführerschaft im Produktgeschäft zu erzielen oder zu halten. Zudem lässt sich auf der Nachfrageseite immer mehr ein Trend zur „Leistung aus einer Hand" und entsprechend begleitender individualisierter Services entlang des Lebenszyklus einer Sachleistung erkennen.

Aufgrund dieser Marktveränderungen hängt die Kundenloyalität immer stärker vom Angebot und von der Qualität produktbegleitender Services ab.[117]

Gerade hier können innovative Dienstleistungen neben dem eigentlichen Produktprogramm dazu verhelfen, sich am Markt zu differenzieren und so neue Chancen auf Umsatz- und Ertragssteigerungen zu generieren.

Eine Studie der Unternehmensberatung Arthur D. Little zur Bedeutung von Services in der produzierenden Industrie aus dem Jahre 2004 zeigt, dass das Potenzial in der Steigerung des Serviceanteils am Gesamtumsatz um 50% liegt. Hinzu kommt, dass die Profitabilität im Servicegeschäft im Industriedurchschnitt gut doppelt so hoch ausfallen kann wie im klassischen Produktgeschäft und somit in der Lage ist, Margenverfall zu kompensieren.

Die daraus resultierende besondere Bedeutung innovativer produktbegleitender Services für die zukünftige Wettbewerbsfähigkeit des deutschen Maschinenbaus wird zwar im Großen und Ganzen durchaus erkannt, wie die Ergebnisse der VDMA-Trendbefragung 2004 in Abbildung 1 unschwer erkennen lassen, realiter wird dieses Geschäft allerdings in der mittelständischen Investitionsgüterindustrie noch weitgehend vernachlässigt. Chancen werden branchenübergreifend durch strategische Lücken im Serviceangebot ver-

---

[115] Univ.-Prof. Dr. Ronald Gleich ist Inhaber des Lehrstuhls für ABWL und Industrielles Management an der EUROPEAN BUSINESS SCHOOL.

[116] Ulrike Handermann ist Wissenschaftliche Mitarbeiterin am Lehrstuhl für ABWL und Industrielles Management an der EUROPEAN BUSINESS SCHOOL.

[117] Vgl. Nippa (2005), S. 6.

schenkt. Einer Studie von Mercer Management Consulting zufolge werden nur 25% der vorhandenen Potenziale im Maschinen- und Anlagenbau de facto ausgeschöpft und bei fast drei Vierteln aller Maschinenbauer liegt der Serviceumsatz unter 20%. Top-Unternehmen der gleichen Branche erzielen dagegen zwischen 40 und 60% ihres Gesamtumsatzes im Service.

Grund dafür ist, dass sich die Hersteller von Investitionsgütern schwer mit der Etablierung einer Serviceorientierung tun. Entgegen stehen Strukturen und eine tradierte (servicefeindliche) Industriekultur, die auf die Produktion von Sachgütern ausgerichtet ist.

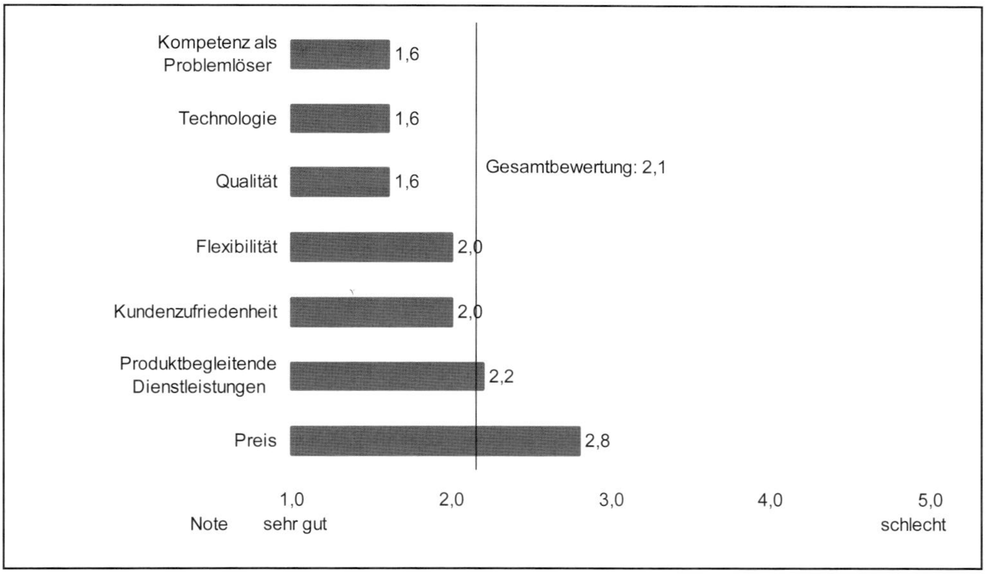

Abb. 1: Einschätzung der gegenwärtigen Wettbewerbsfähigkeit des deutschen Maschinenbaus in Bezug auf einzelne Faktoren. (Quelle: VDMA-Trendbefragung 2004)

Was fehlt, ist einerseits ein systematisches Entwicklungsmanagement für innovative Services mit entsprechenden Instrumenten und Strukturen, andererseits aber auch das Verständnis für die Besonderheiten von Dienstleistungen und das Vorhandensein entsprechender innovations- und serviceförderlicher organisatorischer und kultureller Rahmenbedingungen.

Die Produktion wettbewerbsfähiger Services erfordert letztendlich umfangreiche Anpassungs- und Lernprozesse über das ganze Unternehmen hinweg, die nur durch die Initiierung und Steuerung durch die Managementebene erfolgreich angestoßen und umgesetzt werden können.

Der vorliegende Beitrag wird in diesem Zusammenhang versuchen, auf folgende Fragen einzugehen:

- Wie ist der Stand der Forschung zum Management industrieller Services?
- Welches sind die Erfolgsfaktoren für die Entwicklung innovativer industrieller Dienstleistungen und welche Hemmnisse gibt es?
- Wie können die notwendigen unternehmensinternen Rahmenbedingungen zur Umsetzung eines solchen Serviceentwicklungsmanagements in Organisation, Prozess, Unternehmenskultur und Strategie geschaffen und gestaltet werden?

Bevor es an die Beantwortung dieser essenziellen Fragen in Kapitel 3 geht, widmet sich das zweite Kapitel dem derzeitigen Stand der Forschung zur Entwicklung innovativer industrieller Dienstleistungen und dient damit als theoretischer Grundstock der weiteren Ausführungen.

2 Stand der Forschung zum Management innovativer industrieller Services

2.1 Definitorische Grundlagen

Sowohl in der Forschung als auch in der Praxis gibt es eine Vielzahl von unterschiedlichen Bezeichnungen für Dienstleistungen, die von der Industrie erbracht werden und zum Teil synonym oder mit unterschiedlichen Auffassungen verwendet werden. Beispiele sind hier etwa industrielle, produktbegleitende oder funktionelle Dienstleistungen oder die einfache Bezeichnung Kundendienst.[118]

Eines ist jedoch allen Definitionen und Typologisierungen gleich: Industrielle Dienstleistungen stehen in engem Zusammenhang mit dem Kernproduktgeschäft. Sie werden in diesem Zusammenhang in Anlehnung an Homburg / Garbe (1996a, S. 255) als „immaterielle Leistungen, die ein Investitionsgüterhersteller seinen Kunden zur Förderung des Absatzes seiner Sachgüter anbietet", verstanden.

In der Praxis des Anlagen- und Maschinenbaus stehen dahinter eine ganze Menge an sowohl produktbegleitenden industriellen Services, so genannte Sekundärdienstleistun-

---

[118] Vgl. hierzu die Ausführungen von Homburg / Garbe (1996a), S. 255 ff.

gen, wie Inbetriebnahme, Beratung, Schulung oder Hotlinedienste, als auch an Primärdienstleistungen, die eigenständig vermarktet werden können. Beispiele hierfür sind etwa Finanzierungsangebote, Transport oder spezielle Seminare.

Service umfasst also alle „Merkmale, Tätigkeiten und Informationen, die die Möglichkeiten des Kunden verbessern, den potenziellen Wert eines Kernproduktes [...] zu realisieren."[119]

Unterschiede zum Produktgeschäft ergeben sich aus zwei wesentlichen charakteristischen Merkmalen von Dienstleistungen: der Immaterialität und der Integrativität, also der Kundenbeteiligung bei der Leistungserstellung. Hieraus resultieren in der Regel wiederum zwei Herausforderungen. Zum einen können Methoden des Innovationsmanagements zur Produktentwicklung nicht oder nur begrenzt auf die Entwicklung von Dienstleistungen übertragen werden, und zum anderen spielt der Einbezug der Kunden in das Servicegeschäft für den Erfolg eine ganz wesentliche Rolle.

Im Zentrum der Betrachtung von Service-Innovationen steht diesbezüglich die systematische Entwicklung und Einführung neuer Dienstleistungen mit adäquaten Konzepten, Instrumenten und entsprechenden Rahmenbedingungen. Diesbezüglich hat sich in den letzten Jahren in der Forschung einiges getan.

2.2 Entwicklungspfad in der Forschung

Der zunehmenden Tertiarisierung der Wirtschaft wurde durch eine entsprechend große Anzahl an Forschungsbeiträgen in Bezug auf Dienstleistungen seit Beginn der 70er Jahre durchaus Rechnung getragen. Schwerpunkte liegen hier vor allem in den Bereichen Dienstleistungsmanagement, -marketing und -qualität.

Das Thema Innovationsmanagement für Dienstleistungen wurde hingegen lange Zeit in der Forschung vernachlässigt. Erste Ansätze tauchen erst verstärkt seit Mitte der 90er Jahre auf und laufen unter Titeln wie New Service Development, Service Design und Service Engineering.[120] Letzteres gilt als jüngste Fachdisziplin in der Dienstleistungsforschung, „die sich mit der systematischen Entwicklung und Gestaltung von Dienstleistungen unter Verwendung geeigneter Vorgehensweisen, Methoden und Werkzeugen beschäftigt".[121] Allerdings beziehen sich die Erkenntnisse hier schwerpunktmäßig auf konsumtive Dienstleistungen, die nicht ohne weiteres auf industrielle Dienstleistungen übertragen werden können.

---

[119] Vgl. Davidow / Uttal (1991), S. 41.
[120] Vgl. u.a. Fähnrich / Opitz (2003), S. 83 ff.
[121] Vgl. Zahn / Stanik (2003), S. 310.

Nichtsdestotrotz gibt es einige neuere, sowohl theoretisch-konzeptionelle als auch empirische Arbeiten zum besonderen Themenkomplex „Industrielle Dienstleistungen“.

Zu erkennen ist hier, dass die theoriegeleiteten Beiträge verstärkt strategische Aspekte abdecken. Insbesondere wird der Frage nachgegangen, wie es möglich ist, durch industrielle Services Wettbewerbsvorteile zu erringen (Speth 2001, Sontow 2000, Rössner 1998, Baumbach 1998, Olemotz 1995, Stegner 1991). Daneben gibt es wenige empirische Arbeiten zur Erfolgsfaktorenforschung, die allerdings an späterer Stelle noch aufgegriffen werden sollen.

Elementare wissenschaftliche Erkenntnisse, die die Transformation vom Produzenten zum Dienstleister thematisieren, sind ebenso wenig zu erkennen wie empirische Arbeiten über die simultane Gestaltung des Innovationsmanagements von sowohl Produkten als auch Dienstleistungen.[122]

Generell ist festzustellen, dass dem enormen Bedeutungszuwachs innovativer industrieller Services in der Praxis noch keine entsprechend umfassende Informationsbasis aus der Forschung gegenübersteht.

3 Wandel vom Produzenten zum innovativen Dienstleistungsanbieter

3.1 Erfolgsfaktoren und Hemmnisse für das Servicegeschäft

Die Wissenschaft hat im Laufe der Zeit zwei zentrale Erkenntnisse zum Erfolg industrieller Dienstleistungen hervorgebracht. Zum einen hat sich gezeigt, dass es eindeutige Unterschiede zwischen den Erfolgsfaktoren von Produkten und denen industrieller Dienstleistungen gibt, und zum anderen, dass Innovations- und Qualitätsführerschaft die zentralen Aspekte zur Erzielung von Wettbewerbsvorteilen darstellen.[123] Es reicht also nicht aus, allgemein nur Services anzubieten. Diese sollten nach Möglichkeit neu, kundenindividuell und qualitätsorientiert sein.

Der Grad der Innovation wird dabei für Hersteller umso wichtiger, je stärker die Wettbewerbsintensität und je leichter die Kopierbarkeit der entsprechenden Dienstleistung ist.[124] Viele Servicebereiche des Maschinen- und Anlagenbaus werden durch leichte Imitierbarkeit bereits jetzt durch spezialisierte technische Dienstleister wie die DIW Deutsche Industriewartung AG oder die WIG Industrieinstandhaltung GmbH übernommen. Dies kann langfristig zu einer Verschiebung und Veränderung der Hersteller-Kunden-Beziehung führen.

---

122 Vgl. Stauss / Bruhn (2004), S. 20 f., Luczak / Hoek (2004), S. 93.
123 Vgl. Wright (1988), Zapf (1990), de Brentani (1995), Garbe (1996).
124 Vgl. Rapp (1993), S. 138.

Die Qualität von Dienstleistungen, als weiterer elementarer Aspekt, wird nicht nur am Ergebnis gemessen, wie fälschlicherweise gerne angenommen wird. Zu berücksichtigen ist hier, dass die Leistungen aus der Interaktion mit dem Kunden entstehen und deshalb sowohl die wahrgenommene Potenzialqualität als auch die Prozessqualität eine wichtige Rolle in der Gesamtbeurteilung spielen.[125] Während sich erstere auf alle im Unternehmen vorhandenen Potenziale zur Erstellung der Dienstleistung bezieht (z. B. Qualifikation der Mitarbeiter oder Erreichbarkeit des Kundendienstes), geht es bei der Prozessqualität um die Aktivitäten während der Leistungserbringung, wie z. B. die Art und der Umfang der Beratung. Diese drei Dimensionen sind stets in einem Zusammenhang zu sehen. Eine feste Verankerung der Qualitätsorientierung in der Unternehmensstrategie ist für das erfolgreiche Agieren am Markt von grundsätzlicher Bedeutung.

Zu den weiteren erfolgsrelevanten Faktoren zählen u.a. noch die frühzeitige und kontinuierliche Einbindung der Kunden, eine klare Servicestrategie, strukturierte Serviceentwicklungsprozesse mit klaren Verantwortlichkeiten, qualifizierte Mitarbeiter und last but not least eine kundenorientierte, service- und innovationsfreundliche Organisationsstruktur und Unternehmenskultur.[126]

Um diese Erfolgsfaktoren umzusetzen, bedarf es in vielen mittelständischen Unternehmen des Maschinen- und Anlagenbaus bestimmter Voraussetzungen bzw. Änderungen der bestehenden Managementrealitäten und Strukturen.

Die größten Hürden, die dem Ausbau des Servicegeschäfts entgegenstehen, sind dabei neben einer stark produktorientierten, servicefeindlichen Industriekultur fehlende interne Ressourcen und Know-how zum Aufbau, Einführung und Umsetzung einer systematischen Dienstleistungsentwicklung sowie das fehlende Verständnis bei Industriemanagern für die Notwendigkeit, vorherrschende Strukturen entsprechend den Anforderungen einer Service- und Innovationsorientierung zu verändern.[127] Grönroos (1993, S. 19) schreibt in diesem Zusammenhang: „Managing Service is to a substantial degree, although of course not totally, different from traditional management of manufactured goods."

Hinzu kommt, dass eine Serviceorientierung hohen Aufwand für die kontinuierliche Schulung und Weiterbildung des entsprechenden Personals bedeutet. Dies widerspricht vielerorts dem traditionellen Investitionsverständnis im Maschinen- und Anlagenbau, wonach Kapital vornehmlich in Sachanlagen gesteckt wird und damit sichtbare Rückflüsse generieren soll.

---

125 Vgl. zu den Qualitätsdimensionen auch Donabedian (1980) und Parasuraman / Zeithaml / Berry (1985).

126 In Anlehnung an Garbe (1996), S. 51, Zapf (1990), S. 213, Arthur D. Little Service Innovation Studie 2004.

127 Vgl. Zapf (1990), S. 213, Arthur D. Little Service Innovation Studie 2004, Mercer Management Consulting Analyse „Service im Maschinenbau" 2003.

Aus dieser Situation heraus und der besonderen Bedeutung der Innovativität und Qualität für den Erfolg ergeben sich klare Ansatzpunkte zur Veränderung des Bewusstseins gegenüber Dienstleistungen wie auch für das Management industrieller Dienstleistungen, die im nun folgenden Abschnitt aufgegriffen werden.

3.2 Konsequenzen für das Management innovativer industrieller Dienstleistungen

Während im industriell produktorientierten Management sämtliche Anstrengungen auf die Optimierung des „Outputs" ausgerichtet sind, so richtet sich ein dienstleistungs- und innovationsorientiertes Management darauf, einen entsprechenden „Enabling Context" zu schaffen, der die Art und Weise des Verhaltens im Unternehmen als auch die Art und den Inhalt der Prozesse bestimmt und das gesamte Unternehmen umfasst.[128]

Daraus ergeben sich Aktionsfelder, die im Zuge eines organisatorischen Wandels vom Produzenten zum innovativen Dienstleister entsprechend gestaltet werden können und auf die im Folgenden näher eingegangen wird.

- Servicestrategie
- Serviceorganisation
- Service- und Innovationskultur

3.2.1 Servicestrategie

Die dienstleistungsorientierte Wettbewerbsstrategie legt fest, welche Lösungen aus Produkt und Service dem jeweiligen Kunden angeboten und vermarktet werden.

Da durchaus nicht jede Dienstleistung sinnvoll ist, kommt der Festlegung der Art und des Umfangs des Leistungsprogramms in Übereinstimmung mit den Zielen und Ressourcen des Unternehmens, den (zukünftigen) Bedürfnissen der Kunden und der Wettbewerbssituation eine besondere Bedeutung zu.

In der Wissenschaft wird in diesem Zusammenhang auch von einem „Service/ Company-Fit"[129] gesprochen.

Dies erfordert zunächst eine intensive Auseinandersetzung mit den im Unternehmen gegebenen Potenzialen und den Erfordernissen des Marktes.

---

128 Vgl. Lehmann (1995), S. 50.
129 Vgl. hierzu die Ausführungen in Schaller/ Rackensperger / Reichwald (2004), S. 55.

Die Anbieter von Investitionsgütern sehen sich bei industriellen Dienstleistungen in der Regel noch einem härteren Spannungsfeld zwischen Kundennähe und Kosteneffizienz ausgesetzt als im klassischen Produktgeschäft. Kunden erwarten auf der einen Seite eine möglichst angepasste individuelle Lösung, auf der anderen Seite sind die wenigsten bereit, die Leistungen auch entsprechend entgeltlich zu honorieren.

Der richtigen Gestaltung des Leistungsprogramms unter Berücksichtigung der Wünsche der Nachfrager, der internen Ressourcen und der Kostengesichtspunkte fällt damit eine immense Bedeutung im Rahmen der Formulierung einer Servicestrategie zu.

In Bezug auf die strategische Angebotsgestaltung lassen sich, wie in Abbildung 2 dargestellt, drei Cluster in Abhängigkeit von der Servicemarge und dem Serviceumsatz identifizieren.[130]

Neben so genannten „Basic Services", die in der Regel kostenlos erbracht werden und der elementaren Kundenbindung dienen, können im Rahmen einer wertorientierten Erweiterung des Serviceportfolios über mehr „Value Added Services" bis hin zu komplett eigenständigen „New Businesses" langfristig strategische Angebotslücken geschlossen werden.

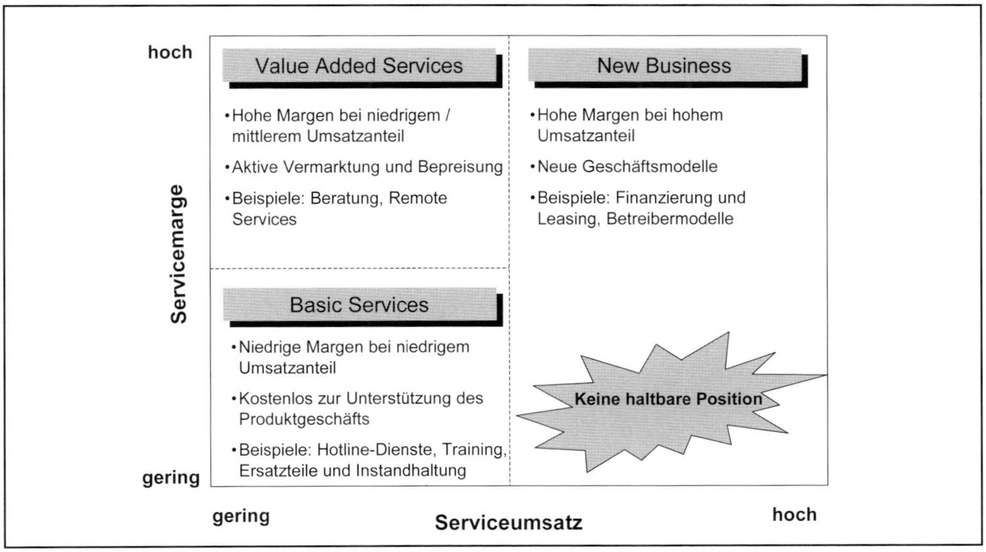

Abb. 2: Servicestrategiecluster. (Quelle: Arthur D. Little Service Innovation Studie 2004)

[130] Vgl. Arthur D. Little Service Innovation Studie 2004.

Ein Ansatz zur Überwindung des Dilemmas zwischen Individualisierung und Standardisierung des Angebots besteht z. B. in einer Modularisierung der industriellen Dienstleistungen. Hierbei werden standardisierte Basismodule definiert, die der Kunde entsprechend seinen Bedürfnissen zu einem Leistungspaket gestalten kann. Für den Anbieter bedeutet dies im Gegenzug eine möglichst kostengünstige Konfigurierbarkeit seines Angebots. [131]

Kostensenkungspotenziale im Rahmen der Servicestrategie ergeben sich auch über die Gestaltung des Leistungserstellungsprozesses an sich. Hier kann u.a. das ServiceBlueprint-Verfahren durch seine anschauliche, strukturierte Darstellung wichtige Hinweise zur Ableitung von Standardisierungs- und Rationalisierungsmaßnahmen liefern.[132]

In einem ServiceBlueprint werden sowohl der Dienstleistungserstellungsprozess im zeitlichen Ablauf als auch kundenbezogene Phasen, die so genannte Line of Visibility, visualisiert. Darauf aufbauend können in einem nächsten Schritt die kundenneutralen Prozessschritte identifiziert werden, die Potenzial zur Kostensenkung besitzen und so Ansatzpunkte für Veränderungen liefern, ohne die vom Kunden wahrgenommene Qualität zu beeinflussen. Abbildung 3 zeigt hierzu ein Beispiel.

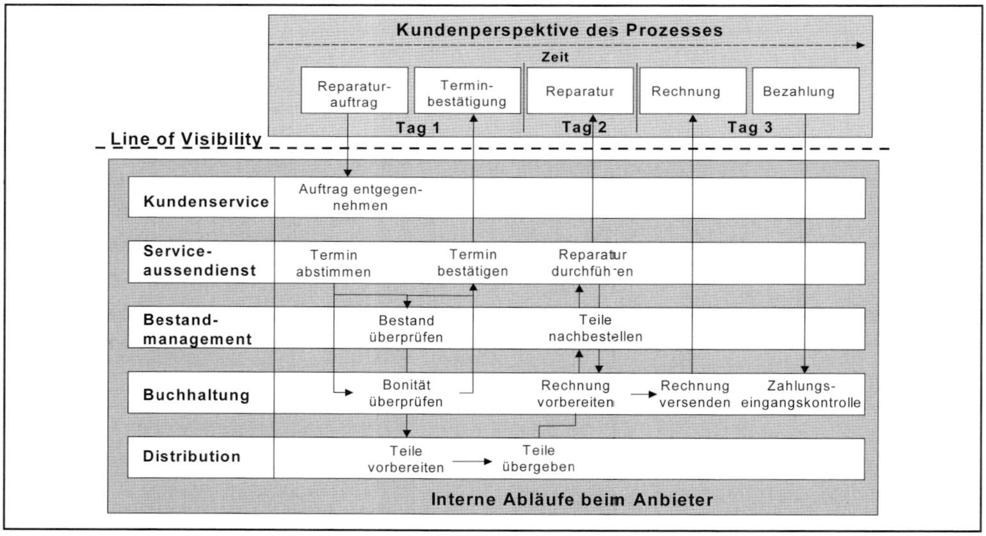

Abb. 3: Beispiel eines ServiceBlueprints. (Quelle: aus Schuh / Speth 2000, S. 462)

131 Vgl. Schuh / Speth (2000), S. 460 f.
132 Vgl. Fließ / Nonnenbacher / Schmidt (2004), S. 175 ff.

Entscheidend ist letztendlich, dass die Servicestrategie eine klare Ausrichtung erkennen lässt und diese auch entsprechend nach innen und außen kommuniziert wird.

3.2.2 Serviceorganisation

Die Umsetzung der in der Strategie formulierten Ziele benötigt einen adäquaten organisatorischen Rahmen und einen systematisierten Prozess, an dessen Ende die erfolgreiche Etablierung innovativer Dienstleistungen stehen soll.

In der Wissenschaft wurde gerade in neuerer Zeit die Prozessperspektive der Serviceentwicklung verstärkt unter den Schlagwörtern New Service Development, Service Design und Service Engineering aufgenommen und diskutiert. Daraus resultieren eine größere Anzahl von Vorgehensmodellen, die sich jedoch kaum voneinander unterscheiden.[133]

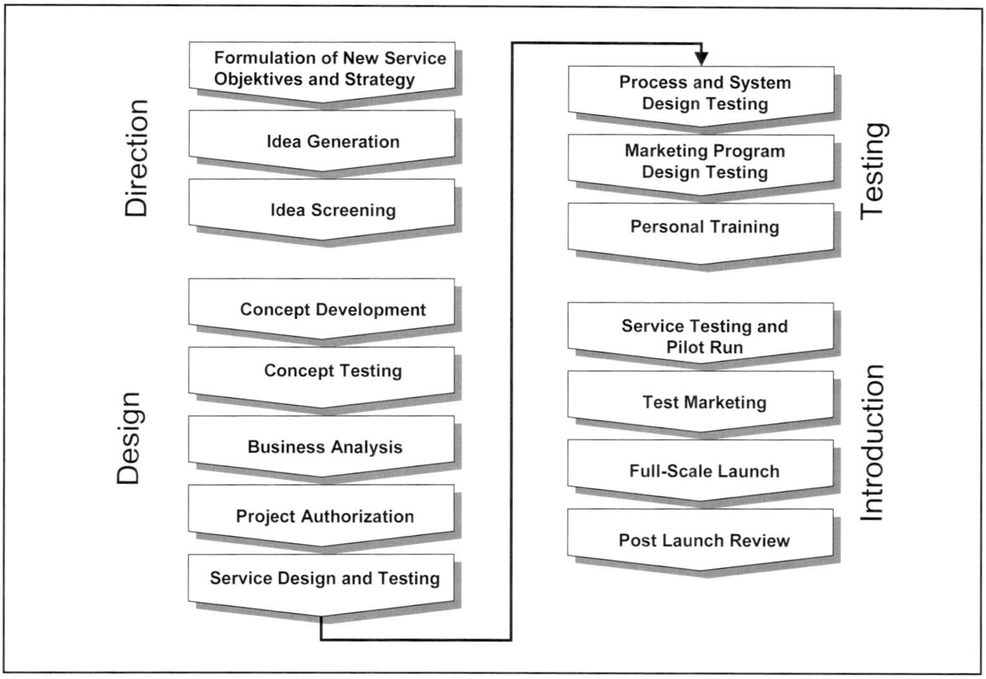

Abb. 4: Vorgehensmodell zur Entwicklung von Dienstleistungen. (Quelle: nach Scheuning und Johnson, 1989)

---

[133] Vgl. hierzu Schneider / Wagner / Behrens (2003), S. 116 ff.

Abbildung 4 zeigt hier exemplarisch das Vorgehensmodell mit 15 Phasen zur Dienstleistungsentwicklung von Scheuing und Johnson (1989).

In der Praxis der Investitionsgüterindustrie verläuft dieser Prozess üblicherweise nicht in der vorgestellten idealtypischen Art und Weise. Der Anstoß, etwas Neues zu generieren, basiert oft auf Ad-hoc-Entscheidungen, folgt keiner erkennbaren Strategie und die Umsetzung keinem strukturierten Vorgehen. Darüber hinaus werden produktbegleitende Services nicht wie Produktinnovationen an sich in FuE-Abteilungen gezielt entwickelt und anschließend von der Marketingabteilung systematisch vermarktet. In den meisten Fällen werden industrielle Dienstleistungen von verschiedenen Bereichen, die Kundenkontakt haben, unabhängig voneinander erbracht. Dies kann der Vertrieb sein, genauso wie die Konstruktion und Fertigung oder der Kundendienst. Für ein erfolgreiches Innovationsmanagement von Dienstleistungen müssen die Schnittstellen zukünftig vernünftig integriert und koordiniert werden und der Prozess bewusst gestaltet werden.

Casagranda (1994, S. 105) konstatiert hierzu folgende These: „Serviceverlierer" erstellen Produkte (mit hohem technischen Niveau) für „ihre" Kunden, und „lassen" die Investitionsgüter dann durch den Außendienst verkaufen. [...] Es überwiegt eine „Verwaltungsmentalität" – die verschiedenen Unternehmensbereiche arbeiten nebeneinander, nacheinander oder gegeneinander –, deren Folgen zu einer funktionalen Suboptimierung führen."

Der Vorteil von linearen Phasenmodellen besteht vor allem in der leichten Verständlichkeit. Sie geben anhand der klar festgelegten Entwicklungsschritte Orientierung zur Strukturierung und damit zur Einordnung der eigenen Situation. Nachteil ist allerdings, dass diese nur begrenzt in der Lage sind, die vorherrschende Realität abzubilden. Nichtsdestotrotz können daran anlehnend folgende Aspekte für die Gestaltung des Entwicklungsprozesses identifiziert werden[134]:

- Strukturierung und Dokumentation des Entwicklungsprozesses
- Festlegung der Verantwortlichkeiten und Entscheidungskompetenzen
- Bereitstellung der benötigen Ressourcen
- Auswahl geeigneter Methoden und Werkzeuge
- Einbindung von Kunden und Mitarbeiter
- Nutzung und Wiederverwendung von Wissen

---

[134] Vgl. Meiren / Liestmann (2002), S. 26.

Zu bedauern ist letztendlich, dass es bis dato kein Modell gibt, das sowohl die Entwicklung innovativer Produkte als auch innovativer Services in einem Rahmen miteinander verbindet.

Neben der Etablierung eines systematischen Entwicklungs- und Umsetzungsprozesses für industrielle Dienstleistungen stellt sich die Frage, wie Services am besten aufbauorganisatorisch in das Unternehmen verankert werden.

Rainfurth und Lay (2005) zeigen diesbezüglich, dass die Wahl der entsprechenden organisatorischen Gestaltung durch verschiedene Faktoren bestimmt wird. Dazu zählen die mit dem Angebot weiterer Dienstleistungen verbundenen strategischen Ziele, die Art und Menge der erbrachten Dienstleistungen, die Planbarkeit, der Ort der Erbringung und der Interaktionsgrad mit dem Kunden.

So argumentieren beide, dass mit der Integration produktbegleitender Dienstleistungen in bereits bestehende Abteilungen oder der Organisation in Projektform sowohl ein Höchstmaß an Flexibilität und Integration von Produkt- und Dienstleistungs-Know-how als auch die Verwirklichung hoher Cross-Selling-Effekte verbunden ist.

Neben einer verstärkten Kosten-Nutzen-Transparenz liefert der Aufbau eigenständiger Ressorts oder Service-Tochterunternehmen dagegen größere Gestaltungsspielräume, insbesondere in Bezug auf Rationalisierungs- und Professionalisierungsmaßnahmen, sowie an Möglichkeiten zu Anreiz- und Arbeitszeitmodellen.

3.2.3 Service- und Innovationskultur

Die Entstehung innovativer Ideen und die erfolgreiche Umsetzung der formulierten Servicestrategie erfordern eine Kombination aus Service- und Innovationskultur, die sich sowohl am Kunden als auch an den Mitarbeiten ausrichten muss.

Grundlegend wird Unternehmenskultur in der Forschung als: „[...] System gemeinsam getragener Werte und Normen bzw. Grundannahmen“[135] [...] verstanden, die letztendlich maßgeblich das Denken, Handeln und Empfinden der Führungskräfte und Mitarbeiter im Unternehmen beeinflussen.[136]

Bis heute gibt es kaum wissenschaftliche Erkenntnisse darüber, wie es gelingt, sowohl eine Innovations- als auch eine Servicekultur in einem Rahmen zu verbinden.

---

135 Vgl. Amann (1995), S. 73.

136 Vgl. Sackmann (2004), S. 25.

Nichtsdestotrotz kann aus den vorliegenden Erkenntnissen der Erfolgsfaktorenforschung zum produktorientierten Innovationsmanagement sicherlich geschlossen werden, dass starre, bürokratische und hierarchisch geprägte Unternehmenskulturen sowohl das Aufkommen innovativer Ideen als auch die Etablierung einer kundenorientierten Servicementalität verhindern.[137]

In solchen erstmals von Burns und Stalker (1961) typologisierten „mechanistischen" Systemen werden Kreativität und innerbetriebliches Unternehmertum durch Top-Down-Anordnungen, Kontrolle, Ge- und Verbote gehemmt und Misserfolge mit Sanktionen belegt.

In der Praxis scheitert die Implementierung einer Innovations- und/oder Servicepolitik in Industriekulturen in diesem Zusammenhang häufig an historisch gewachsenen traditionellen Führungsverständnissen und an alteingefahrenen Methoden und Prozessen. Wandel wird als Bedrohung und nicht als Chance gesehen.

Die Folge davon ist ein Festhalten an einer starren outputorientierten Ausrichtung des Unternehmens, die mit einer bevorzugten Investition in Technik und einer einseitig produktorientierten Ausbildung der Mitarbeiter einhergeht.

Vor allem die Führungskräfte spielen im Lernprozess des Unternehmens eine entscheidende Rolle und müssen lernen, Service als gesamtunternehmerische Führungsaufgabe zu begreifen, in deren Mittelpunkt die Schaffung eines Innovations- und Serviceklimas steht. Simon (1993, S. 21) kommentiert die Situation in der Investitionsgüterindustrie folgendermaßen: „Viele Industriemanager sind ‚Fabrikleute' und auf die Führungsanforderungen im DL-Bereich schlecht vorbereitet."

Altmann (2003) hat diesbezüglich in seiner Studie „Unternehmensführung und Innovationserfolg" im Maschinen- und Anlagenbau herausgefunden, dass Innovations- und Unternehmenserfolg stark von der Persönlichkeit und dem Verhalten der Führungskräfte abhängt und so durchaus Gestaltungspotenziale vorliegen.

Wollen Manager die Fortentwicklung der Unternehmenskultur in die gewünschte Richtung beeinflussen, dann kann dies über das Setzen von Impulsen und das bewusste Vorleben einer Dienstleistungsmentalität geschehen.

Das neu gewonnene Verständnis muss sich auch in den Leitlinien des Unternehmens wiederfinden und sowohl nach innen als auch nach außen transparent gemacht werden. Mütze (1999, S. 45) betont, dass Servicekultur sich „in einem entsprechenden (kundenorientierten) Verhalten aller Mitarbeiter unabhängig von Hierarchieebene und Funktion sowie im gesamten Erscheinungsbild des Unternehmen" spiegeln muss.

---

137 Vgl. hierzu auch Ernst (2003).

Ein Beispiel aus den Internetseiten eines Herstellers von Aufzügen, der rund 58% seines Umsatzes p.a. mit Services erzielt, soll hier zeigen, wie der Servicegedanke nach außen kommuniziert werden kann[138]:

„Portrait eines Spitzenreiters

KONE bewegt Personen und Güter auf zuverlässige, innovative, engagierte und verantwortungsbewusste Weise, um dem Geschäft unserer Kunden und dem Leben der Endnutzer nachhaltige Werte beizusteuern. In der Aufzugs- und Rolltreppenbranche ist KONE weltweit bekannt als Serviceunternehmen und Technologieführer mit innovativen Produkten und Serviceleistungen. KONE umfasst den Verkauf, die Herstellung, die Montage, den Service und die Modernisierung von Aufzügen und Rolltreppen sowie den Service an automatisch betriebenen Türen und Toren [...]."

Es bleibt festzuhalten, dass es kein allgemein gültiges Rezept zur Gestaltung einer erfolgreichen Innovations- und Servicekultur geben kann. Der Weg zur „Service Excellence" führt über die Einstellung und die Qualifikation der Mitarbeiter. Diese müssen in diesem Sinne als Ansatzpunkte zur Kulturentwicklung genommen werden.

4 Zusammenfassung und Ausblick

Mit innovativen Services können sich mittelständische Unternehmen des Maschinen- und Anlagenbaus in stagnierenden Produktmärkten zunehmend differenzieren, die Bindung zu Kunden stärken und Wachstum generieren. Eine Serviceorientierung fördert darüber hinaus die Entwicklung eines weniger kapitalintensiven und mehr wissensorientierten Leistungsprogramms. Ferner sind Umsätze über Serviceleistungen weniger stark konjunkturabhängig und können Kundenbeziehungen strategisch absichern.

Die entscheidenden Erfolgsfaktoren für industrielle Dienstleistungen heißen Innovation, Qualität und Kundenorientierung.

Der Etablierung stehen zahlreiche interne Barrieren entgegen, vor allem das Fehlen von entsprechenden Ressourcen und Know-how, sowie eine servicefeindliche Industriekultur und ein mangelndes Verständnis für die Notwendigkeit, vorhandene Strukturen und Denkweisen entsprechend den Erfordernissen eines innovativen Dienstleistungsmanagements anzupassen. Der Weg zur Service Excellence führt nur über systematische Lern- und Anpassungsprozesse im Unternehmen, die oftmals von vielen Führungskräften unterschätzt werden.

---

138 Vgl. www.kone.com; Zahlen nach Mercer Management Consulting.

Ansatzpunkte zum unternehmerischen Wandel hin zu einer verstärkten Innovations- und Servicementalität liefern Unternehmensstrategie, Organisation und Unternehmenskultur. Die Veränderungen sollten dabei an den unternehmenseigenen Potenzialen, den (zukünftigen) Kundenwünschen und dem Wettbewerbsumfeld ausgerichtet sein.

In der Forschung bedarf es noch weiterer sowohl theoretisch-konzeptioneller als auch empirischer Erkenntnisse, die zu einem integrierten Rahmen für die Erstellung von innovativen industriellen Dienstleistungen führen.

Literaturverzeichnis

Altmann, Georg (2003): Unternehmensführung und Innovationserfolg, Wiesbaden: Gabler.

Amann, Klaus (1995): Unternehmensführung: strategisches und operatives Management. Stuttgart: Kohlhammer.

Arthur D. Little (2004): Service Innovation. Ergebnisverbesserung durch zielgerichtete Servicestrategien und -entwicklungen in der Produzierenden Industrie.

Baumbach, Michael (1998): After-Sales-Management im Maschinen- und Anlagenbau, o. A.

Belz, Christian / Bieger, Thomas (Hrsg.) (2000): Dienstleistungskompetenz und innovative Geschäftsmodelle, St. Gallen: Thexis.

Bruhn, Manfred / Stauss, Bernd (Hrsg.) (2004): Dienstleistungsinnovationen, Wiesbaden: Gabler.

Bullinger (Hrsg.) (2003): Service Engineering – Entwicklung und Gestaltung innovativer Dienstleistungen, Berlin: Springer.

Burns, Tom / Stalker, G. M. (1961): Management of Innovation, Oxford University Press.

Casagranda, Michael (1994): Industrielles Service Management. Grundlagen, Instrumente, Perspektiven, Wiesbaden: Gabler.

Davidow, W. / Uttal, B. (1991): Service Total. Mit perfektem Dienst am Kunden die Konkurrenz schlagen, Frankfurt/New York.

de Brentani, Ulrike (1995): New Industrial Service Development: Scenarios for Success and Failure, Journal of Business Research, 32, S. 93–103.

Donabedian, A. (1980): The Definition of Quality and Approaches to its Assessment, Explorations in Quality, Assessment and Monitoring, Volume I, Michigan: Ann Arbor.

Edgett, Scott: The Traits of Successful New Service Development, in: Journal of Services Marketing, Vol. 8, No. 3, 1994, pp. 40–49.

Engelhardt, Werner H. / Reckenfeldbäumer, Martin (1993): Trägerschaft und organisatorische Gestaltung industrieller Dienstleistungen, in: Simon, Hermann (Hrsg.) (1993): Industrielle Dienstleistungen, Stuttgart: Schäffer-Poeschel.

Ernst, Holger (2003): Unternehmenskultur und Innovationserfolg – Eine empirische Analyse, in: zfbf, 2003, S. 23–45.

Fähnrich, Klaus-Peter / Opitz, Marc (2003): Service Engineering – Entwicklungspfad und Bild einer jungen Disziplin, in: Bullinger (Hrsg.) (2003): Service Engineering – Entwicklung und Gestaltung innovativer Dienstleistungen, Berlin: Springer.

Fließ, Sabine / Nonnenbacher, Dirk / Schmidt, Heiko (2004): ServiceBlueprint zur Gestaltung von innovativen Dienstleistungsprozessen, in: Bruhn, Manfred/Stauss, Bernd (Hrsg.) (2004): Dienstleistungsinnovationen, Wiesbaden: Gabler.

Garbe, Bernd (1998): Industrielle Dienstleistungen. Einfluß und Erfolgsfaktoren, Wiesbaden: Gabler.

Grönroos, Ch. (1993): From Marketing Mix to Relationship Marketing Toward a Paradigm Shift in Marketing, Arbeitspapier, Swedish School of Economics and Business Administration.

Homburg, Christian / Garbe, Bernd (1996a): Industrielle Dienstleistungen. Bestandsaufnahme und Entwicklungsausrichtungen, in: ZFB 66, 1996, H3, S. 253–282.

Homburg, Christian / Garbe, Bernd (1996): Industrielle Dienstleistungen – lukrativ, aber schwer zu meistern, in: Harvard Business Manager 1/1996, S. 69–75.

Lay, Gunter / Nippa, Michael (Hrsg.) (2005): Management produktbegleitender Dienstleistungen, Heidelberg: Physica.

Lay, Gunter / Rainfurt, Claudia (2005): Organisatorische Verankerung produktbegleitender Dienstleistungen in Industriefirmen, in: zfo 2/2005 (74. Jg), S. 71–77.

Lehmann, Axel (1995): Dienstleistungsmanagement. Strategien und Ansatzpunkte zur Schaffung von Servicequalität; St.-Gallen: Schäffer-Poeschel / Verlag Neue Züricher Zeitung.

Luczak, Holger / Hoeck, Hendrik (2004): Planung von Dienstleistungsprogrammen anhand des Produktlebenszyklus, in: Bruhn, Manfred / Stauss, Bernd (Hrsg.) (2004): Dienstleistungsinnovationen, Wiesbaden: Gabler.

Luczak, Holger (Hrsg.) (1999): Servicemanagement mit System: Erfolgreiche Methoden für die Investitionsgüterindustrie, Berlin/Heidelberg: Springer.

Mercer Management Consulting (2003): Analyse „Service im Maschinenbau".

Meiren/Liestmann 2002: Service Engineering in der Praxis. Kurzstudie zu Dienstleistungsentwicklung in deutschen Unternehmen, Stuttgart: Fraunhofer IRB Verlag.

Mütze, S. (1999): Servicekultur, in: Luczak, Holger (Hrsg.) (1999): Servicemanagement mit System: Erfolgreiche Methoden für die Investitionsgüterindustrie, Berlin/Heidelberg: Springer.

Nippa, Michael (2005): Geschäftserfolg produktbegleitender Dienstleistungen durch ganzheitliche Gestaltung und Implementierung, in: Lay, Gunter/Nippa, Michael (Hrsg.) (2005): Management produktbegleitender Dienstleistungen, Heidelberg: Physica.

Olemotz, Thomas (1995): Strategische Wettbewerbsvorteile durch industrielle Dienstleistungen.

Parasuraman, A. / Zeithaml, V. / Berry, L. (1985): A Conceptual Model of Service Quality and its Implications for Future Research, in: Journal of Marketing, 49, S. 41–50.

Rapp, R. (1993): Umsetzungsorientiertes Marketing für industrielle Dienstleistungen, in: Simon, Hermann (Hrsg.) (1993): Industrielle Dienstleistungen, Stuttgart: Schäffer-Poeschel.

Reichwald, Ralf (2002): Vom Produzenten zum Dienstleistungsführer. Ergebnisse aus einem Betriebsprojekt des Verbundvorhabens „Service Engineering". Präsentation.

Rössner, Jörg (1998): Service – ein strategischer Erfolgsfaktor von Industrieunternehmen, Hamburg: Steuer- und Wirtschaftsverlag.

Sackmann, Sonja (2004): Erfolgsfaktor Unternehmenskultur. Mit kulturbewusstem Management Unternehmensziele erreichen und Identifikation schaffen – 6 Best-Practice-Beispiele, Wiesbaden: Gabler.

Schaller, Christian / Rackensperger, Daniel / Reichwald, Ralf (2004): Innovationsmanagement von Dienstleistungen, in: Bruhn, Manfred / Stauss, Bernd (Hrsg.) (2004): Dienstleistungsinnovationen, Wiesbaden: Gabler.

Scheuing, E.E. / Johnson, E.M. (1989): A proposed model for new service development, in: The Journal of Services Marketing, 3/1989, S. 25–34.

Schneider, Kristof / Wagner, Daniel / Behrens, Hermann (2003): Vorgehensmodelle zum Service Engineering, in: Bullinger (Hrsg.) (2003): Service Engineering – Entwicklung und Gestaltung innovativer Dienstleistungen, Berlin: Springer.

Schuh, Günther / Speth, Christoph (2000): Gestaltung von industriellen Dienstleistungen, in: Belz, Christian / Bieger, Thomas (Hrsg.) (2000): Dienstleistungskompetenz und innovative Geschäftsmodelle, St. Gallen: Thexis.

Simon, Hermann (Hrsg.) (1993): Industrielle Dienstleistungen, Stuttgart: Schäffer-Poeschel.

Simon, Hermann (1993): Industrielle Dienstleistungen und Wettbewerbsstrategie, in: Simon, Hermann (Hrsg.) (1993): Industrielle Dienstleistungen, Stuttgart: Schäffer-Poeschel.

Sontow, Karsten (2000): Dienstleistungsplanung in Unternehmen des Maschinen- und Anlagenbaus, Aachen: Shaker.

Speth, Christoph (2001): Gestaltung industrieller Dienstleistungen im Spannungsfeld zwischen Kundennähe und Effizienz, Bamberg: Difo.

Stauss, Bernd / Bruhn, Manfred (2004): Dienstleistungsinnovationen – Eine Einführung in den Sammelband, in: Bruhn, Manfred/Stauss, Bernd (Hrsg.) (2004): Dienstleistungsinnovationen, Wiesbaden: Gabler.

Stegner, Eberhard (1991): Industrielle Dienstleistungen in der Strategischen Unternehmensplanung, o. A..

VDMA (Hrsg.): Maschinenbau in Zahl und Bild 2005.

Wright, L. (1988): Key Determinants of Success in New Business Service. An Empirical Investigation, Institute for the Study of Business Markets, Pennsylvania State University.

Zahn, Erich / Stanik, Martin (2003): Integrierte Entwicklung von Dienstleistungen und Netzwerken – Dienstleistungskooperationen als strategischer Erfolgsfaktor, in: Bullinger (Hrsg.) (2003): Service Engineering – Entwicklung und Gestaltung innovativer Dienstleistungen, Berlin: Springer.

Zapf, Hannes (1990): Industrielle und gewerbliche Dienstleistungen, Wiesbaden: DUV.

Internet: www.kone.com

Innovationsmanagement mit dem Technologiekalender

von Engelbert Westkämper[139]

1 Einführung

Die Investitionsgüterindustrie ist eine Stütze der nationalen Wirtschaft und trägt mit ihren Produkten weltweit zur wirtschaftlichen Herstellung technischer Güter bei. Der Weltmarktanteil von rund 20% weist auf hohe Exporte hin, die trotz der hohen Kosten der Produktion in unserem Lande erreicht werden. Der Erhalt und eine Ausweitung dieser Position bedingt eine Innovationsfähigkeit, deren Grundlagen in der Leistungsfähigkeit der eingesetzten Technologien und der Fähigkeit zur Herstellung spezifischer Hochleistungsmaschinen und Anlagen liegen. Die permanente Innovation ist ein Bestandteil der Unternehmenskulturen deutscher Maschinenbauer.

In diesem Beitrag werden wesentliche Ansätze zukünftiger Entwicklungen vorgestellt, welche neue Wertschöpfungspotenziale erschließen können und zugleich auch strukturelle Veränderungen bewirken. Ferner werden Linien vorgestellt, welche die Stärken des Maschinenbaus in der Zukunft verbessern können.

2 Neue Paradigmen

Die Herstellung industriell gefertigter Produkte folgte bis in die heutige Zeit dem Taylor'schen Prinzip:

- Analyse der Arbeit und Planung der Ausführung mit wissenschaftlichen Methoden und Techniken
- Vorgabe der Ausführung an die Mitarbeiter

[139] Univ.-Prof. Dr.-Ing. Prof. e. h. Dr.-Ing. e. h. Dr. h. c. mult. Engelbert Westkämper ist Leiter des Fraunhofer-Institutes für Produktionstechnik und Automatisierung (IPA), Sprecher des Verbundes der Fraunhofer-Institute Produktion, Leiter des Institutes für Industrielle Fertigung und Fabrikbetrieb (IFF) und Dekan der Fakultät Maschinenbau an der Universität Stuttgart.

In diesem Kontext galt es die Produktion technischer Güter permanent durch den Einsatz von Technik und Organisation zu optimieren. Arbeitsteiligkeit in einzelnen Prozessen, aber auch in der gesamten Kette kennzeichnen die Strukturen der Herstellung von der Produktentwicklung bis zur Lieferung und zur Anwendung. Die Wirtschaftlichkeit bestimmte die Konzepte ebenso wie die Sicherstellung der Qualität durch den Einsatz rationeller Techniken. Hierbei standen die einzelnen wertschöpfenden Prozesse im Zentrum.

2.1 Von der Arbeitsteiligkeit zu vernetzten Systemen

Heute und in der Zukunft wird es nicht ausreichen, einzelne Prozesse zu optimieren. Vielmehr rückt die Effizienz vernetzter Systeme in den Mittelpunkt. Es werden ganzheitliche, perfekt funktionierende Systeme hoher Zuverlässigkeit gesucht.

Fabriken beispielsweise sind derartige soziotechnische Systeme. Sie dienen der Herstellung von Produkten und benötigen dafür Menschen, Maschinen, Material und Informationen. Alle Elemente wirken darin miteinander, wobei das Wirksystem auf eine maximale Wertschöpfung ausgerichtet werden muss. Fabriken sind also Produkte höchster Komplexität, in der alle Wirkelemente miteinander materiell und immateriell vernetzt sind.

Die folgende Abbildung zeigt diesen grundlegenden Systemgedanken.

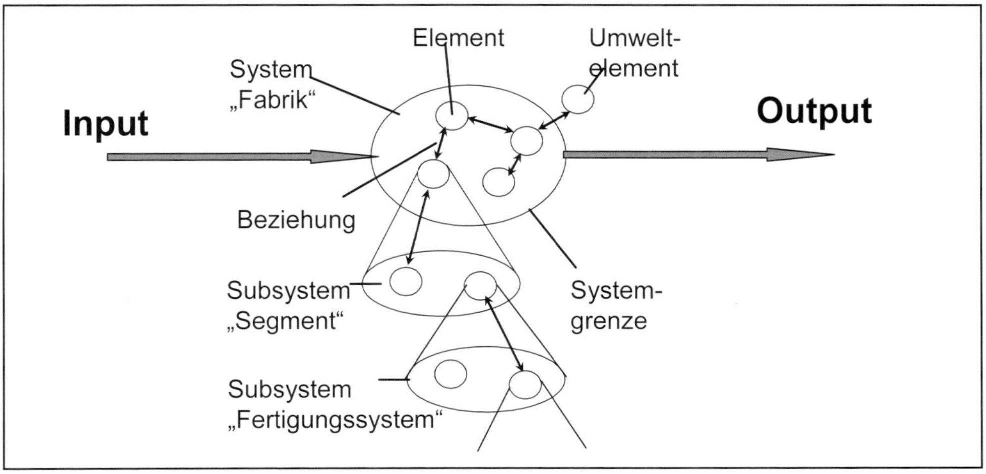

Abb. 1: Systemtechnik: Die Effizienz des Systems entscheidet.

Lieferanten technischer Investitionsgüter werden bei all ihren Entwicklungen gefordert, diesen Systemgedanken zu berücksichtigen. Das bedeutet für viele der mittelständischen Unternehmen, dass sie ihr Engineering auf ganzheitliche Konzepte abstimmen müssen und wenn sie nicht selbst die Fähigkeiten zur Systemführung besitzen, diese über Kooperationen erreichen können. Die Vernetzung bezieht also sowohl die Entwicklungsphasen als auch die Herstellphasen ein. Man kann daraus ableiten, dass die Beherrschung der Systeme und die Fähigkeit zur Kooperation zum kritischen Erfolgsfaktor werden.

Fabriken sind hochwertige langlebige Investitionsgüter. Sie durchlaufen vielstufige Prozesse. In diesem Zusammenhang stellt sich die Frage nach den Möglichkeiten und Potenzialen der Wertschöpfung im gesamten Produktlebenslauf. Die Orientierung am Produkt-Life-Cycle wird zum weiteren neuen Paradigma für die Investitionsgüterindustrie.

2.2 Wertschöpfung im Produktlebenszyklus

Allein die Betrachtung der Lebensdauer und der effektiven Nutzung technischer Produkte ist eine Thematik von hoher gesellschaftlicher Relevanz. Eine lange Lebensdauer senkt den Verbrauch natürlicher Ressourcen, aber auch den Bedarf an neuen Produkten. Lange Lebensdauer verhindert möglicherweise die Nutzung effektiverer Technologien, sie kann die Vorsorge für die zukünftigen Generationen verbessern. Das Ziel eines maximalen wirtschaftlichen Nutzens jedes einzelnen Produktes verlangt ein Management des Produktlebenslaufes. Wie die Abbildung 2 zeigt, können dabei auch gegenläufige Interessen auftreten. Möglicherweise widersprechen sich Umweltverträglichkeit und niedrige Herstellkosten. Höhere Nutzung senkt Betriebskosten, längere Lebensdauer steht im Widerspruch zu Herstellkosten und erfordert eine höhere Qualität. Ein höherer Grad an Wiederverwendung und längere Nutzung reduzieren die Nachfrage.

Die umweltverträgliche Entsorgung der Produkte durch den Hersteller wird zur neuen unternehmerischen Aufgabe. Die Rücknahme von Altprodukten, die Demontage und die Deproduktion erfordern neue Techniken und Arbeitsweisen.

Über den gesamten Lebenslauf von Produkten lassen sich Kosten und Erfolgsrechnungen vornehmen. Das **Life-Cycle-Costing** verfolgt das Ziel, bereits in der Produktentwicklung Aussagen über den wirtschaftlichen Nutzen eines Produktes bis zu seinem Lebensende machen zu können.

Aus den Berechnungen der Lebenszykluskosten erwarten Unternehmen, die Vorteilhaftigkeit höherer Aufwendungen in der Produktherstellung, wie z. B. durch höherwertige Bauteile oder robustere technische Lösungen, nachweisen zu können. Dazu müssen die Betriebskosten der Nutzung sowie die mit den Produkten erzielten Erlöse miteinander verglichen werden. Vor dem Hintergrund langer Lebensdauer und unsicherer Einsatzbedingungen kommt der Prognose des Verhaltens im Einsatz der Produkte eine extrem hohe und steigende Bedeutung zu.

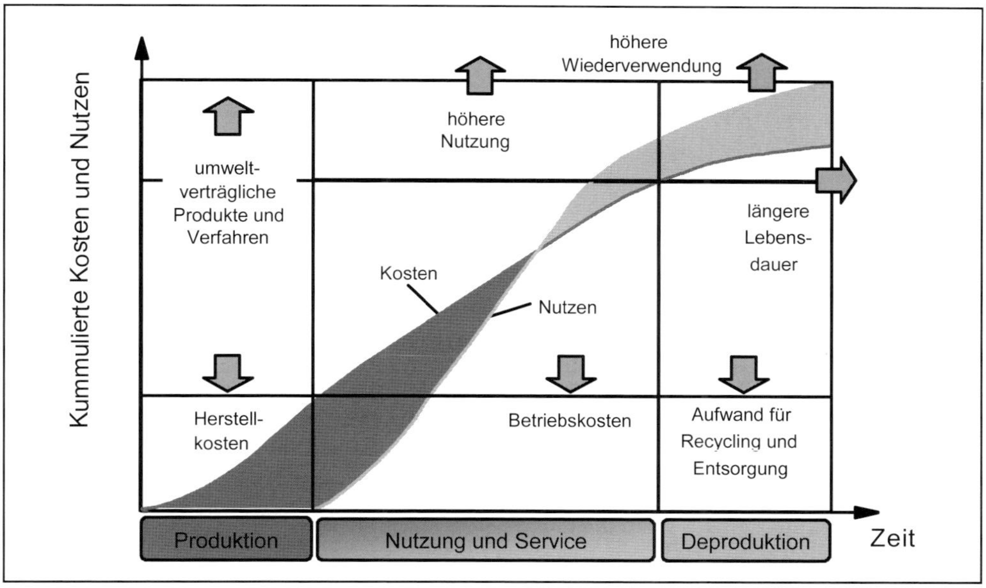

Abb. 2: Kosten und Nutzen im Produktlebenslauf.

Eine Maximierung des Gesamtnutzens technischer Produkte eröffnet neue Wertschöpfungspotenziale durch produktbegleitende Serviceleistungen. Alles das, was zur Verbesserung der Nutzung technischer Produkte herangezogen werden kann, bietet zugleich auch neue Geschäftsfelder. Dies umfasst Informations- und Hilfsfunktionen genauso wie die Übernahme von Instandhaltung und die Versorgung mit Ersatzleistungen oder die Ausbildung der Betreiber. Durch die informationstechnische Verknüpfung von verkauften Produkten mit den Informations- und Wissensdiensten der Hersteller können selbst auch automatisierte Dienste angeboten werden.

Ein Innovationsmanagement der Zukunft muss also auch das Engineering der produktbegleitenden Dienste enthalten, um die Rationalität der Leistungserstellung zu sichern. Die industrielle Produktion hat eine hohe Zukunftsperspektive und zugleich eine hohe Verantwortung für die Wirtschaft. Auch unter den hier im Lande extremen Randbedingungen wird es gelingen, die Produktion selbst in einigen Bereichen der Low-Technologies hier zu halten, wenn Neuerungen in Technik und Organisation konsequent genutzt werden. Neuerungen werden Innovationen genannt.

Es liegt auf der Hand, die entstehenden Lücken an Umsatz durch neue Entwicklungen und Innovationen zu kompensieren und Wachstum zu erzeugen. Möglich ist heute die Vorbereitung der Technik auf eine Ferndiagnose der Maschinen und Anlagen durch eine Integration von Wissenskomponenten in die Systeme.

2.3 Strategien des Engineering

Die Entwicklung der Produktion wird in der Zukunft abermals durch Technik getrieben. Die zentralen Strategien ergeben sich aus dem Paradigma der Optimierung der Wertschöpfung über den gesamten Produktlebenslauf und aus der Möglichkeit, den Produkten Wissen mit auf ihren Weg in die Nutzung zu geben. Hieraus lassen sich Visionen der zukünftigen Ansätze der Produktion der Zukunft generieren (vgl. Abbildung 3).

Die Abbildung stellt die wesentlichen strategischen Entwicklungslinien dar, die zurzeit intensiv diskutiert werden. Die **adaptive Produktion** wird sich kontinuierlich an die kurzfristigen Aufgabenstellungen und Auftragssituation ohne Verlust an Effizienz anpassen lassen. Die **digitale Produktion** setzt digitale Modelle der Realität zur Planung und zur Optimierung der Prozesse ein. Die **vernetzte Produktion** hat das Ziel, die Prozessketten der verteilten Operationen in den verschiedenen Ebenen zu gestalten und zu harmonisieren.

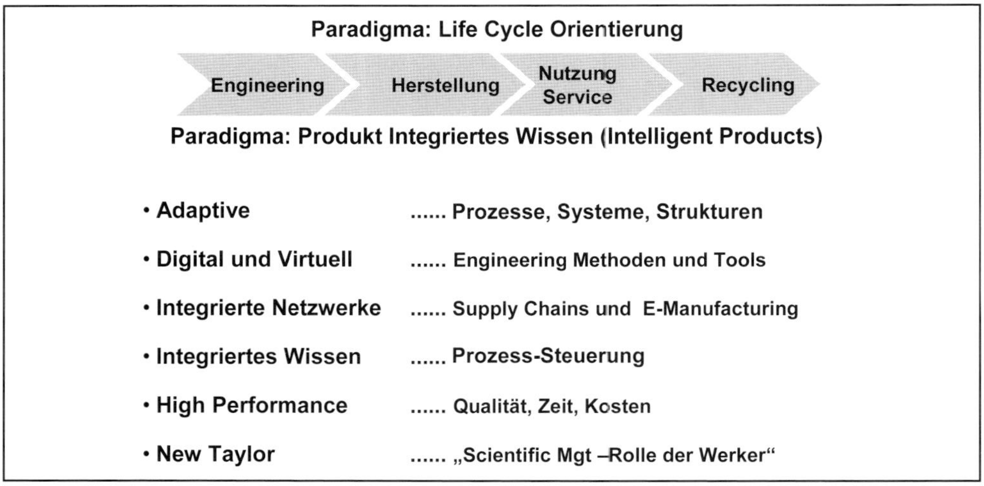

Abb. 3: Strategische Entwicklungslinien der Produktion.

High Performance verweist auf die Beherrschung der Prozesse selbst in den Grenzbereichen von Leistung und Präzision mittels moderner Verfahrens- und Automatisierungstechnik. Wissen steht als Produktionsfaktor in allen Herstellungsprozessen einschließlich des Engineerings in Form von Modellen und Methoden sowie als Erfahrungswissen, aber auch in expliziter Form als Bestandteil intelligenter Produkte (kognitive Systeme) bei der Nutzung der Produkte zur Verfügung.

Die Produktion als vernetztes sozio-technisches System wurde in der Vergangenheit durch das Taylor'sche Paradigma beherrscht. Neue Formen der Organisation reflektieren auf Konzepte, welche auch in turbulenter Umgebung eine effiziente Herstellung der Produkte ermöglichen können. Ansätze der Selbstorganisation und Selbstoptimierung aller in Netzen verbundenen Leistungseinheiten führen zu anderen Formen der Organisation. Sie beziehen die Humanfaktoren (Kompetenzen, Motivation) sowie die Verwendung von Engineering-Werkzeugen in die Gestaltung und in die Durchführung der Prozesse ein. Diese Entwicklung wird auch als „New Taylor" umschrieben.

2.4 Neues Verständnis des Industrial Engineering

Das Industrial Engineering – als „Scientific Management" nach Taylor verstanden – müsste deshalb reformiert werden. Im Industrial Engineering laufen die Veränderungen der Unternehmen zusammen. Es sind dies die Prozessketten

- Entwicklung, Konstruktion, Prozessplanung,
- Marktanalyse, Absatzplanung, Produktionsprogrammplanung, Kapazitätsplanung,
- Technologieentwicklung, Maschinen- und Anlagenplanung, Betriebsmittelplanung.

In einer Zeit verteilter und vernetzter Produktion kommt dem Industrial Engineering ferner die Aufgabe zu, die Effizienz der gesamten Prozessketten technisch wie organisatorisch sicherzustellen. Ihre Aufgabe beschränkt sich deshalb nicht allein auf einzelne Fertigungsbereiche und Segmente, sondern bezieht alle Prozesse, welche die Kosten, Zeiten und Qualität beeinflussen, ein.

Abbildung 4 zeigt die Prozessketten, deren Zusammentreffen im Industrial Engineering geschieht. Um präventiv zu operieren, muss die Synchronisation der auf einen erfolgreichen Anlauf der Produkte ausgerichteten Tätigkeiten bereits in frühen Stadien beginnen. Hier zählt vor allem Erfahrung, wenn konkrete Fakten fehlen. Ansätze des simultaneous Engineering sind nicht ausreichend.

Die Arbeitsweisen werden durch Projekte mit interdisziplinären Teams, Kooperation mit internen und externen Partnern und einem engen Bezug zum realen Geschehen und zu den realen Möglichkeiten geprägt. Sie erfordern eine „**partizipative Planung**". Die Geschwindigkeit und die Präzision der Planungen verlangen den Einsatz präventiver Methoden. Wissen um die besten und wirtschaftlichsten Lösungen sowie deren schnelle Umsetzbarkeit erfordert ein Wissensmanagement mit Bodenhaftung.

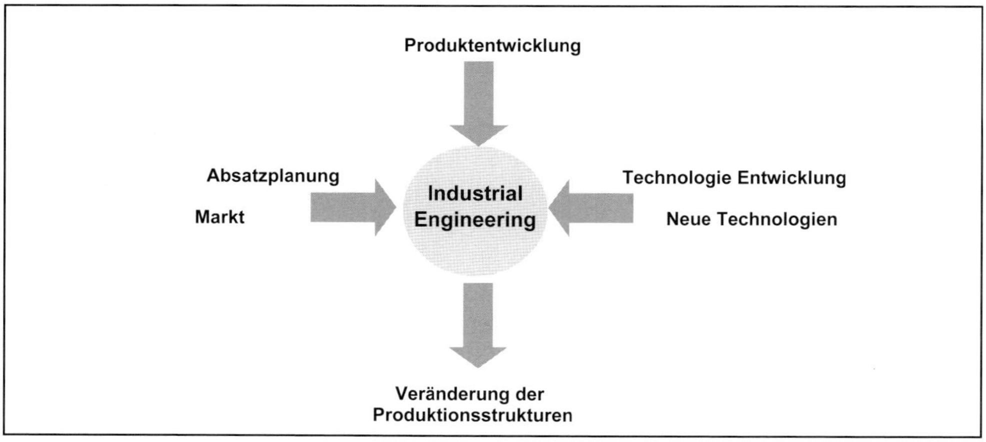

Abb. 4: Produktion folgt den Innovationen – Prozessketten und Rolle des Industrial Engineering.

Von elementarere Bedeutung für die Arbeiten des Industrial Engineering ist die Verfügbarkeit von Informationen und Wissen bei der Vorbereitung der Produktion und die Anwendung moderner Werkzeuge, die unter dem Schlagwort digitale und virtuelle Fabriken subsumiert werden.

Auf das Industrial Engineering, in dem die Fäden der Veränderung zusammenlaufen, kommt folglich die Aufgabe zu, diese Veränderungsdynamik zu beherrschen und die Produktionssysteme als ganzheitliche Systeme permanent zu adaptieren. Neu ist auch die Aufgabe des Implizierens von Wissen in die Produktionssysteme sowie in die Produkte. Ferner wird es eine Aufgabe sein, die produkt-begleitenden Dienste, die ja eine Ausweitung der Wertschöpfung versprechen, ingenieurmäßig vorzubereiten. Gestalter der Strukturen benötigen dafür Methoden, welche die zeitlichen Perspektiven von der momentanen Situation bis zu strategischen Zeiträumen überdecken. Eine Methodik, welche eine synergetische Vorbereitung der Veränderungen einer Produktion unterstützen kann, ist der Technologiekalender.

3 Technologiekalender

Der Ausdruck ‚Strategie', dem Wortschatz des Militärs entnommen und auf die unternehmerische Realität übertragen, bedeutet, sein Potential langfristig so einzusetzen und auszuschöpfen, dass für das eigene Unternehmen ein möglichst großer Erfolg erzielt werden kann. Allgemein kann eine Strategie wie folgt definiert werden:

„Die Strategie eines Unternehmens oder eines Teilbereichs besteht aus dem Konzept, den Handlungsweisen und der Durchführung von Maßnahmen, die notwendig sind, um langfristige Ziele des Unternehmens zu erreichen."

Eine Unternehmensstrategie wird durch die heutigen Märkte und die darin enthaltenen Produkte beeinflusst. Ferner muss sie die durch die Änderungsdynamik des wirtschaftlichen, technischen, gesellschaftlichen und politischen Bereichs entstehenden Unsicherheiten berücksichtigen.

Bis jetzt haben erst wenige Unternehmen erkannt, wie notwendig die Entwicklung und Anwendung einer strategischen Unternehmensplanung unter Einschluss der Produktion ist. Oftmals werden viele der strategischen Maßnahmen lediglich aus Leidensdruck oder aus der Erkenntnis, dass der Wettbewerb diese Mittel anwendet, in die Praxis umgesetzt. Nur wenige Unternehmen entwickeln ihre Produktion systematisch und in Abstimmung mit der Unternehmensstrategie.

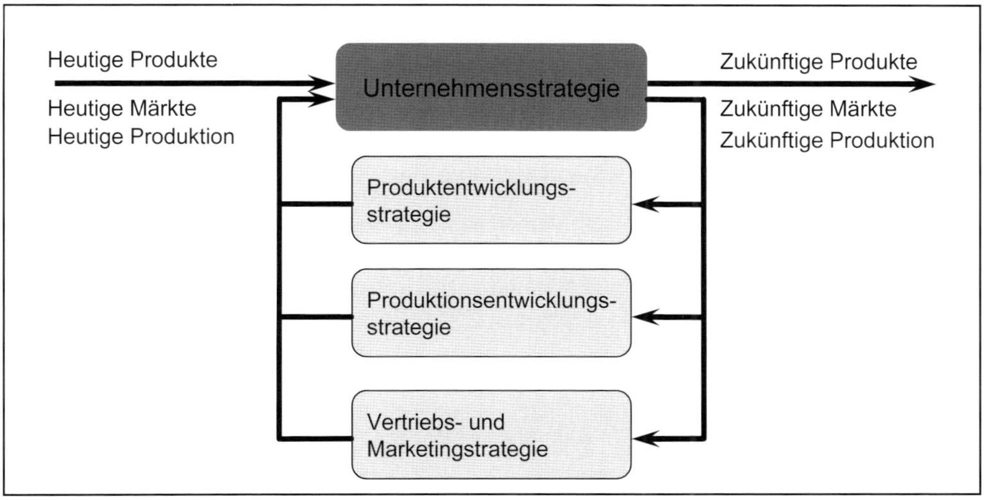

Abb. 5: Partialstrategien der Unternehmensstrategie.

Die Strategie der Unternehmen muss Elemente der Produktentwicklung und der Produktion ebenso enthalten wie die Markt- und Absatzstrategie und versuchen, die Teilstrategien miteinander zu synchronisieren.

Die strategischen Unternehmensplanungen umfassen die Planung der Produkte und Produktprogramme mit den dazugehörigen Investitionen. Der Planungszeitraum beträgt meist fünf bis zehn Jahre, wodurch ein anderer Denkansatz als beispielsweise bei der operativen Planung erforderlich wird. Die operative Planung, die im Grundsatz eine kurzfristige Planung ist, umfasst in der Regel lediglich einen Zeitraum von ein bis zwei Jahren. Sie sollte ein Element zur Handlung und Durchführung der strategischen Planung sein.

Sowohl in der strategischen Planung des gesamten Unternehmens als auch in den Teilstrategien von Vertrieb/Marketing, Entwicklung und Produktion müssen Innovationen die treibenden Kräfte für Veränderungen sein. Sie entstehen durch eine Folge von Prozessen aus grundlegenden Neuerungen wie beispielsweise der Werkstofftechnik und Elektronik oder aus den grundlegenden Erkenntnissen der Organisation und Strukturierung. Unternehmen und vor allem kleine- und mittelständische Unternehmen sind jedoch kaum in der Lage, das gesamte Feld der Neuerungen auf allen ihre Operationen betreffenden Sektoren gleichermaßen intensiv voranzutreiben. Es muss also ein Selektionsprozess erfolgen.

Darüber hinaus beeinflussen sich Innovationen in Produkten und Prozessen gegenseitig. Ein Technologiekalender, der bei der Frage zukünftiger Produktgenerationen und zukünftiger Markterwartungen beginnt, kann eine Synchronisation bewirken, wenn die Entwicklung der Produkttechnologie und der Produktionstechnik in einen zeitlichen Rahmen gestellt werden, wie die folgende Abbildung zeigt.

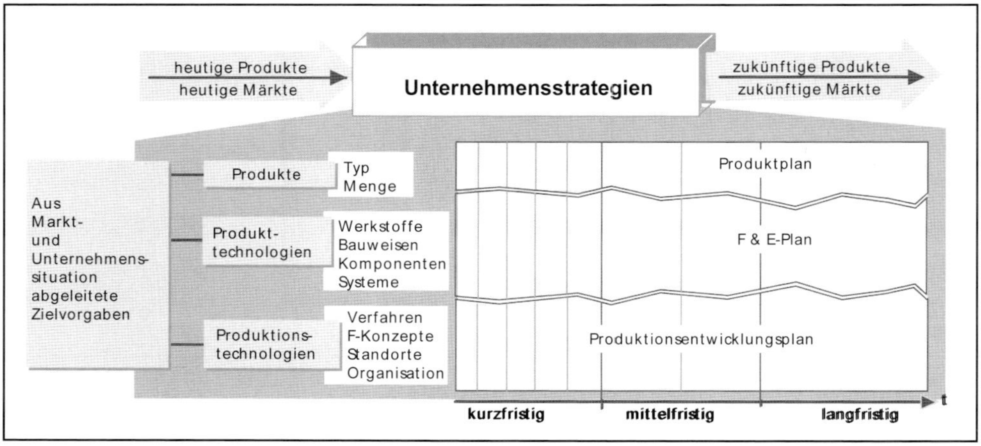

Abb. 6: Technologiekalender zur Synchronisation von Produkt- und Produktionsentwicklung.

Aus den Märkten und aus der Unternehmenssituation werden Ziele abgeleitet, die zur Auswahl und Gestaltung des Produktprogramms führen. Darin sind die einzelnen Produktgenerationen, Produkttypen, aber auch Variantenstrategien sowie die erwarteten Absatzzahlen enthalten. Auf den Produktplan beziehen sich die Produkttechnologien, die in der Zukunft erst entwickelt und integriert werden können. Von wesentlicher Bedeutung sind dabei zweifellos die Werkstoffe und Bauweisen, die Innovationen von – meist zugekauften – Komponenten, aber auch Systeminnovationen. Zur Entscheidung stehen die für FuE einzusetzenden Ressourcen.

Aus den Produktionstechnologien – Verfahren, Fertigungs- und Montagekonzepte, Organisation und Standortauswahl (Netzwerkbildung) – folgt ein Produktionsentwicklungsplan mit einer Festlegung der Investitionen und der Zuordnung von Technologien zu Standorten im Netzwerk der Produktion.

Ein Technologiekalender kann der Kern einer Innovationsstrategie sein, wenn er in den strategischen Planungen der Unternehmen verankert wird. Aus ihm lassen sich die für die Veränderung notwendigen Ressourcen ebenso ableiten wie die Entwicklung der Beschäftigung und Qualifikation. Er kann und muss das Bindeglied zur operativen Planung sein.

4 Zusammenfassung

Innovationen sind in der globalen Wirtschaft der entscheidende Weg zum Erhalt von Wettbewerbsfähigkeit und Beschäftigung. Innovationen vollziehen sich nicht automatisch, sondern sind das Ergebnis eines zielorientierten Handelns. Sie werden maßgeblich durch Technologien mit hohem Anwendungspotenzial getrieben.

Unternehmen können nicht auf allen Gebieten gleichzeitig die ihre Operationen betreffenden Innovationen vorantreiben. Sie müssen eine Konzentration der Ressourcen auf die für sie besonders relevanten Bereiche und eine Synchronisation der Teilstrategien vornehmen. Der Technologiekalender, der natürlich an das jeweilige Unternehmen anzupassen ist, kann ein herausragendes Kernstück des strategischen Managements sein. Aus ihm lassen sich Entwicklungsperspektiven wie auch der Bedarf an Ressourcen ableiten.

Das „Industrial Engineering“, das zwischenzeitlich an Bedeutung durch eine zu starke Ausrichtung auf die kurzfristigen Veränderungen und Anpassungen erfahren hat, könnte zum Motor der Wandlungsfähigkeit werden, wenn ihm auch die Aufgabe der strategischen Planung zugeordnet würde. Innovationen werden erst dann zu Erfolgen, wenn sie in Produkte einfließen, die markt- und kostengerecht produziert werden. Dies ist eine der zentralen Aufgaben des industriellen Managements.

Innovationsmarketing

von Roland Mattmüller[140] und Ralph Tunder[141]

1 Zur Bedeutung des Marketings für den Erfolg von Innovationen

So unbestritten die Bedeutung von Innovationen für die Wettbewerbsfähigkeit von Unternehmen ist, so unbestritten ist auch der Stellenwert des Marketings zur Innovationsfähigkeit und dessen Beitrag zum Innovationserfolg. Insbesondere in der Konsumgüterindustrie mehren sich die Fälle, in denen die Investitionen für die Vermarktung der Produktinnovation im Rahmen der Markteinführung und -etablierung weitaus höher ausfallen, als die Aufwendungen sämtlicher vorgelagerter Entwicklungsstufen zusammengenommen. Beispielsweise betrug das Marketingbudget für die Markteinführung des Rasierapparats „Mach3" von Gillette 1998 ca. 150 Mio. US-Dollar und damit fast doppelt so viel wie dessen gesamte Entwicklungskosten von ca. 80 Mio. US-Dollar. Von einer solchen Verteilung ist der Investitionsgüterbereich in der Tat noch einiges entfernt, wenngleich auch dort zu beobachten ist, dass im Zuge der allgemeinen Angleichung von Qualitätsstandards der Differenzierungsdruck auf die Unternehmen wächst. Selbst auf Innovationen lastet zunehmend der (zeitliche) Druck, die angefallenen Investitionen in Forschung und Entwicklung sowie in den Markteintritt auch tatsächlich erwirtschaften zu können, denn durch schnell folgende modifizierte Lösungsvorschläge der Wettbewerber wird das Zeitenfester für den Innovator immer enger, um die angepeilte Innovatorenrente (First-mover Advantage) auch tatsächlich abschöpfen zu können.

Vor diesem Hintergrund kommt dem Innovationsmarketing eine wachsende Bedeutung zu, insbesondere durch frühzeitige Erkennung von Marktbedürfnissen einerseits und durch rasche Etablierung der Innovation auf dem Markt andererseits, das Zeitenfester für den First-mover Advantage (wieder) weiter aufzustoßen. In diesem Zusammenhang tritt nun auch in der Investitionsgüterindustrie das im Konsumgüterbereich schon bekannte Phänomen zutage, dass ein komparativer Konkurrenzvorteil weitaus schwerer auf der produkttechnischen als auf der marketingspezifischen Seite zu erzielen und vor allem auf Dauer auch zu halten ist, denn Produktlösungen sind nicht nur transparenter, sondern auch leichter zu adaptieren als Marketinglösungen.

---

[140] Univ.-Prof. Dr. Roland Mattmüller ist Inhaber des Lehrstuhls für Marktorientierte Unternehmensführung an der EUROPEAN BUSINESS SCHOOL.

[141] Dr. Ralph Tunder ist Wissenschaftlicher Dozent am Lehrstuhl für Marktorientierte Unternehmensführung an der EUROPEAN BUSINESS SCHOOL.

Trotz dieser Bedeutungszuweisung ist zu konstatieren, dass eine Lücke zwischen der Bedeutung von Innovationen und dem Stellenwert des Marketings auf der einen Seite und dem tatsächlichen (langfristigen) Erfolg von Innovationen auf der anderen Seite klafft. Für diese Feststellung geben die nach Warengruppen zwar unterschiedlichen, aber dennoch unbestreitbar hohen Flopquoten von Neuproduktentwicklungen ein untrügliches Zeugnis ab. Generell ist zu beobachten, dass beispielsweise bei Konsumgütern des täglichen Bedarfs durchschnittlich nur ein bis zwei von zehn Neuprodukten langfristig auch erfolgreich im Markt etabliert werden können (Boutellier/Lach, 2000, S. 12).[142] Vielfach wird diese relativ hohe Flopquote auch im Investitionsgüterbereich mit einer zunehmenden Verkürzung der Produktlebenszyklen, einer allgemeinen Bedürfnissättigung und einem heterogenen Kundenverhalten in vielen Branchen begründet.

2 Von der Innovation über das Innovationsmanagement zur Begriffslegung von Innovationsmarketing

2.1 Innovation und Innovationsmanagement

Für den Begriff der **Innovation** liegt in der Scientific Community kein eindeutiges Schema vor. Zur Eingrenzung des Begriffs wird jedoch oftmals zwischen einer ergebnis- und prozessorientierten Sichtweise unterschieden (Gerpolt, 1999, S. 39 ff.). Die ergebnisorientierte Sichtweise nimmt dabei eine dreigeteilte Differenzierung des Begriffs der Innovation vor:

- nach dem Innovationsobjekt,
  hinterfragt „was ist neu?" und unterscheidet in Produkt-, Prozess- und Sozialinnovation;
- nach dem Innovationsgrad,
  hinterfragt „wie neu?" und betrachtet die Abweichungen des Neuen im Vergleich zum Bestehenden, was etwa zur Unterscheidung führt zwischen dem originär Neuen und einer (derivativen) Modifikation;
- nach dem Subjektbezug der Innovation,
  hinterfragt „neu für wen?" und unterscheidet z. B. in neu für das Unternehmen, aber nicht für den Zielmarkt oder neu für den Zielmarkt, aber nicht für das Unternehmen oder neu für Unternehmen und Markt.

[142] Vgl. hierzu auch die Übersicht bei Eichborn (1996, S. 7) und die dort angegebene Literatur.

Die prozessorientierte Sichtweise legt ihren Fokus auf die Abfolge einer Innovationsentwicklung, indem sie der Frage nachgeht, „wo beginnt und wo endet die Entwicklung einer Innovation?“ Hierzu hat sich die Differenzierung eines Innovationsprozesses in insgesamt drei Hauptphasen weitgehend durchgesetzt (Thom, 1992, S. 9):

- Ideengenerierung,
- Ideenakzeptanz und
- Ideenrealisierung.

Der vorliegende Beitrag legt seinen Schwerpunkt eher auf die originäre Produktinnovation, die sowohl für den Innovator als auch für den Markt neu ist. Der prozessorientierten Sichtweise wird insofern Rechnung getragen, dass zwei Betrachtungsebenen eingezogen werden, die der **Innovationsentwicklung** (vor der Markteinführung) und die der **Innovationsetablierung** (während bzw. nach der Markteinführung).

Die Koordination des Innovationsprozesses erfordert einen in sich stimmigen Ablauf von Entscheidungen, welcher sich als Führungskonzept im Rahmen des **Innovationsmanagements** widerspiegelt. In Anlehnung an die allgemeinen Managementfunktionen nach Meyer (1973, S. 78) setzt sich das Innovationsmanagement aus den einzelnen Aufgaben Konzeption, Planung, Ausführung und Kontrolle „von zielorientierten Neuerungsstrategien“ (König/Völker, 2003, S. 6) zusammen. Gegenstand des Innovationsmanagements ist demnach ein zielorientierter Ablauf des Innovationsprozesses, womit eine unmittelbare Identifikation von Problemlösungen sowie deren effiziente Bearbeitung erreicht werden sollen. Dabei umfasst das Innovationsmanagement nach allgemeinem Verständnis alle Wertschöpfungsstufen des Innovationsprozesses von der Forschung und Entwicklung über die Produktion bis hin zur Vermarktung einschließlich der unterstützenden Funktionen wie beispielsweise Personalmanagement, Organisation, Finanzierung und Rechnungswesen (Vahls/Burmester, 2002, S. 49 f.).

2.2 Gegenstand des Innovationsmarketings

Das **Innovationsmarketing** kann also demnach als eine Teilfunktion des Innovationsmanagements verstanden werden. Es befindet sich somit auch auf der gleichen Stufe wie die weiteren Teilfunktionen Forschung und Entwicklung (FuE) bzw. Produktion. Nicht nur aus diesem formal-organisatorischen Grund unterliegen etwaige Kompetenz- und darin auch enthaltene Hierarchiestreitigkeiten zwischen FuE und Marketing eher dem Diktat von Abteilungsegoismen, als dass sie frei von einer ideologischen Sicht auf einer tatsächlich inhaltsbezogenen Bedeutung beruhen.

Die daraus häufig zu beobachtenden Schnittstellenprobleme und Reibungsverluste zwischen FuE und Marketing kommen aus diesem Grund auch selten über das Niveau eines hausgemachten Problems hinaus (Meyer/Mattmüller/Susen/Wieland, 1994, S. 24 ff.).

Bei der Begriffsinterpretation von Innovationsmarketing verhält es sich wie bei vielen Substantivkomposita, deren zweite lexikalische Einheit (Lexem) „Marketing" ist, indem nicht unmittelbar aus der Wortschöpfung hervorgeht, wo der Haupt- und Nebenakzent der jeweiligen Substantivzusammensetzung liegt. Allzu oft verwischen diese Grenzen, weswegen es auch in der weiteren inhaltlichen Auseinandersetzung oft an einer klaren Schwerpunktsetzung mangelt. Schon aufgrund dieser semantischen Unschärfe – aber nicht nur dadurch, sondern auch aus der häufig (zwangsläufig?) daraus folgenden inhaltlichen Undifferenziertheit – sehen sich so manche Wortschöpfungen mit dem Beiwort „Marketing" den Vorwürfen ausgesetzt, dass sie von keiner oder nur von einer eingeschränkten konstitutiven (wesensbildenden) und damit eigenständigen Begriffsgüte sind oder dass sie bei kritischer inhaltlicher Prüfung nicht über einen Neologismus hinauskommen („alter Wein in neuen Schläuchen").

Im Falle der Substantivzusammensetzung „Innovationsmarketing" finden diese beiden Vorwürfe ohne Weiteres ihre Bestätigung, sobald pauschal unter dem Begriff alle unternehmerischen Maßnahmen subsumiert werden, die im Zusammenhang mit der Vermarktung von Innovationen stehen. In dieser Wesenszuschreibung liegt eine so große Allgemeingültigkeit, dass bei konkreten Detailproblemen letztendlich auf die bekannten konzeptionellen Muster des Marketings zurückgegriffen wird. Entsprechend schnell kommt die ketzerische Frage auf, wo genau die Trennlinie zwischen dem systemfreien Marketing auf der einen und dem innovationsspezifischen Marketing auf der anderen Seite verläuft.

Aus diesem Grund hat die Begriffslegung von Innovationsmarketing einerseits dem Lexem „Innovation" eine Marketing**spezifität** zuzuordnen und andererseits beim Lexem „Marketing" von einer Innovations**relevanz** auszugehen. Spezifität und Relevanz geben Auskunft darüber, dass bei der Substantivzusammensetzung „Innovationsmarketing" der Hauptakzent auf Marketing und der Nebenakzent auf Innovation liegt. Eine unmittelbare Synthese dieser beiden Akzente ordnet den Begriff des Innovationsmarketings unterhalb des „allgemeinen Verständnisses" von Marketing ein, was dazu führt, dass sich das Innovationsmarketing auf den Beitrag des Marketings zur Lösung von marketingspezifischen Problemstellungen bei der Entwicklung und Marktetablierung von Innovationen beschränkt. Damit ist der Gegenstandsbereich des Innovationsmarketings weitgehend umschrieben, indem es darauf gerichtet ist, „den Markt für das neue Produkt und das neue Produkt auf den Markt vorzubereiten" (Vahs/Burmester, 2002, S. 260).

Vor diesem Hintergrund hat das Innovationsmarketing Antworten auf die Fragen des „how to innovate" und des „how to go into the market" zu geben. Eine, wenn nicht sogar die zentrale Aufgabe umfasst dabei die Fähigkeiten eines Innovators, die marktbezogenen und technologischen Unsicherheiten aus Sicht des Unternehmens, aber auch aus Sicht der potenziellen Kunden in den frühen Phasen des Innovationsprozesses möglichst weitgehend zu reduzieren (Piller, 2005, S. 173). Dafür hat der Innovator in zweifacher Hinsicht seine „Schuld" zu erfüllen, und zwar einmal eine **Holschuld an Informationen**, um seine eigene Unsicherheit zu reduzieren, und zum anderen eine **Bringschuld an Signalen**, um als Innovator von seinen potenziellen Kunden als vertrauenswürdig wahrgenommen zu werden.

- Im Rahmen der Innovationsentwicklung kommt auf den Innovator eine **Holschuld** an Informationen in zweifacher Form zu (Thomke, 2003, S. 25):
  - **Bedürfnisinformation**, die stellvertretend für alle Informationen über die Kunden- und Marktbedürfnisse steht (so genannte „need information"). Hierin enthalten sind Informationen etwa über Präferenzen, Wünsche und Kaufmotive aktueller und potenzieller Kunden bzw. Verwender bezüglich bestehender Produkte und hinsichtlich des neuen Produkts. Der Zugang zur Bedürfnisinformation beruht in erster Linie auf einer physischen wie auch gedanklichen Kundennähe und damit auf einem intensiven Verständnis der Nutzungs- und Anwendungsumgebung des Nachfragers bzw. Verwenders.
  - **Lösungsinformation**, die auf die technologischen Möglichkeiten abzielt, Kundenbedürfnisse bzw. -anforderungen möglichst effizient und effektiv in eine konkrete Produktidee zu überführen (so genannte „solution information"). Die Lösungsinformation stellt die Grundlage für Forschung und Entwicklung im Innovationsprozess dar.
- Die **Bringschuld** umfasst all jene Maßnahmen des Innovators, die dem potenziellen Kunden glaubwürdig signalisieren, dass er beim Kauf der Innovation kein spezifisches Risiko eingeht. Die Übermittlung glaubwürdiger Signale dient also dem Kunden zur Reduzierung seiner Unsicherheit, ob die Innovation auch erstens ihr Leistungsversprechen tatsächlich erfüllt und ob zweitens die Innovation sich auch tatsächlich auf dem Markt durchsetzt und nicht etwa durch andere Produkte bzw. Lösungen frühzeitig abgelöst wird.

Diese Unterscheidung in Hol- und Bringschuld trennt die Funktionsbereiche des Innovationsmarketings in eine Informationsfunktion zur Innovationsentwicklung (vor der Markteinführung) und in eine Signalfunktion zur Innovationsetablierung (während bzw. nach der Markteinführung). Die nachfolgenden Ausführungen verdeutlichen die jeweiligen Sachverhalte.

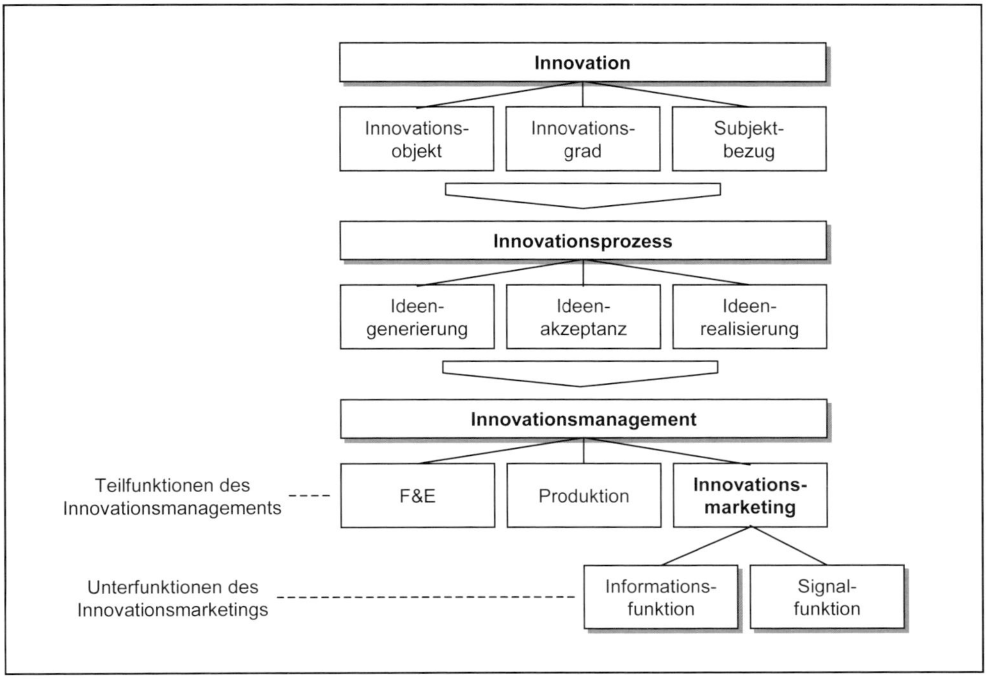

Abb. 1: Einordnung und Gegenstand des Innovationsmarketings.

3 Informationsfunktion des Marketings zur Innovationsentwicklung

3.1 Impulsgeber der Innovationsentwicklung

Sowohl in der managementbezogenen Innovationsforschung als auch in der Marketingwissenschaft werden eine Vielzahl von unterschiedlichen Methoden oder Verfahrensweisen diskutiert, um einen „strategischen Fit" zwischen den Leistungspotenzialen des Innovators und den Innovationsanforderungen des Markts herbeizuführen (wie etwa bei Hausschild, 2004; Trommsdorff, 2000; Ulrich/Eppinger 2000 oder Freemann/Soete, 1997, Susen, 1995, Gemünden, 1981). Dabei sind grundsätzlich zwei verschiedene Richtungen der Zuordnung von Bedürfnis- und Lösungsinformation zu beobachten.

In der klassischen Interpretation geht der Impuls vom Innovator aus, über bestimmte Marktforschungsmethoden die Bedürfnisinformation am Markt abzugreifen, um dann unter Anwendung der intern vorhandenen Lösungsinformation inklusive auch der Möglichkeit des externen Know-how-Erwerbs durch Kooperation oder Akquisition eine adäquate Innovation zu entwickeln. Diese Sichtweise weist dem Innovator und dem Kunden eine eindeutige Position zu: Das Unternehmen wird als Ort der Lösungs- und der Kunde als Ort der Bedürfnisinformation gesehen. Nach dieser Vorstellung liegt der aktive Part der Innovationsentwicklung beim Unternehmen, das Informationen über Bedürfnisse vom Markt aus eigener Kraft in innovative Lösungen umzusetzen hat. Dem Kunden bleibt nur die passive Rolle im Marktforschungsprozess („speak only when spoken to") (nach von Hippel, 1978, zitiert von Piller, 2006). In diesem Sinne wird der Innovationsentwicklung eine Inside-out-Perspektive zugrunde gelegt, wie sie aus dem Ressource-based-Ansatz bekannt ist. Eine ressourcenbasierte Innovationsentwicklung rückt die Bedeutung der internen Fähigkeiten in den Mittelpunkt der Innovationsfindung, wodurch sich die erstellte Innovation nur nachrangig an der Marktattraktivität ausrichtet. Primärer Ausgangspunkt ist demnach das Forschungs- und Entwicklungspotenzial des Unternehmens mit der Konsequenz, dass die Innovation selbst erst zu einer Marktattraktivität führt, also im Sinne von: „Market attractiveness follows innovation development".

Demgegenüber sind neuere Interpretationen von der Idee geleitet, dass Innovationsprozesse sich nicht (ausschließlich) im Unternehmen vollziehen, sondern als interaktiver Prozess zwischen Unternehmen und Markt bzw. potenziellen Kunden ablaufen. Diese Abkehr von der Inside-out-Perspektive zu einer eher Outside-in-Perspektive basiert auf der Beobachtung, dass jeder Innovation eine Inspiration vorausgeht, die sich nicht ohne Weiteres nur auf eine interne Sicht der Dinge beschränken lässt. Vielmehr gilt es, das eigene Kreativpotenzial möglichst frühzeitig mit dem der Kunden zu verknüpfen, um so schon zu Beginn des Innovationsprozesses einen Abgleich der Bedürfnisinformation mit der Lösungsinformation herbeizuführen. Demnach und getreu dem Market-based View definiert der Markt nicht nur die Bedürfnis- bzw. Anforderungskriterien, sondern von ihm gehen zugleich auch Hinweise zum Lösungspotenzial aus. Diese marktbasierte Innovationsentwicklung verlangt daher vom Innovator die Fähigkeit zur Integration der Kundenperspektive und hebt somit den Kunden in den Mittelpunkt der Innovationsfindung, oder anlog zur obigen Kausalkette: Der Markt selbst führt zu einer Innovationsattraktivität bzw. „Innovation attractiveness follows market development".

Dieser Sachverhalt wird in der Organisationsforschung seit einigen Jahren auch mit dem Begriff der „Open Innovation" umschrieben, worunter ein interaktives offenes Innovationssystem verstanden wird, das alle externen Shareholder als wichtige Quellen der Innovationsfindung anerkennt (Piller, 2003, S. 114). Ursprünglich geht der Begriff auf Chesbrough (2003) zurück, der den offenen Innovationsprozess mit dem klassischen geschlossenen Prozess („Closed innovation") kontrastiert und dabei die Kundenbeziehung als Transfer konkreter Innovationsideen oder ausgereifter Produktionskonzepte bzw. bereits entwickelter Prototypen versteht (Pippel, 2006). Zweifelsohne kommt demnach dem Kunden eine bedeutende, wenn nicht sogar die bedeutendste Rolle im Innovationsprozess zu. Als der entscheidende Vertreter des Kunden im Unternehmen hat demnach das Innovationsmarketing dafür zu sorgen, dass die Kundenperspektive in ausreichendem Maße im Innovationsprozess integriert wird.

3.2 Customer Integration als Voraussetzung zur Innovationsentwicklung

Das Konzept der Customer Integration beruht auf der Vorstellung, dass der Kunde in der unternehmerischen Wertschöpfung bzw. im Innovationsprozess zum Mitakteur (und nicht nur Empfänger) der unternehmerischen Aktivitäten wird. Dabei hat das Marketing im Allgemeinen bzw. das Innovationsmarketing im Besonderen die Aufgabe, den Kunden als so genannten externen Faktor in die Dispositionssphäre des Innovators einzubringen. Allgemeine Beispiele für externe Faktoren sind nicht nur die Bedarfs- und Problemäußerungen des Kunden oder seine Teilnahme an bestimmten Marktforschungsuntersuchungen, sondern vielmehr seine generelle Bereitschaft und Fähigkeit, sich frühzeitig mit der Innovationsentwicklung auseinander zu setzen, sei es als eigentlicher Impulsgeber oder als interessierter Begleiter des Prozesses. Vor diesem Hintergrund lassen sich generell verschiedene Formen der Customer Integration unterscheiden:

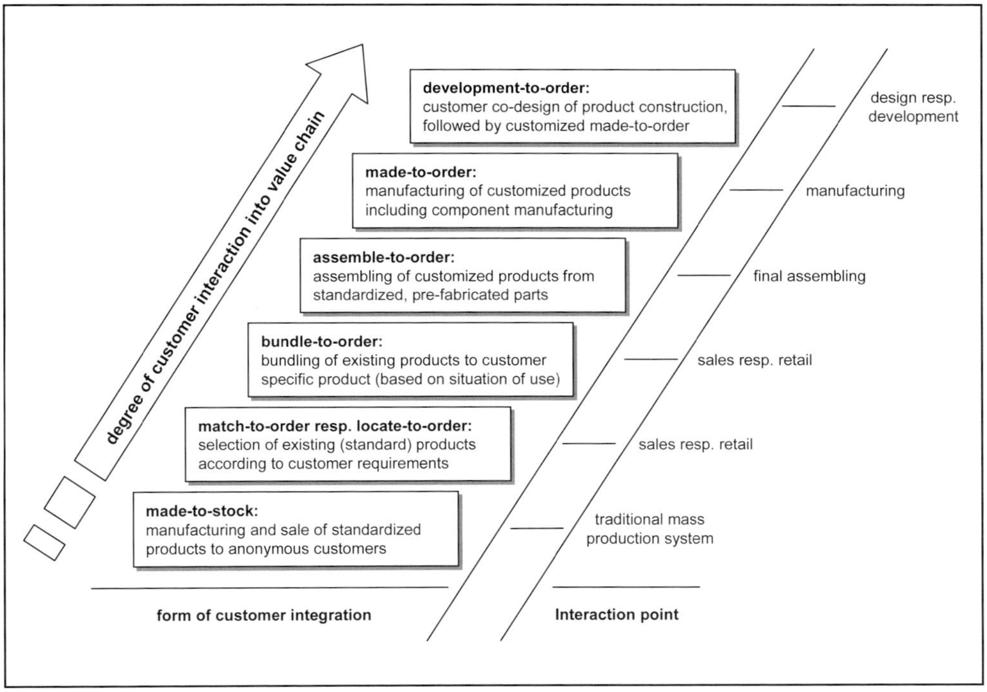

Abb. 2: Formen der Kundenintegration. (Reichwald/Piller, 2002, S. 11)

Während die Kundenintegration bei einem Match-, Locate- und Bundle-to-order-System erst in den der Produktion nachgelagerten Wertschöpfungsaktivitäten der Absatzanbahnung bzw. -abschluss und -realisierung stattfinden, werden bei einem Assemble- und Made-to-order-System bereits die Informationen über die Idealvorstellung des Kunden (Repräsentation der Kunden-Wunschleistung) genutzt, um ein individualisiertes Produkt herzustellen. Einen Schritt weiter geht das Development-to-order-System, bei dem der Kunde bereits in der Produktentwicklung vollends involviert ist. Hierbei endet die Kundenintegration nicht mit der kundenindividuellen Anpassung eines Produkts innerhalb bestimmter aus der Unternehmensperspektive vorgegebener Parameter, sondern es erfolgt eine vollständige Abbildung der Kundenbedürfnisse bzw. -anforderungen, die Basis für eine kundengetriebene Innovationsentwicklung sind, soweit dieses wirtschaftlich zu vertreten ist.

Ohne ein Mindestmaß an Customer Intregration ist ein Development-to-order-System nicht denkbar. Deshalb ist der externe Faktor Kunde als eine Art Produktionsmittel des Innovationsprozesses zu verstehen. Diese Argumentation über die Bedeutung des Kunden als externer Faktor knüpft an frühere Gedanken zum Dienstleistungsmarketing an, in denen erklärt wird, „dass es keine Erstellung von Dienstleistungen ohne Integration eines externen Faktors in den Erstellungsprozess gibt“ (Meyer, 1983, S. 22). Was in diesem Zusammenhang ursprünglich als wesentliches Charakteristikum der Dienstleistung gesehen wurde, wird nunmehr jeder Art von Leistungserstellung – also auch industriell gefertigten Sachleistungen – zugesprochen (Engelhardt/Freiling, 1995, S. 38).

Ohne es bisher explizit erwähnt zu haben, sei darauf hingewiesen, dass sich das Konzept der Customer Integration nicht allein darauf beschränkt, den Kunden Möglichkeiten zu geben, sich physisch in den Innovationsprozess einzubringen, sondern dass auch vom Innovator verlangt wird, sich in die Kundenperspektive zu versetzen und somit gedanklich den Kunden mit all seinen Bedürfnissen und Anforderungen einzubeziehen. Während die physische Einbringung des Kunden – wie oben bereits erwähnt – unbestreitbar eine zwingende Voraussetzung des Development-to-order-Systems darstellt, ist die gedankliche Einbeziehung des Kunden als erfolgsbestimmende Voraussetzung zu interpretieren. Diese Zweiteilung des Integrationsgedankens führt zur Notwendigkeit, dass der Integrationsanspruch auf das Eigenverständnis des (Innovations-)Marketings zu übertragen ist – gewissermaßen meta-perspektivisch. Demnach hat der Innovator den Innovationsprozess aus dem Blickwinkel des Kunden zu antizipieren, um ihm:

- bei seiner zwingenden physischen Einbringung behilflich zu sein bzw. ihm die prozessbedingten Mühen und Aufwendungen auszugleichen oder zu erleichtern und um ihm
- seine Unsicherheit hinsichtlich seines Involvements (während der Innovationsentwicklung) und seiner Kaufbereitschaft (nach der Markteinführung) mittels glaubwürdiger Signale zu nehmen.

In früheren Zeiten entsprach diese Form der Kundenintegration einer klassischen auftragsbezogenen Einzelfertigung. Die Verschmelzung von Innovator und Kunde im gesamten Wertschöpfungsprozess führte zur Sichtweise, dass der Kunde zum „Prosumer" (aus Produzent und Konsument) mutiert. In diesem Sinne kann die Beziehung zwischen Innovator und Kunde als Dyade bezeichnet werden, wonach der Innovator ohne den Kundeninput zu keiner Innovation (Bedürfnisinformation) und der Kunde ohne den Unternehmensoutput zu keiner Problemlösung (Lösungsinformation) kommt. In der heutigen Zeit spiegelt sich dieses dyadische Verständnis in den Prinzipien der Mass Customization wider.

Der Begriff „Mass Customization" setzt sich aus den gegensätzlichen Begriffen „Mass Production" und „Customization" zusammen und wurde erstmals von Davis (1987, S. 169) geprägt, wobei die Ausgangsidee bereits von Toffler (1970) beschrieben wurde. Der Grundgedanke des Mass Customization zielt darauf ab, „individuelle Güter zu Kostensätzen der Massenfertigung bei uneingeschränkt hoher Produktqualität und kurzen Lieferzeiten zu produzieren" (Turowski, 1999, S. 72). Trotz dieser anscheinenden Produktionsbezogenheit wurde Mass Customization in seiner Umsetzung ursprünglich als Marketingkonzept diskutiert, und zwar im Zusammenhang mit einer zunehmend geforderten Kundenorientierung bei einer gleichzeitig wachsenden Ausdifferenzierung von Kundenbedürfnissen. In diesem Zusammenhang wird an das Konzept der Mass Customization die Erwartung geknüpft, Kostenführerschaft- sowie Differenzierungsstrategie miteinander zu vereinen (Kotler, 1989, S. 13).

4 Signalfunktion des Marketings zur Innovationsetablierung

Selbst für den Fall, dass eine Innovationsentwicklung durch eine starke physische Einbindung bzw. gedankliche Einbeziehung des Kunden in den Innovationsprozess erfolgte, ist dies noch keine Garantie für den Markterfolg der Innovation. Grundsätzlich hinterfragt der Kunde nämlich kritisch, ob erstens die Preisprämie, die der Innovator durch den Firstmover Advantage erfordert, auch tatsächlich gerechtfertigt ist und ob zweitens der Innovationsgrad auch über eine gewisse Zeit stabil bleibt und nicht etwa der ursprüngliche Innovationsvorteil durch eine Weiterentwicklung (zu) schnell aufgebraucht wird. In diesem Zusammenhang hat der Kunde ein spezifisches Risiko zu tragen, das aus der ökonomischen Perspektive auch als eine Art spezifische Investition zu verstehen ist. Er tätigt nämlich für ein neues Produkt eine höhere Ausgabe im Vergleich zu einer bereits auf dem Markt verfügbaren Lösung, ohne im Vorfeld genau einschätzen zu können, ob diese Mehrausgabe auch tatsächlich gerechtfertigt ist. Im schlimmsten Fall, etwa wenn sich die Innovation als Flop herausstellen sollte, hat der Kunde die getätigten Mehrausgaben als so genannte Sunk Costs abzuschreiben.

Vor diesem Hintergrund ist der Kunde auf der Suche nach Signalen vom Innovator oder auch von anderen Experten, die ihm glaubhaft versichern, dass er mit dem Kauf der Innovation ein kalkulierbares Risiko eingeht. Neben der Einschaltung von Experten, wie etwa Beratungsunternehmen oder Sachverständigen (beispielsweise Forschungsinstitute), geht der Kunde auch auf den Innovator zu und fordert entsprechende Sicherheiten ein. Die unmittelbarste Form dieser Sicherheiten ist das Garantieversprechen des Innovators, unter Umständen sogar verbunden mit einer Rücknahmegarantie, so dass auf den Kunden kein innovationsspezifisches Kaufrisiko zukommt. Solche extremen Fälle von glaubwürdigen Signalen sind in der Konsumgüterindustrie durchaus bekannt. Man denke in diesem Zusammenhang beispielsweise an den Textilhersteller „Lands' End", der seinen Kunden eine lebenslängliche Rücknahmegarantie für alle Produkte ohne Angabe von Gründen verspricht.

Im Investitionsgüterbereich ist eine solche Rücknahmegarantie aufgrund der hohen Investitionsvolumina für das einzelne Produkt kaum vorstellbar, dennoch gibt es vergleichbare Ansatzpunkte der „lebenslänglichen Garantie", wie beispielsweise das Angebot, etwaige Weiterentwicklungen durch (kostenlose) Updates zu garantieren. Neben diesen direkten Formen des Garantieversprechens gibt es noch weitere Formen von glaubwürdigen Signalen, die vom Innovator ausgehen (können) und aus denen der Kunde eine gewisse Sicherheit ziehen kann. Die Funktionsweise dieser indirekten Formen eines Garantieversprechens wird im Folgenden kurz vorgestellt.

4.1 Die informationsökonomische Gütertypologie als Ausgangspunkt der Argumentation

Wie bereits skizziert, hängt die Unsicherheit des Kunden in der Einschätzung der Innovation damit zusammen, dass er die Innovationseigenschaften nur schwer im Vorfeld des Kaufs überprüfen bzw. auf seine spezifischen Belange hin einschätzen kann. Basierend auf der Gütertypologie der Informationsökonomie können einer Innovation im Gesamten bzw. den einzelnen Leistungskomponenten rund um die Innovation im Besonderen drei Kategorien von Produkteigenschaften zugeteilt werden:

- Search-Qualities,
- Experience-Qualities und
- Credence-Qualities.

In der Abgrenzung dieser drei Eigenschaftskategorien beziehen sich die Search-Qualities auf jene Eigenschaften der Innovation, die vom Kunden ohne größere Probleme durch Informationssuche und -auswertung bereits vor einem möglichen Kauf beurteilt werden können. Hierzu zählen beispielsweise alle funktional-technischen Angaben des Innovationsobjekts. Demgegenüber sind die Experience-Qualities erst nach dem Kauf während der An- bzw. Verwendung des Produkts eindeutig feststellbar, beispielsweise Leistungskriterien wie Zuverlässigkeit oder Normentreue. Für die Credence-Qualities schließlich ist eine Überprüfung oder Beurteilung der Innovationsleistung selbst nach dem Kauf kaum möglich. Diese Eigenschaften sind also dadurch gekennzeichnet, dass der Kunde sie nie ganz oder nur unter prohibitiv hohen Aufwendungen vollständig einschätzen kann.

Für den Kunden ergeben sich je nach Ausprägung der drei Eigenschaftskategorien unterschiedlich intensive Formen der Auseinandersetzung mit der Innovation. Dennoch sollte die Trennung in Search-, Experience- und Credence-Qualities nicht vorschnell dahingehend missverstanden werden, dass eine Innovation nun im vollen Umfang einer Credence-Quality entspricht. Vielmehr definiert sich jede Innovation über ein Bündel aus beliebigen, komplementären Kombinationen aus allen drei Eigenschaftskategorien. Insofern lassen sich Innovationen in einen dreidimensionalen Raum einordnen, der die Form eines Tetraeders hat.

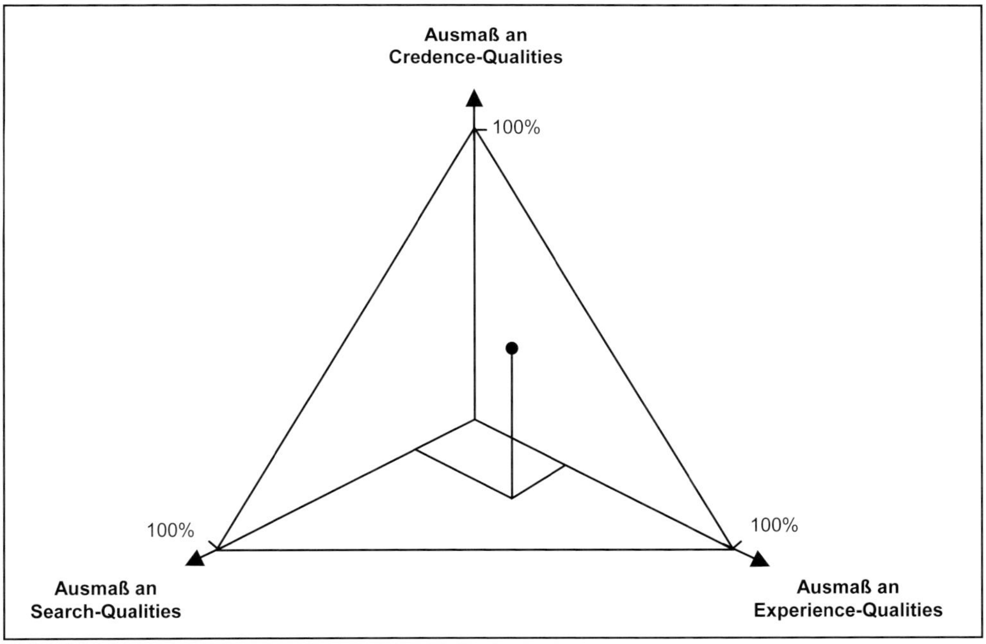

Abb. 3: Tetraeder der informationsökonomischen Eigenschaftskategorien. (Quelle: Weiber, 193, S. 74; Adler, 1996, S. 72)

4.2 Reputation und Markenstärke zur Reduzierung von Experience- und Credence-Qualities einer Innovation

Die Search-Qualities stellen keine besonderen Anforderungen an das Innovationsmarketing, da sie per definitionem keinen Spielraum für Versprechungen lassen, die sich im Nachhinein als Täuschung erweisen. In der Nomenklatur der Informationsökonomie würde man in diesem Fall von opportunistischem Verhalten des Innovators sprechen. Gerade diese Gefahr geht von den Experience- und Credence-Qualities aus. Da diese nicht vor dem Kauf auf den Wahrheitsgehalt hin überprüft werden können, stellen sie für den Kunden ein Vertrauensproblem dar. Um dieses zu lösen, greift der Kunde auf vertrauenswürdige bzw. glaubwürdige Signale des Innovators zurück, die einen Rückschluss auf die Erfüllung der Experience- und Credence-Qualities erlauben. Diese Signale, die wiederum selbst als eine Art Search-Quality zu werten sind, vermitteln den Kunden Vertrauen über nicht oder nur schwer überprüfbare Eigenschaften des Innovationsobjekts.

Neben den bereits angesprochenen Garantiebekundungen gibt es eine weitere Gruppe an glaubwürdigen Signalen, die sich dadurch auszeichnet, dass sich ein Täuschungsmanöver mit ihnen nicht lohnen würde, da die daraus entstehenden Folgekosten die Kosten der Aussendung des Signals bei weitem übersteigen. In der Informationsökonomie spricht man in diesem Fall von Exogeneous Costly Signals. Ihr Charakteristikum ist, dass sie nicht auf eine einmalige, sondern auf eine mehrmalige oder dauerhafte Geschäftsbeziehung ausgerichtet sind, so dass der Kunde bei getäuschtem Signaling den opportunistischen Innovator für weitere Geschäftsbeziehungen sanktionieren und dessen erschlichene Wohlfahrtsposition torpedieren kann. Verstärkend wirkt dabei, dass der Innovator mit ehrlich kommunizierten Experience- und Credence-Qualities nicht nur eine höhere Wiederkaufswahrscheinlichkeit hat, sondern darüber hinaus auch eine Preisprämie für seine Glaubwürdigkeit einfordern kann. Folglich bleibt die Summe, die ein opportunistischer Innovator einmalig einspart, wenn er bestimmte Qualitäten nur vortäuscht, immer unter dem Gegenwartswert zukünftig zu erzielender Gewinne eines ehrlichen Innovators.

All diesen Signalen gemeinsam ist, dass sie nur funktionieren, „wenn für den Nachfrager eine wahrnehmbare ‚glaubwürdige Transaktionsumgebung' existiert" (Irmscher, 1997, S. 177), die letztendlich in der Reputation des Innovators mündet. Sie kann als eine Art Extrapolation positiver Erfahrung verstanden werden, welche jedoch nicht zwingend vom Kunden selbst gemacht werden muss. In diesem Fall darf die Reputation mit der Markenstärke des Innovators nicht gleichgesetzt werden, denn mit der Marke verbindet der Kunde nur eine bestimmte Wertschätzung, die wiederum durch die Reputation zum Ausdruck kommt. Die Reputation ist somit nicht Ergebnis, sondern Stimulus einer Marke.

Vor diesem Hintergrund gehen von der Reputation und Markenstärke eines Innovators zwei wesentliche Wirkungen aus. Erstens überträgt der Kunde die Reputation und Markenstärke in einem Parallelschluss auf die Glaubwürdigkeit von Credence-Qualities (Imagetransfer). Zweitens wirkt die Reputation und Markenstärke „wie eine Geisel in der Gewalt des Kunden, deren Leben bei jedem Kauf erneut aufs Spiel gesetzt wird“ (Kaas, 1990, S. 545). Hintergrund dieser Wirkungsmechanismen ist, dass der Innovator jederzeit mit so genannten Expert Buyers rechnen muss, die die Missstände aufdecken und damit die Reputation des Unternehmens im Gesamten wie die Markenstärke im Einzelnen gefährden könnten. Aus diesem Grund schüren Reputation und Marke beim Kunden die Erwartung, dass der Innovator für eine Eigenschaft, die seine Marktbedeutung begründet, die notwendige Sorgfalt walten lässt, so dass zwischen dem Versprechen der Innovationsleistung und der tatsächlichen Umsetzung kein Dissens entstehen sollte.

5 Fazit

Auf vielen Unternehmen lastet nicht nur ein Innovationsdruck, sondern auch ein Differenzierungsdruck. Die häufig noch beobachtbare Undurchlässigkeit im Innovationsprozess, insbesondere zwischen FuE auf der einen und Marketing auf der anderen Seite, führt nicht unbedingt zur Minderung des Drucks. Ganz im Gegenteil: Durch die Inside-out-Perspektive werden Innovationspotenziale, die vom Kunden ausgehen, schlichtweg ignoriert oder zu spät bedacht. Eine Umkehrung der Blickrichtung, hin zu einer Outside-in-Perspektive, versteht den Kunden nicht nur als Abnehmer, sondern auch als Impulsgeber der Innovation. In diesem Zusammenhang wird ein Ansatz verfolgt, der in der Marketingforschung mit Customer Integration oder in der Organisationsforschung mit Open Innovation umschrieben ist. Das Innovationsmarketing nimmt dabei als eine von drei Unterfunktionen des Innovationsmanagements (neben FuE sowie Produktion) einen bedeutende Rolle ein. Als so genannter Vertreter des Kunden im Unternehmen hat das Marketing dafür zu sorgen, dass die nötigen Informationen vom Kunden zum Unternehmen kommen. Neben dieser Informationsfunktion, die vornehmlich der Innovationsentwicklung dient, geht vom Marketing aber auch eine Signalfunktion aus. Hierbei geht es um mehr als die üblichen Marktkommunikationsaktivitäten, denn der Kunde ist hinsichtlich seiner Unsicherheit gegenüber dem Neuen einer Innovation mit glaubwürdigen Signalen anzusprechen. Als besonders bedeutende Größen erweisen sich in diesem Zusammenhang die Reputation des Unternehmens und die in der Investitionsgüterindustrie noch weitgehend unterschätzte Markenstärke. Insbesondere hinsichtlich der Markenstärke steht im Investitionsgüterbereich noch einiges an Aufbauarbeit bevor.

Literaturverzeichnis

Adler, J. (1996): Informationsökonomische Fundierung von Austauschprozessen. Eine nachfragerorientierte Analyse, Wiesbaden.

Boutellier, R. / Lach, C. (2000): Produkteinführung. Herausforderung für Marketing und Logistik, München.

Davis, S.M. (1987): Future Perfect, Reading, Mass. et al.

Eichborn, J. (1996): Chancen- und Risikomanagement im Innovationsprozess. Lernen aus Flops zur erfolgreichen Umsetzung von Innovationen, Frankfurt am Main u.a.

Engelhardt, W.H. / Freiling, J. (1995): Integrativität als Brücke zwischen Einzeltransaktion und Geschäftsbeziehung, in: Marketing ZFP, Nr. 1, S. 37–43.

Freemann, C. / Soete, L. (1997): The economics of industrial innovation, London.

Gemünden, H.G. (1981): Innovationsmarketing, Tübingen.

Gerpolt, T.J. (1999): Strategisches Technologie- und Innovationsmanagement. Eine konzentrierte Einführung, Stuttgart.

Hausschild, J. (2004): Innovationsmanagement, 3. Auflage, München.

Irmscher, M. (1997): Markenwertmanagement. Aufbau und Erhalt von Markenwissen und -vertrauen im Wettbewerb. Eine informationsökonomische Analyse, Wiesbaden.

Kaas, K.P. (1990): Marketing als Bewältigung von Informations- und Unsicherheitsproblemen im Markt, in: Die Betriebswirtschaft, 50. Jahrgang, Nr. 4, S. 539–548.

König, M. / Völker, R. (2003): Innovationsmanagement im gesamtgesellschaftlichen, wirtschaftlichen und betrieblichen Kontext unter besonderer Berücksichtigung kleiner und mittelständischer Unternehmen (KMU), Arbeitsbericht Nr. 12 des Kompetenzzentrums Innovation und Marktorientierte Unternehmensführung, Ludwigshafen.

Kotler, P. (1989): From Mass Production to Mass Customization, in: Planning Review, Vol. 17, No. 5, S. 10–13.

Meyer, P.W. (1973): Die machbare Wirtschaft. Grundlagen des Marketing, Essen.

Meyer, P.W. / Mattmüller, R. / Susen, S. / Wieland, R.A. (1994): Erfolgreiches Innovationsmanagement in mittelständischen Unternehmen. Ein praxisorientierter Leitfaden, München.

Piller, F.T. (2003): Von Open Source zu Open Innovation, in: Harvard Business Manager, 25. Jahrgang, Nr. 12, S. 114.

Piller, F.T. (2005): Open Innovation: Kunden als Partner, in: Späth, L. (Hrsg.): TOP 100 2005 Ausgezeichnete Innovatoren im deutschen Mittelstand, Frankfurt am Main, S. 172–176.

Piller, F.T. (2006): User-Innovation. Der Kunde als Initiator und Beteiligter im Innovationsprozess, in: Drossou, O. / Krempl, S. (Hrsg.): Open Innovation. Freier Austausch von Wissen als soziales, politisches und wirtschaftliches Erfolgsmodell, Hannover (erscheint demnächst).

Reichwald, R. / Piller, F.T. (2002): Customer Integration. Formen und Prinzipien einer Integration der Kunden in die unternehmerische Wertschöpfung, Arbeitsbericht Nr. 26 des Lehrstuhls für Allgemeine und Industrielle Betriebswirtschaftslehre der Technischen Universität München, München.

Susen, S. (1995): Innovationsmarketing, München.

Thom, N. (1992): Innovationsmanagement, Bern.

Toffler, A. (1970): Future Shock, New York.

Trommsdorff, V. (2000): Strategische Marktforschung und Innovationsmarketing, München.

Turowski, K. (1999): Zwischenbetriebliche Integration bei Mass Customization, in: Scheer, A.-W. / Rosemann, M. / Schütte, R. (Hrsg.): Integrationsmanagement, Arbeitspapier Nr. 65 des Instituts für Wirtschaftsinformatik der Westfälischen Wilhelms-Universität Münster, Münster, S. 72–83.

Ulrich, K.T. / Eppinger, S.D. (2000): Product design and development, 2nd edition, New York a.o.

Vahs, D. / Burmester, R. (2002): Innovationsmanagement. Von der Produktidee zur erfolgreichen Vermarktung, 2. Auflage, Stuttgart.

von Hippel, E. (1978): Successful industrial products from customer ideas. Presentation of a new customer-active paradigm with evidence and implication, in: Journal of Marketing, Vol. 40, No. 1, S. 39–49.

Weiber, R. (1993): Was ist Marketing? Ein informationsökonomischer Erklärungsansatz, Arbeitspapier Nr. 1 zur Marketingtheorie der Universität Trier, Trier.

Benötigen echte Innovationen Werbung?

von Thomas Hasselbach[143]

1 Innovationen und Marketing

Der Ruf nach Innovation ist laut zu vernehmen, besonders in Deutschland. Innovationen schaffen Investitionen. Investitionen schaffen Wachstum. Wachstum schafft Arbeitsplätze. Innovationen scheinen das Allheilmittel für fast alle wirtschaftlichen Probleme unserer Volkswirtschaft zu sein. Stellt sich also die Frage, ob deutsche Unternehmen bisher nicht innovativ genug waren oder ob sie ihre Innovationen nicht innovativ genug vermarktet haben?

Verschiedenste Publikationen aus dem Bereich Marketing kommen zu dem Schluss, dass letzteres wohl der Fall zu sein scheint. Unternehmensberater und Management-Gurus postulieren das Thema Innovationsmarketing als den entscheidenden Erfolgsfaktor. Innovationsmarketing entwickelt sich zu einem ähnlichen Management-Hype wie noch vor wenigen Jahren die Themen Customer Relationship Management oder Customer Satisfaction. Hat dies seine Berechtigung oder wird hier wieder einmal alter Wein in neuen Schläuchen verkauft?

Ziel dieses Artikels ist es, das Thema Innovationsmarketing aus operativer Sicht zu beleuchten und zu hinterfragen. Dabei werden wir herausarbeiten, was Kunden in der Praxis unter Innovationen verstehen, ob diese ein spezielles Innovationsmarketing benötigen und falls ja, wie dieses aussehen sollte. Wir fokussieren in diesem Artikel dabei bewusst auf den Bereich Kommunikation, da die Themen Produkt, Preis und Vertrieb unter der Überschrift Innovationsmanagement vielfach in anderen Artikeln dieses Buches diskutiert werden.

Der Vorteil unserer Sichtweise besteht darin, dass wir als Unternehmensberatung für Marketing und Vertrieb direkte und operative Verantwortung für das MikroFORUM in Wendelsheim tragen, den einzigen wirklich in privater Hand befindlichen Hochtechnologiepark in Rheinland-Pfalz. Wir würden uns somit Lügen strafen, wenn die Managementweisheiten, die wir zum Thema Innovationsmarketing zum Besten geben, in der Praxis nicht von uns umgesetzt würden.

---

[143] Thomas Hasselbach ist Geschäftsführer der MikroFORUM Hochtechnologiepark Wendelsheim GmbH.

2 Was sind eigentlich Innovationen?

2.1 Was die Lehrbücher sagen

Der Begriff Innovation wird in der Praxis heute sehr inflationär gebraucht. Es findet sich kaum mehr eine Unternehmensdarstellung, die nicht davon spricht, wie innovativ die Produkte, Prozesse oder Dienstleistungen des Anbieters sind, auch wenn es sich bei den Unternehmen nicht selten um klassische Anbieter von Me-too-Produkten handelt.

In der wissenschaftlichen Theorie orientiert man sich meistens am Volkswirt **Joseph Schumpeter**. Nach ihm ist Innovation „die Durchsetzung einer technischen oder organisatorischen Neuerung, und nicht allein ihre **Erfindung**". In Anlehnung an diese Definition, die seit der Übersetzung von Schumpeters Band „Theorie der wirtschaftlichen Entwicklung" aus dem Englischen auch in Deutschland weit verbreitet ist, möchten wir für unsere folgenden Ausführungen eine etwas stärker differenzierende und praxisnähere Definition zugrunde legen.

2.2 Eine Definition aus dem täglichen Business

2.2.1 „Wow-Innovationen"

Bei „Wow-Innovationen", wie der Name schon sagt, stößt man zunächst ein bewunderndes „Wow" aus, wenn man von ihnen hört. Direkt im Anschluss fragt man sich, warum man nicht selbst auf diese grandiose Idee gekommen ist. „Wow-Innovationen", wie z. B. die nicht nur bei Kindern und Halbwüchsigen beliebten klappbaren Miniroller, schaffen es, nicht nur in kürzester Zeit in einen Markt einzutreten, sondern, und das ist noch wichtiger, sich rasend schnell in diesem auszubreiten und somit ihre Entwicklungskosten extrem schnell zu amortisieren. Dieser Typ Innovation tritt relativ selten auf und ist zumeist nicht systematisch geplant. Häufig sind es glückliche Umstände, die aus einer einfachen Idee und dem Mut, sie umzusetzen, einen großen Markterfolg entstehen lassen.

2.2.2 „One-step-further-Innovationen"

Bei „One-step-further-Innovationen" handelt es sich um Verbesserungen von bestehenden Produkten oder Prozessen. So waren z. B. Dieselmotor und Turbolader bereits lange Zeit bekannt, bevor beides Ende der 80er Jahre in Kombination mit einer Direkteinspritzung zu einem bis dato nicht vorhersehbaren Siegeszug namens TDI aufbrach. Entscheidender Faktor dafür, dass wir auch diese Form der Innovation als echte Innovation bezeichnen, ist, dass ein realer Kundennutzen entsteht, auch wenn dieser etwas länger benötigt, um vom Kunden wahrgenommen zu werden. Dieser Typ Innovation ist das Ergebnis klassischen Innovationsmanagements, dessen Ziel es ist, kontinuierliche Produkt- und Prozessverbesserungen zu erzielen.

2.2.3 „Wanna-be-Innovationen"

„Wanna-be-Innovationen" sind aus unserer Sicht keine echten Innovationen. Sie geben nur vor, neu und bahnbrechend zu sein. Schöne Beispiele finden sich immer wieder in der Kosmetikbranche, die alle paar Monate mit einer neuen innovativen, jedoch nicht näher erläuterten Pflegeformel für weiche, reine Haut oder glänzendes, schönes Haar aufwartet. Auch wenn wir die wissenschaftliche Fundierung derartiger Formeln natürlich nicht in Frage stellen wollen, so zeigen jedoch Verbrauchertests regelmäßig, dass kein wirklicher zusätzlicher Kundennutzen entstanden ist. Wahrnehmbar neu sind zumeist nur die Verpackung oder die Darreichungsform des Produktes. Derartige „Wanna-be-Innovationen" benötigen im Gegensatz zu echten Innovationen einen erheblich höheren Marketingaufwand, um den fehlenden Kundennutzen auszugleichen. Dieser Typ von Nicht-Innovation entsteht typischerweise in Marketingabteilungen und Werbeagenturen. Die FuE-Abteilungen sind dann gefordert, eine passende Studie oder eine in der Schublade vorhandene Formel so zu adaptieren, dass zumindest eine gewisse wissenschaftliche Fundierung gegeben ist.

3 Welche Kommunikation für welche Innovation?

3.1 Ableitung des Kommunikationsansatzes aus Kundennutzen und Innovationsgrad

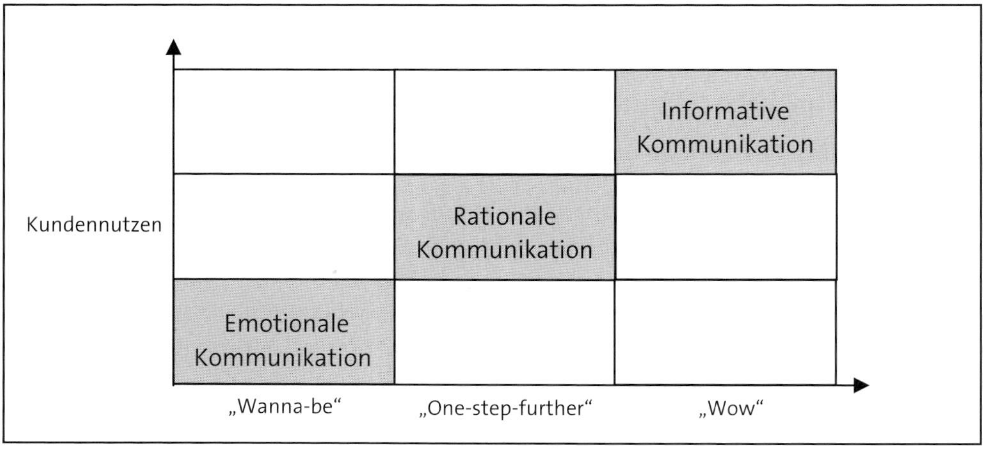

Abb. 1: Kundennutzen, Innovationsgrad und Kommunikationsaufwand.

Je größer der Innovationsgrad und somit der Kundennutzen eines neuen Produktes ist, umso weniger Kommunikationsaufwand ist nötig, um es zu etablieren und zu vermarkten. Während „Wow-Innovationen“ mit ihrem sehr hohen Kundennutzen nur geringe Werbebudgets benötigen, müssen auf der anderen Seite für die „Wanna-be-Innovationen“ erhebliche Budgets bereitgestellt werden, um den Kunden von der angeblichen Innovation zu überzeugen. Die „One-step-further-Innovationen“ sind es, bei denen man am ehesten von einem speziell auf Innovationen hin angepassten Kommunikationsansatz sprechen kann.

3.2 Kommunikationsinhalte und -kanäle

3.2.1 Informative Kommunikation für „Wow-Innovationen“

Überspitzt ausgedrückt brauchen „Wow-Innovationen“ kein wirkliches Marketing. Somit brauchen sie auch kein spezielles Innovationsmarketing. Ihre bahnbrechenden Vorteile für den Kunden, final in Form von Kosten- oder Zeitersparnis, liegen so offensichtlich auf der Hand, dass sich die Kommunikation auf eine reine Informationsfunktion beschränken kann.

Für die Kommunikationsinhalte heißt das, dass fast nur der erzielte Kundennutzen kommuniziert werden sollte. Die weiterführende Erläuterung der technischen Hintergründe zu erwähnen, die dazu geführt haben, ist fast überflüssig. So führte Sony im Herbst 2005 weltweit zusammen mit der portable Playstation die UMD ein, die das Potenzial besitzt, die DVD abzulösen. Unüblicherweise geschah dies ohne große UMD-Kampagne, da die Botschaft einfach und klar war: Die UMD ist bei gleicher Qualität nur noch halb so groß wie eine DVD! Erläuterungen, warum und wie dies technisch möglich war, erübrigen sich, da der Kunde nur am Nutzen interessiert ist.

Für die Kommunikationskanäle bedeutet informative Kommunikation die Auswahl von Kanälen, die die neue Information schnell, kostengünstig, objektiv und glaubwürdig transportieren. Hierfür eignen sich am besten Messen, Internetpräsenzen und PR.

	TV	Radio	Print	Plakat	Promotions	Sponsoring	Event	Messen	Online	Dialog	Callcenter	PR
Informative Kommunikation								●	●			●

Abb. 2: Kommunikationskanäle und Informative Kommunikation.

3.2.2 Rationale Kommunikation für „One-step-further-Innovationen"

Bei „One-step-further-Innovationen" kann man am ehesten von einem speziellen Innovationsmarketing sprechen. Sie bieten zwar einen neuen Kundennutzen, dieser ist jedoch häufig erläuterungsbedürftig. Im Vergleich zu den „Wow-Innovationen" kann sich die Kommunikationsarbeit hier nicht nur auf den Kundennutzen beschränken, da dieser ohne weitere Erläuterung evtl. nicht verstanden wird. Volkswagen hat diese Erfahrung bei der Einführung der elektromechanischen Lenkung (EPS), die bei Seitenwind automatisch korrigierend eingreift, in der fünften Golf-Generation gemacht. Der Slogan „... fährt jetzt auch geradeaus" wurde nicht nur von vielen Kunden nicht verstanden, sondern binnen kürzester Zeit von Wettbewerbern verhöhnt. Peugeot warb z. B. mit „... fährt schon immer geradeaus". Wie das Beispiel zeigt, benötigt der etwas schwächer ausgeprägte Kundennutzen der „One-step-further-Innovation" eine stärkere Herausarbeitung in der Kommunikation. Da es sich um einen echten Kundennutzen handelt, sollte man dabei inhaltlich rational kommunizieren. Vorher-nachher-Vergleiche sind häufig gut geeignet, um „One-step-further-Innovationen" zu verdeutlichen.

Für die Kommunikationskanäle bedeutet rationale Kommunikation die Auswahl von Kanälen, die die neue Information leicht verständlich, objektiv und glaubwürdig transportieren. Hierfür eignen sich am besten Messen, Internet-Präsenzen, Dialogmedien, Callcenter und PR.

	TV	Radio	Print	Plakat	Promotions	Sponsoring	Event	Messen	Online	Dialog	Callcenter	PR
Rationale Kommunikation								●	●	●	●	●

Abb. 3: Kommunikationskanäle und Rationale Kommunikation.

3.2.3 Emotionale Kommunikation für „Wanna-be-Innovationen"

„Wanna-be-Innovationen" sind nichts weiter als „Me-too-Produkte", wie sie tausendfach am Markt verfügbar sind. Deshalb gelten für ihre Kommunikation auch keine anderen Regeln. Wie beim klassischen Beispiel Zigaretten geht es darum, den produktspezifisch nicht vorhandenen Kundennutzen durch einen emotionalen Kundennutzen zu ersetzen. Hierbei spielen für teures Geld aufgebaute Markenimages die entscheidende Rolle. Inhaltlich fokussiert die Kommunikation zwar auch auf den Kundennutzen, jedoch steht dieser nur rudimentär im Bezug zu den technischen Eigenschaften des Produktes. Die Botschaft zielt eher darauf ab, dem Kunden einen bestimmten sozialen Status zu vermitteln, der sich aus der Nutzung des Produktes ableitet.

Für die Kommunikationskanäle bedeutet emotionale Kommunikation die Auswahl von Kanälen, die Images und Markenwelten am eindrucksvollsten transportieren können. Dies sind natürlich auch die kostenintensivsten Kanäle wie TV, Radio, Print, Plakat, Promotion, Sponsoring und Event.

	TV	Radio	Print	Plakat	Promotions	Sponsoring	Event	Messen	Online	Dialog	Callcenter	PR
Emotionale Kommunikation	●	●	●	●	●	●	●					

Abb. 4: Kommunikationskanäle und Emotionale Kommunikation.

4 Indikationen für die Investitionsgüterindustrie

Die häufigsten Innovationen in der Investitionsgüterindustrie sind vom Typ „One-step-further“. Nur selten versucht ein doch häufig ingenieurgeprägtes Maschinenbauunternehmen eine „Wanna-be-Innovation“ so in den Markt zu drücken, wie dies in der Konsumgüterindustrie schon fast an der Tagesordnung ist. Auf der anderen Seite sind die wünschenswerten „Wow-Innovationen“ auch nicht die Regel. Das bedeutet, dass sich die Investitionsgüterindustrie am stärksten mit rationaler Kommunikation auseinander setzen muss.

Bewerten wir die inhaltliche Kommunikation der Investitionsgüterindustrie aus unserer Sicht, so ist festzustellen, dass man zwar richtigerweise sehr stark mit dem Kundennutzen argumentiert, aber häufig die Schwelle der Aufnahmefähigkeit des potenziellen Kunden überschreitet. B-to-B-Broschüren sind zumeist mit tief schürfenden Produktinformationen versehen. Diese sind vielleicht für eine spätere Zertifizierung eines bestimmten Produktionsprozesses hilfreich, in den das Produkt eingebaut werden soll, jedoch sind sie für das Stadium, in dem das grundsätzliche Interesse des Kunden geweckt werden soll, häufig unnötiger Ballast. Im schlimmsten Fall führen sie sogar dazu, dass der Blick für den neu geschaffenen Kundennutzen verloren geht und somit das Hauptverkaufsargument beim Kunden verschwimmt.

Unsere Empfehlung ist es daher, den Kundennutzen anhand einfacher Beispiele oder Vergleiche aufzuzeigen, die am Ende einen Erlös-, Kosten- oder Zeitvorteil für den Kunden ausweisen. Ein aktuelles Beispiel einer optimalen Kommunikation für eine „One-step-further-Innovation" findet sich in der Vermarktung von Laminatfußböden in Kombination mit direkt aufgeklebter Trittschalldämmung. Der Produzent der Trittschalldämmung bietet dem Laminathersteller die Möglichkeit, seine Produkte attraktiver zu gestalten und an aus höheren Umsätzen resultierenden Erlösen zu partizipieren. Zusätzlich wertet er sein Produkt Laminat auf und bietet seinen Kunden wiederum einen neuen Kundennutzen in Form einer einfacheren Verlegung des Bodens. Die Art und Weise, wie die Trittschalldämmung auf das Laminat aufgebracht werden kann und welche technischen Voraussetzungen dafür notwendig sind, sind zunächst in der Argumentation unerheblich.

Bei der Auswahl der Kommunikationskanäle beobachten wir, dass häufig nur auf die Kanäle Messe, Internet und PR zurückgegriffen wird. Die unsererseits empfohlenen Kanäle Dialog und Callcenter, die in der Konsumgüterindustrie zum Standardrepertoire der Vermarktung von „One-step-further-Innovationen" gehören, kommen in der Investitionsgüterindustrie nur selten zum Einsatz. Allein die professionellere Kombination eines Messeauftritts mit einem strukturierten Follow-up mit Dialog- und Callcenter-Maßnahmen würde bei vielen Herstellern zu einer erheblich höheren Erfolgsquote führen. In der Praxis verlaufen jedoch auch heute noch viele auf Messen gewonnene Kontakte im Sande, da sie nicht konsequent weiterverfolgt werden.

Selbst ohne über Messen oder das Internet gewonnene Kontakte bieten Dialogmarketing und Callcenter enorme Potenziale. Die Fähigkeit, die heute vorhandenen Informationsquellen über potenzielle Kunden aktiv und systematisch zu nutzen, ist dabei entscheidend. So lassen sich über das Internet nicht nur binnen kürzester Zeit potenzielle Kunden recherchieren, sondern auch bereits vor der Kontaktaufnahme qualifizieren. Die Effektivität des Vertriebsaußendienstes wird damit enorm gesteigert und er wird mit neuen, bereits vorqualifizierten Kontakten versorgt. Anstatt seine Zeit mit der Generierung von Folgeaufträgen bei bereits vorhandenen Kunden zu verbringen, kann er sich viel stärker auf die Gewinnung neuer Kunden konzentrieren.

Zusammenfassend kann man feststellen, dass echte Innovationen, also die „Wow-Innovationen", nicht wirklich Werbung benötigen. Die in der Investitionsgüterindustrie vorherrschenden „One-step-further-Innovationen" benötigen eine rationale Kommunikation, die den Kundennutzen in den Mittelpunkt stellt. Entscheidend für den Erfolg der Kommunikationsmaßnahmen und des Innovationsmarketings insgesamt ist wie so oft die konsequente Umsetzung der eingeschlagenen Strategie. Hier sehen wir erhebliche Optimierungspotenziale durch eine klarere Fokussierung der Kommunikation auf ihre wesentliche Botschaft und einen strukturierteren Einsatz dialogorientierter Kommunikationskanäle.

B. Konzepte für das Innovationsmanagement in der Investitionsgüterindustrie

B.1. Führungskonzepte im Innovationsmanagement

Intrapreneurship als Alternative zum klassischen Innovationsmanagement: Führungsprinzipien und Strukturen für den Deutschen Großanlagenbau

von Peter Russo[144] und Peter Stiller[145]

1 Intrapreneurship

1.1 Grundlagen des Intrapreneurship

Intrapreneurship ist ein Kunstwort, das sich aus den beiden Begriffen „**Intra**corporate“ und „Entre**preneurship**“ zusammensetzt. Entsprechend diesen Bestandteilen steht Intrapreneurship für **„Unternehmertum in der Unternehmung“**.

Es handelt sich hierbei um ein junges Managementkonzept, das seit seiner Begründung durch Pinchot[146] zusehends an Bedeutung gewonnen hat und derzeit in **Praxis wie Wissenschaft auf reges Interesse** stößt.[147] So wurde erst jüngst der positive Zusammenhang zwischen Intrapreneurship und Unternehmens-Performance in einer multiplen Längsschnittuntersuchung in den Jahren 1994 und 2003 in Fortune 500 Unternehmen nachgewiesen.[148]

Was will nun Intrapreneurship bzw. was verbirgt sich hinter „Unternehmertum in der Unternehmung“? Im Kern geht es um die „Entwicklung und Umsetzung von (Produkt-) Innovationen innerhalb einer bestehenden Unternehmung auf Basis unternehmerischen Verhaltens von Mitarbeitern jeglicher Hierarchieebene“.[149] Unternehmerisches Verhalten liegt dann vor, und das ist das charakteristische Merkmal von Intrapreneurship, **wenn Mitarbeiter eigeninitiiert und selbstorganisatorisch Innovationen entwickeln**.[150]

---

144 Prof. Dr. Peter Russo ist Geschäftsführer des Strascheg Center for Entrepreneurship und Professor für Entrepreneurship an der Fachhochschule München.

145 Peter Stiller ist Wissenschaftlicher Mitarbeiter im Strascheg Center for Entrepreneurship und am Lehrstuhl für ABWL und Industrielles Management an der EUROPEAN BUSINESS SCHOOL.

146 Vgl. Pinchot (1985).

147 Vgl. Kaufmann (2003), S. 159.

148 Vgl. Marcus und Zimmerer (2003). Zum positiven Zusammenhang zwischen Intrapreneurship und Unternehmens-Performance vgl. auch Zahra (1991), Zahra (1995), Antoncic und Hisrich (2001).

149 Draeger-Ernst (2003), S. 45.

150 Vgl. ebenda, S. 44 f. Ähnlich definiert Drucker unternehmerisches Verhalten als die Suche nach dem Wandel und die Nutzung des Wandels als Chance. Vgl. Drucker (1985), S. 55.

Die **Liste** bedeutender Innovationen, die durch **Intrapreneure** verwirklicht worden sind, ist lang. Besonders bekannt sind Beispiele wie der „3M Post-it", der „Ford Mustang", die „Du Pont Kevlar Aramid Faser" oder der „XEROX Kopierer 2600". Diese Innovationen sind nur deshalb verwirklicht worden, weil es Mitarbeiter gab, die sich mit Engagement und Tatkraft für sie eingesetzt und dabei auch Hindernisse und Widerstände im eigenen Unternehmen überwunden haben.[151]

Diese Ausführungen machen deutlich, dass Intrapreneurship „wesentlich stärker humanzentriert als das prozess- und technikzentrierte, planvolle strategische Innovationsmanagement"[152] ist. Aufgrund dieser Humanzentrierung wird bei Intrapreneurship auch von einer **Alternative** zu den herkömmlichen Ansätzen der Innovationsförderung oder vom „**Erwecken einer neuen Innovationskraft**"[153] in Unternehmen gesprochen.

1.2 Stand der Forschung im Intrapreneurship

Die mit Intrapreneurship verbundenen Ideen werden in der Literatur auch unter anderen Begriffen wie z. B. Unternehmertum in der Unternehmung[154], internes Mitunternehmertum[155], Corporate Entrepreneurship[156], Corporate Venturing[157] oder Intrapreneuring[158] diskutiert. Dabei fällt auf, dass die Autoren unterschiedliche Schwerpunkte setzen. In diesem Zusammenhang bleibt festzuhalten, dass die Intrapreneurship-Forschung noch über „**keine geschlossene, umfassende und gleichermaßen anerkannte theoretische Basis**"[159] verfügt.

Um dennoch einen Überblick über den aktuellen Forschungsstand des Intrapreneurship, dessen verschiedene Strömungen und einige der wichtigsten Vertreter zu gewinnen, bietet sich die Übersicht von Draeger-Ernst[160] an (vgl. Abbildung 1). Diese Übersicht verwendet **drei Kriterien zur Systematisierung:** Ansatz, Innovationsverständnis und Zielgruppe:[161]

---

151 Vgl. Pinchot (1988), S. 19–21.
152 Draeger-Ernst (2003), S. 45.
153 Bitzer (1991), S. 13. Hervorhebungen wurden nachträglich hinzugefügt.
154 Vgl. Neugebauer (1997).
155 Vgl. Wunderer (1996).
156 Vgl. Burgelman (1983a).
157 Vgl. Burgelman (1983b).
158 Vgl. Süssmuth Dyckerhoff (1995).
159 Draeger-Ernst (2003), S. 42. Hervorhebungen wurden nachträglich hinzugefügt.
160 Vgl. ebenda, S. 29.
161 Vgl. dazu und im Folgenden ebenda, S. 25–28.

- Der **Ansatz** bringt zum Ausdruck, ob Intrapreneurship mit Fokus auf die Person, die Organisation oder die Strategie betrachtet wird. Bei organisationsorientierten Ansätzen ist dabei nochmals zwischen Ansätzen mit Fokus auf die Organisationsstruktur (Strukturfokus) und Ansätzen mit Fokus auf den Innovationsprozess (Prozessfokus) zu unterscheiden.
- Das **Innovationsverständnis** kann entweder eng oder weit sein. Ein enges Innovationsverständnis berücksichtigt nur „bahnbrechende" bzw. so genannte radikale Innovationen. Ein weites Innovationsverständnis schließt hingegen neben den radikalen auch die „schrittweisen", also inkrementalen Innovationen mit ein.
- Die **Zielgruppe** kann ebenfalls eng oder weit definiert sein. Bei einer engen Definition bezieht sich Intrapreneurship vornehmlich auf die Mitarbeiter der höheren Hierarchieebenen und des Managements. Bei einer weiten Definition werden alle Mitarbeiter angesprochen.

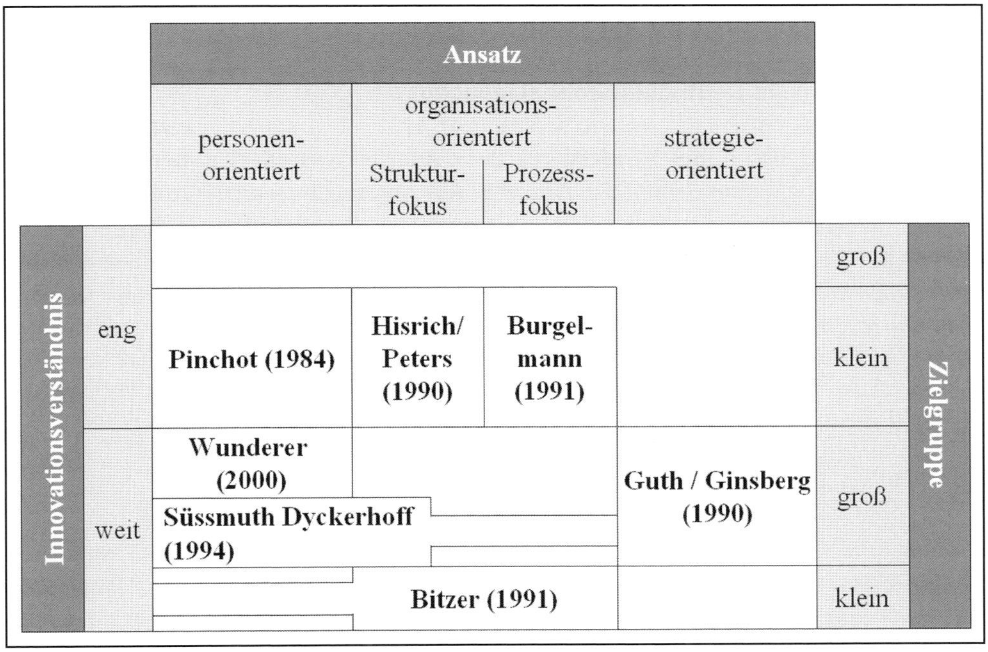

Abb. 1: Übersicht über bestehende Ansätze im Intrapreneurship. (Quelle: Verändert übernommen aus Draeger-Ernst 2003, S. 29)

Als **Beispiel** sei auf die Arbeit von Guth und Ginsberg[162] verwiesen. In ihr wird Intrapreneurship als Erfolgsfaktor der Unternehmung betrachtet. Im Engeren werden Innovationen, die von Mitarbeitern in Eigeninitiative entwickelt werden, als Ursache neuer Geschäftseinheiten und somit der strategischen Erneuerung des Unternehmens thematisiert. Wie anhand von Abbildung 1 zu erkennen ist, liegen dem strategieorientierten Ansatz von Guth und Ginsberg ein weites Innovationsverständnis und eine große Zielgruppe zugrunde.

Im Folgenden werden Vorschläge zur Förderung von Intrapreneurship im Deutschen Großanlagenbau (DGAB) entwickelt. Besonderes Augenmerk liegt dabei auf dem Aufbau geeigneter Führungsprinzipien und Strukturen. Aus diesem Grund wird in Anlehnung an Abbildung 1 vornehmlich auf die Arbeiten von Pinchot, Wunderer, Süssmuth Dyckerhoff, Hisrich und Bitzer zurückgegriffen. Bevor jedoch detaillierte Vorschläge gemacht werden können, gilt es, einen Blick auf den DGAB selbst zu werfen.

2 Der Deutsche Großanlagenbau

2.1 Grundlagen des Deutschen Großanlagenbaus

Der DGAB ist von hoher Relevanz für die deutsche Wirtschaft und wird auch als „**Schlüsselbranche**“[163] bezeichnet. Ein jährlicher Auftragseingang von ca. 16 Mrd. Euro und ein Weltmarktanteil von ca. 20% sprechen für sich. Darüber hinaus beschäftigt der DGAB rund 53.000 hochqualifizierte Mitarbeiter in Deutschland und übt mit einer Zulieferquote von 75% beträchtliche Mitnahmeeffekte auf den mittelständischen Maschinen- und Anlagenbau aus.[164]

Was kann man sich unter dem DGAB nun vorstellen? Eine verbreitete Charakterisierung stammt von Backhaus und beschreibt den DGAB durch „investive Auftragseinzelfertigung mit Langfristcharakter“[165]. Entsprechend zählen z. B. Hersteller von Kraftwerken, Stahlfabriken, Chemieanlagen, elektrotechnischen Ausrüstungen und Gaserzeugungsanlagen zum DGAB.[166] Etwas detaillierter ist die **Definition** des Verbandes Deutscher Maschinen- und Anlagenbau. Demnach zeichnen sich Unternehmen im DGAB durch die Fähigkeit aus, „auf Basis umfassender Kenntnis des verfahrenstechnischen Prozessablaufs ein- oder mehrmals jährlich industrielle Produktions- oder Energieerzeugungsanlagen im Wert von mindestens 15 Mio. Euro zu planen, zu konstruieren, die Ausrüstung für

---

162 Vgl. Guth und Ginsberg (1990).

163 Gleich, et al. (2005a), S. 2. Hervorhebungen wurden nachträglich hinzugefügt.

164 Vgl. VDMA (2005), S. 1. Die Angaben beziehen sich auf die Mitglieder der Arbeitsgemeinschaft Großanlagenbau des VDMA, die die Branche des Deutschen Großanlagenbaus repräsentieren.

165 Backhaus (1997), S. 431.

166 Vgl. Gleich, et al. (2005b), S. 182.

sie herzustellen oder weltweit einzukaufen, zu liefern, zu montieren, in Betrieb zu setzen und die notwendige Finanzierung bereitzustellen".[167] Unternehmen, auf die diese Definition zutrifft, sind beispielsweise ABB Lummus Global GmbH, MAN Ferrostaal Industrieanlagen GmbH, SIEMENS AG Power Generations und ThyssenKrupp Fördertechnik GmbH.

2.2 Typische Phasen und Herausforderung von Projekten im Deutschen Großanlagenbau

Gegenüber anderen Branchen zeichnet sich der DGAB durch einige Herausforderungen aus, die für dessen Verständnis von Bedeutung sind. Veranschaulicht werden diese Herausforderungen im Phasenmodell des DGAB, das die Geschäftsprozesse, die typischerweise im Zusammenhang mit einem Großanlagenbauprojekt auftreten, in vier Phasen unterteilt (vgl. Abbildung 2).

Phasen	Vorangebots-phase	Akquisitions-phase	Ausführungs-phase	After-Sales-phase
Heraus-forderungen	• Markforschung • Entwicklung eines Marketing-Mix • Marketing-Controlling • Zielmarkbearbeitung • Beeinflussung der Kundenwahrnehmung	• Strategische Bieterentscheidung • Einleitung von Kooperationen • Angebot vorklären, vorbereiten, ausarbeiten, freigeben • Durchsetzten gegen Konkurrenten • Vertragsverhandlung mit Kunden (inkl. Claims Management)	• Basic Engineering • Projektmanagement i.e.S. • Detail Engineering • Integration von Sublieferanten • Beschaffung • Fertigung • Logistik • Montage • Abnahme und Inbetriebnahme • Integration von Kundenwünschen • Claims Management	• Vorhabenspezifische Dienstleistungserbringung • Vorhabenunspezifische Dienstleistungserbringung

Abb. 2: Typische Phasen und Herausforderungen von Projekten im Großanlagenbau. (Quelle: Verändert übernommen aus Ilgen 2001, S. 147)

[167] VDMA (2005), S. 1.

In der **Vorangebotsphase** muss ein Großanlagenbauer die Aufgabe meistern, die Schnittstelle zwischen sich und seinem Markt erfolgreich zu gestalten. In dieser Phase wird maßgeblich bestimmt, wie ein Großanlagenbauer von potenziellen Kunden wahrgenommen wird. Somit ist es wichtig, dass Produktmanager, Länderspezialisten, Kommunikationsfachleute, Lobbyisten etc. in gemeinsamer Abstimmung den Zielmarkt bearbeiten. Darunter sind Tätigkeiten wie Marktforschung, Entwicklung und Kommunikation eines Marketingkonzeptes und Marketing-Controlling zu subsumieren.[168]

Die anschließende **Akquisitionsphase** bringt neue Herausforderungen mit sich. Sie beginnt, sobald ein potenzieller Kunde ein Vorhabensinteresse äußert. Der Großanlagenbauer muss nun die strategische Entscheidung treffen, ob er sich am aufwändigen Bieterprozess beteiligt oder ob er seine Ressourcen auf andere Vorhaben ansetzt. Der Bieterprozess ist deswegen so aufwändig, weil ein Angebot vorgeklärt, vorbereitet, ausgearbeitet und freigegeben werden muss. Zudem gilt es, Kooperationen mit Partnern einzuleiten, mit denen das Vorhaben realisiert werden soll. Sollte der Großanlagenbauer sich im Bieterprozess gegen die Konkurrenz durchsetzen können, ist des Weiteren ein Vertrag zu verhandeln und abzuschließen. Entsprechend sind in dieser Phase Projektmanager, Key Account Manager, Projekt-Controller, technischer Vertrieb, kaufmännischer Vertrieb, Rechtsabteilung etc. eingebunden.[169]

In der **Ausführungsphase** wird die mit dem Kunden vereinbarte Leistung umgesetzt. Dazu gilt es, einen geeigneten Produktionsprozess zu entwickeln, welcher Basic Engineering, Projektmanagement i. e. S., Detail Engineering, Integration von Sublieferanten, Beschaffung, Fertigung, Logistik, Montage, Abnahme und Inbetriebnahme umfasst. Daneben ist die Ausführungsphase dadurch geprägt, dass sich ändernde Kundenwünsche parallel zum Produktionsprozess aufgegriffen und umgesetzt werden müssen. Damit ist die Ausführungsphase im Vergleich zu den anderen Phasen von besonderer Komplexität; zumal neben den eigenen Mitarbeitern auch die Mitarbeiter der Sublieferanten berücksichtigt werden müssen.[170] Ein weiterer wichtiger Bestandteil der Ausführungsphase ist das Claims Management, das bereits während der Vertragsverhandlungen festzulegen und nun umzusetzen ist. Hierbei geht es um das Management von Forderungen, die als Folge von Vertragsabweichungen oder Vertragsänderungen entstehen können.[171]

Die letzte Phase wird **After-Sales-Phase** genannt und ist relativ neu. Entsprechend stellt sie Großanlagenbauer vor ungewohnte Aufgaben. War ein Großanlagenprojekt bislang mit der Abnahme der Anlage abgeschlossen, so gewinnen jetzt sich anschließende Services und ein umfassendes Life-Cycle-Management zunehmend an Bedeutung. Services können dabei vorhabenspezifisch oder vorhabenunspezifisch sein. Vorhabenspe-

---

168 Vgl. Ilgen (2001), S. 147–149.
169 Vgl. ebenda, S. 149–151.
170 Vgl. ebenda, S. 151–153.
171 Vgl. Halbleib (2000), S. 119, 139.

zifische Services sind normalerweise vertraglich geregelt und betreffen z. B. Inspektionen, Schulungen und Garantieleistungen. Hingegen zielen vorhabenunspezifische Services auf den Erhalt der Kundenbindung und umfassen z. B. Präsentationen von technischen Neuerungen, Mailingaktionen und Kundenbefragungen.[172]

3 Führungsprinzipien und Strukturen zur Förderung von Intrapreneurship im Deutschen Großanlagenbau

3.1 Intrapreneurship als Managementkonzept für den Deutschen Großanlagenbau

Der DGAB ist durch seine qualitative und technologische Führerschaft im internationalen Wettbewerb erfolgreich.[173] Um diese Positionierung verteidigen zu können, steht er jedoch unter **permanentem Innovationsdruck**.[174] Dieser Druck wird durch die gegenwärtigen Globalisierungs- und Konzentrationserscheinungen sowie die deutlich gestiegenen Kundenanforderungen noch verschärft.[175] So versuchen die Unternehmen des DGAB, im härter werdenden Preiswettbewerb neben Preissenkungen v. a. durch Produkt-, Prozess- und Serviceinnovationen zu bestehen.[176]

Mit Blick auf diesen Branchenwandel führen Gleich et. al[177] aus, dass neue Managementkonzepte notwendig sind. **Intrapreneurship ist in diesem Zusammenhang besonders geeignet**, da es nachgewiesenermaßen die Innovationsquote, den Umsatz und die Profitabilität steigert.[178] Intrapreneurship kann jedoch nicht unreflektiert auf den DGAB übertragen werden. Vielmehr ist es an dessen Branchencharakteristika anzupassen.[179] Aus diesem Grund werden im Folgenden zum einen allgemein gültige Vorschläge zur Förderung von Intrapreneurship vorgestellt. Zum anderen werden spezifische Vorschläge erarbeitet, die den besonderen Herausforderungen des DGAB Rechnung tragen.[180] Ziel dieser Vorschläge ist es, Intrapreneurship ganzheitlich für den DGAB nutzbar zu machen.

---

172 Vgl. Ilgen (2001), S. 153–155.
173 Vgl. VDMA (2005).
174 Vgl. Gleich et al. (2005a), S. 16, 19, 21.
175 Vgl. Ilgen (2001), S. 92.
176 Vgl. Gleich et al. (2005a), S. 16 f.
177 Vgl. Gleich et al. (2005b), S. 185.
178 Vgl. Zahra (1991); Antoncic und Hisrich (2001).
179 Vgl. Ilgen (2001), S. 70: „Dies leitet sich aus der Erkenntnis ab, dass Managementansätze nur dann erfolgreich angewandt werden können, wenn sie den Unternehmenskontext und die Branchenstruktur berücksichtigen."
180 Vgl. Kap. 2.2.

3.2 Führungsprinzipien zur Förderung von Intrapreneurship im Deutschen Großanlagenbau

3.2.1 *Allgemeine Führungsprinzipien zur Förderung von Intrapreneurship im Deutschen Großanlagenbau*

Vorgesetzte können unternehmerisches Denken und Handeln ihrer Mitarbeiter gezielt stimulieren, wenn sie gewisse Führungsprinzipien, die auch „Intrapreneurial Leadership Characteristics“ genannt werden, berücksichtigen.[181] Wichtig ist vor allem die Förderung von **(interdisziplinärer) Teamarbeit**. Durch den Austausch der Teammitglieder untereinander entstehen viele Ideen, die Ursprung eines potenziellen „Intrapreneurial Ventures“ werden können. Hierbei (und auch generell) sollte der Vorgesetzte einen **offenen Meinungsaustausch** unterstützen. Denn nur wenn die Mitarbeiter das Gefühl haben, dass ihre (kritische) Meinung erwünscht und geschätzt ist, werden sie entsprechend partizipieren und dadurch die Ergebnisse verbessern. Daneben sollte die Führungskraft **Wahlmöglichkeiten** schaffen. So werden Mitarbeiter ermuntert, aus der Alltagsroutine auszubrechen, selbst Vor- und Nachteile der verschiedenen Optionen zu reflektieren und Entscheidungen zu treffen. Hierdurch wird die **Selbstverantwortung und Selbstorganisation** der Mitarbeiter gefördert.[182]

Darüber hinaus spielt **der Vorgesetzte als Vorbild** der Mitarbeiter eine entscheidende Rolle.[183] Wichtig ist nicht nur seine **Offenheit für Neues** und das Infragestellen des Bestehenden, sondern auch sein proaktiver Umgang mit Änderungen in der Umwelt. Letztere erkennt der Vorgesetzte frühzeitig durch ein fortwährendes Beobachten[184] der Umwelt und nutzt sie kreativ als Chance für Innovationen. Bei der Verwirklichung potenzieller Innovationen bringt er die notwendige **Ausdauer** mit und überwindet Hindernisse und Rückschläge. Zudem gewinnt er **Mitstreiter** für sein Vorhaben und weiß diese entsprechend zu motivieren. Überhaupt ist **Motivation** ein kritisches Element im Intrapreneurship, da ungewiss ist, ob potenzielle Innovationen tatsächlich erfolgreich sein werden.

Damit diese Prinzipien ihre volle Wirkung entfalten können, müssen sie fortwährend praktiziert werden. Erst die „**Verlässlichkeit der Führungsprinzipien**“ führt dazu, dass die Mitarbeiter unternehmerisches Denken und Handeln adaptieren und zunehmend in allen Arbeitsbereichen anwenden werden.

---

181 Vgl. dazu und im Folgenden Hisrich und Peters (2002), S. 51–53.
182 Vgl. Wunderer (1999), S. 42.
183 Vgl. dazu und im Folgenden Hisrich und Peters (2002), S. 51–53.
184 Zahra (1991), S. 266.

3.2.2 *Spezifische Führungsprinzipien zur Förderung von Intrapreneurship im Deutschen Großanlagenbau*

Die vier Phasen im Großanlagenbau zeichnen sich durch unterschiedliche Aufgaben aus (vgl. Kap. 2.2). Entsprechend schwankt die Bedeutung der verschiedenen Innovationsarten:

- **Organisationsinnovationen** sind beispielsweise von Bedeutung, wenn es wie in der Vorangebotsphase darum geht, Kooperationen einzugehen. An dieser Stelle können über moderne Formen der Anbieterorganisation[185] Wettbewerbsvorteile erzielt werden.
- **Produktinnovationen** sind wichtig, um sich in der Angebotsphase von Konkurrenten abzuheben oder um parallel zur Leistungserstellung Neuerungswünsche[186] des Kunden integrieren zu können.
- **Prozessinnovationen** sind hingegen gefordert, wenn z. B. der Fertigungsprozess kostengünstiger gestaltet werden soll.
- **Serviceinnovationen** spielen v. a. bei der Gewinnung neuer vorhaben(un)spezifischer Services eine Rolle.

Diese ausgewählten Beispiele zeigen, dass alle Innovationsarten für den DGAB von Relevanz sind. Je nach Herausforderung ist jedoch die eine oder andere Innovationsart besonders hervorzuheben. Da nun jeder Großanlagenbauer andere Stärken und Schwächen bei der Bewältigung der verschiedenen Herausforderungen hat, ist eine allgemein gültige Aussage nicht möglich. Vielmehr muss jeder Großanlagenbauer in Abhängigkeit seines individuellen „Stärken-Schwächen-Profils" ableiten, auf welche Herausforderungen er sich konzentrieren muss. Für diese und die damit verbundenen Innovationsarten muss dann bei den Mitarbeitern ein entsprechendes Bewusstsein geschaffen werden. Zur **Bewusstseinsschaffung** schlagen Pinchot und Pellman[187] vor, dass die Führungskräfte gemeinsam mit den Mitarbeitern eine entsprechende Vision entwickeln, diese fortwährend im Unternehmen kommunizieren und beim Treffen wichtiger Entscheidungen offenkundig als Leitlinie heranziehen. Hierdurch ist es möglich, die Anstrengungen der Mitarbeiter auf jene Innovationsarten zu fokussieren, die den größten Wertbeitrag versprechen. Gleichzeitig wird das Verständnis erhöht, warum Vorgesetzte gewisse Ideen unterstützen, andere aber nicht.

---

185 Vgl. Backhaus (1997), S. 480.
186 Vgl. Ilgen (2001), S. 151 f.
187 Vgl. Pinchot und Pellman (1999), S. 118.

Neben diesen Aspekten sollten Vorgesetzte auch das **Potenzial unternehmensexterner Mitarbeiter nutzen** und diese in Teamarbeiten integrieren. Diese Möglichkeit besteht vor allem in der Ausführungsphase, in der Mitarbeiter sowohl von Kunden als auch von Zulieferern einbezogen werden können.

In Bezug auf den einzelnen Mitarbeiter ist es zudem wichtig, dass sich der Vorgesetzte über die **jeweiligen Motive und Fähigkeiten** bewusst ist. Denn nicht jeder Mitarbeiter ist automatisch zum Mitunternehmer befähigt und kann mit diesbezüglichen Ansprüchen sogar überfordert werden. Aus diesem Grund schlägt Wunderer[188] ein **Transformationsmodell** vor, das Mitarbeiter je nach unternehmerischer Qualifikation über verschiedene Stufen zum „Subunternehmer" entwickelt. Kern des Transformationsmodells ist der Aufbau und sukzessive Ausbau unternehmerischer Kompetenz durch selektive Qualifizierungsmaßnahmen.[189] Die konkrete Ausgestaltung ist von der jeweiligen Führungskraft für den individuellen Mitarbeiter festzulegen.[190] Um dabei Kollisionen mit dem Tagesgeschäft zu vermeiden, sollte die Führungskraft **Qualifizierungsmaßnahmen für ruhigere Phasen** einplanen. Geeignete „Ruhephasen" bestehen vor allem zwischen den einzelnen Projektphasen wie z. B. der Akquisition und der Projektabwicklung und können bis zu mehreren Jahren andauern.[191]

3.3 Strukturen zur Förderung von Intrapreneurship im DGAB

3.3.1 Allgemeine Strukturen zur Förderung von Intrapreneurship im Deutschen Großanlagenbau

Zur Förderung von Intrapreneurship braucht es neben geeigneten Führungsprinzipien auch **adäquate organisationale Strukturen**.[192] Damit sind Organisationsformen gemeint, die unternehmerisches Verhalten stimulieren und dabei durch die Bereitstellung der erforderlichen Ressourcen sowie angemessene Anreizsysteme unterstützt werden.

Unternehmerische Organisationsformen[193] sind marktorientierter, dezentralisierter Art und können z. B. in Form einer Profit- oder Wertschöpfungs-Center-Organisation realisiert werden. Diese lösen jedoch nicht das Problem, dass Intrapreneurship-Aktivitäten in Konkurrenz zum Tagesgeschäft stehen. Deswegen geht das so genannte Venture-Management[194] einen Schritt weiter und fasst Intrapreneurship-Aktivitäten in auto-

---

188 Vgl. Wunderer (1999).
189 Vgl. ebenda, S. 52.
190 Vgl. ebenda, S. 53.
191 Vgl. Ilgen (2001), S. 90.
192 Vgl. Draeger-Ernst (2003), S. 53.
193 Vgl. Wunderer (1999), S. 39.
194 Vgl. Bitzer (1991), S. 32 f.

nomen organisationalen Einheiten zusammen. Im Vergleich zu anderen Organisationsformen haben diese Einheiten[195] den Vorteil, dass sie die innovativen Aktivitäten vom Tagesgeschäft entkoppeln und den Handlungs- und Entscheidungsbereich der Intrapreneure ausbauen.

Um Intrapreneure bei der Verwirklichung ihrer Ideen zu unterstützten, sollten zudem die dafür **erforderlichen Ressourcen bereitgestellt werden** und zugänglich sein.[196] Diese können personeller, finanzieller, informativer oder sachbezogener Natur sein.[197] Da Ressourcen jedoch nicht unbegrenzt vorhanden sind, muss geklärt werden, unter welchen Bedingungen Intrapreneure auf sie zugreifen können. Eine Möglichkeit sind so genannte „Seed Money Funds".[198] Diese enthalten kleine finanzielle Beträge, die frei verfügbar und für Machbarkeitsstudien, einfache Prototypen oder Marktforschungen gedacht sind. Erst wenn die hier erzielten Ergebnisse viel versprechend ausfallen, erhält der Intrapreneur Zugriff auf umfassendere Ressourcen.

Damit Intrapreneure von den potenziellen Handlungs- und Entscheidungsmöglichkeiten auch Gebrauch machen, sind darüber hinaus **angemessene Anreizsysteme**[199] wichtig. In diesem Zusammenhang hat sich ergeben, dass Beförderungen bei Intrapreneuren weniger wirksam sind: „Intrapreneure bevorzugen die Freiheit, neue Geschäfte aufzubauen, statt umfassendere Verantwortung für das Management althergebrachter Ideen zu bekommen."[200] Besser geeignet sind hingegen monetäre Anreize wie Aktienoptionen, Patent- oder Lizenzgebühren, Boni etc. Da diese von Intrapreneuren mitunter nur als Hygienefaktoren gesehen werden,[201] sollten sie mit Anerkennung für erzielte Erfolge und finanzieller Entscheidungsfreiheit für zukünftige Projekte gekoppelt werden.[202] Ein Beispiel zur Anerkennung von Intrapreneuren ist beispielsweise der „Golden Step" bei 3M. Er stellt eine der größten Firmenehren dar und wird nur an jene Mitarbeiter verliehen, deren Innovationen mehr als 2 Mio. US-Dollar Umsatz erzielt haben.[203]

---

195 Autonome organisationale Einheiten werden auch als „New Venture Divisions" bezeichnet. Vgl. Burgelman (1985).

196 Vgl. Hisrich und Peters (2002), S. 49 f.

197 Vgl. Bitzer (1991), S. 26.

198 Vgl. Pinchot und Pellman (1999), S. 26 f.

199 Vgl. Hisrich und Peters (2002), S. 49 f.

200 Pinchot (1988), S. 307.

201 Vgl. Bitzer (1991), S. 29.

202 Vgl. Pinchot (1988), S. 305, 315.

203 Vgl. Bitzer (1991), S. 30.

3.3.2 Spezifische Strukturen zur Förderung von Intrapreneurship im Deutschen Großanlagenbau

Wie bereits ausgeführt, schwankt die Bedeutung der verschiedenen Innovationsarten mit dem individuellen „Stärken-Schwächen-Profil" eines Großanlagenbauers (vgl. Abschn. 3.2.2). Dies macht eine **Spezifizierung der allgemeinen Strukturen** zur Förderung von Intrapreneurship erforderlich:

- Bei **Ressourcen** ist zwischen einer zweckgebundenen und einer zweckungebundenen Bereitstellung zu unterscheiden.[204] Der Zweck der gebunden Ressourcen sollte dabei so ausgestaltet sein, dass die gewünschte Innovationsart gefördert wird. Gleichzeitig gilt es, die Förderung mehrerer parallel laufender Innovationsprojekte zu ermöglichen. Hierdurch wird das mit Innovationen verbundene Risiko gestreut und eine leistungsförderliche Konkurrenzsituation zwischen den einzelnen Innovationsprojekten erzeugt.[205]
- Wie die Ressourcen so sind auch die **Anreizsysteme** zu spezifizieren. Ein Großanlagenbauer, der beispielsweise vorhabenunspezifische Services als seine kritische Schwäche identifiziert hat, wird materielle und immaterielle Anreize vornehmlich an Serviceinnovationen knüpfen. Eine geeignete Bemessungsgrundlage für die Berechnung dieser Anreize ist die Erreichung kritischer Meilensteine in den Innovationsprojekten. Herkömmliche Bemessungsgrundlagen, die in reifen Geschäftsbereichen angewandt werden, sind hingegen weniger geeignet. So würde beispielsweise der ROI kontraproduktiv wirken, da junge Innovationsprojekte für gewöhnlich einen negativen ROI aufweisen.[206]
- In Bezug auf die **unternehmerische Organisation** ist die **Ausführungsphase** hervorzuheben. Sie ist ein geeigneter Ansatzpunkt für **externe Formen des Venture Managements**.[207] Damit sind New Venture Divisions gemeint, die außerhalb der bestehenden Organisationsstruktur angesiedelt sind. Sie bieten Anbietern eine innovative Organisationsform, um ihre Projekte in enger Partnerschaft mit mehreren Unternehmen abzuwickeln und damit der zunehmenden Komplexität und Internationalität zu begegnen.

---

[204] Vgl. ebenda, S. 26.
[205] Vgl. ebenda, S. 27.
[206] Vgl. ebenda, S. 29.
[207] Vgl. ebenda, S. 33.

Zur Förderung von Intrapreneurship wird im Allgemeinen eine „**flexible, situative Strukturierung**"[208] gefordert. Die vorausgegangenen Ausführungen machen deutlich, dass diese Forderung im DGAB zu besonderer Bedeutung gelangt.

3.4 Zusammenfassung

Abbildung 3 visualisiert die vorangegangenen Ausführungen und fasst die wesentlichen Elemente zur Förderung von Intrapreneurship im DGAB zusammen. Anhand der phasenspezifischen Herausforderungen eines Großanlagenbauprojektes werden sowohl allgemein gültige als auch spezifische Führungsprinzipien und Strukturen aufgezeigt, durch die unternehmerisches Denken und Handeln aller Mitarbeiter stimuliert werden kann.

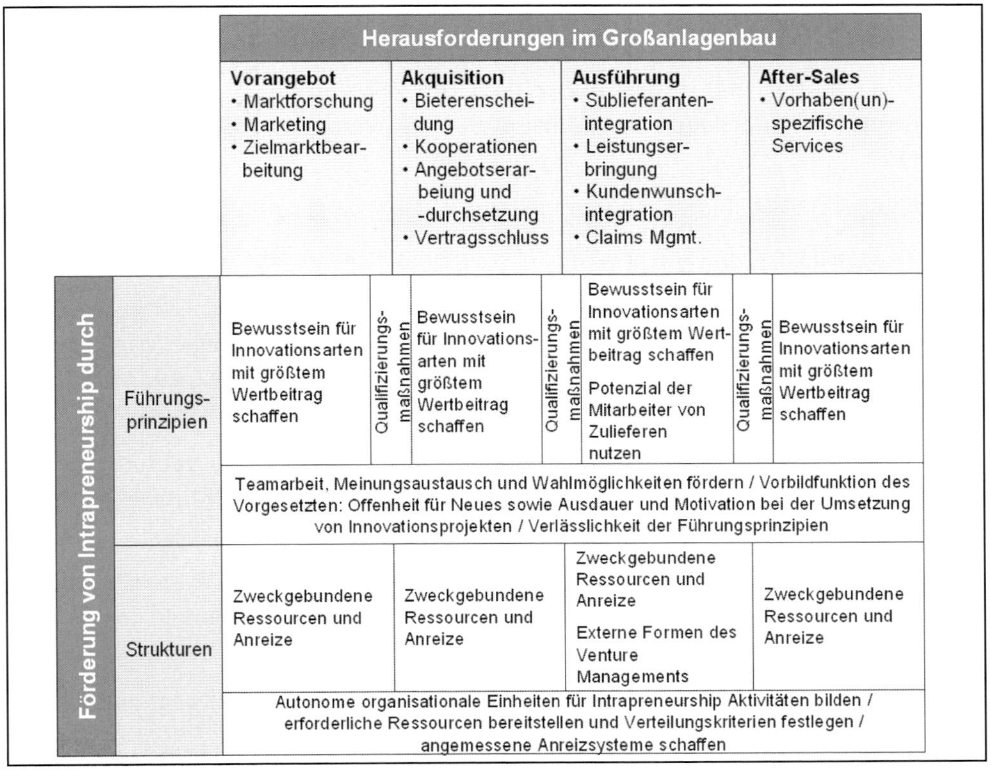

Abb. 3: Förderung von Intrapreneurship im Deutschen Großanlagenbau. (Quelle: Eigene Darstellung)

[208] ebenda, S. 32. Hervorhebungen wurden nachträglich hinzugefügt.

In Summe bilden diese Maßnahmen ein **Intrapreneurshipkonzept für den DGAB**. Dieses kann jedoch nur ein Rahmenkonzept sein. Um die Frage zu beantworten, wie Führungsprinzipien und Strukturen im individuellen Fall zu gestalten sind, muss jeder Großanlagenbauer zuerst sein „Stärken-Schwächen-Profil" erstellen: Welche Herausforderungen eines Großanlagenbauprojektes werden gut und welche Herausforderungen werden weniger gut erfüllt? Im Anschluss können dann jene Innovationsarten bestimmt werden, die den größten Wertbeitrag versprechen, um schließlich die Führungsprinzipien und Strukturen entsprechend zu spezifizieren. Mit diesem Intrapreneurshipkonzept für den DGAB besteht nicht nur eine Alternative zum klassischen Innovationsmanagement, sondern auch eine Möglichkeit, dem Wandel der Branche[209] und dem Selbstverwirklichungsstreben[210] der Mitarbeiter proaktiv Rechnung zu tragen.

Literaturverzeichnis

Antoncic, Bostjan und Hisrich, R. D. (2001): Intrapreneurship: Construct Refinement and Cross-Cultural Validation, in: Journal of Business Venturing, Vol. 16, Issue 5, 2001, S. 495–527.

Backhaus, K. (1997): Industriegütermarketing, 5. Aufl., München, 1997.

Bitzer, Marc (1991): Intrapreneurship – Unternehmertum in der Unternehmung, Stuttgart, 1991.

Burgelman, R. A. (1983a): Corporate Entrepreneurship and Strategic Management: Insights from a Process Study, in: Management Science, Vol. 29, Issue 12, 1983a, S. 1349–1364.

Burgelman, R. A. (1983b): A Process Model of Internal Corporate Venturing in the Diversified Major Firm, in: Administrative Science Quarterly, Vol. 28, Issue 2, 1983b, S. 223–244.

Burgelman, Robert A. (1985): Managing the New Venture Division: Research Findings and Implications for Strategic Management, in: Strategic Management Journal, Vol. 6, Issue 1, 1985, S. 39–54.

Draeger-Ernst, Anne (2003): Vitalisierendes Intrapreneurship. Gestaltungskonzept und Fallstudie, München, Diss., 2003.

Drucker, Peter F. (1985): Innovations-Management für Wirtschaft und Politik, Düsseldorf, 1985.

---

209 Vgl. Gleich et al. (2005a).
210 Vgl. Bitzer (1991), S. 9.

Gleich, Ronald / Müller, Michael / Kämmler, Andrea / Sauter, Ralf und Staudinger, Michael (2005a): Managementherausforderungen im Großanlagenbau, o. O., 2005a.

Gleich, Ronald / Müller, Michael / Kämmler, Andrea und Staudinger, Michael (2005b): Managementherausforderungen im Großanlagenbau, in: Zeitschrift für den wirtschaftlichen Fabrikbetrieb, 100. Jg., 4. H., 2005b, S. 182–186.

Guth, W. D. und Ginsberg, A. (1990): Guest Editor's Introduction: Corporate Entrepreneurship, in: Strategic Management Journal, Vol. 11, Issue 4, 1990, S. 5–15.

Halbleib, M. (2000): Claim-Management – Eine Konzeption für die Beschaffung großindustrieller Anlagen als Referenzobjekte investiver Kontraktleistungsbündel, Frankfurt a. M., 2000.

Hisrich, Robert D. und Peters, Michael P. (2002): Entrepreneurship, 5. Aufl., Boston et al., 2002.

Ilgen, Alexander (2001): Wissensmanagement im Großanlagenbau. Ganzheitlicher Ansatz und empirische Prüfung, Wiesbaden, Diss., 2001.

Kaufmann, Jens (2003): Intrapreneuring: Gestaltungsansätze von Instrumenten ausgewählter personalwirtschaftlicher Funktionsbereiche, Frankfurt, Diss., 2003.

Marcus, Melissa H. und Zimmerer, Thomas W. (2003): A Longitudinal Study of the Impact of Intrapreneurial Programs in Fortune 500 Firms, in: Journal of Management Research, Vol. 3, Issue 1, 2003, S. 11–22.

Neugebauer, Lorenz (1997): Unternehmertum in der Unternehmung, Göttingen, Diss., 1997.

Pinchot, Gifford (1985): Intrapreneuring: Why You Don't Have to Leave the Corporation to Become an Entrepreneur, New York, 1985.

Pinchot, Gifford (1988): Intrapreneuring. Mitarbeiter als Unternehmer, Wiesbaden, 1988.

Pinchot, Gifford und Pellman, Ron (1999): Intrapreneuring in Action. A Handbook for Business Innovation, San Francisco, 1999.

Süssmuth Dyckerhoff, Claudia (1995): Intrapreneuring. Ein Ansatz zur Vitalisierung reifer Groß-Unternehmen, Diss., 1995.

VDMA, Arbeitsgemeinschaft Großanlagenbau (2005): Lagebericht 2004: Rekord im Ausland – Investitionsschwäche im Inland, Frankfurt am Main, 2005.

Wunderer, Rolf (1996): Entwicklung von Arbeitnehmern zu Mitunternehmern, in: Elschen, R. (Hrsg.): Unternehmenssicherung und Unternehmensentwicklung, Stuttgart, 1996, S. 33–52.

Wunderer, Rolf (1999): Mitarbeiter als Mitunternehmer – ein Transformationskonzept, in: Wunderer, Rolf (Hrsg.): Mitarbeiter als Mitunternehmer. Grundlagen, Förderinstrumente, Praxisbeispiele, Neuwied, Kriftel, 1999, S. 22–58.

Zahra, Shaker A. (1991): Predictors and financial outcomes of corporate entrepreneurship: an exploratory study, in: Journal of Business Venturing, Vol. 6, Issue 4, 1991, S. 259–285.

Zahra, Shaker A. (1995): Corporate entrepreneurship and financial performance: The case of management leveraged buyouts, in: Journal of Business Venturing, Vol. 10, Issue 3, 1995, S. 225–247.

Didaktische Datenbanken – Instrumente arbeitsplatznahen Lernens

von Theo Hülshoff[211]

1 Vorwort

Didaktik ist die Kunst, natürliche Lernprozesse von Menschen zu gestalten. Datenbanken sind elektronisch organisierte Medien, die dazu dienen, digitalisierte Informationen zu speichern. In diesem Sinne sind Datenbanken Instrumente, die im Rahmen komplexer didaktischer Prozesse einen begrenzten Stellenwert haben. Sie sind vorzügliche Speichermedien für multimedial verfasste Informationen. Sie haben insofern keinen „Eigenwert". Es hängt vielmehr von der didaktischen Philosophie, den kreativen Kräften der an dem Lernprojekt Mitwirkenden, die für die Gestaltung von Lernprozessen aufgewendet werden können, ab, welchen Beitrag Didaktische Datenbanken für die Entwicklung und Förderung der Handlungskompetenzen von Menschen in beruflichen und außerberuflichen Aufgabenfeldern leisten können. Dieser Gedankengang soll deutlich machen, dass oftmals vorgetragene allzu optimistische Prognosen über die didaktischen Chancen und mögliche Lerneffekte elektronischer Medien, die unter dem Stichwort „e-Learning" zusammenzufassen sind, in kritischer Sicht einer Lernphilosophie, die sich an der „Lernnatur" des Menschen orientiert, nicht zutreffend sein können und – wie viele praktische Erfahrungen und systematische Evaluationen zeigen – nicht zutreffend sind.

211 Univ.-Prof. Dr. Theo Hülshoff ist emeritierter Professor für Allgemeine Didaktik, Betriebspädagogik und Leadership an der Universität Koblenz-Landau und Vorstandsvorsitzender der Leadership-Kultur-Stiftung Landau.

2 Das Instrument der Didaktischen Datenbank

2.1 Was ist eine „Didaktische Datenbank"?

Didaktische Datenbanken

- vernetzen Arbeits- und Lernprozesse. Arbeitsplätze werden zu Lernplätzen,
- sind intelligente Medien ganzheitlicher Vermittlung beruflicher Handlungskompetenz,
- sind Werkzeuge selbstgesteuerten und selbstverantwortlichen Lernens,
- sind Schnittstellen zu anderen IT-Medien oder zu integrierten Modulen,
- werden von den Ausbildern und Auszubildenden selbst entwickelt und aktualisiert,
- verändern die Rolle des Ausbilders: Die Rolle des „Beibringers" verändert sich zur Rolle des „Coach",
- sind „computergesteuerte Wissensmanagement-Systeme von unten",
- werden von den „Experten" vor Ort befüllt,
- halten das „Know-how" im Unternehmen,
- sind Medien, mit denen die natürlichen Formen des Lernens nicht abgeschafft, sondern unterstützt werden.

Menschen lernen am besten, indem sie handeln, und indem sie handeln, lernen sie. Dieser Grundsatz gilt in allen menschlichen Lebensphasen. So entwickeln Menschen, die über einen längeren Zeitraum komplexe berufliche Aufgaben bearbeiten, in der Regel eine zunehmende individuelle „Handlungskompetenz". In einer ersten Annäherung an die Bedeutung „Didaktischer Datenbanken" geht es darum, diese individuell erworbenen Handlungskompetenzen über das Medium einer „Datenbank" anderen zugänglich zu machen. Hierbei orientieren wir uns an den konkreten Arbeitsabläufen in bestimmten beruflichen Handlungsfeldern. Jeder Arbeitsprozess besteht aus einer zeitlichen Abfolge von einzelnen Arbeitsschritten, „workflow" genannt. Arbeiten und Lernen sind bekanntlich zwei vernetzte Phänomene. Vor diesem Hintergrund liegt es geradezu auf der Hand, mit dem „workflow" einen „learnflow" systematisch zu verbinden. Diese systematische Phänomenkombination ist die entscheidende lernphilosophisch vermittelte „Architektur" der Didaktischen Datenbank.

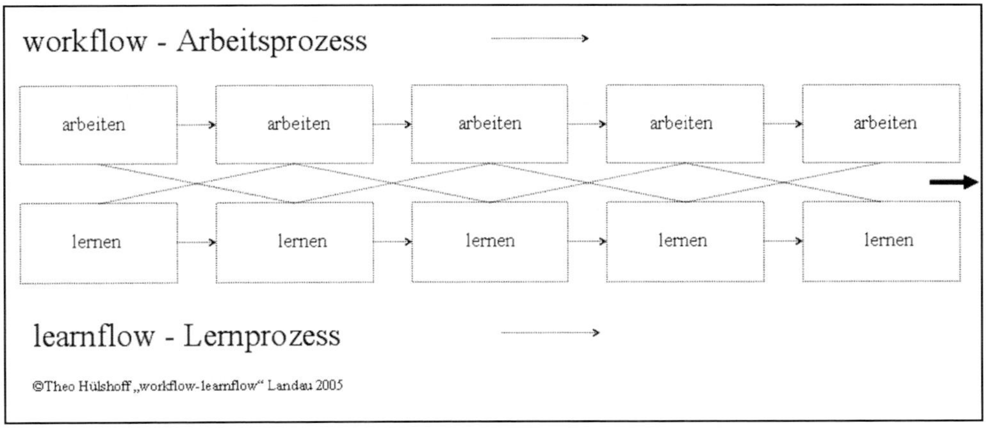

Abb. 1: Arbeits- und Lernprozess.

Die räumliche und strukturelle Anordnung Didaktischer Datenbanken folgt der räumlichen und strukturellen Anordnung und Organisation der jeweiligen Arbeitsprozesse. Über einen „Server“ sind die arbeitsplatznahen Computer miteinander vernetzt. Der Arbeitende hält im Arbeitsprozess „Sichtkontakt“ mit seiner Didaktischen Datenbank, aus der er alle notwendigen Informationen zum arbeitsplatzbezogenen „Work- und Learnflow“ jederzeit situativ und anschaulich abrufen kann.

Die Idee von Didaktischen Datenbanken gründet sich auf drei Säulen:

- Säule 1: Mitarbeiterinnen und Mitarbeiter entwickeln am Arbeitsplatz ihre Handlungskompetenz systematisch und kontinuierlich weiter.
- Säule 2: Sie nutzen ein elektronisches Medium in Sichtkontakt am Arbeitsplatz.
- Säule 3: Sie evaluieren sich selbst in ihrem ganzheitlichen Lern-Prozess.

Als Instrumente ganzheitlichen Lernens fördern Didaktische Datenbanken selbstgesteuertes, selbstverantwortliches Lernen. Das, was jemand an Handlungskompetenzen entwickelt hat bzw. benötigt, um die ausgewählten Tätigkeiten sachgerecht ausführen zu können, wird den einzelnen Arbeitsschritten visuell zugeordnet. Die relationale Struktur der Datenbank eröffnet den Nutzern flexible Möglichkeiten, alle denkbaren Arbeitsabläufe und die entsprechenden Handlungskompetenzen zu dokumentieren und fortlaufend zu ergänzen.

Das entscheidende Didaktische Prinzip ist hierbei die präzise Kompetenzfrage, die den Nutzern der Didaktischen Datenbank die Chance eröffnet, die in der Datenbank bereits „gespeicherten“ Informationen über tätigkeitsspezifische Vorgehensweisen durch eigene

Vorstellungen und Erfahrungen zu ergänzen. Im Gegensatz zu vielen theoretischen und konzeptionellen Ansätzen im so genannten „Wissensmanagement“, steht bei der Entwicklung Didaktischer Datenbanken der „Experte am Arbeitsplatz“ mit seinen individuell erworbenen „Handlungskompetenzen“ im Mittelpunkt. Es handelt sich demnach um ein System von „Wissensmanagement“, besser: „Knowledgemanagement von unten“, d. h. aus der Perspektive der konkret Handelnden.

Die Didaktische Datenbank verfügt über drei Zugangsebenen:

- Ebene 1: „User“ können alle Informationen nutzen und neue in dafür vorgesehene Datenfelder eingeben.
- Ebene 2: Führungskräfte können spezifische Veränderungen durchführen und aktuelle Informationen vermitteln.
- Ebene 3: Administratoren haben Zugriff auf alle Dokumente, Funktionen und Strukturen der Datenbank, um diese regelmäßig zu pflegen.

Der jeweilige Zugang wird über Passwörter gesteuert.

2.2 Lernkultur von Didaktischen Datenbanken

Didaktische Datenbanken sind Instrumente ganzheitlichen Lernens am Arbeitsplatz, dienen der Entwicklung individueller Handlungskompetenzen und fördern unternehmensspezifische Lernkulturen.

Uns Menschen kennzeichnet die Fähigkeit, individuell, begabungsorientiert zu lernen, d. h. Handlungskompetenzen für konkrete Aufgabenstellungen zu entwickeln. Menschen sind also von Natur aus lernfähig, sie verfügen über alle Ressourcen, um komplexe Lernprozesse aufgaben- und situationsspezifisch zu initiieren und weiterzuentwickeln.

Das „dreidimensionale“ didaktische, kulturübergreifende Grundmodell menschlichen Lernens besteht in dem handlungsorientierten Zusammenwirken dreier typisierter Lern-Rollen: Meister, Geselle, Lehrling. Dieses didaktische Konzept ist seit Menschengedenken das erfolgreichste in allen bedeutsamen Kulturen, die sich über Jahrhunderte hinweg über diesen Lern-Rollen-Typus erhalten konnten, indem sie ihre traditionellen, kulturspezifischen Handlungskompetenzen weitervermittelten. Eine entscheidende Voraussetzung für die Entwicklung von Didaktischen Datenbanken ist demnach die Organisation von Kleingruppenarbeit und Teamarbeit, um dieses „dreidimensionale“ didaktische Konzept lernkulturell zu nutzen.

2.3 Lernen durch Handeln, aus Fehlern

Wir Menschen lernen von Kindesbeinen an das meiste durch Handeln, bei dem wir in der Regel auch Fehler machen. So lernen wir Laufen durch Hinfallen, also gleichsam durch Fehler. Die im konkreten beruflichen Handeln entwickelte individuelle Handlungskompetenz, die individuellen Erfahrungen, werden über die Didaktischen Datenbanken gesichert und für andere verfügbar gemacht.

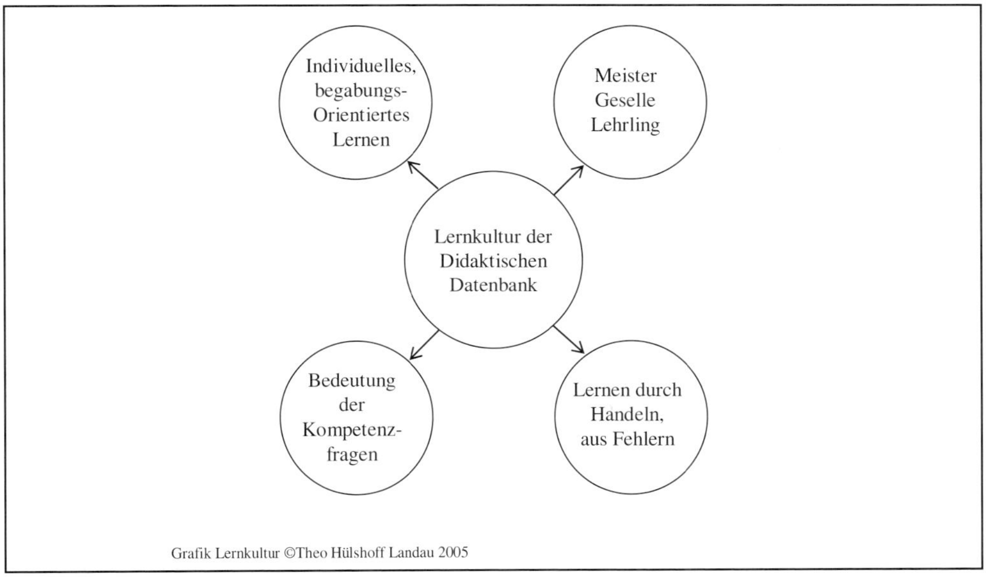

Abb. 2: Lernkultur der Didaktischen Datenbank.

2.4 Bedeutung der Kompetenzfragen

Um Gelerntes zu reflektieren, werden in der Didaktischen Datenbank für den Nutzer Fragen zu den einzelnen Kompetenzen angeboten. Fragen sind „natürliche" Anreize, individuelle Antworten zu finden. Das Finden von Antworten wird durch konkretes Ausprobieren und Handeln gefördert. Die Antworten können mit dem Lernbegleiter ausgewertet werden. Über diesen Weg entwickeln sich individuelle Handlungskompetenzen. Im Gegensatz zur so genannten Lernziel-Didaktik, bei der „Lernziel-Antworten" in Form von Aussagesätzen im Mittelpunkt stehen, sind tätigkeitsbezogene, situative Kompetenzfragen, die sich auf den jeweiligen „workflow" beziehen, eine didaktisch-instrumentelle Säule im Rahmen der Organisation Didaktischer Datenbanken und deren Lernkultur.

2.5 Der Mensch lernt ganzheitlich

- Lernen zu planen und zu organisieren setzt vielfältige Einsichten und Kenntnisse über das Wesen des Menschen und seine personale Entwicklung voraus.
- Die personale Entwicklung ist als fundamentaler, unaufhörlicher, ganzheitlicher Lernprozess zu deuten. Ganzheitlich deshalb, weil alle Kräfte menschlichen Geistes auf Entwicklung und Entfaltung, auf ein zunehmendes Existieren hin angelegt sind.
- Dieses Sein und Werden des Menschen vollzieht sich in Situationen.
- Pädagogisch zu handeln heißt, Rahmenbedingungen dafür zu schaffen, dass pädagogische Situationen sich ereignen können.
- Ganzheitlich und personal lernend ist der Mensch nicht Objekt, sondern Subjekt seiner Persönlichkeitsentwicklung.
- Einer der wichtigsten Indikatoren für den Entwicklungsstand de jeweiligen Unternehmenskultur ist die Lernkultur: Sage mir, welche Lernkultur ihr habt, und ich sage dir, welche Unternehmenskultur sich bei euch entwickelt hat.
- An der Lernkultur zeigt sich, ob die Führungskräfte bereit und in der Lage sind, die Potenziale der Mitarbeitenden zu entdecken, um sie durch Lernen zu fördern und dadurch einen wesentlichen Beitrag zum unternehmerischen Erfolg zu leisten.
- Dieser personale Entwicklungsprozess muss im betrieblichen Umfeld unter den Kriterien von arbeitsplatzbezogenen Anforderungsprofilen, in denen Fach-, Methoden-, soziale/kommunikative und personale Kompetenzen ihren Ort haben, organisiert werden. „Lernaufgaben“ lassen sich auf der Grundlage von arbeitsplatz- und berufsbezogenen Anforderungsprofilen entwickeln.

Was hindert uns daran, „ganzheitlich“ zu lernen?

Die einseitige, auf das abprüfbare Wissen ausgerichtete „Lernkultur“ in unserer Gesellschaft.

Der einseitige, auf die kognitive Informationsverarbeitung ausgerichtete Lernbegriff.

Das funktionale „Maschinendenken“ in Wirtschaft, Industrie und Wissenschaft.

2.6 Das Handlungskompetenzmodell

In der gegenwärtigen lerntheoretischen und didaktischen Diskussion steht erneut die zentrale Frage im Mittelpunkt, wie durch eine institutionelle Lernorganisation bei der jeweiligen Zielgruppe Handlungskompetenz im beruflichen und außerberuflichen Lebensbereich gefördert werden kann. Handlungskompetent ist ein Mensch, der in konkreten Situationen Tätigkeiten in der Weise ausführen kann, dass er selbst und entsprechende Experten mit den gezeigten Leistungen zumindest zufrieden gestellt sind.

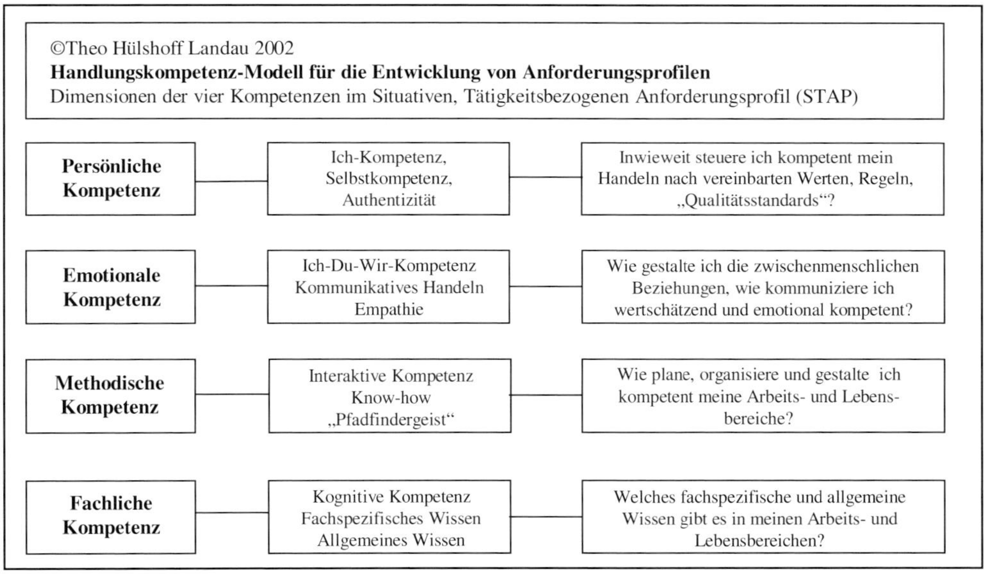

Abb. 3: Handlungskompetenzmodell für die Entwicklung von Anforderungsprofilen.

Unübersehbar ist schulisches Lernen auf allen Ebenen wissensorientiert. Es ist der im Zuge der Aufklärungsepoche des 17. und 18. Jahrhunderts grundgelegte, überstiegene „Glaube an die Vernunft“ und zugleich der „Glaube an das empirisch Messbare“, der eine grenzen- und kritiklose Wissenschaftsgläubigkeit bedingte, einen tiefen Glauben an die Allmacht des Wissens, das nach vernunftgemäßen, positivistisch gesetzten Spielregeln wissenschaftstheoretischer Konzepte erworben, geordnet, vermehrt wurde.

Auf der einen Seite entstanden hierdurch in vielen Lebensbereichen unübersehbare, ungeahnte, fortschrittliche, moderne, naturwissenschaftliche und technische Entwicklungsschübe in immer kürzer werdenden Zeiträumen. Auf der anderen Seite hat diese augenscheinlich faszinierende Faktizität des Fortschritts zu einer grenzen- und kritiklosen Wissensgläubigkeit geführt: Gebildet ist der Mensch in dem Maße, wie er wissenschaftlich legitimiertes Wissen im Kontext der jeweiligen Fachdisziplin reproduzierbar gedächtnismäßig verarbeitet hat. Schulen, insbesondere höhere Schulen und Universitäten entwickelten sich folgerichtig und vornehmlich zu Institutionen der Wissensvermittlung. Sie „qualifizieren" Auszubildende, Schüler und Studierende für zukünftiges lebensgeschichtliches und berufliches Handeln dadurch, dass sie ihnen nach definierten wissenschaftlichen Regeln erarbeitetes Wissen über umgrenzte Ausschnitte von Wirklichkeit mit dem Anspruch höchster Aktualität didaktisch zu vermitteln suchen. Nun zeigen bereits einfache, geläufige Lebenssituationen, wie etwa das Fahrrad- oder Autofahren, dass ein noch so umfassendes gedächtnismäßig abrufbares und wissenschaftlich legitimiertes „Wissen" über alle denkbaren und tatsächlichen Vorgänge und Abläufe in diesen Handlungsfeldern völlig unzureichend ist, um als „handlungskompetenter" Fahrrad- oder Autofahrer gelten zu können.

„Handlungskompetenz" umfasst also neben dem „Wissen" (der fachlichen Kompetenz), das ich für eine bestimmte Tätigkeit benötige, auch die Fähigkeit, dieses „Wissen" in die „Tat" umsetzen zu können (die Methodenkompetenz). Auf die Grundlage eines fachlichen Durch- und Überblicks handeln zu können, bedeutet jedoch, dass ich zudem fähig und bereit bin, mit anderen zusammenzuarbeiten, mit anderen zu kommunizieren (Emotionale Kompetenz). Selbst dieses Wissen (Fachliche Kompetenz), dieses „Umsetzenkönnen" (Methodenkompetenz) und dieses „Umgehenkönnen" mit anderen (Soziale oder Emotionale Kompetenz) reicht noch nicht aus, um eine Tätigkeit „handlungskompetent" ausüben zu können: Dazu bedarf es in meinem Ich oder Selbstkonzept einer mich prägenden und orientierenden Identifikation mit grundlegenden Werten und Überzeugungen, der Persönlichen Kompetenz. Diese ist geradezu das Fundament aller übrigen Kompetenzen. Es kann beispielsweise jemand ein noch so guter Fachmann in einem Handlungsbereich sein, fehlt es ihm an einer starken Verinnerlichung von ethischen Grundwerten und Überzeugungen, wird er trotz seines fachlichen Expertentums nicht davor geschützt sein, in konkreten Situationen verantwortungslos oder unzuverlässig zu sein. Dem Konzept der Handlungskompetenz folgt das Konzept des ganzheitlichen Lernens.

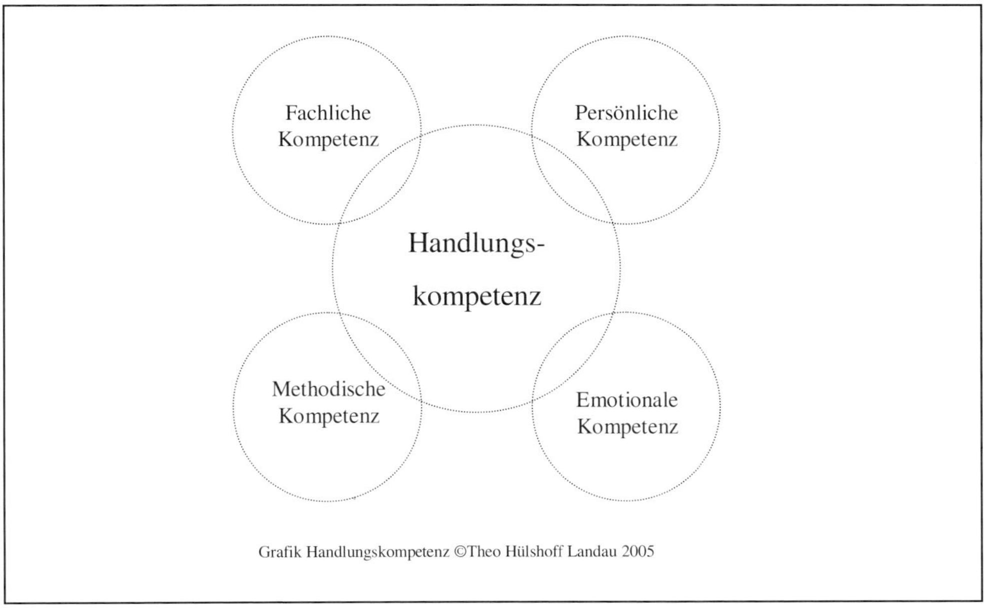

Abb. 4: Handlungskompetenz.

„Ganzheitlich“ kann ein Lernen nur dann genannt werden, wenn es die Entwicklung der vier Kompetenzen insgesamt fördert. Die individuelle Gestaltung von Lebens- und beruflichen Situationen setzt grundsätzlich individuelle Handlungskompetenz voraus.

Hier könnte eingewandt werden, dass das ganzheitliche Lernen nicht notwendigerweise als ein in sich geschlossener Prozess verstanden werden muss, dass das „Wissen“ (die Fachkompetenz) dem Anwenden des Wissens (der Methodenkompetenz) nicht nur zeitlich, sondern auch logisch vorausgehen müsse. Diese Annahme hält einer sorgfältigen Nachprüfung im alltäglichen Leben nicht stand: Es ist das praktische Tun und Handeln, die „Erfahrung“ durch „Versuch“ und „Irrtum“, das „Lernen aus Fehlern“, die „correctio fraterna“, die „brüderliche Zurechtweisung“ durch vertraute Freunde und Kollegen, die einen tief greifenden Lernprozess im Menschen auslösen können.

2.7 Handlungskompetenzmodell und Anforderungsprofil

Das Handlungskompetenzmodell ist die theoretische Grundlage für die Entwicklung von Anforderungsprofilen. Um angesichts konkreter Aufgabenstellungen und Tätigkeiten handlungskompetent zu sein, müssen in der Regel vierdimensional organisierte Lernprozesse durchlaufen worden sein. Diese fachlichen, methodischen, sozialen und persönlichkeitsbezogenen Kompetenzen stellen potenzielle Handlungsleistungen des jeweiligen Menschen dar, die er in konkreten Situationen, die kompetentes Handeln erforderlich machen, aktivieren kann.

Für die didaktische, pädagogische und konzeptionelle Planung von individuellen und ganzheitlichen Lernprozessen ergibt sich auf dieser theoretischen Basis die Möglichkeit, im Vorhinein Anforderungsprofile z. B. für bestimmte berufliche Aufgabenfelder zu entwickeln.

2.8 Die Ankerplatztheorie und die Theorie der Netzbilder

Der Schweizer Psychologe, Biologe und Philosoph Jean Piaget und der Amerikaner David Ausubel sind die geistigen Väter einer Theorie, die die Frage klärt, wie es gelingen kann, eine Information für andere Menschen verständlich zu machen. Schon der Begriff „Ankerplatz" weist auf den entscheidenden Punkt hin: Wie wird eine Information in unserem Geist, unserem Gedächtnis „festgemacht", „verankert"? Unter welchen Bedingungen können wir überhaupt etwas Neues, uns bisher Unbekanntes „verstehen" und „begreifen"? Diese Frage ist für jeden, der Informationen zu vermitteln hat, von entscheidender Bedeutung. Der Erfolg seiner Bemühungen hängt davon ab, inwieweit es ihm oder den Lernenden selbst gelingt, neue Informationen im Gedächtnis zu verankern. Piaget und Ausubel kommen aufgrund ihrer intensiven Forschungsarbeiten, die in allen wichtigen Kulturen dieser Welt vornehmlich an der geistigen Entwicklung von Kindern überprüft wurden, zu dem Schluss, dass eine neue Information nur dann auf Dauer behalten und „verstanden" werden kann, wenn sie an einer bereits im Gedächtnis vorhandenen Information „verankert" werden kann.

Die ersten Ankerplätze des Menschen sind angeboren, sie begründen das, was wir die Lernfähigkeit des Kindes nennen. In den vergangenen zehn Jahren ist die Ankerplatztheorie in unerwarteter Weise durch Erkenntnisse und Ergebnisse der Gen- und Hirnforschung bestätigt worden. Das neugeborene Kind verfügt bereits über unzählige datenbankähnliche Informationsbestände, die bereits dem heranwachsenden Säugling als sinnvolle Orientierungs- und Verknüpfungspunkte dienen, wenn er beginnt, sich mit seiner Lebensumwelt lernend auseinander zu setzen. Wir lernen mit und in einem Medium, das wir in unserer Kulturgeschichte Geist nennen. Geist ist eine Kraft oder Energie, die von einem „Ordnungsprinzip" (vergleichbar mit einem „Betriebssystem", der Steuerung eines Computers) geleitet wird.

Dieses, alle Verarbeitungsprozesse von Informationen steuernde „Regelwerk" des Geistes lässt sich in den folgenden sechs Punkten grob zusammenfassen:

- Eine neue Information kann nur dann „verstanden“, „behalten“ und im Gedächtnis auf Dauer verankert werden, wenn sie an einer bereits im Gedächtnis vorhanden Information „festgemacht“ werden kann.
- Die im Gedächtnis vorhandene Information, an der die neue fest „verankert“ werden soll, muss mit dieser „sinnverwandt“ oder „bedeutungsähnlich“ sein. So kann z. B. der technische Ausdruck „Schiebe-Hebe-Dach“ als Einrichtung eines Autos nur dann im Gedächtnis eines Menschen gespeichert werden, wenn dieser weiß, was folgende Begriffe bedeuten: „Schieben“, „Heben“ und „Dach“. Mit diesen vorhandenen, „verankerten“ Vorstellungen kann der neue technische Fachausdruck „Schiebe-Hebe-Dach“ „verknüpft“ werden.
- Jede „verankerte“ Information kann selbst zukünftig Ankerplatz für neue „passende“, d. h. sinnverwandte oder bedeutungsähnliche Informationen sein. Der Aufbau des Gedächtnisses verläuft nach dem „Schneeballprinzip“: Je mehr Informationen im Gedächtnis sinnvoll in vorhandene Strukturen eingebunden wurden, desto umfassender können neue geistige Bedeutungselemente und Sinnzusammenhänge gegenwärtig und zukünftig neu erarbeitet werden.
- Erkannte und begriffene Kenntnisse, Fertigkeiten, Fähigkeiten, Einsichten und Erfahrungen werden in der Eigendynamik des Geistes zu „Bedeutungsfamilien“ zusammengefasst. Diese nennen wir auch geistige Strukturen oder vernetzte geistige Systeme des Menschen.
- Diese geistigen Prozesse laufen nach natürlichen, dem menschlichen Geist angeborenen „Spielregeln“ ab, die wir auch „logische“ Regeln nennen können. So fasst unser Gedächtnis selbsttätig wie über Nacht verankerte Informationen zu Begriffen und Bedeutungsfamilien zusammen, die in höheren Ebenen unserer Vernunft in „Superzeichen“ verdichtet werden. Denn unsere geistigen Aktivitäten verteilen sich über mehrere Ebenen: Im unteren Bereich befinden sich die „konkreten“ Informationen, die in einer direkten Beziehung zur menschlichen Sinneswahrnehmung stehen. In den „höheren Etagen“ werden die gespeicherten Informationen abstrakter. Sie verdichten geradezu alle die Bedeutungen und Vorstellungen, die von Kindesbeinen an „begriffen“ wurden. Je höher eine „Bedeutungsfamilie“ abgespeichert wird, desto wertvoller ist sie für unsere geistigen Aktivitäten insgesamt.
- Dieser Prozess der „Verankerung“ neuer Einsichten und Kompetenzen wird entscheidend dadurch gefördert, dass der lernende Mensch sich als ein handelnd Lernender versteht, der nach Maßgabe seiner angeborenen Grundgrammatik der Informationsverarbeitung und der Handlungskompetenz-Entwicklung sich von neuen Aufgaben situativ herausgefordert fühlt, um sie mit Aussicht auf Erfolg zu bearbeiten.

2.9 Lernen als anschauliches Strukturieren von Informationen

Die Netzbild-Methode

Die Ankerplatztheorie hat uns angeregt, eine Methode zu entwickeln und zu beschreiben, mit der wir Informationen so aufbereiten können, dass sie den bekannten logischen Spielregeln unseres Gedächtnisses entsprechen. Wir nennen dieses Verfahren „Netzbildmethode".

Wenn Informationen didaktisch aufbereitet werden sollen, müssen wir Spielregeln zugrunde legen, nach denen unser Gedächtnis grundsätzlich Informationen verarbeitet, speichert, vernetzt, strukturiert, in Form von Netzbildern im Bewusstsein abbildet.

Die Netzbildmethode baut auf die von dem griechischen Philosophen Aristoteles in seiner „Logik" beschriebenen grundlegenden Denkformen des Menschen auf. Diese sechs Regeln des Denkens wurden in allgemeine bildliche Darstellungen überführt. Der Begriff „Netzbildmethode" meint also ein Verfahren der bildlichen Darstellung von miteinander verbundenen, vernetzten, nach logischen Spielregeln strukturierten Informationen. Wir nutzen diese bildlichen Darstellungen, um in Didaktischen Datenbanken Arbeits- und Lernprozesse anschaulich zu strukturieren.

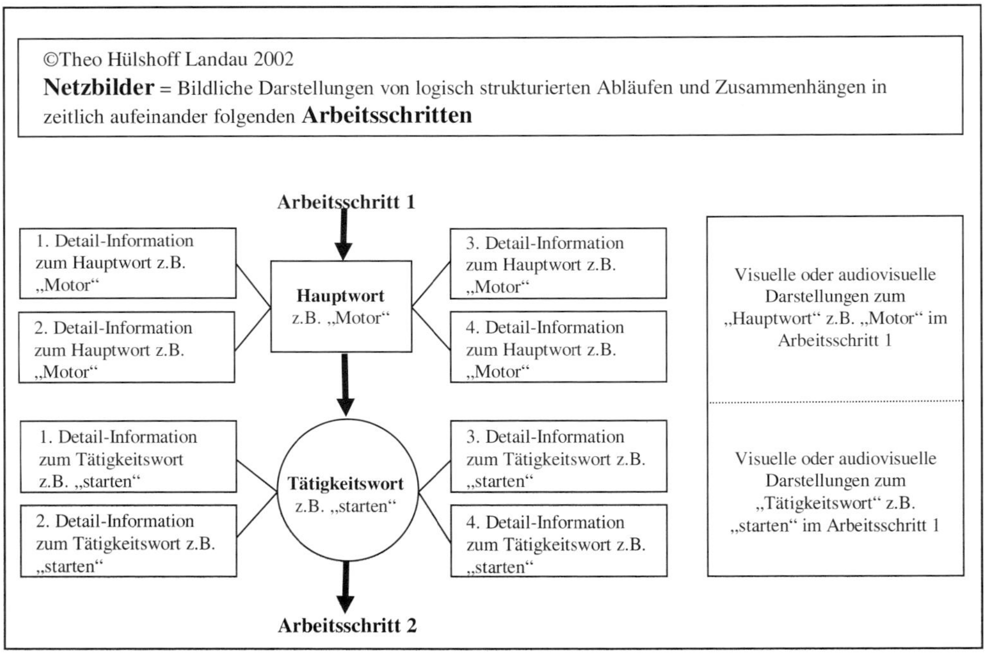

Abb. 5: Netzbilder.

Ein entscheidender Vorteil dieser Methode besteht darin, dass neben den abstrakten, logisch analytischen Denkformen des Menschen auch die menschliche Fähigkeit zur geistigen Anschauung komplexer Zusammenhänge berücksichtigt wird. Auf der einen Seite wird der Lernstoff logisch, analytisch-sprachlich, auf der andern Seite bildlich, nichtsprachlich gestaltet, nach Formen und Farben dargestellt.

Den unterschiedlichen Zielgruppen kommen netzbildartige Darstellungen, die durch konkrete Strichzeichnungen oder professionell gestaltete Computergrafiken ergänzt werden, in ihrer natürlichen Wahrnehmungs-, Denk- und Lernstruktur zugute. Auffallend ist, dass die bildlich verfassten logischen Regeln unseres Denkens, die wir in typischen Netzbildformen abbilden können, weitgehend ohne ausformulierte sprachliche Sätze, also im Wesentlichen ohne Sprache, zur Anwendung kommen.

3 Thesen zum Zusammenhang von „Bildung“, „Erziehung“, „Persönlichkeitsentwicklung“ und Führungskultur im Unternehmen

- Unternehmen sind soziale Organisationen, die sich am Markt behaupten müssen, um ihre wirtschaftliche Existenz zu sichern. Es hängt von dem betrieblich und unternehmerisch akzeptierten Menschenbild ab, wie erfolgreich die wirtschaftliche Existenz am Markt behauptet werden kann.
- Es hängt auch von der Art der Produkte und/oder der Dienstleistungen ab, welche Philosophie der Bildungsarbeit und Personalentwicklung in einem Unternehmen maßgebend sein soll. Dies ist nicht allein eine Frage der betrieblich erforderlichen fachlichen und methodischen Kompetenzen, sondern vornehmlich auch der unternehmensspezifischen sozialen/kommunikativen und personalen Kompetenzen.
- Die Begriffe „Bildung“, „Erziehung“, „Persönlichkeitsentwicklung“ lassen sich nur dann klären, wenn ein philosophischer/betriebspädagogischer Konsens gefunden werden kann in der Frage, was unter „geistigen Aktivitäten“ des Menschen verstanden werden soll. Das Verständnis der „Geist-Natur des Menschen“ bildet die entscheidende Grundlage für die Entwicklung von unternehmensspezifischen Bildungskonzepten.

- Unter „Bildung“ ist das „Sich-heraus-bilden“ individuell angelegter Potenziale und „Begabungen“ zu verstehen. Die im Menschen angelegten geistigen Kräfte und Ideen nehmen im Verlaufe der individualgeschichtlichen Entwicklung bildhafte Gestalt an. Dieser Prozess wird nur unzulänglich verlaufen können, weil die äußeren Bedingungen für die Organisation dieser Bildungsprozesse in der Regel nicht ideal zu nennen sind. Unter „Erziehung“ ist ein lebenslang verlaufender Prozess der Verinnerlichung von Werten, Einstellungen, Überzeugungen und Regeln zu verstehen, die sich mit sittlichen Orientierungsmustern verbinden und die in den jeweils individuellen, persönlichen Lebenskreisen, den beruflich-betrieblichen und den kulturell-gesellschaftlichen Wirklichkeitsbereichen wahrnehmbar vorgelebt oder kommunikativ vermittelt werden.
- Entscheidende Impulse für die professionell geplante Organisation betrieblichen und unternehmerischen Lernens („Lernendes Unternehmen“) ergeben sich aus der bilanzierenden Betrachtung der Differenz von der jeweiligen „Unternehmensphilosophie“ und der „Unternehmenskultur“. Bildungskonzepte eines Unternehmens, die in engem Zusammenhang stehen mit dem Personalentwicklungssystem, haben die Aufgabe, die jeweilige Philosophie des Unternehmens in die Kultur zu übertragen. Die Qualität von Bildungskonzepten bestimmt die Qualität der Unternehmenskultur.
- Sage mir, welche Lernkultur sich in eurem Unternehmen entwickelt hat, und ich sage dir, welche Unternehmenskultur sich entwickeln konnte.

Akteure im Innovationsmanagement

von Hans Georg Gemünden[212] und Katharina Hölzle[213, 214]

1 Einleitung

Die Entstehung und Durchsetzung von Innovationen ist kein punktueller Akt, sondern ein Zeit, Geld und Kraft verbrauchender Prozess, der durch geeignete finanzielle, organisatorische und personelle Maßnahmen des Unternehmens unterstützt und gefördert, aber keineswegs gesichert wird. Das Innovationsmanagement hat hierbei die Aufgabe, die zielgerichtete Kombination dieser Ressourcen sicherzustellen und durch den Aufbau von geeigneten Strukturen eine größtmögliche Erfolgswahrscheinlichkeit zu erreichen.[215] Insbesondere innovationsorientierte Unternehmen befinden sich in einem permanenten Zwiespalt, wie einerseits operative Stabilität und andererseits innovative Dynamik miteinander verbunden werden können.[216] Jürgen Hauschildt fordert in diesem Zusammenhang: „Es sind außer strategischen Absichtserklärungen immer auch konkrete organisatorische Regeln aufzustellen, um die Konflikte zwischen Innovation und Routinehandeln zu lösen, so dass der laufende Betrieb die Innovationstätigkeit nicht dominiert – wie auch umgekehrt."[217] Die Unternehmensleitung muss entscheiden, wie die Innovationstätigkeit innerhalb (und außerhalb) der Organisation verankert werden soll und welche organisatorischen Konsequenzen sich daraus ergeben. Grundsätzlich kann zwischen einer streng regelorientierten und bürokratischen Organisationsform und einer flexiblen und offenen Organisationsform unterschieden werden.[218] Kennzeichen der mechanistischen Organisationsform sind klar gegliederte Ziele, präzise Stellenbeschreibungen, Zentralisierung der Entscheidungen, Loyalität und Gehorsam. Hauptziel dieser Form ist die effektive und effiziente Bewältigung von Routinetätigkeiten. Dem gegenüber steht die organische Organisation, die insbesondere in einer dynamischen Umwelt auftritt. Ihre Kennzeichen

---

212 Univ.-Prof. Dr. Hans Georg Gemünden ist Inhaber des Lehrstuhls für Technologie- und Innovationsmanagement an der Technischen Universität Berlin.

213 Katharina Hölzle ist Wissenschaftliche Mitarbeiterin am Lehrstuhl für Technologie- und Innovationsmanagement an der Technischen Universität Berlin.

214 Wir widmen diesen Beitrag Herrn Professor Dr. Dr. h. c. Jürgen Hauschildt.

215 Vgl. Vahs/Burmester 2002, S. 302.

216 Vgl. Gaitanides/Wicher 1986, S. 385.

217 Hauschildt 2004, S. 60.

218 Burns und Stalker (1968) kommen aufgrund ihrer empirischen Untersuchungen zu dem Schluss, dass bürokratische Formen nur dann funktionell sind, wenn stabile Verhältnisse vorliegen. Der von ihnen als mechanistisch bezeichnete Systemtyp bietet in nicht vorhersehbaren Situationen keine ausreichende Lösung und wird durch einen strukturellen Gegentyp, den organischen Strukturtyp, abgelöst. (S. 120 ff.)

sind flache Hierarchien, ein geringer Formalisierungs- und Spezialisierungsgrad, größtmögliche Systemoffenheit, eine geringe Kontrollintensität sowie eine starke Dezentralisierung von Entscheidungsbefugnissen.[219] Es lässt sich zeigen, dass sich die für die Abwicklung von Routinetätigkeiten geschaffenen Organisationsstrukturen recht deutlich von solchen, die innovative Problemlösungen produzieren, unterscheiden und operative Organisationen nur selten echte Innovationen hervorbringen.[220] Daher wird häufig die Überlegenheit der organischen Organisation für Innovationen hervorgehoben: Mechanistische Organisation behindert, organische fördert Innovation.[221] Da aber jede Innovation irgendwann dauerhaft verwertet werden muss und ein Unternehmen ohne Strukturen und definierte Prozesse nur sehr begrenzt erfolgreich sein kann, sollten die Vorteile der mechanistischen Organisation mit den kreativen Vorteilen der organischen Organisation kombiniert werden. Der vorliegende Beitrag will Wege aufzeigen, wie eine solche Kombination aussehen kann. Wir beschreiben im Folgenden die grundsätzliche Organisation des innovationsorientierten Unternehmens und empfehlen, die kreativen Prozesse innerhalb eines Innovationsnetzwerks ablaufen zu lassen. Die Steuerung und Pflege dieses Innovationsnetzwerkes sowie die Förderung einer innovativen Unternehmenskultur erfordert spezielle Leistungsbeiträge, die durch Schlüsselpersonen erbracht werden. Die Rolle dieser Schlüsselpersonen wird im dritten Teil näher erläutert. Am Schluss stehen Empfehlungen für das erfolgreiche Management der Schlüsselpersonen und somit des Gesamtinnovationssystem Unternehmung.

2 Die Organisation der Innovation – das Unternehmen als Innovationssystem

Alle Elemente, ob unternehmensintern oder -extern, die den Innovationsprozess aktiv oder passiv fördern, bilden das **Innovationssystem** des Unternehmens.[222] Dies sind alle Faktoren, die die Innovationsfähigkeit eines Unternehmens beeinflussen, wie z. B. staatliche Rahmenbedingungen oder die Struktur eines Unternehmens mit seinen Mitarbeitern, den eingesetzten Informations- und Kommunikationssystemen und dem praktizierten Führungsstil.[223] Die Beziehungen zwischen den am Innovationsprozess beteiligten und den von ihm betroffenen Personen bilden sich in der Regel spontan und außerhalb der Strukturen der Organisation und erfordern somit ein flexibles und offenes System, welches die nötigen Freiräume bereitstellt und auch kurzfristig in der Lage ist, Strukturen

---

219 Vgl. Burns/Stalker 1968, S. 120–121.
220 Vgl. Riekhof, 1986, S. 11; Greiling 1998, S. 60.
221 Dieser hier simplifiziert dargestellte Sachverhalt wird auch als „Organisatorisches Dilemma der Innovation“ bezeichnet, vgl. auch Hauschildt 2004, S. 103.
222 Vgl. Hauschildt 2004, S. 98 ff., Gemünden/Salomo 2004, Sp. 505 ff.
223 Vgl. Greiling, 1998, S. 47 ff.

zu schaffen, die die neu gefundenen Beziehungen stabilisieren. Es ist Aufgabe des Innovationsmanagements, neben den personellen Voraussetzungen auch die organisationalen Grundlagen zu legen, damit kreative Prozesse möglichst ungestört und produktiv ablaufen können.

2.1 Organisationsstrukturen innovationsorientierter Unternehmen

Die Grundlage für jedes innovationsorientierte Unternehmen ist die Generierung, Verarbeitung und das Speichern von neuem Wissen. Um dieses Wissen systematisch und nachhaltig zu bündeln und weiter zu verwenden, ist eine Institutionalisierung und Organisation von Forschung und Entwicklung notwendig. Dabei muss das Unternehmen klären, wo, wie und bis zu welchem Grad diese Funktionen eingegliedert werden und nach welchen Prozessen und Regeln die Innovationstätigkeit ablaufen soll, um die Vorzüge einer mechanistischen Ordnung mit dem kreativen Potenzial der organischen Form miteinander zu verbinden.

Bei einem zentralisierten Innovationsmanagement wird eine eigens darauf spezialisierte Organisationseinheit mit der Umsetzung aller im Unternehmen ablaufenden Innovationsvorhaben beauftragt. Dies kann in Form einer Linienfunktion, einer Stabstelle oder eines zentralen Gremiums erfolgen.[224] Bei einer dezentralen Aufhängung können die Aufgaben des Innovationsmanagements entweder innerhalb der funktionalen Bereiche Forschung und Entwicklung, Beschaffung, Produktion und Vertrieb oder in produkt- bzw. kunden- und regionalorientierten Bereichen wahrgenommen werden.[225] Dabei findet sich in der Regel eine Mischform von Zentralisierung und Dezentralisierung.[226]

Daneben kann in eine interne Innovationstätigkeit, also die selbstständige Durchführung aller innovationsrelevanten Aufgaben innerhalb des Unternehmens, oder in eine externe Innovationstätigkeit, also eine Ausgliederung der innovationsrelevanten Aufgaben, unterschieden werden. Für eine rein interne Innovationstätigkeit spricht vor allem die Furcht vor ungewolltem Wissensabfluss, der Wunsch nach einer umfassenden Kontrolle über den gesamten Entwicklungsprozess und die Unabhängigkeit von Kooperationspartnern. Diesen (vermeintlichen) Vorteilen stehen jedoch gravierende Nachteile gegenüber. Insbesondere die eingeschränkten personellen, finanziellen und materiellen Ressourcen, die in Anbetracht immer schnellerer Entwicklungsschübe, steigender FuE-Aufwendungen und immer komplexerer Technologien häufig nicht das Optimum hervor-

---

224 Vgl. Vahs/Burmester 2002, S. 302 f.; Hauschildt 2004, S. 110 ff.

225 Ebenda.

226 Eine ausführliche Diskussion der Vor- und Nachteile einer (De-)Zentralisierung der Innovationstätigkeit findet sich bei Hauschildt 2004, S. 113 ff.

bringen können, sprechen gegen eine vollständige Eigeninnovationstätigkeit.[227] Damit ist der Zukauf von FuE-Leistungen für viele Unternehmen zur Selbstverständlichkeit geworden, vom reinen Wissensaustausch bis hin zur kompletten Fremdentwicklung eines Teiles oder einer Teilegruppe. Es reicht jedoch nicht, Teile oder sogar die Gesamtheit des Innovationsprozesses nach extern zu vergeben und damit automatisch eine erfolgreiche Innovation zu erwarten. Vielmehr muss sich das Unternehmen sehr genau überlegen, welche Schritte des Innovationsprozesses an externe Partner vergeben werden sollen und wie die Ergebnisse in die mechanistische Struktur der Regelorganisation wieder eingegliedert werden.

2.2 Das Unternehmen und sein Innovationsnetzwerk

Bei der Entscheidung der von extern bezogenen Leistungen reicht die Bandbreite von einem reinen Wissensaustausch über die Lizenznahme von einzelnen Problemlösungen hin zur Akquisition kompletter Produkte bzw. Produktgruppen.[228] Es ist für ein Unternehmen sinnvoll und zielführend, zunächst zu entscheiden, welche Leistungen von extern bezogen werden sollen, und daran anschließend sein Innovationsnetzwerk zu betrachten, welche Partner dafür zur Verfügung stehen. Das Innovationsnetzwerk eines Unternehmens kann durch verschiedene Typen von Partnern beschrieben werden (vgl. Abbildung 1), wobei die größten Leistungsbeiträge zumeist von den Kunden, Zulieferern und Forschungs- und Ausbildungsinstituten sowie – im vorwettbewerblichen Bereich – von Wettbewerbern erbracht werden.[229] Das Unternehmen kann durch die gezielte Nutzung seines Innovationsnetzwerkes den Erfolg seiner Innovationen signifikant steigern.[230] Das innovationsorientierte Unternehmen steht im Mittelpunkt all dieser Partner und steht im ständigen Austausch mit allen Partnern, insbesondere mit Meinungsführern. Es gibt freizügig Informationen über Produkte und Verfahren weiter und ist bereit zum Dialog. Es ist aufgeschlossen für Anregungen von außen und den Wandel.[231] Jedoch ist der Austausch von Know-how, Informationen, Produkten und Dienstleistungen kein selbstständig ablaufender Prozess. Die Aktivitäten zur Initiierung, zur Gestaltung und der Implementierung der inter-organisationalen Austauschprozesse werden durch organisationale oder personale Barrieren behindert oder sogar verhindert.

---

227 Daneben kann es auch zum so genannten „not-invented-here-syndrom" kommen, d. h., Innovationen, die außerhalb der Unternehmung entstehen, werden systematisch abgewertet und unterschätzt. Vgl. hierzu Mehrwald 1999.

228 Vgl. Vahs/Burmester 2002, 308 ff.; Hauschildt 2004, S. 63 ff.; Pleschak/Sabisch 1996, S. 43 ff.

229 Vgl. Ritter 2004, S. 626 ff.

230 Ausgewählte empirische Studien, die einen positiven Einfluss von technologischer Verflechtung auf den Innovationserfolg zeigen, finden sich u.a. bei Brockhoff 1992, Teichert 1994, Heydebreck 1996 und Gemünden/Ritter/Heydebreck 1996.

231 Vgl. Hauschildt 2004, S. 107 f.

Diese Barrieren sowie die zu ihrer Beseitigung notwendigen Leistungsbeiträge werden im folgenden Kapitel näher beschrieben.

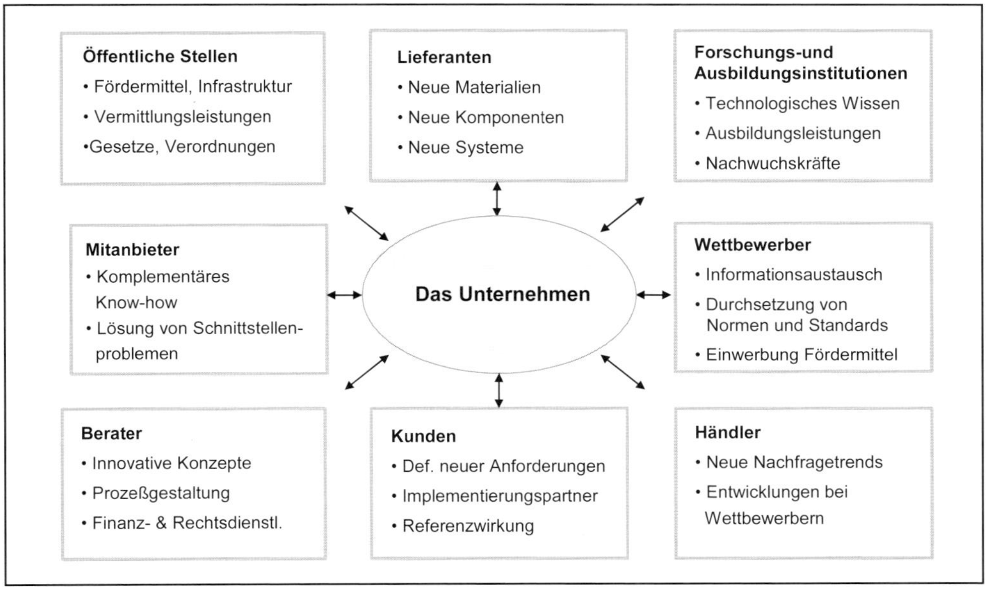

Abb. 1: Potenzielle Partner im Innovationsnetzwerk und ihre Leistungsbeiträge.

3 Die Schlüsselpersonen des Innovationsmanagements

Neben den von Seiten der Organisation definierten und vorgegebenen formalen Rollen im Innovationsprozess, wie z. B. Entwickler, Projektleiter, Einkäufer etc., gibt es in der Regel mehrere Schlüsselpersonen, die sich aktiv und intensiv für eine Innovation einsetzen und auch bereit sind, persönliche Risiken auf sich zu nehmen. Zur Überwindung von gegensätzlichen Kräften während des Innovationsprozesses wie organisationalen oder persönlichen Widerständen erbringen diese Personen spezifische Leistungsbeiträge. Dabei stützen sie sich auf individuelle Machtquellen, die es ihnen ermöglichen, den Innovationsprozess gezielt voranzubringen.[232] Es können zwei vorherrschende Konzepte zur Beschreibung der Schlüsselpersonen des Innovationsmanagements unterschieden werden: das englischsprachige Champion-Konzept und das deutschsprachige Promotorenmodell.

---

232 Vgl. Hauschildt 2004, S. 195 ff.

3.1 Der Champion des Innovationsmanagements

In der angelsächsischen Innovationsforschung wird der Begriff **Champion** erstmals 1963 durch Schon erwähnt. Der Autor findet in seiner Forschung über radikale militärische Innovationen, dass bei insgesamt fünfzehn bedeutenden Innovationen (wie z. B. dem Flugzeugmotor oder dem Kreiselkompass) bestimmte, besonders engagierte Personen eine Schlüsselfunktion übernahmen und damit die anfängliche Idee zu einem Erfolg machten: „... the new idea either finds a champion or dies".[233] Das Konzept des einsamen Wolfs, der nur durch seine Charaktereigenschaften und seine Überzeugung getrieben wird[234] und bereit ist, existierende Normen und Regeln zu verletzen, um eine (in seinen Augen) erfolgversprechende Idee voranzutreiben, hat in den darauf folgenden Jahrzehnten die angloamerikanische Innovationsmanagementliteratur maßgeblich beeinflusst. Leider werden die Schwierigkeiten, den richtigen Champion ex ante zu identifizieren, ihn für seine Rolle zu motivieren und ihm dann die Verantwortung für den Erfolg oder Misserfolg der Innovation zu übertragen, von der Forschung ebenso wenig betrachtet wie die genaue Rollenbeschreibung des Champions.[235] Auch darf nicht vernachlässigt werden, dass es für ein Unternehmen nicht sehr ratsam ist, sich von einer einzelnen Person, deren Leistungsbeiträge so unscharf beschrieben werden, abhängig zu machen. Es wird vielmehr ein klares theoretisches Konzept benötigt, welches die Rollen und Funktionen der Akteure im Innovationsprozess entsprechend den Anforderungen des Innovationsmanagements definiert. Hier setzt die deutsche Forschung an mit dem Promotorenkonzept.

3.2 Widerstände gegen Innovationen

Das Promotorenkonzept basiert auf der Symmetrie zum Barrierenkonzept. Innovationen stellen immer etwas Neues, Unbekanntes für ein Unternehmen und seine Mitglieder dar und erzeugen so Turbulenzen und Veränderung. Darauf reagieren viele Menschen erst einmal mit Ablehnung und Widerstand. Dieser Widerstand kann sowohl auf individueller als auch auf organisationaler Ebene erfolgen und wird im weiteren Verlauf dieses Beitrags als Barriere bezeichnet.[236] Insbesondere mechanistische Organisationen setzten durch ihre bürokratische Natur Innovationen größeren Widerstand entgegen als organische. Dabei unterscheiden wir zwischen einer destruktiven und konstruktiven Opposition. Die **destruktive Opposition** will die Innovation verhindern oder wenigstens verzögern. Sie hält sich bedeckt, wechselt die Argumente nach Belieben und bewirkt häufig eine Ver-

---

233 Schon 1963, S. 84.
234 Vgl. Shane 1994, S. 418.
235 Eine detaillierte Übersicht über die Ausprägungen des Champion-Konzeptes und seiner Kritikpunkte findet sich bei Gemünden/Hölzle 2005, S. 459 ff.
236 Vgl. Witte 1973, S. 6.

schleppung von Innovationsprozessen. Die **konstruktive Opposition** hat den Ehrgeiz, die Innovation zu verändern. Sie konzentriert sich auf wesentliche Aspekte und argumentiert offen. Dadurch kann der Innovationsprozess deutlich beschleunigt und verbessert werden. Um eine solche konstruktive Opposition zu fördern, kann z. B. ein geregelter Wettbewerb um innovative Vorschläge institutionalisiert werden. Dort, wo eher organische Strukturen vorherrschen, wird sich stärker ein eigenverantwortliches Handeln entfalten und Opponenten seltener auftreten. Opponenten können sich aber auch während des Prozessverlaufs zu Promotoren entwickeln.[237] Dies geschieht vor allem dann, wenn der Opponent erkennt, dass die Innovation mit hoher Wahrscheinlichkeit technisch realisierbar ist oder seine engere Einbindung in den Innovationsprozess erfolgt. Die folgende Tabelle 1 gibt einen Überblick über die unterschiedlichen Barrierearten, die während des Innovationsprozesses auftreten können, sowie die Promotoren, die diese Barrieren überwinden und somit den Innovationsprozess aktiv vorantreiben. Die Rollen der Schlüsselpersonen werden im Folgenden näher erläutert.

---

[237] Vgl. Folkerts 2001, S. 249.

Innovatoren-Rolle	Typische Barrieren	Typische Machtquellen	Typische Leistungsbeiträge
Fach-Promotor	• Fähigkeitsbarrieren („Barriere des Nicht-Wissens")	• Objektspezifisches Fachwissen	• Ideengenerierung • Alternativenentwicklung • Konzeptevaluierung • Implementierung
Macht-Promotor	• Willensbarrieren Hierarchiebarrieren („Barriere des Nicht-Wollens")	• Hierarchisches Potenzial	• Zieldefinition • Ressourcenbereitstellung • Schutz vor Opponenten • Prozesssteuerung
Prozess-Promotor	• Fachübergreifende Fähigkeits- und Abhängigkeitsbarrieren („Barriere des Nicht-Dürfens")	• Organisationskenntnis • Kommunikationsfähigkeit	• Zusammenführung • Vermittlung • Konfliktmanagement • Kommunikation • Prozesssteuerung • Koordination
Beziehungs-Promotor	• Fachübergreifende Fähigkeits- und Abhängigkeitsbarrieren • („Barrieren des Nicht-Voneinander-Wissens, Nicht-Miteinander-Dürfens, Nicht-Miteinander-Könnens und Nicht-Miteinander-Wollens")	• Sozialkompetenz • Netzwerkwissen • Beziehungsportfolio	• Informationsaustausch • Finden und Zusammenbringen von Interaktionspartnern • Koordination • Planung und Steuerung von Austauschprozessen • Konfliktmanagement
Technologischer Gatekeeper	• Wissensbarrieren	• Zugang zu fachspezifischen Informationen • Kontrolle der Informationsflüsse	• Expertenwissen • Meinungsführerschaft • Stellt Kontakte her • Interpretation fachspez. Informationen

Tab. 1: Definition der Innovatoren-Rollen.

Quelle: Vgl. Witte 1973, S. 17 f.; Gemünden 1981, S. 52 ff.; Hauschildt/Chakrabarti 1988, S. 382 f.; Walter 1998, S. 66 ff.; Hauschildt/Gemünden 1999; Kirchmann 1994, S. 125 ff.; Folkerts 2001, S. 34 ff.; Hauschildt 2004, S. 196 ff.

3.3 Die Barriere des Nicht-Wissens und der Fachpromotor

Fachpromotoren verfügen über das Expertenwissen, um Barrieren des Nicht-Wissens zu überwinden. Der Fachpromotor ist die Keimzelle jeglicher Innovation. Ohne ihn gibt es keine Neuerung. Er erkennt Chancen, entwickelt Alternativen und implementiert Konzepte. Je nach Art der Innovation kann der Fachpromotor ein Mathematiker, Informatiker, Naturwissenschaftler, Ingenieur, Jurist, Wirtschafts-, Sozial- oder Geisteswissenschaftler sein. Er kennt die Alternativen, er weiß um die Leistungspotenziale und die Grenzen der neuen Produkte und Verfahren. Das Vorliegen einer Invention, eines überlegenen neuen (sozio-)technischen Prinzips, Konzeptes oder Prototyps ist aber nur eine notwendige Bedingung für eine im Unternehmen oder im Markt durchgesetzte und damit auch tatsächlich angewandte Innovation.

3.4 Die Barriere des Nicht-Wollens und der Machtpromotor

Um Barrieren des Nicht-Wollens zu überwinden, bedarf es der aktiven Förderung der Innovation durch **Machtpromotoren**. Sie sind auf den obersten Führungsebenen angesiedelt und können ihr hierarchisches Potenzial nutzen, um die erforderlichen Ressourcen bereitzustellen, Personen freizustellen, Wertkonflikte auszutragen und die Befürworter der Innovation vor Macht- und Fachopponenten schützen. In der Regel verfügen sie als Mitglied der Geschäftsleitung über ein hohes hierarchisches Potenzial.

3.5 Die Barriere des Nicht-Dürfens und der Prozesspromotor

In der frühen Phase der empirischen Innovationsforschung hielt man eine Koalition von Macht- und Fachpromotoren für ausreichend, um eine Innovation durchzusetzen. In den meisten untersuchten Fällen zeigte sich, dass die Gespann-Struktur allen anderen Konstellationen überlegen war.[238] Mit Zunahme der Innovationskomplexität steigt die Anzahl von Spezialisten aus vielen unterschiedlichen Gebieten, eine dyadische Gespannstruktur von Macht- und Fachpromotor kann daher das Gesamtproblem nicht mehr überblicken. Auch ist die automatische Entwicklung von Gespannstrukturen unwahrscheinlich, da die unterschiedlichen Ebenen entstammenden Fachpromotoren und Machtpromotoren nicht zwangsläufig zusammenkommen. Die Vorbereitung und Ausführung eines innovativen Projektes erfordert daher einen eigenständigen **Prozesspromotor** der üblicherweise im mittleren Management angesiedelt ist. Er trägt dazu bei, die bürokratischen, administrativen Barrieren des Nicht-Dürfens zu überwinden. Er greift gute Ideen der Fachpromotoren-Ebene auf und überprüft ihren strategischen Fit. Er wirkt

[238] Vgl. Witte 1973, S. 49; Gemünden 1981, S. 437 ff.; Scholl 2004, S. 86.

als vielfältiger Verknüpfer, indem er zwischen den Ebenen vermittelt, den Innovationsprozess initiiert, über seine Phasen hinweg begleitet und die Arbeit verschiedener Spezialisten motiviert und koordiniert. Prozesspromotoren sind zugleich auch für die Planung und das Controlling verantwortlich. Somit stellen sie die Steuerleute des Innovationsprojektes dar.

3.6 Zwischenbetriebliche Barrieren und der Beziehungspromotor

Wie zuvor beschrieben, bietet es sich für ein Unternehmen an, Innovationen im Rahmen eines Innovationsnetzwerkes zu entwickeln und voranzutreiben. Dabei kommt es zu vielfältigen zwischenbetrieblichen Barrieren des Nicht-Voneinander-Wissens, Nicht-Miteinander-Wollens, Nicht-Miteinander-Könnens und Nicht-Miteinander-Dürfens. **Beziehungspromotoren** sind Netzwerker und Brückenbauer über die Unternehmensgrenzen hinweg. Sie kennen potenzielle Kooperationspartner, besitzen gute persönliche Beziehungen zu ihnen und können Kooperationen mit ihnen anbahnen und Vertragsverhandlungen unterstützen. Sie sind sowohl für den Einkauf als auch für den Verkauf von Know-how von entscheidender Bedeutung. Sie tragen damit entscheidend zur erfolgreichen Durchsetzung von Innovationen im Markt bei. Der Beziehungspromotor kann auch als „Außenminister" der Forschungsseite gesehen werden. Er ähnelt in seiner Funktion dem Prozesspromotor, allerdings ist seine Rolle inter-organisational zu sehen, wohingegen der Prozesspromotor rein intra-organisational tätig ist.

3.7 Der Technologische Gatekeeper

Als fünfte Rolle neben den Promotoren findet sich insbesondere in forschungsintensiven Unternehmen der **Technologische Gatekeeper**. Der Gatekeeper ist das Bindeglied im Informationsnetzwerk. Er unterhält eine Vielzahl von Kontakten fachlicher Art, zu Universitäten und Forschungseinrichtungen, besitzt ein umfangreiches, aktuelles Fachwissen und ist zumeist die Person, die von ihren Kollegen am häufigsten um (fachlichen) Rat gefragt wird.[239] Doch der Gatekeeper ist nicht nur ein fachlicher Experte, er ist vielmehr auch ein herausragender Kommunikator und Netzwerker, der innerhalb und außerhalb seiner Organisation als Partner ein hohes Ansehen genießt.[240]

---

[239] Vgl. Allen 1970, S. 15 ff.

[240] Ein Vergleich des Gatekeeper-Konzepts mit anderen in der Literatur diskutierten Schlüsselrollen in Kommunikationsnetzwerken findet sich bei Domsch et al. 1989, S. 27.

Der grundlegende Unterschied zwischen Gatekeepern und Promotoren ist darin zu sehen, dass Gatekeeper unabhängig von einem bestimmten Innovationsprojekt aktiv werden, wohingegen die Promotorenrolle eng an ein bestimmtes Innovationsprojekt gebunden ist.[241] Im Vergleich zum Beziehungspromotor ist der Gatekeeper derjenige, der Wissen in die Innovation importiert und innerhalb seiner Primärgruppe in Forschungs- und Entwicklungslabors verbreitet, während der Beziehungspromotor primär bei der externen Verwertung von Erfindungen und Entwicklungen beteiligt ist.

3.8 Die Verankerung der Innovatoren im Unternehmen

Die Promotoren- und Champion-Forschung bietet ein interessantes theoretisches Fundament und eine Reihe empirischer Untersuchungen an, um Schlüsselpersonen des Innovationsmanagements zu beschreiben und ihre Leistungsbeiträge darzustellen. Es ist aber keineswegs so, dass ein bestimmter Mensch einfach zu einem Macht-, Fach-, Prozess- oder Beziehungspromotor ernannt werden kann. So kann z. B. in einer Studie über Projektleiter gezeigt werden, dass nur ein Fünftel der analysierten Projektmanager als Prozesspromotor im Sinne der Promotorentheorie angesehen werden kann.[242] Ebenso belegt die Arbeit von Walter, dass nur ein Bruchteil der Geschäftsführer, Vertriebsmanager, Einkäufer oder Produktionsmanager, die als zuständig angesehen wurden, die kritischen Leistungsbeiträge erbrachten, die sie hätten erbringen müssen, um als Beziehungspromotor qualifiziert werden zu können.[243] In gleicher Weise dokumentiert Vitt mit Blick auf die Fachpromotoren, dass einige wenige Schlüsselerfinder den Großteil der wichtigen Patente eines Unternehmens oder Bereiches anmelden.[244] Man muss ein weiter gefasstes, systematisches Konzept entwickeln, wenn man erfolgreich Promotoren finden, fördern und binden will. So beeinflusst z. B. der Rang des Promotors, der den Innovationsprozess initiiert, wie schnell der Prozess als Projekt institutionalisiert, finanziert und legitimiert wird.[245] Daneben spielen die Netzwerke, über welche die Promotoren verfügen, eine zentrale Rolle bei der Suche nach Koalitions- und Arbeitspartnern.

---

[241] Vgl. Hauschildt/Schewe 1999, S. 161.
[242] Keim 1997.
[243] Walter 1998.
[244] Vitt 1998.
[245] Vgl. Folkerts/Hauschildt 2002.

4 Empfehlungen für die Praxis

Eine aktuelle Studie von Booz Allen Hamilton zeigt, dass es den viel beschworenen Zusammenhang zwischen hohen Ausgaben für Forschung und Entwicklung und Unternehmenserfolg nicht gibt.[246] Die hemmenden Faktoren reichen dabei von laxer Erfolgsmessung über stockenden Informationsfluss in heterogenen Unternehmensstrukturen bis hin zur Umsetzung der Ideen. Hierbei müssen zwar die Strukturen und Prozesse, also die mechanistische Organisation stimmen, doch ohne den Menschen läuft gar nichts. Nötig sind flache Hierarchien, Freiräume für die Mitarbeiter und Manager, die ihre Mitarbeiter auf dem Weg zu den Innovationen fördern und fordern. Der Weg liegt wie so oft in der Mitte, es gilt die Vorzüge der mechanistischen mit den Vorteilen der organischen Organisation zu verbinden. Dies kann, wie in diesem Beitrag gezeigt wurde, durch Promotoren erfolgen. Nötig für das Auftreten und aktive Wirken von diesen Schlüsselpersonen sind ein innovationsfreundliches und offenes Unternehmensklima, offene Kommunikation und insbesondere die Unterstützung innovativer Mitarbeiter.[247] Promotoren fallen nicht vom Himmel, vielmehr suchen sie sich die Umgebung, in der sie ihre Fähigkeiten gezielt einsetzen können. Ein auf die Charakteristika von Promotoren ausgerichtetes **Personalmarketing** und eine entsprechend konzipierte Personalauswahl sind Instrumente zur Identifizierung und Gewinnung von Promotoren. Mit Personalentwicklungsmaßnahmen und dem Bereitstellen von Ressourcen können Promotoren gefördert werden. Die Entwicklung von spezifischen Anreizsystemen (aufgabenbezogene, soziale, laufbahnbezogene, finanzielle Anreize) zielt auf die Bindung von Promotoren an das Unternehmen.

Gatekeeper, Prozess- und Beziehungspromotoren sind Netzwerker. Aufgrund ihrer sozialen Kompetenzen, ihres Netzwerkwissens, ihrer Netzwerkposition, ihrer Fachkompetenzen und ihrer Verfügungsgewalt über Ressourcen können sie Innovationen fördern und die Nachteile der mechanistischen Organisation überwinden helfen. Aber es ist nicht so, dass die **Netzwerke** von ihnen allein geschaffen werden. Vielmehr greifen sie auch auf bestehende Netzwerke zurück und bauen diese gemeinsam mit anderen weiter aus, um Innovationen zu fördern. In diesem Zusammenhang werden in Wissenschaft und Praxis insbesondere so genannte Communities of Practice (COP) als Instrument des Wissens- und Innovationsmanagements diskutiert.[248] Eine quantitative Studie des Lehrstuhls für Technologie- und Innovationsmanagement der TU Berlin zeigt, dass COPs positive Effekte sowohl auf Mitarbeiter- als auch auf Unternehmensebene haben.[249] Im Kontext von Pro-

---

[246] o.V. 2005

[247] Zu den Voraussetzungen einer innovationsfördernden Organisationskultur siehe auch Michalik 2003, S. 49 ff.

[248] Als COP wird eine Gruppe von Individuen verstanden, die miteinander über Organisationseinheiten oder sogar die Organisation hinaus aufgrund eines gemeinsamen Interesses oder Anwendungsfeldes interagieren. Ihr gemeinsames Ziel besteht darin, zu lernen, Wissen und Erfahrungen auszutauschen und dabei neues Wissen zu generieren. Vgl. Zboralski/Gemünden 2004, S. 280.

[249] Vgl. Zboralski et al. 2005.

motoren können COPs in zweifacher Weise fungieren. Zum einen bilden COPs eine Plattform, um Fachpromotoren und technologische Gatekeeper aufzubauen. So konnte auch gezeigt werden, dass die Mitglieder einer COP in ihrer Primärgruppe (formale Organisation) als Wissensimporteur nachgefragt werden.[250] Zum anderen stellen COPs ‚Andock'-Möglichkeiten für bestehende Fachpromotoren und technologische Gatekeeper dar.

Neben den personalen Gestaltungsansätzen gibt es noch einige organisatorische Empfehlungen, die bei der Entwicklung zu einem innovationsorientierten Unternehmen unterstützen. Durch die Ausgliederung der kreativen Funktionen in das Innovationsnetzwerk können die Widerstände innerhalb der Organisation reduziert werden. Durch eine Professionalisierung des Projektmanagements können Strukturen geschaffen werden, in denen organisches Handeln erlaubt ist, aber in einem festgelegten Rahmen. Schließlich gilt es, offen für neue Ideen und Möglichkeiten zu sein und dies den Mitarbeitern zu vermitteln. Denn ohne Mut zum Risiko gibt es keine Innovationen!

---

[250] Ebenda.

Literaturverzeichnis

Allen, Tom J. (1970): Communication networks in R&D laboratories. In: R&D Management 1, S. 14–21.

Brockhoff, Klaus (1992): R&D Cooperation Between Firms – A Perceived Transaction Cost Perspective. In: Management Science, 38 (4), S. 514–524.

Burns, Tom und Stalker, G. M. (1968): The Management of Innovation, 3. Aufl. London.

Domsch, Michael, Gerpott, Heike und Gerpott, Torsten J. (1989): Technologische Gatekeeper in der industriellen FuE, Stuttgart.

Folkerts, Liesa (2001): Promotoren in Innovationsprozessen. Empirische Untersuchung zur personellen Dynamik, Wiesbaden.

Folkerts, Liesa und Hauschildt, Jürgen (2002): Personelle Dynamik in Innovationsprozessen. Neue Fragen und Befunde zum Promotorenmodell. In: Die Betriebswirtschaft, 62. Jg. S. 7–23.

Gaitanides, Michael und Wicher, Hans (1986): Strategien und Strukturen innovationsfähigker Organisation. In: Zeitschrift für Betriebswirtschaft, 4 (5), S. 385–403.

Gemünden, Hans Georg (1981): Innovationsmarketing: Interaktionsbeziehungen zwischen Hersteller und Verwender innovativer Investitionsgüter, Tübingen.

Gemünden, Hans Georg (1990): Innovationen in Geschäftsbeziehungen und Netzwerken, Arbeitspapier des Institutes für Angewandte Betriebswirtschaftslehre und Unternehmensführung der Universität Karlsruhe (TH), Karlsruhe.

Gemünden, Hans Georg und Hölzle, Katharina (2005), Schlüsselpersonen der Innovation. In: Albers, Sönke / Gasmann, Oliver (Hrsg.): Handbuch Technologie- und Innovationsmanagement, S. 457–474.

Gemünden, Hans Georg, Ritter, Thomas und Heydebreck, Peter (1996): Network Configuration and Innovation Success: An Empirical Analysis in German High-Tech Industries, In: International Journal of Research in Marketing, 13 (5), S. 449–462.

Gemünden, Hans Georg und Salomo, Sören (2004): Innovationsmanagement. In: von Werder, Axel und Schreyögg, Georg (Hrsg.): Handwörterbuch der Organisation, 4. Aufl., Schäffer-Poeschel: Stuttgart, Sp. 505–514.

Gemünden, Hans Georg und Walter, Achim (1996): Förderung des Technologietransfers durch Beziehungspromotoren. In: Zeitschrift Führung + Organisation 65(4), S. 237–245.

Greiling, Michael (1998): Das Innovationssystem. Eine Analyse zur Innovationsfähigkeit von Unternehmungen. Frankfurt.

Hauschildt, Jürgen und Schewe, Gerhard (1999): Gatekeeper und Prozesspromotoren. In: Hauschildt, Jürgen und Gemünden, Hans Georg (Hrsg): Promotoren – Champions der Innovation. Wiesbaden, S. 159–178.

Hauschildt, Jürgen (1999): Widerstand gegen Innovationen – destruktiv oder konstruktiv? In: Zeitschrift für Betriebswirtschaft 69 (Ergänzungsheft 2), S. 1–21.

Hauschildt, Jürgen und Kirchmann Edgar (1997): Arbeitsteilung im Innovationsmanagement. Zur Existenz und Effizienz von Prozeßpromotoren. In: Zeitschrift Führung + Organisation, Jg. 66, S. 68–73

Hauschildt, Jürgen (2004): Innovationsmanagement, 3. Auflage. München.

Hauschildt, Jürgen und Chakrabarti, Alok K. (1988), Arbeitsteilung im Innovationsmanagement. Forschungsergebnisse – Kriterien und Modelle. In: Zeitschrift Führung + Organisation 57(6), S. 378–389.

Hauschildt, Jürgen und Gemünden, Hans Georg (1999), Promotoren – Champions der Innovation. Wiesbaden.

Heydebreck, Peter (1996): Technologische Verflechtung: ein Instrument zum Erreichen von Produkt- und Prozessinnovationserfolg. Frankfurt.

Keim, Gesche (1997): Projektleiter in der industriellen Forschung und Entwicklung – Strategien für das Akquisitionsmanagement in Unternehmen. Wiesbaden.

Kirchmann, Edgar M. W. (1994): Innovationskooperation zwischen Herstellern und Anwendern. Wiesbaden.

Mehrwald, Herwig (199): Das „Not invented here"-Syndrom in Forschung und Entwicklung. Wiesbaden.

Michalik, Claudia (2003): Innovatives Engagement: Eine empirische Untersuchung zum Phänomen des Bootlegging. Wiesbaden.

o. V. (2005): Innovationen gibt's nicht für Geld. Viele gute Ideen bleiben in Konzernen auf der Strecke. Manager vom Typus Sachbearbeiter bremsen die Leute aus. In: Handelsblatt, 21. 10. 2005, S. K8

Pleschak, Franz und Sabisch, Helmut (1996): Innovationsmanagement. Stuttgart.

Riekhof, Hans-Christian (1986): Kreative Köpfe, Mentoren und Innovationsmanager. In: HarvardManager, 2, S. 11–14.

Ritter, Thomas (2004): Innovationsnetzwerke. In: Sönke Albers und Oliver Gassmann (Hrsg.): Handbuch Technologie- und Innovationsmanagement. Wiesbaden, S. 623–640.

Scholl, Wolfgang (2004): Innovation und Information – Wie in Unternehmen neues Wissen produziert wird, Göttingen.

Schon, Donald A. (1963): Champions for Radical New Inventions. In: Harvard Business Review 41(2), S. 77–86.

Shane, Scott A. (1994): Are Champions Different from Non-Champions? In: Journal of Business Venturing 9, S. 397–421.

Teichert, Thorsten A. (1994): Erfolgspotential internationaler FuE-Kooperationen. Wiesbaden.

Vahs, Dietmar und Burmester, Ralf (2002): Innovationsmanagement. Von der Produktidee zur erfolgreichen Vermarktung. Stuttgart.

Vitt, Joachim (1998): Schlüsselerfinder in der industriellen Forschung und Entwicklung – Strategien für das Akquisitionsmanagement in Unternehmen. Wiesbaden.

Walter, Achim (1998): Der Beziehungspromotor. Ein personaler Gestaltungsansatz für das Relationship Marketing. Wiesbaden.

Witte, Eberhard (1973): Organisation für Innovationsentscheidungen. Das Promotoren-Modell. Göttingen.

Zboralski, Katja und Gemünden, Hans Georg (2004): Die Integration von Kunden in Communities of Practice. Produktentwicklung mit virtuellen Communities: Kundenwünsche erfahren und Innovationen realisieren. In: Cornelius Herstatt und J. G. Sander. Wiesbaden, S. 277–302.

Zboralski, Katja, Salomo, Sören und Gemünden, Hans Georg (2005): Individual and Company Benefits of Communities of Practice. Competitive Paper, 65th Annual Conference of the Academy of Management, Honolulu, August 5–10, 2005.

B. 2. Konzepte zum Management von Innovationen und Innovationsprozessen

Lean Innovation – Idealtypisches Management von Innovationsprozessen in der Investitionsgüterindustrie

von Günther Schuh[251], Sebastian Schöning[252], Andreas Kubosch[253] und Michael Lenders[254]

1 Herausforderungen und Erfolgsfaktoren bei der Gestaltung von Innovationsprozessen

Die Investitionsgüterindustrie steht bei der Bewältigung gegenwärtiger Herausforderungen wie Überkapazitäten, Globalisierung, massivem Preisdruck und einer Angebotsvielfalt mit erheblichem Maß an Austauschbarkeit derselben vor großen Aufgaben. Diese Herausforderungen gilt es auch bei der Gestaltung der Innovationsprozesse zu berücksichtigen. Ein Vorteil der deutschen Investitionsgüterindustrie ist dabei die hohe Exportorientierung, aufgrund derer die meisten Betriebe die Rosskur der Globalisierung bereits hinter sich gebracht und die notwendigen Umstrukturierungen und Re-Engineering-Maßnahmen begonnen haben. Um die internationalen Spitzenpositionen künftig zu verteidigen, setzen die Maschinen- und Anlagenbauer auf die Stärkung der Produktinnovation und die Qualifikation der Mitarbeiter. Die derzeitige FuE-Quote von durchschnittlich 2,8% (4,4 Mrd. Euro) im Maschinen- und Anlagenbau wird deshalb in Zukunft wohl steigen.

Das Budget alleine aber gewährt noch keine erfolgreiche Forschung und Entwicklung. Ein entscheidender Faktor ist die Gestaltung und das Management der Innovations- und Entwicklungsprozesse. So verlieren mehr als 90% der Unternehmen über ein Zehntel ihrer Innovationskapazität durch eine unproduktive Suche nach Informationen. Zwei Drittel der Unternehmen verlieren Zeit und Geld, da mehr als 20% aller Änderungen erst nach Produktionsbeginn stattfinden[255].

---

[251] Univ.-Prof. Dr.-Ing. Dipl.-Wirt.-Ing. Günther Schuh ist Direktoriumsmitglied des Werkzeugmaschinenlabors (WZL) an der RWTH Aachen und des Fraunhofer-Instituts für Produktionstechnologie (IPT), Direktor des Forschungsinstituts für Rationalisierung der RWTH Aachen, Hauptgesellschafter und Gründer der GPS Komplexitätsmanagement AG.

[252] Sebastian Schöning ist Leiter der Abteilung Innovationsmanagement am Lehrstuhl für Produktionssystematik des WZL.

[253] Andreas Kubosch ist Wissenschaftlicher Mitarbeiter am Lehrstuhl für Produktionssystematik des WZL.

[254] Michael Lenders ist Wissenschaftlicher Mitarbeiter am Lehrstuhl für Produktionssystematik des WZL.

[255] „Das sind die Kernfähigkeiten der Erfolgreichen", Schuh, G.; Deger, R., 2004.

Verschiedene Untersuchungen belegen die Trends und Herausforderungen, die derzeit auf der Agenda im Innovationsmanagement der Investitionsgüterindustrie verzeichnet sind.

So zeigt die gemeinsame Studie von KPMG Deutschland, dem Werkzeugmaschinenlaboratorium der RWTH Aachen (WZL) und dem Fraunhofer-Institut für Produktionstechnologie „Forschung und Entwicklung managen – Erfolgsfaktoren im Maschinen- und Anlagenbau" deutlich auf, dass eine hohe Leistungsfähigkeit der FuE den Unternehmenserfolg – hier gemessen am EBIT (earnings before interest and tax) – nachhaltig unterstützt. Darüber hinaus konnte die Gültigkeit folgender Kernaussagen hinsichtlich der Gestaltung von Innovationsprozessen gezeigt werden[256]:

Kundenbedürfnisse und Märkte – die systematische Analyse der Kundenbedürfnisse und Absatzmärkte muss sich auch in der Investitionsgüterindustrie noch stärker durchsetzen. Hauptursache für den Abbruch von FuE-Projekten in der Investitionsgüterindustrie ist eine mangelnde Marktkenntnis. Die Umfrage ergab weiterhin, dass Unternehmen, die über eine gute Beherrschung ihrer Prozesse im Sinne einer konsequenten Umsetzung und Verbesserung der Prozesse verfügen, Bedürfnisanalysen deutlich häufiger durchführen als Unternehmen mit geringerer Prozessbeherrschung. Auch zwischen einem hohen Umsatzanteil mit Neuprodukten und regelmäßiger, entwicklungsbegleitender Marktbeurteilung wurde ein Zusammenhang festgestellt: Unternehmen, deren neue Produkte einen hohen Anteil am Unternehmensumsatz haben, führen Marktbeurteilungen in der Regel häufiger durch.

Prozessbeherrschung zur Sicherung von Zielgrößen – Entwicklungsprojekte, die on time, on budget und on target cost abgeschlossen werden können, sind das Ziel, aber längst nicht die Regel. Hier hilft wiederum das konsequente Leben und Verbessern von Prozessen: Unternehmen, die ihre Prozesse gut beherrschen, schließen 67,5% der Projekte innerhalb des geplanten Zeitraums ab. Unternehmen mit geringer Prozessbeherrschung gelang dies nur bei der Hälfte der Projekte. Ein ähnliches Bild ergibt sich beim Budget: Innerhalb des vorgegebenen Budgets konnten Unternehmen mit guter Prozessbeherrschung ihre Projekte zu 76,3% abschließen; Unternehmen, die ihre Prozesse weniger konsequent leben und verbessern, konnten nur die Hälfte (56,1%) der Projekte innerhalb des vorgegebenen Projektes abschließen. Am deutlichsten macht sich die Prozessbeherrschung aus der Perspektive der Zielkosten bemerkbar. Bei Projektabschluss haben Unternehmen, die ihre Prozesse beherrschen, die Zielkosten bei über 80% der Projekte eingehalten, Unternehmen, die ihre FuE-Prozesse nicht beherrschen, aber nur bei 56,2% der Projekte.

---

[256] „Forschung und Entwicklung managen – Erfolgsfaktoren im Maschinen- und Anlagenbau", Kilgert, T. et. al., 2004, S. 2 ff.

Prozess-Implementierung – fast 90% der Unternehmen des Maschinen- und Anlagenbaus geben an, die Verbesserung ihrer Prozesse intensiv beziehungsweise mit Nachdruck voranzutreiben. Lediglich ein geringer Anteil von 3,8% gibt an, hier keinen Handlungsbedarf zu sehen. Vielfach scheint der Planung jedoch nicht die Umsetzung im betrieblichen Alltag zu folgen: Nur knapp 10% der Unternehmen geben an, dass ihre Prozesse wirklich konsequent gelebt werden. 60,4% der Unternehmen setzen ihre Prozesse großenteils konsequent um, immerhin ein knappes Drittel der Unternehmen sieht deutlichen Verbesserungsbedarf bei der Umsetzung der Prozesse. Die Beherrschung einmal definierter Prozesse offenbart somit noch ein substanzielles Potenzial für Verbesserungen.

Verankerung des Komplexitätsmanagements – die Studie „Komplexitätsmanagement 2004" des Werkzeugmaschinenlabors der RWTH Aachen (WZL) und der GPS Schuh & Co. GmbH zeigt, dass durchschnittlich bei mehr als 70% der produzierenden Unternehmen die Anzahl an Produktvarianten über den Produktlebenszyklus signifikant ansteigt[257]. Die vorhandenen Instrumente zur Beherrschung der Produktkomplexität wie z. B. Standardisierung, Modularisierung, Plattformkonzepte, Variantenfilter etc. werden aber nur teilweise genutzt; ein systematisches Gleichteilemanagement wird von nur 19% der Unternehmen mit entsprechender Priorität im Entwicklungsprozess verankert. Somit besteht hier noch ein offensichtliches Verbesserungspotenzial. Eine hohe Variantenvielfalt ist dabei jedoch nicht per se gefährlich; erfolgreiche Unternehmen nutzen gezielt so genannte Exoten, da sie diese vom Markt durch höhere Preise honoriert bekommen. Hierbei ist die Transparenz über die Kosten, die Exoten (auch und besonders in der Produktentwicklung) verursachen, aber eine notwendige Bedingung. Erfolgreiche Unternehmen der Investitionsgüterindustrie führen hierzu eine regelmäßige Prozesskostenerfassung durch.

2 Bezugsrahmen für ein erfolgreiches Innovationsmanagement

Die Aktivitäten eines erfolgreichen Innovationsmanagements, welches hier sowohl als Ideen- als auch als Entwicklungsmanagement verstanden wird, beginnen nach einer Phase der Ideenfindung mit einer Produktidee, führen zur Markteinführung eines idealerweise fertig entwickelten und getesteten Produktes und erstrecken sich in ihren Aktivitäten über den gesamten Produktlebenszyklus (vgl. Abbildung 1).

Die Phase der Ideenfindung und -bewertung betrifft die richtige Auswahl geeigneter Projekte und die Vorbereitung ihrer Durchführung. Dieser Abschnitt gewinnt verstärkt an Bedeutung. Ideen für neue Produkte scheinen nämlich weniger ein quantitatives als vielmehr ein qualitatives Problem zu sein: die Praxis zeigt, dass nur wenige der gefundenen

---

257 „Komplexitätsmanagement Studie 2004 – Fortschritte, zukünftige Anforderungen, Handlungsbedarf", Schuh, G. et. al., 2004, S. 8.

Ideen erfolgversprechend sind[258]. Zu oft aber beruht die Ideenauswahl noch auf subjektiven Präferenzen und zufällig vorhandenen Kenntnissen Einzelner. Hier ist das Ziel, systematische und objektiv nachvollziehbare Auswahlentscheidungen zu treffen. Das Vorgehen hierzu ist Gegenstand des folgenden Kapitels.

Zur Realisierung der Ideen im Rahmen der Produktentwicklung besteht in der Investitionsgüterindustrie, beispielsweise im Maschinen- und Anlagenbau, in der Regel der Bedarf eines schlanken und transparenten Entwicklungsprozesses, um das mit der Entwicklung verbundene unternehmerische Risiko bezogen auf stark fokussierte Märkte handhaben zu können. Eine integrierte Produkt- und Prozessentwicklung ist dabei unerlässlich, da erst durch die Kombination innovativer Materialtechnologie und Bauteilgestaltung sowie der Fertigungsprozesse wesentliche Vorteile erzielt werden. Hierzu ist die Etablierung eines Gate-basierten Entwicklungsprozesses von Vorteil, dessen Struktur in Kapitel 4 „Aufbau eines Stage-Gate-Entwicklungsprozesses" detailliert wird.

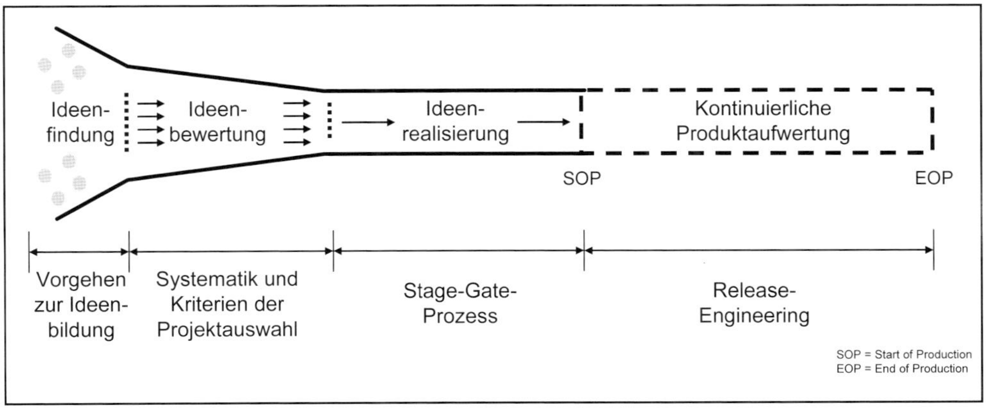

Abb. 1: Bezugsrahmen des Innovationsmanagements.

Die Notwendigkeit der Weiterentwicklung von Produkten erstreckt sich über den gesamten Produktlebenszyklus. Hierunter fallen vor allem technische Änderungen zur Beseitigung von Mängeln, Anpassungen an die technische Evolution von Komponenten sowie Adaptionsentwicklungen für neue Kunden oder neue Kundensegmente. Um diese Aktivitäten zielgerecht und mit minimiertem Aufwand durchführen zu können, empfiehlt sich die Einrichtung eines systematischen Release-Managements. Ein solches Konzept wird hier mit der Systematik des „Release-Engineering" in Kapitel 5 vorgestellt.

---

258 „Barrieren und Erfolgsfaktoren der Umsetzung von Innovationen – Weltweite Studie Innovationsmanagement (Volume II)", Droege & Comp. AG, 1999.

3 Ideenphase

In der Ideenphase gilt es zwei Herausforderungen zu bewältigen: Zunächst müssen möglichst viele Ideen gefunden werden, die für das Unternehmen potenziell erfolgversprechend sind. Anschließend müssen aus der großen Vielzahl der gefundenen Ideen diejenigen ausgewählt werden, die zum gegenwärtigen Zeitpunkt die höchste Wichtigkeit und Dringlichkeit besitzen sowie mit den bestehenden Ressourcen zielgerichtet vorangetrieben werden können.

Inhärente Grundcharakteristika jedes Entwicklungsprojektes sind technisches und marktseitiges Risiko. Naturgemäß sind diese Risiken zu Beginn jeder Entwicklung, d. h. in der Ideenphase, am größten. Daher empfiehlt es sich, mit einer möglichst großen Anzahl von Ideen zu starten, diese im weiteren Verlauf jedoch zügig und konsequent zu reduzieren und die Ressourcen auf die erfolgversprechenden Ideen zu konzentrieren. Natürlich darf in der Ideenfindung kein blindes „so viel wie möglich" gelten. Vielmehr gilt es die Kreativität der Mitarbeiter durch geeignete Leitlinien derart auf den relevanten Betrachtungsraum zu konzentrieren, dass dieser möglichst vollständig abgedeckt wird.

Wie können solche Leitlinien aussehen? Hier gilt es sowohl die im Unternehmen bestehenden Potenziale als auch die im Markt bestehenden Chancen zu berücksichtigen (vgl. Abbildung 2).

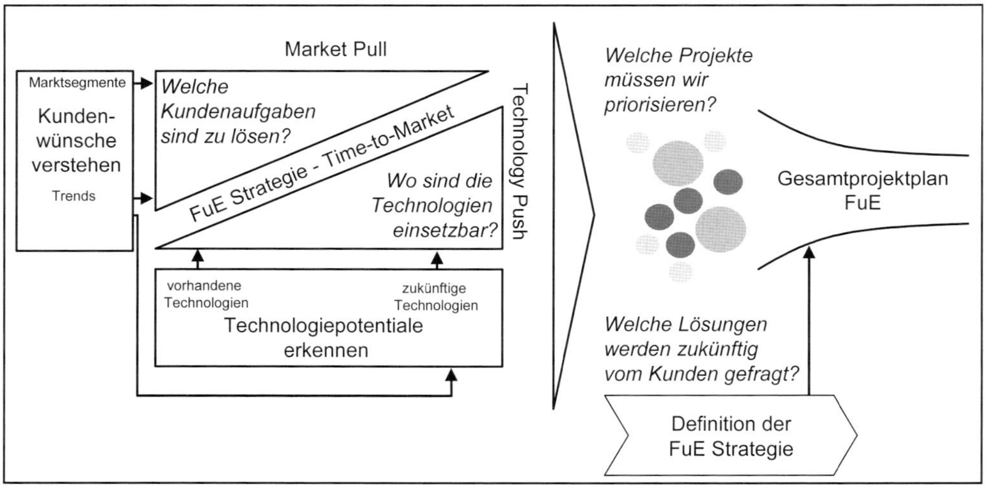

Abb. 2: Ableitung FuE-Strategie und Gesamtprojektplan FuE.

Im Sinne eines technology push sind die unternehmensintern und unternehmensextern zur Verfügung stehenden Technologien zu untersuchen. Insbesondere Technologiesprünge können hierbei zu einer Gefahr für das Unternehmen werden. So sinkt im Bereich des Maschinen- und Anlagenbaus der Entwicklungskostenanteil mechanischer Komponenten stark zugunsten von Elektronik- und Softwarekomponenten[259]. Als Leitlinien für den technology push eignen sich Technologiestrategien, in denen das Unternehmen einzeln zu jeder für das Unternehmen relevanten Technologie sein grundsätzliches Innovationsverhalten definiert. Das Spektrum reicht dabei vom first mover, der stets als Erster Innovationen im definierten Technologiefeld hervorbringt, bis zum late follower, der sich auf die Übernahme oder Adaption ausgereifter Entwicklungen beschränkt.

Im market pull stellen nicht die bestehenden oder noch vermuteten Potenziale von Technologien, sondern die Kundenwünsche den Ausgangspunkt für die Entwicklung von Ideen dar. Im Sinne einer Leitlinie für die Ideenfindung gilt es hier demnach die vom Unternehmen adressierten Marktsegmente zu definieren und die Trends in den einzelnen Marktsegmenten zu identifizieren. Ein Marktsegment stellt dabei einen Ausschnitt aus dem Gesamtmarkt des Unternehmens dar, in dem die Wünsche der einzelnen Kunden in guter Näherung homogen sind. Eine für die Investitionsgüterindustrie wichtige Entwicklung stellt in diesem Zusammenhang der Trend zur Nischenbildung und damit Mikrosegmentierung der ehemaligen Massenmärkte dar. So fokussieren sich beispielsweise laut der Studie „Komplexitätsmanagement 2004“ inzwischen ca. 60% der Unternehmen auf Nischenmärkte.[260]

Grundsätzlich gilt in der Ideenfindung, dass gute Ideen nicht erzwungen werden können. Eine Studie hat beispielsweise gezeigt, dass Ideen selten entstehen, wenn man gezielt nach ihnen sucht (beispielsweise nur 1% durch Kreativitätstechniken, 4% während der Arbeit, 6% in interessanten Meetings), und stattdessen häufig, wenn Freiraum für Kreativität besteht (10% in langweiligen Meetings, 13% im Urlaub, 28% in der Natur).[261] Wichtig ist es demnach zum einen, die Kreativität der Mitarbeiter durch klare und intensiv kommunizierte Leitlinien in die gewünschte Richtung zu lenken, und zum anderen, die Mitarbeiter durch Anreizinstrumente und schlanke Ideenmeldungsprozesse zur Mitteilung ihrer Ideen zu bewegen.

Nach der Entwicklung und Sammlung der Ideen ist die Auswahl der richtigen Ideen entscheidend. Tatsächlich mangelt es meist nicht an kreativen Ideen, doch erweisen sich Ideen, die intern als hochgradig innovativ eingeschätzt wurden, später oft als Flop. Entscheidungen werden allzu oft aus dem Bauch heraus gesteuert; es fehlt an systemati-

---

259 „Forschung und Entwicklung managen – Erfolgsfaktoren im Maschinen- und Anlagenbau“, Kilgert, T. et. al., 2004.

260 „Komplexitätsmanagement Studie 2004 – Fortschritte, zukünftige Anforderungen, Handlungsbedarf“, Schuh, G. et. al., 2004.

261 „Integrated Technology and Innovation Management“, Eversheim, W. et. al., 2004.

scher Vorgehensweise und professionellen Entscheidungsvorlagen. Entscheidend ist auch nicht, möglichst viele Projekte zu starten, sondern vorhandene Ressourcen auf die strategisch und wirtschaftlich bedeutendsten Projekte zu konzentrieren, d. h. auf die Projekte mit dem größten Potenzial. Dies gilt umso mehr für die Investitionsgüterindustrie, da die meist mittelständischen Unternehmen für die Produktplanung und -entwicklung i. d. R. nur eng begrenzte Ressourcen zur Verfügung stellen können. Fehlentwicklungen können daher zu ernsthaften Bedrohungen für das Unternehmen führen.

Welche Entwicklungsprojekte sollten nun also mit Priorität angegangen werden? Wie sind die vorhandenen Ressourcen zielgerichtet einzusetzen? Wie können erkannte, aber noch unkonkrete Potenziale und bereits weitgehend konkretisierte Konzepte differenziert bewertet und ausgewählt werden?

Ein erster Schritt für eine systematische Ideenauswahl stellt die Definition eines Projektmixes dar. In der Praxis sind die Ideen bzw. Projektvorschläge häufig sehr heterogen: Das Spektrum reicht von langfristigen Grundlagenstudien über Entwicklungsprojekte mit mittlerer oder langer Laufzeit bis zu Projekten zur Produktpflege, die kurzfristig umgesetzt werden können. Nicht selten beinhaltet die Ideensammlung auch interne, organisatorische Projekte wie beispielsweise die Einführung eines Product Lifecycle Management (PLM) oder eines CAD-Systems. Daher ist es sinnvoll, eine Unterteilung in Projektarten vorzunehmen. Einerseits können so durch die Vorgabe eines Projektarten-Mix strategische Leitlinien abgebildet und das Gesamtrisiko reduziert werden. Andererseits kann durch die projekttypspezifische Wahl von Bewertungsverfahren sowie -kriterien der Tatsache Rechnung getragen werden, dass Ideen für unterschiedliche Projekttypen, beispielsweise aufgrund unterschiedlichem Detaillierungsgrad und Sicherheit der verfügbaren Informationen, unterschiedlich bewertet werden müssen.

Manche Firmen „reservieren" beispielsweise einen festen Prozentsatz ihres Forschungsbudgets für Grundlagenprojekte und fördern damit die Planung der Produkte von übermorgen. Einen Ansatz für die Unterteilung der Projekttypen stellen beispielsweise Wheelwright und Clark vor[262]. Sie unterscheiden Grundlagenforschung, Durchbruchentwicklung, Entwicklung einer Folgegeneration sowie Applikationsentwicklung. Je nach Unternehmen sind diese Projektarten zu ergänzen bzw. konkretisieren. Ebenso wenig wie exakt passende Universalkategorien gibt es eine Maßgabe, welcher Projektarten-Mix empfehlenswert ist. Allgemein gültig ist allerdings der Hinweis, dass Unternehmen, die ihre Innovationsrate steigern wollen, stärker in die Grundlagenforschung und Durchbruchsentwicklung investieren sollten. Unternehmen, die in der Vergangenheit viele neuartige Produkte auf den Markt gebracht haben, setzten im Sinne der Konsolidierung einen Schwerpunkt auf die Entwicklung von Folgegenerationen und Applikationen[263].

---

262 „Revolution der Produktentwicklung", Wheelwright, S.; Clark, K., 1994.
263 „Innovationsmanagement für technische Produkte", Eversheim, W., 2003.

Den zweiten Schritt einer systematischen Ideenauswahl stellt die vergleichende Bewertung der Ideen innerhalb der einzelnen Projekttypkategorien dar. Die Bewertung von Entwicklungsprojekten ist kompliziert: Strategische, wirtschaftliche und technische Kriterien müssen auf Basis unsicherer Daten eingeschätzt werden. In der Vergangenheit wurden hierfür zahlreiche Bewertungsverfahren entwickelt: angefangen bei einfachen Checklisten, die die wichtigsten K.-o.-Kriterien abfragen, über Nutzwertanalysen bis hin zu aufwändigen Verfahren, die dynamische Wirtschaftlichkeitsrechnungen einschließen. Abgesehen vom Aufwand in der Anwendung, unterscheiden sich die Methoden u. a. in den Anforderungen an die verfügbaren Informationen (qualitativ/quantitativ) und in der Komplexität der Aussagen. Doch trotz der hohen Anzahl an Methoden gibt es die ideale „schlüsselfertige“ Methode nicht. Vielmehr gilt es, eine für den Einsatzfall grundsätzlich geeignete Methode auszuwählen bzw. mehrere angepasste Methoden zu kombinieren. In der Praxis hat sich gezeigt, dass dabei eine Kombination einer qualitativen und einer quantitativen Methode zu den besten Ergebnissen führt.

Eine Form der qualitativen Bewertung, die in den letzten Jahren immer häufiger von erfolgreichen Unternehmen verwendet wird, ist die Portfolioanalyse. Ziel dieser Methode ist es, eine Entscheidungsgrundlage zu schaffen, die der Komplexität der Entscheidungssituation Rechnung trägt, indem die wesentlichen Kriterien erfasst und dem Entscheidungsträger in der Gesamtschau visualisiert werden. Für die Bewertung und Auswahl von Entwicklungsprojekten haben sich vier Einzel-Portfolios bewährt, die in einem kombinierten Vorgehen aus wissenschaftlicher Herleitung und Überprüfung in der Beratung von Technologieunternehmen herausgearbeitet wurden (vgl. Abbildung 3).

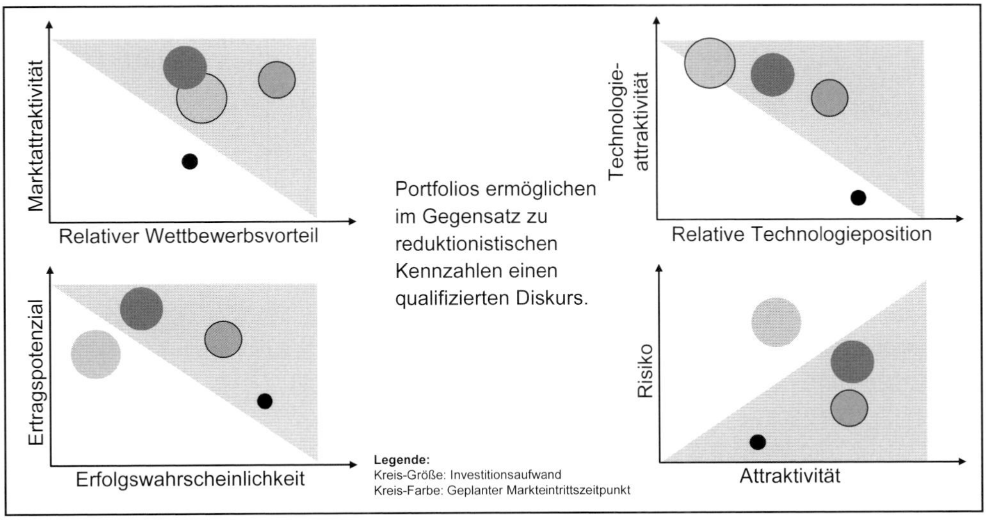

Abb. 3: FuE-Portfolios zur Bewertung von Entwicklungsprojekten.

Die Hauptkriterien auf den Portfolioachsen setzen sich jeweils aus mehreren Unterkriterien mit unterschiedlichen Gewichtungsfaktoren zusammen, nach denen die potenziellen Projektvorschläge bewertet werden. Neben den Kriterien auf den Achsen wird der Investitionsbedarf (Projektvolumen) durch die Größe der Kreise gekennzeichnet. Auf die Aggregation der Portfolios zu einem Gesamtportfolio bzw. einer Kennzahl wird bewusst verzichtet, so dass sich zu den meisten Projektvorschlägen, die in den Portfolios eingeordnet sind, keine eindeutige Gesamtaussage im Sinne von Umsetzen bzw. Verwerfen tätigen lässt. Vielmehr wird der qualifizierte Diskurs der Entscheidungsträger stimuliert.

Obwohl die „Portfolio-Welle" in den vergangenen Jahren auch zahlreiche deutsche Unternehmen erfasst hat und infolgedessen wesentliche Kennzahlen als bekannt vorausgesetzt werden können, bleibt die Quintessenz, dass die Kennzahlen unternehmensspezifisch aufgebaut werden müssen. Erst die richtige Konfiguration und Interpretation macht eine Kenngröße zu einer passenden Kennzahl. Die Herausforderung bei der Konfiguration des Kennzahlensets besteht vor allem darin, gültige Skalierungen der Faktorenbewertung für jeden Projekttyp bereitzustellen sowie die Redundanzfreiheit der generierten Kennzahlen sicherzustellen.

Neben der qualitativen Abschätzung des Potenzials der einzelnen Ideen zeigt eine quantitative Wirtschaftlichkeitsbewertung auf, wie und wann sich das Entwicklungsvorhaben „rechnet". Hier kann beispielsweise eine Kombination aus risikobewertetem Return-on-Investment (ROI) und risikobewertetem Net-Present-Value (NPV; entspricht prinzipiell dem Kapitalwert) sinnvoll sein. Die gleichzeitige Betrachtung dieser Kenngrößen ist erforderlich, da ein Wirtschaftlichkeitsvergleich auf Basis nur einer Kennzahl nicht aussagekräftig ist. Das Ranking schnell amortisierter Applikationsentwicklungen gegenüber investitionsintensiven Projekten fällt anders aus – je nach Bewertungsfokus ROI oder NPV.

Als letzter Schritt für eine systematische Ideenauswahl ist schließlich zu beachten, dass die Betrachtungen nicht mit der ersten Ideenauswahl abschließen dürfen. Stattdessen sollte die Ideenbewertung nach dem Prinzip eines Auswahltrichters mit fortschreitender Erkenntnis wiederholt und die Anzahl der verfolgten Ideen kontinuierlich reduziert, d. h. der Ressourceneinsatz auf die erfolgversprechenden Projekte konzentriert werden. In der Praxis zeigt sich jedoch oft, dass, wenn erst einmal ein großer Aufwand in die Verfolgung einer „garantiert erfolgreichen" Idee geflossen ist, diese unbeirrt weiterverfolgt wird, auch wenn sich im Laufe der Bearbeitung bereits Anzeichen für einen Misserfolg abzeichnen.

4 Aufbau eines Stage-Gate-Entwicklungsprozesses

Um erfolgversprechende Ideen in Innovationen, d. h. am Markt erfolgreiche Produkte, zu überführen, ist die richtige Balance zwischen Kreativität, Effektivität und Effizienz innerhalb eines durchgängigen Entwicklungsprozesses zu finden und die Zielerreichung durch den Einsatz leistungsfähiger Planungs-, Kontroll- und Steuerungsinstrumente sicherzustellen. Ein besonders wichtiges Instrument sind so genannte Referenzpläne. Dabei wird die Entwicklungsaufgabe mit Hilfe eines Referenzprozesses zeitlich in Prozessphasen und inhaltlich in Entwicklungsthemen unterteilt. Dieses Prinzip liegt auch dem von Cooper entwickelten Stage-Gate-Ansatz zugrunde, bei dem der Entwicklungsprozess in Stages und Gates unterteilt wird.[264] Die Gates bilden den Rahmen für jeden einzelnen Prozessschritt, bei dem die Ergebnisse zwischen den Teams koordiniert bzw. synchronisiert werden und eine Entscheidung über den Fortgang des Projektes anhand von definierten Kriterien getroffen wird. Die kreativen Freiräume für die Entwickler bleiben in den Stages zwischen den Gates erhalten. Dabei werden den Entwicklern lediglich Methoden und Hilfsmittel zu Verfügung gestellt, die diese zur Unterstützung ihrer Arbeit nutzen können, aber nicht müssen. Das Gesamtkonzept eines derartigen Stage-Gate-Prozesses ist in Abbildung 4 schematisch dargestellt.

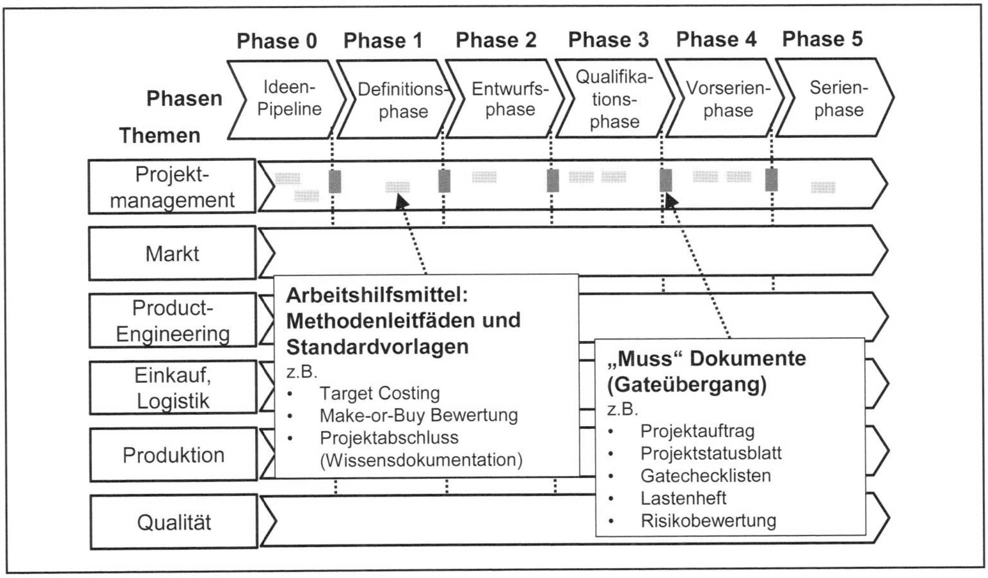

Abb. 4: Schematische Darstellung eines Stage-Gate-Referenzprozesses.

---

264 „Stage-Gate Systems: A new tool for managing new products“, Cooper, R.G., 1990.

Im dargestellten Schema für einen Serienfertiger im Maschinen- und Anlagenbau werden zur zeitlichen Strukturierung eines Projektes fünf Phasen unterschieden. Von der Definitions- und Lastenheftphase werden im nächsten Schritt mehrere Entwürfe abgeleitet. Nach der Freigabe eines Entwurfes wird dieser in der Qualifikationsphase detailliert, am Prototyp getestet und bereits in der Montage erprobt. Nach technischer Freigabe wird in der Vorserienphase die Produktion umgebaut und projektabhängig eine Vorserie gebaut. Nach Freigabe der Produktionsprozesse wird in der Serienphase das Produkt oder die Baugruppe in die Serie übernommen (SOP – Start of Production). Die an die Gate-Phasen geknüpften Ergebnisanforderungen unterstützen dabei ein konsequentes Target Deployment im Projektablauf.

Der Projektablauf ist durch einen prozessorientierten Gestaltungsansatz gekennzeichnet. Im obigen Beispiel sind über den Projektverlauf sechs Themenkomplexe bzw. Prozesse definiert. Über die Projektlaufzeit sind diese jeweils unterschiedlich stark in die Bearbeitung mit einbezogen. Im Sinne des Simultaneous Engineering laufen jedoch Marketing-, Entwicklungs- oder Produktionsplanungsaufgaben bereits frühzeitig parallel, um eine bessere Produktqualität z. B. durch Abstimmung der Baugruppengestaltung und der Fertigungsprozesse zu erzielen. Die Prozesse sind zunächst unabhängig von funktionalen Organisationseinheiten im Unternehmen.

Dem Charakter von Entwicklungsprojekten entsprechend ist das Projektmanagement als ein Thema bzw. Prozess zu verankern. In diesem werden Administration und Projektmonitoring abgebildet. Im Prozess „Markt“ werden die Aufgaben des Vertriebs und des Produktmarketings zusammengefasst. Alle Aufgaben, die in Entwicklung, Versuch und Auftragsabwicklung durchgeführt werden, werden in einem Prozess, der beispielsweise als „Engineering“ bezeichnet werden kann, zusammengefasst. Der Prozess „Einkauf und Logistik“ bildet wesentliche Aufgaben von der Lieferantensuche und Vertragsgestaltung bis zur Logistikplanung ab. Im Prozess „Produktion“ sind Aufgaben sowohl der Produktionsplanung als auch des Produktionsaufbaus, der Vorserie und des Produktionsbetriebs abgebildet. Qualitätsbezogene Aufgaben, wie Qualitäts- oder Erstmusterprüfung und Audits, sind schließlich im Prozess „Qualität“ zusammengeführt.

In jedem Prozess sind alle wesentlichen zu erledigenden Aufgaben pro Phase zu beschreiben. Dabei empfiehlt sich der Einsatz cross-funktionaler Teams. Zur Bildung dieser Teams ist für jede Aufgabe klar und verbindlich festzulegen, welche Funktionseinheit im Unternehmen für die Aufgabe verantwortlich ist, welche die Arbeit unterstützt und welche wesentliche Entscheidungen trifft.

Wie im Zuge der Ausführungen zur Ideenphase bereits dargestellt, existieren in einem Unternehmen i.d.R. mehrere grundsätzlich verschiedene Typen von Entwicklungsprojekten. Dementsprechend ist kritisch zu prüfen, ob alle Typen von Entwicklungsprojekten anhand eines allgemeinen Stage-Gate-Prozesses abgewickelt werden können oder ob verschiedene projekttyp-spezifische Prozesse zu definieren sind. Einen Lösungsansatz zu dieser Problematik stellt der unternehmensspezifische Aufbau eines „maximalen" Stage-Gate-Prozesses dar, der die Anforderungen aller Projekttypen integriert und im Einzelfall durch das jeweilige Projektmanagementteam auf die tatsächlichen Bedarfe hin reduziert und spezifiziert wird.

Wichtiger Bestandteil von Stage-Gate-Prozessen sind Standards wie Standarddokumente, Standardmethoden oder Standardvorgehen. Standardisierte Controllingdokumente und Tools, wie Projektanträge, Projektstatusblätter, eine mitlaufende Wirtschaftlichkeitsrechnung o. ä., ermöglichen eine größtmögliche Transparenz für die Unternehmensführung. Unabhängig von der Art des Projektes bilden identische Standarddokumente die Basis für Führungsentscheidungen. Unternehmensspezifisch konfigurierte Standardmethoden wie FMEA, QFD oder Target Costing reduzieren die nicht wertschöpfenden Tätigkeiten in der Projektarbeit. Um einen wirkungsvollen Einsatz solcher Methoden zu gewährleisten, sind einerseits unterstützende Dokumente wie Standardvorlagen, Checklisten, Methodenleitfäden sowie Praxisbeispiele zur Verfügung zu stellen. Andererseits sind die Mitarbeiter durch spezielle Schulungen in der Anwendung der Methoden zu trainieren. Die Ergebnisse der Methoden sind in den Managementprozess zu integrieren, um die Nutzung und Akzeptanz der Methoden sicherzustellen.

Zur erfolgreichen Implementierung eines Stage-Gate-Prozesses sind fünf Erfolgsfaktoren zu berücksichtigen. Erstens sind in einem Roll-Out-Konzept die entwickelten Abläufe und Dokumente in mehreren Pilotprojekten anzuwenden und mehrere Monate lang zu testen. Erst danach sollte das System verbindlich an gegebenenfalls verteilten Standorten eingeführt werden. Zweitens erhöht ein frühzeitiges aktives Marketing die Akzeptanz des Stage-Gate-Prozesses bei den Mitarbeitern. Gerade die Einbindung aller Funktionsbereiche bei Präsentationen, verfügbare Informationsbroschüren und klare Ansprechpartner in der gesamten Organisation tragen zum Erfolg bei. Drittens kann das Intranet eine tragende Rolle beim Wissensmanagement spielen. Projektabläufe, Dokumente und Methoden können standortübergreifend in einem intranetbasierten Entwicklungshandbuch verfügbar gemacht werden. Alle Informationen sind so für die Mitarbeiter jederzeit und an jedem Ort verfügbar, Suchzeiten können reduziert werden. Viertens sichert die konsequente Flankierung des Einführungsprozesses in allen Funktionsbereichen durch den Vorstand und die Geschäftsbereichsleiter die Implementierung der Standards und Abläufe ab. Schließlich empfiehlt sich zur Verfolgung der mittels der Stage-Gate-Systematik durchgeführten Projekte die Implementierung eines einfachen, aber schlagkräftigen Tools, das die Überprüfung und Nachverfolgung der Projekte unterstützt. Eine effiziente Abwicklung des Gate-Prozesses wird hierdurch sehr schnell möglich und der Projektstand transparent für Projektleiter und Führungskräfte einsehbar.

5 Beherrschung des Produktlebenszyklus – Release-Engineering

Die sich verschärfende Proliferation der Angebotspalette vieler Anbieter in der Investitionsgüterindustrie führt dazu, dass Abnehmer nach genau der Produktvariante suchen, die ihre Anforderungen möglichst vollständig erfüllt. Einer so tief greifenden Vorstellung von Individualität stehen Industriekonzepte gegenüber, die Synergien und Kostenreduktionen durch identische Plattformen und „volume bundling" von Teilen für verschiedene Produkte oder Produktlinien erzielen. Trotzdem muss aber jene Differenz zwischen Markenprodukten gewahrt bleiben, die der Käufer sucht und der Verkäufer als Erklärung für unterschiedliche Preisstellungen braucht. Allerdings ist der Grat zwischen einer Steigerung des Profits und negativen Kosteneffekten durch eine expandierende Modellpolitik und zusätzliche Angebotsvielfalt recht schmal. Es bedarf daher einer gezielten Steuerung, um der latenten Gefahr einer kurzfristigen Produktprogrammausweitung und den damit verbundenen, negativen Kosteneffekten vorzubeugen und das Produktprogramm über der Zeit kontinuierlich an einem „optimalen" Erfüllungsgrad der Kundenbedürfnisse auszurichten.

Das Konzept des **Release-Engineering** stellt vor diesem Hintergrund ein Rahmenwerk für das Entwicklungs- und Lebenszyklusmanagement variantenreicher, komplexer Produkte der Investitionsgüterindustrie dar, um die FuE-Komplexität und die Änderungsintensität über den Produktlebenszyklus beherrschen und steuern zu können[265]. Die Grundlage des Release-Engineering ist die Strukturierung von Produkten in „Release-Einheiten". Unter einer Release-Einheit wird die Zusammenfassung mehrerer Komponenten oder Module verstanden. Eine Release-Einheit bildet eine konfigurierte Einheit von Komponenten, deren modellzyklusbegleitende „Updates" zusammenhängend entwickelt, getestet und in die Produktionsumgebung überführt werden. Die Ausführung von Produktänderungen sowie die Einführung von Komponenteninnovationen erfolgt konsolidiert im Zuge der Release-Intervalle. Diese Intervalle sind über die Derivate einer Produktfamilie und gegebenenfalls sogar über große Teile des Produktspektrums hinweg zu synchronisieren und vereinheitlichen. Die Release-Einheiten werden auf Basis der Kriterien Änderungsaufwand, Marktattraktivität und technisch sinnvolle Innovationsrate jeweils einem Release- bzw. Änderungsintervall zugeordnet, so dass die Komponenten einer Release-Einheit sich durch homogene Release-Intervalle auszeichnen. Die Release-Intervalle sind derart auszulegen, dass ihre Frequenzen jeweils Bruchstücke bzw. Vielfache voneinander darstellen; hierdurch werden wesentliche Nutzeneffekte des Konzepts erschlossen, indem Änderungszeitpunkte in regelmäßigen Abständen zeitlich zusammenfallen und Komponentenänderungen bzw. -innovationen simultan überführt werden. Diese Effekte bestehen in einer Reduzierung der Aufwendungen für notwendige Tests und Folgeänderungen sowie von Abstimmungsvorgängen im Zuge der Entwicklung.

---

[265] „Produktkomplexität managen", Schuh, G., 2005.

Im Rahmen so genannter „Major Releases“, zu deren Zeitpunkt ein Großteil der Release-Intervalle einen Änderungszeitpunkt vorsieht, sind erhebliche Erweiterungen der Produktfunktionalität möglich (vgl. Abbildung 5). Durch die Vorab-Planung von Releases durch das Konfigurations-Management kann der vom Markt verlangten stetigen Neuausrichtung auf und Anpassung an veränderte Kundenbedürfnisse Rechnung getragen werden, ohne einen unverhältnismäßig hohen Anstieg der Varianz zu erzeugen.

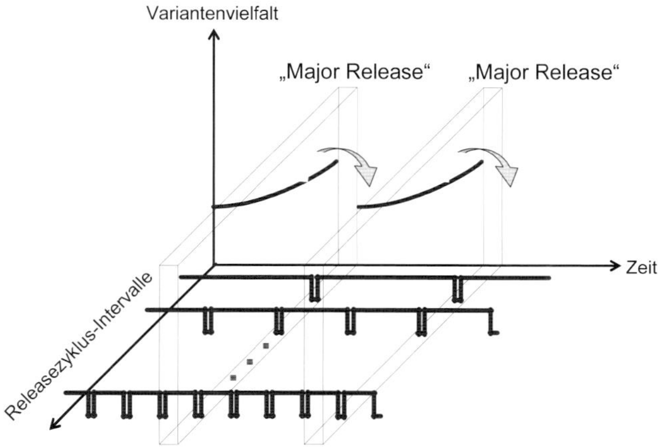

Abb. 5: Fortlaufende Bereinigung der Produktvarianz durch Releases.

Die konsequente Planung und Nutzung des Release-Engineering sieht die Einführung von Komponenteninnovationen in Intervallen, denen die Komponenten spezifisch auf Basis ihrer Innovationsrate zugeordnet wurden, vor. Da es neben der Beherrschung der quantitativen Varianz ebenso erforderlich ist, einer beschleunigten Überalterung der Produkte insbesondere im Bereich der Elektronik und der Software vorzubeugen, sollte der Innovationsbeitrag im Rahmen der Releases aktiv gesteuert werden. Durch „frische Produkte“ mit einem hohen Innovationswert kann eine Steigerung des Produktwertes aus Abnehmersicht erzielt werden[266]. Dies hat den Vorteil höherer Markteintrittsbarrieren für die Wettbewerber und somit einer geringeren Zahl „echter Mitstreiter“ im Evoked Set (im Evoked Set befinden sich die Kaufalternativen aus Abnehmersicht, die jeweils ernsthaft in Erwägung gezogen werden). Stellt man sich den Verlauf des Innovationsbeitrags eines

[266] „Produkte als Botschaften“, Karmasin, 1998.

Produktes vor, wie er im Markt wahrgenommen wird, so scheint ein zunehmendes Abfallen mit fortschreitendem Modellzyklus gegeben. Dieser Verfall aus Kundensicht wird zum einen durch neue Produkte der Wettbewerber bestimmt, die über einen höheren Innovationswert verfügen, sowie zum anderen durch die Diffusion von Technologien in untere Volumenmarktsegmente („Trickle-Down-Effekt"). Dieser in vielen Branchen der Investitionsgüterindustrie zu beobachtende Effekt der vertikalen Technologiediffusion trägt über eine zunehmende Penetration des Massenmarktes dazu bei, dass Produktinnovationen ihre vormalige Sonderstellung einbüßen. Beispiele hierfür sind im Segment der Werkzeugmaschinen etwa Hochleistungsspindeln zur Erreichung entsprechender Spindeldrehzahlen, die weitgehende Ablösung von Gleitführungen durch Wälzführungen sowie die Verbreitung von NC-Steuerungen. Vor dem Hintergrund einer weitgehend fixen Kopplung des wahrgenommenen Innovationsbeitrags eines Produktes an die Produktlaufzeit entstehen im Vergleich zu jüngeren Produkten also ausgeprägte Zonen des Nachteils. Hier gilt es unter Bedingungen einer herkömmlichen Produktplanung einen vernünftigen Kompromiss zwischen einer gewaltsamen Erhöhung der Rate neuer Produkte und der Einführung neuer Entwicklungen im Gegensatz zur extensiven Wiederverwendung vorhandener Technologien und Anwendungen zu finden. Im Allgemeinen lässt aber die schnelle Wiederverwendung neuer Anwendungen und Technologien über mehrere Entwicklungsprojekte hinweg den Neuheitswert oder die technische Vollkommenheit der Produkte eines Unternehmens ressourcenschonend steigen.

Das Release-Engineering stellt eine Möglichkeit bereit, den Innovationsbeitrag eines Produktes systematisch zu steuern und zu kontrollieren. Durch ein zielorientiertes Timing der Einführung neuer Anwendungen oder Technologien lässt sich der marktseitig wahrgenommene Innovationsbeitrag steuern. Die konsequente Berücksichtigung des Innovationsbeitrags ermöglicht über die einzelnen Release-Projekte die Ausprägung nachhaltiger Zonen des Vorteils im Vergleich zum Wettbewerber (vgl. Abbildung 6).

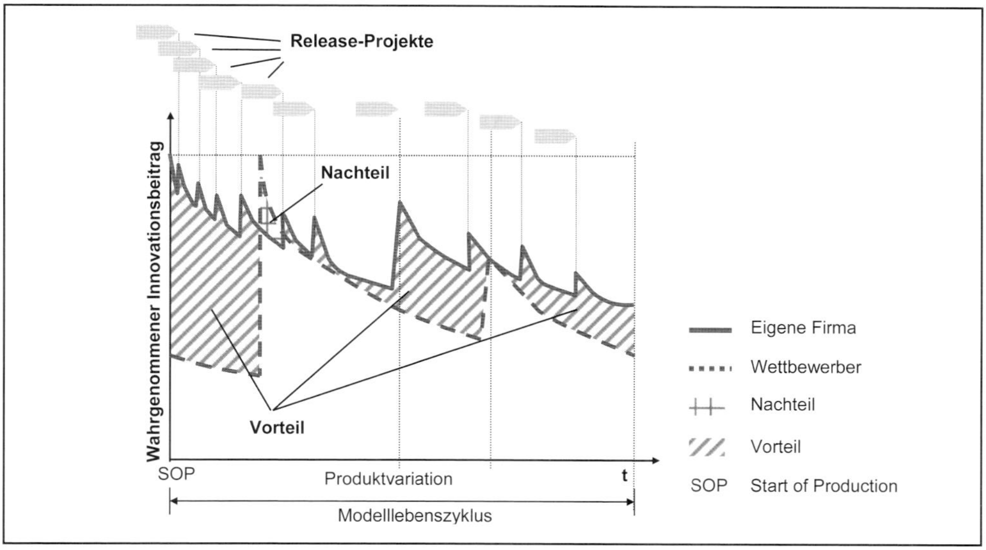

Abb. 6: Qualitative Entwicklung des Innovationsbeitrags unter Release-Engineering.

Zur Nutzbarmachung dieses Effekts müssen Release-Einheiten gemäß ihrer marktseitigen Wirkung klassifiziert werden. Hierzu können die Einheiten in einem Portfolio bezüglich ihrer marktseitigen Wirkung eingeschätzt werden (vgl. Abbildung 7). Die wesentlichen Kriterien sind die Geschwindigkeit der Abschwächung der Attraktivität einer Innovation aus Konsumentensicht sowie die Höhe des anfänglichen Effekts. Die nachhaltigste Wirkung wird hierbei erreicht, wenn die Abschwächung möglichst langsam und der anfängliche Effekt einer Innovation möglichst hoch eingestuft werden.

Über die Identifizierung eines idealen Verlaufs des wahrgenommenen Innovationsbeitrags, der einhergehend mit der eigenen strategischen Ausrichtung das Profil der Wettbewerber berücksichtigen muss, lässt sich dann ein Soll-Anforderungsprofil erheben. Dieser Soll-Verlauf muss durch Kombination zur Verfügung stehender Release-Einheiten erzielt werden. Hierzu können anhand des erstellten Portfolios gezielt Release-Einheiten bestimmt werden, die das gewünschte Profil erzeugen. Der dritte Schritt der Zuordnung der Release-Einheiten bedeutet ein marktgerechtes Priorisieren der Entwicklungsressourcen gemäß dem zuvor bestimmten, gewünschten Verlauf des Innovationsbeitrags.

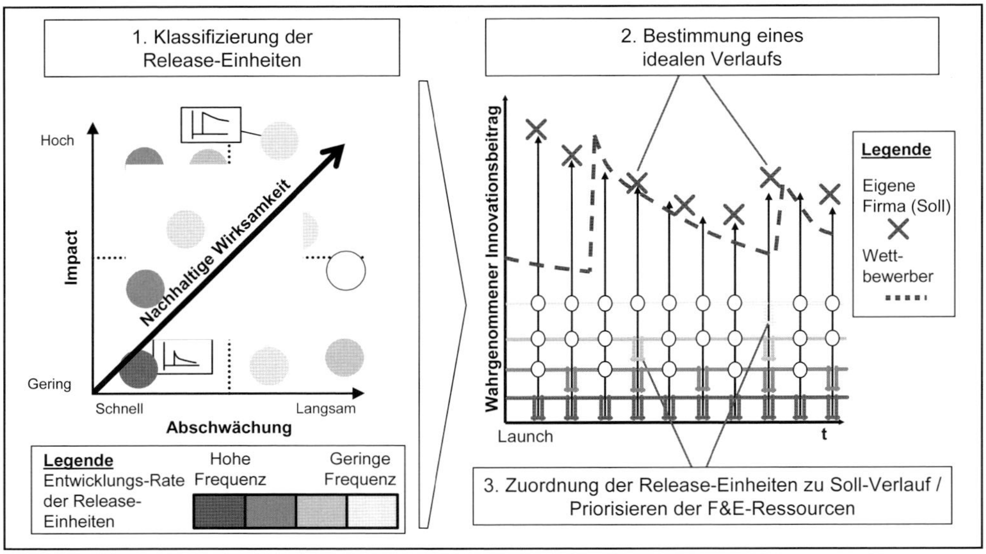

Abb. 7: Logik der Innovationsbeitragsplanung im Release-Engineering.

Insgesamt stellt das Konzept des Release-Engineering eine umfassende und proaktive Grundlage für eine lebenszyklusorientierte Produktplanung dar. Die ermöglichte, regelmäßige Sortimentsbereinigung leistet einhergehend mit der verankerten Konsolidierung von Änderungsschritten einen erheblichen Beitrag zur Komplexitätsreduktion in Forschung und Entwicklung. Die individuelle Entkopplung von Komponentenentwicklungszyklen von der Architekturentwicklung und die gezielte Steuerung des Innovationsbeitrags gewährleisten „frischere Produkte" und ermöglichen die Vermeidung von „Peaks" in der Auslastung der FuE-Ressourcen.

6 Lean Innovation als Leitbild für die Zukunft des Managements von Innovationsprozessen

So innovativ die in den vorangegangenen Kapiteln genannten Ansätze auch für die meisten Unternehmen der Investitionsgüterindustrie sind; letztlich wird doch jedes einzelne der genannten Elemente schon heute bei einigen wenigen fortschrittlichen Unternehmen eingesetzt. Zunächst bietet die kombinierte Anwendung aller dargestellten Ansätze sicher auch für diese fortschrittlichen Unternehmen noch deutliche Potenziale zur Steigerung der Effektivität und Effizienz ihrer FuE-Aktivitäten. Es ist aber nur eine Frage der Zeit, bis die ersten Unternehmen die auf diesem Weg realisierbaren Potenziale erschlossen haben. Schon heute ist allerdings klar, dass der Bedarf für eine Steigerung von

Effektivität und Effizienz in der FuE weiter steigen wird. Es stellt sich also die Frage, wie weiterführende Ansätze gestaltet sein können. Ein viel versprechender Ansatz ist die Übertragung des Lean Thinking[267] auf die Gestaltung der FuE: die Lean Innovation.[268]

Lean Innovation besteht aus zwei Elementen: den Lean Products und dem Lean Innovation Process (vgl. Abbildung 8).[269]

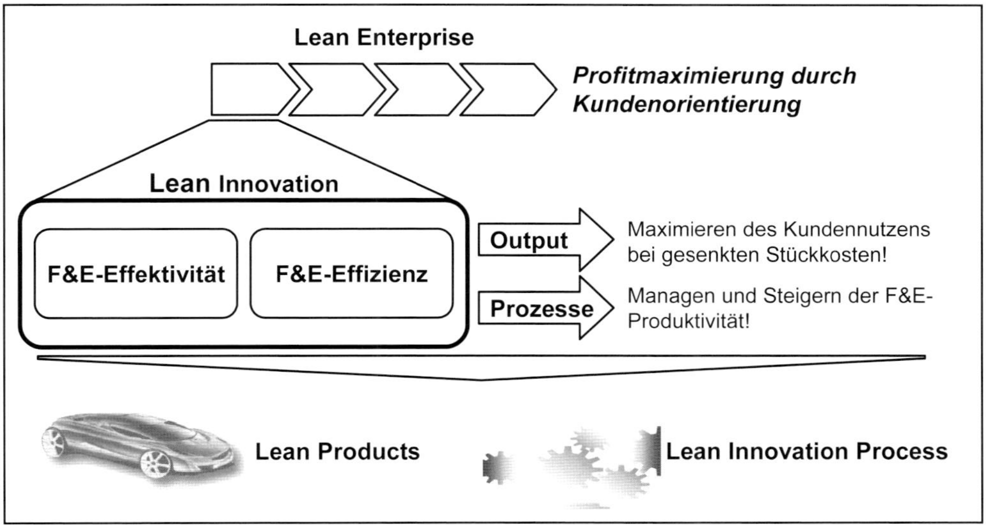

Abb. 8: Lean Product und Lean Innovation Process als Bausteine der Lean Innovation.

Vor dem Hintergrund dieses Beitrages sind insbesondere die Ansätze des Lean Innovation Process von Bedeutung. In einem vom Laboratorium für Werkzeugmaschinen und Betriebslehre (WZL) der RWTH Aachen geleiteten Arbeitskreis unter Beteiligung von Industrievertretern und dem Lean-Thinking-Experten Daniel T. Jones wurden bereits drei Handlungsfelder zur Realisierung des Lean Innovation Process sowie Thesen zur Ausgestaltung des Prozesses in diesen Handlungsfeldern erarbeitet. Das erste Handlungsfeld besteht in der eigenverantwortlichen Gestaltung der Entwicklungsprozesse. Hier gilt es, der Natur der Produktentwicklung besser gerecht zu werden. Diese zeichnet sich dadurch aus, dass Produktentwicklung eine Kausalverkettung kreativer Arbeitsschritte darstellt,

---

267 „Lean Thinking – Ballast abwerfen, Unternehmensgewinn steigern", Womack, J. P.; Jones, D. T.; 2004

268 „Lean Innovation – Less Complexity: Steigerung von Effektivität und Effizienz in der FuE", Schuh, G. et al., 2005, S. 21.

269 „Lean Innovation", Schuh, G., 2005 / „Lean Products – Maximierung von Kundennutzen und Skaleneffekten", Weisbecker, L. et al., 2005.

d. h. dass die einzelnen Arbeitsschritte auf den kreativen Ergebnissen vorheriger Entwicklungsstufen aufbauen. Im Gegensatz zu Produktionsprozessen, dem ursprünglichen Anwendungsgebiet des Lean Thinking, sind Produktentwicklungsprozesse folglich durch eine hohe Variabilität gekennzeichnet. Aufgaben und ihre Abfolge lassen sich daher im Vorfeld nur grob strukturieren und schwierig planen. Die Herausforderung besteht also darin, das richtige Granularitätsniveau für die Determinierung der Prozesse zu finden. Einerseits muss der für die Kreativität erforderliche Freiraum gegeben werden. Dies kann durch die Definition von Prozessmodulen gelingen, die als eine Art Bilanzhülle vielmehr in ihren Schnittstellen als in ihrem inneren Aufbau festgelegt sind. Andererseits sind die einzelnen Aktivitäten an den entscheidenden Stellen zu synchronisieren. Dazu sind einige wenige Key-Milestones zu definieren, deren Einhaltung absolut imperativ ist. Neben der Synchronisation der parallelen Aktivitäten beugt die strikte Einhaltung der Key-Milestones auch einem Over-Engineering vor, da heute insbesondere gegen Ende eines Projektes die Konstruktion komplexer Zusatzlösungen ohne proportionalen Kundennutzen gebilligt wird.

Das zweite Handlungsfeld des Lean Innovation Process ist die alternativenorientierte Projektgestaltung. Grundlage dieses Handlungsfeldes ist die Erkenntnis, dass Redundanz in der Entwicklung von Subsystemen nicht nur zu Risikominimierung und besseren Ergebnissen, sondern auch zu einer Effizienzsteigerung führt. Die Ursache dafür liegt darin, dass der Mehraufwand für die Konzeption mehrerer paralleler Lösungen durch die Vermeidung von Rückschleifen deutlich überkompensiert wird. Zur Realisierung einer alternativenorientierten Projektgestaltung sind zwei Grundregeln zu befolgen: erstens ist eine Entscheidung für oder gegen eine Lösung erst dann zu treffen, wenn eine ausreichende Informationsbasis als Grundlage für die Entscheidung vorhanden ist. Zweitens sind Alternativen erst nach und nach, d. h. in einem gestuften Vorgehen, zu reduzieren.

Drittes Handlungsfeld ist schließlich die Schaffung einer Lern- und Wissenskultur. Eine eigenverantwortliche Prozessgestaltung ist mit den heute noch häufig auf Standardisierung und Kontrolle ausgerichteten FuE-Strukturen nicht vereinbar. In einer Lern- und Wissenskultur basiert die Wertschätzung der Mitarbeiter dagegen auf deren Arbeitsleistung, der Qualität der erarbeiteten technischen Lösungen sowie dem Beitrag zu und die Nutzung von Design-Standards. Funktionale Manager fungieren dabei als „Lehrer“, die die technische Kompetenz in sich vereinen, vorleben und an nachrückende Entwickler weitergeben.

Die ganzheitliche Umsetzung des Lean Innovation Process ist derzeit noch Gegenstand der Forschung. Auch schon die Umsetzung einzelner Bestandteile kann jedoch die Produktivität des Innovations- und Entwicklungsprozesses erheblich steigern.

Literaturverzeichnis

Cooper, R. G.: Stage-Gate Systems: A new tool for managing new products, in: Business Horizons, 1990, Nr. 3, S. 44–54.

Eversheim, W.: Innovationsmanagement für technische Produkte, Springer Verlag, Berlin, 2003.

Eversheim, W.; Baessler, E.; Leffin, T.: Integrated Technology and Innovation Management, in: Proceedings of the International Conference on Competitive Manufacturing, Stellenbosch, Südafrika, 4. –6. Februar 2004, S. 81–94.

Karmasin, H.: Produkte als Botschaften: individuelles Produktmarketing, konsumentenorientiertes Marketing, Bedürfnisdynamik, Produkt- und Werbekonzeptionen, Markenführung in veränderten Umwelten, Wirtschaftsverlag Überreuter, Wien, 1998.

Kilgert, T.; Becker, D.; Paulukuhn, L.; Weber, P.; Schröder, J.: Forschung und Entwicklung managen – Erfolgsfaktoren im Maschinen- und Anlagenbau, Laboratorium für Werkzeugmaschinen und Betriebslehre der RWTH Aachen (WZL) & KPMG Deutsche Treuhandgesellschaft, 2004.

o. V.: Barrieren und Erfolgsfaktoren der Umsetzung von Innovationen – Weltweite Studie Innovationsmanagement (Volume II), Droege & Comp. AG, 1999.

Schuh, G.: Produktkomplexität managen: Strategien – Methoden – Tools, Hanser Verlag, München, 2005.

Schuh, G.: Lean Innovation, in: Seminar Methoden des Innovationsmanagements, Aachen, 22. April 2005.

Schuh, G.; Canales, F.; Kubosch, A.; Paulukuhn, L.: Lean Innovation – Less Complexity: Steigerung von Effektivität und Effizienz in der FuE, in: Industrie Management, Nr. 3/2005, S. 21–24.

Schuh, G.; Deger, R.; Nonn, C.: Das sind die Kernfähigkeiten der Erfolgreichen, in: io new management, Nr. 12/2004, S. 40–44.

Schuh, G.; Schittny, S.; Leffin, T.; Hurther, Fv.; Boos, W.: Komplexitätsmanagement Studie 2004 – Fortschritte, zukünftige Anforderungen, Handlungsbedarf, GPS Komplexitätsmanagement & Laboratorium für Werkzeugmaschinen und Betriebslehre der RWTH Aachen (WZL), Aachen, 2004.

Weisbecker, L.; Schuh, G.; Eversheim, W.; Brecher, C. u. a.: Lean Products – Maximierung von Kundennutzen und Skaleneffekten, in: Wettbewerbsfaktor Produktionstechnik – Aachener Perspektiven, 2005, S. 53–79.

Wheelwright, S.; Clark, K.: Revolution der Produktentwicklung, Campus Verlag, Frankfurt am Main, 1994.

Womack, J. P.; Jones, D. T.: Lean Thinking – Ballast abwerfen, Unternehmensgewinn steigern, Campus Verlag, Frankfurt am Main, 2004.

Innovationen beschleunigen

von Hans-Jörg Bullinger[270] und Joachim Warschat[271]

1 Zeit als Wettbewerbsfaktor

Die Markterschließung mit erfolgreichen Neuerungen dient zur Wachstums- und Profitabilitätssteigerung. Nachhaltig Innovationen zu etablieren und wettbewerbsfähig zu bleiben, bedarf auf dem konkurrierenden Markt, der nicht selten von Nachahmern zurückerobert werden will, effektiver Schutzmechanismen. Die vom Bundesministerium für Bildung und Forschung (BMBF) 2003 veröffentlichte Studie „Zur technologischen Leistungsfähigkeit Deutschlands“ (vgl. Grupp et al. 2003) zeigt auf, dass der zeitliche Vorsprung als Schutzmechanismus am häufigsten genutzt wird, noch vor Geheimhaltung, Patenten, komplexer Gestaltung und Marke (vgl. Abbildung 1).

---

[270] Prof. Dr.-Ing. Hans-Jörg Bullinger ist Präsident der Fraunhofer Gesellschaft.

[271] Prof. Dr.-Ing. Joachim Warschat ist Direktor am Fraunhofer-Institut für Arbeitswirtschaft und Organisation mit dem Themengebiet Innovations- und FuE-Management und Professor am Stuttgart Institute of Management and Technology.

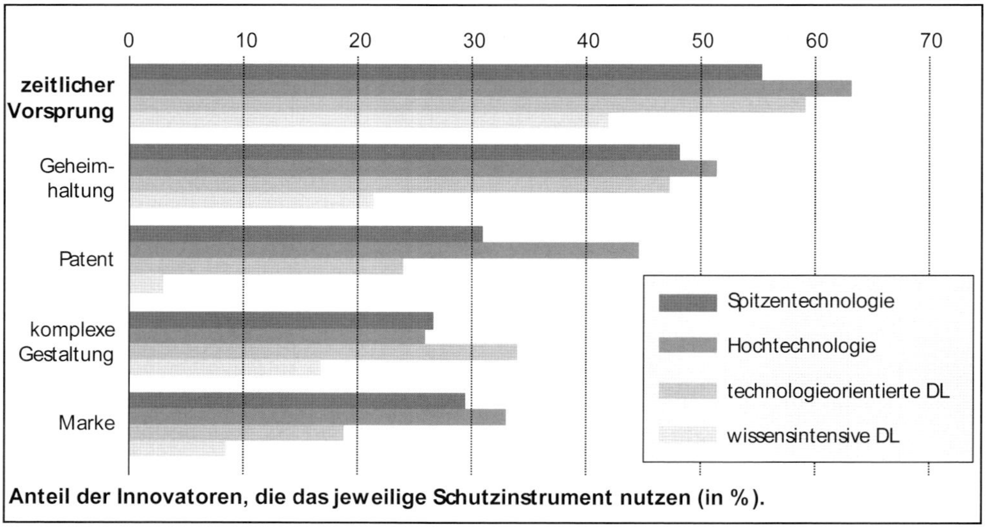

Abb. 1: Verbreitung von Schutzmechanismen für Innovationen nach Branchengruppen im Verarbeitenden Gewerbe und im Dienstleistungssektor Deutschlands 1998–2000. (Quelle: ZEW, Mannheimer Innovationspanel. – Berechnungen des ZEW)

Zur Bewahrung und Stärkung beschleunigter Innovationsprojekte ist das Wissen über die Faktoren, die den Projektablauf bremsen, so genannte Zeittreiber, unabdingbar. Ziel ist es daher, Zeittreiber in Innovationsprojekten zu erkennen, zu verstehen und zu überwinden, um damit eine Verkürzung der Time-to-Market zu erreichen. Ein Innovationsmanagement mit dem Fokus auf Zeit soll beschleunigte Innovationsprozesse ermöglichen.

Für das Innovationsmanagement kann die input- und die outputorientierte Zeitbetrachtung unterschieden werden (vgl. Murmann 1994). Inputorientiert wird die Zeit als Effizienzfaktor gesehen, genauer gesagt als nicht erneuerbare und knappe Ressource (vgl. Kubik 1994). Dabei ist allerdings anzumerken, dass stets noch andere Inputfaktoren nötig sind, um einen Output zu erzeugen (vgl. Murmann 1994). Unter outputorientierter Betrachtung wird dagegen die Zeit als Wettbewerbsfaktor gesehen. Hier kann unterschieden werden zwischen der Zeitpunktwahl und der Nutzung von Zeitvorteilen. Zeitpunktentscheidungen können eine hohe Relevanz für das Bestehen im Wettbewerb haben. Die Wahl des richtigen Zeitpunktes ist unter anderem bei Produktentwicklungsbeginn, beim Wechsel von Strategien oder Technologien und bei der Markteinführung eines neuen Produktes von entscheidender Bedeutung (vgl. Glaser 2000). Zeitvorteile können in Wettbewerbsvorteile, wie beispielsweise in einen Erfahrungsvorsprung oder in eine höhere Reaktionsgeschwindigkeit, umgesetzt werden und so die Wettbewerbsposition deutlich verbessern (vgl. Murmann 1994).

Wettbewerb kann definiert werden als das Streben von Wirtschaftseinheiten nach eigenen Vorteilen zu Lasten anderer (vgl. Perillieux 1987). Der Begriff Zeitwettbewerb wurde in den 80er Jahren von Stalk und Hout geprägt. Sie suchten nach Gründen für die großen Erfolge japanischer Unternehmen und identifizierten den Faktor Zeit als eine der Hauptursachen (vgl. Stalk/Hout 1992).

Die japanischen Unternehmen versuchten damals jegliche Formen der Verschwendung von Zeit zu eliminieren. Dies führte zu enormen zeitlichen Vorteilen bei Entwicklung, Produktion und Auftragsabwicklung. Die Bedeutung des Faktors Zeit steigt seitdem kontinuierlich. Ein Grund dafür ist in der zunehmenden Sättigung der Märkte und den dadurch verschärften Wettbewerbsbedingungen zu sehen (vgl. Fischer 2000).

Der Zeitwettbewerb kann sowohl unternehmensextern, also im Wettbewerb, als auch unternehmensintern Vorteile bieten. Extern können sich die positiven Effekte z. B. in besserer Qualität, einem höheren Marktanteil, einem günstigeren Preis und einer höheren Innovationsrate äußern. Intern können z. B. Kostensenkungen, höhere Kapazität, größere Flexibilität und eine bessere Motivation der Mitarbeiter erreicht werden. Zu begründen sind diese Effekte mit den nachfolgend beschriebenen Wirkungszusammenhängen zwischen den Zielgrößen: Zeit, Kosten und Qualität (vgl. Rutt 1991).

Im Folgenden soll in Anlehnung an Voigt (vgl. Voigt 2000) unter Zeitwettbewerb der Versuch verstanden werden, durch eine Reduzierung der für die Entwicklung und Markteinführung von Neuerungen notwendigen Zeitspanne eine Stärkung der Position im Markt zu erreichen.

Um sich der Bedeutung des Faktors Zeit im Wettbewerb klar zu werden, ist es notwendig, diesen im Zusammenhang mit anderen Zielgrößen zu sehen. Die Zielgrößen Qualität, Kosten und Zeit müssen im Innovationsprozess alle drei Berücksichtigung finden und dürfen dabei nicht einzeln beziehungsweise isoliert voneinander betrachtet werden (vgl. Vahs/Burmester 2002).

Durch die Optimierung eines der Faktoren können auch die anderen beiden Faktoren positiv beeinflusst werden (vgl. Buchholz 1996). Auch Wildemann (vgl. Wildemann 1993) geht davon aus, dass Zeitverkürzungen mit Kostenreduzierung und Qualitätsverbesserung einhergehen. Wenn z. B. die Entwicklungszeit eines Produktes verkürzt wird, kann sich daraus durch Vermeidung von Leerlaufzeiten und redundanten Arbeitsschritten sowie allgemein durch eine kürzere Bindung von Ressourcen und Kapital auch eine Kostenreduktion ergeben. Durch die mit der Verkürzung der Entwicklungszeit verbundene Prozessoptimierung kann somit auch eine Verbesserung der Produktqualität erreicht werden (vgl. Buchholz 1996).

Die Bedeutung beziehungsweise die Gewichtung der einzelnen Faktoren ist nicht starr, sondern hat sich innerhalb der letzten 50 Jahre stetig verändert. Galten in den 60er und 70er Jahren noch die Kosten als mit Abstand dominanteste Größe, entwickelt sich in den

80ern die Qualität zum gleich stark gewichteten Wettbewerbsparameter. Die zunächst fast gänzlich vernachlässigte Größe Zeit wird erst in den 90er Jahren zu einem bestimmenden Faktor. Bei unveränderter Bedeutung der Parameter Kosten und Qualität wird nun auch die Zeit zum dominierenden Wettbewerbsfaktor (vgl. Abbildung 2) (vgl. auch Voigt 2000).

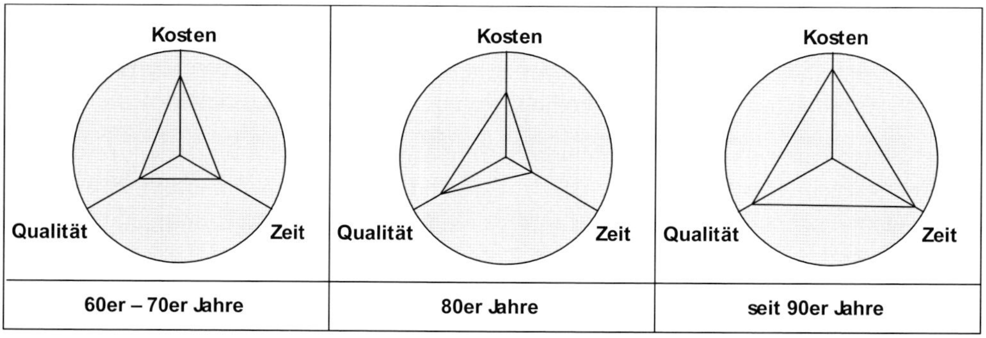

Abb. 2: Der Faktor Zeit gewinnt an Bedeutung (Quelle: Kaluza 1995)

2 Was verhindert schnellere Innovationsprojekte?

Innovationsprojekte sind an sich zeitintensiv. Dennoch lassen sich darüber hinaus im Projektablauf Einflussgrößen finden, die das Erreichen der optimalen Projektdauer verhindern und somit die tatsächlich benötigte Zeit unnötig in die Länge „treiben“. So kann z. B. eine „zu späte Beschaffbarkeitsprüfung“ zeittreibend wirken. Das heißt, eine benötigte Sachressource (Material oder Maschine) wird zu spät auf ihre Beschaffbarkeit hin geprüft. Die Verfügbarkeit wurde also nicht sofort, nachdem die geforderte Beschaffenheit der Sachressource bekannt war, abgefragt. Geschieht dies nicht, kann es durch nicht eingeplante Produktions- und Lieferzeiten zu Verzögerungen kommen. So wurde z. B. in einem untersuchten Innovationsprojekt die Lieferzeit und Lieferbarkeit eines notwendigen Laborgeräts zur Beschichtung nicht ausreichend geprüft. In diesem Fall musste das Beschichtungsgerät selbst konstruiert und gebaut werden, was den Zeitbedarf unnötig erhöhte. Das Erkennen des potenziellen Zeittreibers, die Ursache für die unnötige zeittreibende Wirkung sowie die frühzeitige Einplanung und Umsetzung von entsprechenden Vermeidungs- beziehungsweise Überwindungsstrategien hätten den Ablauf zeitlich optimiert.

Der Begriff Treiber findet meistens Verwendung im Zusammenhang mit den drei Wettbewerbsparametern: Qualität, Kosten und Zeit. Beispielsweise sind Kostentreiber nach Burger (vgl. Burger 1999) Einflussgrößen auf die Kosten von Prozessen. Der Einfluss kann dabei sowohl positiv als auch negativ sein. Die Begriffe Qualitätstreiber und Zeittreiber werden in der Literatur bezüglich der Qualität und der Zeit in ähnlicher Weise wie die Definition für Kostentreiber verwendet.

Unter Zeittreiber verstehen wir eine durch Abweichung vom Optimum gekennzeichnete, Zeitdauer verlängernd wirkende Einflussgröße im Innovationsprojekt. Durch die Anwendung von Überwindungsstrategien, es wurde dafür ein entsprechender Methodenkatalog entwickelt, können Zeittreiber beziehungsweise die Ursache für die zeittreibende Wirkung überwunden und die Verkürzung der Time-to-Market erzielt werden. Einflussgrößen, die im Innovationsprojekt Zeitdauer optimierend wirken, werden als Zeitbeschleuniger bezeichnet (vgl. Abbildung 3) (Slama et al. 2005).

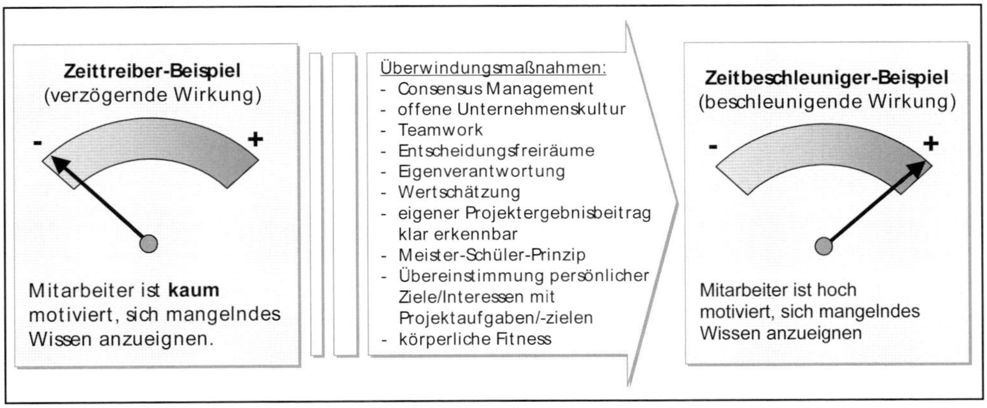

Abb. 3: Vom Zeittreiber zum Zeitbeschleuniger.

Entscheidend für die zeittreibende Wirkung einer Einflussgröße, wie z. B. „Motivation", ist, dass ein geforderter Zustand für die optimale Wirkung nicht erreicht wird, d.h. einen so genannten Mismatch aufweist. Der eintretende Mismatch ist die Ursache für die zeittreibende Wirkung. Wird der Mismatch überwunden, so hat der Einflussfaktor in seinem neuen Zustand beschleunigende Wirkung im Vergleich zu seiner vorherigen Wirkung. So wirkt der Zeittreiber „mangelnde Motivation von Projektbeteiligten" nur dann zeittreibend, wenn ein (individuell anzugebender) geforderter Wert für den Grad der Motivation zur zeitlich optimalen Projektdurchführung nicht erreicht wird (Slama et al. 2005).

3 Zeittreiberanalyse – eine Vorgehensweise zur Beschleunigung von Innovationsprojekten

Wie kommt man schneller zur Innovation? Zur Beantwortung dieser Frage, stellten sechs Fraunhofer-Institute ihre empirischen Erfahrungen aus Innovationsprojekten zur Verfügung. Dabei konnten unter anderem die typischen Zeittreiber in Innovationsprojekten identifiziert und die Vorgehensweise zur Beschleunigung von Projekten, auch unter Einbeziehung von Industriepartnern, entwickelt und getestet werden. Mit dem Anspruch von herausragendem Innovationspotenzial, hoher Marktnähe und großem Forschungsbedarf der Themenfelder stellen die herangezogenen Beispiele der Fraunhofer-Gesellschaft einen idealen Fundus darüber bereit, wie Innovationen ablaufen (vgl. Bullinger/Warschat 2005).

Auf dem Weg zu schnelleren Innovationsprojekten spielt das Wissen über Zeittreiber und darüber, wie man diese überwinden kann, eine zentrale Rolle. Die vom Fraunhofer IAO entwickelte Zeittreiberanalyse (vgl. Slama et al. 2005) bietet ein systematisches Vorgehen in drei Schritten, um möglichst effizient Innovationsprojekte auch nachhaltig auf zeitliche Optimierungspotenziale zu analysieren und zu beschleunigen.

Um eine möglichst umfassende Zeittreiberdiagnose stellen zu können, bietet sich an, nicht nur Beteiligte an dem zu analysierenden Innovationsprojekt, sondern auch Experten für die Prozessanalyse und die Ablaufbeschleunigung mit einzubeziehen. Generell gilt, dass für alle Beteiligten an der Innovationsbeschleunigung ein annähernd gleicher Wissensstand, insbesondere über den Ablauf des Projektes, geschaffen werden muss. Die mehrmalige Durchführung der hier dargestellten Vorgehensweise, angewendet auf verschiedene Detaillierungsstufen, d. h. Phasenebene, Arbeitspaketebene, Prozessschrittebene, hat gezeigt, dass die „gröbste“ Stufe, die Phasenebene, ausreicht, um Zeittreiber mittels der hier beschriebenen Methode zu diagnostizieren und entsprechende Beschleunigungsmaßnahmen anzuwenden.

1. Schritt: Projekt-Blitzlicht

Im ersten Schritt werden die im Innovationsprojekt vorgekommenen Phasen mit ihrer tatsächlichen Dauer, Reihenfolge, Bezeichnung, Kurzbeschreibung und ihrem Ergebnis erhoben. Zudem werden Informationen über die beteiligten Partner in einem Organigramm mit deren Aufgaben und möglichen Partnerwechseln und gegebenenfalls einer Begründung dafür dargestellt. Weiterhin wird eine inhaltliche Kurzbeschreibung des Projektes mit einer Stellungnahme zur wissenschaftlichen, technischen, finanziellen und personellen Ausgangslage, den besonderen Herausforderungen und Projektzielen, zur Abschätzung des Innovationsgrades, zusammengestellt (vgl. Abbildung 4).

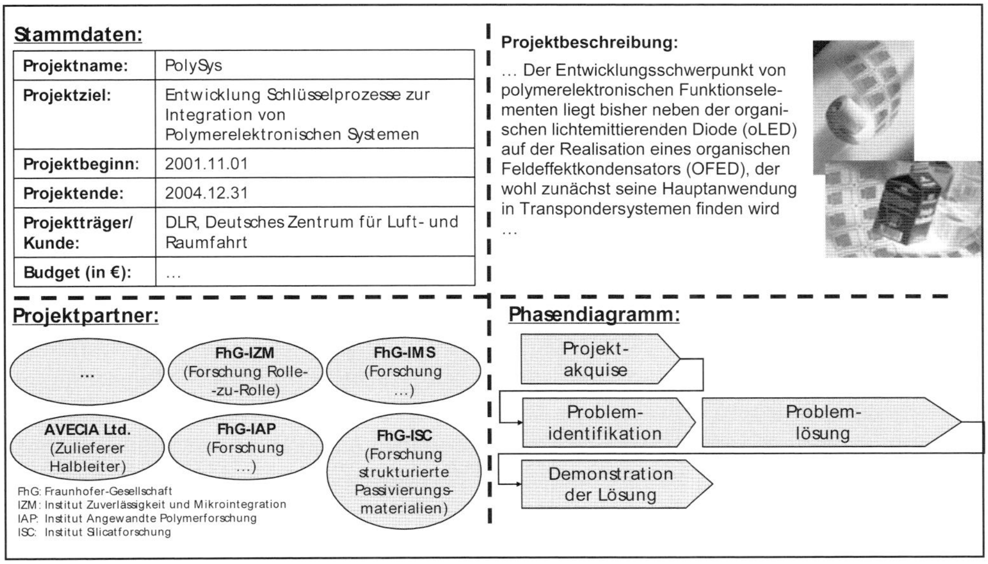

Abb. 4: Auszug aus den erhobenen Daten zum Projekt-Blitzlicht.

Bei der Erhebung der Innovationsprojektphasen ist darauf zu achten, dass alle vorgelagerten Phasen, wie die Projektakquise, bis zu dem Analysezeitpunkt berücksichtigt werden. Denn Ursachen für das Symptom „zeittreibende Wirkung“ finden sich nicht nur zeitnah bei der Auswirkung, sondern das Versäumnis beziehungsweise der Fehler kann auch schon in vorausgegangenen Phasen stattgefunden haben.

2. Schritt: Zeittreiberdiagnose

Die Ergebnisse des Projekt-Blitzlichtes dienen als Grundlage für die Zeittreiberdiagnose, die zum Ziel hat, Zeittreiber zu erkennen und zu benennen.

Auf Basis des gewonnenen Projektablaufwissens wird aus zurückblickender Sicht ein zeitlich optimaler Phasenablaufplan erstellt. Dazu kann in der Regel auch der zu Beginn des Projektes erstellte Projektplan als Grundlage dienen. Der direkte Vergleich zwischen dem tatsächlichen und optimierten Ablauf sowie die Rechtfertigung für eine aus jetziger Sicht optimierte Ablaufplanung liefern ein Indiz dafür, wo mehr Zeit verbraucht wurde als nötig.

Bei der Frage nach den Ursachen für zeitlich suboptimale Abläufe, den Zeittreibern, werden am Projekt beteiligte Wissensträger möglichst verschiedener Hierarchiestufen und Vertreter über alle zu untersuchenden Phasen hinweg involviert. Dadurch können die oft verschiedenen Einblicke, Sichtweisen und Erfahrungen berücksichtigt werden. Zudem sollten Experten, firmenintern oder -extern, bezüglich Prozessoptimierung, Zeittreiber und deren Überwindung einbezogen werden. Durch Einzelinterviews und moderierte Workshops sind die individuellen Erfahrungen über die Ursachen zu erheben. Die Befragten geben dem Zeittreiber einen aus ihrer Sicht treffenden Namen und beschreiben ihn anhand eines tatsächlich vorgekommenen Beispiels. Dieses Beispiel dient unter anderem dazu, den Zeittreiber sowie die zugehörige Situation besser verstehen und von anderen aufgenommenen Zeittreibern unterscheiden zu können.

Unterstützend dazu kann die entwickelte Zeittreiberlandkarte mit 40 typischen Zeittreibern in Innovationsprojekten eingesetzt werden (vgl. Slama et al. 2005). In Abbildung 5 ist ein Ausschnitt aus der Zeittreiberlandkarte dargestellt. Der Einsatz dieses umfangreichen Erfahrungswissens hat gezeigt, dass damit Projektverantwortliche bei der Identifikation von Zeittreibern effizient unterstützt werden. Hier kann auch das ontologiebasierte Innovationsmanagement eingesetzt werden (vgl. Bullinger et al. 2005, Warschat/Slama/Schumacher 2005). Dabei kann auf im Rechner beschriebene, formalisierte Zeittreiber zugegriffen werden (vgl. Slama 2004, Warschat/Slama 2005). Darüber hinaus kann dieser Datenbestand am Ende einer Zeittreiberdiagnose um neu gefundene Zeittreiber ergänzt werden. Es entsteht eine für das Projekt beziehungsweise für das Unternehmen individuelle Zeittreiberdatenbank.

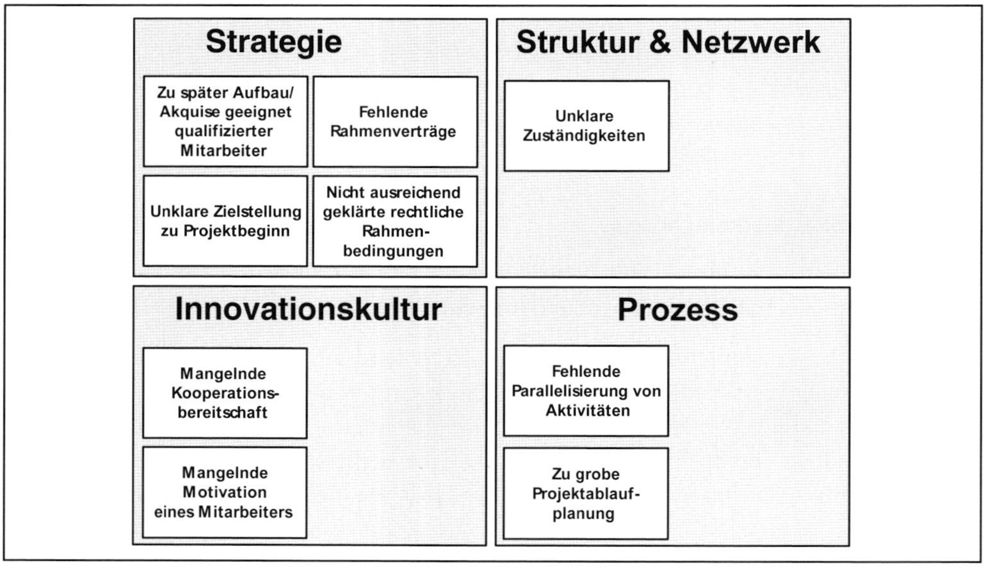

Abb. 5: Ausschnitt aus einer Zeittreiberlandkarte.

Um weitere, möglichst alle im Projekt vorkommenden Zeittreiber zu erfassen, können verschiedene Visualisierungen eingesetzt werden (vgl. Abbildung 6). Hierfür verortet man die Zeittreiber im Projektablauf. Eine Zuordnung zu den Phasen ermöglicht die gezielte Nachfrage bei den Workshopteilnehmern bezüglich der Phasen, in denen bisher keine oder sehr wenige Zeittreiber genannt wurden. Außerdem können die bisher benannten Zeittreiber in Gruppen zusammengefasst werden. Als Schema haben sich das Innovationsexzellenz-Modell des Fraunhofer IAO (vgl. Spath/Wagner/Aslanidis et al. 2005) bewährt, das aus folgenden neun Gestaltungsfeldern besteht: Innovationskultur, Strategie, Kompetenz und Wissen, Technologie, Produkt und Dienstleistung, Prozess, Struktur und Netzwerk, Markt, Projektmanagement. Nicht besetzte oder unterbesetzte Gestaltungsfelder können unter anderem ein Hinweis auf noch nicht entdeckte Zeittreiber darstellen. Zur Visualisierung kann das Ursache-Wirkungs-Diagramm, oder Ishikawa-Diagramm (vgl. Schulte-Zurhausen 2002), sehr gut eingesetzt werden. Bei den bisher durchgeführten Zeittreiberdiagnosen (von abgeschlossenen Projekten) hat sich mehrheitlich ergeben, dass über alle Phasen hinweg Zeittreiber in einem Projekt auftraten.

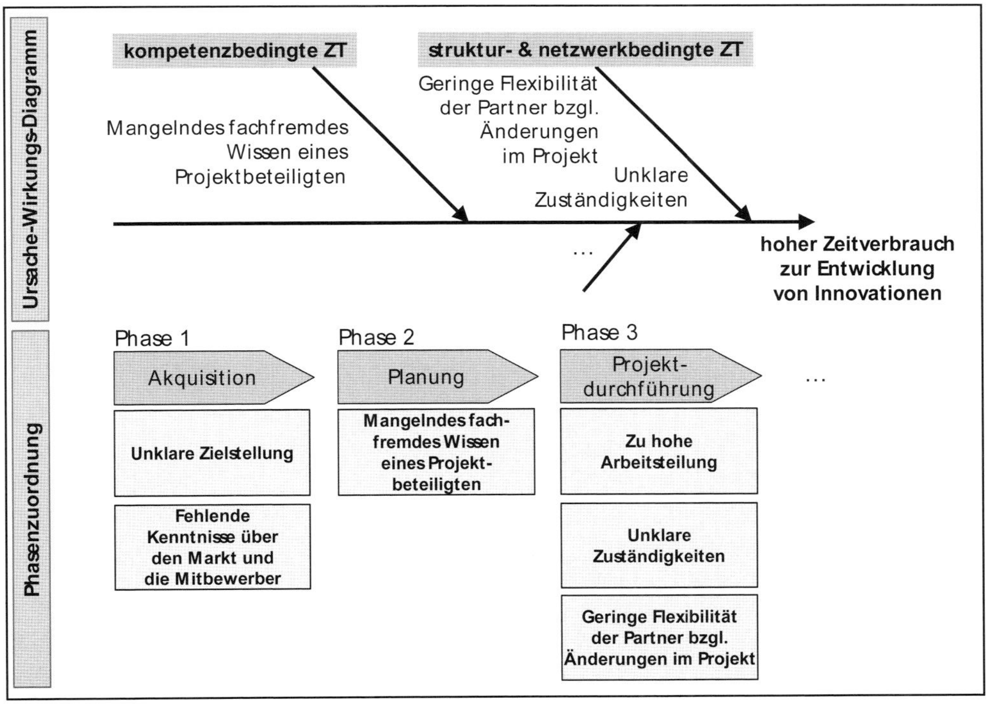

Abb. 6: Visualisierung zur Unterstützung der Zeittreiberdiagnose.

Auf Basis der erhobenen typischen 40 Zeittreiber, eingeordnet in das Innovationsexzellenz-Modell, haben sich die Gestaltungsfelder Projektmanagement, Strategie und Innovationskultur als wichtigste Enabler für die Entwicklungszeitreduzierung ergeben. Dabei ist anzumerken, dass die Einordnung nicht immer trennscharf erfolgen kann. Einzelne Zeittreiber können je nach Sichtweise verschiedenen Gestaltungsfeldern zugeordnet werden. So wurde in einem Fall z. B. der Zeittreiber „zu spätes Marketing" dem Projektmanagement zugeordnet, eine Eingliederung in das Gestaltungsfeld „Markt" ist aber ebenso denkbar.

3. Schritt: Innovationsbeschleunigung

Im dritten Schritt werden Maßnahmen angestrebt, um das Innovationsprojekt in einem kürzeren Zeitraum ablaufen zu lassen. Man spricht dabei auch von einer Innovationsbeschleunigung (vgl. Bullinger/Schlick 2002). Aufbauend auf die qualitative Untersuchung in Schritt 2, werden die Zeittreiber zunächst durch einen Fragebogen quantitativ bewertet, um die Zeitdauer verlängernde Wirkung einzelner Zeittreiber zu erheben.

Von Experten kann zum einen mittels des Methodenkatalogs schnell und umfassend auf entsprechende Überwindungsmaßnahmen von Zeittreibern zurückgegriffen und diese individuell angepasst werden (vgl. Tabelle 1). Zum anderen können weitere Lösungsvorschläge mit den Projektbeteiligten weiter ausgearbeitet werden, die in aller Regel diese Maßnahmen auch tragen müssen.

Zeittreiber	Maßnahme(n)	Methode(n)
Unklare Zielstellung	Zielfoto – klare Zielstellung der Industrie (Auftraggeber) festlegen	Lastenheft, Conjoint-Analyse
Ungenügende Einbindung der Partner bei der Erstellung des Gesamtkonzepts	Frühe Einbeziehung aller Partner in die Spezifikation	Pflichtenheft, Netzplantechnik, Flussdiagramm, Lead-User-Analyse
Fehlende Motivation eines Mitarbeiters	Erhöhung der intrinsischen und/oder extrinsischen Motivation des Projektbeteiligten	Consensus Management (CM), offene Unternehmenskultur, Teamwork, Entscheidungsfreiräume, Eigenverantwortung, Wertschätzung, eigener Projektergebnisbeitrag klar erkennbar, Meister-Schüler-Prinzip, körperliche Fitness
Zu späte Beschaff-barkeitsprüfung	Festlegung von Standard-beschaffungsprozessen und Quality-Gates	Gantt-Chart, TQM
Zu späte Einbindung von Projektbearbei-tern	Frühzeitige Interaktion verschiedener Kompetenzträger	Simultaneous Engineering, Front-Loading, Flussdiagramm, Netzplantechnik

Tab. 1: Auszug aus dem Methodenkatalog zur Innovationsbeschleunigung.

Die Umsetzung von beschleunigenden Maßnahmen kann unterschiedlich großen Aufwand beanspruchen. Einzelne Maßnahmen können aber auch nicht nur Auswirkungen auf einen Zeittreiber in einem Projekt haben, sondern über einzelne Projektgrenzen hinweg positiv wirken. Dies sollte bei der Nutzenbewertung berücksichtigt werden. Bei der Umsetzung der Maßnahmen, insbesondere der Reihenfolge, stellt sich abschließend die Frage nach der Wirkungsbreite, dem Aufwand-Nutzen-Verhältnis (Aufwand für die Maßnahmenumsetzung und zeittreibender Wirkungsgrad) und der Dringlichkeit, die projektbeziehungsweise unternehmensspezifisch im Hinblick auf Folgeprojekte in moderierten Workshops geklärt werden muss. Hieraus wird ein Prioritätenkatalog erstellt, der für die wichtigsten Maßnahmen klare Handlungsanweisungen und Umsetzungspläne beinhaltet (vgl. Abbildung 7). Dabei ist zu beachten, zunächst nur die wichtigsten Beschleunigungsmaßnahmen umzusetzen, um nicht zu viele verschiedene Verbesserungsprojekte parallel zu initiieren, was leicht zu einer Überlast führen kann.

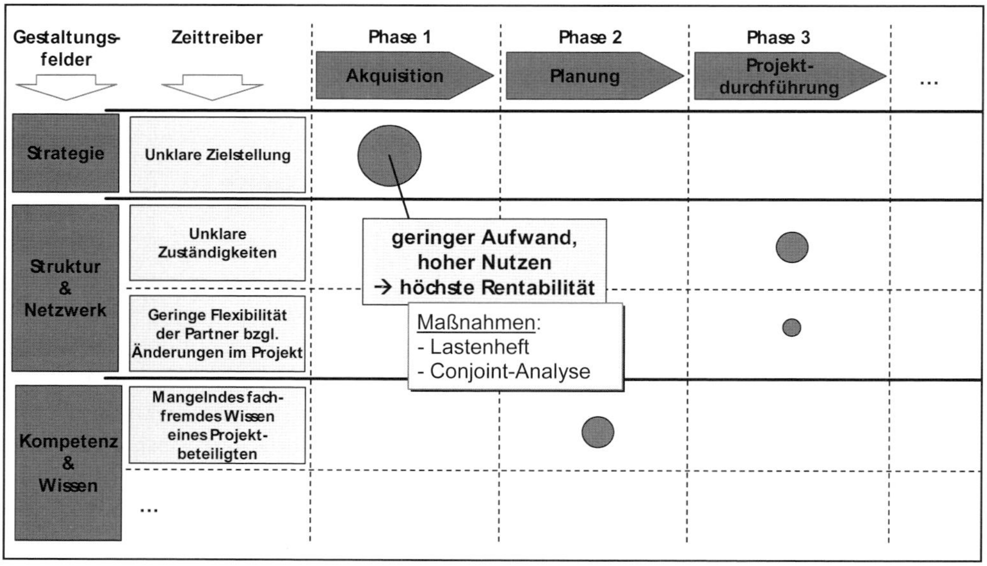

Abb. 7: Zeittreiber-Bewertungsmatrix.

Eine zyklische Durchführung der oben beschriebenen Vorgehensweise führt schließlich zu einem Zeittreiber-Controlling mit systematisierter und nachhaltiger Beschleunigung der Innovationsprojekte in der Innovations-Pipeline. Dabei wird ein projekt- und unternehmensspezifisches Wissen über vorkommende Zeittreiber und entsprechende Überwindungsstrategien im Unternehmen etabliert, um „die Zeit fest im Griff zu haben".

Literaturverzeichnis

Buchholz, Wolfgang (1996): Time-to-market-Management: zeitorientierte Gestaltung von Produktinnovationsprozessen; Verlag W. Kohlhammer: Stuttgart, Berlin, Köln.

Bullinger, Hans-Jörg; Schlick, Gerhard H. (2002): Wissenspool Innovation – Kompendium für Zukunftsgestalter; Frankfurter Allgemeine Zeitung Verlagsbereich Buch.

Bullinger, Hans-Jörg; Warschat, Joachim: Fokus Innovation – Kräfte bündeln, Prozesse beschleunigen. Buchreihe: Fraunhofer Technologiemanagement Edition. Hanser-Verlag 2005.

Bullinger, Hans-Jörg; Warschat, Joachim; Schumacher, Oliver; Slama, Alexander; Ohlhausen, Peter (2005): Ontology-Based Project Management for Acceleration of Innovation Projects; p. 280-288; in: From Integrated Publication and Information Systems to Virtual Information and Knowledge Environments; Verlag: Springer 2005.

Burger, Anton (1999): Kostenmanagement; R. Oldenbourg Verlag: München.

Fischer, Jochen (2000): Zeitwettbewerb: Grundlagen, strategische Ausrichtung und ökonomische Bewertung zeitbasierter Wettbewerbsstrategien; Verlag Franz Vahlen: München.

Glaser, Katja (2000): Wettbewerbsstrategien und Zeit, in Götze, Uwe; Mikus, Barbara; Bloech, Jürgen (Hrsg.): Management und Zeit; Heidelberg: Physica, S. 169–192.

Grupp, Hariolf; Legler, Harald; Gehrke, Birgit; Breitschopf, Barbara (2003): Zur technologischen Leistungsfähigkeit Deutschlands 2002, BMBF Publik.

Kaluza, Bernd (1995): Zeitmanagement; in Corsten, Hans (Hrsg.): Lexikon der Betriebswirtschaftslehre; München: Oldenbourg, S. 1064–1071.

Kubik, Christian (1994): Beschleunigung von Entwicklungsprozessen; Difo-Druck GmbH: Bamberg.

Murmann, Philipp (1994): Zeitmanagement für Entwicklungsbereiche im Maschinenbau; Deutscher Universitäts-Verlag GmbH: Wiesbaden.

Perillieux, René (1987): Der Zeitfaktor im strategischen Technologiemanagement – Früher oder später Einstieg bei technischen Produktinnovationen?; Erich Schmidt Verlag: Berlin.

Rutt, Heinrich (1991): Zeitwettbewerb – Herausforderungen für die Unternehmensstrategie der 90er Jahre; in: Milberg, Joachim (Hrsg.): Wettbewerbsfaktor Zeit in Produktionsunternehmen; Springer-Verlag: Berlin, Heidelberg.

Schulte-Zurhausen, Manfred (2002): Organisation; 3. Aufl., Verlag Vahlen, München 2002.

Slama, Alexander: Wissen, wie man schneller Neues entwickelt; in: Peter Dadam, Manfred Reichert (Hrsg.): INFORMATIK 2004 – Informatik verbindet (Band 2), Lecture Notes in Informatics (LNI), Vol. P-51, S. 584–588.

Slama, Alexander; Korell, Markus; Warschat, Joachim; Ohlhausen, Peter (2005): Auf dem Weg zu schnelleren Innovationsprojekten; in: Bullinger, Hans-Jörg; Warschat, Joachim: Fokus Innovation – Kräfte bündeln, Prozesse beschleunigen. Buchreihe: Fraunhofer Technologiemanagement Edition. Hanser-Verlag 2005.

Spath, Dieter; Wagner, Kristina; Aslanidis, Stephanie; Bannert, Marc; Rogowski, Thorsten; Paukert, Marco; Ardilio, Antonino (2005): Die Innovationsfähigkeit des Unternehmens gezielt steigern; in: Bullinger, Hans-Jörg; Warschat, Joachim: Fokus Innovation – Kräfte bündeln, Prozesse beschleunigen. Buchreihe: Fraunhofer Technologiemanagement Edition. Hanser-Verlag 2005.

Stalk, Georg; Hout, Thomas M. (1992): Zeitwettbewerb: Schnelligkeit entscheidet auf den Märkten der Zukunft; Campus Verlag: Frankfurt am Main.

Vahs, Dietmar; Burmester, Ralf (2002): Innovationsmanagement: von der Produktidee zur erfolgreichen Vermarktung; Schäffer-Poeschel Verlag: Stuttgart.

Voigt, Kai-Ingo (2000): Zeitwettbewerb; in: Götze, Uwe; Mikus, Barbara; Bloech, Jürgen (Hrsg.): Management und Zeit; Physica-Verlag: Heidelberg.

Warschat, Joachim; Slama, Alexander (2005): Ontology-based Innovation Management; in: International Symposium: Research – Education – Technology; Gdansk University of Technology – Faculty of Mechanical Engineering; p. 333–338.

Warschat, Joachim; Slama, Alexander; Schumacher, Oliver (2005): Ontologie-basiertes Innovationsmanagement; S. 493–498; April 2005; in: WM2005: Professional Knowledge Management Experiences and Visions.

Wildemann, Horst (1993): Optimierung von Entwicklungszeiten: Just-In-Time in Forschung und Entwicklung und Konstruktion; Transfer-Centrum GmbH & Co KG: München.

Wildemann, Horst (2004): Entwicklungszeitreduzierung: Lösungsansätze zur Beschleunigung von Entwicklungsprozessen; Transfer-Centrum GmbH & Co KG: München.

Steigerung der Ertragskraft durch Innovationsmanagement im Maschinen- und Anlagenbau

von Paul Gromball[272], Jürgen Schilde[273] und Thomas J. Staiger[274]

1 Einleitung

Der ökonomische Erfolg Deutschlands der letzten Jahrzehnte ist untrennbar verbunden mit einer der erfolgreichsten Branchen überhaupt, dem Maschinen- und Anlagenbau. Charakteristika für diese Branche sind ein Umsatzvolumen von 140 Mrd. Euro, was ca. einem Achtel des gesamten Umsatzes im verarbeitenden Gewerbe entspricht, ca. 885.000 Beschäftigte und die führende Stellung am Weltmarkt. Die dominierende Stellung im Ausland zeigt gerade für diesen Sektor die große Bedeutung der Globalisierung. Konsequenzen dieser hohen Exportlastigkeit des Geschäftsvolumens werden im Einzelnen noch diskutiert.[275]

Das erste Halbjahr 2005 war für den deutschen Maschinenbau durch einen positiven Geschäftsverlauf gekennzeichnet: Der Auftragseingang lag im Juni 2005 um 14% über dem Vorjahreswert. Allerdings beruht die Zunahme nur zu 2% auf dem Inlandsgeschäft, während die Nachfrage aus dem Ausland um 20% zulegte.[276] Im Juni 2005 kam es zu einem unerwartet spürbaren Anstieg der Inlandsnachfrage, deren weitere Entwicklung aber noch nicht absehbar ist.[277]

Neben der eher schwachen Inlandsnachfrage wird die Leistungsfähigkeit der Unternehmen in Deutschland insbesondere durch hohe Lohnkosten und die Last der Sozialabgaben nachhaltig beeinträchtigt. Nach der Bewertung des World Economic Forum ist Deutschland gegenwärtig auf Rang 13 platziert. Hohe Arbeitskosten und relativ kurze Arbeitszeiten führen dazu, dass der Exportweltmeister Deutschland auf ganzer Breite Weltmarktanteile verliert. Alleine der Maschinenbau hat seit 1992 24% verloren.[278]

---

[272] Dr. Paul Gromball ist Geschäftsführer der Technologie Management Gruppe München.
[273] Dr.-Ing. Jürgen Schilde ist Geschäftsführender Gesellschafter der Technologie Management Gruppe.
[274] Dr.-Ing. Thomas J. Staiger ist Partner der Technologie Management Gruppe.
[275] Vgl. IKB Deutsche Industriebank (2005), S. 4.
[276] Vgl. www.vdma.org, Auftragseingang Juni 2005.
[277] Vgl. VDMA (2005), S. 10.
[278] Vgl. Meffert/Radtke/Klein/Freiling/Hutzschenreuter (2005), S. 13 ff.

Alle Bemühungen, die Produktionseffizienz zu steigern, können die hohen Anforderungen an das Kostenniveau nicht ausgleichen. Der direkte Vergleich mit Deutschlands Hauptwettbewerbern zeigt: Die Kosten pro Arbeitsstunde liegen mindestens 38% höher, gleichzeitig liegt die durchschnittliche Arbeitszeit in Deutschland pro Jahr mit 1.674 Stunden um 12% niedriger als in den USA, Japan oder China.

Bei der Produktionseffizienz liegt Deutschland zwar gemeinsam mit Japan um 5% vor den USA, doch dieser Vorsprung reicht bei weitem nicht aus, da die jährliche Arbeitsproduktivität pro Mitarbeiter mit 59.000 US-Dollar um 34% hinter den USA liegt. Schwächen in der Innovationsbereitschaft kommen erschwerend hinzu.[279]

Trotz dieser strukturellen Schwächen des Produktionsstandortes Deutschland bietet die Maschinenbaubranche auch Beispiele für Ausnahmen, die durch innovative Lösungen weit überdurchschnittliches Wachstum generieren konnten.

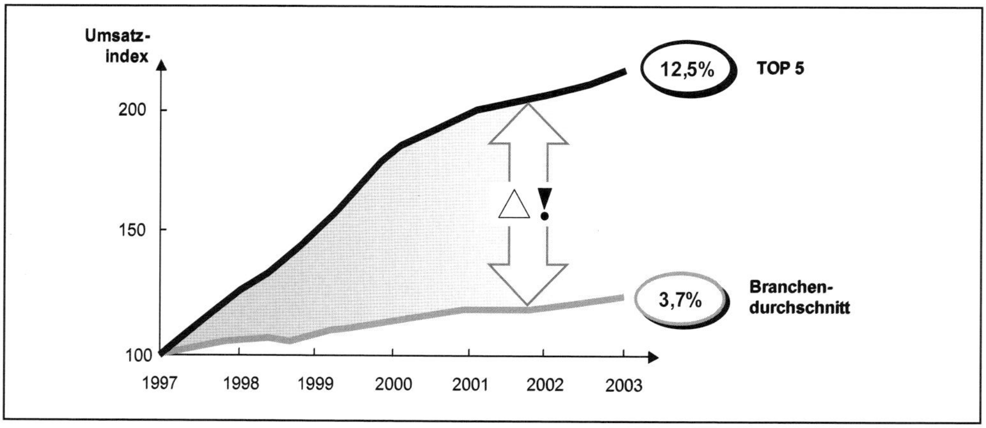

Abb. 1: Umsatzwachstum der TOP 5 vs. Branchendurchschnitt. (Quelle: Vgl. Meffert/Radtke/Klein/Freiling/Hutzschenreuter, 2005).

Der Vergleich von Unternehmen innerhalb einer Branche zeigt, dass es Strategien gibt, die eine überdurchschnittliche Performance ermöglichen (vgl. Abbildung 1). So übertreffen die Branchenbesten im Hinblick auf die Umsatzrendite den Branchendurchschnitt durchschnittlich um ca. 9 Prozentpunkte. Dies zeigt, dass es zahlreiche Unternehmen schaffen, über außergewöhnliche Leistungen auch in Deutschland überdurchschnittliche und attraktive Ergebnisse zu erzielen. Eine effiziente Organisation mit einem intelli

279 Vgl. Szyperski (2005), S. 295 ff.

genten Standortverbund und die Nutzung globaler Einkaufsvorteile sind die eine Seite der Medaille. Eine andere Seite ist jedoch die Umsetzung innovativer Ansätze, um sich am Markt zu differenzieren und nicht in die Preisspirale zu geraten.

Der vorliegende Beitrag wird unter Berücksichtigung der Standortfaktoren in Deutschland einerseits und der internationalen Chancen andererseits auf folgende Fragen näher eingehen:

- Welche sind zentrale Hebel zur Steigerung der Innovationsfähigkeit deutscher Maschinenbauunternehmen?
- Welche Handlungsempfehlungen lassen sich für deutsche Maschinenbauunternehmen unter Berücksichtigung der gegenwärtigen Marktsituation ableiten?
- Können deutsche Unternehmen von führenden innovativen Anbietern auf dem Weltmarkt (z. B. chinesischen Unternehmen) lernen? Und welche Konsequenzen sind daraus für das Management abzuleiten?

Während der Fokus von Kapitel 2 auf der Ableitung strategischer Handlungsempfehlungen für deutsche Maschinenbauunternehmen unter Berücksichtigung der nationalen Standortfaktoren liegt, werden in Kapitel 3 anhand einer exemplarischen Benchmarking-Studie in China Best-Practice-Ansätze zur Steigerung der Innovations- und Wettbewerbsfähigkeit herausgearbeitet. China wurde als Referenzland ausgewählt, da dieses Land ein wichtiger Zielmarkt ist und chinesische Wettbewerber auch in Deutschland zunehmend an Bedeutung gewinnen. Weiterhin standen und stehen chinesische Unternehmen durch die instabilen Märkte ständig unter Innovationszwang. Eine Zusammenfassung der wichtigsten Erkenntnisse und ein kurzer Ausblick in die Zukunft des Maschinenbaus runden diesen Beitrag ab.

2 Ausgewählte Hebel zur Erlangung der Innovationsführerschaft

2.1 Übersicht relevanter Gestaltungsebenen

Die Steigerung der Innovationsfähigkeit ist keine Einmalaktion oder die Anordnung eines bestimmten Programms. Die Innovationsfähigkeit muss in einem viel umfassenderen Sinne betrachtet, im Unternehmen etabliert und konsequent über mehrere Gestaltungsebenen hinweg gelebt werden. Als praktischer Ansatz für das Innovationsverständnis soll die Definition von Bullinger herangezogen werden: „die Konkurrenz nicht auf gleicher Spur einzuholen, sondern auf innovativem Wege zu überholen und dem Unternehmen so einen nachhaltigen Wettbewerbsvorteil zu sichern“.[280] Im Folgenden

---

[280] Bullinger/Auernhammer (2003), S. 30.

werden die wesentlichen Ebenen (vgl. Abbildung 2) zur Steigerung der Innovationsfähigkeit beschrieben und mit ihren wesentlichen Aspekten charakterisiert, damit im nächsten Kapitel eine Konkretisierung dieser Ansätze vorgenommen werden kann.

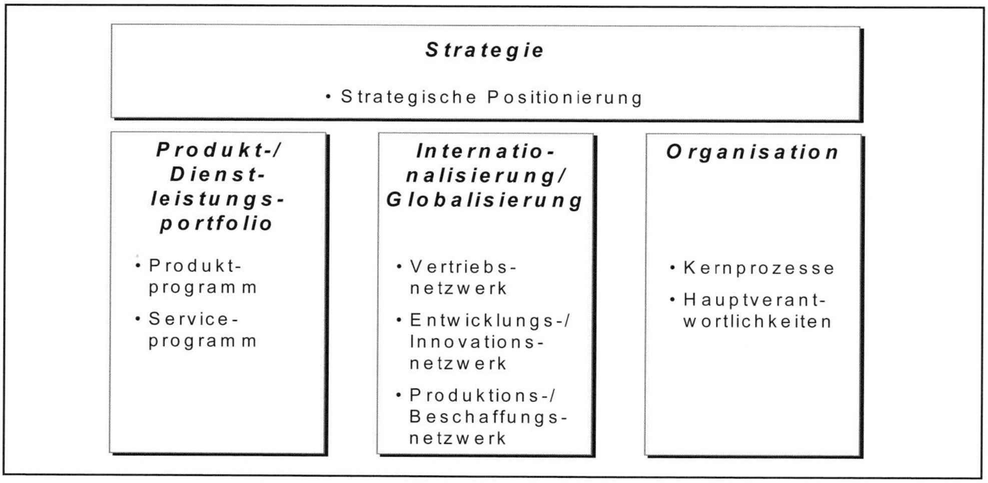

Abb. 2: Erfolgsfaktoren zur Steigerung der Ertragskraft.

Als zentrale relevante Gestaltungsebene legt die Unternehmensstrategie die Geschäftsarten und die Geschäftsfelder mit den dazugehörigen Erfolgsfaktoren fest. Folglich umreißt die Strategie die Arena für die Tätigkeiten eines Unternehmens, stimmt die einzelnen Aktivitäten aufeinander ab, insbesondere im Hinblick auf die Ressourcenverteilung, und gewährleistet demzufolge eine bestmögliche Positionierung im Markt.

Neben einer zielgerichteten Unternehmensstrategie als handlungsleitender Rahmen spielt im Hinblick auf den Unternehmenserfolg das Angebot an Produkten respektive Dienstleistungen eine entscheidende Rolle. In diesem Zusammenhang lautet die Kernfrage eines marktorientierten strategischen Vorgehens zunächst: Welches Angebot soll für welche Zielgruppen offeriert werden? Dazu bedient man sich einerseits der aus dem Marktpotenzial abgeleiteten Definition der anzusprechenden Zielgruppe und ermittelt daraus ihre spezifischen Anforderungen. Andererseits werden die eigenen Kernkompetenzen und technologischen Entwicklungen herangezogen, um ein den Bedürfnissen der Zielgruppe entsprechendes Angebotsprogramm an Produkten und Dienstleistungen festzulegen.

Als weiterer Baustein einer gezielten Steuerung des Unternehmenserfolges lässt sich eine frühzeitige Internationalisierung und Globalisierung der unternehmerischen Aktivitäten heranziehen. Einer Studie der IKB zufolge plant gut die Hälfte aller Maschinenbauunternehmen, in den nächsten Jahren Auslandsinvestitionen zu tätigen. Begründen lässt sich diese Entwicklung einerseits durch die zunehmend internationale Tätigkeit der Kunden und somit die Notwendigkeit, die Nähe zum Kunden zu gewährleisten. Andererseits durch die Verfügbarkeit moderner Kommunikationstechnologien, die neue Wege der Zusammenarbeit sowohl mit Kunden als auch mit Lieferanten und die Erschließung neuer Märkte und Absatzkanäle eröffnen.[281]

Als letzte relevante Gestaltungsebene ist die Organisation in ihrer Bedeutung als Hebel zur Ertragssteigerung kurz zu skizzieren. Unter Organisation soll in diesem Kontext ein Strukturierungsansatz der notwendigen und geschäftsrelevanten Teilfunktionen und Ressourcen zur optimalen Umsetzung der vorgegebenen Strategie, inklusive der definierten Geschäftsmodelle, verstanden werden. Demzufolge dient die Organisation als Strukturierungshilfe hinsichtlich der Festlegung der Geschäftsprozesse und Schaffung von ablaufförderlichen Strukturen, zur Definition von Hauptverantwortlichkeiten mit dem Ziel, Schnittstellenproblematiken zu reduzieren. Ein wesentlicher Aspekt zur Gestaltung von effizienten Organisationsstrukturen ist die Entkopplung unterschiedlicher Geschäfte innerhalb der Organisation und die jeweilige Ausrichtung der Teilorganisationen auf die geschäftsrelevanten wettbewerbsdifferenzierenden Erfolgsfaktoren.

Aufbauend auf der kurzen Darstellung der relevanten Entscheidungsebenen wird im Folgenden eine ausführlichere Diskussion der einzelnen Gestaltungsfaktoren vorgenommen.

2.2 Fokussierung der relevanten Gestaltungsebenen

2.2.1 Strategietypen

Als übergeordneter Entscheidungstatbestand bestimmt die strategische Positionierung des Unternehmens maßgeblich die drei untergeordneten Gestaltungsebenen, da auf dieser Ebene durch die Wahl der strategischen Stoßrichtung entscheidende Erfolgsfaktoren und Kernkompetenzen festgelegt werden. In Abbildung 3 sind vier Strategietypen in Abhängigkeit des globalen Innovationsniveaus und des Effizienzniveaus dargestellt.

---

281 Vgl. Baumgartner/Kautzsch (2005), S. 37, IKB Deutsche Industriebank (2005), S. 24 f.

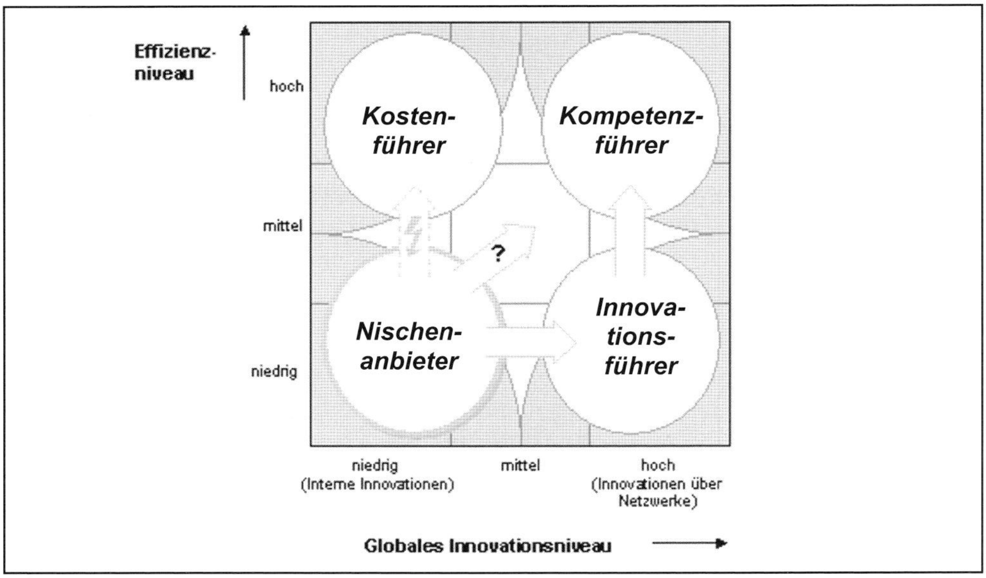

Abb. 3: Strategietypen.

Der Nischenanbieter fokussiert sich auf eine Marktnische, in der weder das Effizienzniveau noch das Innovationsniveau überdurchschnittlich sein müssen, sondern auf eine Führungsrolle im Hinblick auf Qualität, im Sinne von Abwendungs-Know-how und Flexibilität, bei der die Lösung kundenspezifischer Probleme von entscheidender Bedeutung ist. Im Gegensatz zum Nischenanbieter setzt der Kostenführer seinen Fokus auf die Erzielung von Skalenerträgen durch hohe Produktionsvolumina bei hohem Standardisierungsgrad. Der Innovationsführer konzentriert seine Tätigkeiten in Abgrenzung zum Kostenführer hingegen auf technologische Innovationen. Er bietet stark individualisierte Spitzentechnologie und -qualität an und rundet sein Angebotsprogramm durch ein umfangreiches Dienstleistungs- und Serviceangebot ab. Neben seinem Fokus auf Innovationen zählt zu seinen Kernkompetenzen insbesondere eine starke Marke mit weltweit aufgestelltem Vertriebs- und Absatzfokus. Als umfassendste Strategie kombiniert der Kompetenzführer die Vorzüge großer Produktionsmengen und der damit verbundenen Skalenerträge mit einer starken Marke und qualitativ hochwertigen Produkten sowie Dienstleistungen.

Historisch bedingt konzentrieren sich gegenwärtig viele Maschinen- und Anlagenbauer auf die Spezialisierung, d. h. unternehmerisches Handeln ist fokussiert auf schmale Marktsegmente und -nischen, wobei die Definition von profitablen Kundensegmenten oftmals unterbleibt. Die Erwirtschaftung der Rendite erfolgt durch einen hohen Spezialisierungsgrad, indem die Produkte individuell auf die Kundenbedürfnisse abgestimmt und zugeschnitten werden. Zum Portfolio zählen vorwiegend preiswerte Produkte mit hoher Qualität. Zentraler Schwachpunkt dieser strategischen Ausrichtung ist das oft nicht bedürfnisgerechte Dienstleistungs- und Serviceangebot. Um auch in Zukunft erfolgreich zu sein, müssen die Unternehmen einen stärkeren Fokus auf Innovationen setzen und mittel- bis langfristig die Rolle des Innovationsführers anstreben, der neben einem qualitativ hochwertigen Produktportfolio insbesondere einen Ausbau und eine Intensivierung des Servicegeschäfts beabsichtigt.

2.2.2 Produkt- und Dienstleistungsportfolio

Betrachtet man zur Analyse des Produkt- bzw. Dienstleistungsportfolios das Innovationsverhalten der Unternehmen, so lassen sich deutlich phasenabhängige Unterschiede erkennen (vgl. Abbildung 4).

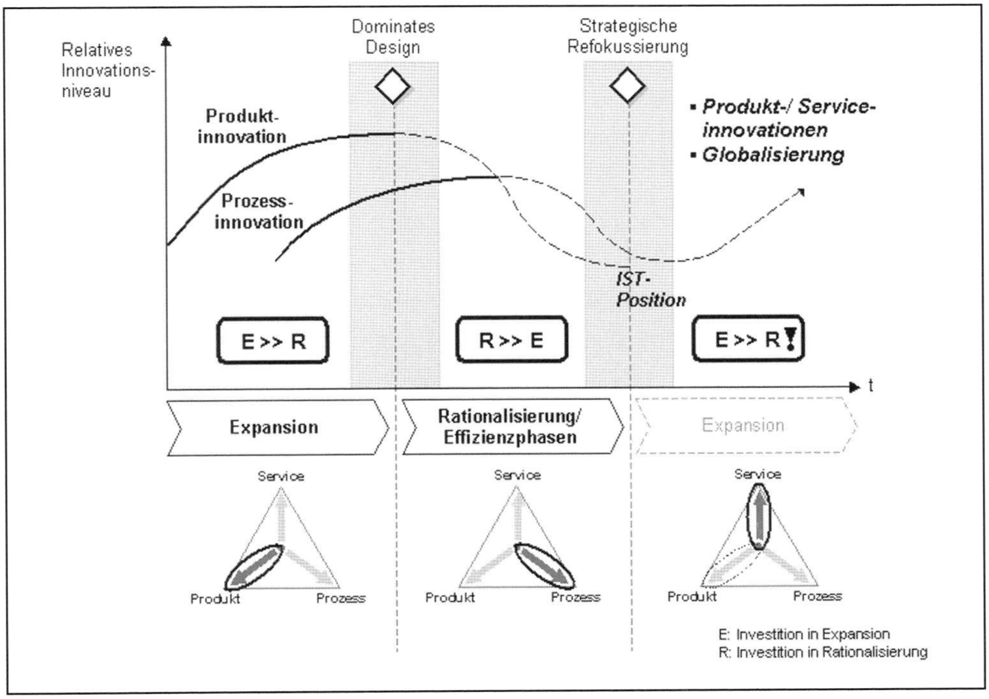

Abb. 4: Innovationsniveau über der Zeit.

In der Expansionsphase liegt der Fokus zunächst auf Investitionen in Produktinnovationen. Hierbei ist kennzeichnend, dass das Innovationsniveau stetig ansteigt, bis sich im Markt ein so genanntes dominantes Design etabliert hat. Infolge der Intensivierung des Wettbewerbs wird es für Unternehmen zunehmend schwieriger, einen anhaltenden Wettbewerbsvorteil und Wachstumspotenziale ausschließlich auf Basis von Produktdifferenzierung zu generieren. Folglich setzt etwas zeitversetzt in der Expansionsphase die Umorientierung auf die Generierung von Prozessinnovationen, im Sinne von Innovationen im Bereich der eigenen Fertigungsprozesse, ein. Jedoch lassen sich auch hier nicht dauerhaft Wettbewerbsvorteile erzielen. Das Potenzial aus Prozessinnovationen wird in der Phase der Rationalisierungs- bzw. Effizienzorientierung vollständig ausgeschöpft. Aus der Entwicklung des Innovationspotenzials, sowohl von Produktinnovationen als auch von Prozessinnovationen, lässt sich folglich die Notwendigkeit einer strategischen Refokussierung im Maschinen- und Anlagenbau ableiten. Zukünftiges Wachstumspotenzial für diese Branche steckt daher insbesondere im Servicegeschäft.

Traditionell ist das Selbstverständnis des Servicegeschäfts in vielen Unternehmen der Branche allerdings eher negativ geprägt. Bestehende Servicefunktionen werden oft als Erfüllungsgehilfen des klassischen Produktgeschäfts gesehen, mit der Zielsetzung, die Produkte so zu gestalten, dass die „Service-Notwendigkeit" auf ein Minimum reduziert wird. Bei der Betrachtung der unterschiedlichen Teilgeschäfte im Maschinen- und Anlagenbau (vgl. Abbildung 5) fällt jedoch insbesondere Folgendes auf:

- Die Umsatzrendite im traditionell dominierenden Neumaschinengeschäft ist mit ~2% sehr niedrig.
- Die Profitabilität des historisch vernachlässigten Serviceteilgeschäfts birgt große Potenziale, die durch innovative Service-/Life-Cycle-Geschäftsmodelle gehoben werden können.

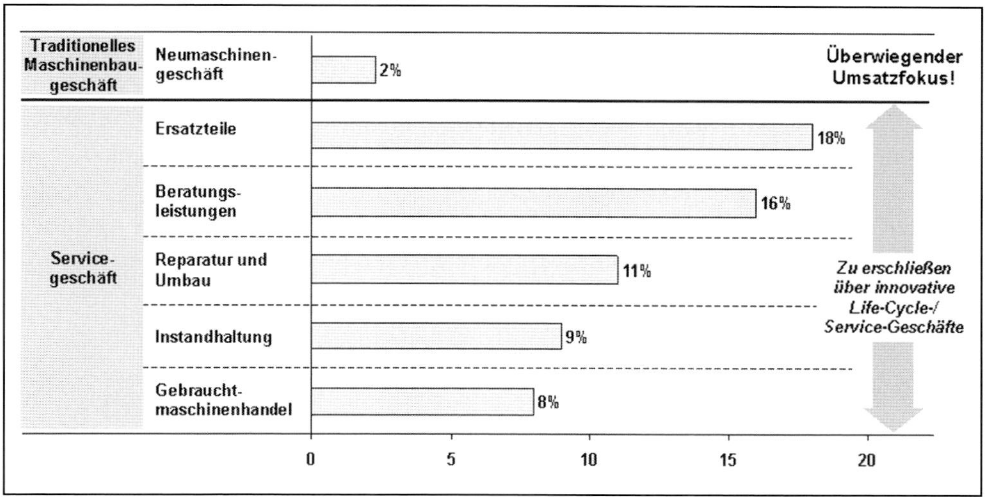

Abb. 5: Profitabilität im Maschinen- und Anlagenbau. (Quelle: Alle gemachten Angaben beziehen sich auf die durchschnittliche Umsatzrendite nach Geschäftsfeldern in 2001, Baumgartner/Kautzsch, S. 34.)

Neben den hohen Margen sprechen insbesondere der im Vergleich zum Produktgeschäft niedrige Kapitalbedarf, die weniger starke Zyklizität und die Möglichkeit einer Intensivierung der Kundenbeziehungen für die Attraktivität des Servicegeschäfts.[282]

2.2.3 Globalisierung und Internationalisierung

Die historisch geprägte Denkweise im Rahmen der Organisationsgestaltung war vorwiegend national respektive kontinental fokussiert. Nationale Gebietseinheiten wurden in diesem Kontext als eigenständige Unternehmen betrachtet und demzufolge mit allen wesentlichen Unternehmensfunktionen, wie beispielsweise Beschaffung, Produktion und Vertrieb, ausgestattet. Das unternehmerische Wachstum beschränkte sich fast ausschließlich auf den nationalen Rahmen. Des Weiteren bestimmte ein starkes Bestreben der einzelnen Landesgesellschaften nach einem hohen Autonomiegrad eine hierarchische Zusammenarbeit über Verantwortlichkeiten.

---

[282] Baumgartner/Kautzsch (2005), S. 34 ff., Arthur D. Little (2004), Mercer Management Consulting (2005).

Im Rahmen zunehmender Internationalisierung und Globalisierung ist dieser Ansatz zur organisatorischen Gestaltung jedoch nicht mehr tragfähig. Ohne die historisch gewachsenen Strukturen wäre die Welt einmal aus absatzpolitischer Perspektive und ein zweites Mal aus beschaffungsseitiger Perspektive zu betrachten und zu strukturieren (vgl. Abbildung 6). Von entscheidender Bedeutung ist die Gestaltung und Steuerung von **globalen organisatorischen Netzwerken**. Diejenigen Unternehmen, die es schaffen werden, ein intelligentes und pragmatisches Netzwerkmanagement für die vitalen operativen Funktionen aufzubauen, werden einen strukturellen Wettbewerbsvorteil haben.

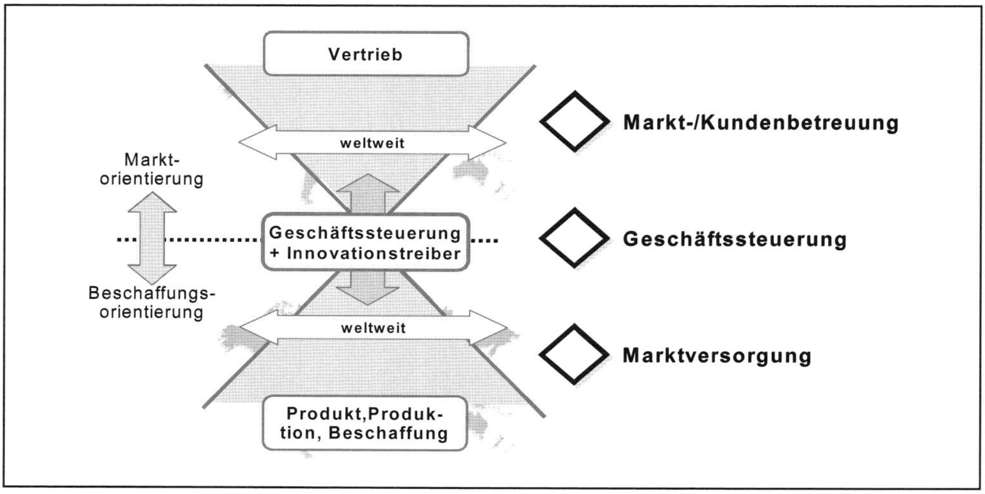

Abb. 6: Hebel zur Ertragssteuerung.

Während den Vertriebsnetzwerken die Teilverantwortung für die Marktentwicklung regionaler Geschäfte obliegt, trägt das Produktions- und Beschaffungsnetzwerk im Ergebnis eine Teilverantwortung zur Sicherstellung der Lieferfähigkeit und Faktorkostenoptimierung. Die Schnittstelle beider Organisationen stellen aufgrund ihrer Einzigartigkeit Produktlinien, respektive strategische Geschäftsfelder, dar, die eine Weltverantwortung für ein produkt- oder anwendungsbezogenes Teilgeschäft tragen.

Im Ergebnis kann eine globale Organisationsgestaltung als das Management von Netzwerken der operativen vitalen Kernfunktionen Vertrieb, Produktmanagement, Entwicklung, Produktion und Beschaffung verstanden werden. Dabei werden in einem ersten Schritt globale funktionale Netzwerke aufgespannt und in einem zweiten Schritt regionale disziplinarische Verantwortungen festgelegt. Bei der Ausgestaltung der globalen Netzwerke sind die folgenden Themen zu berücksichtigen:

- Einheitliche Ziele für das Netzwerk
- Globale Hauptverantwortlichkeiten im Sinne von Guidelines
- Operative Performance durch autonome lokale Verantwortlichkeiten
- Dynamische Bildung von Projektnetzwerken entsprechend den Kunden-/Marktanforderungen ohne Berücksichtigung der Hierarchie
- Aufbau von Vertrauen durch persönliche Beziehungen zur Überwindung kultureller Unterschiede
- Globales und einheitliches Prozessverständnis im Hinblick auf die Prozess-Ergebnisse
- Flexible und kompatible IT-Systeme
- Controlling für das Netzwerkmanagement

2.2.4 Organisation der Kernprozesse

Als letzte zentrale Gestaltungsebene muss auch die Organisation der Kernprozesse an sich ändernde Marktbedingungen angepasst werden (vgl. Abbildung 7).

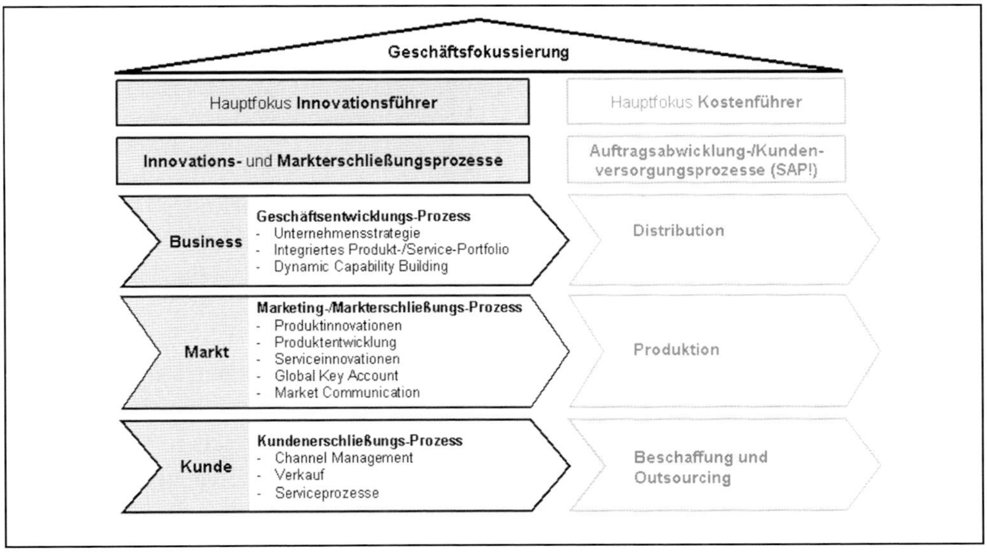

Abb. 7: Modell der Kernprozesse.

Das Stammgeschäft ist im Gegensatz zum innovativen Neugeschäft von ganz anderen Erfolgsfaktoren geprägt. Die Abläufe im Stammgeschäft sind meist klar geregelt und vorhersehbar, da die Produkte und deren Organisation standardisiert sind und man bereits einen großen Erfahrungsschatz und Routine mit deren Umgang besitzt. Während beim Kostenführer die Optimierungsanstrengungen im Rahmen von Business Process Reengineering, SAP-Implementierungen und Kaizen-Aktivitäten auf der Verbesserung der Auftragsabwicklungs- und Kundenversorgungsprozesse mit der Zielsetzung kosten- und zeiteffiziente Prozesse durch

- Vermeidung von Redundanzen,
- Vermeidung von Schnittstellenproblemen,
- Ausschöpfung des Standardisierungspotenzials

in den Kernprozessen Distribution, Produktion und Beschaffung sowie Sourcing liegen, fokussiert der Innovationsführer seine Ausrichtungsaktivitäten auf die Professionalisierung der Innovations- und Markterschließungsprozesse. Dies sind im Folgenden die drei Kernprozesse:

- **Geschäftsentwicklungsprozess:** Hierbei geht es um die Etablierung fokussierter Geschäftsentwicklungsprozesse, die von der Unternehmensstrategie abgeleitet ein integriertes Produkt- und Serviceportfolio ergeben.
- **Marketingprozess:** Der Schwerpunkt dieses Kernprozesses liegt auf der Markterschließung und Marktkommunikation. Neben der Gestaltung von Innovationsprozessen mit der Zielsetzung, innovative Portfolios zu generieren, spielt insbesondere die Errichtung einer den Marktbedingungen angepassten Vertriebsstruktur, im Sinne eines Key Account Managements, eine tragende Rolle.
- **Kundenerschließungsprozess:** Im Rahmen der Kundenerschließungs- und gewinnungsaktivitäten müssen insbesondere der Verkauf und die Errichtung integrierter Serviceprozesse im Zentrum der Betrachtung stehen.

Um Innovationsziele wie Kundennutzensteigerung oder eine starke Differenzierung gegenüber der Konkurrenz zu erreichen, ist ein hohes Maß an Kreativität und organisatorischer Flexibilität innerhalb dieser Prozesse erforderlich. Es ist jedoch zu konstatieren, dass auch der Innovationsführer die Effizienzoptimierung nicht außer Betracht lassen darf.

3 Benchmarking-Studie: Innovationsführer made in China

3.1 Der chinesische Markt im Fokus

In Kooperation mit der Hanns-Seidel-Stiftung (Bayern) und dem Wirtschaftsministerium Baden-Württemberg hat die TMG Mitte 2005 in Nanjing (China) ein Benchmarking mit 14 deutschen und vier chinesischen Unternehmen mit Schwerpunkt Maschinenbau durchgeführt. China ist deshalb ein lohnendes Studienobjekt, da Unternehmen durch die Turbulenzen der wirtschaftlichen Entwicklung gezwungen sind, innovativ neue Wege der Markt- und Kundenerschließung anzugehen.

Ab Mitte der 1980er Jahre öffnete sich China gegenüber dem Weltmarkt und spielt seitdem eine immer größere Rolle in der Weltwirtschaft. Auch für deutsche Unternehmen, vor allem des Maschinenbaus, ist China heute mit seinem enormen Potenzial einer der attraktivsten Auslandsmärkte überhaupt. Aber der chinesische Markt bietet deutschen Unternehmen nicht nur zahlreiche Chancen, sondern birgt gleichzeitig auch Unsicherheiten und Risiken. Deshalb ist die Markterschließung Chinas auch eine Herausforderung für das Management der Maschinenbauindustrie. Im Folgenden werden am Beispiel des Markterschließungsprozesses deutscher Firmen in China die Marktbesonderheiten sowie die daraus resultierenden Managementlösungen dargestellt und mit erfolgreichen chinesischen „Innovationsführern" verglichen. Der Markterschließungsprozess deutscher Unternehmen erfolgt in drei Phasen:

Phase I: Globales Sourcing/Offshoring ab 1995

Im Zuge der Globalisierung haben viele internationale Unternehmen China als ihren optimalen Produktionsstandort entdeckt. Mitte der 90er haben auch viele deutsche Maschinenbauer Joint Ventures in China gegründet, um einerseits den lokalen Lohnkostenvorteil und andererseits das chinesische Lieferantenuniversum strategisch zu nutzen. In dieser Phase handelte es sich bei den Fertigerzeugnissen in erster Linie um die Exportartikel. Chinesische Unternehmen haben in dieser Phase Zugang zu westlichem Industrie-Know-how erhalten.

Phase II: Regionale Expansion ab 2000

Durch die rasante wirtschaftliche Entwicklung ist die Nachfrage nach ausländischen Produkten im Binnenmarkt Chinas in den letzten Jahren enorm gestiegen. Aufgrund ihres Know-how-Vorsprungs sind deutsche Maschinenbauer in der Lage, neue Marktnischen im Hochpreissegment zu erschließen. Die Erfolgsstrategie in Phase zwei lautet: Versuchen Sie nicht, chinesische Unternehmen in Bezug auf Kosten oder Preis zu schlagen. Unter diesem Preisschirm ist es chinesischen Unternehmen gelungen, kostengünstige Produkte mit immer besserer Qualität auch selber zu produzieren. Die „Einebnung des globalen ökonomischen Spielfeldes“ durch die rasante Entwicklung der Telekommunikation und der physischen Logistik lässt chinesische Industrie- und Konsumgüter in immer größeren Mengen in den deutschen Heimatmarkt strömen. Deutsche Unternehmen sind dafür denkbar schlecht vorbereitet.

Phase III: Neue Geschäftsmodelle und Spielregeln ab 2005

Chinesische Unternehmen haben sich in den letzten Jahren viel Mühe gegeben, die technologische Lücke gegenüber westlichen Unternehmen zu schließen. Die einstige Konzentration des Exportgeschäfts auf billige Produkte lässt sukzessiv nach. Chinesische Anbieter werden auf dem Weltmarkt immer konkurrenzfähiger und stellen damit für deutsche Maschinenbauer eine zunehmende Bedrohung dar. Auch auf der lokalen Ebene hat sich die Marktsituation in China in der jüngsten Vergangenheit enorm verändert: Einerseits ist der Konkurrenzkampf härter denn je. Es herrscht ein wachsender Druck, die Preise zu senken. Deshalb bleiben Gewinnspannen auch hinter den Erwartungen zurück. Andererseits werden chinesische Kunden anspruchsvoller. Sie strafen mehr denn je die Anbieter ab, die mit ihren Leistungen hinter den Erwartungen zurückbleiben. Diese strukturellen Änderungen setzen deutsche Maschinenbauer unter Druck, sich den örtlichen Gegebenheiten anzupassen, um den Unternehmenserfolg langfristig zu sichern. Allerdings verlangt die Neuausrichtung auf lokalen Kundennutzen auch neue Managementfähigkeiten, die zuerst definiert und entwickelt werden müssen.

3.2 Ergebnisse der Studie

Unsicheres Marktumfeld: Hohe Turbulenz und Dynamik

Neben den strukturellen Veränderungen ist der chinesische Markt auch mit vielen Risiken verbunden. Bei der Untersuchung des Marktumfeldes ließen sich die extremen Unsicherheiten deutscher und chinesischer Investoren in folgende fünf Dimensionen einordnen:

- Dimension 1: Unvorhersehbare Regulierungen und Industriepolitik
- Dimension 2: Unsicherheiten bei der Integration in globale Märkte
- Dimension 3: Unsicherer Zugang zu Kapital und entstehende Kosten
- Dimension 4: Gesamtwirtschaftliche Unsicherheiten
- Dimension 5: Unklare und wechselnde Eigentumsrechte

Komplikation: Klassische Organisationsprinzipien und Systemarchitekturen funktionieren in China nicht

Deutsche Unternehmen stehen heute in der dritten Phase des Markterschließungsprozesses in China. Anders als in den vergangenen Jahren findet das Unternehmen nicht mehr den reißenden Absatz in China, sondern die ersten Unternehmen müssen zum ersten Mal starke Umsatzeinbußen in Kauf nehmen. Besorgniserregend ist aber auch der zunehmende Wettbewerbsdruck von billigen chinesischen Anbietern auf dem Weltmarkt und damit den Heimatmärkten deutscher Unternehmen.

Vor dem Hintergrund dieser Marktsituation sehen sich deutsche Unternehmen vor allem mit den folgenden Herausforderungen konfrontiert:

- **Flexibilität:** Eine zentrale Unternehmenssteuerung über Budgets reagiert nicht flexibel und robust genug gegenüber Planungsunsicherheiten und dem Auftreten neuer lokaler Situationen.
- **Geschwindigkeit:** Die Reaktion auf lokale Chancen und Gefahren ist zu langsam.
- **Anpassungsfähigkeit:** Änderungen des Umfelds – vor allem „nicht-lineare" – sind nur mit großem Aufwand in Produkten und Prozessen abzubilden.
- **Probleme mit Informationssystemen:** Die klassischen integrierten Systeme (ERP) zur sequenziellen Marktsteuerung sind der Turbulenz der chinesischen Marktsituation nicht gewachsen, weil die Reaktionsfähigkeit nicht schnell und robust genug ist.
- **Kundenloyalität:** Kunden bestrafen Anbieter, die die lokalen Erwartungen nicht erfüllen.

Deutsche Unternehmen erschließen den chinesischen Markt mit dem gleichen Organisationsverständnis wie im Heimatmarkt. An der Spitze der sequenziellen Organisationsprozesse ist die Corporate Ebene, welche für die Strategieentwicklung verantwortlich ist. Darunter sind die Business Units, zu deren Zuständigkeitsbereich die Steuerung des Marketingprozesses gehört. Jede Business Unit ist regional aufgegliedert. Die einzelnen Regionen sind wiederum für den Vertrieb des jeweiligen Landesmarktes zuständig. Diese hierarchische Organisationsstruktur mit den sequenziellen Managementprozessen wird unterstützt durch eine zentral integrierte IT-Architektur, welche die Informationsverarbeitungsprozesse im Unternehmen steuert und somit einen wesentlichen Einfluss auf den Managementerfolg hat. Die integrierten Informationsverarbeitungssysteme, wie z. B. ERP, sollten theoretisch die globale Unternehmenssteuerung vereinfachen, jedoch kann der kleinste Datenfehler das komplexe System aus dem Gleichgewicht bringen [„(little) garbage in, (multi) garbage out"]. Zusätzlich sind alle definierten Unternehmensprozesse „customized" in einem digitalen Unternehmensmodell (des **stabilen** Heimatmarktes) abgebildet. Neue, dynamische Situationen sind nur mit hohem Aufwand anzupassen und der Pflegeaufwand ist extrem hoch. Zudem verschärft eine klassische IT-Architektur das Problem des hierarchischen sequenziellen Soll-Ist-Abgleichs auf der Business-Unit-Ebene: Einerseits müssen die Business Units strikt die Budgetvorgaben der Corporate-Ebene einhalten (z. B. Planungsfehler dürfen nicht höher als 2,5% sein), andererseits machen die turbulenten Marktprozesse in ihren Regionen wie China eine schnelle Reaktion auf Veränderungen des Umfelds erforderlich.

Die klassische Prozess- und Systemarchitektur verschafft Unternehmen in Deutschland eine hohe Systemleistung, hat in einem turbulenten Markt wie China jedoch dramatische negative Auswirkungen.

Lösung: Mache es wie die Chinesen

Vom mangelhaften Schutz des geistigen Eigentums in China können viele ausländische Unternehmen ein Lied singen. Bei der Suche nach innovativen Managementfähigkeiten können deutsche Unternehmen jedoch auch einiges von chinesischen Unternehmen „kopieren". Nach der Untersuchung von Steuerungsmechanismen erfolgreicher chinesischer Unternehmen können drei zentrale Erfolgsfaktoren zusammengefasst werden:

- **Wertschöpfung mit Prozess- und Innovationsnetzwerken:** Zwischen chinesischen Unternehmen ist häufig eine enge Verflechtung zu beobachten. Zahlreiche Industriecluster sind in den verschiedenen Mikroregionen Chinas vorzufinden. Die Unternehmen innerhalb der einzelnen Cluster schließen ihre Prozess- und Innovationsnetzwerke zusammen, die von einem so genannten General Contractor koordiniert werden. Die einstige scharfe Grenze zwischen Markt und Unternehmen verschwimmt. Durch diese Netzwerke werden nicht nur die Spezialisierungsvorteile der einzelnen Unternehmen entlang der Wertschöpfungsprozesse ausgeschöpft, sondern – was noch wichtiger ist – auch der Austausch von Innovation zwischen den Unternehmen ermöglicht und gefördert.
- **Umsatz durch extrem schnelles Erkunden und Reagieren auf den Markt:** Im Vergleich zu vielen deutschen Unternehmen sind chinesische Unternehmen eher in der Lage, die Chancen und Gefahren in Echtzeit zu erkunden und darauf zu reagieren. Die Ursache für diese Fähigkeiten liegt vor allem in den unterschiedlichen Informationsquellen. Deutsche Unternehmen verfügen z. B. in erster Linie nur über Informationen über eigenen Umsatz, Produkte und Interaktionen. Auf diese Weise verschaffen sich deutsche Unternehmen nur eine beschränkte Markt- und Kundentransparenz, enorme Umsatzpotenziale bleiben ungenutzt. Die chinesischen Mitbewerber versuchen dagegen auch Informationen über den gesamten Kundenbedarf und über die Interaktionen zwischen ihren Kunden und anderen Unternehmen einzuholen.
- **Organisation der Wertschöpfung mit flexiblen Hierarchien und dynamischen Beziehungen:** Chinesische Unternehmen sind zwar in der Regel auch hierarchisch strukturiert, aber die Beziehungen zwischen den einzelnen Hierarchieebenen sind viel dy-

namischer gestaltet als die bei deutschen Unternehmen. In solchen Organisationen fungiert nicht nur der Vertrieb als die einzige Schnittstelle zwischen Unternehmen und Markt; stattdessen stehen auch hierarchisch übergeordnete Stellen in direkter Verbindung mit dem Markt. Unternehmen können durch diese Interaktionsvielfalt (diversity) viel mehr Marktchancen mit Umsatzpotenzial erkennen und entsprechende innovative Vertriebsmaßnahmen einleiten und letztendlich die Trefferquote vom Vertrieb erhöhen. Selbstverständlich ist in einer Organisation die Einhaltung gewisser Regeln (compliance) nicht wegzudenken. Die Kunst chinesischer Unternehmen besteht in der Schaffung einer optimalen Balance zwischen neuem organisatorischen Verhalten und Einhaltung von Regeln (der so genannte diversity-compliance trade-off).

3.3 Implikationen: Von der vertikalen Transaktionswelt zur horizontalen Interaktionswelt

Die wesentliche Erkenntnis aus der Studie ist, dass die Erfolgsfaktoren der Transaktionswelt – „Wertschöpfung/Innovation in hierarchischen Organisationen" und „Prozessoptimierung mit integrierten Systemen" – durch den Erfolgsfaktor **„Anwendung** des **weltweiten Wissens** in **horizontalen Netzwerken"** der Interaktionswelt abgelöst wird (vgl. Abbildung 8).

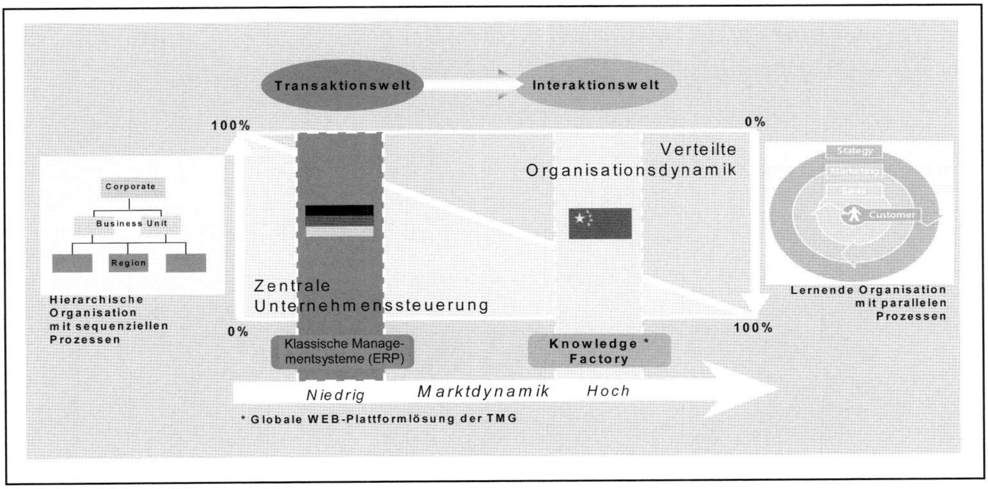

Abb. 8: Die Interaktionswelt in China erfordert neues Organisations- und Systemverständnis.

Daraus ergeben sich drei Handlungsempfehlungen für den Markterfolg eines Innovationsführers in China und damit allen globalen Märkten.

- Aufbau von **Innovations-** und **Prozessnetzwerken** mit intelligenten **Interaktionsprozessen** zwischen **Unternehmen** und **Markt**. Kollaboration auf Basis gemeinsamer Standards schafft hohe Synergien in der Anwendung des globalen Wissens. Outsourcing, Offshoring, Supply-Chaining, Partnering, Open Sourcing und Informing sind unterschiedliche Ausprägungen der neuen Kollaboration und Innovation.
- **360° Sensing** und **Responding** durch **parallele Integration** von **Strategie, Marketing** und **Sales**. Horizontale Marketing-Kampagnen für kreativ definierte Zielmärkte durch globale Wissens- und Arbeitsnetzwerke werden die Treiber des zukünftigen Unternehmenswachstums.
- Der **diversity-compliance trade-off** für Real Time Responsiveness aller Unternehmensebenen. Kopplung der klassischen vertikalen ERP-Welt mit horizontalen Web-Plattformen für die verschiedenen Formen des Austausches von Wissen und Arbeit unabhängig von Zeit, Entfernung, Geographie und sogar Sprachen.

3.4 Dynamische Organisation der Interaktionswelt

In einem turbulenten Markt wie China kann man nur Erfolg haben, wenn ein Unternehmen Chancen oder Risiken schnell erkennt und entsprechend zielgerichtet reagiert. Deshalb müssen die drei Kernprozesse Geschäftsentwicklung, Markterschließung und Kundengewinnung darauf ausgerichtet werden. Das bedeutet, dass in jedem dieser drei Prozesse ein so genannter „EIPU“-Zyklus durchlaufen wird (vgl. Abbildung 9):

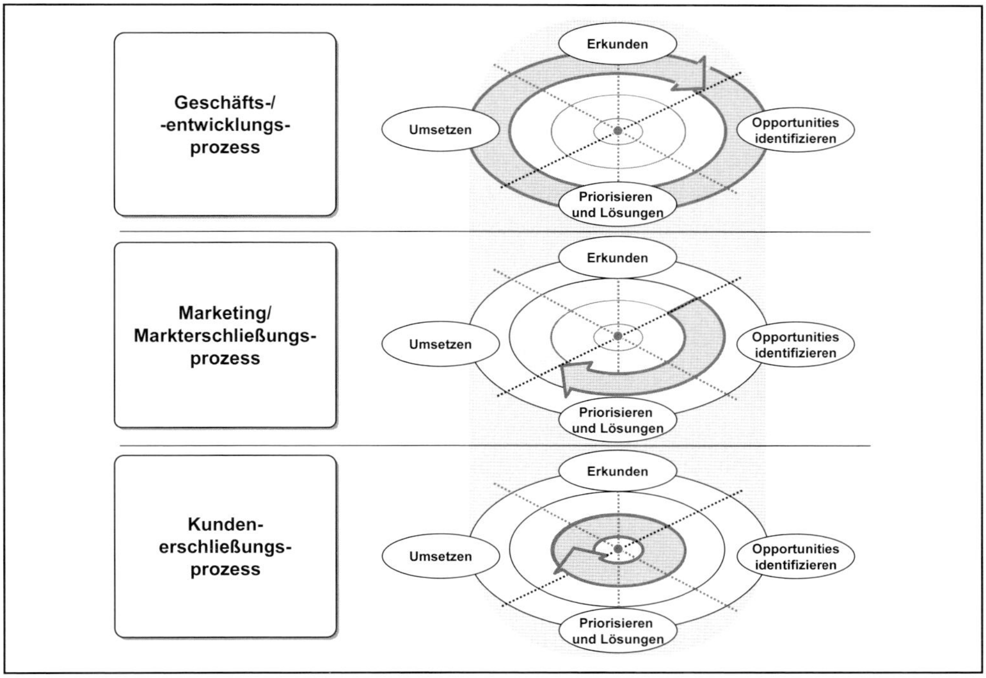

Abb. 9: Parallel gekoppeltes 3-Ebenen-Modell.

Die **Erkundung (E)** der gesamten Markt- und Wettbewerbssituation (360° Sensing) schafft die Voraussetzung für die **Identifizierung (I)** von Marktchancen und -risiken. Das ist die notwendige Bedingung, um die Chancen und Risiken zu bewerten und nachfolgend zu **priorisieren (P)**. Aus dieser dynamischen Priorisierung des Managements werden passende **Maßnahmen** zur Erschließung von Chancen oder Abwehr von Risiken **umgesetzt (U)**. Um jedoch nachhaltig Erfolg zu haben, muss dieser Zyklus auf allen drei Prozessebenen schneller durchlaufen werden als beim Wettbewerb. Durch das iterative Durchlaufen der EIPU-Zyklen erhält das Unternehmen die Fähigkeit, auf Veränderungen schneller zu reagieren als ein Konkurrent mit klassischen, strategischen Planungsprozessen, der durch den sequenziellen und hierarchischen Charakter von Strategie-, Marketing- und Salesprozessen viel zu langsam auf Umfeldveränderungen antworten kann. Veränderungen des Umfelds werden daher nicht als Ausnahmen oder Bedrohungen angesehen, sondern als wiederkehrende Herausforderungen, die es ermöglichen, den Wettbewerbsvorteil eines Unternehmens sogar auszubauen.

Darüber hinaus erschließt man durch die parallele Kopplung zwischen den drei Prozessebenen die **weltweiten Synergien** des **Wissens** aller **Unternehmensressourcen**. Damit werden neue Ideen und Innovationen generiert und auch schnell im Markt umgesetzt. Organisatorische Voraussetzung dafür ist die horizontale Durchgängigkeit von Daten und Methoden. Die rasante Entwicklung von globalen Web-Plattformen, wie etwa die **Knowledge-Factory-Lösung** der TMG, erlaubt hierbei eine schnelle, einfache und kostengünstige Lösung für den Erfolg in der Interaktionswelt.

4 Zusammenfassung und Ausblick

Als Ergebnis der Analyse der aktuellen Situation im deutschen Maschinen- und Anlagenmarkt und der wettbewerbsbestimmenden Standortfaktoren in Deutschland lässt sich festhalten, dass mit der richtigen strategischen Ausrichtung, und einem professionalisierten Innovationsmanagement im erweiterten Sinne – die Voraussetzung – für ein profitables Wachstum geschaffen wird. Grundverständnis hierbei ist die marktorientierte Ausrichtung der Innovationen auf die Erzielung eines gesteigerten Kundennutzens zur gleichzeitigen Steigerung des eigenen Unternehmenserfolges. Kernelemente einer erfolgreichen Innovationsstrategie sind in diesem Zusammenhang:

- Die Entwicklung **innovativer Geschäftsarten** im Rahmen der strategischen Ausrichtung auf die Innovationsführerschaft, im Sinne eines Wandels vom reinen Hersteller zum **integrierten Herstellungs**- und **Serviceunternehmen** als Ergebnis einer Life-Cycle-Betrachtung.
- Die konsequente Neuausrichtung des **Produktportfolios** durch **stärkere Berücksichtigung** der **Kundenbedürfnisse** und einen stärkeren Fokus auf das **Servicegeschäft**.
- **Globalisierung** durch das intelligente, dynamische und pragmatische **Managen** von **weltweiten Netzwerken** der vitalen operativen Funktionen: Vertrieb/Kundenbetreuung, Entwicklung sowie Produktion und Beschaffung.
- Die **Professionalisierung** der **Kernprozesse** zur **Markterschließung**: Geschäftsentwicklungsprozess, Marketingprozess und Kundenerschließungsprozess.
- Die Veränderung funktionaler Strukturen zugunsten **innovativer Leistungsbündel** und dadurch **Flexibilisierung** der **Organisationsstrukturen** mit dem Ziel, bestehende Geschäftsmodelle schnell auf sich ändernde Marktgegebenheiten anpassen zu können.

Als Haupterkenntnis der durchgeführten Benchmarking-Studie ist zum einen insbesondere die Notwendigkeit eines **integrierten Zusammenwirkens** der drei Kernprozesse Geschäftsfeldentwicklung, Marketing-/Markterschließungsprozess und Kundenerschließungsprozess festzuhalten. Im Sinne einer möglichst **flexiblen Organisationsgestaltung** sind diese Prozesse nicht sequenziell und hierarchisch zu gestalten, sondern vielmehr **simultan** zu **integrieren,** um die **Reaktions-** und **Anpassungsfähigkeit** deutscher Maschinenbauunternehmen zu erhöhen und sie somit wettbewerbsfähig zu machen. Zum anderen erfordern turbulente Märkte, wie am Beispiel des chinesischen Marktes gezeigt, eine integrierte Anwendung und Verbreitung **weltweit verfügbaren Wissens** in **horizontalen Netzwerken**.

Literaturverzeichnis

Arthur D. Little (2004): Service Innovation. Ergebnisverbesserung durch zielgerichtete Servicestrategien und -entwicklungen in der Produzierenden Industrie.

Baumgartner, P. / Kautzsch, T. (2005): Maschinenbau: Gute Perspektiven für innovative Geschäftsmodelle, in: Zeitschrift für Organisation, H1, S. 32–37.

Bullinger, H.-J. / Auernhammer, K. (2003): Innovationen im Spannungsfeld von Kreativität und Planung, in: Warnecke/Bullinger (Hrsg.): Kunststück Innovation, Praxisbeispiele aus der Fraunhofer Gesellschaft, Berlin: Springer.

IKB Deutsche Industriebank (2005): Märkte im Fokus: Maschinenbau in Deutschland – Traditionsbranche mit hoher Innovationskraft.

Meffert, J. / Radtke, P. / Klein, H. / Freiling, J./ Hutzschenreuter, T. (2005): Perspektive für profitables Wachstum – Ergebnisse der Mittelstandsinitiative Unternehmertum Deutschland.

Mercer Management Consulting (2005): Maschinenbau 2010 – Steigerung der Ertragskraft durch innovative Geschäftsmodelle.

Szyperski, N. (2005): Innovationskultur in Deutschland, in: Wirtschaftsinformatik, H4, S. 295–297.

VDMA (Hrsg.): Maschinenbau in Zahl und Bild 2005.

Internet: www.vdma.org

Der Innovationsgrad als Determinante des Controllings innovativer Projekte

von Jörn Littkemann[283]

1 Einführung

In der betriebswirtschaftlichen Innovationsforschung versteht man unter einer Innovation ein **neues Produkt** oder ein **neues Verfahren**, das innerhalb eines Unternehmens erstmalig eingeführt wird – entweder durch Veräußerung am Markt oder durch Nutzung im eigenen Betrieb.[284] Damit wird bewusst ein **Innovationsbegriff aus subjektiver Sichtweise** – nämlich aus der eines einzelnen Unternehmens – gewählt. Ein innovierendes Unternehmen – im Zweifel ist dies eine Aufgabe der **Unternehmensleitung** – muss eindeutig festlegen, was innerhalb eines Unternehmens als Innovation, zumeist in Form eines offiziellen **Projekts**, geführt wird oder nicht.[285] Diese Einteilung kann durchaus für ein und denselben Tatbestand von Unternehmen zu Unternehmen unterschiedlich ausfallen. Forschung und Entwicklung (FuE) ist damit theoretisch nicht notwendiger Bestandteil einer industriellen Innovation,[286] dürfte aber praktisch in der überwiegenden Mehrzahl von Produkt- und Prozessinnovationen eine gewichtige Rolle spielen. Aus **ökonomischer Sicht** besitzen Innovationen folgende wichtige Eigenschaften:[287]

- Innovationen sind **Investitionen**. Sie sind anfangs mit erheblichen **Ausgaben** verbunden, die in Erwartung von **Einnahmen** in zukünftigen Perioden getätigt werden.
- Sie sind **immateriell**, da sie nicht auf ein physisch begreifbares Investitionsobjekt zurückführbar sind.
- Der **Zeithorizont** der Einnahmeerwartung ist in der Regel weit gespannt. Es kann zu Rückschlägen und Fehlversuchen kommen. Zwischen getätigten Ausgaben und erwarteten Einnahmen können mehrere Jahre liegen. Auch unter diesem Aspekt haben Innovationen Investitionscharakter.

---

[283] Prof. Dr. Jörn Littkemann ist Inhaber des Lehrstuhls für Unternehmensrechnung und Controlling an der FernUniversität in Hagen.
[284] Vgl. Hauschildt (2004), S. 24.
[285] Vgl. Littkemann (2005), S. 8 ff.
[286] Vgl. zur Abgrenzung der Begriffe FuE und Innovation Brockhoff (1999), S. 35 ff.
[287] Vgl. Hauschildt (1992), S. 53 f.

- Innovationen unterliegen einem besonderen **Risiko**. Sie sind neu für das innovierende Unternehmen, da sie zumeist in ein völlig unbekanntes Sachgebiet führen. Die Möglichkeit, die Zahlungsströme und damit den Innovationserfolg zu prognostizieren, ist merklich geringer als bei vertrauten Produkten oder Verfahren.
- Selbst wenn Innovationen sich als Projekt isolieren lassen, erwächst ihre Erfolgswirkung oftmals aus dem **Verbund** mit anderen Produktionsfaktoren und Potenzialen des Unternehmens.
- Innovationsprozesse **dauern oftmals sehr lange**, es kommt zu vielfältigen Um- und Irrwegen. Das Ende dieser Prozesse ist vielfach nicht vorhersehbar. Nebeneffekte, wie z. B. Lerneffekte aufgrund von Fehlversuchen, sind kaum prognostizierbar und bewertbar.
- Innovationen führen zu neuen Produkten oder Verfahren und damit zu technologisch bestimmbaren **Objekten** bzw. **Prozessdarstellungen**. Diese können auch durchaus Gegenstand des Rechtsverkehrs sein und damit den Charakter eines selbstständigen Vermögensgegenstands erlangen. Aber das Wesen der Innovation ist durch diese technischen oder rechtlichen Verwertungsformen nicht hinreichend charakterisiert. Es liegt ja in der neuartigen Verknüpfung von Zwecken und Mitteln, die durch das technische oder rechtliche Substrat nicht zum Ausdruck gebracht wird.

Festzuhalten bleibt somit, dass **Innovationen als immaterielle Investitionen** anzusehen sind.[288] Wie bei jeder Investition ist auch die Planung und Durchführung eines Innovationsprozesses mit erheblichen Risiken verbunden, eröffnet auf der anderen Seite jedoch auch die Möglichkeit der Erzielung überdurchschnittlich hoher Renditen. Allerdings werden Innovationen im klassischen Rechnungswesen, insbesondere im externen Rechnungswesen zumeist nicht als solche angesehen und behandelt.

Unter Controlling versteht man allgemein die **Planung und Kontrolle** (im Sinne einer koordinierten Steuerung) der typischen Betriebs- und Geschäftsprozesse im Unternehmen.[289] Es gilt, die Unternehmensleitung beim Treffen wichtiger betrieblicher Entscheidungen zu unterstützen. In der praktischen Gestaltung bedeutet Controlling vor allem das Betreiben eines **systematischen Informationsmanagements**, das die Kontrolle (als kritischen Nachvollzug) mit der Planung (als gedanklichen Vorvollzug) verknüpft.[290] Damit steht Controlling sowohl im Dienste der **Effektivität** (Erreichung der gesetzten Ziele) als auch im Dienste der **Effizienz** (Vermeidung von Unwirtschaftlichkeiten in Kosten und Zeit bei der Zielerreichung).

---

[288] Vgl. Littkemann (2005), S. 14.
[289] Vgl. Littkemann (2004), S. 8.
[290] Vgl. Hauschildt/Schewe (1993), S. 17 ff.

Bezogen auf die **Steuerung von Innovationsprozessen** bedeutet dies zweierlei:[291] Erstens ist festzulegen, welche Informationen beschafft werden müssen und wie diese zu strukturieren sind. Dazu bedarf es in erster Linie der Heranziehung von Instrumenten aus dem **Rechnungswesen**. Es sind materielle und formelle Kriterien aufzustellen, nach denen innovationsadäquate Planungs- und Kontrollrechnungen (so genannte **Innovationsabrechnungen**) entwickelt und eingesetzt werden können (**funktionales Innovationscontrolling**). Zweitens müssen die Aufgaben der Informationsgewinnung und -verarbeitung mit bestimmten, am Innovationsprozess beteiligten Stellen bzw. Instanzen verknüpft werden. Der Projektcontroller soll möglichst Ansprechpartner sowohl für die Projektleitung als auch für das auftraggebende Top-Management sein. Dabei gilt es vor allem festzulegen, mit welchen Kompetenzen das Projektcontrolling in das Projektteam eingebunden werden muss bzw. soll (**institutionales Innovationscontrolling**). Im Einzelnen gehören zum Tätigkeitsbereich eines Projektcontrollers in der Regel die folgenden Aufgabenfelder:[292]

Projektbezogenes Innovationscontrolling:

- Den Projektverantwortlichen koordinierte und aktualisierte Instrumente und Hilfsmittel zum aperiodischen Selbstcontrolling zur Verfügung stellen,
- das Berichtswesen organisieren und überwachen,
- für die Ausbildung in Anwendung und Handhabung der Instrumente sorgen sowie
- die Projektverantwortlichen beraten und unterstützen.

Projektübergreifendes Innovationscontrolling:

- Der Unternehmensleitung bedürfnisgerechte Informationen über Projekte liefern,
- Informationen für die Projektkoordination bereitstellen,
- Entscheidungsgrundlagen für die Prioritätensetzung erarbeiten,
- Integration der Projektdaten in den allgemeinen unternehmerischen Geschäftsablauf sicherstellen, d.h. Verbindungen zum Budget, zum Plan und zum innerbetrieblichen Rechnungswesen gewährleisten,
- Auswirkungen auf das Unternehmensergebnis aufzeigen sowie
- Projekte periodisch analysieren und in Problemfällen Korrekturmaßnahmen vorschlagen.

---

[291] Vgl. Littkemann/Lewerenz (2000), S. 22.

[292] Vgl. Mäder (1993), S. 50.

Soll ein derartiges Projektcontrolling in einem innovierenden Unternehmen zum Tragen kommen, braucht es innovationstauglich konzipierte **Instrumente**, die auf ökonomischer Basis entsprechende Resultate liefern. Im Mittelpunkt steht dabei der fortwährende Versuch der Projektevaluierung, damit das Unternehmen in jeder Innovationsphase in der Lage ist, zu entscheiden, ob das Projekt fortgeführt werden kann oder abgebrochen werden muss. **Zweck des Projektcontrollings** ist nicht zuletzt, relevante **Verfahren und Methoden zur Steuerung des Innovationsprozesses auszuwählen**, damit die von der Unternehmensleitung verfolgten **Innovationsziele erreicht** werden können.[293] An dieser Stelle lässt die **Betriebswirtschaftslehre** den Projektcontroller im Allgemeinen jedoch allein. Zwar mangelt es zumeist nicht an dem Aufzeigen von controllingbezogenen Instrumenten, deren Steuerungswirkungen sich – bezogen auf Routinehandlungen – in Theorie und Praxis seit Jahrzehnten bewährt haben; sondern fraglich ist, ob diese Instrumente im Projektcontrolling – insbesondere zu der Steuerung von höchst innovativen Projekten – Anwendung finden können. Dieses wird in der Regel stillschweigend unterstellt. Man konzentriert sich stattdessen auf eine umfangreiche Beschreibung der Instrumente sowie die Auflistung von deren Stärken und Schwächen. Das Wort Projekt- bzw. Innovationscontrolling fällt dabei zumeist nicht; ein empirischer Nachweis der erfolgreichen Steuerung von Projekten mit Hilfe der genannten Controllinginstrumente kommt – sofern überhaupt vorhanden – zumeist aus Bereichen, die mit Innovationscontrolling in keiner erkennbaren Beziehung stehen (z. B. Organisation).[294] Das Projektcontrolling in der Praxis muss folglich oftmals durch **„learning by doing“** herausfinden, unter welchen Bedingungen welche Controllinginstrumente zur Innovationssteuerung geeignet sind, ob diese Instrumente den Innovationserfolg adäquat abbilden und darüber hinaus sogar selbst durch verhaltenssteuernde Wirkungen zum **Innovationserfolg** beitragen können. Im Folgenden sollen einem innovierenden Unternehmen einige Hilfestellungen für die Auswahl geeigneter Instrumente gegeben werden. Dazu wird die Eignung der hier ausgewählten Controllinginstrumente in Abhängigkeit des **Innovationsgrads** als maßgebende Schlüsselvariable für die Durchführung von Innovationsprozessen geprüft.

2 Der Innovationsgrad: Bedeutung und Messung

Im Rahmen der betriebswirtschaftlichen Innovationsforschung stellt der Innovationsgrad eine **zentrale Schlüsselvariable** für den Einsatz von Managementaktivitäten und -instrumenten im Verlaufe eines Innovationsprozesses dar. Zu seiner Messung existiert mittlerweile eine Vielzahl, zum Teil höchst komplexer Konstrukte.[295] Seine Wichtigkeit als maßgeblicher Einflussfaktor für die erfolgreiche Durchführung von Innovationsvorhaben

293 Vgl. Keim/Littkemann (2005), S. 119 f.

294 Vgl. z. B. die Untersuchung von Littkemann (1997).

295 Vgl. Salomo (2003), S. 401 ff.

ist unbestritten, allenfalls in Bezug auf ein allgemein anerkanntes Konstrukt zu seiner Operationalisierung besteht noch Diskussionsbedarf. Erstaunlicherweise wird der Bedeutung des Innovationsgrads für den Innovationserfolg in der Literatur zum Projektcontrolling jedoch kaum Rechnung getragen. Vielmehr wird der problemadäquate Einsatz von Instrumenten des Projektcontrollings anhand des Grades ihrer Quantifizierbarkeit diskutiert. Im Folgenden wird daher der Versuch unternommen, den Einsatz von Controllinginstrumenten anhand der Höhe des Innovationsgrads eines Projektes festzumachen.

Zur Bestimmung des Innovationsgrads in der Unternehmenspraxis empfiehlt sich der Einsatz innovationsspezifischer **Check-Listen**.[296] Dabei gilt es zunächst, möglichst viele Anhaltspunkte für das Ausmaß des technologischen und anwendungsbezogenen Fortschritts zu bestimmen, in einer Art Innovations-Check-Liste zusammenzustellen, für den jeweiligen Innovationsaspekt wie in einem **Scoring-Modell** Punkte zu vergeben und durch Addition der Punktzahlen einen Gesamt-Innovations-Score zu errechnen. In den Abbildungen 1 und 2 sind zwei Beispiele für derartige Check-Listen aufgeführt. Jede innovierende Unternehmung kann diese oder ähnlich konstruierte Check-Listen entsprechend den unternehmensspezifischen Gegebenheiten anlegen und dann zusätzlich auch noch bestimmen, wie die einzelnen Anhaltspunkte zu gewichten sind. Bei Überschreiten eines zuvor festgelegten Grenzwertes für den Gesamt-Innovations-Score wird dann das Projekt als „innovativ" eingestuft und der routinemäßigen Behandlung im „normalen" Geschäftsgang entzogen. Innerhalb der Einstufung „innovativ" können dann wiederum **Grenzwerte für den Grad der Innovativität** festgelegt werden. Je nach Höhe des Innovationsgrads, wie immer er auch bestimmt werde (z. B. **dichotom: hoch und niedrig**), kommen dann unterschiedliche Methoden und Instrumente des Projektmanagements und -controlling zur Steuerung des Innovationsvorhabens zum Einsatz.

Im Mittelpunkt des Controllings für Projekte mit einem **niedrigen Innovationsgrad** steht die operative Planung und Kontrolle des Innovationsvorhabens. Das **Kostenmanagement** hat hier ein deutlich höheres Gewicht als bei Projekten mit einem hohen Innovationsgrad. In der Regel lassen sich die Kosten wesentlich leichter kalkulieren, da man auf Vergangenheits- und Erfahrungswerte zurückgreifen kann und folglich die Kostenstruktur besser planbar ist. Daneben ist natürlich auch der Ergebnisbezug von Interesse, denn letztendlich signalisiert erst die Differenz zwischen Erlösen und Kosten, ob ein Projekterfolg vorliegt und wenn ja, wie hoch dieser ist. Für die konkrete Ausgestaltung des Innovationscontrollings sind in diesem Fall regelmäßige Informationen über die angefallenen Projektkosten und -erlöse notwendig, die zum Zwecke einer **Abweichungsanalyse** in Relation zu den geplanten Kosten und Erlösen sowie zum zeitlichen Projektfortschritt gesetzt werden müssen.[297] Obgleich nicht primär auf Innovationen zugeschnitten, lassen sich jedoch die meisten **Verfahren der Kosten- und Erlösrechnung** mit gewissen Modifikatio-

---

[296] Vgl. Hauschildt (2004), S. 20.
[297] Vgl. Littkemann/Lewerenz (2000), S. 21 ff.

nen zur Planung und Kontrolle von Projekten mit einem niedrigen Innovationsgrad **einsetzen** – im Gegensatz zu Projekten mit einem hohen Innovationsgrad, wie im Folgenden ausführlich erörtert wird.

Gegenstand der Beurteilung
(Kurzbeschreibung) ______________________________
____

	Bitte ankreuzen **ja**	 **nein**
1. Verlangt das neue Produkt oder Verfahren neuartige		
1.1 Fertigungstechnik	☐	☐
1.2 Produktionsanlagen	☐	☐
1.3 Mitarbeiter	☐	☐
1.4 Software	☐	☐
1.5 Messtechnik	☐	☐
1.6 Fertigungsorganisation	☐	☐
1.7 Weitere Änderungen der Produktion	☐	☐
....	☐	☐
2. Bewirkt das Produkt oder Verfahren neuartige		
2.1 Produktionsgeschwindigkeit/Durchlaufzeiten	☐	☐
2.2 Umweltbelastung/-entlastung	☐	☐
2.3 Raumanforderungen	☐	☐
2.4 Montage-Flexibilität	☐	☐
2.5 bessere Kapazitätsauslastung	☐	☐
2.6 Leistungserhöhung	☐	☐
2.7 Weitere Auswirkungen	☐	☐
....	☐	☐
3. Erfordert der Absatz des neuen Produktes		
3.1 die Ansprache neuer Kundengruppen	☐	☐
3.2 die Wahl neuer Distributionswege	☐	☐
3.3 Auseinandersetzung mit neuen Wettbewerbern	☐	☐
3.4 Neubestimmung der Preispolitik	☐	☐
3.5 Weitere Änderungen der Absatzpolitik	☐	☐
....	☐	☐
4. Verlangt das neue Produkt oder Verfahren neuartige		
4.1 Rohstoffe	☐	☐
4.2 Bezugsquellen	☐	☐
4.3 Bezugspartner	☐	☐
4.4 Bezugsländer	☐	☐
4.5 Weitere Änderungen der Beschaffung	☐	☐
....	☐	☐
Ich schlage vor, das neue Produkt/Verfahren als Innovation einzustufen	Ja	Nein

Datum: Unterschrift:

Abb. 1: Check-Liste zur Bestimmung des Innovationsgrads (Beispiel 1). (Quelle: Hauschildt, 1997, S. 17)

Gegenstand der Beurteilung:
(Kurzbeschreibung) ____________________

	trifft überhaupt nicht zu			***Beurteilung***			trifft voll zu
	1	2	3	4	5	6	7

1. Produkttechnologie
1.1 Die in die Innovation eingehende Technologie ist für uns sehr neu ____
1.2 Die neue Technologie ersetzt die bisherige größtenteils ____
1.3 Die neue Konstruktion greift wenig auf unsere bisherige Technik zurück ____
1.4 Mit den technischen Komponenten haben wir keine Erfahrungen ____

2. Absatzmarkt
2.1 Die Innovation verlangt Vertriebskanäle, mit denen wir keine Erfahrung haben ____
2.2 Mit den neuartigen Kundenbedürfnissen haben wir keine Erfahrung ____
2.3 Die Innovation spricht Kunden an, die wir bisher nicht bedient haben ____

3. Produktionsprozess
3.1 Die benötigten Produktionsanlagen sind bei uns weitgehend nicht vorhanden ____
3.2 Die Produktmontage der Innovation weicht stark vom bisherigen Vorgehen ab ____
3.3 Unsere Erfahrung mit den Produktionsverfahren der Innovation ist sehr gering ____

4. Beschaffung
4.1 Das Verhalten der Materiallieferanten für die Innovation ist kaum vorhersagbar ____
4.2 Mit den Materialien für die Innovation haben wir sehr wenig Erfahrung ____
4.3 Wir können nur auf wenige vertraute Lieferanten zurückgreifen ____

5. Kapitalbedarf
5.1 Die Innovation verlangt Marketing-Kosten bisher unbekannter Höhe ____
5.2 Die Innovation verlangt F&E-Kosten bisher unbekannter Höhe ____
5.3 Die Innovation verlangt Produktionsinvestitionen in bisher unbekannter Höhe ____

6. Formale Organisation
6.1 Für die Innovation ist ein hauptamtlicher Produktmanager zu bestellen ____
6.2 Für die Innovation ist eine eigenständige Abteilung oder Gruppe zu bilden ____

7. Informale Organisation
7.1 Die Innovation verändert das Miteinander in unserem Unternehmen ____
7.2 Die Innovation verändert unsere bisherige Unternehmenskultur ____
7.3 Die Innovation verlangt bisher nicht vorhandene soziale Kompetenzen ____
7.4 Die Innovation verlangt neuartige Management-Fähigkeiten ____
7.5 Die Innovation ist ein Symbol für die Wertänderung im Unternehmen ____
7.6 Die Innovation verlangt starke Strategieveränderung des Produktbereichs ____

Abb. 2: Check-Liste zur Bestimmung des Innovationsgrads (Beispiel 2). (Quelle: Hauschildt, 2004, S. 21)

3 Eignung von Controllinginstrumenten für Projekte mit einem hohen Innovationsgrad

3.1 Vorbemerkung

Aus den einleitenden Ausführungen dieses Beitrags ist bereits deutlich geworden, dass man die traditionellen Methoden und Instrumente des Rechnungswesens nicht unbenommen zum Controlling von Projekten mit einem hohen Innovationsgrad übernehmen kann. Es werden vielmehr **modifizierte Verfahren** benötigt, die die spezifischen Eigenschaften einer Innovation (insbesondere Projekt-, Erfolgs- und Zukunftsbezug) berücksichtigen, aber dennoch auf den bekannten Gestaltungsmerkmalen des Rechnungswesens, vor allem der quantitativ-monetären Ausrichtung der Instrumente, aufbauen. In der jüngeren Vergangenheit wurden zahlreiche Methoden und Verfahren entwickelt bzw. modifiziert, mit deren Hilfe eine Wandlung des traditionellen Rechnungswesens in Richtung einer stärkeren **Strategie- bzw. Entscheidungsorientierung** vollzogen werden soll.[298] In diesen Kontext fällt auch die Forderung nach einer geeigneten Steuerung von Innovationen im und durch das Rechnungswesen. Einige dieser Instrumente sind in Abbildung 3 dargestellt. Im Folgenden wird geprüft, welche dieser Methoden und Verfahren Projekte mit einem hohen Innovationsgrad erfassen, bewerten und zielgerichtet steuern können. Dazu bedarf es zweier **Voraussetzungen**:

- Das Instrument bedarf einer **investiven Struktur** mit Projekt-, Erfolgs- und Zukunftsbezug: Die Innovation muss dabei als Investition begriffen und dementsprechend „controlt“ werden. Auf diese Weise wird der **fehlende Abrechnungsbezug** der Innovation im traditionellen Rechnungswesen (Nicht-Aktivierung im externen Rechnungswesen, Gemeinkostenbehandlung im internen Rechnungswesen) **überwunden**.
- Das Instrument muss die Unternehmensleitung bei der Steuerung des Innovationsprozesses unterstützen können. Dies verlangt die **praktische Umsetzung** des Instruments im betrieblichen Rechnungswesen einer Unternehmung.

[298] Vgl. im Folgenden Littkemann (1996), S. 1930 ff.

Autoren	Neue Abrechnungs-objekte	Neue Abrechnungs-verfahren
Albach (1988)	– Strategische Wett-bewerbsvorteile – Externe Effekte	– Transaktions-kostenrechnungen – Koordinations-kostenrechnungen
Cooper/ Kaplan (1990)	– Indirekte Leistungs-bereiche	– Activity-based costing – Prozesskosten-rechnungen
Hiromoto (1989)	– Zielkosten	– Target costing
Riebel (1987)	– Jegliche unter-nehmensspezifische Bezugsobjekte	– Einzelkosten- und Deckungsbeitrags-rechnungen
Hauschildt (1994)	– Innovationen	– Investitions-rechnungen
Ziegler (1982) et al.	– Projekte innovativer Art	– Projekt-abrechnungen

Abb. 3: Neue Verfahren des internen Rechnungswesens zu einer möglichen Berücksichtigung von Innovationen als Controllingobjekte.

3.2 Prozesskostenrechnung

Das aus den USA stammende Konzept des **Activity-based costing** wird in Deutschland zumeist, wenn auch mit einigen mehr oder weniger starken konzeptionellen Modifikationen, unter dem Stichwort **Prozesskostenrechnung** geführt. Ausgangspunkt dieses Ansatzes ist die Tatsache, dass aufgrund eines steigenden Anteils von Gemeinkosten in den indirekten Leistungsbereichen, wie z. B. FuE, Einkauf, Rechnungswesen etc., eine Kostentransparenz in diesen Bereichen für eine effiziente Unternehmensführung unumgänglich wird.[299] Die veränderten Marktsituationen und der technische Fortschritt haben dazu geführt, dass sich die Kostenstrukturen in den Unternehmen verändert haben: Operative Tätigkeiten mit Einzelkostencharakter sind in zunehmendem Maße vielfach Dienstleistungstätigkeiten mit Gemeinkostencharakter gewichen. Die zur Überwindung dieser Problematik entwickelte Prozesskostenrechnung[300] ist in ihrer Ausgestaltung eine **typische Vollkostenrechnung**. Sie hat als Fokus die Abrechnung der laufenden Produkte, kon-

---

299 Vgl. Horvàth/Mayer (1989), S. 214 ff.
300 Vgl. Glaser (1992), Sp. 1643 ff.

zentriert sich dabei allerdings auf die Kostenanalyse in den indirekten Leistungsbereichen. Obgleich sie damit lediglich eine Ergänzung zum traditionellen Rechnungswesen darstellt und kein völlig neues Kostenrechnungssystem ist, wurde sie in der Vergangenheit des Öfteren als Instrument einer strategischen Neuorientierung des Rechnungswesens gesehen.[301] Eine Hilfestellung bei strategischen Entscheidungen kann sie allerdings – wie jede Vollkostenrechnung – nicht geben. Insgesamt gesehen ist sie daher – nicht zuletzt aufgrund ihrer mangelnden Ergebnisorientierung – **zur Abrechnung von Innovationen wenig geeignet.** Die Prozesskostenrechnung kann jedoch insofern nützlich für das Innovationscontrolling sein, indem sie für Kostentransparenz in den größtenteils am Innovationsprozess beteiligten indirekten Bereichen sorgt. Allerdings sind diesbezügliche Aussagen stark einzuschränken, da insbesondere Projekte mit einem hohen Innovationsgrad spezielle, kaum zu kopierende Prozesse sind. Und das trifft auch auf die jeweiligen Kostenstrukturen zu. Die Prozesskostenrechnung eignet sich somit allenfalls für das **Controlling von Projekten mit niedrigem Innovationsgrad.**

3.3 Target Costing

Die aus Japan stammenden Ansätze des Target costing werden in Deutschland zumeist im Rahmen des **strategischen Zielkostenmanagements** diskutiert. Es steht nicht mehr die Kosten-, sondern die Marktorientierung im Vordergrund: „Was darf ein Produkt kosten?“ statt „Was wird ein Produkt kosten?“.[302] Die im traditionellen Rechnungswesen üblicherweise angewandte progressive Preisfindung wird ergänzt durch eine retrograde Kalkulation. Von dem zu erwartenden Marktpreis wird bis zu den angenommenen Selbstkosten heruntergerechnet. Durch die Betonung einer strategischen Orientierung des **Target costing** mit dem Hauptziel der Kostenreduzierung wird das Konzept auch zur Abrechnung von Innovationen vorgeschlagen.[303] Dabei gilt es aber zu bedenken, dass unter dem Innovationsbegriff des Target costing zumeist keine Innovation im üblichen Sinne verstanden wird, d. h. durch die man vor die Bewältigung extrem komplexer Entscheidungs- und Durchsetzungsprobleme gestellt ist und daher eine gesonderte Instanz zur Steuerung des Innovationsprozesses benötigt. Sondern gemeint ist hier eher die Hervorbringung neuer **Produktvarianten in kleinen und mittleren Serien**[304] – also **Projekte mit niedrigem Innovationsgrad**. Dies verlangt sowohl den Einsatz von Instrumenten ähnlich der Routineorganisation als auch damit verbunden den Einsatz eines zumindest in Grundzügen traditionell aufgebauten Rechnungswesens. Und erklärt auch die Nähe des

301 Vgl. Coenenberg/Fischer (1991), S. 21 ff.
302 Vgl. Seidenschwarz (1991), S. 198 ff.
303 Vgl. z. B. Becker (1993) und Hieke (1994).
304 Vgl. Franz (1993), S. 124 ff.

Target costing zur Prozesskostenrechnung.[305] Obgleich damit das Konzept zumindest zur Abrechnung von Projekten mit einem hohen Innovationsgrad ebenfalls wenig geeignet erscheint, liefert es doch wichtige Erkenntnisse für die Beziehung zwischen Projektmanagement und -controlling: Die Betonung interdisziplinärer Teamarbeit hilft, die Barrieren zwischen technischer und kaufmännischer Seite zu beseitigen. Zum anderen werden Verfahren entwickelt, mit deren Hilfe Plankosten geschätzt werden können.

3.4 Einzelkosten- und Deckungsbeitragsrechnungen

Bereits Ende der 50er Jahre des vorigen Jahrhunderts stellte Riebel der Öffentlichkeit sein Konzept des **Rechnens mit Einzelkosten und Deckungsbeiträgen** vor.[306] Damals ging es vordergründig um die Problematik der künstlichen Proportionalisierung von Fixkosten in der traditionellen Kostenrechnung. Bis heute haben Riebel und seine Anhänger das Konzept ständig weiterentwickelt und an die neuesten Entwicklungen angepasst. Heute ist die Einzelkosten- und Deckungsbeitragsrechnung zu einem echten Führungsinstrument aus Sicht der Unternehmensleitung ausgebaut worden, das ausnahmslos aus leicht messbaren, pagatorischen Rechengrößen – nämlich Einnahmen und Ausgaben – besteht.[307] Riebel forderte seinerzeit die Einbeziehung neuer, für das jeweilige Unternehmen relevanter Bezugsobjekte in das betriebliche Rechnungswesen. Nach dem **Identitätsprinzip** werden die Kosten und Erlöse einem selbst vom Unternehmen definierten Bezugsobjekt zugeordnet. Ob Kosten Einzel- oder Gemeinkostencharakter haben, hängt vom betrachteten Bezugsobjekt ab. Durch eine Gegenüberstellung der Einzelerlöse und Einzelkosten eines Bezugsobjekts lässt sich der jeweilige Erfolg – und damit der Beitrag zum Unternehmensergebnis – ermitteln. In diese Deckungsbeiträge sind zu Entscheidungszwecken auch **zukünftige Größen** einzubeziehen. Mit dieser kurzen Zusammenfassung vom System der Einzelkosten- und Deckungsbeitragsrechnung wird deutlich, dass die Abrechnung mit Innovationen als Bezugsobjekt möglich ist. Der fehlende Abrechnungsbezug einer Innovation im Rechnungswesen lässt sich durch spezielle Deckungsbeitragsrechnungen mit **Investitionscharakter** überwinden. Hinsichtlich der praktischen Ausgestaltung im Innovationscontrolling sollten jedoch nur laufende Produkte und Innovationen als Bezugsobjekte abgerechnet werden. Denn sonst besteht die Gefahr, dass eine zu große Zahl möglicher Arten von Bezugsobjekten den **Informationsgehalt des Systems** durch ein Überfluten von unterschiedlich aufgebauten Deckungsbeitragsrechnungen einschränken kann.

---

305 Vgl. Seidenschwarz (1991), S. 201.

306 Vgl. Riebel (1959).

307 Unter messbaren Zahlungsgrößen versteht Riebel nur Zahlungsvorgänge. „Künstlich" geschaffene Begriffe wie Aufwendungen und Erträge oder Kosten und Erlöse lehnt er zur wirklichkeitsnahen Abbildung der Realität im betrieblichen Rechnungswesen ab. Von Riebel verwendete Kosten- und Erlösbegriffe sind damit Zahlungen im finanzwirtschaftlichen Sinne. Vgl. Riebel (1987), S. 1154 ff.

3.5 Transaktions- und Koordinationsrechnungen

Diese beiden auf volkswirtschaftlichen Theorien basierenden Rechnungen wurden von Albach Ende der 90er Jahre des vorigen Jahrhunderts umfassend in der Betriebswirtschaftslehre vorgestellt.[308] Im Mittelpunkt seiner Betrachtungen stehen die Beziehungen einer Unternehmung zu ihren Kunden. Um seine Kunden langfristig an sich zu binden, muss ein Unternehmen eine Reihe von so genannten **Transaktionskosten** auf sich nehmen. Dazu zählt Albach Kosten der Beschaffung (z. B. FuE-Kosten) sowie Kosten des Absatzes (z. B. Reisekosten). Das traditionelle Rechnungswesen verrechnet diese Kosten im Zeitpunkt ihres Entstehens in den laufenden Periodenabrechnungen. Aufgrund des strategischen Charakters dieser Kosten schlägt Albach eine interne Aktivierung anstelle einer sofortigen Verrechnung als gewinnmindernde Größen im betrieblichen Rechnungswesen vor. Die Kosten sind dann **wie Investitionen zu behandeln** und in einer speziellen Transaktionskostenrechnung zu berücksichtigen. Aufgrund asymmetrischer Informationsverteilung zwischen dem Lieferanten und dem Kunden ist diese Rechnung um die aus den Transaktionskosten resultierenden externen Effekte zu erweitern. Um die Unsicherheit über das Verhalten der Abnehmer abzubauen, hat ein Unternehmen in Abhängigkeit von der Organisationsstruktur unterschiedlich hohe **Koordinationskosten**. Diese sind in einer gesonderten Koordinationsrechnung zur Ergänzung der Transaktionskostenrechnung zu erfassen. Im Zuge dessen wird beispielsweise die Frage gestellt, ob es effizienter ist, eine Innovation in Zentral- oder Spartenlabors durchzuführen. Albachs Vorschlag der **Aktivierung** von Kosten mit strategischem Charakter, unabhängig davon, ob sie die gesetzlichen Aktivierungsvorschriften des HGB bzw. internationale Rechnungslegungsvorschriften erfüllen oder nicht, trifft auch auf **Innovationskosten** zu. Denn um alte Kunden zu halten und/oder neue Kunden zu gewinnen, sind Innovationen unumgänglich. Zudem wird durch die Kundenorientierung der Abrechnungen das innovierende Unternehmen darauf aufmerksam gemacht, die potenziellen Kundenwünsche schon während des Innovationsprozesses stärker zu berücksichtigen. Fasst man die beiden Abrechnungen zusammen und bezieht sie auf die Innovation als konkretes Abrechnungsobjekt, lässt sich eine Investitionsrechnung entwickeln, die den fehlenden Abrechnungsbezug einer Innovation im Rechnungswesen überwinden kann. Diskussionswürdig ist jedoch aus betriebswirtschaftlicher Sicht die Einbeziehung **externer Effekte** in die Innovationsabrechnung eines Unternehmens.

---

308 Vgl. Albach (1988), S. 1143 ff.

3.6 Innovationsergebnisrechnung

Ein betriebswirtschaftliches Konzept zur Innovationsabrechnung im Rechnungswesen, das auf einer Investitionsrechnung aufbaut, wurde Anfang bis Mitte der 90er Jahre des vorigen Jahrhunderts von Hauschildt entwickelt.[309] Hauschildt stellt die **Innovation** in den Mittelpunkt seiner Betrachtungen, indem er sie **als Investition begreift** und innerhalb seiner Abrechnungen wie einen materiellen Vermögensgegenstand behandelt. Dabei verknüpft er finanzwirtschaftliche Investitionsrechnungen mit Methoden des **betrieblichen Rechnungswesens**. Der Innovationserfolg kann **in Form eines Kapitalwerts** zu jedem Zeitpunkt des Projektverlaufes errechnet werden, indem realisierte und erwartete Einnahmen den realisierten und erwarteten Ausgaben gegenübergestellt werden, wobei interne Leistungsverrechnungen mit anderen Innovationsprojekten zu berücksichtigen sind. „Feinheiten“ wie z. B. **Diskontierungen** aufgrund anzusetzender Zinssätze bleiben dabei allerdings **außer Acht.** Im Mittelpunkt steht die Prognose der zu erwartenden Ein- und Auszahlungen, Diskussionen über „den“ Zinssatz spielen bei hoch innovativen Projekten eine vergleichsweise unbedeutende Rolle. Im Hinterkopf muss man allerdings behalten, dass dann die Kosten des Eigenkapitals zur Finanzierung der Innovation in den Investitionsrechnungen nicht enthalten sind. Wie bei Riebels Konzept der Einzelkosten- und Deckungsbeitragsrechnungen werden als Rechengrößen Zahlungen,[310] keine fiktiven Größen, wie z. B. Aufwand und Ertrag, verwendet. Hauschildt stellt die Abrechnungen in **Kontenform** auf, wodurch die praktische Nähe zur Finanzbuchhaltung dokumentiert wird (vgl. Abbildung 4). Durch diese Form der so genannten **Innovationsergebnisrechnung** wird nicht nur der fehlende Abrechnungsbezug der Innovation im Rechnungswesen überwunden, sondern auch der **Übergang vom Innovationsprozess zur Routineorganisation** vollzogen. Denn nach Projektabschluss wird der zu erwartende Innovationserfolg auf die Konten der operativen Bereiche umgebucht, die damit die Verantwortung für die Erfolgsrealisierung übertragen bekommen. Dies ist natürlich nur dann sinnvoll, wenn Vertreter der operativen Bereiche am Innovationsprojektverlauf mitgewirkt haben und an der Erstellung der Prognosezahlen beteiligt waren. In diesem Zusammenhang kommen die Innovationsergebnisrechnungen von Hauschildt im Falle einer Produktinnovation einer strategischen Planung im Sinne eines integrierten **Produktlebenszyklus-Konzepts**[311] sehr nahe, ohne auf den Vorteil einer organisatorischen Trennung zwischen Innovationsmanagement und dem Management der Routineorganisation verzichten zu müssen.

---

309 Vgl. Hauschildt (1994), S. 1017 ff.

310 Hauschildt differenziert nicht zwischen den Begriffen Ausgaben und Auszahlungen auf der einen Seite sowie Einnahmen und Einzahlungen auf der anderen Seite. Er versteht unter diesen Größen – allerdings nicht diskontierte (!) – Zahlungen im finanzwirtschaftlichen Sinne. Vgl. Hauschildt (1994), S. 1019.

311 Vgl. Pfeiffer/Bischof (1981), S. 133 ff.

Einnahmen

1. realisierte (kumulierte) Einnahmen
   a) extern über den Markt
      z.B. Lizenzen
   b) an andere Prozesse weiterbelastete Ausgaben
      z.B. Weitergabe von Teilergebnissen
   c) sonstige Einnahmen
      z.B. Subventionen
2. Zukünftige (gesamt zu schätzende) Einnahmen

Ausgaben

3. realisierte (kumulierte) Ausgaben
   a) extern über den Markt
      z.B. Konstruktionstisch, Büromaterial
   b) von anderen Prozessen übernommene Ausgaben
      z.B. Gehälter
   c) sonstige Ausgaben
      z.B. Gebühren
4. Zukünftige (gesamt zu schätzende) Ausgaben

Innovationserfolg

5. Einnahmen (1.+2.) – Ausgaben (3.-4.)

Abb. 4: Grobgliederung einer Innovationsergebnisrechnung (während des Projektverlaufs). (Quelle: In Anlehnung an Hauschildt, 2004, S. 528 ff.)

3.7 Projektabrechnungen

Als **Projektabrechnung** bezeichnet man allgemein die Erfassung, Bewertung und Darstellung von Kosten und Erlösen eines Projekts zu Planungs- und Kontrollzwecken.[312] Insbesondere im Controllingbereich beschäftigt man sich im Rahmen der Betriebswirtschaftslehre mit der Erstellung derartiger Abrechnungen zur erfolgreichen Projektsteuerung. In diesem Zusammenhang wird auch untersucht, unter welchen Bedingungen ein Projekt im innerbetrieblichen Rechnungswesen eines Unternehmens abgerechnet werden kann. In erster Linie befasst man sich mit der abrechnungstechnischen Behandlung von FuE-Projekten mit einem hohen Innovationsgrad. Die Ansätze sind zumeist weniger theoretischer Natur, sondern vielmehr wird überlegt, wie ein derartiges Projekt praktisch

312 Vgl. Hay/Hieronimus/Huss (1993), Sp. 1635 ff.

im innerbetrieblichen Rechnungswesen eines Unternehmens abrechnungstechnisch umgesetzt werden kann. Dabei geht es jedoch wie bei den zuvor dargestellten Investitionsrechnungen um die Problematik, wie der fehlende Abrechnungsbezug höchst innovativer Tätigkeiten in Projektabrechnungen des Rechnungswesens überwunden werden kann. Allerdings steht hier im Fokus der Betrachtung die Anwendbarkeit von **Teilbereichen der Kosten- und Leistungsrechnung für Projektabrechnungen**, weniger die kontengeprägten und eher an die Finanzbuchhaltung angelehnten Investitionsrechnungen von Hauschildt. Ziegler eröffnete Anfang der 80er Jahre des vorigen Jahrhunderts die Diskussion des Innovationscontrollings, als er eine separate **Projektdeckungsrechnung** kostenrechnerischer Art zur Ermittlung wirtschaftlicher Projekterfolge forderte.[313] Darauf aufbauend wurde eine Vielzahl spezieller Projektabrechnungen entwickelt, die den Investitionscharakter höchst innovativer Tätigkeiten im Gegensatz zu den Abrechnungen des traditionellen Rechnungswesens berücksichtigen.[314] Gefordert wird für das Innovationscontrolling im Einzelnen die Erstellung gesonderter

- Projektkostenartenrechnungen,
- Projektkostenstellenrechnungen,
- Projektkostenträgerrechnungen,
- Projektkostenvergleichsrechnungen und
- Projekt-Deckungsbeitragsrechnungen.

Der Vorteil der unterschiedlichen Arten von Abrechnungen aus dem Projektcontrolling liegt darin, dass durch diese auf die vielfältigen Möglichkeiten der praktischen Gestaltung von Innovationsabrechnungen innerhalb des Rechnungswesens aufmerksam gemacht wird. Dem steht der bereits erwähnte fehlende Theoriebezug nachteilig gegenüber. Die meisten Abrechnungen sind normativer Art. So wird beispielsweise eine **konsequente Investitionsorientierung nicht in allen Abrechnungen** verfolgt. Zudem ist oft nicht sicher, ob unter den Abrechnungsgrößen pagatorische oder wertmäßige Größen zu verstehen sind.

---

313 Vgl. Ziegler (1982), S. 816 ff.
314 Vgl. z. B. Commes/Lienert (1983).

4 Fazit

Der **Innovationsgrad** ist eine zentrale **Schlüsselvariable** zur Durchführung innovativer Vorhaben. Er bestimmt nicht nur die Auswahl der Innovationsorganisation, sondern darüber hinaus auch noch die Art der eingesetzten Controllinginstrumente in entscheidendem Maße mit. Allerdings kann er selbst zumeist nur qualitativ, allenfalls semiquantitativ bestimmt werden.

Aufgrund der hohen Unsicherheit bei der Durchführung von Projekten mit einem hohen Innovationsgrad ist der Einsatz **quantitativer Instrumente**, vornehmlich der **aus dem innerbetrieblichen Rechnungswesen**, nur **eingeschränkt** zu Controllingzwecken möglich. Erfolgversprechend erscheinen dabei alle diejenigen Abrechnungen, die die Innovation als Investition behandeln, d. h. auf Basis eines in die Zukunft gerichteten Ergebnisbezugs mit **zahlungsorientierten Größen** operieren. Dabei gilt es insbesondere in den ersten Phasen des Innovationsprozesses, wenn die Unsicherheit und das Risiko des Scheiterns noch sehr hoch sind, zu erwägen, auf eine **Diskontierung** der Rechengrößen zu **verzichten**. Erst im weiteren Verlauf des Innovationsprozesses, wenn Ein- und Auszahlungen immer besser planbar werden, kann dann auf die finanzmathematisch korrekte Vorgehensweise umgestellt werden.

Zur Durchführung von Projekten mit einem **niedrigen Innovationsgrad** kann in der Regel, unter gewissen Modifikationen, auf **traditionelle Controllinginstrumente des internen Rechnungswesens**, wie z. B. die Prozesskostenrechnung oder das Target Costing, zurückgegriffen werden.

Literaturverzeichnis

Albach, H. (1988): Kosten, Transaktionen und externe Effekte im betrieblichen Rechnungswesen, in: Zeitschrift für Betriebswirtschaft, 58. Jg., S. 1143–1170.

Becker, W. (1993): Frühzeitige markt- und rentabilitätsorientierte Kostensteuerung, in: Kostenrechnungspraxis, Heft 5, S. 279–287.

Brockhoff, K. (1999): Forschung und Entwicklung – Planung und Kontrolle, 5. Aufl., München/Wien.

Coenenberg, A. G. / Fischer, T. M. (1991): Prozeßkostenrechnung – Strategische Neuorientierung in der Kostenrechnung, in: Die Betriebswirtschaft, 51. Jg., S. 21–38.

Commes, M. T. / Lienert, R. (1983): Controlling im FuE-Bereich, in: Zeitschrift Führung + Organisation, 52. Jg., S. 347–354.

Cooper, R. / Kaplan, R. S. (1990): Make the right decision, in: Certified Public Accountants – The Journal, February, S. 38–45.

Franz, K.-P. (1993): Target Costing, in: Controlling, Heft 3, S. 124–130.

Glaser, H. (1992): Prozeßkostenrechnung, in: Wittmann, W. / Kern, W. / Köhler, R. / Küpper, H.-U. / v. Wysocki, K. (Hrsg.): Handwörterbuch der Betriebswirtschaft, 5. Aufl., Stuttgart 1992, Sp. 1643–1651.

Hauschildt, J. (1992): Ist das Rechnungswesen innovationsfeindlich?, in: Boysen, K. / Hohlfeldt, G. / Jacob, H.-J. / Nehles, F. / Wellmann, R. (Hrsg.): Der Wirtschaftsprüfer vor innovativen Herausforderungen, Stuttgart, S. 51–67.

Hauschildt, J. (1994): Die Innovationsergebnisrechnung – Instrument des FuE-Controlling, in: Betriebs-Berater, 49. Jg., S. 1017–1020.

Hauschildt, J. (1997): Innovationsmanagement, 2. Aufl., München.

Hauschildt, J. (2004): Innovationsmanagement, 3. Aufl., München.

Hauschildt, J. / Schewe, G. (1993): Der Controller in der Bank, 2. Aufl., Frankfurt am Main.

Hay, P. H. / Hieronimus, A. / Huss, H.-P. (1993): Projektabrechnung, in: Chmielewicz, K. / Schweitzer, M. (Hrsg.): Handwörterbuch des Rechnungswesens, Stuttgart, Sp. 1635–1643.

Hieke, H. (1994): Rechnen mit Zielkosten als Controllinginstrument, in: Wirtschaft und Studium, Heft 10, S. 498–502.

Hiromoto, T. (1989): Das Rechnungswesen als Innovationsmotor, in: Harvard Business Manager, 11. Jg., S. 129–133.

Horvàth, P. / Mayer. R. (1989): Prozeßkostenrechnung, in: Controlling, Heft 4, S. 214–219.

Keim, G. / Littkemann, J. (2005): Methoden des Projektmanagements und -controlling, in: Littkemann, J. (Hrsg.): Innovationscontrolling, München, S. 57–151.

Littkemann, J. (1996): Innovationsabrechnung durch ein investitionsorientiertes Rechnungswesen, in: Betriebs-Berater, 37. Jg., S. 1927–1933.

Littkemann, J. (1997): Innovationen und Rechnungswesen, Wiesbaden.

Littkemann, J. (2004): Einführung in das Beteiligungscontrolling, in: Littkemann, J. / Zündorf, H. (Hrsg.): Beteiligungscontrolling – Ein Handbuch für die Unternehmens- und Beratungspraxis, Herne/Berlin, S. 1–20.

Littkemann, J. (2005): Einführung in das Innovationscontrolling, in: Littkemann, J. (Hrsg.): Innovationscontrolling, München, S. 3-55.

Littkemann, J. / Lewerenz, S. (2000): Organisation des Innovationscontrollings, in: io management, Heft 11, S. 20–30.

Mäder, L. (1993): Projektcontrolling: Über den Projekterfolg zum besseren Unternehmensergebnis, in: Management Zeitschrift, 62. Jg., S. 49–52.

Pfeiffer, W. / Bischof, P. (1981): Produktlebenszyklen – Instrument jeder strategischen Produktplanung, in: Steinmann, H. (Hrsg.): Planung und Kontrolle, München, S. 133–166.

Riebel, P. (1959): Das Rechnen mit Einzelkosten und Deckungsbeiträgen, in: Zeitschrift für handelswissenschaftliche Forschung, 11. Jg., S. 213–238.

Riebel, P. (1987): Überlegungen zur Integration von Unternehmensplanung und Unternehmensrechnung, in: Zeitschrift für Betriebswirtschaft, 57. Jg., S. 1154–1168.

Salomo, S. (2003): Konzept und Messung des Innovationsgrades – Ergebnisse einer empirischen Studie zu innovativen Entwicklungsvorhaben, in: Schwaiger, M. / Harhoff, D. (Hrsg.): Empirie und Betriebswirtschaft – Entwicklungen und Perspektiven, Stuttgart, S. 399–427.

Seidenschwarz, W. (1991): Target Costing, in: Controlling, Heft 4, S. 198–203.

Ziegler, H. (1982): Immaterielle Leistungen – Eine Herausforderung für Theorie und Praxis, in: Zeitschrift für betriebswirtschaftliche Forschung, 34. Jg., S. 816–825.

C. Praxislösungen für das Innovationsmanagement in der Investitionsgüterindustrie

C. 1. Erfolgreiche Lösungen aus der Branche

Mit M(m)acht zum Innovationserfolg

von Manfred Wittenstein[315]

1 Macht = Innovation = Erfolg?

„Ein Mensch, der immer nur das Gute möchte, wird zwangsläufig zugrunde gehen inmitten von so vielen Menschen, die nicht gut sind und nur ihre Macht erhalten wollen."

Niccolò Machiavelli

Aus diesen Ideen zum Thema „Macht", die Niccolò Machiavelli in seinem Werk **Der Fürst** niederschrieb, bildete sich damals der Machiavellismus, eine eigene politische Maxime, welche heute meist in abwertendem Kontext verwendet wird. Diese Ablehnung begann bereits kurz nach Erscheinen des Werkes; heute verbindet man Gewissenlosigkeit, Egoismus und Ausbeutung mit diesem Begriff.

Die praktische Philosophie des Machiavellismus vertritt die Auffassung der uneingeschränkten Macht, des unkontrollierten Machtgebrauchs und des unbegrenzten Machterwerbs des jeweiligen Herrschers. Seine politischen Handlungen sollen keinen moralischen Kriterien unterworfen werden. Die Kategorien „Wahr" und „Gut" im Handeln werden ausgeschaltet oder auf die der Nützlichkeit reduziert. Soziale Aspekte werden nur in Betracht gezogen, sollten sie für die Berechnung des politischen Erfolgs von Bedeutung sein. Diejenige Macht und Herrschaft gilt als die „beste" oder „geeignetste", in der das politische Ziel des Herrschenden entsprechend verwirklicht wird. Von daher wird über die Wege, Methoden und Mittel der Machtausübung geurteilt, für die als allgemeines Prinzip gilt: Der Zweck heiligt die Mittel.

Diese ästhetische Begründung der Macht, der Blickwinkel, unter dem sie öffentlich wahrgenommen wird, weist Machiavelli aber als absolut Modernen aus. Denn ohne den Schein der Macht kommt keine Macht mehr aus. Allerdings ist es heute wichtig zu unterscheiden, wie Macht in Unternehmen eingesetzt wird. Nur mit dem Machiavelli'schen Machtbegriff kämen wir hier nicht weit.

---

[315] Manfred Wittenstein ist Vorstandsvorsitzender der WITTENSTEIN AG.

1.1 „Macht" – ein negativer Begriff?

Der Begriff „Macht" wird häufig negativ bewertet, mit Klischees wie Unterdrückung, Hierarchie, Einengung oder Willkür verbunden und im Widerspruch zur „eigentlichen" sachlichen Arbeit gesehen.

Das Wort „Macht" an sich leitet sich etymologisch vom Gotischen „magan" ab und bedeutet schlicht „vermögen". In diesem Sinne ist der Begriff neutral und in keinem Fall per se negativ belegt. Rosabeth M. Kanter geht sogar noch weiter: „Macht ist die Fähigkeit zu handeln. "

Ziele und Mittel der Machtausübung beeinflussen die Bewertung von „Macht". Nach unserem Verständnis sollte Macht eingesetzt werden, um Freiräume zu schaffen, nicht um Druck auszuüben. Macht soll fördern, statt hindern. Statt **„Macht über"** leben wir ein **„Macht mit"**. Beispiele aus der Unternehmenspraxis bei WITTENSTEIN belegen dies an späterer Stelle.

1.2 Macht der Vision = Macht der Gedanken

Die größte Quelle, aus der heute noch strategische Wettbewerbsvorteile erwachsen können, ist die Vision. Die Aufgabe von Führung ist es, konsistente Zukunftsvorstellungen zu entwickeln und diese durchzusetzen, denn **Innovation braucht Vision!**

Eine dem Ganzen verpflichtete Vision

- stiftet Sinn,
- fördert und fordert Innovation und
- schafft den notwendigen Gewinn.

Die praktische Umsetzung dieser Maxime erzeugt jedoch natürliche Widerstände, durch die der Status quo im System erhalten werden soll. Es bedarf somit einer aus der Vision begründeten Macht zur Durchsetzung der Innovation und außerdem der Überzeugung der Mitarbeiter, dass der Status quo überhaupt veränderungsfähig ist. Ziel ist es, eine Veränderung im Sinne der Vision möglichst vollständig und reibungsfrei durchzusetzen und eine positive Entwicklung und Akzeptanz der ökonomischen bzw. sozialen Zustände zu bewirken.

Wir alle bewundern erfolgreiche Unternehmen und Menschen, die es geschafft haben, ihre Vision zu verwirklichen und ihre Träume zu leben. Seine Werte klar zu entdecken und festzulegen sowie Vision, Ziele und Auftrag zu formulieren, gilt als mühsamer gedanklicher Prozess. Daher kapitulieren die meisten Menschen von vornherein, und alles bleibt so, wie es war.

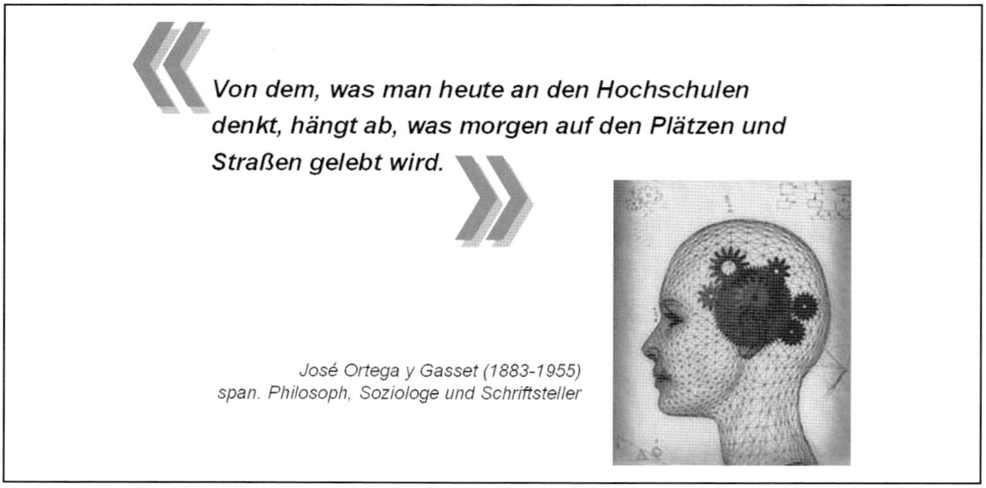

Abb. 1: Die Rolle der Hochschulen.

Unsere Gedanken haben eine ungeheure Kraft. Unsere Gedanken bestimmen unsere Erwartungen, Einstellungen und Handlungen. Es ist in unsere Entscheidung gelegt, diese Macht zu unserem Nutzen oder Schaden einzusetzen.

1.3 Die Macht der Führung

1.3.1 Notwendigkeit eines Machtpromotors

Jede Innovation stellt Bestehendes in Frage. Widerstände sind daher, wie oben bereits beschrieben, zwangsläufig. Diese Innovationsbarrieren gilt es zu überwinden. Dazu bedarf es Promotoren in jedem Unternehmen.

$$\text{\textit{Innovationserfolg} (eines Unternehmens)} = \frac{\textit{Ideenzahl x Champion x Machtpromotor x Prozessmanager}}{\textit{Organisatorische Barrieren}}$$

Abb. 2: Die Formel des Innovationserfolgs. (Quelle: Dipl.-Ing. Dieter Schaudel, Endress & Hauser Holding AG)

Promotoren verfügen über die Befugnisse und Verantwortlichkeiten, die geplanten Änderungsvorhaben innerhalb der gesamten Wertschöpfungskette und innerhalb der einzelnen Unternehmen oder Fachbereiche durchzusetzen.

Das theoretische Promotorenmodell nach **Witte** unterscheidet hierbei zwischen **Fachpromotoren** und **Machtpromotoren**, denen die entsprechenden **Opponenten** entgegenstehen können. Später wurde die Theorie um **Prozesspromotoren** und **Prozessopponenten** ergänzt. Die Konzeption von **Witte** bezieht sich zwar ursprünglich auf innovative Beschaffungsentscheidungen, die Ergebnisse lassen sich jedoch generalisieren und damit auf andere Typen von Entscheidungen übertragen. Was kennzeichnet nun Promotoren und Opponenten?

Während Promotoren Prozesse aktiv fördern und von der Initiierung bis zum Abschluss beeinflussen, verzögern und behindern Opponenten Prozesse und Neuerungen. **Fach**promotoren zeichnen sich hierbei durch objektbezogenes Fachwissen aus. **Macht**promotoren hingegen verfügen zumeist durch ihre hierarchische Position über Entscheidungsmacht und analog über Sanktionsmöglichkeiten gegenüber den Opponenten. **Prozess**promotoren stellen ein Bindeglied zwischen Fach- und Machtpromotoren dar und vermitteln zwischen der fachlichen und ökonomischen Sichtweise beider Promotorentypen. Opponenten können sowohl auf Fach-, Macht- und Prozessebene auftreten, sind tendenziell schwieriger zu identifizieren als Promotoren und werden häufig durch Unsicherheiten (insbesondere durch Unsicherheiten bezüglich Technologie oder ökonomischen Vorteils) hinsichtlich der Folgen von Veränderungen angetrieben. Eine große Herausforderung besteht demzufolge darin, Opponenten zu identifizieren und deren Bedenken zu analysieren und kompensieren.

Übertragen auf den Innovationsprozess bedeutet dies nun, dass Promotoren, insbesondere **Macht**promotoren, unerlässlich für den Innovationserfolg sind. Nur durch ihren Einsatz werden Widerstände und Barrieren überwunden. Nur sie stellen sicher, dass Innovationen nicht durch Opponenten zu Fall gebracht werden.

1.3.2 Funktion der Führung

In unserer gängigen Vorstellung eines Unternehmensaufbaus sehen wir alle Chef und Führungskräfte auf den oberen Hierarchiestufen und die Mitarbeiter darunter. Die Aufbauorganisation stellt die Unternehmensspitze im Organigramm an oberste Stelle. Dieser tayloristische Ansatz – oben denken, unten ausführen – hatte früher Sinn, als ungelernte Mitarbeiter industrielle Produkte herstellten. Geht es aber darum, Ideen und Innovationen zu generieren, wirken diese Hierarchien zunehmend kontraproduktiv. Ideen entstehen nun einmal nicht „auf Knopfdruck". Zudem ist jeder Mitarbeiter im Unternehmen Experte an seinem Arbeitsplatz und dort kompetenter, als der Vorgesetzte es je sein kann.

Das Modell der „inversen Organisation" gibt den Mitarbeitern, die daran arbeiten, dass die Unternehmensprozesse reibungslos ablaufen, höchste Priorität. Die Führungskräfte sorgen in diesem Modell dafür, dass die Prozesse im Fluss bleiben, und sie geben den Mitarbeitern Raum für Kreativität und Innovation. **Die Führungskraft ist also oberster Dienstleister der Vision und der Struktur und setzt ihre Macht dazu ein, diese Aufgabe zu erfüllen.**

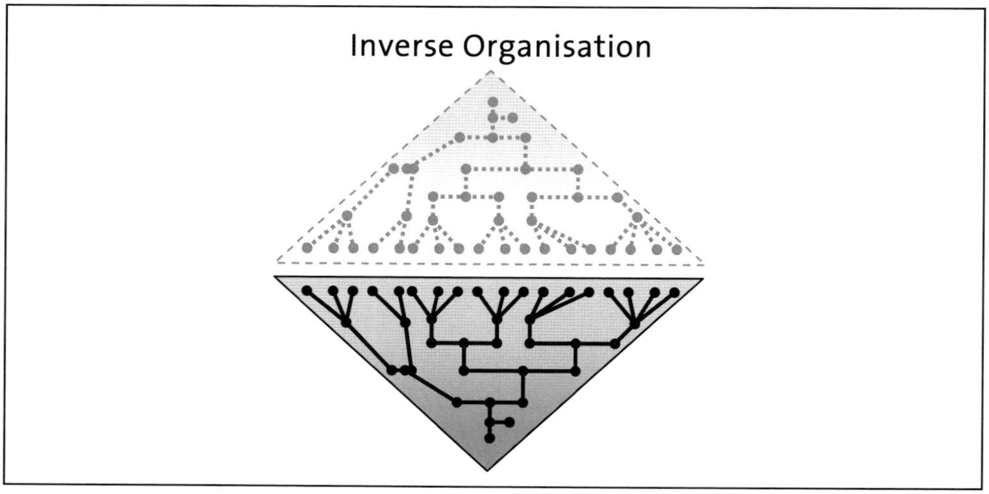

Abb. 3: Die inverse Organisation.

„Die klassischen Hierarchien sind der Ideenkiller par excellence, da sie nach dem Prinzip 'Wissen ist Macht' funktionieren. Neues Wissen und Ideen gefährden fast immer die bestehenden Machtverhältnisse. Deshalb werden Neuerungen, die zwar gut für das Unternehmen, aber schlecht für das Management sind, oft unterdrückt oder zumindest behindert. Wer neue Ideen einbringt, die vieles in Frage stellen – und das tut eine Innovation per definitionem, der handelt sich oft Ärger ein. Hierarchien fördern Opportunismus statt Innovationen."[316]

1.4 Wie verstehen wir Innovation?

„Innovation" ist ein schillernder Begriff. Managementexperte Fredmund Malik definiert ihn stellvertretend für viele andere folgendermaßen: „Ideen generieren ist etwas völlig anderes als Ideen realisieren. Nur das ist Innovation. Jede Innovation ist eine Expedition in Neuland, eine alpinistische Erstbesteigung, behandelt werden sie meistens aber als Osterspaziergänge."

Wir verstehen Innovation bei WITTENSTEIN als durchgängigen Prozess, als aktives und mitgestaltendes Miteinander im Unternehmen. Die Macht der Führungskräfte dient dazu, Gestaltungsfreiräume zu schaffen und Hindernisse beiseite zu räumen im Hinblick auf die Vision.

Jeder Mitarbeiter – ob Führungskraft, Angestellter oder Arbeiter – ist zur Innovation aufgerufen.

Vier Bausteine betrachten wir als wertvoll; diese setzen wir durch vielfältige Aktivitäten und Programme in die Tat um:

Erster Baustein: Zur Veränderung befähigen

Wir möchten unseren Mitarbeitern das „Handwerkszeug" geben, um aktiv am Innovationsprozess mitwirken zu können und diesen zu gestalten. Qualifizierung und Weiterbildung sind hier wichtige Elemente: In der WITTENSTEIN akademie werden zahlreiche Seminare zu den unterschiedlichsten Themenbereichen angeboten, ein Traineeprogramm für neue Mitarbeiter sichert das Kennenlernen des Unternehmens von der Pike auf, und in Führungskräfte-Nachwuchsprogrammen werden künftige Führungskräfte umfassend auf ihre Aufgabe vorbereitet. Zudem vergibt die WITTENSTEIN Stiftung jährlich ein Stipendium an einen Abiturienten mit naturwissenschaftlicher Fachrichtung, und im Wettbewerb „Junge kreative Köpfe im Taubertal" können sich Schüler in der Region als Erfinder beweisen.

---

[316] Ulrich Klotz, Technologieexperte beim Vorstand der IG Metall.

Unter dem Motto „Verantwortung wagen“ sind bei WITTENSTEIN alle Mitarbeiter aufgefordert, gemeinsam getragene Entscheidungen zu treffen. Im Rahmen des Projektes P.U. & M.A. (Partnerschaftlicher Umgang und Mitgestaltendes Arbeiten) werden Budgets eigenständig verwaltet, und alle Mitarbeiter sind aufgefordert, sich aktiv an der Gestaltung des Unternehmens zu beteiligen.

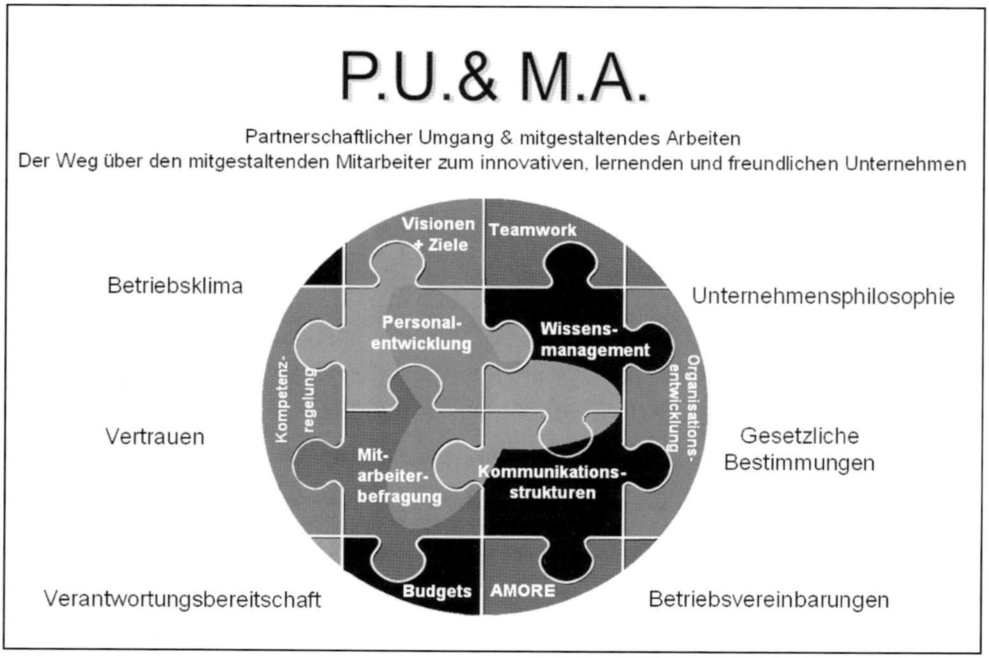

Abb. 4: P.U. & M. A.

Macht soll fördern, statt hindern. Statt „**Macht über**“ leben wir ein „**Macht mit**“.

Zweiter Baustein: Sensibilisierung durch innerbetriebliche Gestaltung

Ein Unternehmen sollte für seine Mitarbeiter eine „Wohlfühlatmosphäre“ schaffen, um Motivation zu steigern und Kreativität zu fördern. WITTENSTEIN setzt dies beispielsweise durch eine offene Architektur des Gebäudes, eingebettet in einen „Weltgarten“ mit Pflanzen aus allen fünf Kontinenten um. Sportmöglichkeiten wie Beachvolleyball und Fitnessraum sowie ein Grillplatz sorgen für den nötigen Ausgleich und beleben die Kommunikation ebenso wie der jährliche „Schnulleralarm“, bei dem WITTENSTEIN-Eltern und Kinder zusammenkommen und Kontakte pflegen.

Dritter Baustein: Über den Tellerrand hinausblicken

Um erfolgreiche Ideen zu entwickeln und umzusetzen, beschränken wir den Blick nicht nur auf das Innere des Unternehmens. Workshops wie „WITTENSTEIN meets Wissenschaft“ oder die Vortragsreihe „Sommerkolleg“, zu der schon namhafte Referenten wie Zukunftsforscher Prof. Dr. Eckard Minx oder Fraunhofer-Präsident H.-J. Bullinger gewonnen werden konnten, sorgen für einen weiten Horizont und geben neue Impulse. Und im europäischen Operngesangs-Nachwuchswettbewerb DEBUT geht es alle zwei Jahre um hochkarätige Talente auf dem Gebiet des Operngesangs – und nicht „nur“ um Qualität im Bereich der Antriebstechnik.

Vierter Baustein: Einbindung der Öffentlichkeit

Kein Unternehmen existiert autark und abgeschottet von seiner Umgebung. Deshalb beteiligt WITTENSTEIN Region und Öffentlichkeit generell an vielen Aktivitäten in und um das Unternehmen. Vernissagen regionaler Künstler im Hause schlagen einen Bogen zwischen Technik und Kunst, und in Querdenkerschulungen, u. a. für Lehrer, lehrt der Entwicklungsleiter des Unternehmens, Probleme zu abstrahieren und innovativ zu lösen. Zudem werden ehrenamtliche Aktivitäten der Mitarbeiter unterstützt und eine intensive Pressearbeit betrieben.

Dies sind nur einige Beispiele, wie WITTENSTEIN gerne **mit** seinen Mitarbeitern und **durch** seine Mitarbeiter Innovation umsetzt. Das Gebot der Stunde heißt Vertrauen, Transparenz, Selbstverantwortung, Selbstorganisation und Selbststeuerung. Die Herausforderungen des 21. Jahrhunderts kann nur meistern, wer offen und klar kommuniziert, die Bürger als politische Akteure und seine Mitarbeiter als Mitunternehmer begreift, ihre Sinne für die eigene und die allgemeine Situation schärft, Querdenker fördert, Machtzentren auflöst, Konkurrenz zulässt, ohne den Zusammenhalt zu gefährden, verbindet statt teilt und zusammenführt, was bislang getrennt war.

Innovation findet also immer statt und ist immer da; in Gesellschaft, Wirtschaft und Technik, ob wir wollen oder nicht. Innovation betrifft uns alle und wir müssen uns alle mit dem Thema befassen.

Hinter jeder Innovation – ob Produkt- oder Prozessinnovation – steht an erster Stelle die Sozialinnovation, denn die Zukunft **will erdacht** sein.

2 Der Innovationsprozess bei WITTENSTEIN

2.1 Bestandteile des Innovationsprozesses

2.1.1 Innovationsgenerator

Basis für Innovation und – wie oben beschrieben – gleichzeitig größte Quelle, aus der strategische Wettbewerbsvorteile erwachsen können, ist die Vision, die sich in unserer Unternehmensphilosophie, der Produktphilosophie und den Unternehmenszielen wiederfindet.

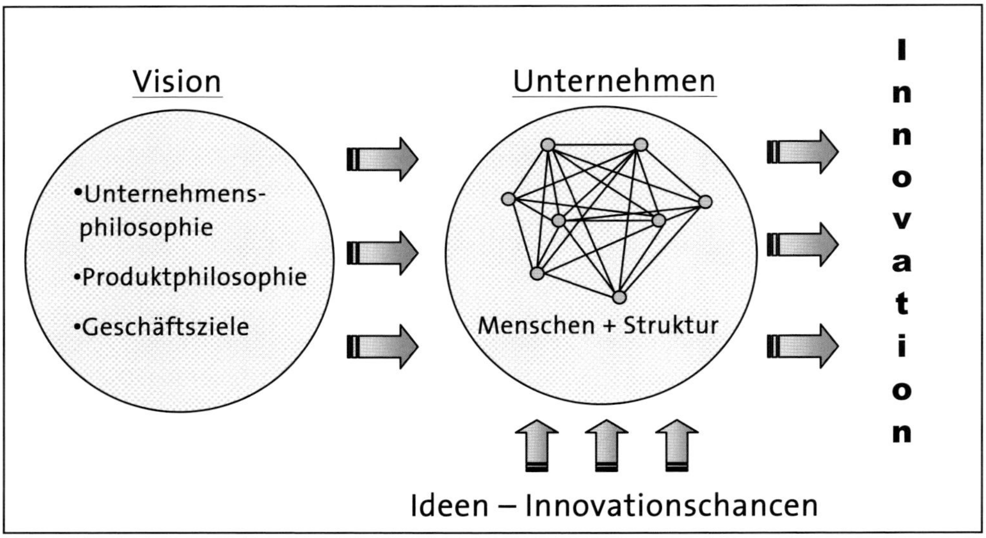

Abb. 5: Vision, Unternehmen und Innovation.

Die Vision muss das Unternehmen – Menschen und Struktur – wie eine Melodie durchdringen, damit die zahlreichen vorhandenen Ideen und Innovationschancen selektiert und anschließend in Innovationen umgesetzt werden können. Das Innovationsgeschehen durchzieht das gesamte Unternehmen und berührt alle Mitarbeiter. Vor diesem Hintergrund haben wir unser Unternehmen prozessorientiert ausgerichtet.

2.1.2 Das WITTENSTEIN Innovationsrad

Was sind die wichtigsten Prozesse in einem Unternehmen? In einer vereinfachten Darstellung steht am Anfang ein Generierungsprozess, in dem ein Produkt gestaltet oder ein Prozess entwickelt wird. Ist dies geschehen, kann Kurs in Richtung Produktion und Markt genommen werden, was wir als Diffusionsprozess bezeichnen. Beide Prozesse zusammen umfassen, wenn sie einmal durchlaufen werden, einen Zeitraum von acht bis zehn Jahren. Im Generierungsprozess wird grundsätzlich Geld ausgegeben, im Diffusionsprozess fließt das Geld an das Unternehmen zurück; das Produkt wird auf den Markt gebracht, Einnahmen erzielt. Mit dem Geld, das in dieser Phase verdient wird, kann und muss der nächste Generierungsprozess angestoßen werden.

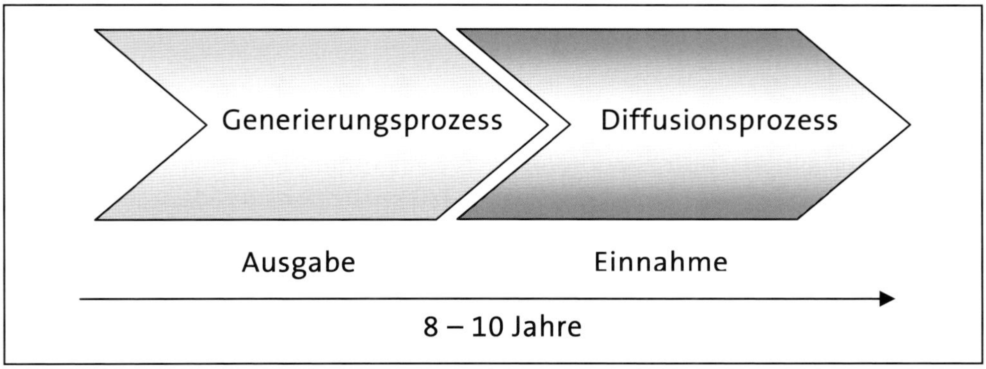

Abb. 6: Generierungs- und Diffusionsprozess.

In der Praxis greifen beide Prozesse permanent ineinander und es finden wichtige Rückkoppelungen statt – Generierungs- und Diffusionsprozess bilden gemeinsam das „Innovationsrad“, das es nun anzutreiben gilt.

Vor diesem Hintergrund möchten wir „Innovation“ nicht auf die marktorientierte Definition von Fredmund Malik beschränken: Innovation ist ein Vorgang, der ständig entlang der Prozesskette verläuft – deshalb schätzen wir **jeden** Mitarbeiter als **latenten Innovator**. Dieses Bild versuchen wir durch das Innovationsrad zu beschreiben: Je mehr Innovationen jeder Einzelne einbringt, desto leichter können wir gemeinsam das Rad in Bewegung setzen und halten und so aus einem relativ starren Ablauf einen dynamischen Prozess machen.

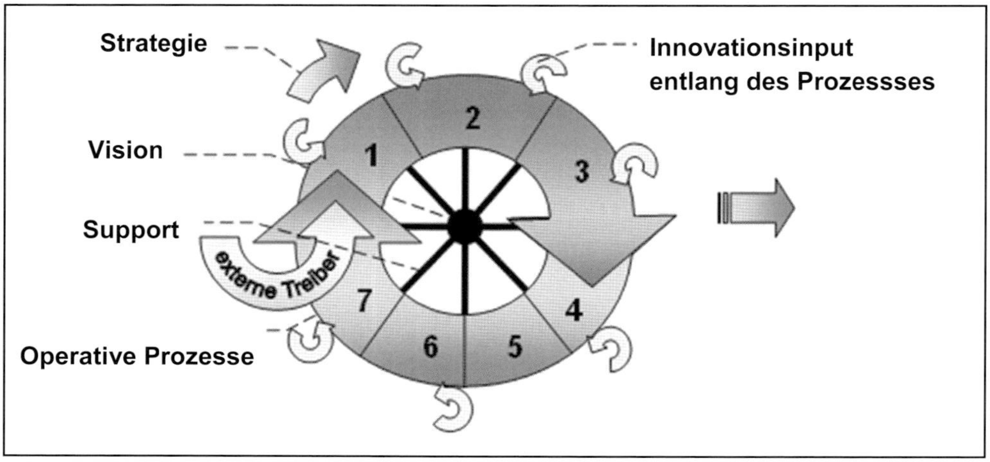

Abb. 7: Das Innovationsrad.

Eine Person alleine schafft es nur schwer, das Rad anzutreiben, doch gemeinsam ist es einfach, das Rad ins Rollen zu bringen. Jeder ist Teil des Innovationsrades – jeder schafft Innovationen. Durch diese Fähigkeit, Innovation zu betreiben, hat auch jeder Mitarbeiter das Recht, als Machtpromotor aufzutreten.

Wenn wir dieses Potenzial nicht nutzen, wird sich unser Rad bald nur noch schwerfällig und langsam bewegen, weil die Opponenten die Überhand gewinnen und durch Barrieren und Widerstände den Lauf des Rades bremsen.

Der Generierungsprozess als Teil des Innovationsrades beschreibt nun den Ablauf der Entwicklung von Produkten und Prozessen. Wie gehen wir praktisch in diesen Phasen vor?

2.2 Business Plattform Entwicklung und Business Application Process

Unter „Generierung" verstehen wir sowohl die Entwicklung von Produkten, die an Kunden verkauft werden, als auch die Entwicklung von Prozessen, um Produkte herzustellen und zu verkaufen.

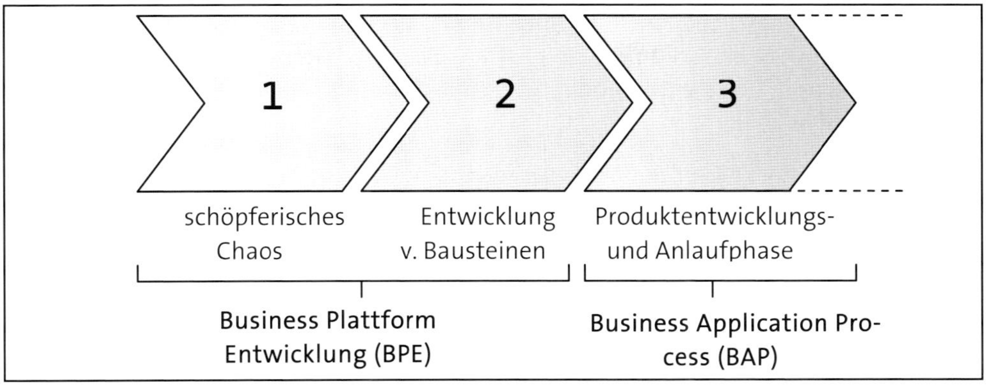

Abb. 8: BPE und BAP.

Jede Phase des Generierungsprozesses hat ihre typischen Kennzeichen, Organisationsformen und Ziele: Im „schöpferischen Chaos" werden Ideen gefiltert; dies geschieht bevorzugt in einem Netzwerk – hier ist intensiver Austausch zwischen allen Beteiligten möglich und die Ideen können „sprudeln". Ziel ist es, eine Auswahl an Produkten und Prozessen zu treffen, die die Vision und die langfristigen Unternehmensziele weiter entwickeln.

Im Teilprozess „Entwicklung von Bausteinen" geht es darum, Schnittstellen und Produktelemente zu generieren, die vielfach kombinierbar sind. Hier werden Basissysteme entworfen. Ideale Organisationsform sind kleinere Teams von Experten, die mit hoher Eigenverantwortung unter einem Coach arbeiten.

Endziel der Produktentwicklungs- und Anlaufphase ist schließlich ein Produkt, das produzierbar und vermarktbar ist und die Projektziele erfüllt. Kennzeichnend für diese Phase sind die exponentiell steigenden Kosten – hohe Ausgaben sind nötig, um Produktions- und Marktreife zu erreichen. Die bevorzugte Organisationsform ist hier die Projektorganisation. Verantwortlich für die Umsetzung ist ein Projektleiter; ein Projektmanager steuert den Prozess. Die Projektteilnehmer kommen zu einem großen Teil aus den übrigen Prozessbereichen.

Zur Gewährleistung der professionellen Abwicklung der Projekte in der Praxis wurde das WITTENSTEIN Projektmanagement-Handbuch verfasst: Es sichert die effiziente Projektbearbeitung, indem es verbindliche Rahmenbedingungen und Standards vorgibt, und erleichtert so Projektleitern und -mitarbeitern die Arbeit. Alle Beteiligten arbeiten auf der gleichen Wissensbasis und mit den gleichen Vorgehensweisen; Abläufe sind so besser nachvollziehbar.

Im Handbuch wurde zudem ein Rahmen für die regelmäßige Überprüfung der Projektplanung und des Projektfortschritts geschaffen: Dies geschieht durch die Aufteilung des Projektes in Phasen und die Definition von Meilensteinen, zu denen festgelegte Ergebnisse erreicht sein müssen.

Es wurden sechs Phasen definiert, die jeweils mit einem Meilenstein abgeschlossen werden:

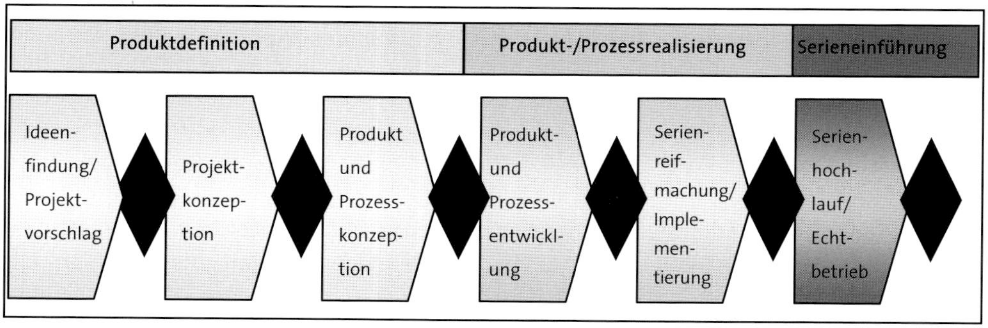

Abb. 9: Produktdefinition, Produkt-/Prozessrealisierung und Serieneinführung.

Meilensteinfreigaben werden von der Strategiekommission oder von einem „Strategischen Lenkungskreis" erteilt; ein Lenkungskreis wird dann eingerichtet, wenn bei problematischen oder schwierigen Projekten eine höhere Steuerungsfrequenz erforderlich ist. In beiden Gremien sind – neben den Hauptprozessverantwortlichen – auch Mitglieder des Vorstands aktiv. Die Gremien stellen sicher, dass ein Projekt im Zielkorridor bleibt, und greifen auch ein, wenn sich ein Projekt in einer kritischen Phase befindet, die durch das Projektmanagement allein nicht mehr lösbar ist. Sie bringen das Projektteam wieder auf den richtigen Weg oder ermöglichen die Weiterarbeit. Beide Gremien wirken lenkend, nicht bestimmend. Durch ihre Macht können wieder Freiräume geschaffen, Investitionen und Ressourcen genehmigt oder eine Änderung des Projektauftrages erwirkt werden.

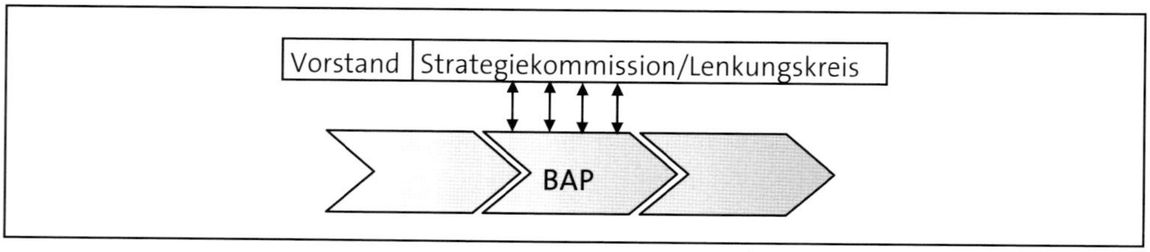

Abb. 10: Vorstand, Strategiekommission/Lenkungskreis und BAP.

3 Praxisbeispiel aus dem Entwicklungssektor: FITBONE

Die klare Ausrichtung der WITTENSTEIN gruppe auf hochwertige, beherrschbare Getriebesysteme, bürstenlose Servosysteme und Motoren sowie komplette elektromechanische Antriebssysteme eröffnet stets neue Anwendungsfelder. Treiber sind sowohl Anforderungen aus dem Markt heraus als auch eigenes Marketing. Das hohe Umsatzwachstum der Gruppe mit rund 20% p.a. in den vergangenen acht Jahren beweist dazu eine hohe Treffergenauigkeit der verfolgten **IMI**-Strategie (**I**ntegration, **M**iniaturisierung und **I**ntelligenz).

Ein bis dato völlig neues Anwendungsgebiet für die Technologien von WITTENSTEIN wurde Anfang der 90er Jahre mit dem Eintritt in den Bereich der Medizintechnik betreten. Die Zukunftsaussichten der Branche sind per se gut. Gründe dafür sind die demographische Entwicklung, der stetige medizinisch-technische Fortschritt, das gestiegene Gesundheitsbewusstsein der Bevölkerung und die damit verbundene Bereitschaft, auch künftig mehr in die eigene Gesundheit zu investieren – Medizintechnologie verspricht auf lange Sicht ein Wachstumsmarkt zu bleiben. Auf der anderen Seite ist diese dynamische und innovative Branche gekennzeichnet von steigenden Investitionskosten, kürzer werdenden Produktlebenszyklen und der zum Teil langen Dauer bis zur Markteinführung bzw. Erstattungsfähigkeit, verbunden mit einem stetig steigenden Forschungsrisiko. Ein rascher Return on Investment mit dem Eintritt in diesen Markt ist daher nicht zu erwarten.

Erstes Projekt war die Übertragung der miniaturisierten WITTENSTEIN Antriebstechnologie (hier: hochpräzise miniaturisierte elektromechanische Antriebe) auf medizintechnische Produkte: den intramedullären Marknagel zur Knochenverlängerung im menschlichen Körper. Die WITTENSTEIN gruppe wagte den Markteintritt trotz bzw. wegen der o. g. Voraussetzungen. Ermöglicht wurde dieser Schritt durch die gelebte Unternehmensphilosophie, die einem jungen Team von – bis dato – nicht medizinisch vorgebildeten Ingenieuren Freiräume zum kreativen Denken und Macht zur Durchsetzung von Ideen und Innovationen erlaubte. Der Schritt ins Neuland betraf nicht nur den Technologietransfer von Produkten des Maschinenbaus hin zu Produkten der Medizintechnik, sondern auch die Auseinandersetzung mit neuen Zielgruppen und Märkten, die Kommunikation mit externen Partnern aus dem Bereich der Orthopädie und Chirurgie und die Gestaltung neuer Prozesse.

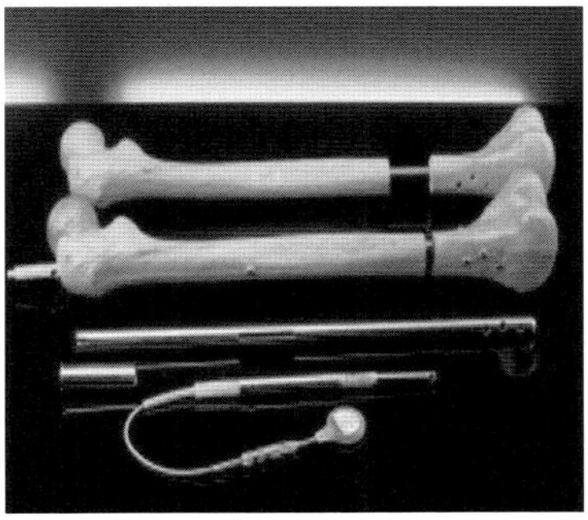

Abb. 11: Fitbone I.

Der neue Fokus „intelligente und hochpräzise Antriebstechnik im oder am Menschen“ mit aufwändigen Forschungs- und Entwicklungsprojekten wurde in einer Mittel- und Langfriststrategie mit der Gründung des neuen Unternehmens WITTENSTEIN intens GmbH verbunden. Die Entscheidung des Managements der WITTENSTEIN gruppe für die dafür langfristige (Vor-)Finanzierung sicherte die notwendige unternehmerische Unabhängigkeit der jungen Medizintechnik-Firma. Sie bekam dadurch die Möglichkeit, Erfahrungen zu sammeln, hohe Markteintrittsbarrieren zu überwinden und Rückschläge hinzunehmen.

Die Herausforderungen lagen zu Beginn auf der Hand: intens hatte keine Historie im neuen Markt, keine Multiplikatoren und keine Kunden- oder Lieferantenbeziehungen im neuen Umfeld aufzuweisen. Zudem war kein vorhandenes und etabliertes WITTENSTEIN-Produkt zur Transformation in den Bereich Medizintechnik bzw. eine gegenseitige Akzeptanz von Maschinenbauer und Chirurg vorhanden.

Das neue Unternehmen verlangte eine intelligente Steuerung in unklaren Marktverhältnissen ohne die Notwendigkeit einer täglichen Kontrolle. Zudem hatte das Management der WITTENSTEIN gruppe die Aufgabe, sicherzustellen, dass sich die junge Firma gegen interne und externe Opponenten durchsetzen konnte. Die Abstimmung mit den Strategien und Technologien der WITTENSTEIN gruppe war daher in verschiedenen Gremien und Kommissionen stets eng verzahnt. Das Management übertrug dem jungen Unternehmen Macht und Vertrauen – erst dies schuf die notwendige Freiheit und die Selbstständigkeit im neuen Umfeld und Markt. Nur durch diese Sicherung konnte sich das Team (trotz verlustbringender Unternehmensergebnisse in den ersten Jahren) konzentrieren auf

- die neue „Applikation“ Mensch mit Knochen, Sehnen, Bändern, Biomechanik und Bewegungsapparat, psychologischen Hemmnissen und Erwartungen,
- neue Werkstoffe und Technologien (Titan, Implantatstahl, biokompatible Werkstoffe, Laserschweißen),
- die Etablierung und schnelle Durchsetzung neuer Prozesse (Reinraumfertigung, Chargenverwaltung, neues QM-System, Hygienemonitoring, Durchführung biomechanischer Tests, Plasmasterilisationsverfahren),
- das Zulassungsprocedere für Medizinprodukte,
- einen neuen Markt mit neuen Anwendern, Multiplikatoren und Promotoren (Arzt, Patient, Klinik, Krankenkasse etc.),

- den Erwerb neuer Qualifikationen bzw. Aus- und Weiterbildungen im Bereich Medizintechnologie,
- den Aufbau nachhaltiger und stabiler Ketten zu neuen Wertschöpfungspartnern (Lieferanten, Mitentwicklern aus dem Bereich der Chirurgie).

Ab 1995 wurde mit dem FITBONE® der erste elektromechanische intramedulläre Marknagel zu Knochenverlängerung weltweit entwickelt und mit Key-Anwendern die ersten Operationen an Probanden durchgeführt.

Bislang sind weltweit über 400 FITBONE®-Operationen durchgeführt worden. Das FITBONE®-System ist stabil und erfolgreich. Durch die neuen Erkenntnisse von den Anwendern wurde die Tür zu neuen Produkten und Entwicklungen aufgestoßen. Neue Produkte wie der intramedulläre Antrieb einer Wachstumsprothese schlossen sich an. Der WITTENSTEIN-Fokus in Form der IMI-Strategie – Intelligenz, Miniaturisierung, Integration – wurde und wird dabei stets nachhaltig verfolgt.

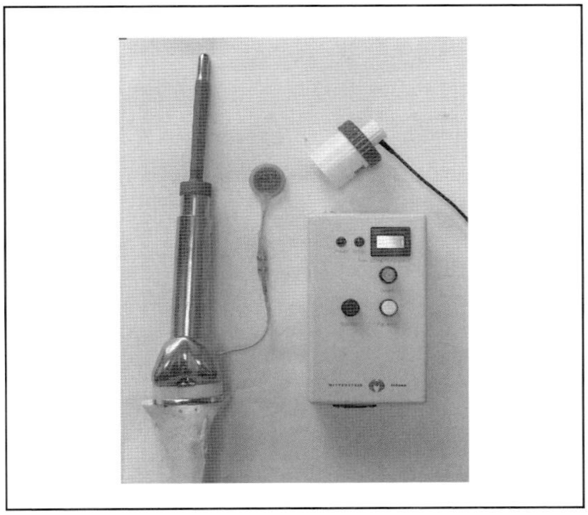

Abb. 12: Fitbone II.

Das Beispiel FITBONE® zeigt: Macht im konstruktiven Sinne entfaltet eine gestaltende, aufbauende Kraft. Ohne Macht lässt sich in Unternehmen nichts verändern, neu gestalten oder mobilisieren. Ohne sie können auch kritische Situationen nicht überwunden werden. Deshalb können wir Machiavelli widersprechen und seine ursprüngliche Aussage in neue Worte fassen:

„Ein Mensch, der immer nur das Gute möchte, wird zwangsläufig Erfolg haben, inmitten der vielen Menschen, die seine Vision verinnerlicht haben und geleitet von der ihr innewohnenden Macht zusammenarbeiten."

Literaturverzeichnis

Wikipedia Online-Lexikon.

„POWER – Die 48 Gesetze der Macht", Robert Greene, Profile Books Ltd., 1999.

„Die Verwandlung der Welt. Ein Dialog mit der Zukunft", Bernhard von Mutius, Klett-Cotta, 2000.

„Die andere Intelligenz", Bernhard von Mutius.

„Menschen führen, Leben wecken", Anselm Grün, Vier Türme, 2001.

„Die Philosophie der Weisheit", Frieder Lauxmann, Nymphenburger Verlag, 2002.

„Das Promotoren-Modell", in: Hauschildt, J., Gemünden H. G. (Hrsg.): „Promotoren: Champions der Innovation", 1998.

„Gefährliche Managementwörter", Fredmund Malik, F.A.Z.-Institut für Management-, Markt- und Medieninformationen GmbH, Frankfurt am Main, 2004.

„Macht in Projekten", in: Projektleiter-Praxis, von Jürgen Hansel und Gerlo Lomnitz, Springer-Verlag, 2002.

„Work and Family in the United States: A Critical Review and Agenda for Research and Policy" von Rosabeth M. Kanter, Russell Sage Foundation, 1977.

Vom Stammhaus zum Innovationszentrum

von Dieter Brucklacher[317]

1 Einleitung

In der heutigen Zeit der Internationalisierung und Globalisierung sind Geschwindigkeit im Erkennen und Umsetzen der sich stetig ändernden Marktanforderungen sowie Innovationskraft überlebensnotwendige Pfeiler eines Unternehmens. Auf der einen Seite bedeutet die Öffnung politischer Grenzen, sei es innerhalb Europas oder nach Asien, die Öffnung zu neuen Absatzmärkten und damit die Chance zu Wachstum. Zum anderen treten diese neuen Märkte aufgrund niedriger Lohnkosten und leistungsbereiter Menschen als Produktionsstandort in Konkurrenz zu den heimischen Arbeitsplätzen. Das führt auch in der Werkzeugbranche zu fundamentalen Veränderungen und neuen Herausforderungen, die es mit einem grundsätzlichen Reorganisierungsprozess zu beantworten gilt. Dieser Reorganisierungsprozess muss schnell erfolgen, bevor ein Unternehmen in der Krise steckt. Erfolgreich kann nur der bleiben, der den Wandel als Chance begreift und sich rechtzeitig in Struktur, Führung und gelebter Unternehmensphilosophie darauf einstellt.

Bei Leitz wird auch künftig die Wettbewerbsfähigkeit nicht auf einer Kostenführerschaft basieren können, sondern auf Leistungsführerschaft. Die wichtigsten Pfeiler hierfür sind: Technologievorsprung, höherwertige Produktqualität, Liefertreue und produktbegleitende Dienstleistungen. Der zunehmende Wettbewerbsdruck auf nationalen und internationalen Märkten macht das erfolgreiche Agieren mit Innovationen zur Überlebensfrage.

In dieser schnelllebigen Zeit ist es mehr denn je erforderlich, sich eingehend mit den zu erwartenden Entwicklungen auseinander zu setzen, um rechtzeitig auf Veränderungen reagieren und notwendige Maßnahmen ergreifen zu können. Leitz als Unternehmen kann sich auf dem Weltmarkt nur dann erfolgreich behaupten, wenn ständig Prozess- und Produktinnovationen betrieben, nicht-preisbasierende Wettbewerbsvorteile verteidigt werden und wenn man durch Innovations- und Investitionskraft der Konkurrenz immer einen Schritt voraus ist. Nur ein kontinuierlicher Innovationsprozess und die Schaffung von neuen Wissensbeständen führen zur Überlegenheit am Markt.

---

[317] Dr. Dieter Brucklacher ist Vorsitzender der Geschäftsführung der Leitz GmbH & Co. KG und Präsident des VDMA.

Vor diesem Hintergrund kommt einem professionellen Innovationsmanagement, das Bestandteil des Restrukturierungskonzeptes „Leitz 2010“ ist, zentrale Bedeutung zu.

2 Entwicklungsgeschichte der Leitz-Firmengruppe

Im Jahre 1876 gründete Albert Leitz im schwäbischen Oberkochen einen Handwerksbetrieb, in dem Meister und Gesellen Handbohrer fertigten. Schmiedefeuer, Schleif- und Schmirgelböcke waren ihre hauptsächlichen Hilfsmittel. Auftraggeber war das holzbearbeitende Gewerbe: Wagner, Zimmerer- und Schreinermeister.

Heute, am Anfang des 21. Jahrhunderts, ist die Leitz-Gruppe weltweit führender Hersteller von Präzisionswerkzeugen und Bearbeitungssystemen für die professionelle Holz- und Kunststoffbearbeitung. Zeichen ihrer internationalen Präsenz sind zahlreiche Produktionsstätten in Deutschland, Österreich, Italien, USA, Brasilien und China, sind Vertriebsgesellschaften in über 30 Ländern mit zum Teil angegliederten Schnellfertigungen, sind weltweit über 180 Servicestationen. Zusammen mit der Leitz Metalworking Technology Group LMT bilden Produktion, Vertrieb und Service den Leitz-Firmenverband.

Der Firmengründer von 1876 war eine typische Persönlichkeit jener Gründergeneration. Sie vollzog die Entwicklung vom handwerklichen Gewerbe zur industriellen Produktion. Albert Leitz war Produzent und Kaufmann, Erfinder und Vertriebsmann in einer Person. Wie viele Gründungsväter zeichneten ihn Fleiß, zähe Zielstrebigkeit, Erfindungsgeist und Qualitätsbewusstsein aus – Tugenden also, die im Handwerk wurzelten. Sie waren getragen von einer inneren Diszipliniertheit, die einem protestantischen Erbe entstammt, dem Arbeit als sittliche Bewährung im Leben galt.

Ein weiteres Merkmal dieser Gründergeneration, der Albert Leitz angehörte, war ihre sprichwörtliche Genügsamkeit und Sparsamkeit – ein nicht zu unterschätzendes moralisches und wirtschaftliches Kapital in einer Zeit des knappen Geldes, in der Konkurse auf der Tagesordnung standen. „Aus wenig viel zu machen“ war unausgesprochen Leitsatz vieler schwäbischer Unternehmen im 19. Jahrhundert.

Der Name Leitz ist inzwischen international zum Inbegriff für Spitzenprodukte und Spitzenleistungen der Werkzeugindustrie geworden. Rückblickend lässt sich die Unternehmensgeschichte und -entwicklung gleichsam wie die Jahresringe eines Baumes in vier Phasen gliedern. Heute stehen wir am Beginn der fünften Phase – der jüngste Jahresring am blühenden Unternehmensbaum bildet sich heraus.

Die ersten 30 Jahre Firmengeschichte tragen Stempel und Gütesiegel handwerklicher Tradition, bis ein Großteil der Fertigung auf Werkzeuge für Holzbearbeitungsmaschinen umgestellt war – 30 Jahre, die von ständiger Programmerweiterung auf handwerklicher Basis, aber unter wachsendem Einfluss von Maschinen geprägt waren.

In der zweiten Phase der Firmengeschichte, etwa ab 1906, prägte sich der Industriecharakter des Betriebes aus. Die Mechanisierung der Holzbearbeitung schreitet fort. Unter Führung der Söhne Albert und Fritz Leitz werden ab 1912 mit der Erweiterung des Maschinenprogramms die entscheidenden Grundlagen für das heutige Unternehmen gelegt. Internationale Exporttätigkeit, Expansion und Weltwirtschaftskrise bestimmen die Zeit zwischen den Weltkriegen.

Die dritte Unternehmensphase ab 1948 leitete in die stürmische Entwicklung der 50er Jahre über. Sie vollzog sich unter der Geschäftsführung von Leonhard Stützel und Karl Kümmerle in idealer Verbindung von Technologie und Marktstrategie. Das Wachstum der Firma findet im Jahre 1961 in der ersten ausländischen Produktionsniederlassung und dem Aufbau eines Zweitwerkes in Unterschneidheim seinen konsequenten Ausdruck. Die Niederlassung Riedau in Österreich ist Symbol für den Anfang der Internationalisierung von Leitz. Sie mündet in ein weltumspannendes Netzwerk von marktnahen Produktions-, Vertriebs- und Servicefirmen.

In der vierten Phase brachte die Diversifizierung in den Bereich der Metallbearbeitungswerkzeuge am Ende der 80er Jahre neue Aktivitäten und Potenzen: Der Leitz Firmen-Verband war geschaffen. Leitz auf der einen Seite ist führender Vollsortiment-Hersteller von Präzisionswerkzeugen für die Vollholz-, Holzwerkstoff- und Kunststoffbearbeitung. Die LMT produziert mit ihren sechs Kompetenzzentren Boehlerit (Hartmetallentwicklung), Fette (Fräswerkzeuge und Gewinderollsysteme), Kieninger (Sonderzerspanung, Gesenk- und Formenbau), Bilz (Spannfutter), Onsrud (Oberfräser, Hochgeschwindigkeitsbearbeitung) und Belin (Präzisionsbearbeitung von Bohrungen) Sonderwerkzeuge für die Metall- und Verbundwerkstoffbearbeitung.

Beide, sowohl Leitz als auch die LMT-Gruppe, verstehen sich als produzierender Dienstleister. Vom Engineering über die Systemintegration bis zur Bereitstellung der notwendigen Infrastruktur und einem umfassenden After-Sales-Service reichen die Dienstleistungen, die Leitz heute neben dem reinen Werkzeug bietet. Die wachsende Integration von Industrie und Dienstleistung ist eine wichtige Facette des weitreichenden Strukturwandels in den Ageing Economies. Sie wird die fünfte Phase der Unternehmensentwicklung sicherlich stark bestimmen.

Derzeit werden über 6.400 Mitarbeiter in 31 Ländern in Produktions-, Vertriebs- und Servicefirmen beschäftigt, die in 2004 einen konsolidierten Gesamtumsatz von rund 570 Mio. Euro erwirtschafteten. Über die Hälfte der Mitarbeiter sind in Auslandsfirmen tätig. Jährlich investiert Leitz über 50 Mio. Euro in die Erweiterung des Firmenverbandes durch neue Partner, in die Sicherung und den Ausbau der Fertigungsstandorte, die vorausschauende Erneuerung der Anlagen und die kundennahe Optimierung des weltweiten Vertriebs- und Servicenetzes. Über 5% des Gesamtumsatzes werden für Forschung und Entwicklung aufgewendet, um auch in Zukunft mit innovativen Produkten ganz vorne zu sein.

3 Innovationen als Voraussetzung zur Standortsicherung in Hochlohnländern

Ausgehend von der Definition, dass jede Verbesserung in Produkten, Technologien, Maschinen, Organisationen oder Management, die am Markt akzeptiert wird und sich in Markterfolg ausdrückt, eine Innovation ist, reicht der Begriff Innovation von der kontinuierlichen Verbesserung bis hin zur so genannten Sprunginnovation. Innovationen aus Optimierungsprozessen im Sinne von KVP ergeben sich in der Regel aus Kundenanforderungen und folgen allgemeinen Trends. Die daraus resultierenden Wettbewerbsvorteile sind oft nur von kurzer Dauer, weil kopierbar. Sprunginnovationen hingegen bedeuten neue Technologien, wie z. B. neue Verfahren oder neue Werkstoffe. Technologien sind nicht auf ein Produkt begrenzt. Technologielebenszyklen sind länger als Produktlebenszyklen. Technologien sind schwer kopierbar. Technologien sind schützbar. Die Beherrschung von Technologien bedeutet Know-how. Deshalb ermöglichen Sprunginnovationen in neue Technologien in der Regel einen längerfristigen Markterfolg. Sie sind nicht einfach vorhersehbar, sondern erfordern visionäres Denken. Wir brauchen beides: Die Optimierung, um im täglichen Kampf um Aufträge die Nase vorn zu haben. Die Sprunginnovation für eine langfristige Zukunftssicherung, besonders für Standorte in Hochlohnländern.

Die o. g. Definition macht ebenfalls deutlich, dass Innovationen sich keinesfalls nur auf technische Lösungen bei Produkten und Verfahren beschränken, sondern alle Bereiche eines Unternehmens betreffen. Um Kompetenzen und Verantwortlichkeiten an die sich schnell ändernden Randbedingungen der Märkte anpassen zu können, sind z. B. Innovationen im Bereich der Organisation erforderlich. Vor dem Hintergrund immer kürzerer Produktlebenszyklen spielt vor allem die Schnelligkeit bei Entwicklungs-, Produktions- und Vertriebsprozessen eine wichtige Rolle. Aus diesem Grunde müssen Produkt- und Technologieinnovationen begleitet werden von Innovationen bei Abläufen und Prozessen. In diesem Zusammenhang spielen ERP-Systeme eine wichtige Rolle bei der Umsetzung von Innovationen, denn sie sollen den für das Unternehmen optimalen Prozess abbilden und unterstützen. Sie dürfen auf keinen Fall Innovationen verhindern, etwa durch unzureichende Funktionalität. Zur schnellen Anpassung an sich ändernde Bedingungen des Marktes gehört schließlich auch Flexibilität. Deshalb sind Innovationen ebenfalls erforderlich bei Arbeitszeit- und Entlohnungsmodellen sowie im Personalmanagement, um der Arbeitsmarktsituation in Osteuropa oder Asien begegnen zu können.

Innovation bedeutet, sich erfolgreich dem Wandel zu stellen. Analog zu den Evolutionsgesetzen bedeutet dies, wenn z. B. ein Nahrungsmittel knapp wird, überlebt man nicht dadurch, dass man weniger isst, sondern dadurch, dass man etwas anderes isst. Innovationsmanagement könnte man folgerichtig auch beschreiben als die gezielte Suche nach etwas Neuem, das auch längerfristig Bestand hat.

4 Information und Kommunikation als Voraussetzung für Innovationen

Wichtig für die Innovationskraft eines Unternehmens ist die Schnelligkeit im Erkennen von Veränderungen und Chancen sowie die Schnelligkeit im Finden und Umsetzen neuer Lösungen. Schnelligkeit setzt Kompetenz voraus. Kompetenz beruht auf Wissen und setzt Informationen voraus. Das Sammeln, Verdichten und Bereitstellen von Informationen ist eine zentrale Aufgabe des Marketings.

Ein Großteil der Innovationen sind kontinuierliche Verbesserungen einer bestehenden Situation. Sie erfordern eine gute Marktkenntnis und die Denkweise aus Kundensicht. Ihr Vorteil ist in der Regel von kurzer Dauer, weil gute Ideen schnell Nachahmer finden. Deshalb liegt die Stärke eines Unternehmens in der schnellen Umsetzung und Marktdurchdringung solcher Innovationen, um nicht bloß Ideenlieferant für die Wettbewerber zu sein. Mit zunehmender Größe und Internationalisierung eines Unternehmens steigt die Zahl der Informationen, aber nicht zwangsläufig auch das Wissen. Hier ist es Aufgabe eines zentralen Marketings, die aus einzelnen Kundenkontakten verstreut vorhandenen Informationen zu einem branchenspezifischen Wissen insbesondere über produktspezifische und soziale Trends zu verdichten, um daraus Vorgaben für die Positionierung neuer Produkte an die Entwickler abzuleiten. Auf Entwicklungsseite wird gutes Fachwissen und Kreativität vorausgesetzt, um im Rahmen der Aufgabenstellung zu einer bestmöglichen Lösung zu gelangen.

Wunsch eines jeden Unternehmers sind so genannte Sprunginnovationen, die sich durch Grundlagenpatente schützen lassen und längerfristig Marktanteile sichern. Hierfür reicht reines Fachwissen allein nicht mehr aus. Vielmehr ist die Vernetzung von technischen Trends, spezifischer Marktkenntnis und unternehmerischem Verständnis globaler wirtschaftlicher und politischer Zusammenhänge erforderlich, um daraus Visionen und langfristige Strategien zu entwickeln. Durch das Aufstellen von Szenarien wird versucht, ein Bild von der Zukunft zu gewinnen, in die ein neues Produkt hineinpassen sollte.

Insbesondere für weltweit agierende Unternehmen wie Leitz ist es wichtig, seine Ressourcen effizient einzusetzen und den Aufwand zu minimieren. Ziel ist es, jede Arbeit oder Erfahrung nur einmal zu machen. Voraussetzung ist ein funktionierendes Informationsmanagement. Moderne IT-Systeme bieten hier eine gute Plattform, bergen aber zugleich auch ein hohes Sicherheitsrisiko in Bezug auf Industriespionage und stehen prinzipiell jedem Anwender zur Verfügung, auch dem Wettbewerb. Ein Vorteil für das eigene Unternehmen entsteht erst durch die auf die eigenen Belange angepasste Nutzung im Sinne einer Innovation.

5 Erfolgreiches Zusammenspiel der Organisationseinheiten im Unternehmen

Bei international aufgestellten Unternehmen besteht die Gefahr, dass sie mit zunehmender Größe langsamer werden oder dass sich einzelne Organisationseinheiten verselbstständigen und abspalten. Die Kunst besteht darin, die Stärken der Größe wie Kostenvorteile oder Synergieeffekte zu nutzen, ohne die Schnelligkeit und Flexibilität kleiner Einheiten einzubüßen. Leitz hat sehr früh einen Direktvertrieb in Form von eigenständigen Tochterfirmen aufgebaut, die heute in über 30 Ländern kundennah operieren. Neben dem Werkzeugneuverkauf gehört die Werkzeuginstandhaltung und die Herstellung eines kundenindividuellen Werkzeug-Schnelllieferprogramms in firmeneigenen Servicestationen zu den Aufgaben dieser Vertriebsfirmen. Konstruktions- und Fertigungsrichtlinien für diese Schnellfertigungen stammen aus den zentralen Produktionsstätten. Das heißt, Informationen werden mit hoher Übertragungsgeschwindigkeit zentral zu Verfügung gestellt, während die materielle Herstellung in den Märkten mit kurzen Transportwegen zum Kunden erfolgt. Damit wird ein weltweit einheitlicher Qualitäts- und Sicherheitsstandard von Leitz-Werkzeugen garantiert, ohne dass lange Lieferzeiten in Kauf genommen werden müssen. Diese Vorzüge werden vor allem von international aufgestellten Partnern, seien es Maschinenhersteller oder Endkunden, gern genutzt.

Auf der anderen Seite stellen die lokal agierenden Vertriebsfirmen mit ihren Servicestationen eine hervorragende Informationsquelle über die jeweiligen Märkte, die Kundenwünsche, die Fertigungsprozesse und die Trends dar. Aus dem Sammeln und Auswerten dieses Wissens entsteht ein wesentlicher Wettbewerbsvorteil bei der Schaffung neuer Produkte gegenüber kleineren, lokal tätigen Firmen, die nur über einen begrenzten Blickwinkel verfügen. Entscheidend ist es, die dezentral vorhandenen Informationen verfügbar zu machen. Hier kommt einem zentralen Marketing große Bedeutung zu, indem es Instrumentarien schafft, dezentrales Wissen zu sammeln und zu verdichten. Hierbei müssen die Informationsflüsse sowohl nach dem Bring- als auch nach dem Holprinzip möglich sein. Das kann turnusmäßig durch Auswertung der Berichte aus den Niederlassungen oder durch die Analyse verlorener Aufträge oder abgelehnter Angebote erfolgen. Darüber hinaus ist es wichtig, dass man auch kurzfristig Informationen zu aktuellen Fragestellungen aus der weltweit verstreuten Masse der Vertriebsmitarbeiter, also anonymer Adressaten, bekommt. Hierzu bietet sich das Internet im Sinne eines firmeninternen Intranets als Plattform an. Die Marketingzentrale kann dort jederzeit Fragen an einen unbekannten Adressaten einstellen. Die einzelnen Vertriebsfirmen greifen auf das Wissen ihrer Mitarbeiter zu und beantworten diese Fragen. Diese Aktion kann beispielsweise in wöchentlichem Rhythmus erfolgen, so dass der Zentrale in Wochenfrist Informationen zur Verfügung stehen.

Eine weitere zentrale Funktion besteht in dem Aufspüren und der Nutzung von Synergieeffekten. Neben den üblichen Kosteneinsparungen bei Einkauf, Logistik und IT-Diensten durch Bündelung von Mengen und Ressourcen ist es eine zentrale Aufgabe, die Kernkompetenz bei der Bearbeitung von Werkstücken und den begleitenden Dienstleistungen zu erweitern. Hierzu gilt es, Synergien zwischen Holz- und Metallbearbeitung aufzuspüren und zu nutzen, beispielsweise beim Werkzeugservice bis hin zu Dienstleistungskonzepten wie Toolmanagement, oder bei der Schneidstoffentwicklung. Insbesondere vor dem Hintergrund neuer Werkstückstoffe, die zunehmend aus einem Werkstoff-Mix aus metallischen und nichtmetallischen Komponenten bestehen, oder bei Leichtbauwerkstoffen, wie sie aus der Luftfahrtindustrie bekannt sind und jetzt in ähnlicher Form bei Möbeln eingesetzt werden, ergänzen sich die Erfahrungen aus der Holz-, Kunststoff- und Metallbearbeitung in idealer Weise zu neuen Lösungen.

Um all diese zentralen Querschnittsaufgaben effizient angehen zu können, wurde am Stammsitz in Oberkochen die Zentrale des Leitz Firmenverbandes sowie der Leitz- und LMT-Gruppe aufgebaut und zu einem Innovations- und Dienstleistungszentrum ausgebaut. Für die Standortwahl in Ostwürttemberg sprechen neben historischen Gründen vor allem auch harte Fakten. Das ist zum einen die Nähe zum deutschen Maschinenbau, der weltweit führend ist und sehr eng mit der Werkzeugtechnik verbunden ist. Das ist die Einbindung in ein Netzwerk von Forschungsinstituten und Hochschulen, die auf dem Gebiet der Materialbearbeitung eine führende Position einnehmen. Und das sind zum anderen die Menschen, die sich z. T. über Generationen mit dem Unternehmen identifizieren. Denn Arbeit ist die wichtigste Ressource eines Unternehmens, Arbeitsfreude sein moralisches Kapital. Je gründlicher und schneller sich heute Arbeitsvorgänge verändern, ein Um- und Dazulernen in immer kürzeren Intervallen erforderlich machen, desto wichtiger wird es für einen Betrieb, dass seine Mitarbeiter sich mit ihm identifizieren, dass er „Humankapital" besitzt.

6 Innovationszentrum als Rückgrat einer internationalen Unternehmensstruktur

Kernstück des Auf- und Ausbaus des Innovationszentrums Ostwürttemberg ist der Ausbau der Forschungs- und Entwicklungsaktivitäten. Neben der zentralen Forschungs- und Entwicklungsabteilung im Bereich von Holz-, Holzwerkstoff, und Kunststoffbearbeitung in Oberkochen, deren Aktivitäten nicht nur auf das Werkzeug, sondern auf den gesamten Bearbeitungsprozess zielen, wird der benachbarte Standort Unterschneidheim zum Kompetenzzentrum für Sägen und Schaftwerkzeuge ausgebaut.

Dabei soll die dynamische Entwicklung im Wissensbereich für neue Wettbewerbschancen genutzt werden. So werden Werkzeuge in zunehmendem Maße zu wissensintensiven Produkten aufgewertet. Dies bedeutet, dass die Produkte in der Lage sind, sich selbstständig im Einsatz anzupassen, Prozesse und Maschinen zu steuern oder Informationen zu sammeln, zu speichern und für den Anwender nutzbringend anzuwenden.

Erfolgreiche Firmen zeichnen sich häufig dadurch aus, dass sie zu hervorragenden Innovationen um ihr Produkt herum fähig sind. Meist handelt es sich um Innovationen, die auf die Anwendung oder die Weiterentwicklung des bestehenden Programms oder auf neue Bedürfnisse und die technischen Bedürfnisse bei Kunden ausgerichtet sind. Bei Sprunginnovationen, d. h. etwas völlig Neues anzupacken, tun sie sich oft sehr schwer. Daraus entsteht nicht selten bei erfolgreichen Unternehmen die Gefahr, dass sie sich nicht rechtzeitig auf technologische Veränderungen und Trends einstellen können. Bei Technologiebrüchen kann das existenzbedrohend sein. Um die Fähigkeit zu Sprunginnovationen zu einer Stärke von Leitz auszubauen, bedarf es einer speziellen Organisation, ausgegliedert aus dem normalen „Tagesgeschäft“, jedoch eingegliedert in internationale Expertennetzwerke von Forschungseinrichtungen, Hochschulen oder Fachverbänden. Zu diesem Zweck wurde im Zuge eines Reorganisationsprozesses ein zusätzliches Innovations-Kompetenzzentrum geschaffen. Hierzu wurde die Fa. Wigo an den Sitz der Firmenzentrale, nach Oberkochen, verlagert, um innerhalb der Leitz-Gruppe die Aufgabe zu übernehmen, sich grundsätzlich um Neues zu kümmern. Wigo ist inzwischen das Kompetenzzentrum für die zerspanende Bearbeitung neuer Werkstoffe im Bereich Kunststoffe, Verbundwerkstoffe jeglicher Art und Leichtmetalle. Durch Verstärkung mit weiteren Ingenieurteams werden beim Ausbau neue Wege eingeschlagen und Chancen für neue Geschäftsfelder und Technologien entwickelt.

Die intellektuelle Kapazität einer Firma bestimmt deren Wettbewerbsposition. Deshalb werden in Oberkochen die bereits hohen Aus- und Weiterbildungsanstrengungen verstärkt. Firmengruppen wie Leitz brauchen ihre eigene Kaderschmiede. Um in Zukunft weiterhin Innovator und Vordenker zu sein, müssen die Ideen der eigenen Mitarbeiter noch besser genutzt und das eigene Unternehmen in eine lernende Organisation verwandelt werden. Aus diesem Grunde wurde das breit angelegte Schulungsprogramm für

Mitarbeiter und Kunden durch ein spezielles Schulungszentrum für Dienstleistungen erweitert. Hier erfolgt zum einen die Ausbildung aller Mitarbeiter in den Servicestationen für die fachgerechte Werkzeuginstandhaltung nach einheitlichen Leitz-Qualitätsstandards. Ein anderer Schwerpunkt ist der Rolle des Werkzeuges in der Wertschöpfungskette des Kunden gewidmet. Hier wird professionelles Werkzeughandling im Hinblick auf Prozesssicherheit und Kostenminimierung untersucht und betrieben, um auch im Bereich Toolmanagement innovativ sein zu können.

Eine eigens entwickelte Software zur Verwaltung von Werkzeugen und Betriebsmitteln, mit der neben Bestandsführung und Bestellwesen der Zustand und Aufenthaltsort jedes einzelnen Teils dokumentiert werden kann, bildet die Basis für neue Dienstleistungsformen bis hin zu „CompleteCare“-Betreibermodellen, bei denen Leitz als Werkzeughersteller z. B. verantwortlich ist für die Produktivität einer Fertigungslinie.

Die Ressource Wissen ist für den strategischen Wettbewerbsvorteil von grundsätzlicher Bedeutung. Die Chancen, die im sinnvollen und innovativen Einsatz dieses wichtigsten Wettbewerbsfaktors eines Unternehmens liegen, sollen auch im Leitz-Firmenverband als Erfolgsfaktor den Vorsprung sichern. Mit dem Aufbau einer Wissensinfrastruktur und der effizienten Nutzung von dezentralem Wissen sollen wertvolle Impulse für Innovationen gesetzt werden. Hierzu gehören Patent- und Literaturdatenbanken sowie spezifische Wissensdatenbanken mit Zerspanungs- und Prozessparametern sowie Marktdaten.

Die dezentralen Strukturen der Unternehmen im Leitz-Firmenverband bilden aber eine geographische und funktionale Barriere im Rahmen des Wissensmanagements und erschweren eine effiziente Wissensteilung und Wissensverteilung. Es gehört deshalb zur wichtigsten Aufgabe der Firmenzentrale, in ihrem neuen Verständnis dafür zu sorgen, dass neben funktionale und geographische Strukturen interessen- oder themengeleitete Kompetenzzentren oder Lernarenen treten, die die Grundlage eines effizienten Wissensnetzwerkes bilden. Die Multiplikation von Wissen stellt dabei einen zentral gesteuerten Eingriff dar, der die schnelle Verbreitung bestimmter Wissensbestände auf eine größere Anzahl von weltweit angesiedelten Mitarbeitern zum Ziel hat.

Der Aufbau einer solchen Infrastruktur bietet eine ideale Gelegenheit, um Wisseninseln persönlicher, funktionaler und geographischer Art wieder in den gesamten Wissensfluss des Unternehmens zu integrieren. Durch den Aufbau von Wissensnetzwerken wird nicht nur der Transfer und die Verteilung von Wissen erleichtert, sondern auch ein enger Zusammenhalt im Unternehmen geschaffen. In diesem Zusammenhang spielen so genannte „Gatekeeper“, die aufgrund ihrer Stellung im Unternehmen und ihrer Kontakte internes Expertenwissen auf bestimmten Gebieten aufgebaut haben, das bei Bedarf sehr schnell bereitgestellt werden kann.

Das neue Innovationszentrum in Oberkochen bildet künftig das Hirn der Unternehmen im Leitz-Firmenverband. Von hier aus sind die Unternehmen über Breitbandleitungen und Internetserver vernetzt. So stehen Materialforschungsdaten und Testergebnisse von neuen Schneidstoffen allen firmeneigenen Labors zur Verfügung. Innovationen bei Werkzeugprodukten, Herstell- und Aufbereitungsverfahren werden besser koordiniert. Eine zentrale Datenbank hilft, kostspielige Doppelentwicklungen zu vermeiden. Bessere Marktinformationen steigern den Unternehmenserfolg. Durch Zentralserver kann der Kundenberater sehen, wo genau welche Werkzeuge verfügbar oder kurzfristig herstellbar sind, um sie dort für seine Kunden abzurufen. So wird professionelles Toolmanagement wirkungsvoll unterstützt.

Die umfassende Datenbasis von Datenbanken, auf die heute mit leistungsfähiger Hard- und Software zurückgegriffen werden kann, ist zwar ein notwendiger, aber bei weitem noch nicht entscheidender Bestandteil des Informationsnetzwerkes und der Wissensbasis bei Leitz. Ein Wettbewerbsvorteil entsteht daraus in erster Linie durch die Fähigkeit kompetenter Mitarbeiter, Daten und Informationen in Wissen umzuwandeln, zu verdichten und dieses Wissen Mitarbeitern und Kunden weltweit zugänglich zu machen.

Heute stehen spezielle Experten aus den verschiedenen Unternehmen für die Bearbeitung kompliziertester Anfragen mit Hilfe elektronischer Netzwerke überall auf Abruf zur Verfügung. Qualität und Reaktionsgeschwindigkeit werden dadurch entscheidend erhöht. Im Rahmen des Ausbaus der Firmenzentrale zum Innovationszentrum werden weitere Voraussetzungen für eine elektronisch basierte Wissensverteilung in noch größerem Maßstab geschaffen. Bei dem starken Wachstum und gleichzeitiger Internationalisierung von Leitz und LMT haben die elektronischen Netzwerke stark an Bedeutung gewonnen. Dabei steht die weitreichende Kompatibilität unternehmensintern verwendeter Technologien und Programme mit an erster Stelle.

Nachdem die Herstellung von Werkzeugen und deren Instandhaltung auch künftig zu den Kernkompetenzen der Leitz- und LMT-Firmen gehören sollen, sorgt das neue Innovationszentrum mit einer eigens gegründeten Abteilung für den gezielten und institutionalisierten Wissenstransfer, dass Produktion und Service, Produktivität und Qualität den hohen Ansprüchen gerecht werden – egal auf welchem Kontinent, egal in welchem Land die Leistung erbracht wird. Zu den Aufgaben der neuen Abteilung gehört auch die Begleitung des Auf- und Ausbaus neuer Produktionsstätten. Zu ihren Aufgaben gehört auch die Ausrüstung der fast 200 Werkzeugschärfdienste der Vertriebsniederlassungen sowie deren Werkzeugschnellfertigungen mit Maschinen und Vorrichtungen. Die neue Abteilung sorgt dafür, dass die Nutzung von Synergien den wirtschaftlichen Erfolg des Leitz-Firmenverbandes weiter verbessert.

7 Zusammenfassung

Globalisierung hat nicht nur Auswirkungen auf unsere Volkswirtschaft und Gesellschaft, sie stellt auch die Unternehmen vor fundamentale Herausforderungen, denen Leitz mit einem grundsätzlichen Reorganisationsprozess begegnet. Die Veränderungen im unternehmensspezifischen Umfeld erhöhen den Wettbewerbsdruck beträchtlich, trotzdem stellen sie mehr eine Chance dar als eine Bedrohung. Der Leitz-Firmenverband verfolgt weiter eine klare Wachstumsstrategie – sowohl qualitativ als auch quantitativ. Sie beruht auf kundenorientierter Innovation, noch mehr Marktdurchdringung, geographischer Expansion und einem erweiterten Dienstleistungsangebot. Dabei gilt es, die Selbstständigkeit und die traditionellen Wertvorstellungen zu wahren. Im Rahmen des Konzeptes „Leitz 2010“ wurde der Stammsitz in Oberkochen zum Innovationszentrum erweitert mit dem Ziel, die Fähigkeit zu Sprunginnovationen auszubauen und die Produktionsstandorte in Deutschland langfristig zu sichern.

Innovationsmanagement eines Zulieferers für die Investitionsgüterindustrie

von Robert Schullan[318] und Heinrich Schäperkötter[319]

Produzierende Unternehmen müssen, um nachhaltig erfolgreich zu sein und zu bleiben, ihr Produkt- und Dienstleistungsangebot laufend pflegen, ausdehnen und auch erneuern. Dieses wird vor dem Hintergrund sich verändernder Märkte (Globalisierung, Technologiewandel, Änderung der Wertschöpfungskette usw.) immer anspruchsvoller, da diese Veränderungen immer schneller, sprunghafter und überraschender verlaufen. Um hier als Unternehmen aktiv gestaltend am Markt teilzunehmen, müssen Ressourcen für diese (Er)neuerungsaufgaben bereitgestellt und gemanagt werden, so dass bestehende Geschäfte gesichert und neue Geschäftschancen wahrgenommen werden können. In diesem Beitrag wird der Innovationsweg vom Kunden bis zum Kunden aus Sicht eines Zulieferers, der fast die gesamte Investitionsgüterindustrie beliefert, beschrieben und spezifische Unterschiede zum Automobilzulieferer aufgezeigt.

1 Das Geschäftsmodell Zulieferer

Die Schaeffler Gruppe mit ihren bekanntesten Unternehmen LuK, INA, FAG ist ein international aufgestellter Zulieferer mit einer breiten Produktpalette für den Industrie- und Automobilmarkt sowie die Luftfahrt: Präzisionsteile, Wälzlager aller Bauarten, Motoren- und Getriebeteile, mechatronische Baugruppen. Die Schaeffler Gruppe nutzt gezielt alle Synergien zwischen den unterschiedlichen Geschäftsfeldern, um ihre strategischen Ziele wie Technologie- und Kostenführerschaft zu erreichen.

Da wir als Zulieferer keine Endprodukte herstellen und somit nur einen Teil der Gesamtwertschöpfungskette darstellen, sind wir auf eine enge Zusammenarbeit mit unseren Direktkunden angewiesen. Nur wenn das Endprodukt ein Markterfolg ist, sind wir auch erfolgreich. Es gilt daher grundsätzlich die gleiche Geschäftslogik für uns als Zulieferer wie für den Maschinenhersteller oder den Automobilhersteller (vgl. Abbildung 1).

---

318 Robert Schullan ist Vorsitzender des VDMA Bayern und Vorsitzender der Geschäftsleitung der Schaeffler Gruppe Industrie.

319 Dr. Heinrich Schäperkötter ist Leiter Zentrales Innovations-, Projekt- und Wissensmanagement der INA-Schaeffler KG.

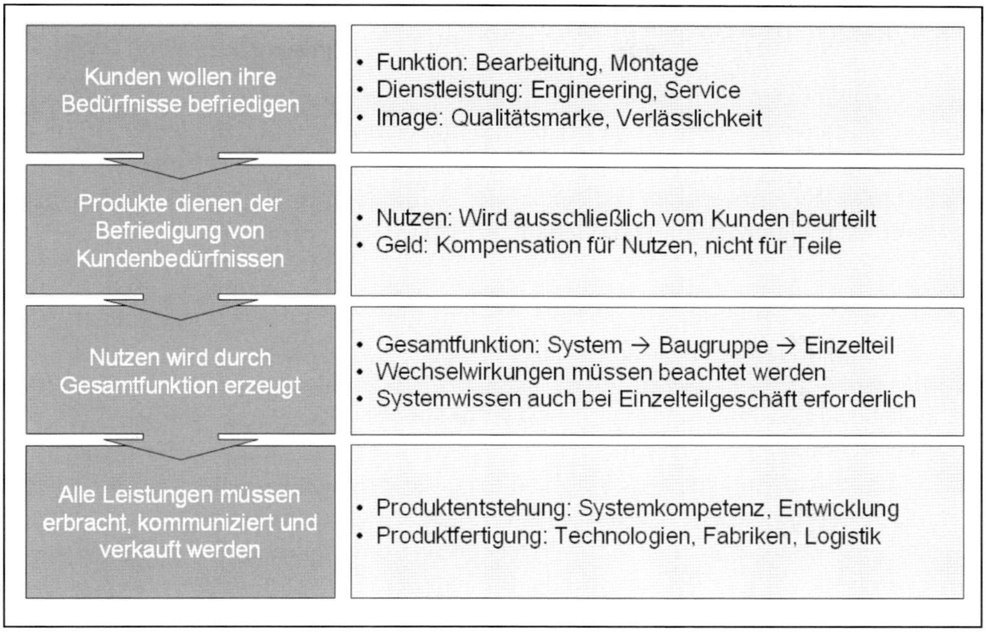

Abb. 1: Geschäftslogik.

Da der Endkunde letztendlich seine Bedürfnisse durch die Gesamtfunktionalität des Produktes befriedigen will, müssen wir als Zulieferer ebenfalls das Gesamtprodukt verstehen, um eine Lösung anbieten zu können, die unseren Produktanteil bestmöglich in das Gesamtsystem integriert. Nur so ist es möglich, nachhaltig, gemeinsam mit unseren Direktkunden bei den Endkunden, erfolgreich zu sein. Die Integration unserer Komponenten, Baugruppen oder Teilsysteme in das Gesamtsystem ist wegen der vielschichtigen, komplexen Rückwirkungen aller Bauelemente schwierig und aufwändig. Es ist eine bekannte Erfahrung, dass die Entwicklungsaufgabe zum größten Teil gelöst ist, wenn die Systemgrenze detailliert beschrieben werden kann.

Wir als Zulieferer verstehen uns als Entwicklungspartner und investieren in diese Aufwände zum Verständnis des übergeordneten Systems, obwohl wir dann nur das untergeordnete System oder Teile davon liefern. Mit diesen Komponenten generieren wir dann unsere Wertschöpfung und Erträge.

2 Der Kundennutzen steht im Vordergrund

Der Kundennutzen steht daher im Zentrum aller Überlegungen der Schaeffler Gruppe, denn wir verdanken diesem unsere Existenz. Der Grundnutzen für den Kunden ist immer eine bestimmte Funktionalität, die wir über unser Produkt mit höchster Qualität und geringsten Kosten ermöglichen (vgl. Abbildung 2). Dazu setzen wir als Kernkompetenzen in erster Linie funktionales und produktionstechnisches Technologiewissen ein.

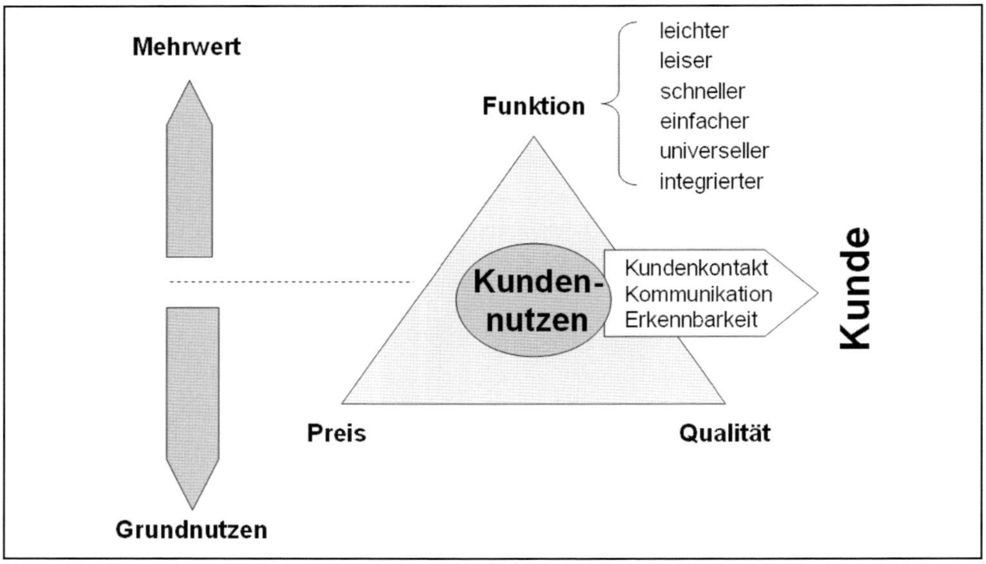

Abb. 2: Kundennutzen ist mehrdimensional.

Hierbei verfolgen wir, um Innovationen zu generieren, zusätzlich den Weg, Mehrwert für den Kunden über zusätzliche Funktionalität, z. B. über mehrere Funktionen in einem Bauteil, zu erzielen.

Für den Markterfolg ist es unverzichtbar, dass der Mehrwert vom Kunden erkannt und von ihm auch als Vorteil bewertet wird. Hier ist es für uns hilfreich, als Entwicklungspartner in enger Kommunikation mit dem Kunden zu stehen.

3 Innovieren ist mehr als Probleme lösen

Für den nachhaltigen Geschäftserfolg sind, neben dem laufenden, profitablen Geschäft, Innovationen, d. h. Neuerungen bzw. Erneuerungen mit eingetretenem ökonomischen Gewinn, unverzichtbar. Es reicht nicht mehr aus, sich nur um vom Kunden präsentierte Probleme zu kümmern und diese professionell zu lösen. Es geht vielmehr zusätzlich darum, Fragestellungen des Direkt- und des Endkunden zu erkennen sowie im Idealfall sogar in der realen Welt des Marktes auch die Probleme der Kunden zu erkennen, die diese noch gar nicht formuliert haben (vgl. Abbildung 3). Das Identifizieren von Problemen ist schwierig. Den Kunden zu fragen ist selten ausreichend; das Gleiche, nur schneller und billiger ist häufig die Antwort. Es muss also eigener Aufwand getrieben werden, um die interessanten, neuen Themen auszumachen, deren Lösungen dann auch neue Geschäfte ermöglichen.

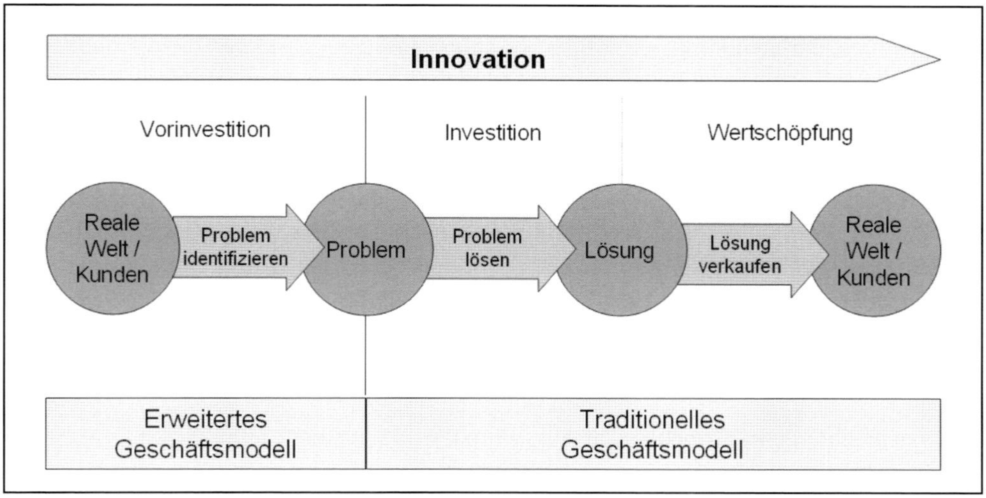

Abb. 3: Innovation bedeutet Mehraufwand.

In dieser frühen Phase, dem fuzzy front end des Innovationsprozesses, reicht es nicht, nur interne Befragungen, firmeninterne Kreativitätsworkshops usw. durchzuführen, da die Kundensicht unbedingt früh eingebracht werden muss. Denn es muss vermieden werden, dass Lösungsideen realisiert werden, für die es später keine Probleme im Markt gibt.

4 Erkennen neuer Bedürfnisse

Das Erkennen neuer Bedürfnisse und Probleme ist also essenziell, um den Anfang der Innovationspipeline mit chancenreichen Themen zu füllen. Die sich anschließende Transformation von Lösungsideen in Geschäftsideen, die Priorisierung der Geschäftsideen und die phasenweise Umsetzung der ausgewählten Geschäftsideen in Produkte ist an vielen Stellen beschrieben und methodisch gut unterstützt.[320]

Der schwierige, frühe Beginn der Innovation, nämlich das Suchen von kundenrelevanten Problemen, verläuft branchenspezifisch unterschiedlich. Je näher die Unternehmung dem Markt mit ihren Endkunden ist, umso leichter fällt ihr die Identifikation von echten Bedürfnissen, die Quellen für Innovationen sind.

Beim Zulieferer ist immer zumindest eine Firma zwischen ihm und dem Endkunden anzutreffen (vgl. Abbildung 4). Der Zulieferer muss daher mehrere Kanäle zu den unterschiedlichen Quellen öffnen, parallel bearbeiten und alle gesammelten Informationen analysieren und verdichten. Die Herausforderung für dieses Beziehungsgeflecht ist dabei zum einen die Bereitstellung der nötigen Ressourcen und zum anderen die richtige Qualifikation der Mitarbeiter für den entsprechenden Kanal. Weiter ist es erforderlich, für Win-Win-Situationen in der Kommunikation mit den externen Partnern zu sorgen, damit substanzielle Informationen gewonnen werden können.

Sinnvoll und naheliegend ist es, alle bereits vorhandenen firmeninternen Ressourcen für diese Informationsbeschaffung mit zu nutzen. Das heißt, die spezifischen Aufgaben des Vertriebs, der Entwicklungsleiter, der Fachspezialisten, der Unternehmensleiter usw. werden um die Suche nach neuen Problemen der Kunden erweitert. Dafür müssen entsprechende Anreize geschaffen werden. Diese müssen nicht unbedingt monetärer Natur sein; es ist bereits sehr wirkungsvoll, das Thema Innovation durch permanente Fragen danach in den normalen betrieblichen Alltag zu integrieren, z. B. als Standardpunkt in Regelbesprechungen. Es reicht nicht aus, einmal im Jahr einen Innovationstag abzuhalten, um allein dadurch die gewünschte Innovationskultur zu etablieren. Das Sammeln und Analysieren der Informationen, der Abgleich mit der Strategie und den Kernkompetenzen sowie die notwendige Priorisierung ist methodisch über Prozesse lösbar.

---

[320] Geißinger, J., Schäperkötter, H.: Technologiemanagement eines breit aufgestellten Zulieferers. In: Spath, D.: Forschungs- und Technologiemanagement, Hanser-Verlag München Wien (2004).

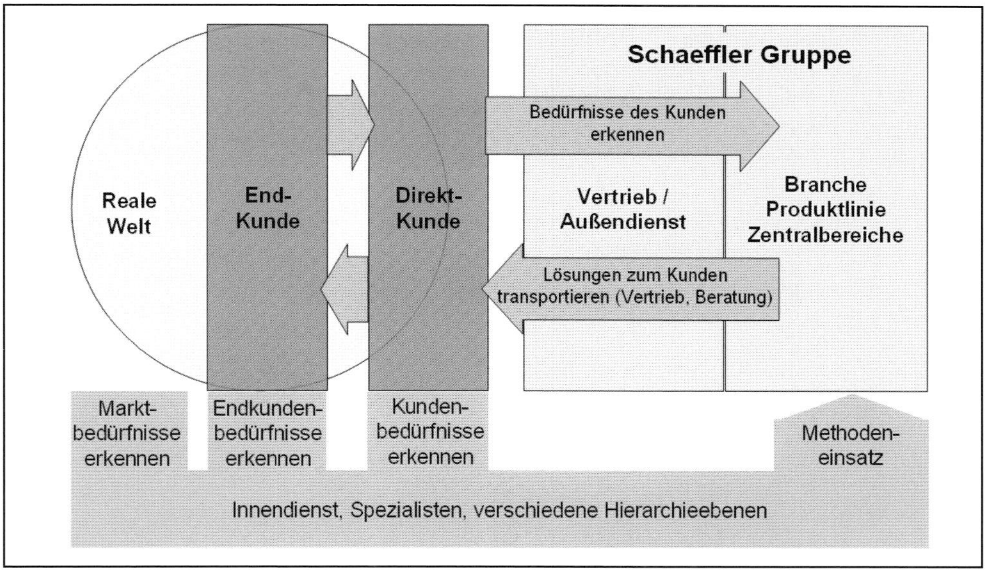

Abb. 4: Erkennen von Bedürfnissen.

Als Zulieferer für die gesamte Industrie müssen wir branchenspezifisch angepasste Wege gehen: Projekt-, Handels-, Service-Geschäft, viele/wenige Marktteilnehmer, regionale/internationale Märkte.

Als Automobilzulieferer fällt uns dieses leichter, da der Markt fokussiert ist, das Gesamtsystem Auto in verschiedene Teilsysteme mit ihren spezifischen Zulieferern aufgeteilt ist, Beziehungen auf allen Ebenen gepflegt werden, Kongresse und Fachpublikationen fest etabliert sind, einige Trends sogar durch Gesetze vorgegeben sind und schlussendlich alle beteiligten Personen auch Endkunden sind. Die potenziellen, zu lösenden Probleme sind daher viel deutlicher als in der heterogenen Investitionsgüterindustrie zu erkennen.

5 Mehr Innovationen durch mehr Aufwand

Um noch mehr neue Bedürfnisse mit mehr Innovationshöhe zu identifizieren, muss noch mehr Aufwand betrieben werden (vgl. Abbildung 5).

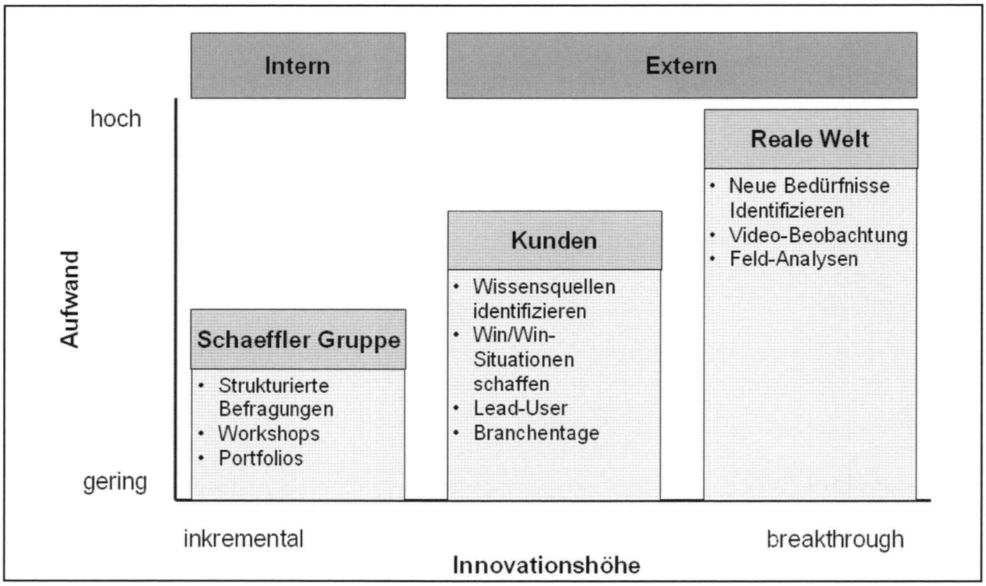

Abb. 5: Aufwand für die Bedürfniserkennung.

Für Firmen, die direkt Endkunden in einem überschaubaren Markt beliefern, wie z. B. Automobilhersteller, sind Feld-Analysen, Video-Beobachtungen sowie Lead-User-Konzepte gute, eingeführte und auch effiziente Vorgehensweisen. Für den Zulieferer mit vielen Kunden in unterschiedlichen Märkten ist dieses Vorgehen allein vom Ressourcenbedarf her nur sehr eingeschränkt möglich.

Daher ist es für den Zulieferer praktikabler, sich enger mit seinen Direktkunden zu vernetzen, die ja viel Wissen über den Endkunden und seine Anwendungen haben, und gemeinsam neue Bedürfnisse der Endkunden zu entdecken. Dieses ist eine Win-Win-Situation für den Zulieferer und den Direktkunden, da so die innovativen Ressourcen beider gebündelt werden. Die davon abgeleitete, neue Lösung bringt dann auch für beide Vorteile in der gemeinsamen Wertschöpfungskette und nutzt ebenfalls dem Endkunden. Voraussetzung dafür ist natürlich eine echte, von Kontinuität und Offenheit geprägte Geschäftsbeziehung zwischen Lieferant und Kunden.

Eine besondere Herausforderung besteht für den Zulieferer, der innovative Standardkomponenten entwickeln will. Auf der einen Seite ist das so entstehende Volumen für die effiziente Wertschöpfung interessant, auf der anderen Seite ist es sehr schwierig und sehr aufwändig, die vielen unterschiedlichen Anwendungen der Endkunden in den unterschiedlichen Branchen zu analysieren, um daraus eine für alle passende Produktlösung bzw. Varianten davon abzuleiten. Hier muss unbedingt der Abgleich bzw. die Verifizierung des häufig intern und technisch vorangetriebenen Innovationsvorhabens mit den echten Kundenbedürfnissen erfolgen, um Misserfolge zu verhindern.

6 Innovation ist ein langer Weg

In diesem Beitrag wurde bisher schwerpunktmäßig der Anfang des Innovationsweges beschrieben. Produzierende Zulieferer beschränken sich jedoch nicht auf diesen Abschnitt, sondern setzen diesen Weg bis zum erfolgreichen Geschäft mit innovativen Produkten fort (vgl. Abbildung 6).

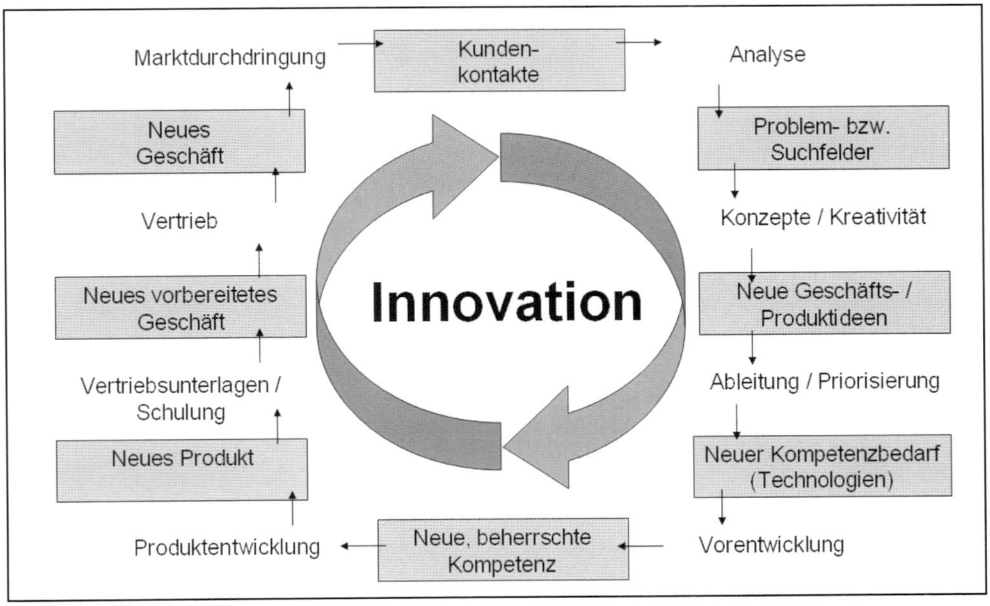

Abb. 6: Innovation ist ein langer Weg.

Dieser Weg ist lang und benötigt viele Ressourcen, er besteht aus mehr als Vorentwicklung, Produktentwicklung, Produktion und Vertrieb.[321] Es gilt grundsätzlich: Aus Ideen werden Geschäftsideen, auf Basis der Geschäftsideen wird priorisiert, die ausgewählten Geschäftsideen werden in Phasen realisiert.

Es ist wichtig, diesen Zusammenhang breit in der Unternehmung zu kommunizieren, damit Ideengeber, insbesondere aus dem Vertrieb, nicht enttäuscht sind, wenn ihre Idee nicht unmittelbar realisiert und morgen verkauft wird. Die Entwicklungsressourcen jedes Unternehmens sind begrenzt und müssen auf kurzfristige Produkt-Projekte (großer Anteil), mittelfristige Vorentwicklungsprojekte (geringer, aber kontinuierlich vorhandener Anteil) und langfristige Innovationsvorhaben (kleiner Anteil) aufgeteilt werden, damit laufende und zukünftige Geschäfte gesichert sind.

7 Geschäftsprozesse fördern die Innovation

Da die Schaeffler Gruppe weltweit als Zulieferer mit 78 Werken, über 100 Vertriebsstandorten und fast 60.000 Mitarbeitern aufgestellt ist, benötigen wir für die effektive Zusammenarbeit kundenorientierte Gruppengeschäftsprozesse als Regelwerk (vgl. Abbildung 7). Die Geschäftsprozesse werden durch angepasste Methoden und IT-Werkzeuge unterstützt. Für die Methoden, wie z. B. Innovations-, Projekt- und Wissensmanagement, sind Stabsabteilungen eingerichtet, die Prozesse und Richtlinien erarbeiten sowie Dienstleistungen für die operativen Bereiche erbringen.

Der gesamte Innovationsweg ist in vier Blöcke aufgeteilt. Der Innovations- und Vorentwicklungsprozess dient hauptsächlich dem Erkenntnissgewinn, der Produktentstehungsprozess der Effizienzsteigerung und Risikobeherrschung und der Kundenversorgungsprozess der Wertschöpfung. Die drei Risikostufen des Produktentstehungsprozesses sorgen für ein ausgeglichenes Verhältnis von Produktrisikoeinschätzung und Steuerungsaufwand zur Risikobeherrschung. Durch diese vorstrukturierten Prozesse ist es der Gruppe möglich, ihre Aktivitäten einzuordnen, zu planen und zu steuern und somit auch genügend Ressourcen für die frühen Phasen der Innovation bereitzustellen. Ohne diese Aufteilung werden erfahrungsgemäß alle Ressourcen als Feuerwehraktionen in der späten Phase der Produktentstehung verbraucht, was ineffektiv und ineffizient ist.

---

[321] Geißinger, J., Schäperkötter, H.: Technologiemanagement eines breit aufgestellten Zulieferers. In: Spath, D.: Forschungs- und Technologiemanagement, Hanser-Verlag München Wien (2004).

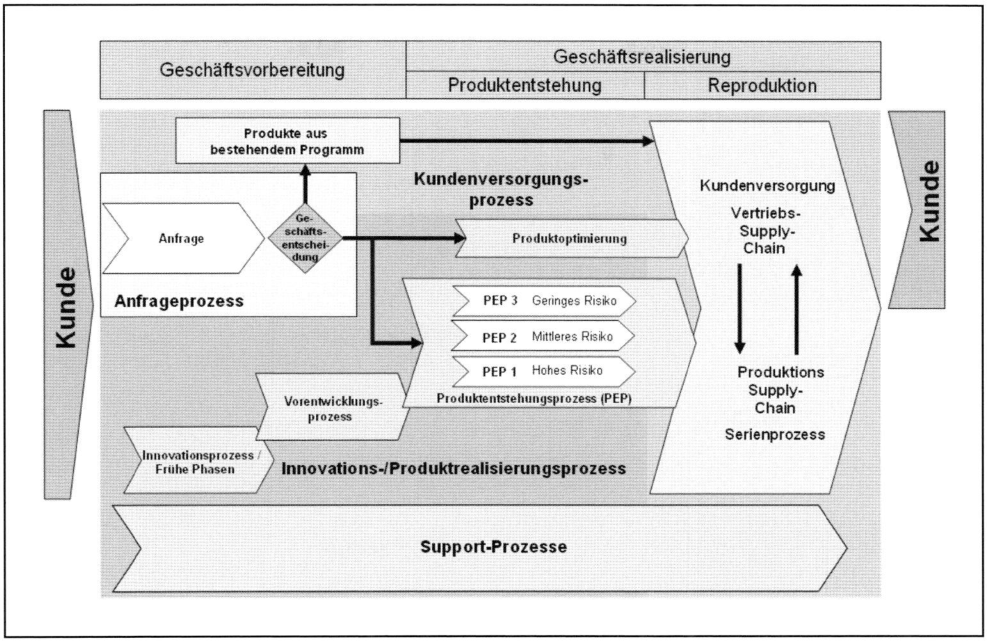

Abb. 7: Geschäftsprozesse fördern die Innovation.

8 Innovationsmöglichkeiten sind vielfältig

Auch ein Zulieferer ist in der Lage, unterschiedliche Typen von Innovationen hervorzubringen (vgl. Abbildung 8). Dabei ist es am erfolgreichsten, alle Möglichkeiten durch eine ausgeglichene Zielsetzung auszuschöpfen. Es macht keinen Sinn, nur Break-through-Innovationen wie z. B. das erste Nadellager anzustreben, da diese Vorhaben sehr aufwändig sind und nur sehr selten gelingen. Größere Realisierungschancen haben eher inkrementelle Innovationen wie z. B. eine Korrosionsschutzschicht für Wälzlager, da die Kundenakzeptanz dieser naheliegenden Lösung sehr hoch ist. Technologie-Innovationen werden meistens durch die internen Kernkompetenzen des Zulieferers ermöglicht wie z. B. das durch Umformung hergestellte Zylinderrollenlager (Rollenhülse), und ermöglichen häufig nennenswerte Kostenvorteile. Markt-Innovationen wie z. B. die Überwachung von Lagerstellen als Servicedienstleistung werden durch die intensive Auseinandersetzung mit den Praxisproblemen der Kunden ermöglicht und eröffnen neue Geschäftsfelder.

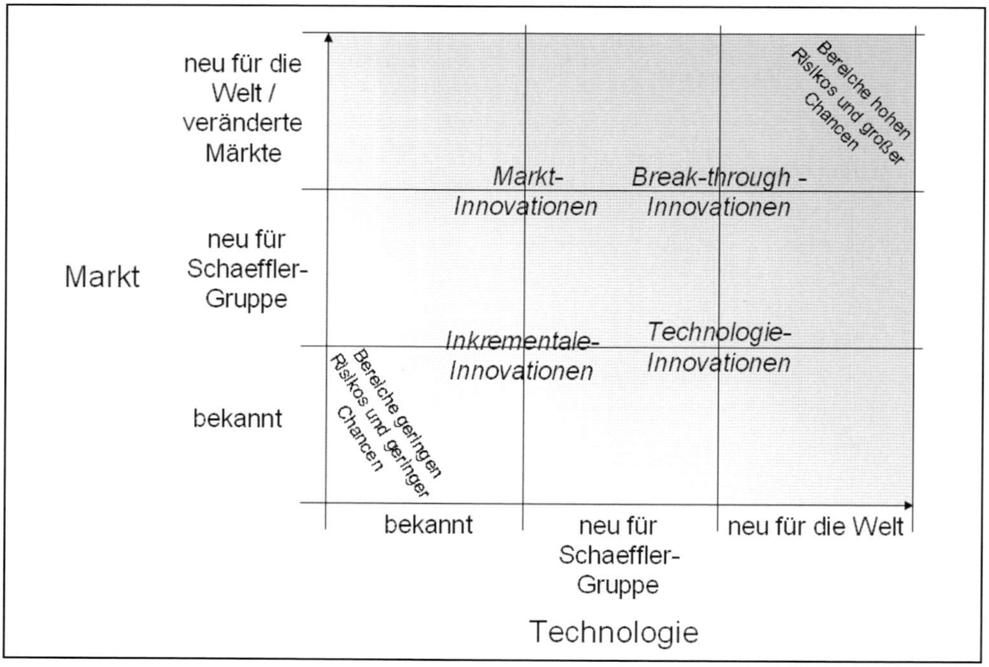

Abb. 8: Innovationsmöglichkeiten sind vielfältig.

9 Erfolgsfaktoren für Innovationen

Innovationen sind chancen- und risikoreich zugleich. Trotzdem muss sich jeder Zulieferer damit befassen, da die reine Optimierung vorhandener Produkte und Strukturen alleine nicht für die Zukunftssicherung ausreicht.

Auf dem Innovationsweg sind vier wesentliche Barrieren zu überwinden: Probleme der Kunden identifizieren, Finden und Auswahl der richtigen Idee, Realisieren der ausgewählten Idee, die realisierte Idee zu den Kunden bringen.

Die dazu über lange Zeiträume erforderlichen Aufwendungen können nur wirtschaftlich erfolgreiche Zulieferer aufbringen. Daher ist es umso wichtiger, die erkannten Erfolgsfaktoren für Innovationen (vgl. Abbildung 9) zu beachten, für das Zusammenspiel aller innovativen Kräfte im Unternehmen zu sorgen und kontinuierlich an Innovationsvorhaben zu arbeiten.

Abb. 9: Erfolgsfaktoren für Innovationen.

Literaturverzeichnis

Geißinger, J., Schäperkötter, H.: Technologiemanagement eines breit aufgestellten Zulieferers. In: Spath, D.: Forschungs- und Technologiemanagement, Hanser-Verlag München Wien (2004).

Umsetzung von Innovationsmanagement bei der ZF Friedrichshafen AG

von Hans-Georg Härter[322]

1 Präambel

In einem sich ständig wandelnden Marktumfeld sind hohe Flexibilität und große Innovationskraft zwei Grundvoraussetzungen, um als Unternehmen langfristig eine starke Marktposition zu erreichen und zu festigen. In der Automobilindustrie erhöht beispielsweise die zunehmende Verlagerung der Wertschöpfung von den Automobilherstellern zu ihren Lieferanten zusätzlich den Innovationsdruck für Automobilzulieferer (vgl. Abbildung 1). Die Innovationszyklen werden kürzer, das Risiko steigt durch höhere Investitionsleistungen, die Fix- und Entwicklungskosten sowie die Komplexität steigen, da der Trend vom Komponentenlieferanten zum Systemlieferanten geht.

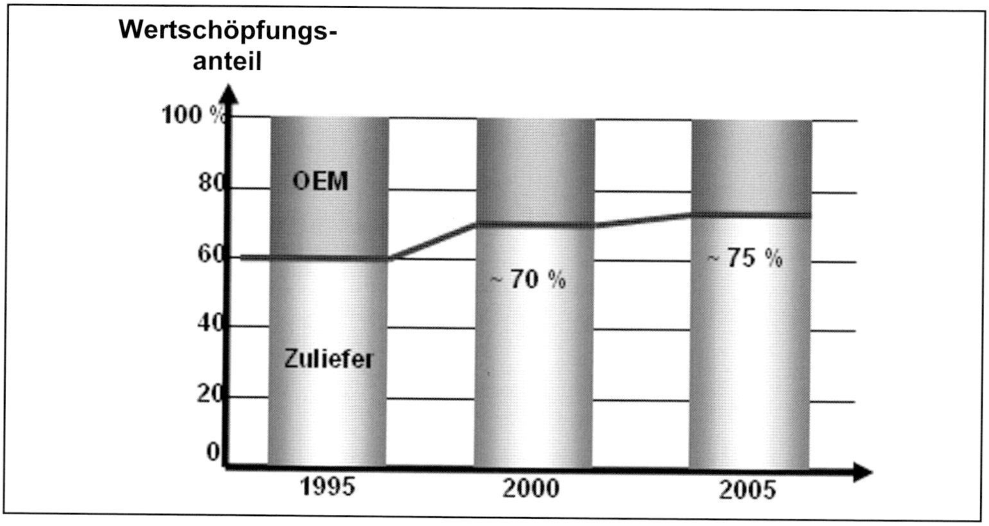

Abb. 1: Verlagerung der Wertschöpfung zwischen OEM und Zulieferer.

[322] Hans-Georg Härter ist Vorstandsvorsitzender der ZF Sachs AG.

Da am Standort Deutschland aufgrund unvorteilhafter Kostenstrukturen eine Kostenführerschaft für ein produzierendes Unternehmen nur sehr schwer zu erreichen ist, wird es für Unternehmen in High-Tech-Branchen wie z. B. der ZF Friedrichshafen AG umso wichtiger, die Innovationsführerschaft zu übernehmen. Nur durch kontinuierliche und geregelte Innovationsprozesse, die als Ergebnisse Produkt-, Unternehmens- und Marktinnovationen hervorbringen, kann sichergestellt werden, dass ein Unternehmen eine technisch führende Position im Markt einnimmt und damit weiterhin seine internationale Wettbewerbsfähigkeit absichert. Der Begriff der „Innovation" darf dabei nicht nur auf Innovationen im Bereich der Produkte beschränkt werden, sondern muss auch unternehmensweite Innovationen in den Bereichen Organisation und Produktion beinhalten.

Gerade für die Entwicklung, die Produktion und den Vertrieb im Kernmarkt Deutschland ist es zwingend erforderlich, dass der Fokus dabei nicht nur auf technischen Standardprodukten, den so genannten „Commodities", liegt. Nur wenn ein Unternehmen sich mit neuen Produkten mit Alleinstellungsmerkmalen vom Wettbewerb differenziert, die auch einen entsprechend hohen Kundennutzen bieten, kann am Markt eine ansprechende Preisqualität erzielt werden.

Der vorliegende Beitrag konzentriert sich zum einen auf die Grundlagen des Innovationsmanagements innerhalb des ZF-Konzerns und zum anderen auf konkrete Fallbeispiele aus den Bereichen Organisations-, Produktions- und Produktinnovation am Beispiel der ZF Sachs AG als Unternehmensbereich der ZF Friedrichshafen AG.

2 Grundlagen des Innovationsmanagements bei der ZF Friedrichshafen AG

2.1 Konzernweiter Road-Map-Prozess als Instrument des Innovationsmanagements

Als Basis des Innovationsmanagements im ZF-Konzern dient seit dem Jahr 2001 die jährlich zusammenkommende konzernweite Arbeitsgruppe „Trends–Technologien–Synergien", kurz TTS. Ziel dieser Arbeitsgruppe ist ein strukturierter Informationsaustausch über alle Unternehmensbereiche des ZF-Konzerns, um folgende Kernfragen systematisch zu beantworten:

- Was sind die aktuellen und zukünftigen Markttrends?
- Welche Produkte soll ZF in Zukunft anbieten und welche haben Priorität? Haben die zukünftigen Produkte ein ausreichendes Marktpotenzial oder ist das technologische Risiko zu groß?

- Welche heutigen Serienprodukte fallen in Zukunft gegebenenfalls weg?
- Welches technologische Know-how braucht ZF für die Entwicklung zukünftiger Produkte? Wie wird es aufgebaut?

Jeder Unternehmensbereich arbeitet zu diesen Fragestellungen bereits im Vorfeld Vorschläge und Ideen aus. Da es sich um eine konzernübergreifende Arbeitsgruppe handelt, ist insbesondere auch der Aspekt möglicher Synergien über verschiedene Unternehmensbereiche von hoher Relevanz.

Der Prozess startet mit der Information des zentralen Konzernmarketings über aktuelle Trends im Markt. Generell werden hierbei die fünf Bereiche Pkw Antrieb, Pkw Fahrwerk, Nkw Antrieb, Nkw Fahrwerk sowie Arbeitsmaschinen unterschieden. Aus der Zusammenstellung der jeweiligen Markttrends werden dann fünf so genannte „Markt-Road-Maps" erstellt, die die Rahmenbedingungen des Marktes bündeln und bewerten. Außerdem werden Megatrends als maßgebliche Treiber für Produktinnovationen identifiziert.

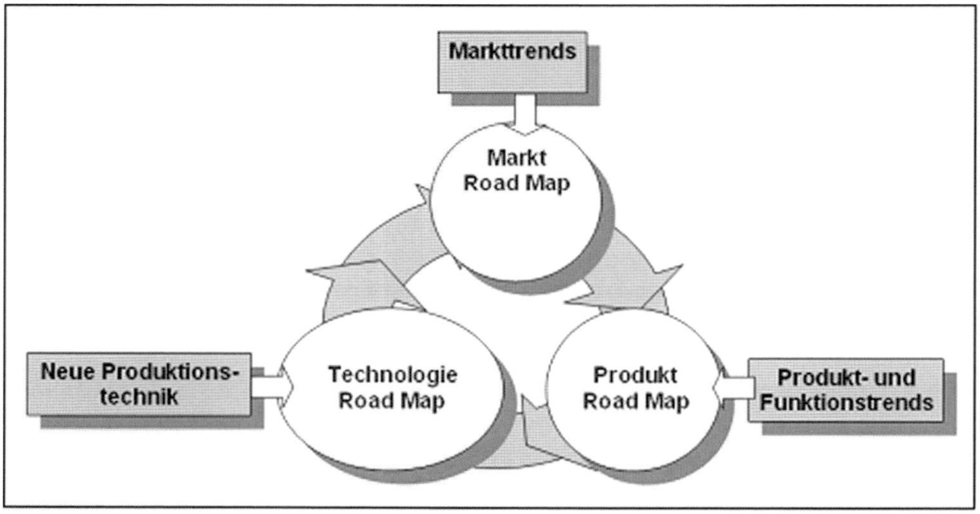

Abb. 2: Road Maps: Zusammenspiel von Markt, Produkt und Technologie.

Im Anschluss wird in den so genannten „Produkt-Road-Maps" aufgezeigt, wie ZF in einzelnen Bereichen mit bereits vorhandenen bzw. noch in Planung oder Serieneinführung befindlichen Produkten und Projekten aufgestellt ist und welche Ideen bei ZF existieren, um den Markttrends gerecht zu werden (vgl. Abbildung 3).

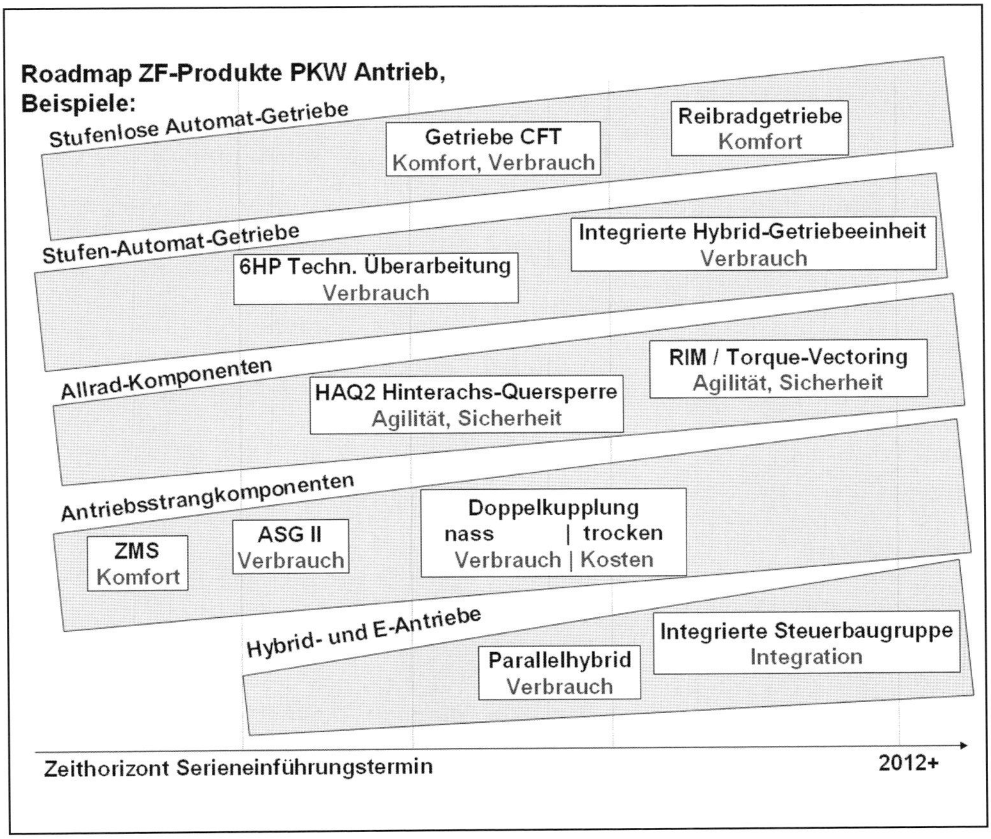

Abb. 3: Exemplarische Darstellung einer Produkt-Road-Map.

In der Folge werden die einzelnen Projekte und Produkte bezüglich ihrer Relevanz für das Unternehmen bewertet. Dazu werden Kriterien wie Marktrelevanz, Technologierelevanz sowie Kundenrelevanz herangezogen. Als Ergebnis entsteht ein Markt-Technik-Portfolio, in das sich die einzelnen Projekte analog zur weitverbreiteten Boston-Consulting-Matrix in „Stars", „High Potentials", „Potentials" und „Question Marks" eingliedern (vgl. Abbildung 4).

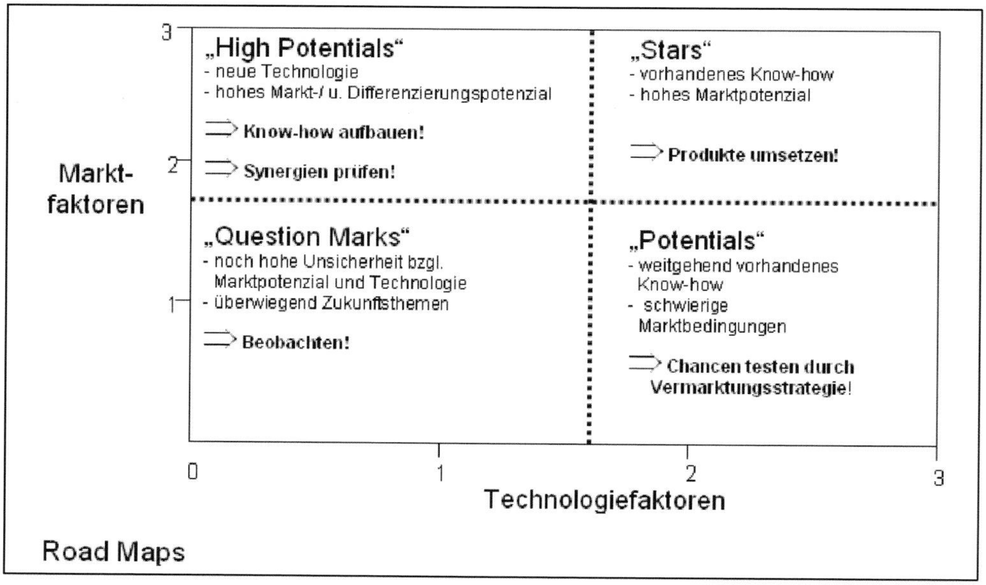

Abb. 4: Markt-Technik-Portfolio als Bewertungsinstrument der Produkt-Road-Maps.

Auf diesem Wege werden die so genannten „Big Points“ identifiziert, d. h. die nach Unternehmenseinschätzung wichtigsten Produkte der nächsten Jahre. Über eine „Kompetenzfeld-Road-Map“ wird im Anschluss analysiert, welches Know-how und welche Kernkompetenzen im Konzern bzw. Unternehmensbereich auf- oder auszubauen sind, um für die Realisierung der identifizierten „Big Points“ optimal aufgestellt zu sein. Hier spielen mögliche Synergien über verschiedene Unternehmensbereiche ebenfalls eine große Rolle. Die Entscheidung über den Aufbau von Kompetenzen bzw. die Bündelung in Kompetenzzentren ist in erster Linie vom Grad der bereits vorhandenen Kompetenzen sowie von der notwendigen zeitlichen Verfügbarkeit der Ressourcen beeinflusst. Es können entweder Kompetenzzentren in einem Unternehmensbereich eingerichtet werden, oder die notwendigen Kompetenzen werden im Rahmen von Grundlagenprojekten seitens der zentralen Forschung und Entwicklung in der Konzernzentrale aufgebaut.

Im letzten Schritt wird dann die so genannte „Technologie-Road-Map“ erarbeitet, welche die produktionstechnischen Voraussetzungen für die Fertigung der identifizierten „Big Points“ entlang eines Zeitstrahls zusammenfasst und damit die Basis für die tatsächliche Realisierung neuer, innovativer Produkte darstellt. Jede Technologie wird dabei in einem Technologie-Steckbrief mit allen erkennbaren Nutzen, Wettbewerbsvorteilen und Risiken dargestellt. Ein konkreter Zeitplan zur Umsetzung, notwendige Investitionen, die Wahrscheinlichkeit der Realisierung sowie der aktuelle Stand der Technik außerhalb des ZF-Konzerns finden ebenfalls Berücksichtigung.

Der gesamte Road-Map-Prozess als Instrument eines institutionalisierten Innovationsprozesses läuft überrollend einmal pro Jahr ab und findet Eingang in die Strategische Planung des Konzerns.

3 Beispiele für Innovationen aus der Praxis bei ZF Sachs

3.1 Innovative Organisationsentwicklung

Deutsche Arbeitsplätze sind im internationalen Standortwettbewerb signifikant teurer als Arbeitsplätze in Niedriglohnländern wie beispielsweise in Osteuropa. Diese Tendenz wird belegt durch die Tatsache, dass viele produzierende Unternehmen, u. a. auch in der Automobilbranche, Werke und somit Arbeitsplätze ins kostengünstigere Ausland verlagern. Ein Weg zum proaktiven Ausgleich dieses Kostennachteils kann aber auch in der Flexibilisierung der Arbeitszeit am Standort Deutschland und begleitenden kostensenkenden Vereinbarungen mit den Arbeitnehmern liegen, um eine langfristige Standortsicherung zu gewährleisten. So hat die ZF Sachs AG im April 2005 in enger Zusammenarbeit mit dem Betriebsrat eine Betriebsvereinbarung geschlossen, die eine Beschäftigungsgarantie am Standort bis 2010 beinhaltet. Betriebsbedingte Kündigungen werden so ausgeschlossen, dafür werden die Arbeitszeiten flexibilisiert, und es können geeignete kostensenkende Maßnahmen im laufenden Jahr realisiert werden.

3.2 Die Einführung eines Global Production Systems (GPS) bei ZF Sachs als Verfahrensinnovation in der Produktion

Steigende Materialpreise, eine hohe Modell- und Variantenvielfalt im Automobilmarkt, verkürzte Innovationszyklen und ein hoher Preisdruck seitens der Automobilhersteller bestimmen momentan den weltweiten Automobilmarkt. Doch der globale Wettbewerb ist nicht länger nur ein Wettlauf um Kunden und Märkte, sondern immer mehr auch ein Wettlauf um Rohstoffe und Know-how. Vor diesem Hintergrund ist es notwendig, die Unternehmensprozesse proaktiv und kontinuierlich zu verbessern. Oberste Ziele sind dabei minimale Verschwendung, maximale Produktqualität, absolute Termintreue und hohe Produktivität.

Mit dieser Zielsetzung hat der ZF-Konzern für alle Geschäftsfelder einheitliche Prinzipien als Grundlage eines ZF-Produktionssystems entwickelt. ZF Sachs hat sich darauf aufbauend für die Einführung des ZF Sachs Produktionssystems Global Production System (GPS) entschieden. Mit dem Produktionssystem stellt ZF Sachs nicht nur die Produktion, sondern die gesamte Wertschöpfungskette in den Mittelpunkt der Aufmerksamkeit. Dieser Prozess wird durch die Kundenabrufe gesteuert und durch motivierte und gut ausgebildete Mitarbeiter umgesetzt, die ihre Kompetenzen und Qualifikationen aktiv in das Unternehmen einbringen und somit ein wichtiger Erfolgsfaktor sind.

Das Produktionssystem GPS greift die Herausforderungen des Marktes auf und organisiert die Prozesse

- entlang der Wertschöpfungskette,
- in Erfüllung der Kundenwünsche,
- unter Einbeziehung der Mitarbeiter,
- durch Vermeidung von Verschwendung.

Aufbauend auf positiven, praktischen Erfahrungen und Ergebnissen des so genannten Production Excellence Program (PEP), quasi einem thematischen Vorläufer des GPS, wird das ZF-Sachs-Produktionssystem die entsprechenden Aktivitäten zielgerichtet bündeln und weiter systematisieren. Als ganzheitlicher Ansatz betrifft das GPS alle Unternehmensfunktionen und gewährleistet so eine nachhaltige Unternehmensentwicklung und damit die Sicherung des Standorts Deutschland.

Das Produktionssystem lässt sich als Haus darstellen (vgl. Abbildung 5). Jede Komponente ist entscheidend für das wirkungsvolle Zusammenspiel des Gesamtsystems. Die einzelnen Prinzipien sind aufeinander abgestimmt. Somit wird eine hohe Funktionalität des gesamten Produktionssystems gewährleistet.

Abb. 5: Die Prinzipien des ZF Sachs Global Production Systems (GPS).

3.3 Beispiele für erfolgreiche Produktinnovationen bei ZF Sachs

3.3.1 Geschäftsbereich Fahrwerk

Der Geschäftsbereich Fahrwerk der ZF Sachs AG entwickelt und produziert Komponenten und Systeme für nahezu alle namhaften Automobilhersteller. So werden in den weltweiten Werken beispielsweise Stoßdämpfer, Niveauregelsysteme, Aktive Dämpfungssysteme, Dämpfer für Schienenfahrzeuge und Motorraddämpfer für den Weltmarkt hergestellt.

3.3.1.1 Die Aktive Wankstabilisierung (Active Roll Stabilization, ARS) als Marktinnovation

Ein Fahrwerk muss Sicherheit bieten, gleichzeitig soll es aber auch sportlich und komfortabel sein. Der Kompromiss zwischen sportlicher und komfortabler Abstimmung der Fahrwerkskomponenten steht daher im Fokus der Fahrzeugentwickler. Die Lösung für diese Aufgabenstellung wurde im Hause ZF Sachs entscheidend mitentwickelt.

An den Gesetzen der Physik lässt sich nicht rütteln. Bei Kurvenfahrt wird ein Fahrzeug durch die Fliehkraft in Richtung der Kurvenaußenseite gedrückt – mit negativen Folgen für Fahrkomfort und Fahrsicherheit. Die Ingenieure bei ZF Sachs gaben sich damit jedoch nicht zufrieden. Das neue Fahrdynamik-Regelsystem ARS (Active Roll Stabilization), beim ersten Kunden BMW als „Dynamic Drive" bezeichnet, wirkt der Seitenneigung aktiv entgegen.

Durchfährt ein Fahrzeug eine Kurve, dann wirkt eine Kraft in Richtung der Kurvenaußenseite: die Flieh- oder Zentrifugalkraft. Anders als bei Motorrädern kann bei Autos diese Kraft nicht durch Gewichtsverlagerung ausgeglichen werden. Sie neigen sich zur Seite und brauchen dabei je nach Kurvengeschwindigkeit und -radius einen beträchtlichen Teil ihres Federweges auf. Dieser steht für das Dämpfen von Fahrbahnstößen nicht mehr zur Verfügung – Fahrdynamik, Komfort und Fahrsicherheit leiden.

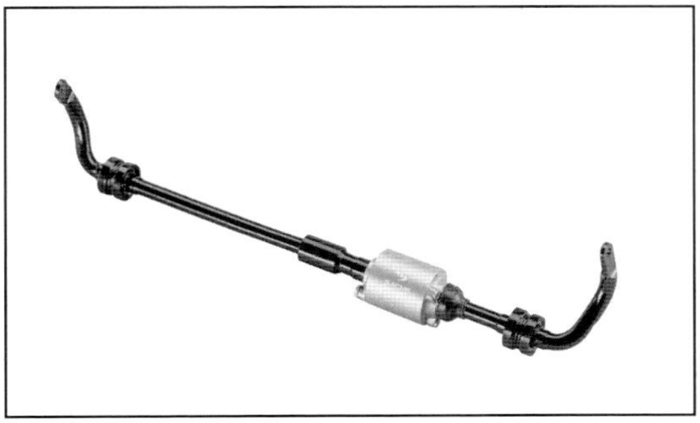

Abb. 6: Wankstabilisierung ARS.

Ein wichtiges Bauteil, um die Wankneigung zu verringern, ist der Stabilisator. Er erschwert den Rädern einer Achse, unterschiedlich tief einzufedern. Damit sind jedoch auch Nachteile verbunden, z. B. leidet der Federungskomfort bei Geradeausfahrt unter einem sehr steif ausgelegten Stabilisator.

Das Wankstabilisierungssystem ARS (vgl. Abbildung 6) passt die Stabilisatorwirkung aktiv an die Fahrsituation an. Dies geschieht über aktive Stabilisatoren (Aktuatoren) mit hydraulisch betriebenen Schwenkmotoren. Diese verdrehen die beiden Stabilisatorhälften gegeneinander und erzeugen ein Torsionsmoment, das sich stabilisierend auf den Fahrzeugaufbau auswirkt. Der von einer Pumpe erzeugte Druck wird über elektronisch geregelte Druckregelventile so gesteuert, dass die Wankbewegung bei Kurvenfahrt minimiert beziehungsweise ganz ausgeglichen wird. Zusätzlich optimiert ARS die Lenkpräzision und das Eigenlenkverhalten. Bei Geradeausfahrt dagegen senkt die elektronische Steuerung den Hydraulikdruck im Stabilisator und sorgt für ein weicheres, komfortableres Ansprechen der Federung.

ZF Sachs liefert für „Dynamic Drive“ den Stabilisator mit hydraulischem Schwenkmotor für die Vorder- und Hinterachse. Die Grundidee dieses Konzeptes mit einem aktiven Stabilisator entstand bereits in den 50er Jahren, konnte aber aufgrund der Möglichkeiten der Regelung mit der gewünschten Funktion nicht umgesetzt werden. Außerdem hatte der Schwenkmotor in der alter Konstruktionsvariante gewisse Schwachpunkte. Diesen Schwächen wurde mit den folgenden Innovationen entgegnet:

- ein Dichtungssystem, das die hohen Temperaturanforderungen erfüllt
- die spielfreie, großserientaugliche Anbindung an den Stabilisator
- die kompakte Konstruktion aus wenigen Einzelteilen
- die Entwicklung des Laserschweißens für die Anbindung der Deckel an das Gehäuse
- die Entwicklung der Wellendichtung

Dies ist ein Beispiel für eine typische Innovation im Komponentenbereich, bei der jedes technische Detail betrachtet und so eine Lösung gefunden wird.

3.3.1.2 Der Nivomat mit GasBag als Produktmodifikation

Jeder Autofahrer erwartet von seinem Fahrzeug optimalen Komfort und Sicherheit – unabhängig davon, ob er sich auf dem Weg zur Arbeit befindet oder ob er mit seiner Familie und reichlich Gepäck in Richtung Urlaubsziel unterwegs ist. Jeder Autobesitzer möchte außerdem die Möglichkeit einer großen Zuladung nutzen, wenn es das Platzangebot erlaubt.

Der Sachs Nivomat ist ein Kompaktgerät zur Fahrzeug-Niveauregulierung, das alle notwendigen Systemelemente (Tragelement, Pumpe, Speicher, Reservoir, Regler etc.) in einem Gehäuse enthält. Der Nivomat wird statt eines konventionellen Dämpfers, Federdämpfers oder Federbeins eingebaut und stellt bei allen Beladungszuständen des Fahrzeugs automatisch das optimale Fahrzeugniveau her. Der Nivomat übernimmt zusätzlich Federungs- und Dämpfungsfunktion. Fahrkomfort und Fahrsicherheit werden ganz entscheidend durch die Fahrwerkselemente Feder und Dämpfer bestimmt, d. h. mehr Sicherheit bei hohen Zuladungen. Der Nivomat bietet sowohl im Leergewicht des Fahrzeugs als auch beim zulässigen Gesamtgewicht optimale Funktion für Fahrer, Passagiere und Gepäck.

Der Einbau des Nivomat erfolgt üblicherweise an der Hinterachse des Fahrzeuges. Die Besonderheit des Niveauregelsystems Nivomat besteht darin, dass die notwendige Energie zur Einstellung des optimalen Höhenstands aus den Relativbewegungen zwischen Achse und Fahrzeugaufbau gewonnen wird, die während des Fahrbetriebs durch die Straßenunebenheiten entstehen. Dies bedeutet, der Nivomat arbeitet im Vergleich zu anderen Systemen absolut umweltschonend, da er keinerlei externe Energieversorgung benötigt. Der Nivomat ist weltweit das Niveauregelsystem mit der stückzahlmäßig größten Verbreitung. Bisher existieren eine Vielzahl von Fahrzeuganwendungen insbesondere bei Limousinen, Kombis, Vans und SUVs.

Zur Trennung von Gas und Öl werden bei den heutigen technischen Lösungen Trennkolben oder elastische Membranen verwendet. Die beste Dichtigkeit gewährleistet ein Trennkolben. Dieser ist aber nur bei einer relativ langen Gerätebauart verwendbar. Weiterhin schränkt sein Einsatz den verwendbaren Kolbenstangen-Durchmesser und damit die realisierbare Traglast ein, da die Trennkolben-Dichtigkeit mit zunehmender Laufgeschwindigkeit abnimmt. Der Gasverlust bei elastischen Membranen ist im Wesentlichen vom Werkstoff, der Geometrie (Wanddicke und Oberfläche) und den Einsatzbedingungen (Temperatur und gefahrenes Lastkollektiv) abhängig. Durch Werkstoff, Bauraum und notwendige Elastizität sind hier deutliche Grenzen gesetzt. Die Verbesserung des Nivomat-Gasspeichers wurde von ZF Sachs daher als vorrangiges Innovations-Ziel angesehen, um die Lebensdauer des Produktes und die Anwendungsbreite zu verbessern.

Zur Identifikation einer neuen technischen Lösung wurde ein systematischer Weg verfolgt. Im ersten Schritt erfolgte eine Systemanalyse, die als Ergebnis die Notwendigkeit einer metallischen Sperrschicht aufzeigte. Die Konstruktionssystematik, begleitet von einer umfangreichen FE-Simulation, führte wegen der geringen zulässigen Deformation der metallischen Sperrschicht zu einer notwendigen Kissenform. Diese Kissenform wird zudem am besten dem zylindrischen Einbauraum gerecht und kann der metallischen Membran, bei ZF Sachs auch GasBag genannt, vorab durch eine spezielle Falttechnik auferlegt werden (vgl. Abbildung 7).

Abb. 7: Schematischer Vergleich von elastischer Membran und GasBag.

In umfangreichen Versuchsreihen wurde anschließend der optimale Schichtaufbau und das Herstellverfahren für den GasBag erarbeitet. Ziel war es, den GasBag im Hause zu fertigen, um das erarbeitete Know-how abzusichern.

Im nächsten Schritt wurden, in Zusammenarbeit mit der Fertigung, die Montage des neuen Gasspeichers und der Gasfüllprozess entwickelt. Hierbei stand im Vordergrund, die bestehenden Fertigungsanlagen ohne große Veränderungen einsetzen zu können.

Als Ergebnis stand der Nivomat mit Low Permeation (LP) GasBag-Technologie (vgl. Abbildung 8).

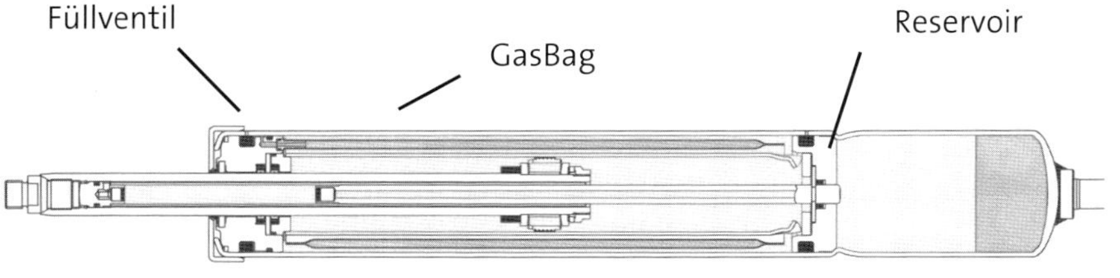

Abb. 8: Schema Nivomat mit Low Permeation (LP) GasBag-Technologie.

Durch die Produktinnovation des Low Permeation (LP) GasBags konnten folgende Vorteile realisiert werden:

- Verbesserung der Funktion
  - deutlich geringerer Gasverlust
  - größerer Temperaturbereich
  - besseres dynamisches Verhalten
- Erhöhung der Lebensdauer
- Verbesserung des Montageablaufs
- Möglichkeit neuer Design-Varianten
- Eröffnung neuer Anwendungsfelder

Auf dem technisch anspruchvollen Anwendungsgebiet eines bereits existierenden Produktes konnte ZF Sachs somit seinen technologischen Vorsprung durch konsequente Produktinnovation weiter ausbauen.

3.3.2 *Geschäftsbereich Antriebsstrang*

Der Geschäftsbereich Antriebsstrang der ZF Sachs AG entwickelt und produziert Komponenten und Systeme für nahezu alle namhaften Automobilhersteller. So werden in den weltweiten Werken beispielsweise Kupplungen (herkömmlich und verschleißausgleichend), Drehmomentwandler, Zweimassenschwungräder, Ausrücker und Ausrücksysteme sowie Elektrische Antriebe für den Weltmarkt hergestellt.

3.3.2.1 Das Zweimassenschwungrad (ZMS) als Unternehmensinnovation

Die Weiterentwicklung der Dieselmotoren-Technik durch neue Einspritzverfahren und die Turbolader-Technologien führte Mitte der 90er Jahre bei Volumenherstellern zu einem Bedarf an verbesserten Torsionsschwingungsdämpfern für Vier-Zylinder-Motoren.

- Höhere Drehmomente,
- höhere Zünddrücke (besonders bei Dieselmotoren),
- schärfere Abgasvorschriften,
- gesteigerte Ansprüche an Komfort und Laufruhe
- und die Schonung von Getriebe und anderen vibrationsempfindlichen Bauteilen

erforderten Torsionsdämpfer von extrem hoher Leistungsfähigkeit.

Aufgrund dieser verstärkten Nachfrage musste sich die ZF Sachs AG auf eine Bedarfsverschiebung vom konventionellen Torsionsdämpfer in der Kupplungsscheibe zum so genannten Zweimassenschwungrad (ZMS) einstellen.

Die technische Lösung besteht darin, die Drehmasse des Schwungrades im Zweimassenschwungrad in eine Primär- und Sekundärmasse aufzuteilen, die durch ein hochwirksames Feder-Dämpfungssystem verbunden sind. Dadurch werden Schwingungen entkoppelt und die Resonanzdrehzahl liegt weiter unter der Leerlaufdrehzahl des Motors.

Die Vorteile des Zweimassenschwungrads auf einen Blick:

- Beseitigung der störenden Geräusche
- Für alle modernen Diesel- oder Direkteinspritzer einsetzbar
- Mehr Fahr- und Bedienkomfort
- Kraftstoffersparnis durch niedertouriges Fahren
- Lebensdauererhöhung der nachgeschalteten Abtriebsstrangkomponenten
- Variable Kennliniengestaltung

Bei der Entwicklung des Zweimassenschwungrades handelt es sich im Wesentlichen um eine Unternehmensinnovation. Das ZMS eines Wettbewerbers war bereits bei Oberklassefahrzeugen im Einsatz, somit stellt das ZMS nur im Vergleich zum bestehenden Produktportfolio der ZF Sachs AG eine Innovation dar.

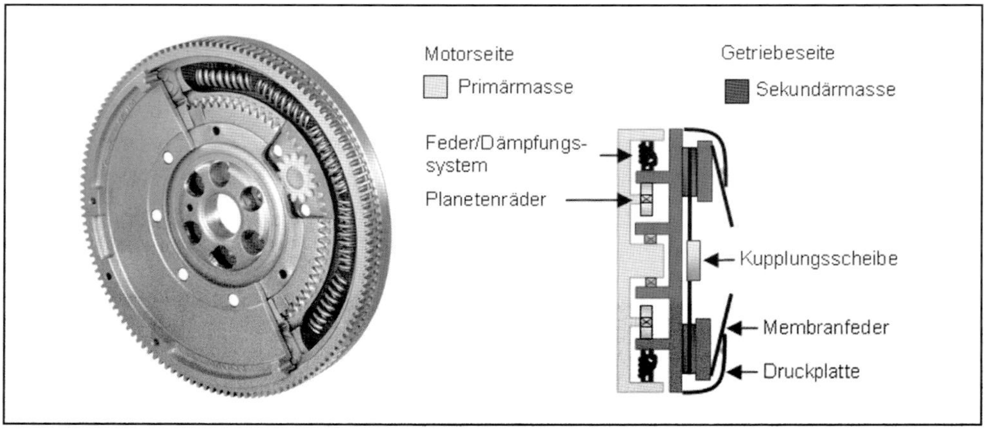

Abb. 9: Zweimassenschwungrad, grundsätzlicher Aufbau.

Vertrieb und Entwicklung legten zu Projektstart 1995 gemeinsam einen Zielverkaufspreis für ein ZMS im Jahr 2000 fest. Daraus wurden unter Berücksichtigung entsprechender Margen die Ziel-Herstellkosten abgeleitet. Bereits in der Phase der Konzeptfindung wurde durch Einbindung von Produktion und Kalkulation die Kostenauswirkung der einzelnen Lösungen bewertet. Hierbei flossen neben eigenen Ideen auch Ergebnisse aus der Analyse von Wettbewerbsteilen ein. Aufgrund der Wettbewerbsbetrachtungen wurde die Entwicklung z. B. nur mit einem kostengünstigen Gleitlager gestartet. Mittels geeigneter Programme zur Schwingungssimulationen wurden die einzelnen Lösungsvarianten hinsichtlich ihrer Funktion bewertet und ausgewählt.

Für die erste Phase der eigentlichen Produktentwicklung, noch ohne Einbindung eines konkreten Kunden, wurde zunächst ein eigener Prototyp ausgewählt, das entsprechende Fahrzeug beschafft und die Funktion sowohl mittels Simulation als auch im Fahrzeug optimiert. Parallel zur Funktionsoptimierung und konstruktiven Detaillierung wurden neben den üblichen Festigkeitsberechnungen mittels FEM erste Festigkeitsüberprüfungen auf Prüfständen durchgeführt.

Nachdem die Funktion einen wettbewerbsfähigen Stand erreicht hatte, die Kalkulation auf Basis vollausgelasteter Fertigungs- und Montagelinie die Zielherstellkosten bestätigte und sich das Lebensdauer-Ziel von 250.000 km als realisierbar erwies, wurden das Konzept sowie die Simulations- und Funktionsversuchsergebnisse den Kunden präsentiert. Hierbei war das Ziel, gemeinsam mit einem Kunden die Serienentwicklung und den Lebensdauernachweis zu beginnen. Das größte Interesse zeigte zu diesem Zeitpunkt ein Fahrzeughersteller, der einen Entwicklungspartner für seine Mittelklasseplattform suchte.

Um mit beschränkten Entwicklungsressourcen die anspruchsvollen Serieneinführungstermine zu erreichen, wurde in den nächsten zwei Jahren ausschließlich mit diesem Kunden entwickelt. Basis für das spezifische Kundendesign waren abgestimmte Lastenhefte und Bauraumvorgaben. Als Grundlage für die eigene Erprobung wurden erstmals Lastkollektive auf dem Prüfgelände des Kunden aufgenommen. Um kurze Erprobungszeiten bei überschaubarem Einsatz von finanziellen Mitteln zu erreichen, wurden die aufgenommenen Lastkollektive anschließend mittels statistischer Methoden gerafft. Dadurch war eine zuverlässige, verkürzte Erprobung des ZMS mit den schädigungsrelevanten Belastungsanteilen möglich.

Nachdem die Konstruktion den spezifischen Bauraumanforderungen angepasst war, wurden bereits die ersten Lebensdauerüberprüfungen in den Fahrzeugen und auf verbrennungsmotorischen Prüfständen mit Musterteilen, die mit Serienprozessen hergestellt waren, durchgeführt. Hierzu musste, ohne dass bereits konkrete Kundenaufträge vorlagen, nennenswert in komplexe, aufwändige Stanz- und Umformwerkzeuge investiert werden. Mittels dieser Serienwerkzeuge konnte parallel zum Produkt- auch die Prozessentwicklung durchgeführt werden. Hierbei standen insbesondere neue Umformprozesse der kostengünstigen Blechteile im Mittelpunkt.

In gemeinsamer Abstimmung mit dem Kunden wurde die Planung und Beschaffung der entsprechenden Montagelinie gestartet, basierend auf dem Zielserieneinführungstermin. Um auch für den Montageprozess optimale Kosten zu erreichen, wurde die Montage mittels Simulation bereits in der Planungsphase optimiert. So stand eine optimale Anordnung der einzelnen Arbeitsstationen bei minimalem Bedienungspersonal im Vordergrund. In enger Abstimmung mit dem Qualitätsmanagement des Kunden wurden ebenfalls die Maßnahmen zur Qualitätsüberwachung in der Montagelinie geplant, so dass im Herbst 1999 letztendlich das erste ZMS von ZF Sachs für eine Dieselmotor-Anwendung eines Volumenherstellers termingerecht vom Band lief.

In allen Entwicklungsphasen des ZMS, beginnend mit der Funktionsoptimierung durch Simulation, den Festigkeitsberechnungen und den ersten Vorversuchen, wurden das erarbeitete Wissen und die Versuchsergebnisse in Form von Berichten dokumentiert. In enger Zusammenarbeit zwischen den Entwicklern und den Teammitgliedern aus der Produktion und Montage wurde neben den Versuchsergebnissen auch das erarbeitete Wissen zu den Fertigungsprozessen der Einzelteile und den Abläufen in der Montage zeitnah in den Zeichnungen und der Konstruktion dokumentiert.

Für eine solche Produktinnovation mit einem für das Unternehmen hohen Neuheitsgrad war mit Beginn der Applikationsentwicklung für weitere Kunden die Frage zu klären, wie ein vollständiger Wissenstransfer in die Applikationsentwicklung sichergestellt werden kann. Aufgrund des hohen Neuheitsgrades, zunehmenden Kundeninteresses und daraus resultierenden kurzfristigen Terminvorgaben für weitere Projekte stellte eine Veränderung der Organisation des Produktbereichs die beste Lösung dar. In der Applikationsentwicklung wurde ein Team aus neuen und erfahrenen Mitarbeitern aus dem Projektteam der Produktentwicklung für das ZMS installiert.

Nur durch das frühzeitige Einbinden von Vertrieb, Produktion, Kalkulation und Qualitätsmanagement, die gemeinsame Planung sowie die simultane Entwicklung von Produkt und Prozessen konnte diese Produktinnovation erfolgreich umgesetzt werden. Für diese Entwicklung einer Komponente konnten zunächst, wie oben beschrieben, die Vorversuche zur Funktion und die konstruktive Gestaltung ohne Einbindung eines konkreten Kunden bis zu dem oben dargestellten Reifegrad bearbeitet werden. Wesentlich für den Erfolg waren aber dann die Zusammenarbeit in der Serien-Entwicklungsphase mit einem Kunden und dessen frühe Einbindung sowie die konsequente Weiterentwicklung der Organisation.

3.3.2.2 Der Parallelhybrid mit Schwungstartmodul als Marktinnovation

Das Thema Hybridantriebe und mögliche technische Lösungen sind derzeit in den Medien sehr präsent, insbesondere weil die Hybridisierung für den Endverbraucher beispielsweise zu einem erheblich reduzierten Kraftstoffverbrauch beiträgt.

Auch für ZF und ZF Sachs haben Hybridlösungen eine hohe Bedeutung für die Zukunftsfähigkeit des Unternehmens. ZF Sachs beschäftigt sich bereits seit Ende der 80er Jahre mit Hybriden. Der Durchbruch für diese Technologie steht nun anscheinend unmittelbar bevor, was der Erfolg von ersten Modellen im Markt eindrucksvoll belegt.

Bei dem hier vorgestellten Projekt, dessen Konzeptphase Mitte 2005 abgeschlossen wurde, handelt es sich um eine Marktinnovation. Hybridfahrzeuge mit unterschiedlichsten Konzepten zur Anordnung der elektrischen Maschine im Antriebsstrang waren aus Forschungsfahrzeugen bereits vorher bekannt. Das in diesem Beispiel angewendete Konzept, mit einer Schwungstartkupplung vor und einer Anfahr- und Schaltkupplung hinter der elektrischen Maschine, war zu Projektbeginn neu. Die technische Lösung von ZF Sachs für diese Aufgabenstellung wird sowohl von Kunden- als auch von Wettbewerberseite als führend in Europa anerkannt. Im Mittelpunkt steht als Alleinstellungsmerkmal die Integration der elektrischen Maschine in den Antriebsstrang. Die elektrische Maschine kann so mit dem Anfahrelement und der Schwingungsentkopplung kombiniert werden, was den Kunden Vorteile in Bezug auf Bauraum und Funktionalität ermöglicht.

Anders als bei der Produktinnovation für Komponenten handelt es sich bei diesem Beispiel um eine grundsätzliche Veränderung der gesamten Antriebsstrang-Architektur. Deshalb war ZF Sachs hier bereits ab der Konzeptphase in ein Kundenprojekt eingebunden. Die ersten beiden Prototypen wurden mit unterschiedlichen, aufeinander aufbauenden Zielausrichtungen gemeinsam mit der Forschung eines großen Automobilherstellers aufgebaut.

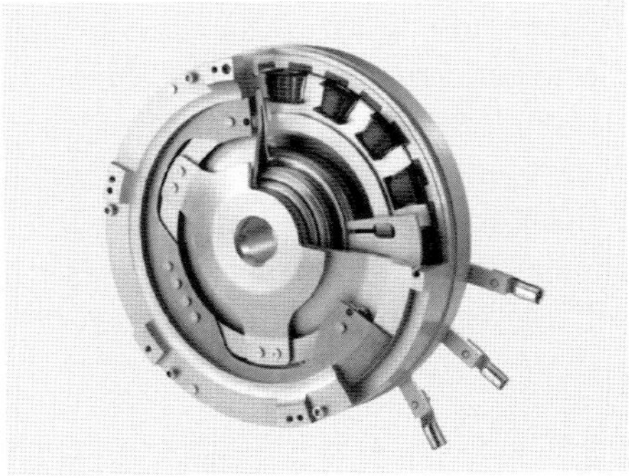

Abb. 10: Schwungstartmodul der ZF Sachs AG.

Die Aufgabe bestand in der Einbindung der zu einem Modul zusammengeführten Komponenten von ZF Sachs in ein Gesamtsystem des Kunden. Diese Einbindung umfasste nicht nur die mechanischen Komponenten, sondern ebenso die gesamte Funktionalität und Software der elektrischen Maschine.

Bei dem ersten Prototypen handelte es sich um ein reines Konzeptfahrzeug, das so genannte Ein-Liter-Auto. Insbesondere die Finanzierung des Entwicklungsaufwandes durch den Kunden war sicherzustellen, da keine Refinanzierung der ZF-Sachs-Entwicklungskosten über den Teilepreis einer Serienanwendung möglich war. Bei ZF Sachs wurde das Modul aus Kupplungskomponenten und elektrischer Maschine bereichsübergreifend konzipiert und in das Gesamtantriebsstrang-Konzept gemeinsam mit dem Kunden integriert. Lediglich in der kreativen Konzeptphase, in der ausschließlich Konzepte bewertet wurden, gab es einen weiteren Wettbewerber für das Modul aus Kupplungskomponenten und elektrischer Maschine.

Nachdem die Konzeptentscheidung vom Kunden getroffen und die Prototypen beauftragt waren, begann die Fertigung dieser Teile ohne Berücksichtigung möglicher Serienherstellerprozesse. Die anschließende Funktionsabstimmung und Optimierung orientierte sich ausschließlich am Ziel eines möglichst geringen Kraftstoffverbrauchs. Dieses gemeinsame Ziel wurde erfolgreich abgeschlossen.

Im nächsten Schritt wurde für dieses Parallelhybrid-Konzept die Alltagstauglichkeit in einem Mittelklassefahrzeug nachgewiesen. Die Vorgabe des Kunden bestand aus dem Nachweis der entsprechenden Verbrauchs- und Emissions-Vorteile, ohne Abstriche an Fahrspaß und Dynamik in Kauf nehmen zu müssen. In dieser zweiten Phase wurden gleichzeitig bereits serienfähige konstruktive Entwürfe für das Modul untersucht. Viel stärker als in der ersten Phase stand die Integration der mechanischen Komponenten bei minimalem Zusatz-Bauraumbedarf im Vordergrund. Hierzu hat ZF Sachs zunächst mit eigenem Entwicklungsbudget eine Bauraumstudie mit möglichen Serienlösungen für ein hochintegriertes Modul durchgeführt. Nachdem die Bauraumforderungen mit den konstruktiven Lösungen fast erfüllt werden konnten, beauftragte der Kunde ZF Sachs mit der Entwicklung und Anfertigung weitere Prototypen. Mit diesen Teilen konnte letztendlich sowohl für Otto- als auch Dieselmotoren das gesteckte Ziel gemeinsam erreicht und nachgewiesen werden.

Während der gemeinsamen Arbeit an den Prototypfahrzeugen hat der Forschungsbereich des Kunden zunehmend die Vorentwicklungsverantwortlichen informiert und eingebunden. Mit der Weiterentwicklung anderer Getriebekomponenten konnten gemeinsam neue Schnittstellen für das Modul von ZF Sachs festgelegt und somit der Lieferumfang neben der Impulsstartkupplung und der elektrischen Maschine um ein Zweimassenschwungrad zur Schwingungsdämpfung erweitert werden.

Nach einer Vielzahl von Vergleichsfahrten und Managementpräsentationen hat sich der Automobilhersteller im Sommer 2005 für die Serienentwicklung des ZF-Sachs-Konzeptes entschieden. Die Zusammenarbeit bei derartigen Konzeptuntersuchungen mit ungewisser Marktentwicklung und Markterfolg beinhaltet generell ein hohes finanzielles Risiko. Die Entwicklung des oben beschriebenen Konzeptes wäre ohne die frühe Zusammenarbeit mit einem Fahrzeughersteller für die ZF Sachs AG alleine nicht möglich gewesen, da dieses neue Antriebsstrang-Konzept einen umfangreichen Eingriff in Mechanik, Elektrik sowie Steuerung und Regelung eines Kraftfahrzeuges erfordert.

4 Zusammenfassung

Die systematische Abwicklung von Innovationsprozessen im Unternehmen bleibt auch in Zukunft ein unabdingbares Kriterium für den langfristigen Erfolg eines Unternehmens am Markt. Ein Unternehmen kann nur dann am Markt bestehen, wenn es über Differenzierung die Technologieführerschaft anstrebt. Ein konzernübergreifender Prozess zur Identifikation und Entwicklung differenzierender High-Tech-Produkte schafft die Basis, ein ausgewogenes Produktportfolio zwischen bewährten, ausgereiften Technologien und den zukunftsträchtigen Technologien von morgen zu erreichen.

Die individuellen Rahmenbedingungen innerhalb eines Unternehmens sind ebenfalls von entscheidender Bedeutung. Nicht nur auf der Produktseite, sondern auch in den Bereichen der Organisation und Produktion müssen durch Innovationen die Weichen für den langfristigen Geschäftserfolg gestellt werden.

Die Gestaltung der Wertschöpfungsstruktur – Innovationsmöglichkeiten für ein global agierendes, mittelständisches Unternehmen

von Eckart Kottkamp[323]

1 Einführung

Globalisierung und technologische Entwicklung haben für international tätige Unternehmen den Druck erhöht, ihre Wertschöpfungs- und damit auch ihre Unternehmensstruktur den veränderten Verhältnissen anzupassen. Neben Marketing- spielen dabei zunehmend Kostengesichtspunkte eine maßgebliche Rolle.

Auch in der Vergangenheit sind kontinuierlich Veränderungen in den verschiedenen betrieblichen Teilbereichen umgesetzt worden. Sie dienten überwiegend der Verbesserung der internen Effizienz und waren weniger geprägt von heute unverzichtbaren Anpassungserfordernissen an strukturelle Veränderungen des externen Umfeldes.

Seit Öffnung der osteuropäischen und asiatischen Märkte hat sich die Situation mit zunehmender Geschwindigkeit verändert. Ein Ende der Neuausrichtung und damit der Eintritt in ein neues, globales Gleichgewicht ist nicht in Sicht. Die Unternehmen aus den klassischen Industrieländern müssen sich auf eine längere Phase beständiger struktureller Anpassung einrichten.

Vieles spricht dafür, bei der Ausrichtung eines Unternehmens auf die zukünftigen Herausforderungen und Chancen nicht nur Teilbereiche zu betrachten, sondern einen ganzheitlichen Ansatz zu wählen. Dabei kann zwar nicht erwartet werden, dass eine so erarbeitete Optimalstruktur vollständig umgesetzt werden kann. Die realen Gegebenheiten verlangen die Berücksichtigung bestehender Veränderungsgrenzen, die sich aus dem historischen Fundament, aus sozialen Verantwortlichkeiten und nicht zuletzt aus dem Transferaufwand ergeben. Die ganzheitliche Vorgehensweise bietet jedoch die Möglichkeit, ein in sich geschlossenes Zielkollektiv zu erarbeiten. Das sichert eine durchgängige Orientierung für verschiedene Teilprojekte über längere Zeiträume. Im Übrigen ergibt sich aus der angesprochenen Dynamik des Umfeldes die Notwendigkeit, das Gesamtkonzept in regelmäßigen Abständen einer kritischen Überprüfung zu unterziehen.

---

[323] Prof. Dr.-Ing. Eckart Kottkamp ist Alleingeschäftsführer der Hako Holding GmbH & Co.

Der breite Gestaltungsansatz eröffnet wesentliche Innovationsmöglichkeiten. Die Verkettung von Marketinggesichtspunkten, Produktfunktion und Herstellverfahren in einer Wertschöpfungsstruktur hat entscheidenden Einfluss auf die Wettbewerbsfähigkeit des Unternehmens.

Die vorstehenden Bemerkungen legen nahe, sich bei der zukunftsgerechten Strukturierung von Wertschöpfungsketten nicht auf Fertigungsvorgänge zu beschränken. Neben den dem Herstellungsprozess zugeordneten Wertschöpfungsstufen bekommt die Gestaltung der „begleitenden" Wertschöpfung eine ganz wesentliche Bedeutung. Darunter werden hier Aktivitäten zusammengefasst, die auf unterschiedliche Weise Form und/oder Ablauf des operativen Fertigungsprozesses beeinflussen.

Vornehmlich trifft das firmenintern auf die Entwicklung zu. Bedeutend sind weiter die Struktur und Leistungsfähigkeit der Kommunikations- und Informationssysteme. Aber auch Bereiche, die teilweise oder auch ganz außerhalb des Unternehmens liegen, üben großen Einfluss aus. Das betrifft einerseits insbesondere die Einbeziehung der Zulieferanten, und es betrifft andererseits die Auslieferungslogistik.

Gerade beim Aufbau eines internationalen Netzwerkes müssen die Merkmale der landesspezifischen Infrastruktur analysiert und berücksichtigt werden. Das schließt das Bildungssystem und die Verfügbarkeit qualifizierten Personals ebenso ein wie die Leistungsfähigkeit der Energie-, Kommunikations- und Verkehrssysteme. Nicht zuletzt ist es für die Stabilität von Herstellprozessen wichtig, die gesetzlichen und sozialen Auflagen bei Planung einer ausländischen Fertigung landesspezifisch vor einer Standortentscheidung zu analysieren.

Abhängig von Geschäftsfeld, Geschäftsumfang und Markt ergeben sich unterschiedliche Grundanforderungen an das Netzwerk. Nachfolgend sollen einige wesentliche Überlegungen erläutert werden, die die Grundlage für entsprechende Maßnahmen in der Hako-Gruppe darstellen. Sie bilden die Leitplanken für laufende und mittelfristig geplante Projekte.

2 Maßnahmen in der Hako-Gruppe

Hako beschäftigt sich in seinem Kerngeschäft mit dem Entwickeln und Vertreiben von Lösungen für das professionelle Reinigen von gewerblich, industriell und öffentlich genutzten Flächen. Der relevante Markt wird bislang durch die Bedarfe in den USA und Westeuropa bestimmt. Aber zunehmend gewinnen die sich entwickelnden Märkte in Osteuropa und Asien an Bedeutung. In diesem globalen Umfeld hat sich, begleitet von einer intensiven Konsolidierung, ein scharfer Wettbewerb ausgebildet. Ein weltweiter Marktauftritt und eine global wettbewerbsfähige Kostenposition sind deshalb Voraussetzung für eine mittel- und langfristig stabile Unternehmensentwicklung. Gemeinsame

Merkmale aller global agierenden Wettbewerber sind der Einsatz einer hohen Technologiebreite in den Maschinen, Fertigungsserien im Mittel- und Kleinserienbereich, ein relativ breites Produktspektrum und damit eine eingeschränkte Einkaufsmacht. Einer innovativen Gestaltung der Wertschöpfungskette kommt deswegen bei sonst vergleichbaren Rahmenbedingungen eine für die Wettbewerbsfähigkeit maßgebliche Bedeutung zu.

Bei den von der Hako-Gruppe angebotenen Lösungen stehen Kehrsaug- und Scheuersaugmaschinen in vielfältigen Ausprägungen im Mittelpunkt. Den Ausgangspunkt der Konzeptentwicklung bildet der Anspruch auf Nutzenführerschaft. Der Kunde soll sich für eine Hako-Lösung entscheiden, weil sie funktional am besten auf die Anwendung zugeschnitten ist, in der Anschaffung und im Betrieb zu dem günstigsten Kosten-Nutzen-Verhältnis führt und eine hohe Verfügbarkeit garantiert. Die Entwicklung leistungsfähiger, preiswürdiger Maschinen, eine bedarfsgerechte Lieferfähigkeit und Lieferpünktlichkeit sowie ein Service, der eine hohe Einsatzverfügbarkeit sicherstellt, sind die Kernkompetenzen, die für eine Kaufentscheidung des Kunden zugunsten Hakos führen sollen.

Den vom Markt wahrgenommenen Kernkompetenzen müssen interne Kompetenzen zugeordnet werden. Ihre Gestaltung muss gewährleisten, dass die Erfüllung der Kundenerwartung mit einer guten Wirtschaftlichkeit verbunden wird.

Die Hako-Gruppe tritt im Reinigungsbereich weltweit mit den Marken Hako und Minuteman auf. Dabei liegt der Schwerpunkt von Hako in Europa und Asien, Minuteman's Kernmarkt sind die USA.

Im Rahmen der angesprochenen Konsolidierung des Wettbewerbsumfeldes kommt der Nutzung von gruppenweiten Synergien bei Wahrung regionalspezifischer Differenzierungen eine hohe Bedeutung zu. Voraussetzung für die Umsetzung der nachfolgend beschriebenen Maßnahmen war die Erarbeitung einer gemeinsamen, gruppenübergreifenden Strategie. In ihr werden die Gemeinsamkeiten und die Einzelziele definiert, auf deren Basis unter Berücksichtigung regionaler Marktbedingungen eine wirtschaftlich erfolgreiche weltweite Präsenz ausgebaut werden soll.

Das Produktspektrum der Reinigungsmaschinen lässt sich in Abhängigkeit von den Haupteinsatzgebieten in drei Klassen gliedern:

Klasse 1

Maschinen, die in gewerblichen Räumen eingesetzt werden. Dieser Bereich wird volumenmäßig beherrscht von Verkaufsflächen der großen Handelsketten und Innenräumen mit hohem Publikumsaufkommen (z. B. Flughäfen). Kundenspezifisch erfolgt dabei der Betrieb durch eigenes Personal, oder die Aufgabe wird an Dienstleister vergeben.

Die Beauftragung erfolgt zunehmend auf nationaler oder internationaler Ebene, so dass Flotten mit vergleichsweise hohen Stückzahlen vergeben werden. Die Vergabe an Dienstleister erfolgt im Regelfall sehr kurzfristig. In diesem Fall wird die kurzfristige Lieferfähigkeit ein häufig maßgebliches Kriterium für den Zuschlag.

Mittelserien mit Losgrößen bis zu 10.000 Maschinen, weltweit nur geringe Variation in den Spezifikationen und kurze Lieferzeiten bestimmen für die Maschinen die Gestaltung der Wertschöpfungskette. Das führt auf folgende Kriterien:

- Konsequente Anwendung einer Baugruppenkonzeption bei der Maschinenentwicklung zur Realisierung kurzer Montagezeiten unter Nutzung einfacher und robuster Verbindungstechniken. Die Auslegung der Verbindungstechniken muss die lokale Montage durch geringen Vorrichtungsaufwand und niedrige Qualifizierungsansprüche an das Montagepersonal unterstützen. Hohe Spitzenausbringungen mit deutlicher Überschreitung der durchschnittlichen Produktionsmenge kennzeichnen das Fertigungsprogramm. Die Baugruppen müssen vorprüfbar sein und sollten eine hohe Versanddichte beim Transport zu unterschiedlichen Montageorten ermöglichen.
- Verwendung einer integrierten Bauweise für den Fahrzeugkörper. Das vermindert die Teilevielfalt und damit den Dispositions- und Montageaufwand und unterstützt so die schnelle Endmontage.
- Technologisch führt die Verknüpfung der mittelgroßen Stückzahlen mit der Forderung nach integrierter Bauweise auf die Anwendung von Kunststoffkörpern, die im Rotationssinternverfahren hergestellt werden. Das Verfahren zeichnet sich durch vergleichsweise niedrige Werkzeugkosten, für die Stückzahl ausreichende Werkzeugstandzeiten und hohe Designflexibilität aus. Da der Eigenbedarf eine dreischichtige Auslastung der Automaten mit niedrigem Personalaufwand zulässt und die Investitionskosten eine schnelle Amortisation erlauben, hat sich die Hako-Gruppe zur Eigenfertigung sowohl in Europa als auch in den USA entschieden. Diese Entscheidung wurde zusätzlich gestützt durch die Überzeugung, dass durch Feinabstimmung zwischen Entwicklung und Fertigung die Nutzung der Technologie und damit das Systemverhalten und die Kostenstruktur der Maschine verbessert werden kann.
- Das Konzept erlaubt einen transatlantischen Fertigungsverbund. Auf der Basis von gemeinsamen Bausätzen erfolgt zukünftig für entsprechend ausgesuchte Maschinen eine lokale Montage. Das führt auf niedrige Transportkosten bei hoher Nutzung von Gleichteilen, erlaubt kurzfristige Lieferzeiten und unterstützt darüber hinaus die Umsetzung markenspezifischer Designdifferenzierungen zwischen den Marken Hako und Minuteman.

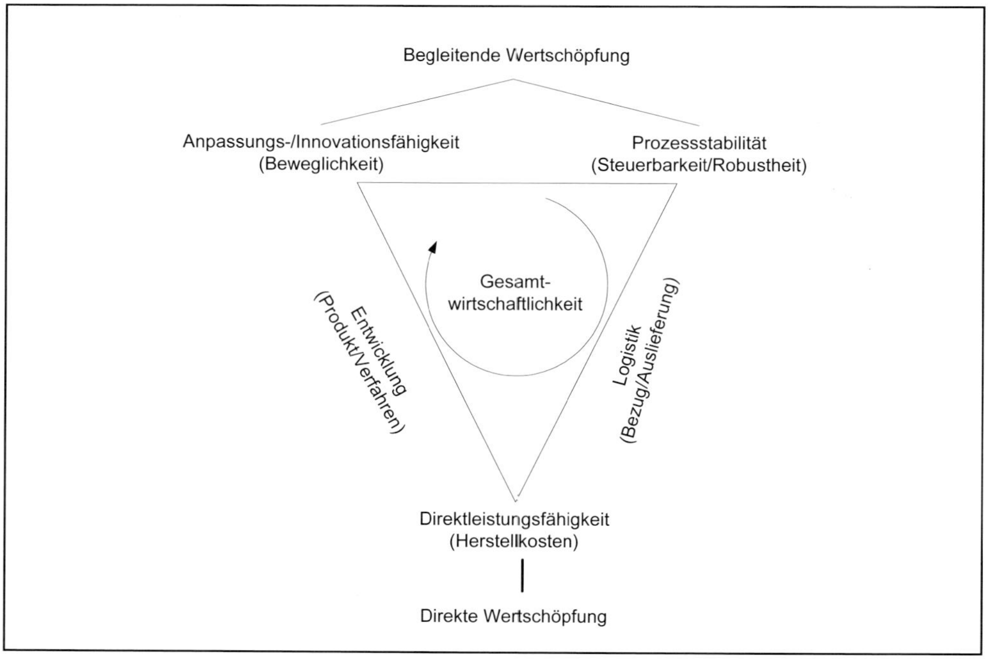

Abb. 1: Zusammenhang von begleitender und direkter Wertschöpfung.

Über die Baugruppen hinaus bedingt das Konzept den Entwurf einheitlicher Fahrwerksplattformen für die betroffenen Maschinentypen. Der Bezug dieser Schweißgruppen steht im Wettbewerb. Die eigenen Herstellkosten stehen dabei im Wettbewerb zu den Bezugskosten von Zulieferern. Dabei schließt die Bewertung die Stabilität der Zulieferung, die Steuerbarkeit kurzfristiger Bedarfe, die Flexibilität bei notwendigen Änderungen, die Logistikkosten und die Dispositions- und Transportzeiträume ein.

Erfahrungen mit Bezügen aus Billiglohnländern haben gezeigt, dass viele Vorteile des Preisangebotes verloren gehen oder den Grad der Risiken bei der Lieferbereitschaft nicht akzeptabel erhöhen, wenn die aufgeführten Faktoren in die Bewertung aufgenommen werden. Hako hat sich deshalb entschlossen – auch unter Berücksichtigung der Bedarfe, die aus den noch zu behandelnden Fahrzeugklassen entstehen –, eine eigene Baugruppenfertigung in Polen aufzunehmen. Das ermöglicht bei arbeitsintensiven Teilen die Nutzung der niedrigen Personalkosten bei gleichzeitig gewohnter Stabilität der Steuerung und verbrauchsnaher Zulieferungslogistik. Die polnische Fertigung steht jedoch weiter im Wettbewerb mit externen Zulieferern.

Dieser Grundsatz gilt für alle internen direkten Wertschöpfungsstufen, die nicht vom Kunden unmittelbar als firmenspezifische Kompetenz wahrgenommen werden.

Die Erfahrung zeigt, dass der organisatorische Aufwand für die Sicherstellung von stabilen, zeitgerechten Lieferungen mit gleich bleibender Qualität erheblich ist. Dazu kommt die Neigung gerade fernöstlicher Zulieferer, bei der Aussicht auf höhere Volumina durch einen anderen Abnehmer das Lieferverhältnis schnell wieder zu beenden. Hako bemüht sich deshalb, Partner zu finden, die sich durch Synchronisation von Entwicklung und Fertigung auszeichnen. Das eröffnet zusätzliche Innovationspotenziale bei der Abstimmung zwischen Funktion und Fertigungsverfahren. Diese Möglichkeiten werden mit hoher Flexibilität für die angesprochenen Stückzahlen durch europäische und häufig deutsche Unternehmen besonders kompetent und wirtschaftlich angeboten. Der Ausbau der Partnerschaft mit solchen Systempartnern bleibt deshalb für die Unternehmen der Hako-Gruppe ein bedeutendes Element bei der Neugestaltung der Wertschöpfungsketten.

Klasse 2

Maschinen der Klasse 2 kommen auf größeren Flächen in Fertigungen und Logistikzentren zum Einsatz. Sie zeichnen sich bei niedrigeren Stückzahlen durch größere technische Komplexität und robusteren Aufbau aus. Ihre Montage erfordert eine hohe Qualifikation. Die Maschinen zeichnen sich durch robuste Stahl- und Blechkonstruktionen aus. Wegen der hohen Konfigurationsabhängigkeit der Auslieferungen und der daraus sich ableitenden niedrigen Stückzahlen je Fertigungskonfiguration wird unter Berücksichtigung der Forderung nach kurzfristiger Lieferzeit die Eigenfertigung beibehalten. Die Blechteile werden auf 3-schichtig ausgelasteten, in der Zu- und Abführung automatisierten Automaten zugeschnitten und anschließend gebogen. Aufgrund der Vielfalt der Teile ist das bezüglich der montagenahen, damit bestandsarmen und zuverlässigen Herstellung eine interne Kompetenz. Sie ist bei geringem Personalaufwand und aufgrund der Auslastung kurzer Amortisationszeit wirtschaftlich. Es war dagegen beabsichtigt, die spanende Fertigung vollständig auszulagern. Vermieden werden sollte dabei allerdings, nur große Teilemengen auszulagern und für eine Vielzahl kleiner Stückzahlen weiterhin die internen Strukturen vorhalten zu müssen.

Es konnte kein Zulieferer gefunden werden, der zu wirtschaftlich vertretbaren Konditionen bereit war, das Gesamtvolumen zu übernehmen. Es wurde jedoch eine Lösung gefunden, die hohe Wirtschaftlichkeit, sehr gute Steuerbarkeit und eine sozial vorbildliche Beschäftigungskonzeption miteinander verbindet. Alle Aktivitäten wurden in ein Joint Venture mit der Diakonie überführt, an der Hako einen Minderheitsanteil hält. Diese Konstellation führt auf eine Equity-Bilanzierung und erlaubt damit eine vorteilhafte Verkürzung der Bilanz bei Hako. In dem JV werden hoch qualifizierte Schwerstbehinderte beschäftigt. Das Management der Einheit hat Hako in Dienstleistungsfunktion übernommen.

Klasse 3

Maschinen der Klasse 3 sind hochkomplexe Maschinen mit hohem kundenspezifischem Anteil. Diese Kehrmaschinen werden schwerpunktmäßig bei der Reinigung von Einkaufszonen und Bürgersteigen eingesetzt. Ihre hohe Einbaudichte verlangt hoch qualifiziertes Personal in der Montage. Hier stützt sich Hako auf eigene Kompetenzen ab, weil die Qualität der Facharbeiter besonders hohen Ansprüchen genügt. Auch die Fahrgestelle werden aus Gründen der zuverlässigen Steuerbarkeit bei kleinen Stückzahlen in eigenen Werken produziert.

In Polen hat sich die Fertigung seit einigen Jahren eine besondere Kompetenz im Schweißen von Edelstahlbaugruppen erarbeitet. Diese Kompetenz, die auch von Dritten genutzt wird, hat dazu geführt, dass die Herstellung entsprechend herstellkritischer Kehrbehältnisse wirtschaftlich wieder in Eigenfertigung übernommen werden konnte.

Das vorstehend erläuterte ganzheitliche Konzept führt zu gravierenden Änderungen der Wertschöpfungsstruktur. Der Verbund zwischen den unterschiedlichen Fertigungsstandorten in Deutschland, Polen und den USA wird wie beschrieben ausgebaut. Untersucht werden Möglichkeiten, diesen Verbund nach Asien auszuweiten. Dazu wurde in den vergangenen Jahren ein kombinierter Entwicklungs-/Fertigungsverbund im Rahmen eines Joint Ventures in Indien aufgebaut. Möglichkeiten eines vergleichbaren Vorgehens in China werden geprüft.

3 Zusammenfassung

Die Analyse zeigt zusammenfassend, dass für die relevanten Stückzahlen und Lieferzeiten, die geforderte Flexibilität und damit die beste Gesamtwirtschaftlichkeit häufig nur durch Eigenfertigung oder Kooperation mit europäischen Partnern erzielt werden kann. Das alleinige Bewerten von Herstellkosten ist für das Auffinden der besten Wertschöpfungskette nicht ausreichend. Die Situation ist jedoch im ständigen Fluss. Unter Berücksichtigung der stürmischen Marktentwicklung muss ein verstärktes Engagement in Asien ständig neu geprüft werden.

Innovationspartnerschaft: Chance für die wirtschaftliche Produktion in Hochlohnländern. Impulse aus der Spritzgießmaschinenentwicklung zur Standortsicherung

von Herbert Kraibühler[324]

1 Einführung

Die Bedeutung des Werkstoffes Kunststoff für das alltägliche Leben nimmt global gesehen mit steigender, ja beinahe exponentieller Dynamik zu. In diesem Zusammenhang wird die produzierende Industrie allerdings mit einer weiteren Dynamik konfrontiert: Durch die unaufhaltsame Verlagerung der Produktion von Billigteilen und Einfachprodukten in Niedriglohnländer wandert ein großer Teil der Aufträge aus Hochlohnländern ab. Diese Entwicklung wirkt sich selbstverständlich auf die Kunststoffindustrie aus, sowohl auf die Teileherstellung wie auch auf die Anlagenlieferanten. Die Anforderungen und Märkte verändern sich somit, worauf ARBURG als Maschinen- und Anlagenlieferant durch entsprechende Entwicklungen und Anpassungen reagiert.

Es zeigt sich, dass das traditionelle Beziehungsgeflecht zwischen Maschinenbauer und Verarbeiter dabei immer komplexer wird. Eine umfassende und innovationsfähige Kundenbetreuung auf regelmäßige Besuche und einen zufrieden stellenden Service zu reduzieren, reicht bei weitem nicht mehr aus. Innovationspartnerschaft heißt das Gebot der Stunde.

2 Enge Zusammenarbeit zwischen Maschinenbauer, Verarbeiter und Werkzeugbauer

Wie lassen sich Marktchancen durch moderne Technologien effektiv nutzen, wie kann man dem Kostendruck besser begegnen? Fragen, die Kunststoffverarbeiter in Hochlohnländern in den letzten Jahren verstärkt umtreiben. Antworten zu diesen Fragen sollte unserer Meinung nach zum großen Teil die liefernde Industrie, also wir, finden, um die eigenen Märkte in den Hochlohnländern nachhaltig und wettbewerbsfähig zu stützen.

---

[324] Herbert Kraibühler ist Geschäftsführer Technik bei der ARBURG GmbH Co KG.

Die entsprechenden Antworten finden sich zunehmend in Form einer engen Zusammenarbeit zwischen Maschinenbauer, Verarbeiter und Werkzeugbauer.

Eine wichtige Rolle spielen dabei neue Entwicklungen in den Bereichen Antriebstechnologie, Automationslösungen, Substitution traditioneller Materialien und Fertigungsverfahren durch Kunststoffe und Spritzgießen, die Verarbeitung mehrerer Komponenten, die Kombination verschiedener Materialien oder auch die Integration von Funktionalitäten in Komplettbearbeitung. Und hier wird das Kunststoffspritzgießen seine ganz besonderen Fähigkeiten in Zukunft noch verstärkt zeigen können.

Um weiterhin in Hochlohnländern wettbewerbsfähig zu bleiben oder sogar eine aktive, führende Rolle im Wettbewerb einnehmen zu können, muss man die Komplexität der Teile und der Fertigung erhöhen. Unter Komplexität verstehen wir bei ARBURG sowohl eine erhöhte Bauteilfunktionalität als auch eine modern aufgestellte Produktion mit dem Einsatz von Sonderverfahren sowie die Prozesskette von der Bauteilentwicklung bis hin zur Auslieferung.

Wichtig dabei ist, dass die Bedienbarkeit der Anlagen und Prozesse nicht nur gegeben bleibt, sondern sogar noch erleichtert wird. Ein Bediener darf es nur mit einer Bedienphilosophie, mit einer Bedienoberfläche zu tun haben. Deswegen muss man als Maschinenhersteller die Steuerungen offen gestalten, so dass sich z. B. die Peripherie problemlos einbinden lässt, deren Steuerung über die der Maschine mit abgewickelt wird.

Die Reise geht also eindeutig in Richtung der „intelligenten“ Maschine. Wir müssen durch „intelligentere“ Maschinen und Prozesse sowie die gesamtheitliche Betrachtung von Maschine, Werkzeug, Material und Prozess die Produktion sicherer, einfacher und wirtschaftlicher gestalten.

In der stärkeren synergetischen Verflechtung einzelner Produktionstechnologien im Rahmen von „intelligenten“ Gesamtanlagen mit einer Steuerung – also im Projektgeschäft – liegt z. B. gerade die Zukunft für die Hochlohnländer. Dann lassen sich für den Serienbedarf oft kostengünstige und qualitativ hochwertige Teile wettbewerbsfähig herstellen. Durch das Zusammenlegen von verschiedenen Fertigungsschritten erhöht sich zudem die Lieferfähigkeit, auch ist die Beschaffungszeit häufig kürzer.

Das funktioniert aber nur dann, wenn alle beteiligten Partner an einem Projekt eng zusammenarbeiten. Das beginnt bei der Teilekonstruktion, geht über die Materialauswahl bis hin zur Projektarbeit. Hilfreich sind auch Weiterentwicklungen in der Steuerungs- und Maschinentechnik sowie den Verfahrenstechniken.

Neben einem gut funktionierenden Vertrieb und Service wird daher bei ARBURG schon traditionell sehr viel Wert auf ein breites Angebot in Sachen Anwendungstechnik, auf die Möglichkeiten des hauseigenen Technikums und eine breite Ausarbeitungsbasis bei Projekten gelegt. Die kostenlose Inanspruchnahme und Beratung durch die anwendungstechnische Abteilung mit Schwerpunkten aus allen Anwendungsbereichen der Kunststofftechnik wird in sehr engem Kundenkontakt kontinuierlich wahrgenommen. Die Möglichkeit, allgemeine und kundenspezifische Versuche im Anwendungstechnikum an allen Maschinen mit allen Ausrüstungen zu fahren, ist ebenso ein zentraler Punkt, um vor allem spezifische Probleme beziehungsweise Neuentwicklungen in sehr engem Kontakt mit dem Kunden weiter voranzutreiben.

Aus diesen sehr engen und kontinuierlichen Kundenkontakten entwickelt sich dann automatisch auch die Zusammenarbeit in den Entwicklungsprozessen. Kundenwünsche in die Maschinenentwicklung mit einzubinden ist für ARBURG oberstes Gebot. In der Umsetzungsmöglichkeit zur individuellen Maschine ist der modulare Aufbau der Maschinen sehr wichtig. Dieser modulare Aufbau und die kundenspezifische Zusammensetzung der Komponenten ist ganz entscheidend, um die kundennahen Wünsche und Bedürfnisse erfüllen zu können. Dies gilt neben der Maschinenentwicklung auch für die Entwicklung von neuen Prozessen, wie z. B. das Pulverspritzgießen. Neben dem eigentlichen Spritzgießprozess wurde bei ARBURG die gesamte Produktionskette, von der Aufbereitung des spritzfähigen Materials bis zum Sintern des fertigen Produktes, mit entwickelt und im eigenen PIM-Labor aufgebaut, was wiederum vom Kunden zur Entscheidungsfindung bis hin zur Produktion von Musterteilen genutzt werden kann.

Dem angesprochenen Abwanderungstrend aus Hochlohnländern wird z. B. bei der Herstellung technischer Teile stark entgegengewirkt. Das Ziel ist die Erhöhung der Komplexität von Bauteilen. Dadurch können für den Serienbedarf oft kostengünstigere und qualitativ hochwertigere Teile wettbewerbsfähig hergestellt werden. Aufgrund der Zusammenlegung von verschiedenen Fertigungsschritten wird oft die Lieferfähigkeit erhöht und die Beschaffungszeit verkürzt. Die Möglichkeiten zur Umsetzung werden sehr stark durch Impulse der Kunststoffmaschinenindustrie vorangetrieben. Dazu gehören eine enge, partnerschaftliche Zusammenarbeit bei

- der Teilekonstruktion,
- der Materialauswahl,
- sowie der Projektarbeit.

Diese Impulse dienen in unserem Hause dazu, die Weiterentwicklung der Steuerungs- und Maschinentechnik sowie der Verfahrenstechnik aktiv voranzutreiben.

Die konstruktive Zusammenarbeit betrifft sowohl die Teilekonzeption wie auch die Realisierung im Spritzgießwerkzeug. Gerade die Komplexität bei Spritzgießwerkzeugen, die z. B. im Bereich Mehrkomponenten-Spritzgießen sehr stark von maschinenunterstützenden Funktionen beeinflusst wird, ist von großer Bedeutung.

Hierfür gibt es einige typische Beispiele:

Das komplette Getriebe eines Mikro-Planetengetriebesatzes wird im Montagespritzguss in einem hoch komplexen Werkzeug bei einer Gesamtzykluszeit von ca. 20 Sekunden in mehreren Stufen gespritzt und fällt funktionsfähig aus der Maschine. Durch diese sehr aufwändige Werkzeug- und Maschinentechnik entfällt nicht nur der gesamte Montageprozess des Planetengetriebes, vielmehr ergibt sich zudem eine verbesserte Montage im Gesamtgetriebe. Mit dieser Technologie gelingt es z. B., im vollautomatischen Prozess ohne manuelle Eingriffe Teile mit sehr hoher Qualität zu einem günstigen Preis in Massenproduktion herzustellen.

Ein Impuls für die Teilekonstruktion aus ARBURG-Innovationspartnerschaften zu einer wirtschaftlichen und nachhaltigen Produktion in Hochlohnländern heißt also: Montagespritzguss.

Das nächste Beispiel ist auf Anhieb sehr viel verbrauchernäher: Eine technologisch anspruchsvolle, moderne Produktion von Zahnbürsten zeigt auf, mit welch hohem maschinentechnischen Aufwand das so genannte farbsortierte Spritzgießen realisiert wurde.

Bei der Zahnbürstenherstellung werden auf einer 5-Komponenten-Maschine in jedem Zyklus 16 Zahnbürsten in vier unterschiedlichen Farben aus rein logistischen Gründen in unterschiedlicher Farbzusammensetzung hergestellt. In dieser Ausführung wurde es durch die Komplexität der Maschine und des Spritzgießprozesses möglich, die folgenden Prozesse wie Bebürstung und Verpackung so zu straffen, dass die gesamte Zeit von der Herstellung bis zur verpackungsgerechten Auslieferung – jeweils vier unterschiedliche Farben pro Verpackungseinheit – von mehreren Tagen auf wenige Stunden verkürzt werden konnte.

Ein Impuls für die Teilekonstruktion aus ARBURG-Innovationspartnerschaften zu einer wirtschaftlichen und nachhaltigen Produktion in Hochlohnländern heißt also: Farbsortiertes Spritzgießen.

Ebenfalls sehr wichtig sind die Impulse bezüglich Materialanwendung und Materialkombinierbarkeit. Im Hinblick auf komplexe Teile werden Mehrkomponenten-Anwendungen immer wichtiger. Darunter verstehen wir, dass Kunststoffteile funktionsbedingt aus unterschiedlichen Materialien bestehen. Bekannt sind solche Anwendungen z. B. aus der Automobilindustrie, um Dichtungsfunktionen durch Hart/Weich-Komponenten zu erhalten oder um klappernde Geräusche zu vermeiden, die sich ebenfalls durch Kombination mit Weichkomponenten an den Berührstellen beseitigen lassen.

Die Entwicklung von Material und Werkzeugen geht vermehrt in die Richtung, nicht nur thermoplastische Werkstoffe zu verbinden, sondern z. B. auch Thermoplast mit Silikon. Dieses Material hat insbesondere als Dichtmaterial sehr große Bedeutung. Maschinentechnisch ist es dabei notwendig, Maschinenkombinationen für unterschiedliche Aufbereitungseinheiten zu realisieren. Wichtig ist hier ebenso die Zusammenarbeit zwischen Maschinenhersteller und Materialhersteller.

Ein Impuls für die Materialauswahl aus ARBURG-Innovationspartnerschaften zu einer wirtschaftlichen und nachhaltigen Produktion in Hochlohnländern heißt also: Neue Materialkombinationen mit verbesserten Eigenschaften.

Einen weiteren wichtigen Impuls im Bereich Material gibt der Bereich des Pulverspritzgießens. Unter Pulverspritzgießen versteht man die spritzgießtechnische Verarbeitung von z. B. Stahlpulver, Hartmetallpulver oder Keramikpulver. Mit diesem Verfahren ist man in der Lage, hochkomplexe Teilegeometrien mit diesen Werkstoffen im Spritzgießverfahren herzustellen. Um eine spritzgießfähige Masse zu erhalten, wird der Pulverwerkstoff mit einem so genannten Binder vermischt und entsprechend aufbereitet. Um den Binderanteil wieder aus dem Spritzteil zu entfernen, wird dieses in einem weiteren Prozess entbindert und gesintert. Dieses Verfahren ermöglicht, zerspanungslos Teile aus Materialien wie z. B. Stahl in hohen Losgrößen wirtschaftlich herzustellen und somit ganz neue Märkte zu erschließen. Auch hier ist es wichtig, dass die Maschinenhersteller diese technischen Möglichkeiten den Konstrukteuren nahe bringen und die zukünftigen Anwendungsgebiete aufzeigen.

Ein anderes Beispiel: Abhängig von Materialentwicklungen wird die Substitution von „alten" Materialien und Herstellungsprozessen voranschreiten. Ein gutes Beispiel ist hier der Großbereich „Glas". Der Siegeszug der PET-Flasche ist nicht aufzuhalten, aber generell wird herkömmliches Glas, – z. B. als Fensterscheiben oder Autoverglasungen, in Zukunft verstärkt durch Kunststoff ersetzt – und damit zwangsläufig auch das traditionelle Herstellungsverfahren. Auch Verbundteile aus Stahl und Kunststoff sind stark auf dem Vormarsch mit dem Ziel der Gewichtsreduzierung, verbesserten Dämmung und allgemein der Qualitätsverbesserung.

Ein Impuls für die Materialauswahl aus ARBURG-Innovationspartnerschaften zu einer wirtschaftlichen und nachhaltigen Produktion in Hochlohnländern heißt also: Einsatz neuer Materialien für technische Teile.

Im Bestreben um die Wettbewerbsfähigkeit unserer Industrie in Hochlohnländern ist die Realisierung von Projekten, die komplexe Vorgänge zur Reduzierung manueller Tätigkeiten zusammenführen, sehr wichtig. Hierzu ist es notwendig, dass die Komplexität durch eine hohe Qualität, Ablaufsicherheit, Zuverlässigkeit und einen sicheren Prozess beherrschbar ist. Das Know-how ist auf breiter Basis bei den Spritzgießmaschinenherstellern vorhanden und kann in enger Zusammenarbeit mit den Anwendern konzeptionell erarbeitet und umgesetzt werden.

Ein Impuls für integrierte Produktionsanlagen aus ARBURG-Innovationspartnerschaften zu einer wirtschaftlichen und nachhaltigen Produktion in Hochlohnländern heißt also: Beherrschbare komplexe Teileproduktion.

Wie schon angesprochen, ist es sehr wichtig, dass die Bedienbarkeit komplexer Anlagen erhalten bleibt. Durch die Integration von Peripherieaufgaben in die Maschinensteuerung sind diese Voraussetzungen grundsätzlich geschaffen. Die Entwicklungen zur Verbesserung der Teilequalität und der Produktionssicherheit werden jedoch weiter vorangetrieben, ebenso wie die entsprechende Sensorik zur Prozessablaufentwicklung im Werkzeug mit entsprechender Regelung des Online-Prozesses. Im Bereich der Maschinen hat in den letzten Jahren die elektrisch angetriebene Maschine ihren Einzug gehalten. Gerade bei komplexen Vorgängen bietet die absolute Positioniergenauigkeit der elektrischen Achsen Vorteile. Die Gesamtzusammenhänge sind besser steuer- und überwachbar. Anfahrvorgänge z. B. nach Produktionsunterbrechung werden kürzer und beherrschbarer.

Ein Impuls für die Steuerungstechnik aus ARBURG-Innovationspartnerschaften zu einer wirtschaftlichen und nachhaltigen Produktion in Hochlohnländern heißt also: Beherrschbare Prozesse.

Auch in der Verfahrenstechnik werden kontinuierlich weitere Verbesserungen erarbeitet, die zu Impulsen für die Produktion und Anwendung technischer Teile führen. Anwendungen mit Mikroschaum in der Kunststoffschmelze führen z. B. zu verzugsärmeren und genauer reproduzierbaren Teilen. Dickwandige Teile können durch Gas- oder Wasserinjektionsteile Teile mit weniger Materialeinsatz und konstanterer Maßbeherrschung erzielt werden. Die Herstellung dekorativer Oberflächen durch Hinterspritzen von Folien aus Kunststoff, Metall oder Textil in Verbindung mit komplexer Einlegetechnik führt zu höherer dekorativer Wertschöpfung.

Ein Impuls für die Verfahrenstechnik aus ARBURG-Innovationspartnerschaften zu einer wirtschaftlichen und nachhaltigen Produktion in Hochlohnländern heißt also: Verbesserung der Teilequalität durch optimale Verarbeitungsverfahren.

Chancen und Impulse gibt es also genug, die Liste ließe sich noch weiter fortführen. Für die These, dass intensivere Innovationspartnerschaften auch in Zukunft die Wettbewerbsfähigkeit produzierender Kunststoff-Industrie in Hochlohnländern erhalten und stärken können, mögen die Beispiele allerdings Beleg genug sein.

3 Ausblick

Für die Produktion von Kunststoffteilen bieten sich also auch in Zukunft gute und sinnvolle Perspektiven durch die Herstellung komplexer Teile. Dabei sollten vor allem „technische Teile" im Fokus der Betrachtung stehen, da sie aufgrund des Wettbewerbsvorsprungs kurz- und mittelfristig nicht ersetz- oder kopierbar sind.

Allerdings gilt hier wie in anderen Bereichen: Stillstand ist Rückschritt, nur eine permanente Innovation sichert den Vorsprung. Mindestens einen, besser aber noch zwei Schritte voraus zu sein ist die beste Wettbewerbsstrategie. Eine sinnvolle Bündelung verschiedener Kräfte zum Wohl aller beteiligten Partner kann allerdings ein besseres Ergebnis zeitigen, als die nicht abgestimmte und verflochtene Summe der einzelnen Beiträge. Voraussetzung hierfür ist eine sehr enge Zusammenarbeit des Kunden-Lieferanten- und Know-how-Träger-Komplexes in den Hochlohnländern.

Bei individueller und sorgfältiger Betrachtung, Ausarbeitung und Nutzung der verfügbaren Ressourcen und Möglichkeiten sind beste Voraussetzungen für eine weltweite Wettbewerbsfähigkeit gegeben. Durch hohe Produktivität mit geringem Personaleinsatz in Verbindung mit hohem technischen Know-how und sicheren Produktionseinrichtungen sind wir als Partner gut gerüstet, um in dem sich weiter ausdehnenden Markt von Kunststoffteilen bestehen zu können. Es liegt an uns, nicht als Einzelkämpfer, sondern als Partner die Herausforderung anzunehmen und somit unseren Standort langfristig zu sichern.

Innovationsmanagement am Beispiel der elektrischen Antriebs- und Automatisierungstechnik

von Erhard Tellbüscher[325]

1 Einleitung

Innovation ist das, was der Markt an Neuem wahrnimmt. Dabei ist die Wahrnehmung nur dann vollkommen, wenn damit auch ein Nutzen verbunden ist.

Der Innovation ist somit ein weites Feld an Möglichkeiten gegeben. Sie kann Geschäftsmodelle, Prozesse oder – wie überwiegend angewandt – die Technik betreffen. In der Investitionsgüterindustrie wird unter dem Stichwort „Innovation" überwiegend die Produktinnovation angesprochen.

Dieser Beitrag befasst sich mit der Innovation in der elektrischen Antriebs- und Automatisierungstechnik, d. h. mit der Steuerung und Regelung von Elektromotoren, die in Maschinen und Anlagen Achsen bewegen und dort in einem Verbund arbeiten, so dass automatisierte Abläufe entstehen.

Die elektrische Antriebstechnik ist eine vergleichsweise junge Disziplin. Erste Lösungen mit „Frequenzumformern" entstanden um 1960.

2 Innovationstreiber

Die elektrische Antriebstechnik erhielt ihre Impulse zunächst durch elektrische und elektronische Bauteile. Mit der Verfügbarkeit der Halbleitertechnik trat eine Beschleunigung in der Innovation ein. Die Lebenszyklen dieser Produkte verkürzten sich entsprechend. Aktuell beträgt die aktive Vermarktungszeit im Lebenszyklus von einfachen Frequenzumrichtern drei bis vier Jahre und bei komplexen Produkten wie Servoreglern fünf bis sechs Jahre. Das ist die Zeit, in der mit einer Produktreihe Umsatzwachstum erzielbar ist. Danach werden die Produkte zwar weiter produziert, zur Erzielung von Umsatzentwicklungen sind jedoch weitere Innovationen zwingend.

---

[325] Dr. Erhard Tellbüscher ist Vorstandsvorsitzender der Lenze AG.

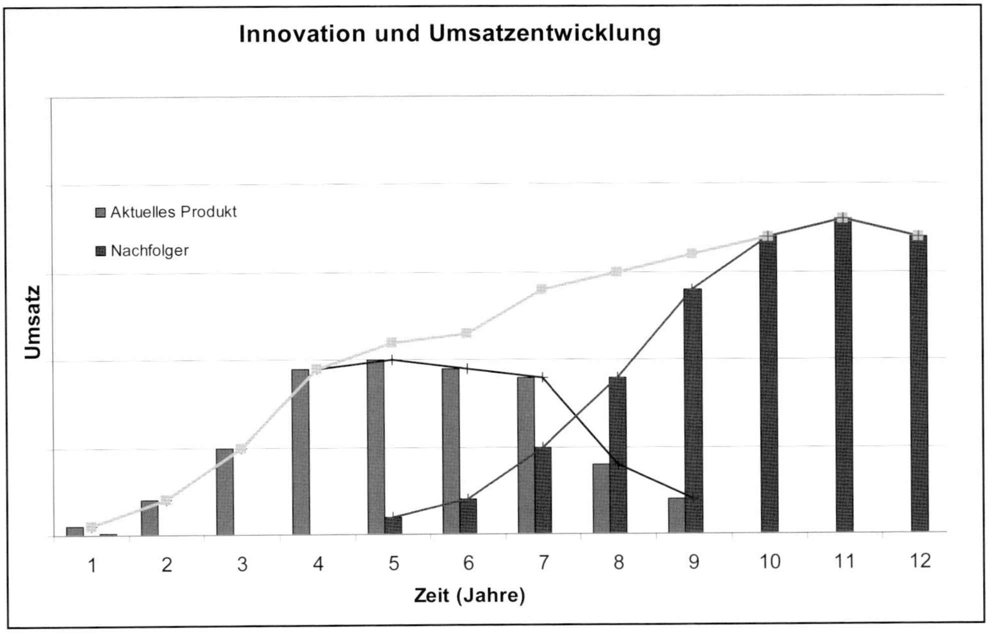

Abb. 1: Innovation und Umsatzentwicklung.

Die Abbildung zeigt im Prinzip den Umsatzverlauf über die Zeit. Ohne ein Anschlussprodukt nach der aktiven Vermarktungszeit geht ein Unternehmen hohe Risiken ein. Das ist an sich keine neue Information. Wegen der kurzen Lebenszeit von elektronischen Produkten und der Entwicklungszeit von Baureihen über einen Leistungsbereich von typischerweise 250 Watt bis zu 400 kW gewinnt sie aber eine hohe Bedeutung. Aus diesem Grund ist das richtige Innovationsmanagement ein wesentlicher Erfolgsfaktor.

Von den typischen Innovationszielen der vergangenen Jahre

- Verringerung des Bauvolumens
- Kostenreduzierung und
- Funktionserweiterungen

haben die beiden erstgenannten Ziele derzeit ein abgeschwächtes Potenzial. Die Funktionserweiterung und der Ausbau zur Systemfähigkeit stehen aktuell auf der „Innovationsliste". Hierfür werden leistungsstarke Kommunikationssysteme sowohl in der Feldebene als auch zur Leitebene benötigt.

Die Standardisierung der Kommunikation auf der Maschinen- und Fabrikebene ist von herausragender Bedeutung. Ein Standard in der Kommunikation für alle Anwendungen ist derzeit nicht denkbar, da die Bedürfnisse in den Anlagen sehr verschieden sind und ein Kommunikationsstandard für alles dann wieder nicht dem gewünschten Preis-Leistungs-Verhältnis entspricht.

Das Innovationsmanagement erfolgt durch Hersteller solcher Systeme in Verbindung mit Interessenten, die für ihre Anwendungen in einem oder mehreren Kommunikationssystemen Vorteile sehen. Über Nutzerorganisationen werden dann die Anforderungen an solche Systeme eingebracht.

Neben den Entwicklungen in der Kommunikation waren richtungweisende Entwicklungen in der elektrischen Antriebstechnik in den vergangenen zehn Jahren die **Integration von Steuerungsfunktionen** in den Antrieb und die **Dezentrale Antriebstechnik**. Hierdurch entstanden neue Architekturen in der Automatisierung von Maschinen und Anlagen mit deutlichen Kostenvorteilen. Übergeordnete Steuerungsfunktionen konnten reduziert werden, die Geschwindigkeiten und damit die Leistung einer Anlage bei gleichem oder besserem Produktergebnis ließen sich steigern, und schließlich hatte die Dezentrale Antriebstechnik bei ausgedehnten Anlagen Kostenvorteile bei der Installation. Insbesondere das Vermeiden aufwändiger Maßnahmen zur Elektromagnetischen Verträglichkeit (EMV) reduziert Kosten.

Diese Form der Innovation nutzt bekannte Techniken in neuer Komposition. Sie entsteht durch engen Kontakt mit Kunden und die Nähe zu den Applikationen.

Aktueller Trend ist die Integration der Sicherheitstechnik in die Antriebs- und Steuerungstechnik. Auch diese Entwicklung ist stark durch den Kunden getrieben. Voraussetzung hiefür war die Entwicklung von sicheren Kommunikationssystemen. Die Nutzung eines Kommunikationsmediums für alle Daten einschließlich der für die „sicheren Signale" bedeutet im Ergebnis eine weitere Vereinfachung beim Aufbau von Anlagen.

3 Wissensmanagement

Die Antriebs- und Automatisierungstechnik ist zu einem äußerst umfangreichen Wissensgebiet geworden. Der Maschinen- und Anlagenbau fordert uns täglich heraus, neue Lösungen zu schaffen und Wertbeiträge zu liefern.

Die technologischen Entwicklungen in Software, Halbleitertechnik, Elektronik und Elektromechanik sowie deren Kombination bieten eine Basis für ständige Innovation.

Dementsprechend sind für die Produkte der Zukunft viele fachliche Disziplinen in ein Wissensmanagement einzubeziehen. Da sind die Kunden zu nennen, die die zukünftigen Erwartungen an Produkte formulieren, die Bauteilehersteller, die Forschungsunternehmen und Standardisierungsvereinigungen. So sind am Innovationsprozess viele Partner beteiligt, mit denen der Zuwachs an Wissen und die Innovation in einem Netzwerk zu managen ist.

Die Antriebstechnik ist eine integrierende Disziplin. Zum jeweiligen Zeitpunkt ist zu entscheiden, welche Technologien für eine neue Antriebsgeneration nutzbar sind und welcher „Stand der Technologie" für eine neue Generation von Antriebsreglern eingesetzt wird. Die Entwicklung von Antrieben selbst ist eine Frage der Konzeption: Für welche Maschinen und Anlagen soll der Wertbeitrag geleistet werden und auf wie viele Gerätetypen werden die Funktionen verteilt, um das jeweils günstigste Preis-Leistungs-Verhältnis für die Anwendung zu bieten.

4 Methode des Innovationsmanagements

Die Vielfalt der Basistechnologien und deren Entwicklungsdynamik sowie die Vielfalt der Produkte benötigt eine klare Kommunikation sowohl im Unternehmen als auch in den Markt. Der Kunde möchte schließlich wissen, ob ein Lieferant ihm Investitionssicherheit bietet. Ein Antriebs- und Automatisierungsportfolio kann die Basis für diese Kommunikation sein (vgl. Abbildung 2). In diesem Portfolio ist in einer Übersicht enthalten, was dem Markt geboten wird. Im Unternehmen kann kommuniziert werden, welche Baureihen zum Kern gehören und wie die Skalierung von Funktionen verteilt ist.

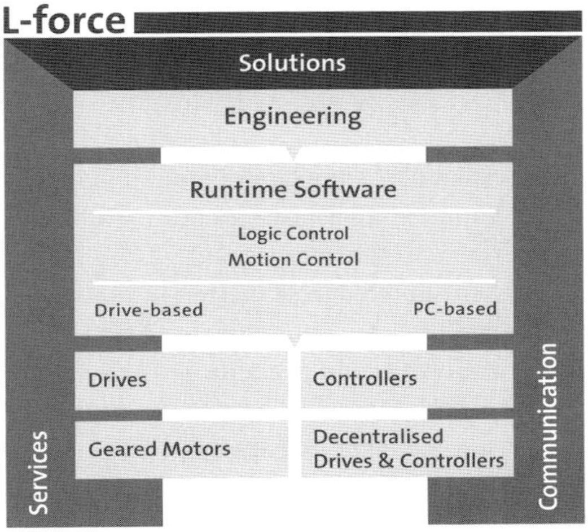

Abb. 2: L-force, die Automatisierungsplattform.

Die im Übersichtsportfolio enthaltenen Baureihen selbst sind wieder durch ihre Lebenszyklusphase in weiteren Portfolios hinterlegt (vgl. Abbildung 3). Diese Übersichten geben die Basis für das Innovationsmanagement. Mit ihrer Hilfe können die Aktivitäten gesteuert werden.

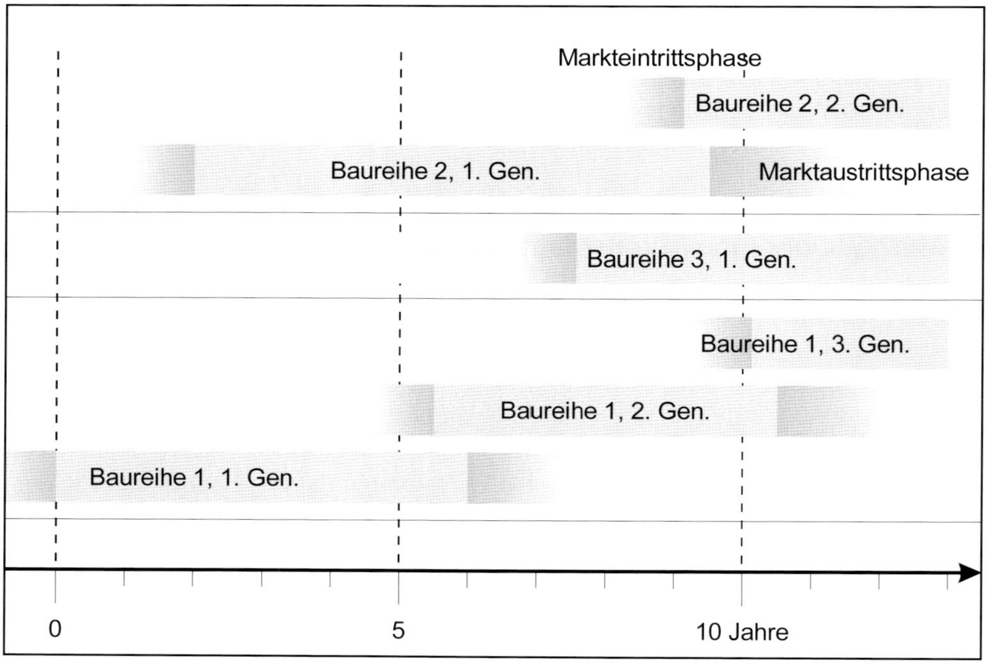

Abb. 3: Lebenszyklusphasen von Baureihen.

Es ist zu erkennen, dass wegen der Länge eines Produktlebenszyklus in Verbindung mit der Entwicklungszeit einer Baureihe eine permanente Lastenheftschreibung und deren Umsetzung in Produkte erforderlich ist. Zudem ist eine starke Abhängigkeit verschiedener Baureihen gegeben. Sie entsteht durch den skalierten Aufbau von Funktionen, durch die Mehrfachverwendung von Schaltkreisen, Bauteilen und Software. Durch diese Abhängigkeiten ist ein permanenter Aufwand zum Steuern der Aktivitäten und Entscheidungen notwendig. Dieses wird von einem Steering Committee vorgenommen, welches in definierten Zeitabständen mit den Innovationsteams den Wissensstand abgleicht und die Entscheidungen zur Entwicklung vorantreibt.

5 Innovation durch Lebenszyklusbetrachtung

Abhängig von der Reife von Märkten und der Kostensituation entstehen neue Ansätze für Innovation. So betrachten Betreiber von Maschinen und Anlagen sowie deren Hersteller zunehmend die Kosten für den gesamten Lebenszyklus, anstatt nur die Einstandspreise als ein wesentliches Kriterium für Kaufentscheidungen heranzuziehen. Die folgende Abbildung zeigt wesentliche Kostenarten im Lebenszyklus eines Produktes.

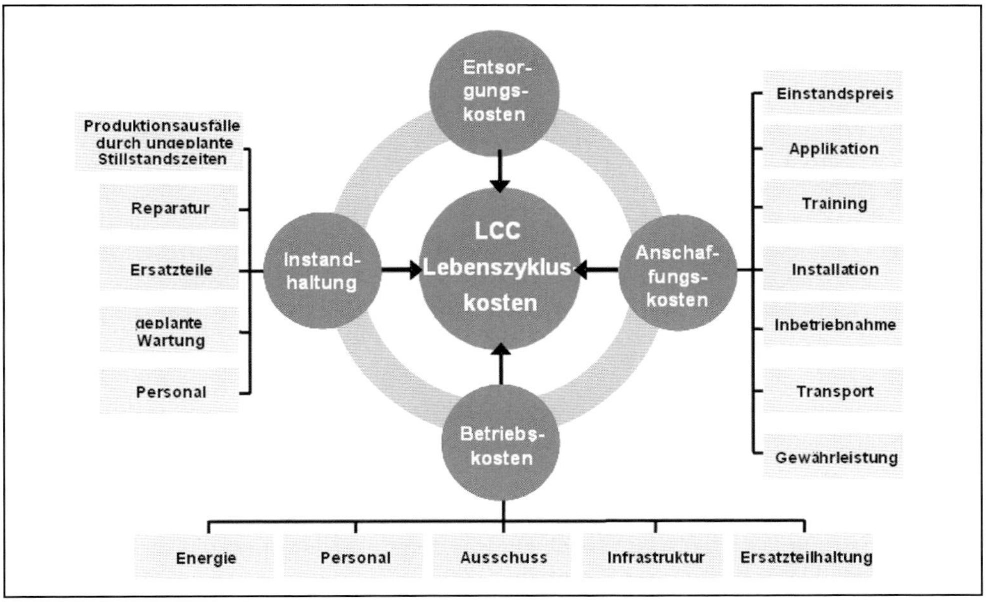

Abb. 4: Kostenarten der Lebenszyklusphasen.

Die Analyse der einzelnen Kostenarten und deren bestimmende Faktoren geben weitere Impulse bei der Produktentwicklung. Die abzuleitenden Kriterien nehmen dann über die eigentlichen antriebstechnischen Funktionen hinaus Einfluss auf die Gestaltung des Produktes z. B. bezüglich der Installation im Schaltschrank, auf die Inbetriebnahme und auf die Wartung und Instandhaltung.

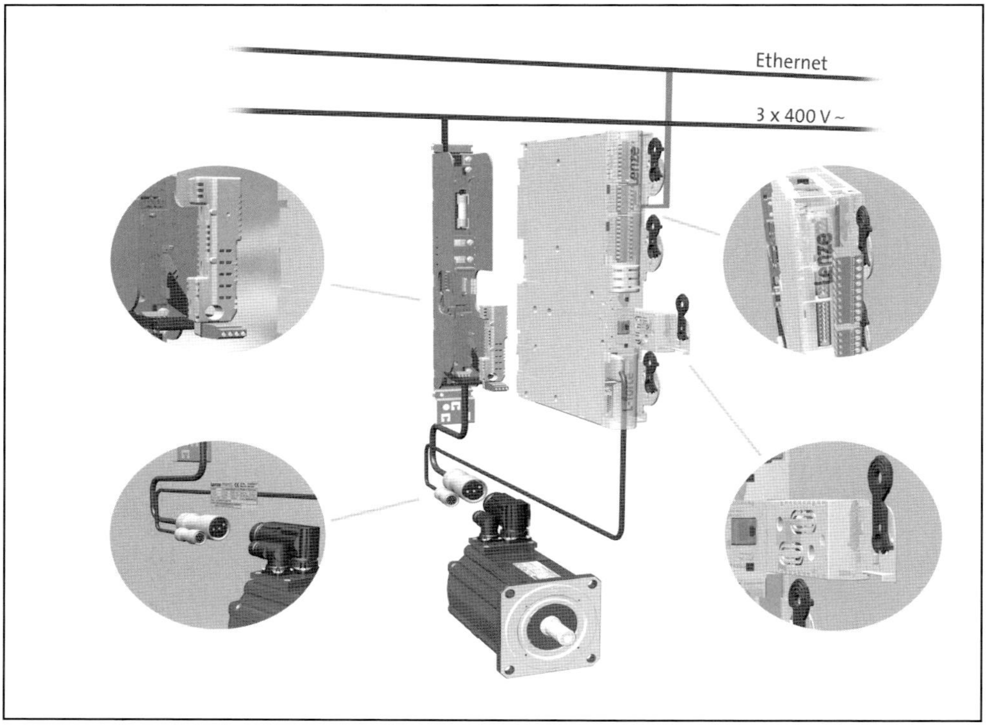

Abb. 5: L-force Servoregler 9400 – Beispiel für „Design to Life Cycle Cost".

Die Gestaltung des Produktes in Abbildung 5 zeigt einen Antriebsregler, bei dem die Basisinstallation (Backplane) und das Steuerteil voneinander getrennt sind. Hierdurch ist eine einfachere Installation möglich. Im Reparaturfall kann durch diesen Aufbau in wenigen Minuten das Steuerteil gewechselt werden. Die Inbetriebnahme wird unterstützt, indem die Karte mit dem Motion-Control-Programm und die Parametrierung (in der Abbildung herausgestellt) aus dem ersetzten Regler in den neuen gesteckt werden. Eine sofortige Wiederinbetriebnahme ist möglich. Sie verringert die Stillstandszeiten. Der Inbetriebnahmeaufwand wird ebenfalls günstig beeinflusst durch ein automatisch lesbares elektronisches Typenschild im Motor. Eine äußerst einfache Führung durch die Inbetriebnahmesoftware spart weitere Inbetriebnahmezeiten.

In Abbildung 6 ist aufgezeigt, dass die Gesamtkosten eines Produktes über den Lebenszyklus ein Vielfaches des Einstandspreises betragen. Diese Felder bieten weiteren Raum für Innovation.

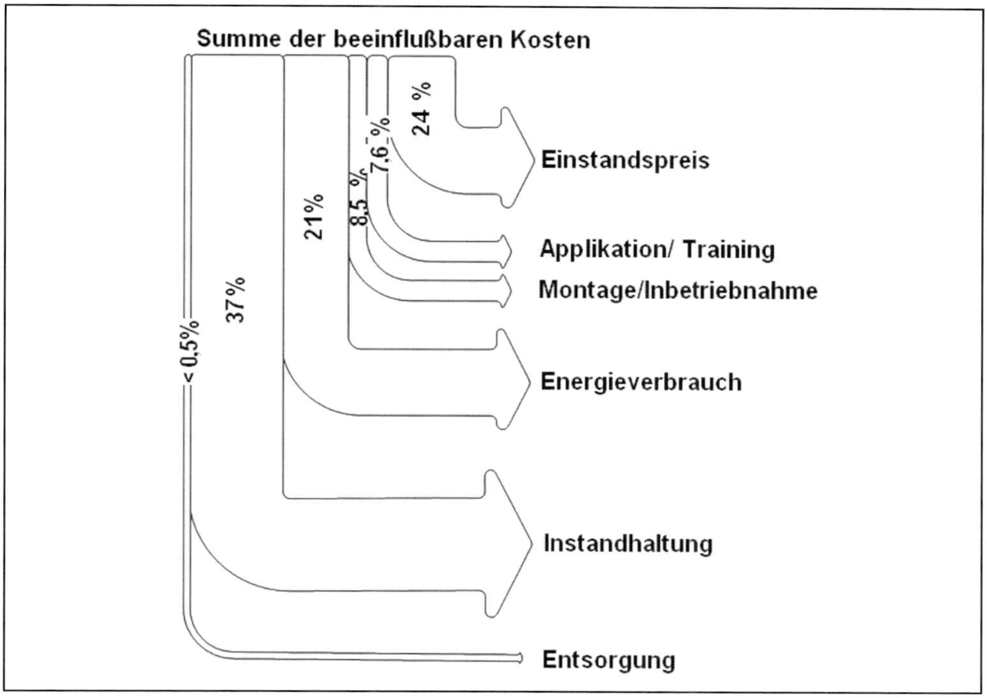

Abb. 6: Kosten von elektrischen Antrieben im Lebenszyklus in Prozent.

6 Zusammenfassung

Die in der Antriebs- und Automatisierungstechnologie verwendeten Basistechnologien sowie die Dynamik des Maschinen- und Anlagenbaus bewirken Entwicklungszyklen zwischen drei und fünf Jahren.

Die Vielfalt der Einflüsse auf eine Produktentwicklung in Verbindung mit kurzen Lebenszyklen bedingt eine ständige Bewertung der Situation. Die Portfoliotechnologie ist eine gute Möglichkeit, diesen dynamischen Prozess zu lenken. Insbesondere das Wissen um Software und neue Technologien entsteht an vielen Einrichtungen wie Hochschulen, Forschungsvereinigungen, Entwicklungsunternehmen, Nutzergruppen und Entwicklungspartnern. Das Arbeiten im Netzwerk, das Zusammenfassen und Bewerten dieses verteilt entstehenden Wissens ist wesentlicher Teil des Innovationsmanagements in der Antriebs- und Automatisierungstechnik.

Erfolgreiches Innovationsmanagement bei Festo

von Eberhard Veit[326]

1 Wozu wird ein Innovationsmanagement benötigt?

Ein erfolgreiches Innovationsmanagement schafft für Unternehmen in der Automatisierungstechnik mit ihren immer kürzeren Produktlebenszyklen und ihrem extremen Zeit- und Kostendruck die Voraussetzungen, um auch in Zukunft schnell und effizient in den globalen Märkten erfolgreich zu sein.

Kunden der Fabrik- und Prozessautomation fordern von Festo global und lokal „Alles aus einer Hand“. Die schnelle weltweite Produktentwicklung und die Flexibilität bei der kundenindividuellen Marktversorgung sind daher große Herausforderungen.

Festo stellt sich als Leistungsführer diesen Herausforderungen: durch technische und technologische Quantensprünge, durch strategische und strukturelle Veränderungen in der Organisation und durch die Zusammenarbeit mit den richtigen Partnern, kurz: durch ein ganzheitliches Innovationsmanagement entlang der Wertschöpfungskette der Kunden.

Was sind nun die Treiber für die Innovationen bei Festo, und worin sehen wir die Erfolge für unser Innovationsmanagement?

2 Die Innovationstreiber

2.1 Die Bedürfnisse des Kunden

Festo verfolgt seit Jahren im Rahmen seiner globalen Unternehmensstrategie die Ausrichtung der Leistungen am Kundenprozess. Festo hat alle wesentlichen Entscheidungskriterien des Kunden in den Fokus gerückt:

---

[326] Dr.-Ing. Eberhard Veit ist Vorstand Produkt- und Technologiemanagement und Sprecher des Vorstandes der Festo AG.

Neben Produktqualität und Produktvielfalt mit hoch innovativen Produkten und Systemen sind Innovationen in puncto schnelle Verfügbarkeit und Kundenorientierung gefragt. Das Unternehmen ist nicht mehr nur Teilelieferant, sondern ein mit den Entwicklungs- und Produktionsprozessen des Kunden verzahnter Partner.

Festo unterstützt seine Kunden als Partner mit umfangreichen Services entlang der gesamten Wertschöpfungskette der industriellen Automation und generiert damit nachhaltiges Wachstum.

Allein die Kenntnis der Kundennachfrage reicht für ein effizientes Innovationsmanagement nicht aus. Auch das Verständnis für die Ziele und Bedürfnisse der Kunden ist nicht hinreichend für Innovationen.

Insbesondere nicht geäußerte Bedürfnisse stellen vielfach verpasste Chancen für Innovationen dar. Herauszufinden, welches die latenten Bedürfnisse sind, darin liegt die eigentliche Stärke eines innovativen Unternehmens. Damit wird klar: Wichtiger als die Kundenwünsche ist das Verstehen des Geschäfts des Kunden – die genaue Kenntnis seiner Wertschöpfungsprozesse.

2.2 Exaktes Branchenwissen – vernetztes Denken in den Kundenprozessen

Festo entwickelt seine Innovationen für morgen gemeinsam mit den Trendsettern und Schlüsselkunden in der Industrie.

Hierzu hat das Unternehmen aus allen wichtigen Kundenbranchen Branchen-Insider beschäftigt, die keine Produktspezialisten sein müssen, dafür aber ein genaues Bild über das Wissen, Verhalten und Einstellungen aller an den Prozessen Beteiligten mitbringen. Sie bilden die Schnittstelle zu ihrer Branche und transformieren die Branchensicht in den Innovationsprozess von Festo.

Die Ideen für Innovationen kommen nicht direkt vom Kunden, sondern auf Basis des beschriebenen Wissens von den eigenen Mitarbeitern. In Kundenteams, Projektteams oder bei der Gruppenarbeit in der Fertigung nutzt Festo das Potenzial eines jeden Mitarbeiters. Gefragt ist ein vernetztes Denken in Technologien und Prozessabläufen.

2.3 Neue Technologien

Technische und technologische Quantensprünge sind für Leistungsführer in der Industrie notwendig, um nachhaltiges Wachstum zu generieren. Basis für Innovationen und den Neuheitenentstehungsprozess bei Festo sind neueste Technologien, die als Technologieplattformen dienen. Jährlich investiert Festo 6,5% des Umsatzes in Forschung und Entwicklung.

In der Automatisierungstechnik ist die Mechatronik Motor dieser Entwicklung. Das Zusammenwachsen von Steuerungstechnik, Sensorik, Pneumatik und elektrischer Antriebstechnik berücksichtigt der mechatronische Ansatz bei Festo heute schon in der Produktentwicklung. Was früher drei Komponenten erforderte, ist mittlerweile in einem Produkt verschmolzen. Bei seinem Innovationsmanagement behält Festo als mechatronischer Integrator immer den zentralen Wunsch des Maschinen- und Anlagenbaus im Auge: das sichere und zuverlässige Handhaben von Gütern. Diesem Wunsch haben sich alle Technologien unterzuordnen.

Die Mechatronik ermöglicht schier unerschöpfliche Kombinationen und setzt der Kreativität keine Grenzen. Dabei steht das konsequente Ausnutzen der Synergien zwischen den einzelnen Disziplinen im Vordergrund. Mechatronische Systeme sind flexibel erweiterbar und werden durch hochintegrierte Einheiten zunehmend leichter bedienbar. Die richtige Kombination der Einzeltechnologien erleichtert die mechatronische Menüwahl.

2.4 Weltweiter Entwicklungsverbund

Seit Jahren treibt Festo insbesondere Innovationen voran, um die herkömmliche Pneumatik mit mehr Intelligenz auszustatten. Unsere Forschungs- und Entwicklungsarbeit ist sehr stark international ausgeprägt.

Das TechnologieCenter, mit Standort in Esslingen, koordiniert im globalen Entwicklungsverbund 19 Entwicklungszentren für unterschiedliche Produktgruppen und Technologieschwerpunkte.

Schwerpunkte der Forschung und Entwicklung liegen auf der Mikrosystemtechnik und Mechatronik.

Festo arbeitet eng mit international führenden Hochschulen sowie den Fraunhofer Instituten zusammen und entwickelt mit diesen Experten mechatronische Systeme. Im Silicon Valley in Kalifornien entwickeln wir z. B. Automatisierungstechnik für die Reinraumfertigung in der Halbleiterindustrie.

Abb. 1: Entwicklungsstandorte beim Kunden.

Als Technologieführer für Pneumatik und elektrische Aktuatoren ist es für Festo wichtig, die Produkte kundenindividuell zu produzieren und gleichzeitig eine hohe Verfügbarkeit weltweit sicherzustellen. Höchste Anforderungen an das Unternehmen stellen dabei die Schwerpunkt-Branchen von Festo: Automobil, Elektronik, Maschinen- und Anlagenbau, Nahrungsmittel, Verpackungstechnik und Prozessindustrie. Sie sind gekennzeichnet durch eine fortlaufende Globalisierung ihrer Investitions-, Einkaufs- und Projektstrategien.

Neue Strukturen bündeln die Ressourcen in der hybriden Organisation eines globalen Entwicklungs-, Produktions- und Logistikverbundes für die Innovationen von morgen. Dies ermöglicht Festo, flexiblere und individuellere Leistungen anzubieten und dabei gleichzeitig in mehreren Dimensionen zu wachsen.

An unserem weltweit größten Produktions- und Logistikstandort in St. Ingbert (Saarland) entsteht zurzeit eine der modernsten kundenindividuellen Fertigungen Europas im Sinne von „Production on demand“.

2.5 Internationalisierung

Die Mitarbeiter der zentralen Forschung und Entwicklung im TechnologieCenter am Unternehmenssitz in Esslingen entwickeln neue Produkte für den breiten Markt. Sie sind verantwortlich für Innovationen und den Ausbau des so genannten Funktionsbaukastens.

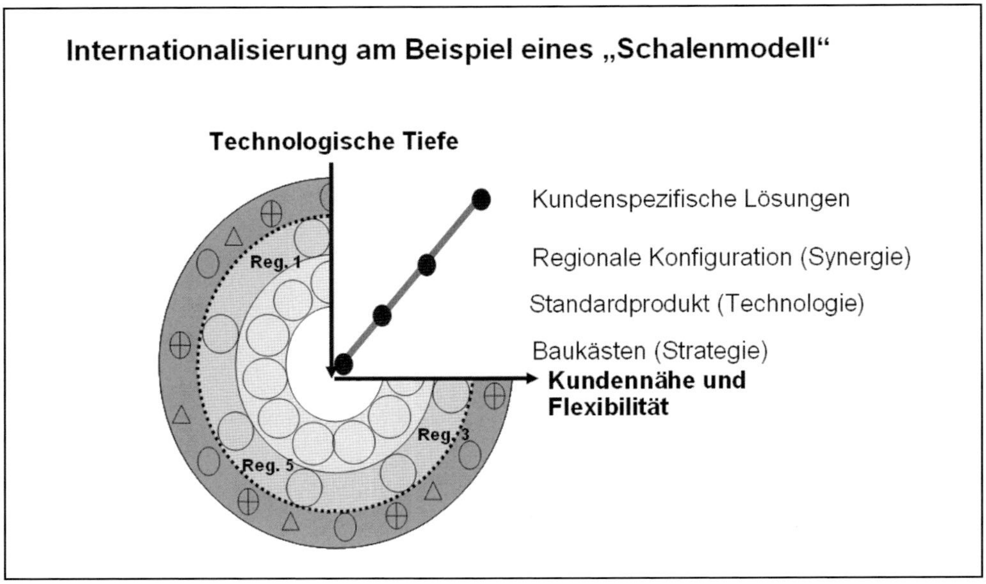

Abb. 2: Internationalisierung am Beispiel eines „Schalenmodells".

Die Entwickler der weltweiten Technology Engineering Center (TEC) haben spezifische Technologie- und Produktkenntnisse und entwickeln produktionsnah an Festo-Fertigungsstandorten im In- und Ausland neue Produkte für den Weltmarkt.

TECs bestehen für Antriebe, Ventile, Steuerungen, Druckluftaufbereitung, Sensoren, Diagnosesysteme, Mikrotechnologie, Schläuche, Membrantechnologie und Software. Modulare Produkt- und Funktionsbaukästen erschließen bestehende und neue Branchen.

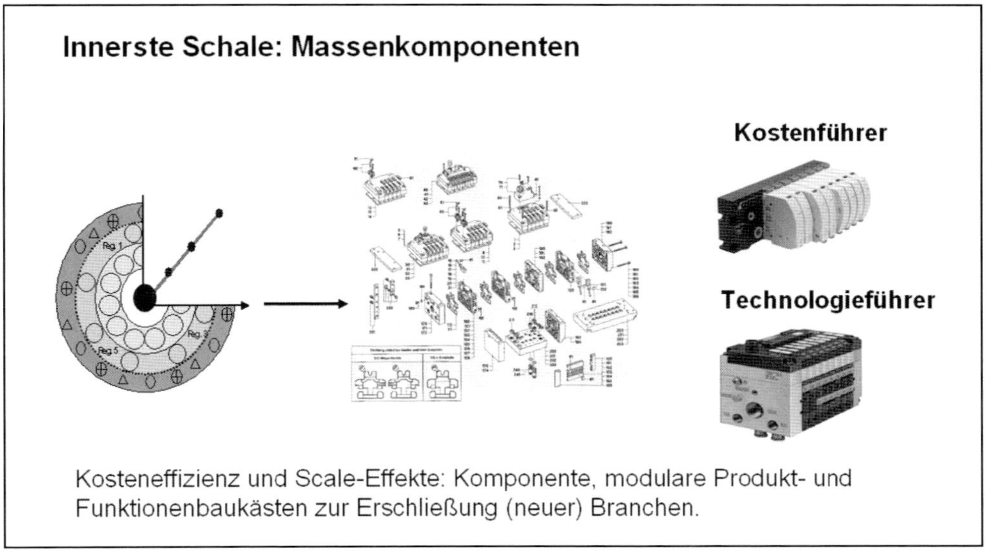

Abb. 3: Innerste Schale.

Bei den Weltmarktprodukten nutzt Festo trotz kundenindividueller Fertigung Skaleneffekte bei den Komponenten und sichert sich so in diesem Segment die Kostenführerschaft.

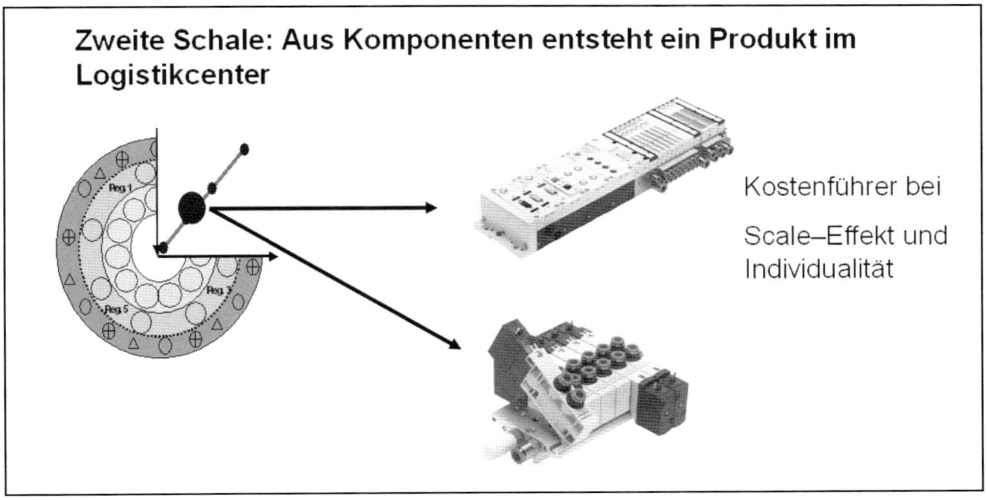

Abb. 4: Zweite Schale.

Weltweit nah beim Kunden

An den individuellen Wünschen der Kunden in den globalen Wirtschaftsregionen orientieren sich die Regional Engineering Center (REC). Sie entwickeln regionale Produkte, sie passen Produkte an die jeweiligen in den Ländern geltenden Normen und Standards an. Beispielsweise verlangt der US-amerikanische Markt konische und nicht, wie in Europa, zylindrische Gewinde für Luftanschlüsse der Druckluftzylinder, Ventile und Wartungsgeräte. Andererseits benötigen Kunden in Deutschland Ventilinseln in Schutzart IP67, während man in asiatischen Ländern solche hohen Anforderungen nicht erwartet und die Ventilinseln zum Schutz in Schaltschränke verpackt.

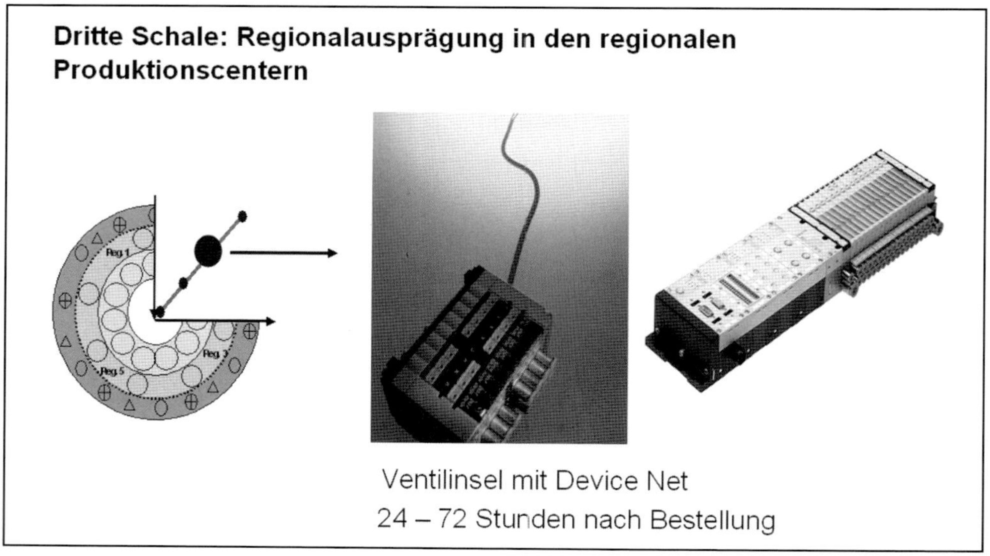

Abb. 5: Dritte Schale.

Darüber hinaus bieten wir mit unseren 54 Landesgesellschaften unseren Kunden Beratung, Verkauf und Services lokal vor Ort an. Aus dem Dialog mit unseren Kunden werden dann wieder neue Ideen für die nächsten Innovationsgenerationen geboren.

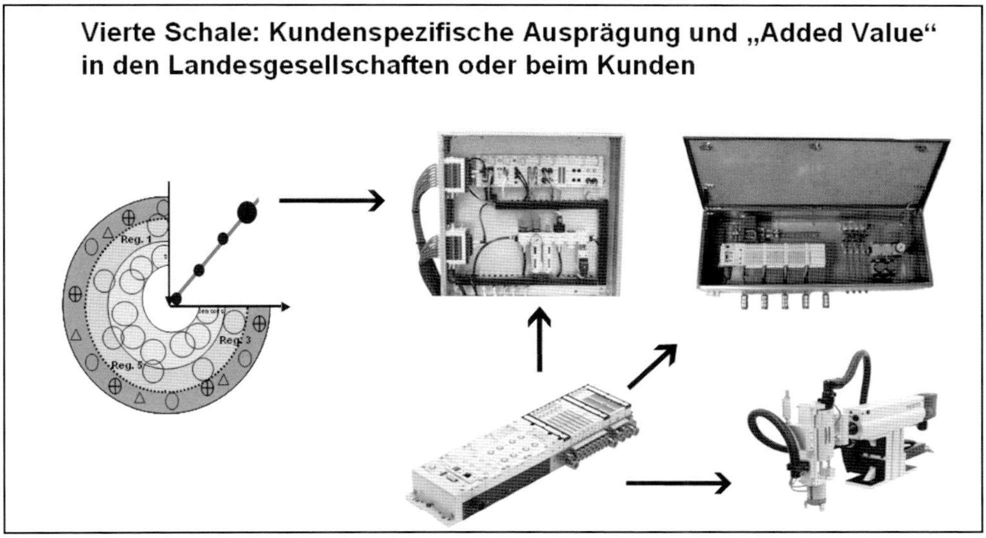

Abb. 6: Vierte Schale.

2.6 Know-how, Knowledge and Learning

Innovationen beginnen bei Festo mit Qualifizierung. Neue Technologien, Methoden und Verfahren in der Industrie wie Biotechnologie, Mikrosystemtechnik und Mechatronik stellen ständig neue und wachsende Anforderungen an die Qualifikationen der Mitarbeiter. Damit nehmen auch die Anforderungen an angepasste Bildungslösungen stetig zu. Über den durch Qualifikation getriebenen Innovationsprozess entstehen für Festo neue Chancen in der industriellen Automatisierung. Die Qualifizierung ist eine längerfristige, ganzheitliche und nachhaltige Investition in die Zukunft. Sie erschließt neue Märkte, bindet Kunden und Mitarbeiter.

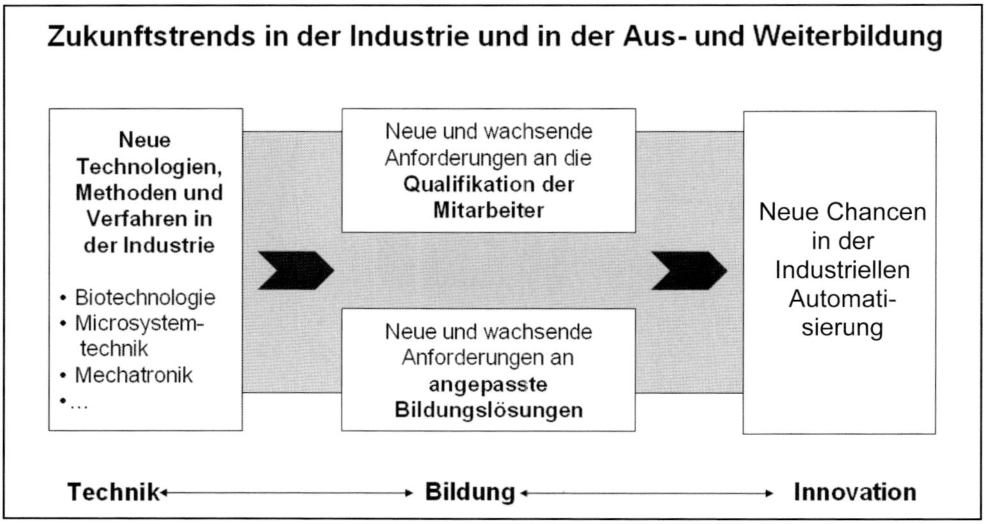

Abb. 7: Zukunftstrends in der Industrie und in der Aus- und Weiterbildung.

Erfolgsfaktor Qualifikation: Für den Innovationsprozess ist der entscheidende Erfolgsfaktor die Qualität der Mitarbeiter mit ihrem Wissen und Können. Festo versteht sich als Lernunternehmen. Lebenslanges Lernen ist Anspruch und Programm zugleich. Rund 1,5% vom Umsatz investiert das Unternehmen in die Aus- und Weiterbildung seiner Mitarbeiter. Bildung und Wissen sind der Treibstoff für den Innovationsmotor bei Festo.

3 Innovationen – die treibende Kraft in Deutschland

Für den Standort Deutschland und die internationale Wettbewerbsfähigkeit sind Innovationen die treibende Kraft. Technik und Innovation sind die tragenden Säulen unserer industriellen Zukunft, denn nur durch Innovationen können neue konkurrenzfähige Produkte geschaffen werden. Damit können Kunden gewonnen und neue Märkte erschlossen werden. Die Faktoren Wissen und Bildung sind unsere wichtigsten Ressourcen zum Ausbau unserer technologischen Leistungsspitze. Zielgerichtete Qualifikationen sind der Treibstoff für den Innovationsmotor unserer Wirtschaft.

Vorentwicklung bei der Heidelberger Druckmaschinen AG

von Bernard Beier[327]

1 Die Heidelberger Druckmaschinen AG

Die Heidelberger Druckmaschinen AG (Heidelberg) ist mit über 40% Marktanteil bei Bogenoffset-Druckmaschinen der weltweit führende Lösungsanbieter für Druckereibetriebe in der Printmedien-Industrie. Mit Hauptsitz in Heidelberg, Deutschland, konzentriert sich das Unternehmen auf die gesamte Prozess- und Wertschöpfungskette der Formatklassen 35 x 50 bis 70 x 100 Zentimeter (analog den Papierformaten DIN A3 bis DIN A1) im Bereich Bogenoffsetdruck (Sheetfed). Dies umfasst neben Druckmaschinen die Geräte zur Druckplattenbebilderung, Druckweiterverarbeitung und Softwarekomponenten zur Integration aller Prozesse in einer Druckerei. Hinzu kommt das Schulungsangebot der Print Media Academy sowie Serviceleistungen, Ersatzteilversorgung, Verbrauchsmaterialien und der Vertrieb von Gebrauchtmaschinen. Zusätzlich begleitet das Unternehmen die Investitionsvorhaben seiner Kunden mit Finanzierungskonzepten.[328]

Heidelberg beliefert vorrangig die Märkte der wichtigsten OECD-Industrieregionen und verstärkt sein Engagement zusätzlich in Wachstumsmärkten wie Asien und Osteuropa. Mit Entwicklungs- und Produktionsstandorten in fünf Ländern sowie rund 250 Vertriebsniederlassungen betreut das Unternehmen seine weltweit über 200.000 Kunden. Heidelberg generiert seinen Umsatz zu 85% durch eigene Vertriebsgesellschaften und erzielt weit über 80% seines Umsatzes im Ausland. Im Geschäftsjahr 2004/2005 erzielte Heidelberg einen Umsatz von 3,36 Mrd. Euro.

Die Forschung und Entwicklung bei Heidelberg ist auf die Standorte Heidelberg, Eksjö, Kiel, Langöns, Leipzig, Ludwigsburg und St. Gallen verteilt. Insgesamt sind ca. 1500 Mitarbeiter in der Forschung und Entwicklung beschäftigt. Die Forschung und Entwicklung umfasst sowohl die Serienbetreuung, die Produktentwicklung als auch die Vorentwicklung. In der Vorentwicklung sind 26 Mitarbeiter beschäftigt. Aufgrund ihrer Ausbildung werden die folgenden technischen Themenfelder abgedeckt: Chemie, Drucktechnik, Elektrotechnik, Feinwerktechnik, Informatik, Maschinenbau, Mechatronik, Physik, Regelungstechnik und Verfahrenstechnik.

---

[327] Dr. Bernard Beier ist stellvertretender Leiter Vorentwicklung bei der Heidelberger Druckmaschinen AG.
[328] Internetseite der Heidelberger Druckmaschinen AG; http://www.heidelberg.com.

Der Schwerpunkt soll im Folgenden die Vorentwicklung bei der Heidelberger Druckmaschinen AG sein. Zunächst werden die Ziele und Aufgaben der Vorentwicklung vorgestellt. Neue Projekte werden durch Ideen erzeugt, die durch ein Ideenmanagement identifiziert, strukturiert, selektiert und priorisiert werden. Die Projektdurchführung innerhalb der Vorentwicklung erfolgt in einem mit dem Gesamtentwicklungsprozess abgestimmten Rahmen. Wesentlich für eine effiziente und innovative Vorentwicklung ist eine Organisationsstruktur, die auf der einen Seite der Kreativität der Mitarbeiter einen ausreichend großen Freiraum gewährt, auf der anderen Seite aber die Mitarbeiter an die Ziele der Projekte bindet.

2 Ziele und Aufgaben der Vorentwicklung

Das Kernziel der Vorentwicklung der Heidelberger Druckmaschinen AG ist neue Technologien für die Produktentwicklung bereitzustellen, die in innovativen Produkten umgesetzt werden können. Die bearbeiteten Themen in der Vorentwicklung beruhen auf Ideen, die die Anforderungen unserer Kunden von übermorgen lösen sollen. Am Ende des Vorentwicklungsprozesses steht als Ergebnis eines Projektes ein Labormuster (bzw. der Proof of Concept), das die wesentlichen Produktfunktionen aufweist, die mit Hilfe der neuen Technologie realisiert werden können. Das Labormuster und die Entwicklung dorthin reduzieren das technologische Risiko für eine entsprechende Produktentwicklung. Die Reduktion des Risikos wird zum einen durch die Weiterentwicklung der Technologie und die Kenntnis der genaueren Randbedingungen erzielt, aber auch durch das Aufzeigen der noch offenen Fragen, so dass im Rahmen der Produktentwicklung diese Fragen als erstes geklärt werden können und mögliche technisch unüberwindliche Hindernisse bereits in den ersten Schritten der Produktentwicklung geklärt werden können.

Die Weiterentwicklung und Absicherung einer neuen Technologie bedarf einer sehr frühzeitigen Entwicklung, die mit entsprechend langen Entwicklungszyklen verbunden sein kann. Die Projektdauer eines Vorentwicklungsprojektes hängt wesentlich vom Reifegrad der untersuchten Technologie ab. Eine typische minimale Projektlaufzeit liegt bei drei Jahren. Bei sehr aufwändigen Technologien sind jedoch auch Projektlaufzeiten von zehn Jahren möglich. Dem gegenüber stehen Projektkosten, die meist erheblich niedriger als bei Produktentwicklungsprojekten sind, da die realisierten Labormuster meist nur einzelne Funktionen des späteren Produktes erfüllen und nicht auf Langzeitstabilität, einfache Bedienbarkeit und/oder Betriebssicherheit optimiert sind.

Alle Entwicklungsaktivitäten der Vorentwicklung zielen auf Anwendungen in den Produkten, so dass keine Grundlagenforschung durchgeführt wird. Die Vorentwicklung versteht sich stattdessen als Bindeglied zwischen der institutionalisierten Grundlagenforschung, der angewandten Forschung und der Produktentwicklung.

Bei den in der Vorentwicklung bearbeiteten neuen Technologien handelt es sich meist um, im Bezug auf den heutigen Druckprozess, branchenfremde Technologien. Im eigenen Hause ist meist nur geringe oder keine Expertise vorhanden, so dass die Zusammenarbeit mit externen Entwicklungspartnern, die über das notwendige Wissen verfügen, zwingend notwendig ist. Da in diesem frühen Entwicklungsstadium die typischen Gesichtspunkte für die Auswahl der Entwicklungspartner in der Produktentwicklung, wie die Liefersicherheit, die Stückkosten usw., nicht im Vordergrund stehen, kommen als Entwicklungspartner auch nicht produzierende Partner wie z. B. Hochschulen, Institute, selbstständige Erfinder oder auch neu gegründete Firmen (Spin-Offs), in Frage. Mit diesen Entwicklungspartnern können die heutigen technologischen Grenzen erweitert werden und die Potenziale der neuen Technologien experimentell abgeschätzt werden.

Die Zusammenarbeit mit den externen Entwicklungspartnern erfolgt auf der Basis eines Entwicklungsvertrages, der insbesondere die Fragen der Rechte am Entwicklungsergebnis regelt. Oftmals befindet sich der Entwicklungspartner der Heidelberger Druckmaschinen AG bei Vorentwicklungsprojekten außerhalb der graphischen Industrie. Um den breiten Einsatz der neuen Technologie nicht zu behindern, können die Rechte an dem Ergebnis der Zusammenarbeit so aufgeteilt werden, dass Heidelberg sie in der graphischen Industrie und der Partner sie in anderen Marktsegmenten uneingeschränkt nutzen können. Für einen späteren Einsatz der Technologie in einem Produkt bedeutet diese Aufteilung z. B. eine Reduktion der Stückkosten, da die Grundkomponente nicht nur in der graphischen Industrie, sondern auch in anderen Industriesegmenten eingesetzt werden kann.

Die Fertigung der benötigten Prüfstände darf die Entwicklungskapazitäten innerhalb der Vorentwicklung nicht wesentlich reduzieren, da es nicht Aufgabe der Vorentwicklung ist, bereits etablierte Techniken in Labormuster umzusetzen, wie z. B. Konstruktion von mechanischen Bauteilen, Aufbau von Schaltschränken, Programmierung der Steuerungssoftware von Labormustern usw. Deshalb werden alle Arbeiten, die zum Aufbau eines Labormusters benötigt werden, so weit wie möglich auf die Fertigungsbereiche oder externe Anbieter verlagert. Durch diese Vorgehensweise wird eine sehr hohe Flexibilität erreicht, und die Personalressourcen innerhalb der Vorentwicklung können im Wesentlichen für die Weiterentwicklung der neuen Technologien eingesetzt werden.

Die Integration neuer Technologien in die Produkte erfordert einen modernen Maschinenbau, ohne den die notwendigen Randbedingungen für den erfolgreichen Einsatz neuer Technologien nicht erreicht werden können. Beispielsweise sind für den Einsatz von modernen Halbleiterlasern in Druckplattenbelichtern sehr hohe mechanische Stabilitäten erforderlich, die eine Abweichung von der Sollposition um weniger als 1 µm benötigen.

3 Ideenmanagement

Die Entwicklung neuer Technologien in der Vorentwicklung ist sehr eng mit neuen Ideen verbunden. Aus diesem Grund wird in diesem Abschnitt das Thema des Ideenmanagements genauer betrachtet. Im Vordergrund stehen dabei die Themen der Identifizierung neuer Ideen, die Strukturierung und Selektion der Ideen und deren Bewertung.

3.1 Identifizierung neuer Ideen

Die Quellen neuer Ideen sind sehr vielfältig. Innerhalb eines Unternehmens sind diese auf die technischen Fragestellungen bezogen: die Entwickler, Technologie-Scouts, Vertriebs- und Servicemitarbeiter, Kunden und externe Erfinder. Anregungen und Anstöße für die Entwicklung von neuen Ideen sind der technologische Fortschritt, aber auch interne und externe Prozesse. Typische Beispiele für interne Prozesse, die zu neuen Ideen führen, sind Serienprobleme, das klassische Vorschlagswesen oder Umgehungslösungen. Externe Prozesse, die neue Ideen in einem Unternehmen auslösen, sind Änderungen der Marktanforderungen an die Produkte, neue Produkte auf dem Zuliefermarkt und die Abkündigung von Zulieferteilen.

Alle oben genannten Mitarbeiter eines Unternehmens sind in ein firmeninternes und firmenexternes Netzwerk eingebunden, aus dem sie Informationen erhalten und abgeben. Aus diesen Informationen heraus können dann neue Ideen entstehen. Eine Sonderrolle nimmt dabei der Technologie-Scout ein.

Während alle anderen Mitarbeiter die Beobachtung der externen Entwicklungen und ihres Netzwerkes nur „nebenamtlich" betreiben, ist dies die Hauptaufgabe des Technologie-Scouts. Er sollte über sehr gute Kontakte zu der Firmenaußenwelt verfügen und insbesondere nicht nur andere Firmen, sondern auch Institute, Konferenzen, Seminare und Interessenorganisationen kennen und aktiv an diesen teilnehmen. Dadurch baut er sich ein Netzwerk auf, das ihn kontinuierlich mit Informationen versorgt. Firmenintern zeichnet er sich durch einen sehr guten Überblick über die verschiedenen Aktivitäten und Projekte aus, so dass er die gewonnenen Informationen auch wieder an die richtige Stelle weitergeben kann. Dies bedeutet, dass er über eine hohe Kommunikationsstärke verfügt und diplomatisches Geschick besitzt, so dass er extern sein Netzwerk auch mit Informationen beliefern kann, ohne seine Verpflichtungen gegenüber seinem Arbeitgeber zu verletzen, und intern die Informationen weitergeben kann, ohne dort als „Besserwisser" aufzutreten. Zusätzlich zu den genannten sozialen Fähigkeiten muss der Technologie-Scout die Recherche nach Information beherrschen. Insbesondere seien hier die Fähigkeiten zur Recherche in professionellen Datenbanken über Patente, technisch-wissenschaftliche Literatur, aber auch im Internet genannt. Der Technologie-Scout wird in die früheste Phase eines Vorentwicklungsprojektes eingebunden. Diese Phase, im Folgenden

Machbarkeitsstudie genannt, ermöglicht dem Scout, eigene Erfahrungen mit neuen Technologien zu machen, so dass er bei der Suche nach neuen Technologien auch auf eigenständiges Wissen und Erfahrungen zurückgreifen kann.

Neben den Personen sind Werkzeuge notwendig, die bei der Findung neuer Ideen hilfreich sein können oder, anders gesagt, kreativitätsfördernd sind. Zunächst gibt es eine Reihe von Werkzeugen, deren Ziel die Schaffung von neuen Ideen ist. Dies sind z. B.: Problemlösungsrunden, Brainstorming, Fachgruppen, Qualitätszirkel aber auch die Kommunikation auf dem Gang.

Noch entscheidender ist jedoch die Personalführung. Sie sollte so gestaltet sein, dass die Ideenfindung gefördert wird. Jede Idee muss einer eingehenden Prüfung unterworfen werden, ob die Umsetzung für Heidelberg sinnvoll ist. Diese Prüfung darf jedoch nicht durch unsachgemäße Diskussionen oder Äußerungen vorweggenommen werden, so dass für den Mitarbeiter eine hohe Hemmschwelle für die „Veröffentlichung" seiner Idee besteht. Um neue Ideen zu schaffen, ist ein geistiger Freiraum notwendig, auch im Bereich der täglichen Arbeit. Hier ist die Eröffnung von Handlungs- und Entscheidungsfreiräumen eine kreativitätsfördernde Maßnahme. Dies kann z. B. durch einen kooperativen Führungsstil erreicht werden. Ideen werden oftmals auch durch Kombinatorik aus verschiedenen Erfahrungen gezogen. Eine Förderung dieser Kombinatorik besteht darin, vielseitige Beschäftigungsmuster zu erzeugen und monotone Tätigkeiten zu vermeiden. Bürokratische Schwellen reduzieren die Kommunikation und Weitergabe von neuen Ideen, hier muss das richtige Gleichgewicht zwischen notwendiger Dokumentation der Idee und dem erfinderischen Freiraum gefunden werden. Dieser Freiraum wird ebenso für die Reifung einer Idee benötigt. Die Motivation des Erfinders wird insbesondere durch eine gerechte und nachvollziehbare Anerkennung gefördert. Diese sollte der Idee angemessen sein, so dass der Handlungsrahmen der Führungskraft beim positiven Feedback startet und bis zu einer entsprechenden Sondervergütung gehen kann.

Sind diese notwendigen Voraussetzungen erfüllt, dann sind die Randbedingungen für Ideen geschaffen, so dass nicht nur einfache, sondern auch innovative Ideen entstehen können. Was sind innovative Ideen? Nach der Definition des Brockhaus ist die Innovation eine Neuerung durch die Anwendung neuer Verfahren und Techniken[329]. Aus patentrechtlicher Sicht geht eine neue Idee über den bisherigen Stand der Technik hinaus oder stellt eine nicht naheliegende Kombination bekannter Techniken dar. Aus wirtschaftlicher Sicht ist unter einer innovativen Idee eine Idee für ein neues Produkt zu verstehen, das ein Alleinstellungsmerkmal erzeugt, die Marktanteile sichert, erhöht oder aber eine Margenerhöhung erzeugt. Diese sehr unterschiedlichen Aspekte zeigen, eine Idee ist dann als innovative Idee zu bezeichnen, wenn sie die unterschiedlichsten Eigenschaften besitzt. Die Innovationskraft einer Idee kann somit nicht auf den ersten Blick erkannt werden,

---

[329] PC-Bibliothek 3.0, 2001 Brockhaus AG.

sondern die Idee muss in einem Prozess analysiert werden, um dann die für Heidelberg wesentlichen Ideen in Produkte umzusetzen.

Zu Beginn der Umsetzung einer Idee in ein Projekt ist zu prüfen, ob die Idee patentrechtlich verwertbar oder als Gebrauchsmuster schützenswert ist. Kann die Idee in ein laufendes Projekt integriert werden, so wird sie an das entsprechende Projektteam übergeben und dort weiterverfolgt. Ist dies nicht möglich, so wird ein Projektantrag erstellt und nach dessen Genehmigung ein Projekt gestartet. Aufgrund begrenzter Ressourcen können nicht alle Ideen in Projekte umgesetzt werden. Die Auswahl der Projekte ist der entscheidende Schritt des Ideenmanagements, der im Folgenden genauer betrachtet werden soll.

3.2 Projekte strukturieren und selektieren

Die Auswahl der Projekte und die Zuteilung von Ressourcen an die Projekte kann bei der Vielzahl der einzelnen Projekte nicht in einem Schritt erfolgen, sondern wird in Teilschritten erarbeitet. Dabei werden verschiedene Werkzeuge wie die Projektklassen und die Bewertungskriterien eingesetzt, die in diesem Abschnitt vorgestellt werden. Des Weiteren müssen bei der Auswahl die zukünftigen Anforderungen des Marktes und die technischen Möglichkeiten des Unternehmens berücksichtigt werden. Dazu dienen die Technologieroadmap und die Produktroadmap. Alle diese Werkzeuge fließen in das Ideenmanagement ein, bei dem aus den Roadmaps eine Zuordnung der Ressourcen zu den Projektklassen erfolgt. Die Verteilung der Ressourcen zu den einzelnen Projekten erfolgt dann durch die Bewertung der einzelnen Projekte einer Projektklasse und die Umlegung der Ressourcen auf die Projekte.

3.2.1 Projektklassen

Die Art der Bearbeitung von neuen Ideen ist abhängig von der jeweiligen Idee. Um die neuen Ideen mit der richtigen Vorgehensweise zu bearbeiten, ist es deshalb notwendig, die Ideen in die richtigen Projektklassen einzuteilen. Typische Projektklassen sind:

- Technologieentwicklungsprojekte: Evaluierung und Entwicklung neuer Technologien auf der Basis des heutigen Standes der Wissenschaft und Technik
- Technologieplattformprojekte: Einführung einer oder mehrerer neuer Technologien in eine erste Applikation
- Produktlinienprojekte: Entwicklung einer neuen Produktreihe

- Produkterweiterungprojekte: Änderung an einer bestehenden Produktreihe
- Serienbetreuungsprojekte: Absicherung der laufenden Serie
- Verbesserungsprojekte: Verbesserungsprojekte sind Projekte, die sich mit der Verbesserung von vorhandenen Unternehmensprozessen beschäftigen.

Jede Idee wird in eine der genannten Projektklassen einsortiert. In der Vorentwicklung sind solche Projekte angesiedelt, die der Projektklasse Technologieentwicklungsprojekte zugeordnet sind.

3.2.2 *Bewertungskriterien für Ideen*

Für die Priorisierung innerhalb einer Projektklasse werden Bewertungskriterien benötigt. Die Bewertung von Ideen kann nach Wirtschaftlichkeitsaspekten und Risiken erfolgen. Die Bedeutung der einzelnen Kriterien für die Gesamtbewertung wird durch eine Gewichtung erreicht.

Als Bewertungskriterien für die **Wirtschaftlichkeit** können die folgenden Kriterien verwendet werden:

- Alleinstellungsmerkmal: Wie lange braucht ein anderer, um dieses Produkt zu kopieren? Welchen Nutzen hat der Kunde?
- Break even time: Zeitdauer, bis der Break-Even-Point erreicht wird, ab heute
- Restaufwand: noch zu leistender Zeitaufwand für die Entwicklung im Vergleich zum Erfüllungsgrad
- Lebensdauer: geschätzte Lebensdauer ohne größere Überarbeitungen nach Vermarktungsbeginn in Jahren
- Strategie: Projekt Bestandteil der Produkt-/Technologiestrategie?
- Image: Passt Projekt zu dem Zielimage?
- Wettbewerbsprodukte: Vor-/Nachteile, Kundennutzen, Position gegenüber dem Wettbewerb
- Richtlinien/Gesetze: Ist das Projekt konform?

Die zweite Gruppe von Bewertungskriterien beschreibt die **Risiken**. Diese können sein:

- Technisches Realisierungsrisiko: Produktkomplexität und Neuheitsgrad
- Organisatorisches Risiko: Anzahl der Organisationseinheiten, der Managementschnittstellen, der Abhängigkeit der Einzelaufgaben
- Zielerfüllungsrisiko: technische Machbarkeit, aber erfüllt nicht die Qualitätsanforderungen; Spezifikation und damit Projektergebnis unklar
- Vermarktungsrisiko: Nutzen nur schwer kommunizierbar; wird vom Markt nicht angenommen
- Zeitrisiko: Zeitplan kann nicht eingehalten werden
- Aufwandrisiko: Verfügbares Budget reicht nicht aus
- Gesetz-/Patentrisiko: Stabil gegenüber Änderungen

Eine Bewertung der einzelnen Projekte in den Projektklassen mit diesen Kriterien führt somit zu einer Priorisierung der Ideen innerhalb der Projektklasse.

3.2.3 *Roadmaps*

In diesem Abschnitt soll nicht auf die Details der Erstellung von Technologie- oder Produktroadmaps eingegangen werden. Genauere Informationen über verschiedene Vorgehensweisen und deren Vor- und Nachteile finden sich in der Literatur[330].

Die Technologieroadmap bei Heidelberg beschreibt, wann die Firma neue Produkte in den Markt bringen will. Roadmaps werden aufeinander abgeglichen und bilden damit die Grundlage für die Verteilung der Ressourcen auf die Projektklassen.

3.3 Prozess des Ideenmanagements

In den vorherigen Abschnitten wurde beschrieben, in welche Projektklassen die verschiedenen Ideen eingeteilt werden können und anhand welcher Kriterien innerhalb dieser Projektklassen die Projekte bewertet werden können. Des Weiteren wurden die Produkt- und Technologieroadmap beschrieben, die die Strategie des Unternehmens auf die Produkte und Technologien umlegen.

---

[330] Innovationsmanagement, Hrsg.: Barske, Gerybadze, Hünninghausen, Sommerlatte; ISBN 3-936608-81-4.

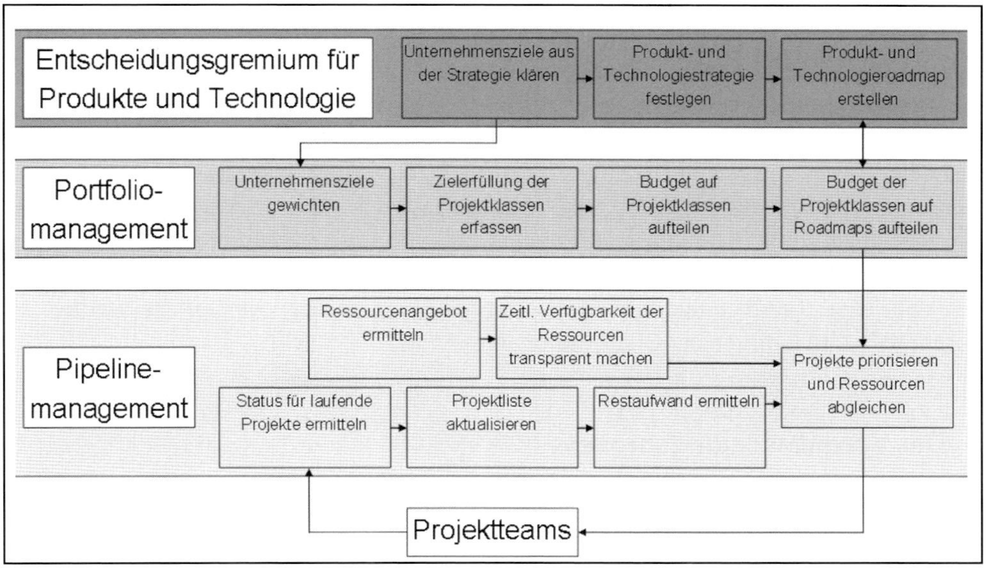

Abb. 1: Stufen des Managements von Ideen.

Abbildung 1 zeigt den Gesamtprozess, in den die genannten Punkte eingearbeitet sind. Es sind vier verschiedene Stufen des Managements zu unterscheiden. Auf der obersten Stufe werden aus der Unternehmensstrategie die Produkt- und Technologiestrategie festgelegt und daraus die entsprechenden Roadmaps abgeleitet. Die nächste Stufe stellt das Portfoliomanagement dar. In diesem werden die Unternehmensziele gewichtet und die Zielerfüllung der Projektklassen erfasst. Daraus wird das Budget für die einzelnen Projektklassen abgeleitet. Dieses verteilte Budget dient nun wieder als Eingangsgröße bei der Erstellung der Roadmaps, aber auch als Eingangsgröße für die Zuordnung des Budgets zu den einzelnen Projekten. Dieser Schritt erfolgt in der dritten Stufe, dem Pipelinemanagement. Hier laufen zwei Prozesse parallel ab. Zum einen müssen die vorhandenen Ressourcen transparent gemacht werden, und zum anderen der Status der laufenden Projekte erfasst und neue Projekte mit aufgenommen werden. Mit den drei Eingangsgrößen Ressourcen, Budget der Projektklasse und dem Status kann dann die eigentliche Priorisierung der einzelnen Projekte in den jeweiligen Projektklassen erfolgen. Das Ergebnis davon ist, dass jedes Projekt mit einem entsprechenden Anteil an Ressourcen und Budget versorgt ist. Danach können in der vierten Stufe die Projektteams das Projekt weiterbearbeiten.

Das Pipelinemanagement ist ein nahezu kontinuierlicher Prozess. Das Portfoliomanagement und das Erstellen der Roadmaps finden dagegen in größeren Zeitabständen statt.

Der hier beschriebene Prozess stellt in idealisierter Form den tatsächlichen Ablauf dar. Nicht berücksichtigt sind kurzfristige Änderungen, die durch äußere Einflüsse ausgelöst werden und auf die entsprechend flexibel reagiert wird. Für die Vorentwicklungsprojekte, die vom Tagesgeschäft abgekoppelt sind, werden darüber hinaus noch weitere Steuerungselemente eingesetzt, die eine entsprechende flexible Projektdurchführung unter den speziellen Randbedingungen der Vorentwicklung ermöglichen. Diese werden im Abschnitt 5.1 im Rahmen der Organisation dargestellt.

4 Der Vorentwicklungsprozess

Der Vorentwicklungsprozess ist in den Gesamtentwicklungsprozess eingebunden, der hier zunächst im Überblick beschrieben wird. Dabei wird die Filterfunktion der Vorentwicklung verdeutlicht. Als Filter stehen zwei Projektstufen zur Verfügung: die Machbarkeitsstudie und das Vorentwicklungsprojekt. Auch die Projekte, die durch diese Filter aussortiert werden, erzeugen einen Nutzen. Die Einbindung der Vorentwicklungsprojekte in das Gesamtunternehmen wird durch die Unterstützung der Projekte durch ein Entscheidungsgremium und ein Begleitteam erreicht.

4.1 Der Gesamtentwicklungsprozess – Vom Ideenmeer zum Produkt

Bei der Betrachtung des Gesamtentwicklungsprozesses soll zwischen zwei Aspekten unterschieden werden: den wirtschaftlichen und den technologischen Gesichtspunkten. Die Abbildung 2 zeigt deren Wechselwirkung.

In Abschnitt 3.1 wurde die Ideenfindung detailliert beschrieben. Bevor eine Idee in ein Projekt umgesetzt werden kann, wird in einem ersten Schritt die Relevanz der Idee für Heidelberg geprüft. Dabei wird die Fragestellung geprüft, ob die Idee ohne Betrachtung der Umsetzbarkeit oder eines wirtschaftlichen Nutzens im Bereich der graphischen Industrie eine Anwendung haben könnte.

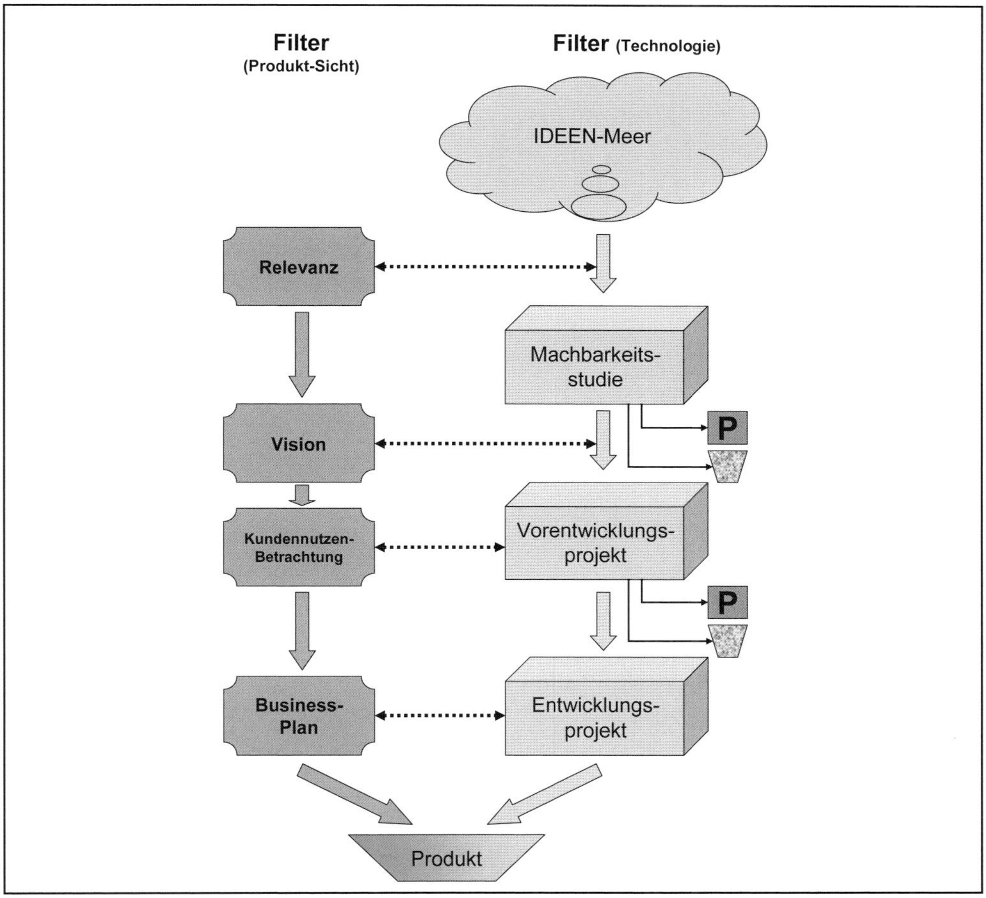

Abb. 2: Prinzipieller Vorentwicklungsprozess im Gesamtentwicklungsprozess.

Nach der positiven Klärung der Relevanz wird die Idee im Rahmen einer Machbarkeitsstudie weiter evaluiert, so dass ein eigenständiges „Gefühl für die neue Technologie" entwickelt wird. Dazu werden insbesondere die folgenden Fragen beantwortet:

- Ist die Technologie prinzipiell machbar, oder gibt es technische Gründe, die eine Umsetzbarkeit zum heutigen Zeitpunkt ausschließen?
- Wie kompliziert ist diese Technologie?
- Wie hoch ist die Geschwindigkeit des Reifeprozesses?

Über diese Fragestellungen hinaus sollte in einer Machbarkeitsstudie auch geprüft werden, ob die betrachtete Technologie im Rahmen der Unternehmensstrategie einsetzbar ist. Am Ende der Machbarkeitsstudie sollte eine erste Vision für ein neues Produkt vorhanden sein, das mit dieser Technologie realisiert werden könnte. Voraussetzung für einen erfolgreichen Abschluss der Machbarkeitsstudie ist, dass ein fachlich geeigneter Mitarbeiter zur Verfügung steht. Auch der Träger der Idee sollte in die Machbarkeitsstudie involviert sein. Zum einen ist er derjenige, der ein sehr großes Interesse an der Idee hat, und zum anderen erweitert die Machbarkeitsstudie seine Erfahrungswelt. Die inhaltliche Arbeit an der Machbarkeitsstudie kann je nach Art der Idee/Technologie im Rahmen eines Laboraufbaus, als Zusammenarbeit mit einem externen Partner, der weitergehende Erfahrungen mit dem Thema hat, oder als reine Literaturrecherche stattfinden. Meist ist es jedoch eine Mischung aus diesen Aktivitäten. Wesentlich ist, dass zu Beginn der Machbarkeitsstudie ein maximaler Umfang in Bezug auf die Ressourcen und das Budget festgelegt wird. Sollte es sich im Rahmen der Machbarkeitsstudie zeigen, dass eine Erweiterung notwendig und auch sinnvoll ist, dann kann im konkreten Einzelfall über eine Erweiterung entschieden werden.

Nach Abschluss der Machbarkeitsstudie stehen die Ergebnisse und insbesondere die Vision auf dem Prüfstand. Entweder ist der Start eines Vorentwicklungsprojektes mit dem Ziel des Proof-of-Concept sinnvoll oder aber die Idee wird verworfen. Im ersten Fall ist nun ein Startteam für das Vorentwicklungsprojekt zu gründen. In diesem Startteam muss es mindestens einen verantwortlichen, ausführenden Mitarbeiter geben, der das Projekt alleine oder mit Unterstützung von weiteren Mitarbeitern vorantreibt. Die Zusammensetzung und Organisation eines solchen Teams wird in Abschnitt 5.1 beschrieben. Die für das neue Projekt erforderlichen Fachgebiete müssen entweder durch vorhandene Schwerpunkte in der Vorentwicklung abgedeckt sein, es muss ein externer Partner mit entsprechendem Know-how zur Verfügung stehen, ein Mitarbeiter wird passend qualifiziert oder ein qualifizierter Mitarbeiter wird neu eingestellt.

Eine wesentliche Eigenschaft eines Vorentwicklungsprojektes ist, dass in der Startphase ein sehr hohes Risiko besteht, den Proof-of-Concept nicht zu erreichen. Führt die Idee zu dem angestrebten Produkt, so handelt es sich um ein Produktverbesserungsprojekt oder ein Technologieplattformprojekt, welche nicht Bestandteil der Vorentwicklung sind.

Im weiteren Ablauf des Vorentwicklungsprojektes werden nun je nach Fragestellung entsprechende Experten in das Projektteam mit hinzugezogen. Diese können sowohl aus der Vorentwicklung als auch aus der Produktentwicklung kommen. Auch kann die Anzahl der externen Partner sich im Laufe des Vorentwicklungsprojektes ändern, wenn z. B. von einem Hochschulinstitut auf einen kommerziellen Anbieter gewechselt wird.

Am Ende des Vorentwicklungsprojektes steht der Proof-of-Concept, der zeigt, wie hoch das technologische Risiko ist und welche Schritte noch notwendig sind, um die neue Technologie in ein Produkt umzusetzen. Parallel zu dem Vorentwicklungsprojekt wird eine Kundennutzenbetrachtung aufgebaut, die das neue Produkt aus der Sicht des Kunden betrachtet. Die Kundennutzenbetrachtung soll zeigen, ob der Kunde mit diesem Produkt einen Vorteil in Bezug auf Zeit, Kosten oder Prozessstabilität erreichen kann. Die Kosten-Nutzen-Analyse wird während des Vorentwicklungsprojektes weitergeschrieben, da durch die neuen Erkenntnisse auch die verschiedenen Einflussfaktoren sich verändern können bzw. immer detaillierter bekannt werden und somit besser abgeschätzt werden können.

Nach dem Abschluss des Vorentwicklungsprojektes ist sowohl die technische als auch die wirtschaftliche Seite (aus der Sicht des Kunden) betrachtet. Somit kann das Risiko einer Produktentwicklung reduziert werden und auf der wirtschaftlichen Seite ein Businessplan mit realistischen Randbedingungen erstellt werden.

Das Produktentwicklungsprojekt wird dann mit einem Quality-Gate-Prozess beschritten, der an dieser Stelle jedoch nicht weiter betrachtet werden soll. Am Ende dieses gesamten Entwicklungsprozesses steht das neue Produkt.

4.2 Schnittstellen und Übergabe

Ein Vorentwicklungsprojekt zeichnet sich durch eine Vielzahl von Schnittstellen aus. Sowohl am Anfang als auch am Ende des Projektes erfolgt eine Übernahme bzw. Übergabe von oder an andere Personen. Während der Laufzeit werden immer wieder, sofern dies inhaltlich notwendig ist, Mitarbeiter aus anderen Bereichen in das Projekt mit eingebunden. Darüber hinaus gibt es noch den Auftraggeber, der durch die Berichterstattung in das Projekt eingebunden ist und auf diesem Weg auch die für die Planungsarbeiten notwendigen Zahlen erhält (siehe Abschnitt 4.4).

Die wichtigste Schnittstelle aus Projektsicht ist jedoch der Übergabeprozess an die Produktentwicklung. Dabei sind verschiedene Formen der Übergabe denkbar:

Eine reine Akten- bzw. Prototypenübergabe führt oftmals nicht zu einem befriedigenden Ergebnis. Sinnvoller ist die frühzeitige Einbindung der Produktentwicklung in die Vorentwicklungstätigkeiten, z. B. durch eine parallele Entwicklung in der Produktentwicklung oder durch den Austausch von Mitarbeitern zwischen Vorentwicklung und Produktentwicklung. Dabei ist es sowohl denkbar, dass Vorentwickler mit der Übergabe in die Produktentwicklung gehen, als auch dass Produktentwickler bereits vor der Übergabe in der Vorentwicklung mitarbeiten.

Wesentlich bei diesen Übergabeprozessen ist, die Schwelle für die Übernahme der bereits entwickelten Ideen zu reduzieren. Dies ist am besten zu erreichen, indem die Übergabe, wie oben beschrieben, auch mit einer „Personenübergabe" verbunden ist. Diese kann sowohl temporär sein, d. h. dass die jeweiligen Mitarbeiter zu einem späteren Zeitpunkt wieder in den ursprünglichen Bereich zurückkehren, oder aber auch dauerhaft. Wichtig ist dabei, dass die Vorentwicklung nicht nur Personalressourcen abgibt, sondern immer wieder entweder durch geeignete Mitarbeiter von außen oder innen aufgefüllt wird.

Nach der vollständigen Projektübergabe kann die Vorentwicklung von dem Produktentwicklungsprojekt zu speziellen Fragen oder Aufgaben hinzugezogen werden. Dies beginnt mit der Unterstützung bei der Ideenfindung im Hinblick auf Lösungen für spezielle Probleme bis hin zu einer längerfristigen Mitarbeit einzelner Vorentwickler im Produktentwicklungsprozess. Neben der personellen Unterstützung des Produktentwicklungsprojektes ist der Vorentwickler in die Produktentwicklung eingebunden und kann seine dort gewonnenen Erfahrungen in den Vorentwicklungsprozess mit einbringen. Ebenso übernehmen auch Produktentwickler Aufgaben in Vorentwicklungsprojekten. Dadurch ergibt sich einerseits die Möglichkeit, die Expertise dieses Mitarbeiters in Vorentwicklungsprojekten zu nutzen, und andererseits wird der Mitarbeiter zu Beginn eines Projektes in einer sehr breiten Ideenfindungsphase eingebunden.

4.3 Nutzen von Vorentwicklungsprojekten, die nicht in Produktentwicklungen münden

Eine wesentliche Funktion der Vorentwicklung ist die Filterung von Ideen/Technologien, die noch nicht so weit ausgereift sind, dass sie in eine Produktentwicklung umgesetzt werden können. Diese werden durch eine Machbarkeitsstudie oder durch ein Vorentwicklungsprojekt evaluiert. Somit liegt es in der Natur der Aufgabe, dass nicht alle Projekte erfolgreich oder, besser gesagt, mit einer Produktentwicklung abgeschlossen werden, sondern die betrachtete Technologie zunächst „in der Schublade landet".

Die Beurteilung der Ideen/Technologien erfolgt aus der heutigen Sicht auf die Technik. Somit kann meist auch keine allzeit gültige Aussage getroffen werden, ob eine Technologie nun umsetzbar ist oder nicht. Oftmals ist der Zeitpunkt nur zu früh, und einige Jahre später ist die Weiterentwicklung fortgeschritten, so dass dann ein Einsatz möglich wird. Aus diesem Grund sollte auch aus Vorentwicklungsprojekten, die nicht in die Produktentwicklung gehen, patentrechtlich relevantes Material genutzt werden, um sehr frühzeitig eine Absicherung zu erreichen, die später noch weiter detailliert werden kann.

Das aus einem solchen Projekt gewonnene Wissen ist des Weiteren für andere Technologieabschätzungen nützlich, um prinzipielle Fragestellungen herausarbeiten zu können. Die für die spezielle Technologie genutzten Methoden und Vorgehensweisen lassen sich ebenso auf andere Fragestellungen übertragen.

Wurde eine Technologie als zurzeit nicht umsetzbar erkannt, weil prinzipielle Probleme noch nicht gelöst sind, ist dies auch ein Wettbewerbsvorteil, da auf dieser Basis eine fundierte technologische Strategieplanung möglich ist.

Für die Urteilsfähigkeit der Mitarbeiter ist es darüber hinaus notwendig, auch solche Projektabbrüche zu erleben, um nicht in den Zwang zu geraten, dass alle Projekte in ein Produkt enden müssen. Die Mitarbeiter lernen dabei, dass auch dieses scheinbar „schlechte" Ergebnis ein wertvolles Ergebnis ist, und behalten somit ihre Neutralität bezüglich neuer Technologien bei.

In der Vorentwicklung müssen, wie auch in der Produktentwicklung, Risiken bewusst eingegangen werden. Dadurch sinkt zwar nicht das Risiko, aber durch ein rechtzeitiges Abbrechen können Ressourcen für andere Projekte genutzt werden[331].

4.4 Einbindung des Unternehmens in die Vorentwicklung

Neben den Projektteams, die die operative Arbeit an den Vorentwicklungsprojekten durchführen, ist auch ein Entscheidungsgremium notwendig, das als Auftraggeber für neue Projekte und Machbarkeitsstudien fungiert. Der technische Leiter der Firma muss Mitglied des Gremiums sein, um die langfristige strategische Planung des Unternehmens einzubringen und den Vorstand direkt in den Entwicklungsprozess einzubeziehen. Des Weiteren sollten der Leiter der Entwicklung und natürlich der Leiter der Vorentwicklung Mitglied dieses Gremiums sein. Darüber hinaus können weitere anerkannte Experten in dieses Gremium involviert sein, wie z. B. Mitglieder der Produktentwicklung, Fachleute für Kundenbedürfnisse und/oder Märkte usw.

Das Gremium beauftragt Machbarkeitsstudien oder Vorentwicklungsprojekte und entscheidet nach dem Abschluss dieser Projekte anhand der vorgestellten Ergebnisse über das weitere Vorgehen. Dazu finden ein- bis zweimal jährlich Termine statt, in denen die Ergebnisse vorgestellt und die Entscheidungen getroffen werden.

Darüber hinaus hat jedes Vorentwicklungsprojekt ein Begleitteam, das aus anerkannten Fachleuten des Unternehmens besteht, die aus den Bereichen Produktentwicklung, Marketing, Vertrieb und Produktion stammen. Die Aufgabe dieses Teams ist die inhaltliche Unterstützung des Projektteams bei seiner Arbeit und die fachlich fundierte Diskussion des Projektes im Unternehmen, um frühzeitig wesentliche Aspekte für ein mögliches späteres Produkt einbringen zu können. So können von dem Begleitteam schon zu Beginn des Projektes die technischen Anforderungen zusammengetragen werden oder aber Unterstützung bei speziellen Fragestellungen (für die in der Vorentwicklung kein Wissen vorhanden ist) geleistet werden.

---

[331] FFD im Dialog, Freudenberg Forschungsdienste KG, S. 2, Ausgabe 2/2005.

5 Organisation

In diesem letzten Abschnitt werden die Organisation und die Mitarbeiter der Vorentwicklung dargestellt. Aufgrund der speziellen Aufgabenstellung ergeben sich in der Vorentwicklung für beide Teilaspekte Anforderungen, die zum Teil von denen einer Produktentwicklung abweichen, zum Teil aber auch sehr ähnlich oder identisch sind.

5.1 Matrixorganisation

Die operative Arbeit an einem Vorentwicklungsprojekt wird von einem Projektteam durchgeführt. Ein Projektteam kann aus einer einzelnen Person bestehen, aber auch aus bis zu zehn und mehr Mitarbeitern. Typisch für ein Vorentwicklungsprojekt ist die Zunahme der Teammitglieder im Laufe des Projektes, da mit fortschreitender Zeit immer mehr Detailprobleme gelöst werden müssen. Die Zusammensetzung des Projektteams ist dynamisch und hängt von der aktuellen Fragestellung ab. Deshalb sind viele Mitarbeiter in der Vorentwicklung der Heidelberger Druckmaschinen AG in mehrere Vorentwicklungsprojekte eingebunden. Dadurch haben die einzelnen Mitarbeiter einen Überblick über die Anforderungen der verschiedenen Projekte und können Erfahrungen aus einem Projekt unverzüglich auch in andere Projekte einbringen. So können z. B. Prüfstände wesentlich effizienter genutzt werden und werden flexibler aufgebaut.

Aus den genannten Gründen besitzt die Vorentwicklung eine Matrixorganisation, bei der auf der einen Seite die Mitarbeiter mit ihren speziellen Expertisen stehen und auf der anderen Seite die Projekte mit den unterschiedlichen, wechselnden Anforderungen. Jedes Projektteam hat das Recht, einen Mitarbeiter in das Projekt einzubinden, wenn dessen Wissen benötigt wird. Jeder Mitarbeiter der Vorentwicklung hat die Pflicht, sich auch über die Projekte zu informieren, in denen er zurzeit nicht aktiv mitarbeitet, um Fragestellungen und Probleme zu erkennen, für deren Lösung er Wissen besitzt.

Um den notwendigen Informationsaustausch zu realisieren, finden wöchentlich Teamsitzungen für jedes Projekt statt sowie eine gemeinsame Runde, an der alle Mitarbeiter der Vorentwicklung teilnehmen und in der rollierend alle Projekte diskutiert werden.

In jedem Projektteam wird ein Projektsprecher bestimmt, der das Projekt nach außen vertritt und als Ansprechpartner genannt ist. Er besitzt jedoch keine hierarchische Funktion, da sonst einzelne Mitarbeiter durch die Teilnahme an mehreren Projektteams mehrere hierarchische Vorgesetzte hätten. Die Personalführung erfolgt allein durch den Leiter der Vorentwicklung und dessen Stellvertreter, welche spezielle Führungsaufgaben an einzelne Mitarbeiter delegieren können.

5.2 Anforderungen an die Mitarbeiter

Die unterschiedlichen Schnittstellen und das spezielle Ergebnis der Projektarbeit in der Vorentwicklung (es gibt kein Produkt als Ergebnis, sondern nur eine Absicherung von Technologie) ergeben, dass an die Mitarbeiter in der Vorentwicklung spezielle Anforderungen gestellt werden.

Der Vorentwickler muss gegenüber Neuem und für ihn Fachfremdem sehr aufgeschlossen sein, Technologien objektiv beurteilen können und eine hohe Flexibilität bezüglich des Einsatzes seiner eigenen Expertise besitzen. Da Vorentwicklungsprojekte oft risikoreich und langfristig sind, sind eine hohe Eigenmotivation und eine hohe Frustrationsschwelle notwendig. Der Blick bei der Projektdurchführung muss auf das Wesentliche konzentriert sein und der Perfektionismus muss kontrolliert werden. Des Weiteren sollte ein Vorentwickler in der Lage sein, dass Projekt dann übergeben zu können, wenn die prinzipiellen technischen Probleme gelöst sind, ohne dass zu diesem Zeitpunkt ein fertiges Produkt entwickelt wurde. Wie in Abschnitt 4.3 diskutiert, sollte ein Vorentwickler (wie jeder Entwickler) auch die Bereitschaft besitzen, ein Projekt auch mit „negativem“ Ergebnis zu beenden, wenn es sich zeigt, dass eine Technologie noch keinen ausreichenden Reifegrad erreicht hat.

6 Danksagung

An dieser Stelle möchte ich meinen Kollegen in der Vorentwicklung und insbesondere Dr. Martin Gutfleisch, Dr. Gerald Hauptmann und Dr. Tobias Müller für die Diskussion über eine Vielzahl der hier genannten Aspekte besonders danken. Ebenso danke ich Dr. Bertold Grützmacher für die Diskussion und Manfred Jurkewitz für die Unterstützung des Projektes. Last but not least hat Susanne Lanig durch die kritische Manuskriptdurchsicht dem Text den letzten Schliff gegeben.

iPEP – innovative Prozesse und evolutionäre Produkte bei der Linde AG

von Ralf Kleedörfer[332], Stefan Rinck[333] und Eugen Stall[334]

1 Einleitung

Heute sind unsere Märkte geprägt durch großen Zeitdruck und hohe Anforderungen an die Qualität unserer Produkte. Gausemeier, Lindemann & Schuh 2004 betonen bei diesen Voraussetzungen die Notwendigkeit, Innovationen schnell und in hoher Qualität auf den Markt zu bringen. Deshalb ist an diesem Punkt ein schlagkräftiges Technologiemanagement gefragt. Um diesen „Kraftakt" in der Produktentstehung und v. a. in der Produktentwicklung zu bewältigen, sind die Prozesse neu auszurichten und die Ressourcen optimal zu nutzen.

Wie reagiert hierzu die Linde AG? Im Bereich Material Handling wurden die Prozesse neu definiert, klare Zwischenziele gesetzt und durch die Vernetzung der Beteiligten die erforderlichen Produktentstehungszeiten verkürzt. Gleichzeitig wurde die Prozessneugestaltung auf internationaler Ebene betrieben, um die Prozesse in den verschiedenen Standorten zu harmonisieren und zu vereinheitlichen. Damit werden die entscheidenden Rahmenbedingungen geschaffen, um in Zukunft verteilte Entwicklungen weitaus effizienter durchzuführen. Der Produktentstehungsprozess wurde bei Linde Material Handling im Rahmen der Initiative **„innovative Produkte und evolutionäre Prozesse"** (iPEP) neu ausgerichtet und in die Praxis implementiert. Wie diese Initiative in der Linde AG, Bereich Material Handling, abgewickelt wurde und welche Ergebnisse erzielt wurden, soll auf den nächsten Seiten aufgezeigt werden.

---

[332] Dr. Ralf Kleedörfer ist Senior Manager Product Technologies des Unternehmensbereiches Material Handling der Linde AG.

[333] Dr. Stefan Rinck ist Sprecher der Geschäftsleitung Linde Material Handling und im Operational Board Material Handling der Linde AG.

[334] Dr.-Ing. Eugen Stall war bis zum 30. 9. 2005 Leiter Produkttechnik des Unternehmensbereichs Material Handling der Linde AG.

2 Eingangsvoraussetzungen

Die Linde AG ist europäischer Marktführer im Bereich Flurförderzeuge (verbrennungs- oder elektromotorisch angetriebene Gabelstapler, Lagertechnik- und Systemgeräte; vgl. Abbildung 1). Die Produkte sind komplexe, mechatronische Maschinen mit mechanischen, hydraulischen, elektronischen und Software-Systemen. Aufgrund der gestiegenen Marktanforderungen und der starken Vernetzung dieser Teilsysteme müssen diese Komponenten auf einem hohen Niveau aufeinander abgestimmt werden. Damit ergeben sich hohe Anforderungen an die Qualität und Robustheit des Produktentstehungsprozesses.

Geprägt ist die Struktur der Linde AG von ihrer Mehrmarkenstrategie und den internationalen Standorten (vgl. Abbildung 1). So sind innerhalb des Bereichs Material Handling die Marken Linde, STILL und OM eingebunden, die auf dem Markt in verschiedenen Segmenten auftreten. Die internationalen Standorte haben in der Regel jeweils die Verantwortung für einen Fahrzeugtyp (z. B. Frontstapler in Aschaffenburg/D, Schubmaststapler in Basingstoke/GB). Durch die unterschiedlichen Kulturen, Historien und Fahrzeugtypen ergeben sich an die Führung der Einheiten spezifische Anforderungen, die auf den Produktentstehungsprozess großen Einfluss nehmen.

Abb. 1: Die Produkte und Standorte der Linde AG, Bereich Material Handling.

2.1 Die Fokussierung auf den zentralen Prozess

Erster Schritt der Initiative iPEP war die klare Bestimmung des Betrachtungsobjekts, dessen Schnittstellen und damit der Inhalte, die **nicht** in der Initiative behandelt wurden. Der betrachtete Produktentstehungsprozess beginnt mit der projektunabhängigen Vorphase, in der Marktstudien durchgeführt und sowohl Komponenten als auch Technologien in einem sehr frühen Stadium entwickelt werden (vgl. Abbildung 2). Der Prozess der Ideenfindung wurde nicht betrachtet. Nach dem Abschluss der Vorphase kann von einem fahrzeugspezifischen Prozess gesprochen werden, der mit der Definition des Lastenhefts zur Fahrzeug-Vorentwicklung und zum Pflichtenheft führt. Nach der Serienentwicklung und dem „Start of Production" (SOP) wird das Fahrzeugprojekt mit der Erreichung der geplanten Maximalstückzahl (= Kammlinie) abgeschlossen. Bis zu diesem Punkt wurde auch der Produktentstehungsprozess im Rahmen der Initiative iPEP optimiert. Nachfolgende Prozesse, wie z. B. Serienbetreuung oder Auftragsabwicklung, lagen außerhalb des Fokus. Mit einbezogen wurden die wichtigsten internen Entwicklungs- und Systemlieferanten, die bei einem Stapler durch die Elektronik und die Antriebstechnik geprägt sind. Ebenso wurden wichtige Supportfunktionen wie Einkauf, Qualitätssicherung und Service berücksichtigt. Dem Produktentstehungsprozess übergeordnet sind diverse Hierarchieebenen, die als Auftraggeber bzw. Controlling-Instanz der Fahrzeugprojekte zu verstehen sind. Hier wurde ein Optimierungspotenzial erkannt und die Abläufe und Regeln mit in die Betrachtung aufgenommen.

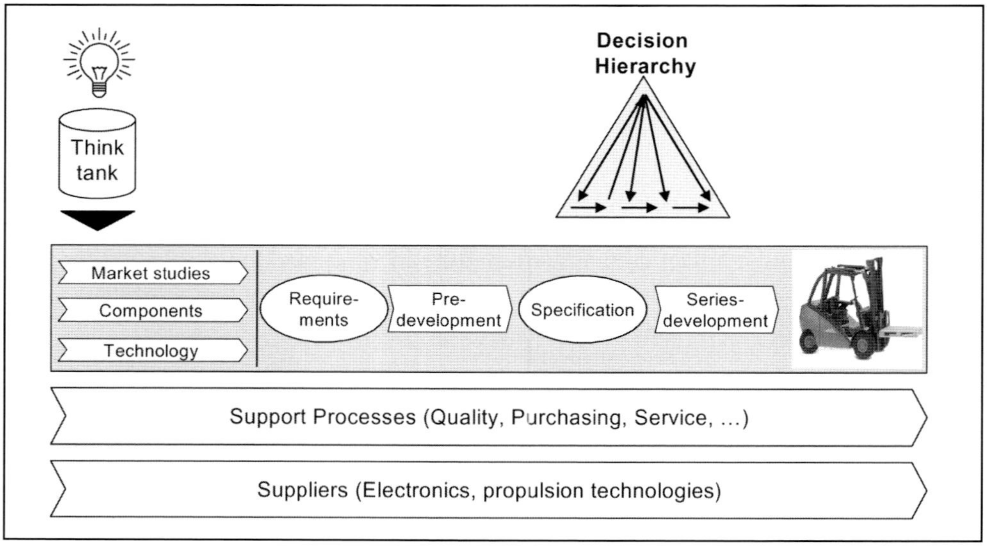

Abb. 2: Der Fokus ist der Prozess von der Ideensammlung bis zum SOP.

2.2 Die Ziele der Initiative iPEP

Neben der Definition des Betrachtungsgegenstandes war es natürlich erforderlich, die Anforderungen der Initiative zu formulieren. Ausgehend von den Erfahrungen aus früheren Fahrzeugprojekten wurden in Abstimmung mit dem Top-Management ambitionierte Ziele genannt, die durch die Initiative erfüllt werden sollten:

- Verkürzung der Produktentstehungszeiten um >25%
- Ausbau der Marktführung durch schnelle Innovationen
- Erhöhung des ROI der Projekte auf >20%
- Deutliche Senkung der Garantie- und Kulanzkosten
- Erreichung der Zielkosten zum SOP mit einer Genauigkeit von 2%

Die Frage der Machbarkeit war bei diesen hochgesteckten Zielen zunächst innerhalb des Kernteams eher umstritten. Andererseits wurde durch das hohe Zielniveau erst Handlungsdruck aufgebaut, so dass nicht nur ein kleiner Verbesserungsschritt, sondern ein regelrechter Veränderungssprung erzielt wurde. Ganz entscheidend in diesem Schritt waren die offene Kommunikation der Ziele und Inhalte an die Beteiligten und die nachhaltige Einforderung der (Zwischen-)Ergebnisse durch den Auftraggeber.

3 Vorgehensweise

Die Initiative iPEP teilte sich in vier Phasen auf (vgl. Abbildung 3). Das systemtechnische Vorgehensmodell nach Daenzer & Huber 2002 diente hier als Vorlage und wurde auf iPEP übertragen, um das Vorgehen in klar voneinander getrennte Phasen zu strukturieren. In der ersten Phase wurden die Ziele festgelegt, Aufgaben geklärt und das Konzept erstellt, gefolgt vom Entwurf und der Ausarbeitung in der zweiten Phase. Die dritte Phase war geprägt durch die anwenderorientierten Tests in Pilotprojekten. Den Abschluss bildete die Phase mit dem Ausrollen der Inhalte auf alle laufenden Fahrzeugprojekte.

Solch ein Vorhaben – umgesetzt in einer kurzen Zeitspanne – war nur mit der Unterstützung des Top-Managements möglich. Vor allem der Ressourcenbedarf auf Bereichsleiterebene durch die Besetzung des Kernteams stellte eine nicht unerhebliche Herausforderung im Unternehmen dar. Durch eine klare Priorisierung der Initiative auf höchster Ebene konnte dieser Konflikt zwischen Tagesgeschäft und strategischem Projekt jedoch gelöst werden. Dies motivierte im Übrigen alle, auch die „Zweifler und Zauderer", die in jedem Projekt zu finden sind.

Rückgrat der Initiative war das Kernteam, das sich aus den Vertretern der Konzernzentrale und den jeweiligen Leitern der beteiligten Bereiche aller Standorte zusammensetzte. Den organisatorischen Rahmen bildeten die Workshops, die ausnahmslos jenseits des Werktores stattfanden. Damit erzielte man eine Konzentration der Teammitglieder und erhöhte so deren Verfügbarkeit. Die Unterstützung durch ein externes Beratungsunternehmen war sehr hilfreich, wodurch die Initiative sowohl durch methodisch geschultes und erfahrenes Personal begleitet als auch die Workshops neutral moderiert wurden. Das optimale Zusammenspiel zwischen Berater und Kernteam ist für den Erfolg ausschlaggebend. Die Auswahl des Beraters wurde deswegen mit sehr großer Sorgfalt durchgeführt, um die oben definierten Anforderungen optimal zu erfüllen. Darüber hinaus benötigt der Moderator (im Gegensatz zur allgemeinen Meinung in Moderatorenkreisen) detaillierte und spezifische Kenntnisse von Produktentstehungsprozessen. In den heißen Phasen der Workshops war es dringend erforderlich, dass eine erfahrene Persönlichkeit die Diskussionen entsprechend leitete und auch von den Vertretern aus der Linie ernst genommen wurde.

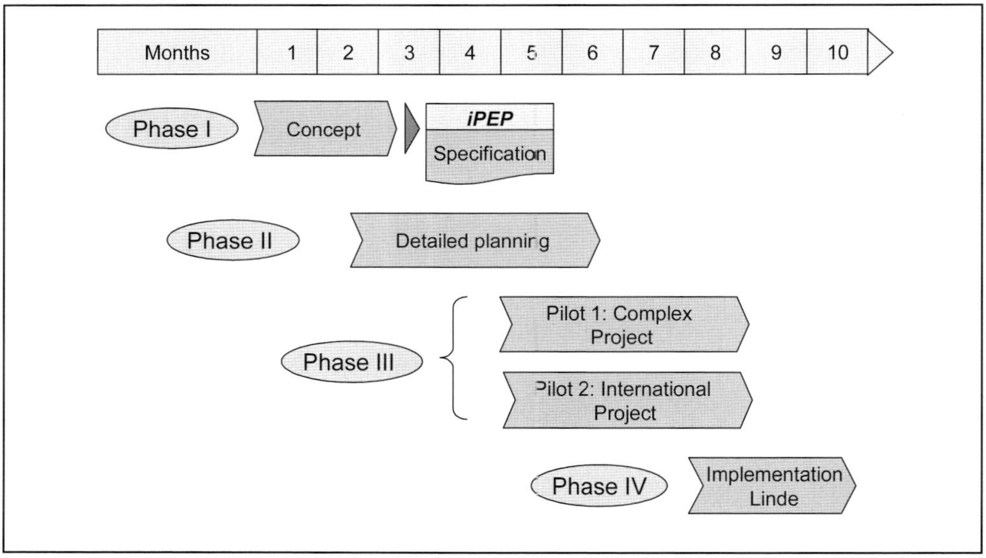

Abb. 3: Die Phasen der Initiative iPEP.

Bei diesem internationalen Vorhaben waren die Barrieren zwischen den einzelnen Kulturen und Nationalitäten zu überwinden. Durch die häufigen, mehrtägigen Sitzungen und die intensiven Diskussionen konnte dies erreicht werden. Vor allem in der ersten Phase entstanden Verbindungen bzw. wurden vorhandene Kontakte zwischen den Beteiligten intensiviert, was aufgrund der Entfernung und Sprachbarriere im Alltagsgeschäft sehr schwer ist. Überaus hilfreich war in diesem Zusammenhang auch das gemeinsame „Bier am Abend", das dazu beitrug, in einem lockeren Rahmen die Barrieren zu überwinden. Darüber hinaus erforderte die internationale Ausrichtung eine einheitliche und standardisierte Dokumentation, die im vorliegenden Fall projektbegleitend und in englischer Sprache erstellt wurde[335].

3.1 Phase 1: Konzeptphase

In der ersten Phase wurde vom Kernteam in einer konzertierten Aktion von sieben Wochen der Produktentstehungsprozess komplett neu definiert. Entscheidend war eine schnelle Realisierung der Ziele in den jeweils zweitägigen Workshops, die wöchentlich durchgeführt wurden. Dadurch wurden langatmige Projektphasen vermieden und der Initiative ein ausreichendes Momentum gegeben, so dass sich die Initiative spätestens ab Mitte dieser Phase zu einem Selbstläufer entwickelte. Aus der Konzeptphase resultierte die Spezifikation des iPEP-Prozesses[336] (vgl. Abbildung 3), in der Funktion und „Erscheinungsbild" desselben definiert sind.

Begonnen wurde diese Phase mit der Darstellung des Status quo der (Teil-)Prozesse, Methoden und Hilfsmittel aller Bereiche aus allen Standorten. Hierbei wurden nicht nur die Unterschiede zwischen ein und derselben Disziplin an mehreren Standorten deutlich, sondern auch der Abstimmungsbedarf der Schnittstellen zwischen den Fachbereichen innerhalb eines Standortes. Aus dem Vergleich der verschiedenen angewandten Methoden und Werkzeuge ergab sich der Handlungsbedarf für die weiteren Schritte: Anpassung aller Prozesse, Methoden und Hilfsmittel auf einen gemeinsamen Standard.

Ausgangspunkt der Optimierung der Teilprozesse, Methoden und Hilfsmittel waren die Erfahrungen der Kernteammitglieder und Best Practices, die beim oben beschriebenen Vergleich festgestellt wurden. Untermauert wurden diese Untersuchungen durch eine Stärken-Schwächen-Analyse aus der hervorging, bei welchen Methoden, Werkzeugen und Hilfsmitteln Optimierungs- oder Standardisierungsbedarf bestand. Dieser Bedarf wurde als so genanntes Konzeptelement festgehalten. Die Analyse wurde über alle Standorte

---

335 Ein Großteil der Abbildungen in dieser Publikation ist direkt aus der Dokumentation der Initiative entnommen. Deshalb werden die Bilder auch in englischer Sprache wiedergegeben.

336 Im Folgenden wird der neu definierte Produktentstehungsprozess iPEP-Prozess genannt. Dieser ist nicht zu verwechseln mit den einmaligen Tätigkeiten innerhalb der Initiative iPEP.

durchgeführt, so dass einfach das Best Practice (je Konzeptelement) innerhalb des Unternehmens identifiziert werden konnte. So wurde das intern vorhandene Wissen optimal und effizient genutzt. Bei Konzeptelementen, die intern nicht optimal besetzt waren bzw. bei denen bewusst nach neuen Ansätzen und Lösungen gesucht wurde, konnten die Erfahrung des externen Beraters und die Ergebnisse aus den Benchmarkbesuchen genutzt werden.

Die oben definierten Bereiche ergaben ein Anforderungsprofil, nach dem Firmen für einen Benchmarkbesuch ausgewählt wurden. Ausgehend von persönlichen Kontakten aus dem eigenen Unternehmen, den bekannten Firmen im eigenen Sektor (Nutzfahrzeuge) und den Kontakten des Beraters, wurden einige Firmen als Gesprächspartner gewonnen. Aus Abbildung 4 geht hervor, welche Themen detailliert untersucht wurden und in die Neuausrichtung bei Linde mit einflossen. Bei den Besuchen wurden zur methodischen Unterstützung standardisierte Fragebögen zur Verfügung gestellt und zentral ausgewertet. Neben dieser Unterstützung war insbesondere der persönliche Eindruck sehr wichtig, der durch die Diskussion mit den Benchmarkpartnern entstand.

	Company 1	Company 2	Company 3	Company 4	Company 5	Company 6
Management of shared product development	●	◐			●	
Strategy and pre-development		●		●	◐	●
Resource management	●	◐		●		
Process management			●		●	
Multiproject management	◐	●	●	◐		●

Abb. 4: Die Auswahl der Firmen anhand der Best Practices.

Ergebnis der Phase 1 waren zwei zentrale Dokumente, die Prozesslandkarte und die Freigabekriterien, die in Abschnitt 4.1 und 4.2 genauer erläutert werden. Weiterhin wurden die Ziele und die Funktion der Konzeptelemente definiert und den passenden Disziplinen zugeordnet. Die eigentliche Entwicklung und Detaillierung der Elemente wurde jedoch erst in Phase 2 angestoßen.

3.2 Phase 2: Detaillierung

Phase 2 entspricht der Detaillierung in einer Produktentwicklung, in der die Komponenten eines Produkts entworfen und auskonstruiert werden. Ähnlich wie Ehrlenspiel 2002 diesen Entwicklungsabschnitt beschreibt, wurden auch in der Initiative iPEP die Konzeptelemente entwickelt, zwischen den Standorten harmonisiert und dokumentiert.

Die Detaillierung eines Konzeptelements hatte Einfluss in doppelter Hinsicht. Einerseits musste die gegenseitige Vernetzung der Konzeptelemente realisiert werden. Andererseits wurde der in der ersten Phase definierte iPEP-Prozess hinterfragt und weiter detailliert. Es zeigte sich, dass die Fortführung der in Phase 1 begonnenen Workshops – wenngleich in längeren Intervallen – sehr sinnvoll war. Das Kernteam aus der ersten Phase bestand unverändert fort, und die regelmäßigen Workshops dienten als Forum, das den Abstimmungsprozess über alle Funktionsbereiche hinweg erleichterte. In jedem Workshop wurden die erarbeiteten (Zwischen-)Ergebnisse zu den Konzeptelementen präsentiert und diskutiert. Im Team konnten so gegenseitig die Inhalte angepasst und optimiert werden. Ergebnis war ein System aufeinander abgestimmter Konzeptelemente, die für einen prototypischen Einsatz in der Praxis reif waren. Weiterhin konnte dadurch eine Erfolgskontrolle im Team stattfinden, die insgesamt zu einer Beschleunigung der Abarbeitung führte.

3.3 Phase 3: Pilotphase

Parallel zum Ende der zweiten Phase begann die prototypische Installation des iPEP-Prozesses in ausgewählten Fahrzeugprojekten, vergleichbar der Testphase von Prototypen in der Produktentwicklung.

Als Pilot wurden möglichst zwei Projekte je Standort ausgewählt. Ein Projekt befand sich dabei in der frühen Entstehungsphase oder vor dem Projektstart, beim zweiten war die Vorentwicklung bereits abgeschlossen. Dies brachte den Vorteil, dass in einem relativ kurzen Zeitraum alle Konzeptelemente unter realen Bedingungen getestet werden konnten. Natürlich waren Einschränkungen beim Einsatz einiger Elemente, die in der mittleren Phase wirkten, erforderlich, da diese häufig auf Zwischenergebnisse vorgelagerter Elemente aufbauten. Dessen ungeachtet ließen sich aus dem Testlauf Erkenntnisse ableiten, die zu einer internen Optimierungsschleife der Konzeptelemente führten.

Trotz der Zeiteinsparung durch eine Parallelisierung der prototypischen Anwendung war dieser Abschnitt am zeitintensivsten. Vergleichbar mit den Erfahrungen aus der Softwareentwicklung, wurde auch bei dieser Art von „Software“ in Form von Prozessbeschreibungen und -regeln ein deutliches Augenmerk auf ausgiebige Tests und vor allem das Zusammenspiel der einzelnen Elemente gelegt. Es wurde damit ein Großteil der Zeit in der Initiative iPEP für diese Aufgabe aufgewendet.

3.4 Phase 4: Implementierung

Die letzte Phase war die Implementierung des iPEP-Prozesses in alle Produktentstehungsprojekte, was dem SOP eines Produkts entspricht. Erstaunlich war hier die schnelle Einführung, die sicherlich durch den längeren Test in Phase 3 bedingt war. Es konnte beobachtet werden, dass durch die Querinformation der Pilotanwender an ihre Kollegen bereits eine gute Informationsbasis geschaffen war. Dies erzeugte solch ein Interesse der Anwender, dass man von einem Pull-Effekt sprechen kann. Insgesamt wurde also durch die gute Vorplanung und die ausgiebige Tests ein „Durst“ an der Basis erzeugt, so dass diese Einführung nur einen kleinen Schritt darstellte.

Begleitet wurde die Einführung von lokalen, fachspezifischen Informationsveranstaltungen, die von den Kernteammitgliedern selbst durchgeführt wurden. Die standortspezifischen Rahmenbedingungen wurden hierbei automatisch in den iPEP-Prozess eingearbeitet. Ergänzt wurden diese Maßnahmen durch spezifische Trainings für Konzeptelemente, die standortübergreifend durchgeführt wurden. Bestimmte komplexere Inhalte wurden den Fahrzeugprojektmitarbeitern in speziellen Review-Terminen vermittelt. Man erreichte so ein ausgewogenes Verhältnis zwischen der erforderlichen Standardisierung des iPEP-Prozesses (auf einer hohen Aggregationsstufe) und den Konzeptelementen einerseits und der pragmatischen standortspezifischen Anpassung andererseits, die bei einem verteilten Unternehmen mit unterschiedlichen Strukturen wichtig ist.

4 Ergebnisse aus der Initiative iPEP

Bracht 2004 erwähnt im Zusammenhang mit der Einführung von Projektmanagement, dass die Einführung neuer Methoden ebenso wichtig ist wie die Auswahl der richtigen Methoden selbst. Deshalb wird im Folgenden der Fokus auch auf die Implementierung und spezifischen Rahmenbedingungen gelegt.

4.1 Die iPEP-Prozesslandkarte

Zentrales Dokument der gesamten Initiative ist die so genannte Prozesslandkarte (vgl. Abbildung 5). Bereits in der ersten Phase wurde dieses Dokument in langen Diskussionen definiert. In mehreren Schleifen – auch noch in späteren Phasen – wurden die Inhalte verifiziert und fallweise abgeändert. Die Struktur blieb dabei jedoch grundsätzlich gleich, lediglich einzelne Details wurden ausgehend von der Arbeit an den Konzeptelementen und den Pilotprojekten geändert.

Über den Zeitstrahl wurden, geordnet nach den verschiedenen Disziplinen, die zentralen Prozessschritte bzw. deren Ergebnisse aufgetragen, die für den Gesamtprozess eine wichtige Rolle spielen. Diese Ereignisse sind bei den Beteiligten eines Projektes in der Regel bekannt und dienen der allgemeinen Orientierung. Die Gateways sind Zäsuren im Prozess und stellen ein „Tor“ dar, das nur bei Erfüllung aller Freigabekriterien durchschritten werden kann (vgl. Abschnitt 4.2).

Die Struktur des iPEP-Prozesses wurde für alle Fahrzeugtypen, obwohl sie unterschiedliche Komplexität aufweisen, identisch definiert. Erstens ist der prinzipielle Aufbau aller Fahrzeuge (Rahmen, Antrieb, Hydraulik, Man-Machine-Interface und Elektronik) gleich. Zweitens wurde besonderer Wert auf eine Standardisierung der Prozesse über die einzelnen Standorte hinweg gelegt. Aus diesen Rahmenbedingungen ergibt sich in der iPEP-Prozesslandkarte keine inhaltliche Abweichung für die verschiedenen Fahrzeugtypen. Der einzige Unterschied ist die Dauer zwischen den Gateways und somit des gesamten iPEP-Prozesses (in Abbildung 5 nicht dargestellt). Darüber hinaus wurden im Rahmen einer Komplexitätsbetrachtung für einen Fahrzeugtyp die Laufzeiten von Neuentwicklungen und Produktüberarbeitungen unterschiedlich definiert. Damit konnte bei einem Facelift nochmals erheblich die Gesamtdauer reduziert werden, so dass sie nur noch ca. 60% einer Neuentwicklung beträgt.

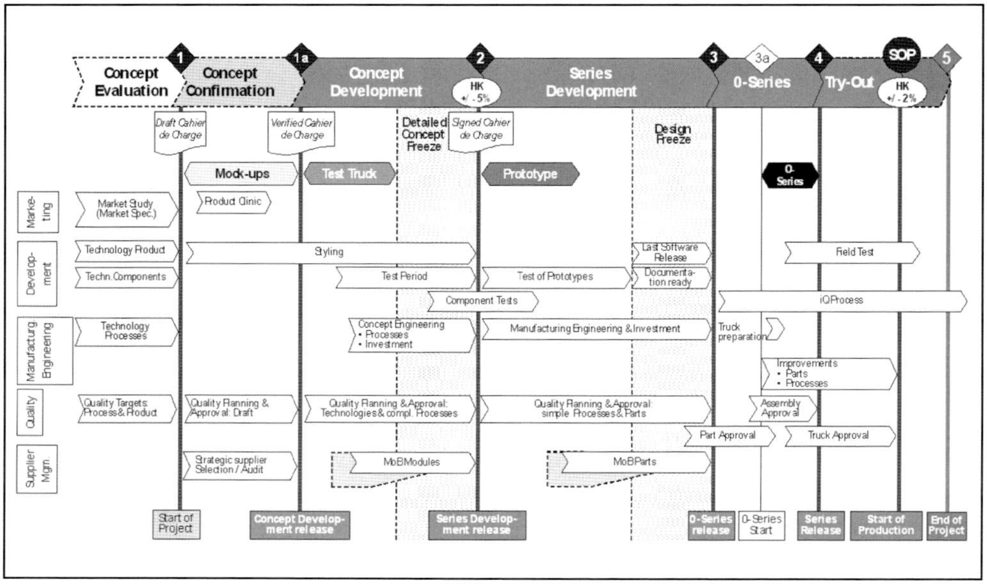

Abb. 5: Die Landkarte des iPEP-Prozesses.

4.2 Die Freigabekriterien der Gateways

Zusammen mit der Prozesslandkarte sind die Freigabekriterien als eine Einheit zu sehen. Sie stellen Zwischenergebnisse dar, die zu den jeweiligen Gateways vorliegen müssen. Die Inhalte dienen dabei als Sollgröße, um im Rahmen eines Regelkreises die Möglichkeit zu haben, Abweichungen frühzeitig festzustellen. Ein weiterer Zweck dieser einheitlichen Kriterien ist die klare und allgemein gültige Definition der Zwischenergebnisse im Produktentstehungsprozess. Durch diesen für alle Fahrzeugprojekte einheitlichen Maßstab erreicht man für alle Vorhaben standortübergreifend eine gleichartige Bestimmung des Reifegrades. Die Gesamtaufgabe wird in „greifbare“ Pakete geschnürt, die einfacher abzuarbeiten und somit sowohl für die Bearbeiter als auch den Auftraggeber transparenter sind. Den Freigabekriterien wurden die entsprechenden Bereiche zugeordnet, die für die Erarbeitung bzw. Zusammenstellung der Ergebnisse verantwortlich sind (vgl. Abbildung 6).

Kurz vor jedem Gateway bewertet der Projektleiter zusammen mit seinem Team die vorgeschriebenen Kriterien und prüft, ob der erforderliche Status erreicht wurde. Das Passieren eines Gateways erfolgt in Form eines Meetings, in dem der Projektleiter dem Auftraggeber die Inhalte aus der Bewertung präsentiert. Letzterer hat die Aufgabe, aus seiner Sicht zu überprüfen, ob die Ergebnisse die erforderliche Qualität aufweisen, und erteilt die Freigabe des Gateways oder nicht. Kann das „Tor“ nicht durchschritten werden, sind dementsprechend die Auswirkungen (Termine, evtl. SOP, Kosten etc.) und die erforderlichen Gegenmaßnahmen zu definieren. Bei Nichterreichung ist ein Nachfolgetermin zu vereinbaren, an dem die kritischen Inhalte in der geforderten Qualität vorliegen müssen. Erst zu diesem Zeitpunkt kann bei erfolgreicher Nacharbeit die Freigabe für die nächste Phase erteilt werden.

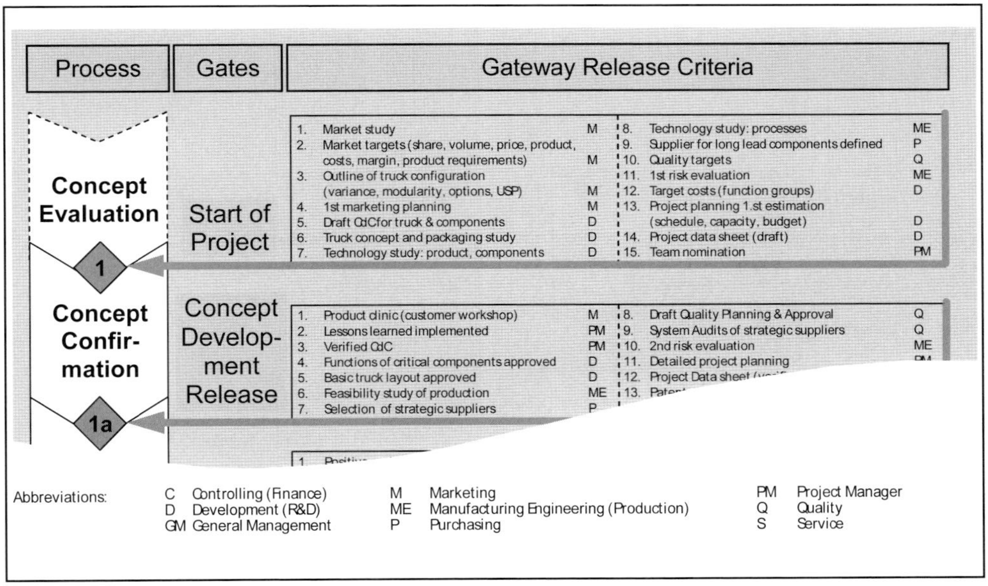

Abb. 6: Die Freigabekriterien zu den Gateways (Ausschnitt).

4.3 Die Konzeptelemente

Zusammen mit den beiden oben beschriebenen zentralen Dokumenten stellen die Konzeptelemente die „Bibel“ des iPEP-Prozesses dar. Zur Veränderung der Abläufe und Umsetzung eines neu entwickelten Konzeptes an der Basis mussten neben den abstrakten Modellen (iPEP-Prozesslandkarte und Freigabekriterien) aber auch einfach zu handhabende Methoden und Werkzeuge vorhanden sein. Dies wurde bei der Entwicklung der Konzeptelemente berücksichtigt. Es wurden einfache, pragmatische Lösungen (deren Umsetzung in der Praxis mit geringem Aufwand zu bewerkstelligen war) komplexen Werkzeugen mit erhöhtem Funktionsumfang vorgezogen. Dadurch konnte die Akzeptanz an der Basis sehr schnell gewonnen werden, da ein einfaches, aber aufeinander abgestimmtes „Handwerkzeug“ für alle am Fahrzeugprojekt Beteiligten zügig zur Verfügung gestellt wurde. Bei der Umsetzung der Elemente wurde darüber hinaus den unterschiedlichen Strukturen und Größen der Standorte Rechnung getragen. Daher wurden einzelne Werkzeuge mit unterschiedlichem Funktionsumfang und entsprechender Komplexität erstellt.

In Abbildung 7 sind die Konzeptelemente aufgeführt, die während der Phase 2 detailliert wurden. Die Elemente sind zum einen Teil Standard-Projektmanagementmethoden, wie sie von vielen Autoren (vgl. auch Daenzer & Huber 2002, Litke 2004, Madauss 2000) beschrieben werden. Ergänzt wurden diese durch speziell für die Produktentwicklung und -entstehung angepasste Methoden, wie sie u. a. von Ehrlenspiel 2002 beschrieben werden.

	Strategy	Definition	Planning & Control	Reporting	R&D	Support
Concept elements	Process technology roadmap Standardization modularization Product technology roadmap Make or buy for components Development plan Launch plans	Project targets Reduction of project complexity Market research Outling of truck config. Product mix Team nomination Product cost definition Unified specification	Efficiency monitoring Supplier management Supplier development Risk evaluation Bring forward critical parts Multi project management Backwards timing Detailed project planning Milestone tool Budget data base Time recording EP-system	Project ROI calculation Standard reporting PSN Progress report PRODEV PDS Project data sheet Progress report summary Project cost reporting	Test Technology study Final specification Styling release & freeze Simulation Front loading Design & concept freeze Field data acquisition Patent application Preliminary BoM	Manufacturing engineering concept Quality planning & approval Make or buy on parts Try outs on productivities IQ-system

Abb. 7: Die Konzeptelemente zur Umsetzung der Initiative iPEP.

Die Gestaltung und Umsetzung der Konzeptelemente erfolgte in fachorientierten Gruppen, die mit den jeweiligen Vertretern der Bereiche (Entwicklung, Produktion, Einkauf, ...) aus jedem Standort besetzt waren. Damit konnte sichergestellt werden, dass die unterschiedlichen Rahmenbedingungen der verschiedenen Standorte berücksichtigt wurden. Auch konnten so die Elemente mit einem sehr geringen Koordinationsaufwand entwickelt werden, da sich kleine Gruppen mit gleichem Wissensstand und Hintergrund bildeten. Während der Bearbeitung wurde jedes Konzeptelement jeweils einem Hauptverantwortlichen zugewiesen. Dieser Mitarbeiter war für das Element als Entwickler bzw. Koordinator verantwortlich. Sein Standort wurde in der Regel das Leitwerk für die Umsetzung und die Tests des Konzeptelements, da hier die gemeinsamen Arbeiten zusammengeführt wurden. Für den Einsatz und die Integration der getesteten Elemente in allen anderen Standorten bzw. Bereichen waren die jeweiligen Bereichsleiter zuständig. Die erforderlichen Informationen wurden im Schneeballsystem an die Mitarbeiter in den betroffenen Projekten weitergegeben.

5 Zusammenfassung und Ausblick

Die Linde AG hat durch ihre Initiative iPEP einen weiteren Schritt vorwärts gemacht, um auch in Zukunft ihren Wettbewerbsvorsprung zu halten. Grundlage des Erfolgs der Initiative ist das Commitment aller Beteiligten, vom Topmanagement bis zu den involvierten Mitarbeitern. Ein weiterer Erfolgsfaktor war die zügige Durchführung der Arbeiten, verbunden mit einer sofortigen Weitergabe der Ergebnisse an alle Betroffenen, sofern ein ausreichend hoher Reifegrad erreicht wurde. Nicht zuletzt war die methodische Herangehensweise ein Garant für die nachhaltige und ressourcenschonende Umsetzung der Veränderungen.

Für die Prozessoptimierung besteht innerhalb Linde Material Handling in naher Zukunft nur ein Bedarf an Verbesserungen im Detail. Nach dem großen Schritt im Rahmen der Initiative iPEP sind nun eher evolutionäre Maßnahmen bei einzelnen Teilprozessen erforderlich. Diese sollen als kontinuierliche Verbesserung vornehmlich standortintern erfolgen. Parallel dazu ist aber auch eine standortübergreifende Koordination erforderlich, um den gemeinsam geschaffenen Standard nicht zu verlassen. Hierzu sind das eingespielte Kernteam und die fachspezifischen Gruppen aus den vorangegangenen Phasen ein optimales Gremium, um die Potenziale zu nutzen und Inhalte zu kommunizieren. Unterstützt wird dieses Vorgehen zusätzlich durch die Einführung eines PLM-Systems, in dem die iPEP-Prozesse und teilweise auch die neu geschaffenen Konzeptelemente integriert werden. Mit diesem Ansatz kann dann sichergestellt werden, dass auch in Zukunft der Wettbewerbsvorsprung gehalten und gleichzeitig das Synergiepotenzial in einer verteilten Organisation genutzt wird.

Literaturverzeichnis

Daenzer, W.F.; Huber, F. (Hrsg.): Systems Engineering – Leitfaden zur methodischen Durchführung umfangreicher Planungsvorhaben. 11. Aufl. Zürich: Industrielle Organisation 2002.

Ehrlenspiel, K.: Integrierte Produktentwicklung – Methoden für Prozessorganisation, Produkterstellung und Konstruktion. München: Hanser 2002.

Bracht, U.; Brunner, T.; Oeltjensbruns, H.: Ganzheitliches prozessorientiertes Projektmanagement. Zeitschrift für wirtschaftlichen Fabrikbetrieb (2004) 3, S. 96–101.

Gausemeier, J.; Lindemann, U.; Schuh, G.: Planung der Produkte und Fertigungssysteme für die Märkte von morgen. Frankfurt: VDMA 2004.

Litke, H.-D.: Projektmanagement: Methoden, Techniken, Verhaltensweisen. 4. Aufl. München: Hanser 2004.

Madauss, B.: Handbuch Projektmanagement: mit Handlungsanleitungen für Industriebetriebe, Unternehmensberater und Behörden. 6. Aufl. Stuttgart: Schäffer-Poeschel 2000.

Innovation und Grundlagen-Wissen als Basis für den Erfolg in der Antriebstechnik

von Manfred Hirt[337] und Burkhard Pinnekamp[338]

1 Übersicht

Grundlagenforschung und Umsetzung der Ergebnisse in marktgerechte Anwendungen sind wesentliche Voraussetzungen, um die führende Position der deutschen Antriebstechnik im internationalen Wettbewerb zu behaupten und für die Zukunft zu festigen. Der Beitrag beschreibt den Transfer von wissenschaftlicher Forschung zu industrieller Produktion und gibt Beispiele für innovative Produkte im Bereich der Getriebetechnik.

2 Produktentwicklung als logische Fortsetzung von Grundlagenforschung in der deutschen Antriebstechnik

Die deutsche Antriebstechnik konnte in den letzten Jahrzehnten ihre weltweit führende Stellung immer weiter ausbauen. Basis der Produktions-Steigerung ist vor allem der Export-Anteil, gestiegen von 30% in 1970 zu 62% in 2000. Um diese Entwicklung auch am kostenintensiven Standort Deutschland beibehalten zu können, ist ständige Innovation und Produktverbesserung zwingend erforderlich. Tabelle 1 zeigt eine Übersicht wichtiger aktueller Produkt-Anforderungen des Marktes und die Konsequenzen, die sich hieraus für die Antriebstechnik ergeben.

Abbildung 1 zeigt sowohl die steigenden Produktions- und Exportzahlen als auch die zur Sicherung der Wettbewerbsfähigkeit vorgenommenen Anstrengungen im Bereich der Grundlagen-Forschung. Hierbei hat die Gemeinschafts-Forschung in den letzten Jahren ständig an Bedeutung gewonnen. Mehr als 12 Mio. Euro wurden im Jahr 2000 und 11 Mio. Euro im Jahr 2004 alleine für die Forschungsvereinigung Antriebstechnik e.V. (FVA) aufgewendet.

---

[337] Prof. Dr.-Ing. Manfred Hirt ist Sprecher des Vorstandes der Renk AG.
[338] Dr.-Ing. Burkhard Pinnekamp arbeitet im Vertrieb Schiffsgetriebe bei der Renk AG.

Im Rahmen der Forschungsarbeit der FVA werden Themen der Grundlagenforschung von Mitgliedsfirmen vorgeschlagen und als Forschungsaufträge an deutsche Universitäten gegeben. Der Fortschritt der Untersuchungen wird von Arbeitskreisen der Mitgliedsfirmen begleitet, wodurch Praxisrelevanz gewährleistet ist. Die Ergebnisse stehen in Form von Berichten und/oder Computerprogrammen allen Mitgliedsfirmen zur Verfügung.

Markt-Forderungen

- **Steigerung von Leistungsdichte und Maximalleistung**
- **Steigerung von Zuverlässigkeit und Gebrauchsdauer**
- **Integration elektronischer Systeme (Steuerung, Datenerfassung, Zustands-Überwachung)**
- **Umwelt-Gesichtspunkte: Geräuschreduzierung, Verringerung von Schadstoff-Ausstoß, Vermeidung toxischer Materialien, Recycling, gefahrlose Entsorgung**
- **Kostenreduzierung.**

Konsequenzen für die Antriebstechnik

- **Vermehrte Anwendung von Leistungsverzweigungs-Getrieben**
- **Optimierung von Werkstoffen und Integration von Systemen zur Schadens-Früherkennung**
- **Entwicklung umweltfreundlicher Produkte**
- **Produktions-Optimierung**

Tab. 1: Marktforderungen und Konsequenzen für moderne Antriebstechnik.

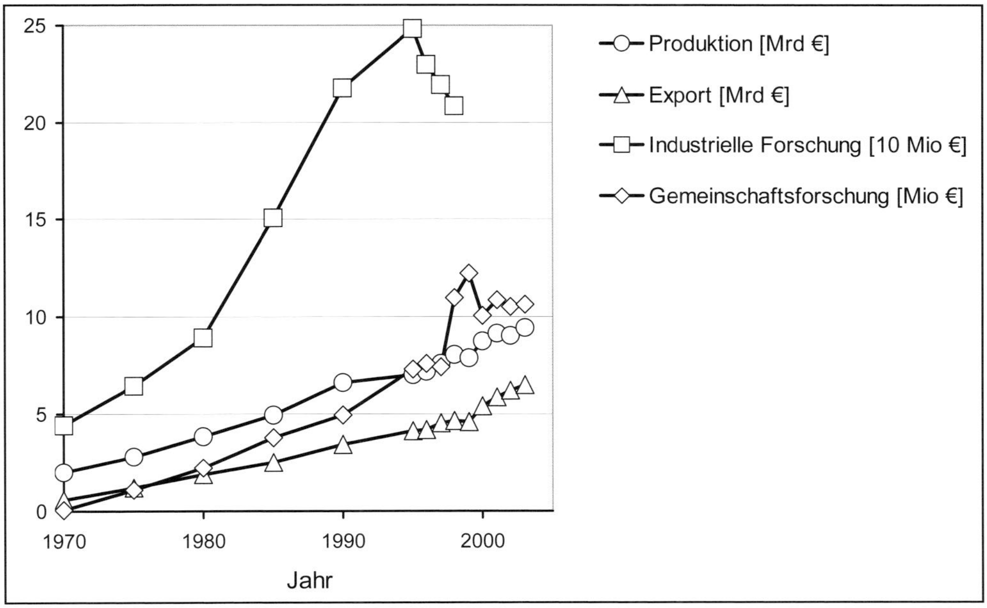

Abb. 1: Deutsche Antriebstechnik: Produktion, Export, Industrielle und Gemeinschafts-Forschung. (Quelle: Hirt, M.; Pinnekamp, B., 2005)

Im Rahmen dieser Organisation konnten in den letzten Jahren zukunftsweisende Erkenntnisse gewonnen werden, was von den einzelnen Firmen aus Kapazitätsgründen so nicht hätte bewerkstelligt werden können. Abbildung 2 zeigt schematisch, wie die Gemeinschafts-Forschung die deutsche Industrie in ihrer Wettbewerbsfähigkeit am internationalen Markt unterstützt, in Tabelle 2 sind Beispiele aktueller Forschungsprojekte aufgeführt.

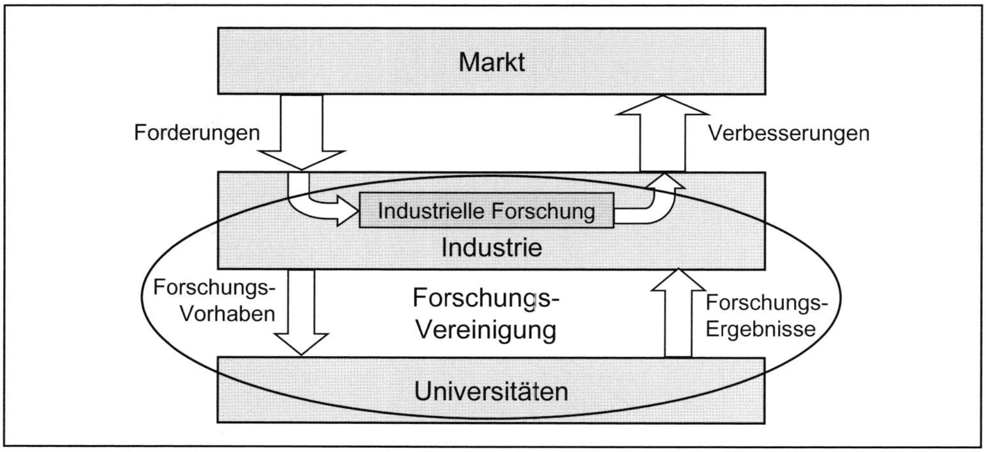

Abb. 2: Beitrag der Gemeinschafts-Forschung zum Innovations-Prozess.

- **Bestimmung von Verzahnungskorrekturen bei Planetengetrieben**
- **Berechnung der Zahnfuß-Tragfähigkeit von Hoch- und Schrägverzahnungen**
- **Entwicklung sensorischer Schleifwerkzeuge zur Vermeidung von Schleifbrand**
- **Anregungs-Optimierte Flankenkorrektur für konstante und veränderliche Last**
- **Einfluss der Kernfestigkeit auf die Zahnfußtragfähigkeit einsatzgehärteter Zahnräder**
- **Verschleißschutz für Leichtmetalle durch Schmierstoffmodifikation**
- **Langsamlauf-Verschleiß von Zylinderrollenlagern**
- **Reibschwingungen in trocken laufenden Kupplungen**

Tab. 2: Aktuelle Beispiele für Forschungsvorhaben im Rahmen der FVA. (Quelle: Forschungsvereinigung Antriebstechnik e.V., 2004).

3 Erkennen von Produktchancen im Markt

Erkenntnisse aus der Grundlagenforschung, eingebunden in jahrzehntelange Erfahrung industrieller Anwendung, ermöglichen die ständige Erweiterung der Grenzen der Leistungs- und Funktionsbereiche bekannter Getriebe-Anwendungen. Im Folgenden werden hierzu drei Beispiele vorgestellt.

3.1 Hochleistungs-Zementmühlen-Getriebe

Für moderne Vertikalmühlen, besonders in der Zementindustrie, gibt es einen deutlichen Trend zu höheren Abtriebsmomenten und kleineren, höher drehenden Antriebsmotoren. Hierbei stoßen konventionelle Kegelrad-Planetengetriebe an ihre Leistungsgrenzen bezüglich Maximallast und größtmöglicher Gesamt-Getriebeübersetzung.

Abbildung 3 zeigt die Antriebseinheit für die weltweit leistungsstärkste Vertikalmühle in der Zementindustrie. Das neue Getriebekonzept verfügt über eine Kegelrad- und zwei Planetenstufen und überträgt 5.400 kW bei einer Gesamtübersetzung von i = 46.[339] Extremes Abtriebsmoment bei kompaktem Bauraum kann nur durch ein leistungsverzweigtes Getriebe, hier eine Planeten-Anordnung mit sechs Planeten, erreicht werden. Gleichmäßige Verteilung der Last auf die einzelnen Planetenräder wird durch eine Kombination moderner Berechnungsverfahren und präziser Fertigungs-Technologie sichergestellt. Weitere Produktoptimierungen erfolgten inzwischen mit Hilfe aktueller FVA-Berechnungsprogramme, z. B. zum Schwingungsverhalten.

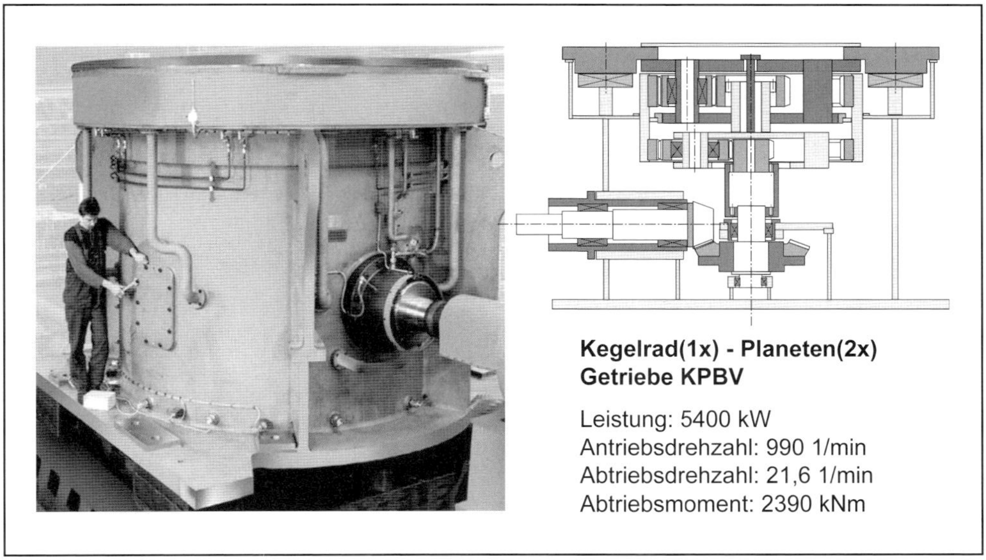

Abb. 3: Weltweit leistungsstärkstes Zementmühlen-Getriebe.

339 Vgl. Weiss, T.; Pinnekamp, B.: Das neue dreistufige KPBV Getriebe: RENK setzt Maßstäbe für den Antrieb moderner Vertikalmühlen. Sonderschrift RENK Aktiengesellschaft, 6. 12. 1999.

3.2 Hochleistungs-Turbogetriebe

Einstufige Stirnradgetriebe mit Doppelschräg-Verzahnung finden bei Gasturbinen-Generatoranlagen mit höchsten Leistungen Anwendung. Im Jahr 2000 wurden die ersten 140-MW-Getriebe in Betrieb genommen, Abbildung 4. Es ist dies bis heute die höchste Leistung, die weltweit bei Getrieben je in einem Zahneingriff übertragen wurde.

Trotz hervorragenden Wirkungsgrads von fast 99% entstehen bei Getrieben der 100-MW-Klasse herkömmlicher Technik Energieverluste in der Größenordnung von 1 ... 2 MW, die als Wärme über das Schmieröl abgeführt werden müssen.

Mit dem neu entwickelten und 2002 erstmals in Betrieb gegangenen etaX®-Getriebe kann die Verlustleistung durch Optimierung der Gleitlager, Teil-Evakuierung des Gehäuses und durch Reduzierung der Ölmenge halbiert werden. Somit können bei einer Leistung von 90 MW ca. 600 kW Energieeinsparung erzielt werden.[340]

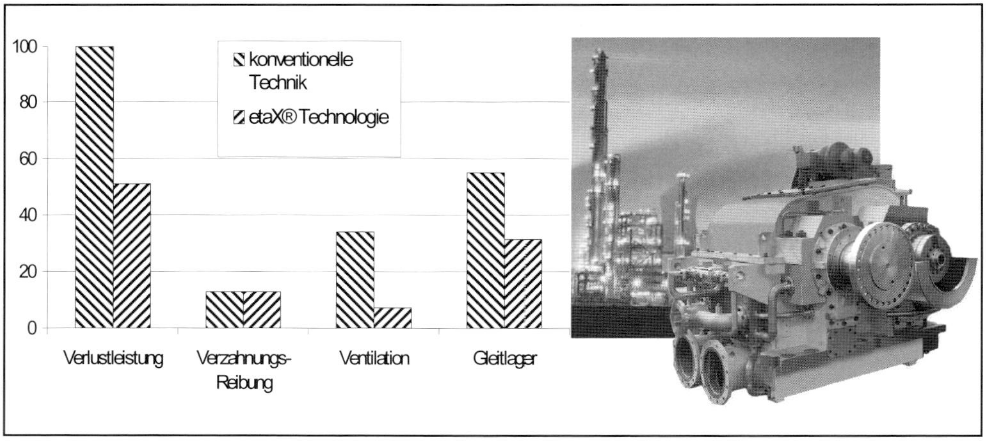

Abb. 4: 140-MW-Hochleistungsgetriebe und Einsparung von Verlustleistung durch etaX®-Technologie.

[340] Vgl. Weiss, T.; Pinnekamp, B.: Energie-Einsparung bei 100-MW-Hochleistungs-Getrieben mit halbierter Verlustleistung nach dem *etaX®*-Prinzip. MAN forschen-planen-bauen Nr. 4/2003.

3.3 5-MW-Windkraft-Getriebe

Auf Grundlage der positiven Erfahrungen mit der 1,5-MW-Klasse wurde 2002 der Bau eines Prototyp-Getriebes für die erste 5-MW-Wind-Energie-Anlage (WEA) in spezieller, integrierter Bauform weltweit in Auftrag gegeben.[341] Ziele der Entwicklung waren:

- Darstellung einer offshore-tauglichen Windkraftanlage,
- optimale Bauraumausnutzung und Gewichtsoptimierung,
- maximale Verfügbarkeit,
- höchste Betriebssicherheit,
- minimaler Wartungsaufwand wegen schwieriger Zugänglichkeit,
- kostenoptimierte Konzeption.

Hieraus ergeben sich folgende besondere Anforderungen an das Getriebe:

- Hohe übertragbare Leistung: 5,5 MW
- extrem hohes Antriebsmoment: 3,6 Mio. Nm
- optimaler Wirkungsgrad: besser als 98,5%
- günstigste Geräuschwerte
- höchste Verfügbarkeit.

Abbildung 5 zeigt die prinzipielle Anordnung der Getriebe-Komponenten. Gegenüber herkömmlichen Anlagen ist das komplette Rotorlager integraler Bestandteil des Maschinengehäuses, das auch die Getriebeteile trägt. Die elastische Drehmomentabstützung erfolgt innerhalb des Maschinengehäuses zwischen Planetenträger und Gehäuse.

---

[341] Vgl. Weiss, T.; Pinnekamp, B.: Erfahrungen mit einem modifizierten Konzept von Getrieben der Megawatt-Klasse. 7. AZT Expertentage 2003. Ismaning, 10.–11. November 2003.

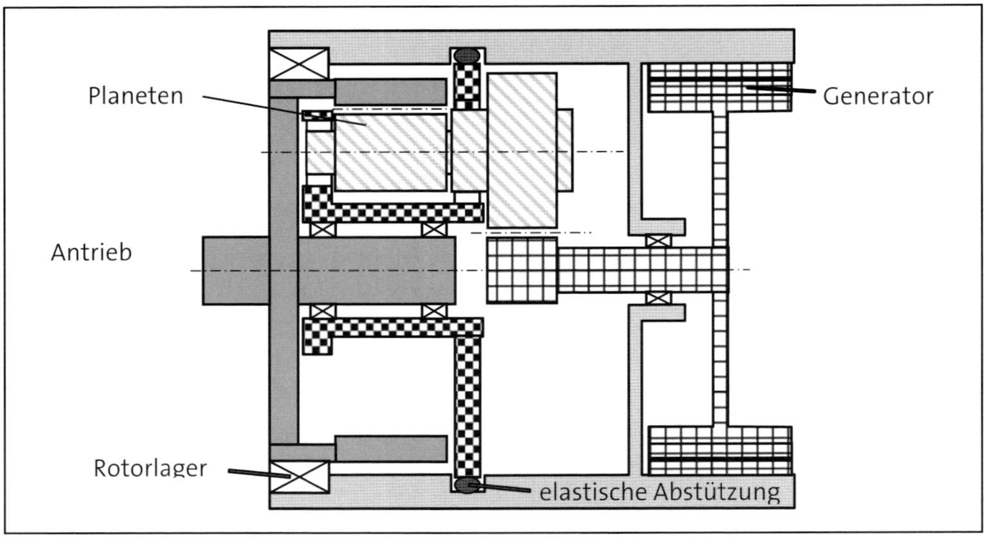

Abb. 5: 5-MW-Windkraft-Getriebe, Funktionsschema.

4 Bewertung von Konzepten in der Planungsphase

Die Vertikalmühlen-Getriebe KPBV (vgl. Abschnitt 3.1) wurden als Baureihe konzipiert. Abgeleitet von Vorgänger-Modellen wurden die kleineren Baugrößen mit Wälzlagern für die Getriebewellen ausgestattet. Abbildung 6 zeigt die Hauptlager des Getriebes: Antriebswelle (Lager I und II), Kegelradwelle (Lager III und IV), Planetenstufe 1 mit drei Planeten (Lager V) und Planetenstufe 2 mit sechs Planeten (Lager VI). Mit der Realisierung zunehmend größerer Getriebe der Baureihe stellte sich die Frage nach Verwendung von Gleitlagern anstelle von Wälzlagern. Konstruktiv konnten die Wälzlager ohne signifikante Änderung der Einbau-Umgebung durch Gleitlager ersetzt werden. Eine Abwägung der Vor- und Nachteile erfolgte gemäß Tabelle 3. Nachdem bei zunehmender Baugröße die technischen Vorteile der Gleitlager, insbesondere Eignung für höhere Drehzahlen und damit kleinere Antriebsmotoren, überwiegen und der Preisunterschied gegenüber Wälzlagern bei großen Lagern kaum ins Gewicht fällt, werden große Vertikalmühlen-Getriebe heute vorrangig mit Gleitlagerung ausgeliefert.

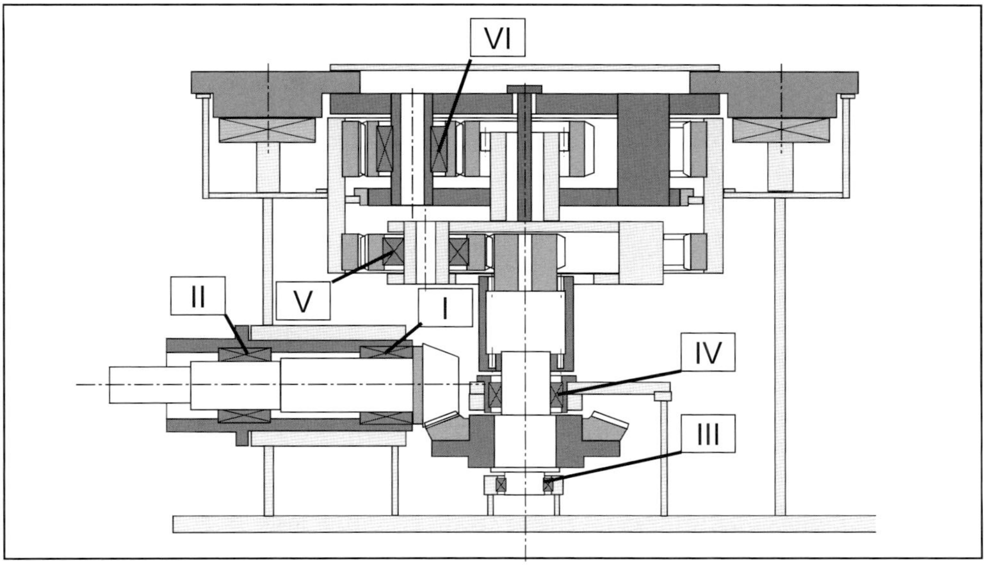

Abb. 6: Vertikalmühlen-Getriebe KPBV: Wellenlagerung.

	Wälzlager	Gleitlager
Einbauraum	schmal; großer Außendurchmesser	geringer Außendurchmesser; große Breite
Gewicht	kleine Baugrößen relativ leicht	Gewichtseinsparung bei großen Lagern
Kosten	steigen überproportional mit der Größe	steigen proportional zur Größe
Geräusch	geringe Eigenanregung; wenig Dämpfung	keine Eigenanregung, hohe innere Dämpfung
Lebensdauer	rechnerisch begrenzt	bei auslegungsgemäßem Betrieb ohne Begrenzung
Notlauf-Eigenschaften	auch bei Ausfall der Schmierung gegeben	hohes Schadensrisiko bei Ausfall der Schmierung
Wartung	Austausch bei Erreichen der Lebensdauer	beschädigtes Lager kann ggf. repariert werden
Schmierung	einfache Zufuhr von Schmieröl	Druck-Umlaufschmierung erforderlich
Maximal-Drehzahl	begrenzt, vor allem bei großen Lagern	für Mühlengetriebe keine Einschränkung
Verlustleistung	gering bei Ölschmierung	steigt stark mit Umfangsgeschwindigkeit (Größe, Drehzahl), weniger mit zunehmender Ölviskosität; wenig lastabhängig

Tab. 3: Kriterien zur Entscheidung Gleitlager – Wälzlager für Mühlengetriebe.

5 Risiko-Management durch theoretische Analysen

Neuentwicklungen im technischen Bereich bergen stets das Risiko von unerwarteten Schäden und deren bekannten Folgen: Gewährleistungs-Kosten und unzufriedene Kunden. Um Fehler bereits vom Prototypen an möglichst komplett zu vermeiden, hat sich die so genannte „Fehler-Möglichkeits- und -Einfluss-Analyse (FMEA) als geeignetes Werkzeug erwiesen,[342] u. a. auch bei der Entwicklung der etaX®-Getriebe (vgl. Abschnitt 3.2) wurde diese Methode erfolgreich angewendet.

Beim etaX®-Getriebe wird, wie bereits erwähnt, eine Verringerung der Verlustleistung dadurch erreicht, dass der Innenraum des Getriebes teil-evakuiert wird. Die hierfür erforderlichen Komponenten von Schmierölkreislauf und Steuerung bilden ein komplexes System, das hier nicht im Detail beschrieben werden soll. Die Verfügbarkeit spielt aber eine entscheidende Rolle. Ein Team, das aus Mitgliedern der Bereiche Vertrieb, Konstruktion, Fertigungsplanung und Qualitätssicherung bestand, erstellte deshalb im Rahmen der FMEA zunächst eine Struktur, in der allen Einzel-Komponenten des Systems denkbare Ausfallursachen zugewiesen wurden. Tabelle 4 zeigt exemplarisch ein paar wenige Beispiele aus dieser Struktur.

Das Team bewertet nun jede einzelne potenzielle Fehlerquelle auf einer Punkteskala von 1 bis 10 nach den Kriterien

- **A**uftretens-Wahrscheinlichkeit, **A**
  (1 = äußerst gering; 10 = hoch),
- **B**edeutung der Fehlerfolge für den Kunden, **B**
  (1 = kaum erkennbar; 10 = äußerst schwer),
- **E**ntdeckens-Wahrscheinlichkeit vor Auslieferung, **E**
  (1 = hoch; 10 = äußerst gering).

342 Vgl. Quality-Datenbank – das QM Lexikon. http://www.quality.de/lexikon/fmea.htm.

Nr.	Fehlerursache	A	B	E	RPZ
	Vakuumpumpe				
1	Ausfall Motor	1	8	3	24
2	falsche Drehrichtung	1	6	1	6
3	Lagerschaden	1	8	3	24
	Vakuum-Wellendichtungen				
4	zu großes Übermaß	2	6	4	48
5	Ausfall durch Mangelschmierung	1	10	3	30
	Ölniveau-Überwachung				
6	Schalter zeigt an, obwohl Niveau niedrig	2	6	5	60
7	Schalter zeigt nicht an, obwohl Niveau hoch	4	10	5	200

Tab. 4: Mögliche Beispiele für Fehlerursachen beim etaX®-Getriebe und FMEA-Bewertung.

Das Produkt der Bewertungspunkte ergibt die so genannte Risiko-Prioritäts-Zahl, RPZ: RPZ = A x B x E mit 1 ≤ RPZ ≤ 1000.

Alle Fehlerquellen werden sortiert nach RPZ und in folgendes Raster eingeordnet:

- **1 ≤ RPZ ≤ 8:** keine Maßnahmen erforderlich; z. B. Nr. 2 in Tabelle 3: falsche Drehrichtung des Motors wird beim Probelauf zuverlässig erkannt und behoben.
- **9 ≤ RPZ ≤ 125:** Abwägen des Risikos und ggf. Maßnahmen zur Verbesserung der Situation: z. B. Nr. 4.: Vermessen von Welle und Dichtring vor der Montage zur Bestimmung des aktuellen Übermaßes.
- **126 ≤ RPZ ≤ 1000:** In jedem Fall gezielte Maßnahmen zur Verbesserung der Situation; z. B. Nr. 7: Redundante Auswertung von zwei Schaltern.

Allgemeine Maßnahmen zur Verringerung des Fehler-Risikos:

- Reduzieren der Auftretens-Wahrscheinlichkeit einer Fehlerursache, z. B. durch den Einbau verbesserter oder redundanter Bauteile, geeignete präventiver Wartung.
- Verringerung der Konsequenzen bei Auftreten eines Fehlers, z. B. durch Alarm-Signale oder Übernahme von Funktionen durch parallel geschaltete Bauteile.
- Erhöhung der Entdeckens-Wahrscheinlichkeit für eine potenzielle Fehlerursache, indem z. B. zusätzliche Prüfungen vorgesehen werden.

6 Realisierung und Verifizierung

Vor dem praktischen Einsatz werden neu entwickelte Getriebeanwendungen zusätzlich zum üblichen Werks-Probelauf weiteren Tests unterzogen, um bestimmte Auslegungspunkte messtechnisch zu verifizieren. Ein gutes Beispiel für eine derartige messtechnische Untersuchung ist die Messung der Zahnfuß-Spannung beim neu entwickelten 5-MW-Windkraft-Getriebe (vgl. Abschnitt 3.3).

Bei der vorliegenden Anwendung von vier Planeten ist neben der Lastverteilung über die Breite der Verzahnungen auch die Verteilung auf die vier einzelnen Planetenräder von besonderem Interesse, um Überlastung einzelner Bauteile ausschließen zu können. Um diese Lastverteilung zu ermitteln, wurden an vier Zähnen der Antriebs-Hohlradverzahnung jeweils an den Enden der Verzahnung Dehnmessstreifen (insgesamt acht Stellen) in den Zahnfuß geklebt. Abbildung 7 zeigt die Messung beim Durchlauf der vier beklebten Zähne durch den Eingriff mit einem der Planeten.

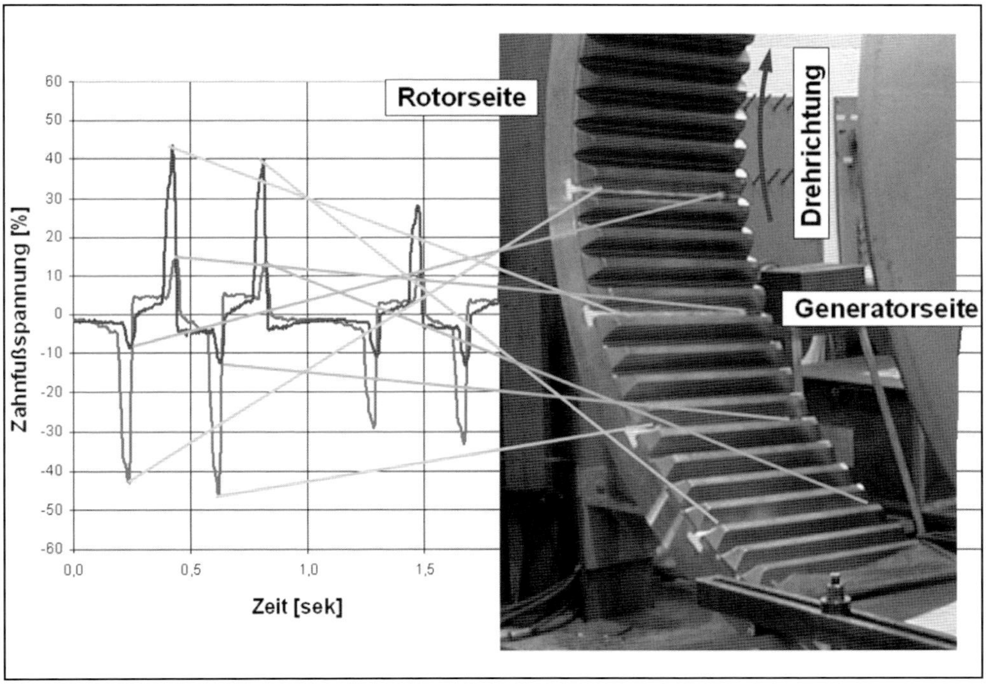

Abb. 7: Verteilung der Zahnfußspannung über Zahnbreite und einzelne Planeten.

Durch Vergleich der Messungen an der rechten und linken Zahnseite kann die Breitenlastverteilung (Lastverteilungsfaktor $K_{Hß}$) ermittelt werden. Durch Gegenüberstellung der Messwerte der vier verschiedenen Planeten (nicht im Diagramm in Abbildung 7 dargestellt) kann auf die Lastverteilung auf die Planeten (Lastverteilungsfaktor $K_{H\gamma}$) geschlossen werden. Berücksichtigt man hierbei den theoretischen Verlauf dieser Lastfaktoren aufgrund der Verformungen unter Last, so sind unter Volllast folgende Lastfaktoren zu erwarten:

$K_{Hß} = 1{,}08$

$K_{H\gamma} = 1{,}05$

Nachdem in der Verzahnungsauslegung noch etwas konservativere Faktoren angesetzt wurden, ist aus den ermittelten tatsächlichen Lastfaktoren keinerlei Einschränkung der Lebensdauer abzuleiten.

7 Zukunft der Innovationsprozesse

Die beschriebenen Innovationsprozesse greifen Ergebnisse wissenschaftlicher Untersuchung auf und paaren sie mit industrieller Forschung und Erfahrung. Aus dem praktischen Einsatz gewonnene Erkenntnis dient zur weiteren Optimierung des Produkts.

Preisdruck, zunehmende Konkurrenz auch aus Schwellenländern sowie die Forderung nach immer kürzerer Entwicklungszeit bedingen die grundsätzliche Verbesserung dieser evolutionären Vorgehensweise. Die Produktentwicklung der Zukunft wird daher zunehmend geprägt sein von den Faktoren

- EDV-gestützte Optimierung der Produktspezifikation gemäß der Kundenspezifikation,
- Integration von wissensbasierter Konstruktionsmethodik in den Entwicklungsprozess,
- durchgehende Verflechtung von Design und Berechnung (CAD und FEM),
- vollständige Integration von Konstruktion und Fertigung (CAD und CAM),
- Vorbereitung und Begleitung von Konstruktion und Fertigung durch vollständige Simulation.

Literaturverzeichnis

Forschungsvereinigung Antriebstechnik e.V.: Geschäftsbericht 2003. Frankfurt, 2004.

Hirt, M.; Pinnekamp, B.: Trends in Research and Development in the German Gear Industry. International Conference on Gears. Munich, September 2005.

Quality-Datenbank – das QM Lexikon. http://www.quality.de/lexikon/fmea.htm

Weiss, T.; Pinnekamp, B.: Das neue dreistufige KPBV Getriebe: RENK setzt Maßstäbe für den Antrieb moderner Vertikalmühlen. Sonderschrift RENK Aktiengesellschaft, 6. 12. 1999.

Weiss, T; Pinnekamp, B.: Energie-Einsparung bei 100-MW-Hochleistungs-Getrieben mit halbierter Verlustleistung nach dem *etaX®*-Prinzip. MAN forschen-planen-bauen Nr. 4/2003.

Weiss, T.; Pinnekamp, B.: Erfahrungen mit einem modifizierten Konzept von Getrieben der Megawatt-Klasse. 7. AZT Expertentage 2003. Ismaning, 10.–11. November 2003.

C. 2. Impulse aus anderen Branchen

Effizienzmatrix – ein innovatives Controllinginstrument zur Steuerung von Wachstumsunternehmen

von Christian M. Schmahl[343] und Markus K. Huber[344]

1 Zusammenfassung

Die T-Online International AG ist als ein Unternehmen der ersten Stunde im deutschen Internet-Markt gestartet. In den Anfängen der unternehmerischen Entwicklung erfolgte die Steuerung über klassische Instrumente wie Projektcontrolling, Business-Case-Methodiken und Budgetplanung. Mit dem Siegeszug des Internets und seiner Marktdurchdringung sowie dem sich entwickelnden dynamischen Marktumfeld entstand bei T-Online die Notwendigkeit, ein neues Steuerungssystem zu entwerfen. Ausgelöst wurde die Entwicklung der in diesem Aufsatz detailliert dargestellten Effizienzmatrix im Jahre 2000 durch eine wirtschaftlich nicht vertretbare Bottom-Up-Planung für das Jahr 2001 mit einer wahren „Kostenexplosion". Das Controlling bei T-Online hat sich dabei für eine Steuerungsphilosophie entschieden, die gesamtunternehmerisch ausgerichtet ist, mit der Bildung von „Leitplanken" für die operativ Verantwortlichen, die von der erwarteten und tatsächlichen Umsatzentwicklung abhängig sind. Die Steuerung der Organisationseinheiten erfolgt nach dem Ergebnisziel, nicht nach absoluten Kostenbudgets. Daneben werden die unternehmerischen Zielsetzungen durch ein übergeordnetes Kennzahlensystem abgesichert.

Es gilt die klare Planungsprämisse: „Was können wir uns als Unternehmen im Rahmen der geplanten Marktentwicklung und der Ergebniserwartungen der Gesellschafter leisten?" Die Effizienzmatrix basiert im Wesentlichen auf folgenden Grundgedanken:

- Die Erwartung eines starken Umsatzwachstums
- Die Kosten verhalten sich als eine Funktion des Umsatzes
- Die Organisationseinheiten im Unternehmen können durch Größenordnungseffekte und Prozessoptimierungen immer effizienter arbeiten
- Differenzierte Effizienzpotenziale werden je Organisationseinheit allokiert
- Das Effizienzsteigerungspotenzial sinkt mit abnehmendem Umsatzwachstum

---

[343] Christian M. Schmahl ist Senior Vice President Controlling & Planning bei der T-Online International AG.
[344] Markus K. Huber ist Senior Manager Strategic Controlling bei der T-Online International AG.

Im Ergebnis führt die Effizienzmatrix dazu, dass alle Organisationseinheiten ein Kostenbudget haben, das den steigenden Anforderungen aufgrund des Umsatzwachstums Rechnung trägt und dynamisch an die tatsächliche Umsatzentwicklung angepasst wird. Der zukünftige unternehmerische Erfolg aus Sicht des Gesamtunternehmens ist damit sichergestellt. Es ist wichtig zu erwähnen, dass die Effizienzmatrix kontinuierlich und mittelfristig wirkt, erst die konsequente Anwendung über mehrere Jahre hinweg führt damit zu den angestrebten Zielen.

Die Anwendung der Effizienzmatrix hat gezeigt, dass das Instrument in seiner Wirkungsweise transparent gemacht werden muss und die Vorteile an die Führungsebenen klar zu kommunizieren sind. Wesentliche Vorteile sind dabei die Sicherung der mittelfristigen Wirtschaftlichkeit des Unternehmens und ein weitgehend eigenverantwortliches Handeln in einem vorgegebenen Rahmen. Gleichzeitig wird mit dem wirtschaftlichen Erfolg des Unternehmens der finanzielle Spielraum kontinuierlich, aber kontrolliert ausgeweitet.

Die Akzeptanz ist bei T-Online inzwischen vorhanden und die „Leitplanken" einer Top-Down-Effizienzmatrix gesteuerten Planung sind vollständig akzeptiert. Allen Beteiligten ist klar, dass so die gesamtunternehmerische Sichtweise gewährleistet wird und der wirtschaftliche Erfolg Führungskräfte wie Mitarbeiter auf ihrem Weg zu weiteren Verbesserungen motiviert.

2 Steuerungsphilosophie von T-Online

2.1 Dynamisches wirtschaftliches Umfeld

Vor einem inhaltlichen Einstieg in das Thema der Steuerungsphilosophie bei T-Online generell und der Effizienzmatrix im Speziellen ist eine Beschreibung und Analyse des wirtschaftlichen Umfeldes von T-Online notwendig. Diese Umfeldfaktoren waren die Auslöser der entstandenen Herausforderungen für die Unternehmenssteuerung und haben die wesentlichen Grundgedanken der inhaltlichen Ausrichtung des Controllings von T-Online geprägt.

T-Online ist aus der Deutschen Telekom AG heraus im Sinne einer Ausgründung der damaligen Btx-Projektgruppe entstanden und hatte den wirtschaftlichen Auftrag, das neue Geschäftsfeld Internet in Deutschland für den Konzern Deutsche Telekom zu entwickeln und zu besetzen. Damals hat noch niemand die stürmische Entwicklung des Internets weltweit und in Deutschland vorausgesehen, so dass die Unternehmung auf kleiner Basis gestartet ist.

In dieser ersten Phase der Unternehmensentwicklung lag der unternehmerische Schwerpunkt auf der technischen Erschließung der Möglichkeiten des Internets und der Realisierung von ersten Produktangeboten für die Kunden der Deutschen Telekom. Von

Seiten des Controllings wurden dementsprechend vornehmlich Projektcontrolling-Instrumente und Business-Case-Methodiken angewandt, um die finanzielle Entwicklung zu begleiten und zu steuern.

Mit dem Beginn des sich abzeichnenden Internet-Booms, stand das Controlling bei T-Online jedoch vor der Herausforderung, die wirtschaftliche Steuerung des Unternehmens neu auszurichten.

Entscheidende Gestaltungsfaktoren waren dabei

- das Wissen um ein sehr dynamisches Marktumfeld mit signifikantem Wachstum,
- die Notwendigkeit der Investition in die Marktentwicklung im Sinne von Kundengewinnung und Produktentwicklung,
- die Anforderungen der Gesellschafter im Sinne einer wirtschaftlichen Ausrichtung mit klaren Ergebniserwartungen.

2.1.1 *Das Wissen um ein sehr dynamisches Marktumfeld mit signifikantem Wachstum*

Das Internet hat von allen elektronischen Medien die höchste Diffusionsgeschwindigkeit entwickelt und hatte innerhalb von nur fünf Jahren 50 Mio. Nutzer in den USA. Andere bedeutende Massenmedien wie Radio und Fernsehen benötigten für eine vergleichbare Größenordnung an Nutzern 28 bzw. 13 Jahre.

Das Wachstum des Internets weltweit hat im Sinne der Geschwindigkeit der Durchdringung des Marktes neue Maßstäbe gesetzt.

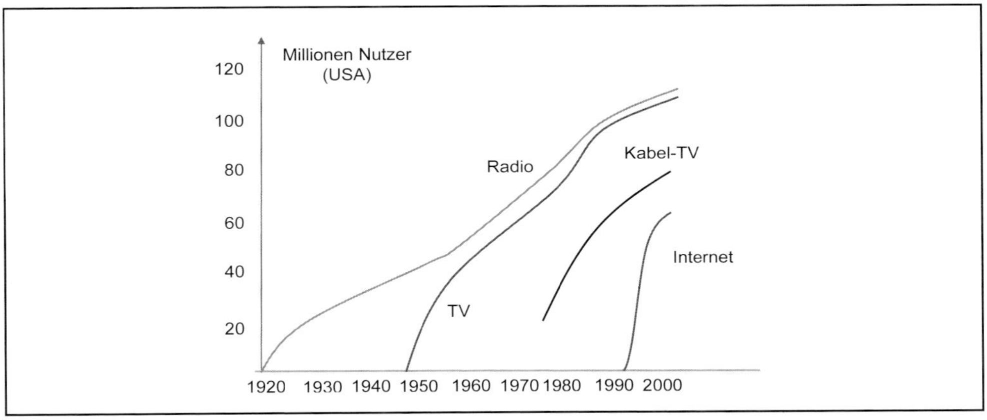

Abb. 1: Diffusion elektronischer Medien. (Quelle: Morgan Stanley – The Internet Advertising Report, 1996)

Die Anzahl der Internet-Nutzer in Deutschland hat sich von 3,0 Mio. in 1996 mit einem CAGR[345] von +38% auf 38,9 Mio. im Jahre 2004 drastisch erhöht[346]. Das Internet hat sich so als viertes Massenmedium – neben TV, Radio und Print – etabliert, gepaart mit einer gleichzeitig steigenden Nutzung durch die Anwender. Das Internet wird heute durchschnittlich 58 Minuten pro Tag und Nutzer frequentiert – eine 18%ige Steigerung gegenüber dem Vorjahr)[347].

2.1.2 Die Notwendigkeit der Investition in die Marktentwicklung im Sinne von Kundengewinnung und Produktentwicklung

Das Access- und Non-Access-Produktangebot von T-Online hat in kurzer Zeit an Breite und Komplexität deutlich zugenommen:

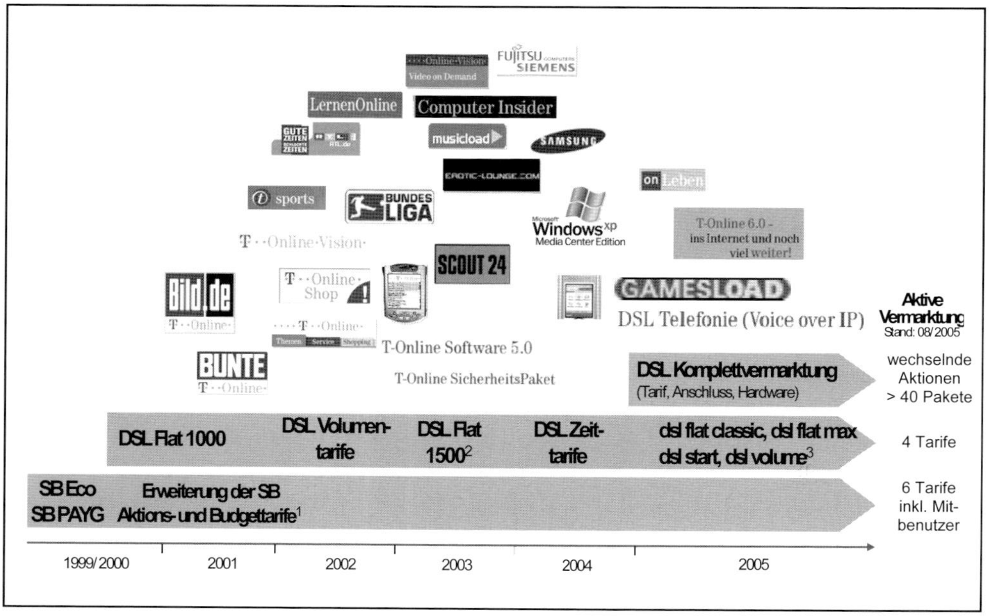

Abb. 2: T-Online-Portfolio (Auszug). (Quelle: T-Online International AG, 2005)

345 Compound Average Growth Rate (durchschnittliche kumulierte Wachstumsrate).
346 Vgl. JUPITER RESEARCH (2005): Jupiter Research Internet Access and Broadband Model 05/2005.
347 Vgl. SEVENONE MEDIA/FORSA (2004): TimeBudget 10, o. O. 2004.

Heute zeigen sich zwei Megatrends in der weiteren Marktentwicklung. Zum einen die Individualisierung und Spezifizierung der Kundenbedürfnisse, d. h., das Internet wird differenzierter zur Befriedigung diverser Bedürfnisse vom individuellen Nutzers eingesetzt. Auf der anderen Seite steigt die Ausstattung mit Breitband-Zugängen als Grundlage für die Konvergenz vom reinen Informationsmedium zur Multi-purpose-Anwendung, die über konvergente Endgeräte die Nutzung von verschiedensten Inhalten ermöglicht (wie z. B. der Video-on-Demand-Dienst von T-Online). Für den Breitbandmarkt werden extrem hohe Wachstumsraten von +113% bis 2007 und +67% für die Zeit 2007 bis 2010 bezogen auf das Marktvolumen in Mrd. Euro prognostiziert (Quelle: deutschland online 2004).

2.1.3 Die Anforderungen der Gesellschafter im Sinne einer wirtschaftlichen Ausrichtung mit klaren Ergebniserwartungen

Insbesondere die Notwendigkeit von positiven und wachsenden Ergebnissen wurde durch den Börsengang und die Notierung am Neuen Markt (heute TecDAX) signifikant verstärkt. Die Anteilseigner von T-Online erwarten klare Ergebnisentwicklungen durch profitables Wachstum.

Ausgehend von den geschilderten Rahmenbedingungen musste die Steuerungsphilosophie von T-Online in diese Anforderungen eingebettet sein und den verschiedensten Anforderungen gerecht werden.

2.2 Grundsätzliche Ausrichtung der Steuerungsphilosophie

Die grundsätzliche Steuerung des Geschäftes von T-Online erfolgt über die Methodik der klassischen Mittelfristplanung, d. h. die Entwicklung und Vorschau der wirtschaftlichen Ergebnisse für einen Planungshorizont der nächsten drei Jahre. Unter der Annahme, dass die Umsatzplanung über eine Szenario-Technik bei der Teilnehmerentwicklung und der zu erreichenden Marktanteile gepaart mit einer Preisdynamik noch relativ „einfach" zu ermitteln ist, bleibt die Frage nach der Kostenentwicklung offen.

Die meisten Controlling-Verantwortlichen kennen die Problematik der Kostenplanung in einem schnell wachsenden Geschäftsfeld. Bei einem starken Umsatzwachstum müssen „natürlich" – im Sinne der internen Budgetdiskussionen – auch die Kosten entsprechend steigen, insbesondere im Marketing und der technischen Bereitstellung. Die Argumente dafür sind wahrscheinlich unternehmensunabhängig und bewegen sich immer auf der Basis von „sonst können wir das nicht erreichen bzw. leisten". Verstärkt wird der beschriebene Effekt noch, wenn im Unternehmen eine Bottom-Up-Planung durchgeführt wird – die dann geforderten Budgets sprengen in der Regel nach ihrer Addition zum Kostenblock des Gesamtunternehmens jeglichen Rahmen des wirtschaftlich Sinnvollen.

Genau eine solche Situation ist bei T-Online im Jahre 2000 im Rahmen der Planung 2001 entstanden. Die Bottom-Up-Planung hatte ergeben, dass sich das EBITDA der T-Online, bei einem Umsatzwachstum von +43%, von –83 Mio. Euro in 2000 auf über –400 Mio. Euro in 2001 verschlechtern würde – eine wahre „Kostenexplosion“.

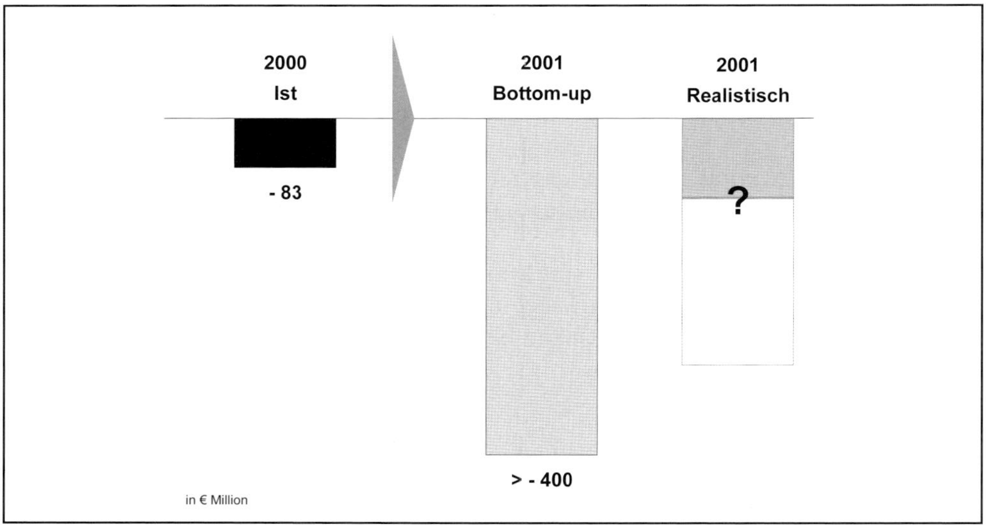

Abb. 3: Budgetsituation 2001. (Quelle: T-Online International AG, 2000)

So stand das Controlling von T-Online vor der Frage: Was tun, um eine realistische Planung für das Geschäftsjahr 2001 vorzunehmen, die zum einen dem Wachstum des Geschäftes gerecht wird, zum anderen aber die Wirtschaftlichkeit des Unternehmens sicherstellt und mittelfristig eine nachhaltige Ergebnisverbesserung erreichbar macht.

Auf eine solche Fragestellung gibt es grundsätzlich zwei mögliche Antworten. Entweder der Controller versucht über einen One-by-One-Ansatz alle operativen Planungen im Rahmen einer fachlich/sachlichen Prüfung zu hinterfragen und so sukzessive das Notwendige zu isolieren und die Kostenschätzungen zu verifizieren. Oder aber man wählt einen gesamtunternehmerischen Steuerungsansatz, der den operativ Verantwortlichen einen Rahmen vorgibt, in dem sie sich bewegen können.

Das Controlling der T-Online hat sich in Abstimmung mit dem Vorstand für den Weg der gesamtunternehmerischen Steuerung entschieden, so dass die Kernfrage nicht mehr war, was sich die einzelnen operativen Bereiche leisten können bzw. wofür es eine inhaltlich fachliche Berechtigung gibt, sondern was sich das Unternehmen insgesamt leisten kann. Hierbei war natürlich davon auszugehen, dass zu Beginn des Geschäftsverlaufes eines neuen Geschäftsfeldes das wirtschaftliche Ergebnis eher negativ oder knapp positiv ist – ein klassisches Charakteristikum bei einem neuen Geschäftsfeld.

Bei T-Online wurden die geschilderten Probleme so auf der Ebene der Steuerungsphilosophie durch drei Grundprinzipien adressiert:

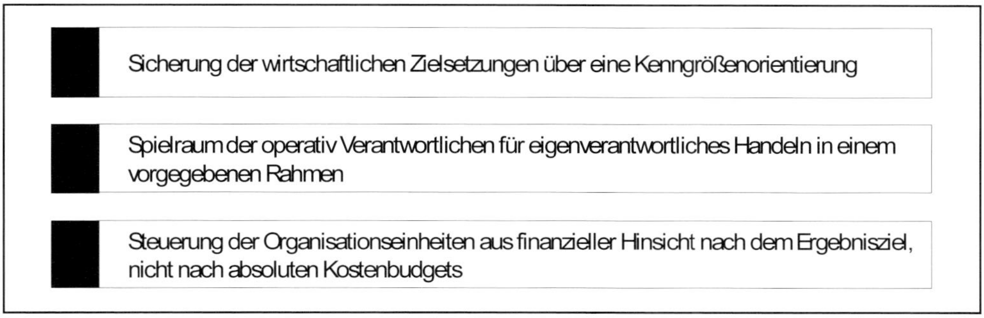

Abb. 4: Die drei Grundprinzipien.

Das Grundprinzip 1, die Kenngrößenorientierung, wurde mit Hilfe von zwei Instrumenten implementiert: Zum einen über die bekannte Methodik der Balanced Scorecard, zum anderen über eine selbstentwickelte Methode, die Effizienzmatrix. Diese näher zu beschreiben, ihre Anwendung und den Nutzen darzustellen ist Gegenstand der Kapitel 3 ff.

Grundprinzip 2 wirkt auf die Art der Führung und des Controllings. Die operativ Verantwortlichen entscheiden selbst, für was sie die limitierten Mittel einsetzen wollen (z. B. Kundengewinnungsprämien statt Above-the-Line-Marketing), das Controlling monitort die Einhaltung der Rahmenbedingungen und die Wirtschaftlichkeit der Maßnahmen an sich (z. B. den Mitteleinsatz im Rahmen der Kundenrückgewinnung). Dieses Monitoring erfolgt durch den Controllers Letter, der zum einen die Kostenstellen- und Auftragsinformationen beinhaltet, zum anderen durch die ebenfalls inkludierten Key Performance Indicators (KPIs), die in Kombination mit Performance-Zahlen (z. B. Anzahl Abo-Kunden) ein komplettes Bild über die Organisationseinheit widerspiegeln.

Punkt 3 spiegelt den Umgang mit der Geschäftsdynamik wider, d. h., einmal vergebene Kostenbudgets für ein Geschäftsjahr können und müssen sich der Geschäftsentwicklung anpassen. Läuft das Geschäft gut und der Umsatz steigt, so kann der Kostenrahmen für die Organisationseinheiten steigen; sinkt der Umsatz, muss eine Anpassung nach unten erfolgen. Diese Dynamik wirkt allerdings nur im Zusammenspiel mit der Effizienzmatrix und wird im nächsten Kapitel nochmals aufgegriffen.

Insgesamt erfolgt die Steuerung – strategisch wie operativ – grundsätzlich wie im Folgenden dargestellt.

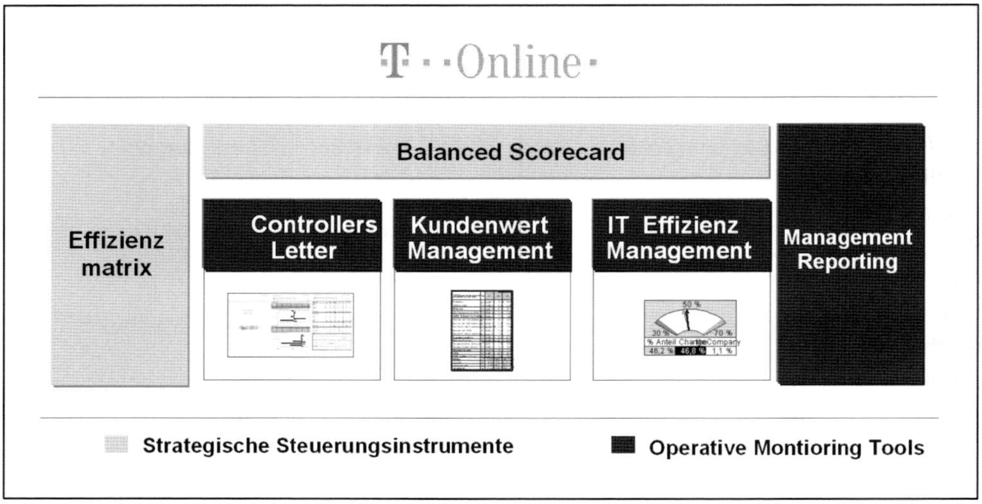

Abb. 5: Steuerungsphilosophie T-Online. (Quelle: T-Online International AG, 2004)

3 Wirkungsweise der Effizienzmatrix

3.1 Konzeptionelle Grundlagen

Von Seiten T-Online wurde konzeptionell der Ansatz gewählt, ein Instrument zu entwickeln, das zum einen der dynamischen Entwicklung des Geschäftsverlaufes Rechnung trägt, zum anderen die unterschiedlichen Kostenentwicklungen einzelner Organisationseinheiten berücksichtigt. Durch die Eingrenzung auf die Kostenentwicklungen einzelner Organisationseinheiten wird deutlich, dass das Instrument seine Anwendung auf die operativen Kosten (OPEX) findet. Direkte, umsatzabhängige Kosten (Materialaufwand, Vorleistungen u. ä.) bleiben im Fall der T-Online bei der Effizienzmatrix außen vor und werden über andere Mechanismen gesteuert.

Wichtig bei der Ausgestaltung der Effizienzmatrix ist, dass die zeitliche Planungsdimension nicht nur das nächste Geschäftsjahr umfasst, sondern einen mittelfristigen Wirkungshebel hat. Bei einem relativ neuen und wachsenden Geschäftsfeld kann nur so die Hinführung zu positiven wirtschaftlichen Ergebnissen gesteuert werden, denn das Unternehmen startet in einer Ausgangssituation häufig mit einem negativen Ergebnis.

Die Komponenten der Effizienzmatrix orientieren sich an zwei Grundprämissen:

- Die Kosten sind eine Funktion des Umsatzes, d. h., für einen gegebenen Umsatz sind maximal x Kosteneinheiten einzusetzen, um diesen zu erreichen.
- Alle Organisiationseinheiten können im Zeitablauf jährlich Effizienzen durch (a) Größenordnungseffekte und (b) Prozessoptimierungen realisieren.

Wesentlicher finanzieller Ausdruck der Geschäftsdynamik ist die Umsatzentwicklung. Da dieses Wachstum aber nicht nur das Auffüllen einer vorhandenen Kapazität darstellt und auch nicht von alleine entsteht, müssen entsprechende Mittel und damit finanzielle Ressourcen eingesetzt werden, um das angestrebte Umsatzwachstum zu generieren. Gleichzeitig muss dieser Ressourceneinsatz auch in einem vernünftigen Verhältnis zum Umsatz stehen, um so das Ziel eines profitablen Wachstums zu erreichen. Das Umsatzwachstum setzt somit grundsätzlich auch den Rahmen für die möglichen Kostensteigerungen.

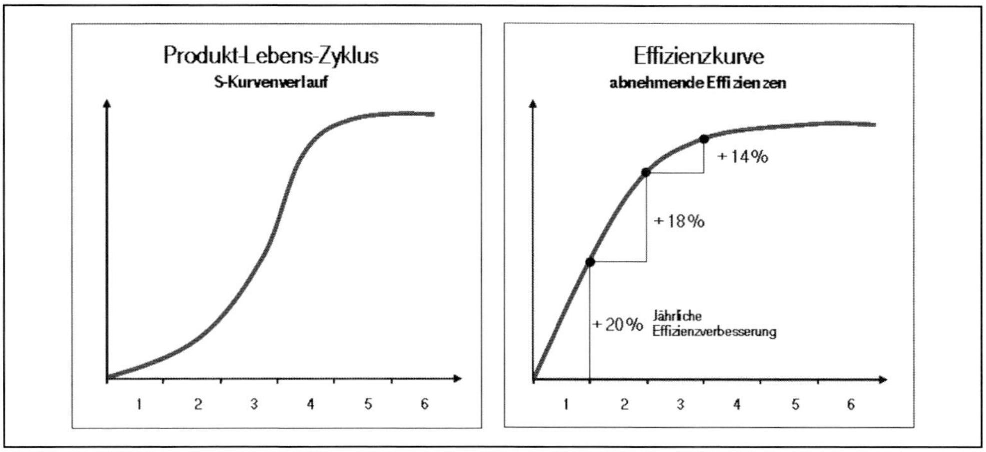

Abb. 6: Zusammenhang Produkt-Lebens-Zyklus und Effizienz. (Quelle: T-Online International AG, 2004)

Zusätzlich wurde angenommen, dass der Ressourceneinsatz an sich immer effizienter erfolgen kann, da alle Organisationseinheiten mit jedem Geschäftsjahr zum einen Skaleneffekte nutzen, zum anderen Prozessoptimierungen auf Basis der gemachten Erfahrungen durchführen können. Basierend auf dem Gedanken des Produkt-Lebens-Zyklus-Modells wird eine im Zeitablauf jährlich sinkende Effizienzverbesserung unterstellt.

Die Möglichkeiten der Nutzung von Effizienzpotenzialen sind dabei allerdings als unterschiedlich in Abhängigkeit von den operativen Geschäftseinheiten eingeschätzt worden. Während die administrativen Service- und Support-Einheiten nach dem Aufbau der grundsätzlichen Strukturen erhebliche Größenordnungseffekte gewinnen, muss die technische Bereitstellung der Produktleistung kapazitative Anpassungen vornehmen und die Marketing, und Vertriebsseite folgt tendenziell dem Umsatzverlauf. Aber auch Marketing und Vertrieb können und müssen Effizienzen heben, z. B. durch den verbesserten Medien-Mix, differenzierte Vertriebsprämien etc.

Grundsätzlich haben diese Erkenntnisse dazu geführt, dass die definierten Effizienzziele gemäß ihrem Effizienzsteigerungspotenzial in drei Kategorien (hoch, mittel, niedrig) unterteilt wurden.

Auf Basis dieser Gedanken wurde die Effizienzmatrix entwickelt, die durch ihre Mechanik dafür sorgt, dass das Umsatzwachstum und die Effizienzziele die Kostenentwicklung (der Geschäftsbereiche und damit des Gesamtunternehmens) der Zukunft bestimmen – es werden so „Leitplanken" für die Bottom-Up-Kostenplanung ermittelt, die dann zu einer Ergebnisverbesserung im Zeitablauf führen.

3.2 Steuerungsmechanik

Abgeleitet aus den dargestellten Grundzusammenhängen hat T-Online eine Effizienzmatrix entwickelt, die auf dem erwarteten Umsatzwachstum und den gesetzten Effizienzzielen basiert.

Schritt 1: Jährliche Effizienzsteigerung festlegen

Jede Organisationseinheit (OE) wird in Abhängigkeit von ihrem Aufgabengebiet und dem inhaltlichen Zusammenhang zum Umsatz einem Effizienzcluster zugeordnet, d. h., es wird festgelegt, welches Effizienzsteigerungspotenzial die Organisationseinheit hat.

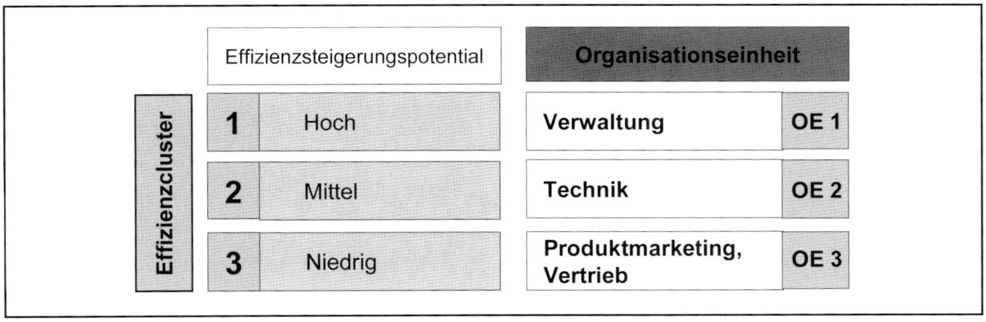

Abb. 7: Effizienzcluster.

In Abhängigkeit vom Umsatzwachstum wird jedes Effizienzcluster dann mit einem grundsätzlichen Effizienzsteigerungsziel belegt. Dieses gilt für das Jahr 1 der Anwendung der Effizienzmatrix. Da nicht dauerhaft gleiche Effizienzsteigerungen bei sinkendem Umsatzwachstum (siehe S-Kurven-Verlauf) erreicht werden können, wird die Effizienzsteigerung in den Folgejahren durch einen Effizienzfaktor abgesenkt, der das abnehmende Potenzial für Kostensenkungen widerspiegelt.

1 Jährliche Effizienzsteigerung in %

	Jahr 1	Jahr 2	Jahr 3	Jahr 4	Jahr 5	Jahr 6
Effizienz Cluster						
OE 1	20,0%	18,0%	14,4%	10,1%	6,0%	3,0%
OE 2	15,0%	13,5%	10,8%	7,6%	4,5%	2,3%
OE 3	10,0%	9,0%	7,2%	5,0%	3,0%	1,5%
Effizienzfaktor		- 10%	- 20%	- 30%	- 40%	- 50%

Erläuterung: OE 1 muss von Jahr 0 auf Jahr 1 um 20% effizienter werden, von Jahr 5 auf Jahr 6 nur noch um 3%.

Abb. 8: Schritt 1.

Die Größenordnung der Effizienzsteigerung und die Festlegung des Effizienzfaktors sind von hoher Bedeutung und müssen innerhalb des Führungskreises des Unternehmens abgestimmt werden. Aus Sicht von T-Online empfiehlt sich hierbei die Anwendung von Test-Szenarien, um die Wirkungsweise auf die Kostenentwicklungen der einzelnen Organisationseinheiten zu prüfen. Die Festlegung der Effizienzparameter ist ein entscheidender Schritt im Rahmen der Anwendung der Effizienzmatrix.

Schritt 2: Bildung von Cost-Revenue-Ratios

Ausgehend von einer gegebenen Kostensituation (den Ist- oder Forecast-Werten des abgelaufenen Geschäftsjahres) und der Zuordnung der Organisationseinheiten zu den jeweiligen Effizienzclustern, werden die Cost-Revenue-Ratios gebildet.

2 Bildung und Entwicklung der Cost-Revenue-Ratios

Cost-Revenue-Ratios		Jahr 1	Jahr 2	Jahr 3	Jahr 4	Jahr 5	Jahr 6
OE 1	25,0%	20,0%	16,4%	14,0%	12,6%	11,9%	11,5%
OE 2	30,0%	25,5%	22,1%	19,7%	18,2%	17,4%	17,0%
OE 3	30,0%	27,0%	24,6%	22,8%	21,7%	21,0%	20,7%

Erläuterung: OE 1 hat im Jahr 1 Kosten in Höhe von 25% des Umsatzes verursacht. Bis zum Jahre 6 darf sie nur noch einen Anteil von 11,5% haben.

Abb. 9: Schritt 2.

Die gegebenen Cost-Revenue-Ratios am Beginn der Anwendung der Effizienzmatrix sind der Ausgangspunkt für die Anwendung der Effizienzratios. Durch die Anwendung dieser Ratios entstehen die mittelfristigen Cost-Revenue-Ratios für die entsprechenden Organisationseinheiten.

Schritt 3: Ermittlung des Kostenbudgets

In Kombination mit der Umsatzentwicklung ergibt sich dann im letzten Schritt das Kostenbudget pro OE und in Summe für den OPEX des Unternehmens. Nach Abzug der direkten, umsatzabhängigen Kosten (wie z. B. Vorleistungen, Materialaufwand) ist die Entwicklung des Ergebnisses bzw. der Marge als Ergebnis ableitbar.

3 Ermittlung der Kostenbudgets

		Jahr 1	Jahr 2	Jahr 3	Jahr 4	Jahr 5	Jahr 6
Umsatz	100	125	150	180	207	238	262
jährl. Umsatzsteigerng		+ 25,0%	+ 20,0%	+ 20,0%	+ 15,0%	+ 15,0%	+ 10,0%
Cost-Revenue-Ratios							
OE 1	25,0%	20,0%	16,4%	14,0%	12,6%	11,9%	11,5%
OE 2	30,0%	25,5%	22,1%	19,7%	18,2%	17,4%	17,0%
OE 3	30,0%	27,0%	24,6%	22,8%	21,7%	21,0%	20,7%
Summe	85,0%	73%	63%	57%	52%	50%	49%
Kostenrahmen							
OE 1		25	25	25	26	28	30
OE 2		32	33	35	38	41	44
OE 3		34	37	41	45	50	54
Summe		91	95	102	109	120	129
jährl. Kostenveränderung			+ 4,3%	+ 7,6%	+ 6,8%	+ 10,1%	+ 7,7%
Direkte Kosten		38	45	54	62	71	79
Ergebnis		-3	10	24	36	47	55
Marge in %		-3%	7%	13%	18%	20%	21%

Erläuterung: Das gewählte Beispiel zeigt, dass bei dem unterstellten Umsatzwachstum verschiedene Wirkungen eintreten. Zum einen muss die OE 1 des Effizienzclusters „Hoch“ ihr absolutes Kostenniveau halten, zum anderen kann die OE 3 des Effizienzclusters „Niedrig“ ein kontrolliertes Kostenwachstum vornehmen.

Abb. 10: Schritt 3.

Im Ergebnis ergibt sich insgesamt eine stetig steigende Marge für das Unternehmen. Durch die Festlegung der zu erzielenden Effizienzen führt das Umsatzwachstum „nur“ zu ergebnisorientierten Kostensteigerungen – dem Wachstum an sich wird dabei trotzdem Rechnung getragen.

Grundsätzlich ist die Wirkung auf die Kostenentwicklung durch die Effizienzmatrix durch das Verhältnis von relativem Umsatzwachstum zu relativen Effizienzverbesserungen determiniert:

Effizienzziel	>	Umsatzwachstum	➔	Kostensenkung
Effizienzziel	=	Umsatzwachstum	➔	konstante Kosten
Effizienzziel	<	Umsatzwachstum	➔	Kostensteigerung

Es wird deutlich, dass die Effizienzmatrix in Abhängigkeit vom Umsatzwachstum die Kostenentwicklung steuert und in beide Richtungen wirkt.

Im Ergebnis bzw. der Marge spiegelt sich die Wirkung der Effizienzmatrix ebenso wirksam wider, d. h., durch die Wirkungen der Effizienzmatrix sind eine steigende Marge und der Weg dorthin sichergestellt.

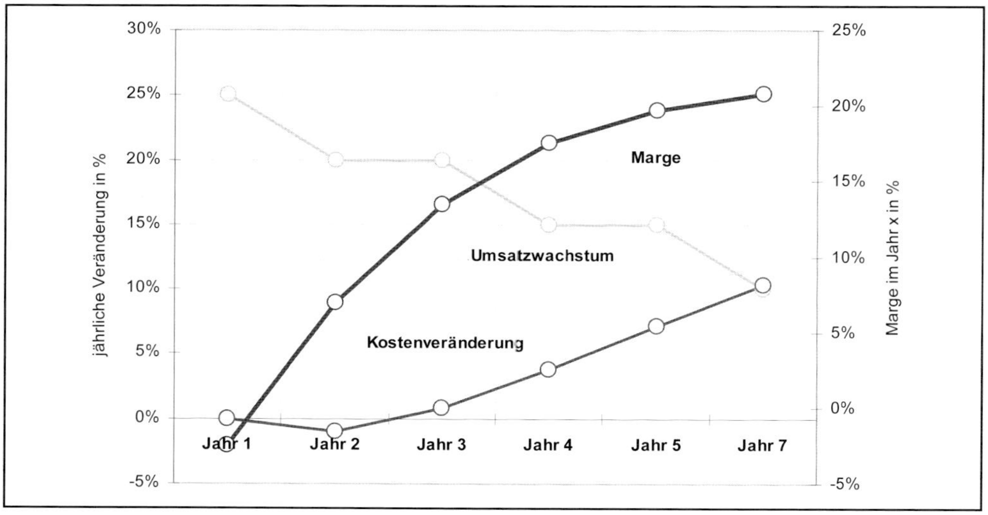

Abb. 11: Zusammenwirken von Effizienzmatrix und Marge.
(Quelle: T-Online International AG, 2004)

Bei keinem oder sehr geringem Umsatzwachstum sind die dann häufig entstehenden Kostenkürzungen in den einzelnen Bereichen eher grober Art und die unter Wachstum gemachten Effizienzannahmen nur bedingt anwendbar. Die Zuordnung zu den Effizienzclustern muss dann zum Teil umgekehrt erfolgen, denn z. B. können Marketing & Sales im Falle eines Null-Wachstums – aufgrund eines möglicherweise geringeren Kundenwachstums – eher deutliche Kostensenkungen vornehmen, während die vorhandenen technischen Systeme mit einer kurzfristig nicht beeinflussbaren Leerkapazität gefahren werden müssen.

Die Abbildung verdeutlicht, dass sich bei abnehmendem Umsatzwachstum die Marge über die Effizienzmatrix stabilisiert. Der hier dargestellte Fall bezieht sich auf ein einzelnes Geschäftsfeld. Gelingt es dem Unternehmen, durch die Erschließung neuer Märkte und/oder Geschäftsfelder das Umsatzwachstum weiter anzukurbeln, kann sich auch die Marge entsprechend weiter nach oben bewegen.

4 Anwendung der Effizienzmatrix

Im Rahmen der Anwendung der Effizienzmatrix bei T-Online haben sich Erkenntnisse ergeben, die für den Erfolg der Umsetzung entscheidend sind und im Folgenden kurz erläutert werden.

4.1 Kommunikation als entscheidender Erfolgsfaktor

Nach der konzeptionellen Klärung der Adaption der Effizienzmatrix ist es von entscheidender Bedeutung, die Management-Ebenen des Unternehmens für die basierenden Grundgedanken der Effizienzmatrix zu gewinnen. Ohne einen Buy-in der Führungsebene wird die Effizienzmatrix zu einem reinen Controlling-Instrument zur Unterstützung der Top-Down-Planung. Die beschriebenen Probleme im Rahmen der Budgetdiskussion werden sich dann an den zu definierenden Ausnahmen entzünden und die Wirkung der gesamtunternehmerischen Sichtweise und Steuerung bleibt aus.

Aus den genannten Gründen wurde bei T-Online über eine Kommunikationskaskade die Grundlage der Akzeptanz im Unternehmen geschaffen. Beginnend mit dem CEO und CFO, gefolgt von den Fachvorständen bis hin zur zweiten Führungsebene wurde das Konzept und die Wirkungsweise eingehend erläutert und diskutiert. Wichtig im Rahmen der Kommunikation ist es, die Notwendigkeit für ein solches Instrument transparent zu machen und die Vorteile für die Führungsebene zu kommunizieren:

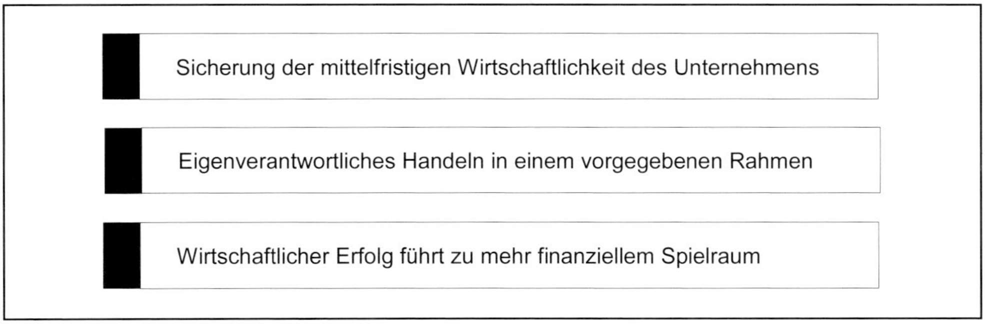

Abb. 12: Vorteile für die Führungsebene.

Zusätzlich wird der Planungs- und Budgetprozess deutlich vereinfacht und die Diskussionen im Rahmen dieses Prozesses bewegen sich in Richtung einer inhaltlichen Auseinandersetzung über den besten Einsatz der begrenzten Mittel.

Im Rahmen des Kommunikationsprozesses muss auch die Zuordnung der jeweiligen Organisationseinheit zum definierten Effizienzcluster verifiziert und vereinbart werden. Allerdings sollte nach den Erfahrungen von T-Online dieser Punkt nicht als Diskussionspunkt gesehen werden, sondern er dient mehr einer finalen Abstimmung mit den verantwortlichen Managern.

4.2 Ist vs. Plan – Abweichungen

Nach der ein- bzw. mehrmaligen Anwendung der Effizienzmatrix wird sich die Situation ergeben, dass die Ist-Werte nicht den Plan-Werten eines Jahres der Effizienzmatrix entsprechen. Unabhängig davon, ob es sich um eine Über- oder Unterschreitung handelt, ist der Umgang mit diesen Abweichungen bei T-Online einfach geregelt, nämlich in der Weise, dass diese nicht zu einer Veränderung der Kostenfunktionen für das nächste Planjahr führen.

Beispielhaft wird an den beiden folgenden Verläufen die Vorgehensweise dargestellt:

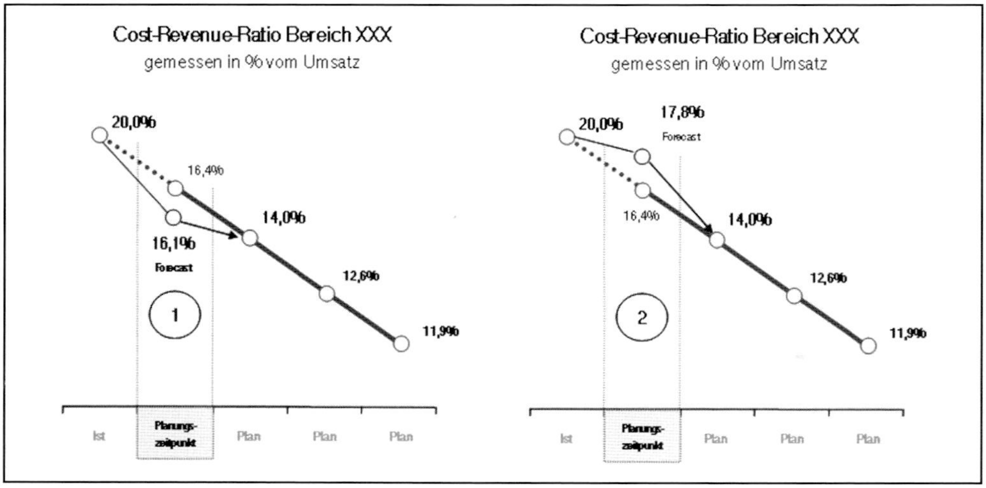

Abb. 13: Rückführung auf die Effizienzlinie. (Quelle: T-Online International AG, 2004)

Unabhängig von der Richtung der Abweichung im Forecast des laufenden Jahres (Unterschreitung wie im Fall 1 oder Überschreitung im Fall 2) liegt die Planlinie für das nächste Planjahr wieder auf der Cost-Revenue-Ratio-Linie der mehrjährigen Effizienzplanung mit dem Anknüpfungspunkt des Vorjahres.

Diese Vorgehensweise sorgt dafür, dass

- Kostenunterschreitungen von Organisationseinheiten nicht zu einer Absenkung des Kostenrahmens für das nächste Jahr führen und damit eine Art „Bestrafung" für die erreichten Kostensenkungen eintritt (Demotivationseffekt für Kosteneinsparungen) und
- Kostenüberschreitungen die Effizienzlinie nicht nach oben verändern können und so mittelfristig das Kostenniveau wieder angehoben werden kann (Ausschluss des Effektes „Je mehr ich im laufenden Jahr ausgebe, desto mehr bekomme ich im nächsten Jahr")

Eine Ausnahme von diesen Regeln gilt nur für die im Kapitel 4.4 beschriebenen Sonderfälle.

4.3 Auswirkungen auf die Personalplanung

Neben den beschriebenen Wirkungen auf das Kostenverhalten insgesamt wirkt die Effizienzmatrix auch indirekt auf das Personal bzw. den Personalaufwand. Bei einer unterstellten Steigerung der Personalkosten bei gleichem Personalbestand (z. B. durch Tariferhöhungen) und konstantem Kostenbudget (wie z. B. in der OE 1 im Beispielfall im Jahre 2), nehmen die Personalkosten einen relativ höheren Anteil am zur Verfügung stehenden Kostenblock ein bzw. das Sachkostenbudget muss sinken. An einem Beispiel wird dieser Zusammenhang deutlicher:

OE 1	**Jahr 1**	**Jahr 2**	**Jahr 3**
Cost Budget (in T€)	25	25	25
Personalaufwand (in T€)	7,5	7,7	8,0
Sachaufwand (in T€)	17,5	17,3	17,0
Personalaufwandsquote	30,0%	30,9%	31,8%
Sachaufwandsquote	70,0%	69,1%	68,2%

Abb. 14: Entwicklung OE 1 bei 3% Personalkostensteigerung p.a. (Quelle: T-Online International AG, 2004)

Für die operativ Verantwortlichen heißt dies, dass eine vorsichtige Personalplanung erfolgen muss, um nicht den Einsatz der Sachkosten für die Personalkostensteigerung mindern zu müssen.

4.4 Sonderfälle

Wie bei jedem Konzept lebt auch die Effizienzmatrix in ihrer Akzeptanz von der Adaption des Besonderen, d. h., die Effizienzmatrix und ihre zugrunde liegenden Mechanismen gelten und wirken im angestrebten Sinne für den Regelbetrieb. Ergeben sich aber Besonderheiten im Sinne von Projekten oder Programmen, die ihrer Natur nach wirklich einmalig sind oder durch einen externen Einfluss entstehen, so sollte dieses Thema aus dem Effizienzmatrix-Prozess herausgenommen werden. Ein Beispiel dafür ist die Entwicklung und Einführung eines neuen und innovativen Produktkonzeptes, das auf das Ziel gerichtet ist, ein komplett neues Geschäftsfeld zu entwickeln. Die notwendigen Mittel für eine solche Aktion, die einmalig und begrenzt im Jahre X stattfindet, sollten erst nach der Ermittlung der Kostenblöcke auf Basis der Effizienzmatrix den betroffenen Abteilungen zugerechnet werden. Allerdings muss eine Umwidmung in die „normale" operative Aufgabenbewältigung ausgeschlossen werden, und nach den Erfahrungen von T-Online sollte deshalb eine gesonderte Berichterstattung über die finanziellen Mittel, ihren Einsatz und den Erfolg erfolgen. Es sei an dieser Stelle angemerkt, dass diese zusätzlichen Mittel im Folgejahr nicht in die Cost-Revenue-Ratios des Jahres und damit das Kostenniveau eines Effizienzclusters eingerechnet werden.

4.5 Ergebnisse und Ausblick

Mit der Anwendung der Effizienzmatrix bei T-Online im Jahre 2001 hat sich die Kostensituation wie folgt entwickelt:

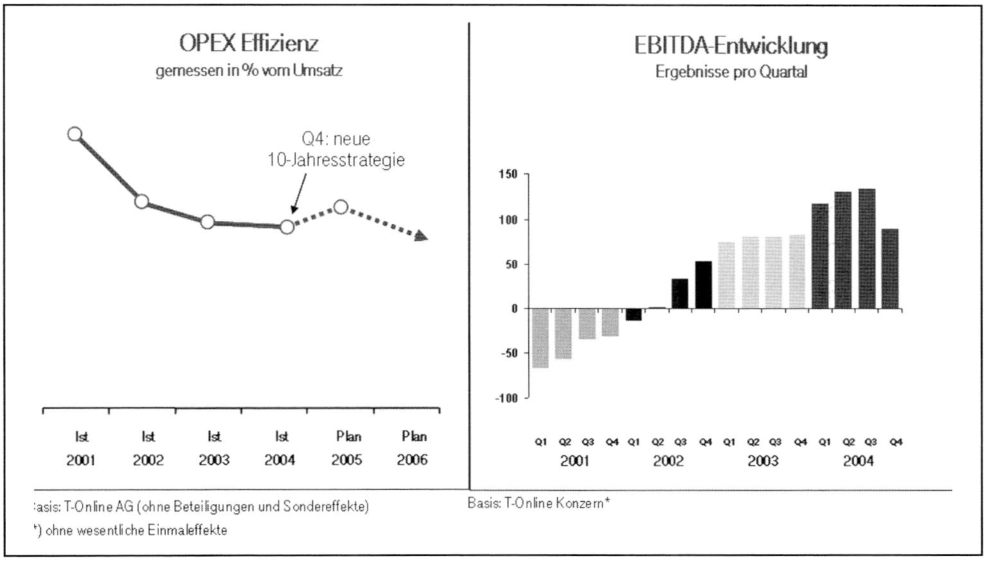

Abb. 15: OPEX-Effizienz und EBITDA-Entwicklung T-Online. (Quelle: T-Online AG, 2004, Geschäftsberichte T-Online AG, 2001–2004)

Der Verlauf der OPEX-Effizienz bei der T-Online AG (ohne Auslandsbeteiligungen und Sondereffekte) zeigt nochmals die Wirkungsweise der Effizienzmatrix im Sinne der vorgegebenen Effizienzsteigerungspotenziale. Die EBITDA-Ergebnisse zeigen seit 2001 eine kontinuierliche absolute Steigerung über alle 15 dargestellten Quartale hinweg, mit dem Turn-Around zu positiven EBITDA-Ergebnissen im 2. Quartal 2002.

Die Akzeptanz im Unternehmen ist inzwischen vorhanden und die „Leitplanken" einer Top-Down-Effizienzmatrix gesteuerten Planung sind vollständig akzeptiert. Allen Beteiligten ist klar, dass so die gesamtunternehmerische Sichtweise gewährleistet wird und der wirtschaftliche Erfolg Führungskräfte wie Mitarbeiter auf ihrem Weg zu weiteren Verbesserungen motiviert.

Wie geht es von hier aus weiter? Der Vorstand der T-Online International AG hat Ende 2004 eine neue 10-Jahres-Geschäftsplanung für das Unternehmen verabschiedet.

Die der Planung zugrunde liegenden Maßnahmen werden das Wachstumspotenzial des Unternehmens weiter steigern. Dabei plant T-Online, sich mit einer Reihe von Initiativen im stark wachsenden Markt für Breitband- und IP-Dienste durch die Erschließung neuer Geschäftsfelder (Resale, VoiceOverIP, Entertainment) auch langfristig als Innovationsführer zu positionieren. In den wichtigsten Auslandsmärkten Frankreich und Spanien wird T-Online im Rahmen einer organischen Wachstumsstrategie eine deutliche Erhöhung des Marktanteils anstreben. Auf dem Weg dorthin wird die Effizienzmatrix, nach Definition der neuen Aufsetzwerte, wieder einen wichtigen Beitrag zur Sicherung und Steigerung des Unternehmenswertes leisten.

Optimierungspotenziale für das Technologie- und Innovationsmanagement in der Automobilindustrie

von Wolfgang Meinig[348] und Heike Mallad[349]

1 Einleitung

Die Automobilwirtschaft ist derjenige Wirtschaftszweig in Deutschland, in dem die meisten, nämlich rund 80% der Innovationen geschaffen werden. Allein im Jahr 2003 stammten 3.333 automobilbezogene Patente aus Deutschland (vgl. Europäisches Patentamt, zitiert nach VDA 2004, S. 13; keine neueren Angaben in VDA 2005). Damit liegt die Automobilwirtschaft weit über der IT-Branche! Demzufolge sind die Automobilhersteller traditionell überdurchschnittlich aufgeschlossen für Innovationen aller Art, sowohl bei Fahrzeug- und Zulieferprodukten wie auch bei Prozessinnovationen.

Derzeit ist z. B. der Einsatz neuer Materialien und der Nanotechnologie im Karosserie-Innenraum, insbesondere bei der Gestaltung und Fertigung des Cockpit-Bereichs zu beobachten. Mit Hilfe der Nanotechnologie verlängert sich nicht nur die Dauerhaltbarkeit von Autolacken, auch die Fahrzeuginnenräume profitieren, denn sie werden u. a. kratzfester und weniger schmutzempfindlich. Ferner wird die Gewichtsreduktion durch den Einsatz von Magnesium oder die Möglichkeit eines verbesserten Kraftschlusses fokussiert, der durch die Klebetechnik bei Aluminium-Konstruktionen (z. B. bei der Smart-Tür) zu erzielen ist.

Allein diese Beispiele zeigen: Die Beschleunigung des technischen Fortschritts nimmt in der Automobilindustrie gravierend zu. In den nächsten vier Jahren werden mehr Innovationen im Fahrzeug realisiert als in den vergangenen 40 Jahren! Die besondere Chance der deutschen Zulieferindustrie liegt insbesondere darin, hervorragende Qualität zu liefern und Vorkehrungen zu treffen, dass sämtliche technologisch relevanten, integralen Schnittstellen bewältigt werden. Dabei gilt es zu berücksichtigen, dass zwei Treiber für den steigenden Anteil technologischer Innovationen in Fahrzeugen existieren:

---

[348] Prof. Dr. Wolfgang Meinig ist Leiter der Forschungsstelle Automobilwirtschaft FAW, Bamberg.

[349] Dr. Heike Mallad leitet den FAW-Verlag und ist 1. Vorsitzende des Arbeitskreises Automobilwirtschaft e.V., Bamberg.

- Ingenieure streben nach Selbstverwirklichung. Dabei wird der Vorwand ins Feld geführt, in Zeiten einer zunehmenden Austauschbarkeit der Fahrzeuge über innovative Techniken kurzzeitige Differenzierungen zu erzielen. Zu beobachten ist aber immer wieder, dass die Techniker dabei den Markt häufig genug aus dem Blickfeld verlieren.
- Der Endkonsument fordert als anspruchsvoller Nachfrager neue Technologien ein. Ihm wird dabei unterstellt, dass er technische Neuheiten würdigt. Die Wahrheit ist aber, dass der Autofahrer heute kaum in der Lage ist, auch nur einen Bruchteil der gebotenen technischen Variationsmöglichkeiten zu nutzen (vgl. Spiegel, B., 1998, S. 60).

2 Technologie- und Innovationsmanagement im Spannungsfeld zwischen Automobilherstellern und Zulieferern

Technologie- und Innovationsmanagement in der Automobilindustrie wird zu einem hohen Maße beeinflusst durch einen quasi-natürlichen Antagonismus in der Wertschöpfungskette Automobilwirtschaft: Er besteht im Bemühen der Hersteller, die Produktionsfaktoren zu möglichst geringen Kosten zu beziehen und das Endprodukt „Automobil" zu einem möglichst hohen Preis abzusetzen, um so die eigenen Rentabilitätsziele zu erreichen. Das Interesse der Automobilzulieferer ist im Absatzbereich dem entgegengerichtet; denn sie streben den Verkauf ihrer Erzeugnisse – Teile, Komponenten und Module für die Erstausrüstung sowie den After Market – zu einem möglichst hohen Abgabepreis an, um so eine angemessene Rendite zu erzielen (vgl. Mallad, H., 2001, S. 45).

Sollen vor diesem konfliktträchtigen Szenario Optimierungspotenziale für das Technologie- und Innovationsmanagement in der Automobilindustrie erschlossen werden, ist auch den geänderten automobilwirtschaftlichen Rahmenbedingungen Rechnung zu tragen. So sind die kürzer werdenden Produktlebenszyklen auf einerseits stagnierenden oder sogar schrumpfenden Märkten und andererseits auf sich neu bildenden Märkten zu berücksichtigen. Hinzu kommt die verstärkte Nachfragedifferenzierung der Endkunden, die sich im Wunsch nach größerer Typenvielfalt und höherer Qualität manifestiert. Diese Tendenz bedingt zu einem großen Teil auch den auf der Automobilindustrie lastenden Innovationsdruck; er nimmt aufgrund des beschleunigten technischen Fortschritts und der Notwendigkeit einer zeitlichen Straffung von FuE-Prozessen bei wachsendem Preis- und Kostendruck zu. Dies hat u. a. dazu geführt, dass Forschungs- und Entwicklungstätigkeiten kontinuierlich an Zulieferer ausgelagert wurden.

2.1 Empirische Erhebung zur Erschließung von Optimierungspotenzialen für das Technologie- und Innovationsmanagement in der Automobilindustrie

Am 2. Mai 2005 startete nach 1995 zum fünften Mal die wissenschaftlich fundierte Umfrage zur Ermittlung des Zuliefererzufriedenheits-Index SSI. Befragt wurden mit Hilfe eines pre-getesteten Fragebogens insgesamt 971 Zulieferer in Deutschland, die sich zu jeweils maximal vier Geschäftsbeziehungen (d. h. Kooperation mit Audi, BMW, DaimlerChrysler, Ford, Opel, Porsche oder VW) äußern sollten. Insgesamt konnten 1.300 auswertbare Voten generiert werden, wobei die Zulieferer 84 Fragen mit einer fünfstufigen Rating-Skala (1= „sehr unzufrieden"; 5= „sehr zufrieden") zu beantworten hatten. Der Fragebogen wurde im Vergleich zu 2003 um 20 Fragen ergänzt und besteht insgesamt aus den sieben Dimensionen „Forschung und Entwicklung", „Akquisition", „Serienfertigung", „Logistik", „Lieferbeziehung", „Pricing und Inkasso" sowie „Kommunikation".

Die Erschließung von Optimierungspotenzialen für das Technologie- und Innovationsmanagement beginnt bei der Erzeugung einer produktiv-positiven Stimmung innerhalb der Zulieferbranche sowie der Steigerung deren Zufriedenheit: Sie erhöht nachweislich die Motivation der Zulieferer, dem OEM die innovativsten Produkte anzubieten, erleichtert aber auch die Zusammenarbeit der Wertschöpfungspartner in Krisensituationen. Aus diesem Grund muss es im Eigeninteresse der Automobilhersteller liegen, die Zufriedenheit der Zulieferer zu fördern. Von besonderer Relevanz sind dabei hauptsächlich die Sachverhalte der Dimension „Forschung und Entwicklung". Die Zulieferervoten zu diesen Items sollen hinsichtlich einer Erschließung von Optimierungspotenzialen in den nachfolgenden Unterkapiteln interpretiert werden.

2.2 Prozessorientierung in Forschung und Entwicklung: Voraussetzung für das Technologie- und Innovationsmanagement

FuE-Prozesse in der Automobilindustrie sind durch große technisch geprägte wie auch wirtschaftliche Unsicherheit gekennzeichnet. Diese Unsicherheit besteht darin, dass auftretende Probleme nicht oder nur unzureichend gelöst bzw. Ziele nicht erreicht werden können. Zur wirtschaftlichen Unsicherheit zählt neben der mangelhaften Planbarkeit von Projektaufwendungen das Risiko eines Fehlschlags bei der Markteinführung.

In der FuE-Phase des Produktentstehungsprozesses werden ca. 70% der über den Produktlebenszyklus anfallenden Kosten eines Produktes festgelegt. Deshalb ist eine Integration von FuE in die strategische Planung und damit in die Unternehmensführung unumgänglich.

FuE-Aktivitäten sind zunehmend durch einen hohen Koordinationsaufwand bei Automobilherstellern und ihren Lieferanten gekennzeichnet. Eine Vielzahl von betrieblichen Funktionsbereichen müssen in die Aktivitäten integriert werden. Dazu bedarf es einer integrativen Planung und Steuerung von Abläufen und Prozessen, d. h. eines gemeinsamen Managements von FuE. Dem FuE-Management kommt die Aufgabe zu, im Spannungsfeld von Technologieschüben und immer kürzer werdenden Produktlebenszyklen die Wettbewerbsfähigkeit des Unternehmens zu sichern und zu erhalten. Daraus ergibt sich die Notwendigkeit, steigende Komplexität für die kooperierenden Unternehmen beherrschbar zu machen.

Diese Zusammenhänge verdeutlichen, dass effizientes Technologie- und Innovationsmanagement in der Automobilindustrie nur dann zu realisieren ist, wenn die Kooperationspartner im Beschaffungskanal die Prozesse des jeweils anderen kennen und verstehen und bei der Planung inner- und zwischenbetrieblicher Interaktion berücksichtigen. Diese Prozessorientierung, die als Basis einer idealtypischen Kunden-Lieferanten-Beziehung verstanden werden muss, setzt in hohem Maße Prozess**bewusstsein** voraus; denn im Mittelpunkt eines friktionsfreien Supply Chain Management steht nicht die Stärkung einzelner Funktionen, sondern die dynamische Ausrichtung entlang funktionsübergreifender Prozesse und begleitender Material-, Informations- und Finanzmittelflüsse. Dabei müssen Befindlichkeiten der vor- und nachgelagerten Wertschöpfungskettenstufen stärker berücksichtigt werden und in das Prozessdenken integriert werden (vgl. Reinhart, G., 1999, S. 18).

Auffällig ist jedoch, dass in bisherigen Untersuchungen zum Interaktionsverhältnis im Beschaffungskanal der Automobilwirtschaft der positive Einfluss von Prozessbewusstsein häufig „herabgewürdigt“ wird, indem ihm das Prädikat „soft factor“ verliehen wird. Dies liegt insbesondere daran, dass „Bewusstsein“ eine hochkomplexe, physisch nicht fassbare sowie intersubjektiv nicht nachvollziehbare Beziehung des „Ich“ auf einen äußeren oder inneren Gegenstand darstellt (vgl. hierzu und im folgenden Meinig, W., 1998, S. 6). Zu berücksichtigen ist in diesem Zusammenhang, dass Bewusstseinsumfänge unterschiedlicher Individuen generell begrenzt sind und nur eine spezifische Menge von Inhalten zeitsynchron im Bewusstsein gespeichert und abgerufen werden können.

Auf der Grundlage dieser psychophysischen Befunde ist es nur allzu verständlich, dass die Automobilzulieferer in der Supply Chain als Entwicklungspartner von den OEMs Vorkehrungen einfordern, die eine zeitgerechte Bereitstellung derjenigen Informationen und Entscheidungen gewährleisten, die unter technischem und ökonomischem Aspekt von ihnen als Lieferanten benötigt werden: Auf die Frage, wie zufrieden die Zulieferindustrie mit dem „Prozessbewusstsein der Automobilhersteller“ (Z_06) ist, wurde der ernüchternde Wert von Ø = 3,4 über alle untersuchten Fabrikate und alle Probanden ermittelt. Dies zeigt deutlich, dass hier bezüglich dieses Fragegegenstandes in der gesamten Branche ein bislang ungenutztes Potenzial zur Optimierung wechselseitigen Verständnisses existiert.

2.3 Zuliefererkritik am Technologie- und Innovationsmanagement

Da die Zulieferindustrie gezwungen ist, immer mehr Produktions-, Logistik- und Entwicklungsumfänge in Eigenverantwortung zu übernehmen, wächst gleichzeitig der Innovationsdruck auf die Teilehersteller. Dies führt dazu, dass sie die Kooperationen mit den Automobilherstellern kaum noch als Innovationspartnerschaft erleben. – Die Ergebnisse des SSI 2005 bestätigen diese Stimmungsverschlechterung anhand der Zulieferervoten hinsichtlich innovationsrelevanter Sachverhalte (vgl. Abbildung 1).

Zusammenfassend zeigen die fabrikatsübergreifenden Ergebnisse, dass von einem innovationsfördernden Kooperationsgeist derzeit nicht die Rede sein kann. Dies spiegelt sich auch in der Zuliefererzufriedenheit mit der Unternehmenskultur der Automobilhersteller wider: Der über alle sieben untersuchten Fabrikate und alle 1.300 Voten ermittelte Zufriedenheitswert liegt mit Ø = 3,5 nur knapp über dem Indifferenzbereich, allein 20,6% der befragten Lieferanten sind mit der gelebten Unternehmenskultur der Automobilhersteller unzufrieden oder gar sehr unzufrieden. Lediglich die BMW- und Porsche-Lieferanten (Ø = 3,8) sind tendenziell zufrieden. Den deutlichsten Anlass zur Kritik gibt es hingegen für die Zulieferer für Ford (Ø = 3,3).

Gerade für die Automobilindustrie gilt, dass Zulieferer nur dann in der Lage sind, technologische Innovationen zu realisieren, wenn ein innovationsgünstiges Klima in ihren Unternehmen vorherrscht. Dieses wird u. a. durch die einzelbetriebliche wirtschaftliche Lage beeinflusst. Es muss also im Eigeninteresse des Automobilherstellers liegen, mit wirtschaftlich gesunden Zulieferern zusammenzuarbeiten. – Bei der SSI-Untersuchung fällt jedoch auf, dass das Interesse der Automobilhersteller am wirtschaftlichen Erfolg des Lieferanten deutlich gesunken ist. Dieses Defizit sorgt über alle untersuchten Fabrikate für nachhaltige Verstimmung (Ø = 2,4).

Besonders deutliche Kritik kommt aus den Reihen der VW-Lieferanten: Sie monieren ein wachsendes Desinteresse des Volkswagen-Konzerns am wirtschaftlichen Erfolg seiner Lieferantenpartner (2005: Ø = 2,2; 2003: Ø = 2,6; also Zufriedenheitsverlust von minus 0,4). Auch mit der Verbindlichkeit von VW hadern die Lieferanten und beklagen eine sinkende Zuverlässigkeit von Volumenplanzahlen (2005: Ø = 2,8; 2003: Ø = 3,0; also Zufriedenheitsverlust von minus 0,2). Da die Unsicherheit hinsichtlich des Auftragsvolumens und der exakt benötigten Stückzahl von Teilen, Komponenten und Modulen steigt, nimmt in gleichem Maße die Planungssicherheit bei den Lieferanten hinsichtlich der geeigneten Produktionstechnologie und damit auch der Höhe der Investitionen ab. Dies führt zu Schwächung und Demoralisierung der VW-Lieferanten. Hinzu kommt, dass es auch mit der Vertraulichkeit der Geschäftsunterlagen nicht besonders gut bestellt zu sein scheint; dies bringen die VW-Lieferanten mit einer merklich gesunkenen Zufriedenheit bei den Einsichtsforderungen in die Geschäftsunterlagen zum Ausdruck (2005: Ø = 2,8; 2003: Ø = 3,1; also Zufriedenheitsverlust von minus 0,3).

Nr. Z_	Zufriedenheits-Items (1=sehr unzufrieden; 5=sehr zufrieden)	Ø	Standard-abweichung s	Delta 2005/2003
03	Zeitpunkt der Einbindung in neue Projekte des Automobilherstellers	3,4	0,95	minus 0,1
08	Verhalten des Automobilherstellers bei Markteinführung von Innovationen durch den Zulieferer	3,4	0,90	minus 0,1
05	Grad der Realisierung von Simultaneous Engineering	3,3	0,84	Keine Abweichung
25	Kooperationsvorgaben durch den Automobilhersteller	3,3	0,75	Keine Abweichung
12	Vom Automobilhersteller gewährter Zeitraum für Entwicklungsleistungen	3,2	0,81	minus 0,1
26	Vom Automobilhersteller verlangte Flexibilität	3,2	0,84	minus 0,1
53	Bemühung zur Komplexitätsreduktion in der Lieferbeziehung durch den Kunden	2,9	0,81	2005 erstmals erhoben
10	Honorierung von F&E-Leistungen	2,8	1,02	Keine Abweichung
40	Honorierung von Investitionsleistungen durch den Automobilhersteller	2,7	0,91	Minus 0,1
42	Honorierung zusätzlich übernommener Dienstleistungen durch den Automobilhersteller	2,6	0,91	Keine Abweichung
50	Interesse des Automobilherstellers am wirtschaftlichen Erfolg des Zulieferers	2,4	1,01	minus 0,4

(Durchschnittswerte für alle untersuchten Automobilhersteller; $n_{rück}$=1.300; Fragebogen Teil B) ***SSI 2005***

Abb. 1: Zufriedenheit der Zulieferunternehmen mit den Automobilherstellern hinsichtlich innovationsrelevanter Sachverhalte. (Quelle: Supplier Satisfaction Index SSI 2005, Forschungsstelle Automobilwirtschaft, Bamberg 2005)

Die SSI-Untersuchung zeigt deutlich, dass sich die Zulieferer von VW gerade bei „innovationssensiblen" Sachverhalten schlechter behandelt fühlen als ihre Lieferantenkollegen. Zahlreiche individuelle anonyme Verbalisierungen auf den SSI-Fragebögen bringen zum Ausdruck, dass gerade die VW-Lieferanten unter dem Machtgebaren von VW leiden. Dies spiegelt sich auch in der gesunkenen Zufriedenheit mit der von VW ausgeübten Abnehmermacht wider (2005: Ø = 2,1; 2003: Ø = 2,4; also Zufriedenheitsverlust von minus 0,3). Auf dem gleichen niedrigen Niveau liegt Opel, jedoch auch die anderen Automobilhersteller geben mit ihrer Machtpolitik Anlass zu wachsender Kritik, wie die Übersicht in Abbildung 2 zeigt:

Zufriedenheits-Item Z_55: Ausübung von Abnehmermacht		Zufriedenheits-Mittelwert Ø (1=sehr unzufrieden; 5=sehr zufrieden=	Delta 2005/2003
Audi	(210 Voten)	2,3	minus 0,3
BMW	(204 Voten)	3,0	minus 0,3
DaimlerChrysler	(282 Voten)	2,7	minus 0,1
Ford	(96 Voten)	2,1	minus 0,3
Opel	(133 Voten)	2,2	minus 0,2
Porsche	(78 Voten)	3,0	minus 0,2
VW	(297 Voten)	2,1	minus 0,3
SSI 2005			

Abb. 2: Fabrikatsspezifische Zufriedenheit der Zulieferunternehmen mit der Ausübung von Abnehmermacht der Automobilhersteller. (Quelle: Supplier Satisfaction Index SSI 2005, Forschungsstelle Automobilwirtschaft, Bamberg 2005)

Die innovationshemmende Wirkung der Ausübung der Abnehmermacht wird vor dem Hintergrund der im Fragebogen Teil A artikulierten durch die Zulieferer**ansprüche** noch verstärkt: Mit einem Mittelwert von ∅ = 4,6 sehen die Zulieferer der deutschen Automobilindustrie in der **langfristigen Geschäftsbeziehung mit dem Kunden** den wichtigsten Faktor für den wirtschaftlichen Erfolg ihrer Unternehmen. Fast genauso wichtig ist ihnen die **partnerschaftliche Beziehung mit dem Kunden** (∅ = 4,5).

Eine weitere innovationshemmende Wirkung geht von einem immer stärker wachsenden Kostendruck auf die Lieferanten aus: Die deutschen Automobilhersteller selbst sind gezwungen, Kostenstrukturen zu verbessern, um ihre Wettbewerbsfähigkeit im internationalen Vergleich zu erhalten bzw. wieder herzustellen. Mit der abnehmenden Fertigungstiefe bei den OEMs steigt der Anteil der Materialkosten am Bruttoproduktionswert stetig an. Daher zielen die Kostensenkungsprogramme hauptsächlich auf den Beschaffungsbereich ab, denn hier werden die größten Rationalisierungspotenziale vermutet und es besteht ein bereits funktionierendes ‚Inkasso-System', was z. B. mit dem Steuersystem verglichen werden kann. – Für die Zulieferer bedeuten die Kostensenkungsprogramme immer häufigere und härtere Preisrunden, also Nachverhandlungen der vertraglich fixierten Preise.

Als ein ebenso großer Innovationshemmer wirkt der von den Herstellern ausgeübte massive Zeitdruck, dem die Zulieferer ausgesetzt sind und den sie top down in die Lieferantenkette abzuwälzen haben. Dabei wirken sich fehlende Zeitressourcen nicht nur negativ auf die Qualität von Produkten und Prozessen aus, sondern schränken auch die Möglichkeiten zur Weiterbildung und Regeneration des beim Zulieferer beschäftigten Personals nachhaltig ein. Gerade diese beiden Parameter werden aber umso wichtiger, je stärker Kreativität gefordert ist, welche vor allem bei den an die Lieferanten übertragenen FuE-Tätigkeiten unabdingbar ist.

Zu beobachten ist zusätzlich, dass häufig bereits die Vorentwicklung bei den Lieferanten unter Zeitdruck stattfindet und zum Teil gar nicht oder erst verzögert vergütet wird. Dies reflektieren auch die allgemeinen Ergebnisse zur Zahlungsmoral der Untersuchung SSI 2005 (vgl. Abbildung 3): Mehr als ein Drittel der befragten Lieferanten gibt an, dass zwischen 1 und 5 % der an die Automobilhersteller gestellten Rechnungen nicht innerhalb eines Jahres bezahlt werden. Fast ein Viertel der Lieferanten beklagt den kompletten Forderungsausfall von bis zu 5 % ihrer gestellten Rechnungen.

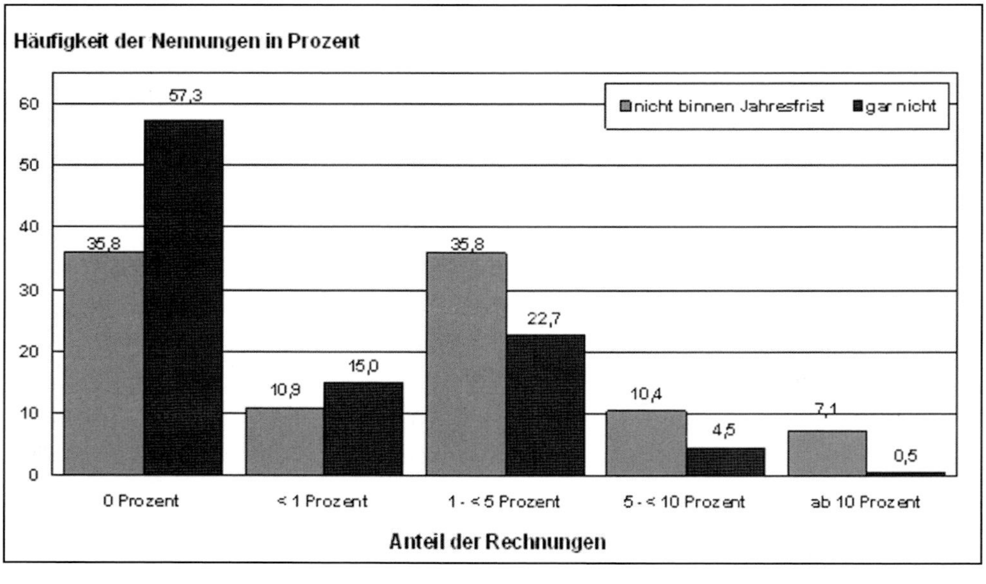

Abb. 3: Zahlungsmoral der Automobilhersteller: Anteil der nicht beglichenen Rechnungen der Automobilzulieferer. (Quelle: Supplier Satisfaction Index SSI 2005, Forschungsstelle Automobilwirtschaft, Bamberg 2005)

Aus der mangelhaften Zahlungsmoral der Automobilhersteller resultiert ein hohes Frustrationspotential, das ein bedingungsloses Engagement für technologische Innovationen verhindert: Zulieferer, die nämlich ständig darum kämpfen müssen, ihre Außenstände einzutreiben, sind kaum oder gar nicht mehr gewillt, für die Automobilhersteller zu entwickeln, sofern es betriebswirtschaftlich vertretbar ist. Ihre finanziellen Möglichkeiten nehmen ab, in Technologien und Innovationen zu investieren, die vor allem dem Hersteller zugute kommen.

3 Zusammenfassung

Die deutschen Automobilzulieferer erbringen mittlerweile bis zu 80% der Wertschöpfung eines Automobils, d. h., sie übernehmen hier eine überdurchschnittlich hohe Verantwortung am Produktentstehungsprozess. Sie sind es, die als „Innovationsmotor" in der Automobilbranche gelten. Dadurch, dass die Hersteller immer mehr Aufgaben an die Zulieferer vergeben, müssen diese nicht nur ihre eigenen Entwicklungszeiten verkürzen und an die Automobilhersteller anpassen, sondern extrem flexibel auf Änderungswünsche reagieren, die oftmals nur teilweise oder gar nicht vertraglich geregelt sind.

Der Zulieferer-Hersteller-Antagonismus kann zur Überbeanspruchung einzelner Wertschöpfungspartner führen und folglich großen ökonomischen Schaden verursachen (vgl. Mallad, H., 2001, S. 45 f.). Solche potenziellen Negativ-Entwicklungen resultieren in erster Linie unmittelbar aus betriebswirtschaftlichen Faktoren. Neben diesen ökonomischen Hardfacts existiert zusätzlich eine Reihe von Softfacts, die das gemeinsame Technologie- und Innovationsmanagement von Zulieferern und OEMs überlagern; dabei handelt es sich im Wesentlichen um die gelebte Unternehmenskultur oder die Machtausübung im Beschaffungskanal.

Bei der Erschließung von Optimierungspotenzialen für das Technologie- und Innovationsmanagement kommt der Zulieferindustrie sowie der Stimmung innerhalb dieser automobilwirtschaftlichen Teilbranche eine besondere Bedeutung zu: Die Teilehersteller tragen nicht nur den größten Teil der Wertschöpfung für die Automobilhersteller, sondern sind auch maßgeblich für die technologischen Innovationen der Automobilhersteller verantwortlich. Da eine steigende Zuliefererzufriedenheit eine katalytische Wirkung auf die Zusammenarbeit in der Wertschöpfungskette hat, erhöht auch eine durch Zufriedenheit getragene positive Motivation die Bereitschaft eines Zulieferers, dem OEM die innovativsten Produkte anzubieten. Allein schon aus diesen Gründen liegt es im Eigeninteresse der Automobilhersteller, wenn schon nicht volle, dann doch wenigstens eine hinreichende Zufriedenheit seiner Zulieferer anzustreben. Insofern besteht auch hier erheblicher Handlungsbedarf!

Literaturverzeichnis

Mallad, H. (2001): Die volkswirtschaftliche Bedeutung der Herstellung und Messung von Zulieferer- und Kfz-Händlerzufriedenheit, in: ZfAW Zeitschrift für die gesamte Wertschöpfungskette Automobilwirtschaft, 4. Jg. (2001), H. 4, S. 42–47.

Meinig, W. (1998): Das Prozeßbewußtsein in der Hersteller/Zulieferer-Beziehung, in: ZfAW Zeitschrift für die gesamte Wertschöpfungskette Automobilwirtschaft, 1. Jg. (1998), H. 4, S. 6–7.

Reinhart, G. (1999): Supply Chain Management. Optimierte Kooperationskultur oder „alter Wein in neuen Schläuchen"?, in: ZfAW Zeitschrift für die gesamte Wertschöpfungskette Automobilwirtschaft, 2. Jg. (1999), H. 4, S. 18–23.

Spiegel, B. (1998): Das Automobil – ein ganzheitliches Produkterlebnis in: ZfAW Zeitschrift für die gesamte Wertschöpfungskette Automobilwirtschaft, 1. Jg. (1998), H. 2, S. 58–63.

SSI 1995–2005: Supplier Satisfaction Index, Forschungsstelle Automobilwirtschaft, Bamberg 1995–2005.

VDA (Hrsg.) (2004): Auto Jahresbericht 2004, Frankfurt 2004.

VDA (Hrsg.) (2005): Auto Jahresbericht 2005, Frankfurt 2005.